EXPOSITION COLONIALE DE MARSEILLE

1906

NOS RICHESSES COLONIALES 1900-1

L'Industrie des Pêches

AUX COLONIES

PAR

G. DARBOUX
Professeur à la Faculté des Sciences de Marseille

P. STEPHAN
Docteur ès sciences,
Sous-Directeur du Laboratoire de Zoologie Marine

J. COTTE
Docteur ès sciences, professeur à l'Ecole de Médecine

F. VAN GAVER
Préparateur de Zoologie
à la Faculté des Sciences de Marseille

TOME II

MARSEILLE
BARLATIER, IMPRIMEUR-ÉDITEUR
17-19, Rue Venture, 17-19

1906

L'INDUSTRIE DES PÊCHES
AUX COLONIES

TOME II

LA PÊCHE DANS LES DIVERSES COLONIES

EXPOSITION COLONIALE DE MARSEILLE 1906

Commissaire général :

Jules CHARLES-ROUX,

Ancien député
Délégué des Ministres des Colonies, des Affaires étrangères et de l'Intérieur

Commissaire général adjoint :

D\ufe4fr Edouard HECKEL,

Professeur à la Faculté des Sciences, Directeur-Fondateur de l'Institut colonial

Secrétaires généraux :

Paul GAFFAREL,   Albert PONSINET,
Professeur à la Faculté des Lettres   Chef du Service colonial

Paul MASSON,
Professeur à la Faculté des Lettres

Directeur :

Victor MOREL,

Directeurs adjoints :

Auguste GIRY   Clément DELHORBE

COMMISSION DES PUBLICATIONS ET NOTICES

Président :

Ernest DELIBES,
Président de la Société de Géographie de Marseille

Vice-Présidents :

Michel CLERC,   Paul MASSON,
Professeur à la Faculté des Lettres   Professeur à la Faculté des Lettres

Secrétaires :

De GÉRIN-RICARD,   Raymond TEISSEIRE,
Secrétaire général de la Société   Secrétaire de la Société
de Statistique   de Géographie

EXPOSITION COLONIALE DE MARSEILLE
1906

Nos Richesses Coloniales 1900-1905

L'Industrie des Pêches

AUX COLONIES

PAR

G. DARBOUX
Professeur à la Faculté des Sciences de Marseille

J. COTTE
Docteur ès sciences, professeur à l'Ecole de Médecine

P. STEPHAN
Docteur ès sciences,
Sous-Directeur du Laboratoire de Zoologie Marine

F. VAN GAVER
Préparateur de Zoologie
à la Faculté des Sciences de Marseille

TOME II

MARSEILLE
BARLATIER, IMPRIMEUR-ÉDITEUR
17-19, Rue Venture, 17-19

1906

LA PÊCHE DANS LES DIVERSES COLONIES

TUNISIE

Hydrographie. — Sorte de rectangle allongé du Nord au Sud, la Tunisie baigne dans la mer deux de ses côtés, sur lesquels se profilent de nombreux caps, se creusent des golfes profonds; aussi la longueur de ses rivages atteint-elle 1.300 kilomètres. Les conditions biologiques les plus diverses se rencontrent dans ses eaux, qu'habite une faune abondante et variée.

Au Nord de la Tunisie la côte, dont la direction va sensiblement du Sud-Ouest au Nord-Est, doit être regardée comme n'étant que la continuation de celle de l'Algérie. Elle est dominée par les derniers sommets de l'Atlas qui vont plonger aux caps Blanc, Zebib et Farina, puis se relèvent au large pour former le banc des Esquerquis. Elle est surtout formée de roches et de falaises, le long desquelles les fonds s'abaissent rapidement et qu'interrompent quelques plages sablonneuses ; la largeur de son talus, exploitable aux arts traînants, est assez faible, et les fonds de 100 mètres y sont atteints à une distance moyenne de quatre à cinq milles.

Principaux documents consultés : P.-A. Hennique, *Caboteurs et pêcheurs de la côte de Tunisie en 1882*. Paris, 1884. — Servonnet et Lafitte. *Le Golfe de Gabes en 1888*. Paris. Challamel. — Bouchon-Brandely et A. Berthoule. Les Pêches maritimes en Algérie et en Tunisie. *Revue Marit. et Col.*, 1890. — De Fages et Ponzevera. *Étude pratique des pêches tunisiennes*. Tunis, 1898. — *Notice sur le service de la navigation et des pêches maritimes*. Tunis, 1900. — Rapports au Président de la République sur la situation de la Tunisie. — Tableaux statistiques de la Direction des Travaux publics. — Etc.

Quelques îles la surveillent : Tabarca, Cani, Plane, Zembre ; au loin la Galite et les Galitons, qui sont entourés par un banc de roches madréporiques, de gravier et de sable, borné au Sud-Ouest par les écueils des Sorelles et sur lequel le diamètre maximum des fonds inférieurs à 100 mètres est de 29 milles.

Sur ces rivages du Nord, qui sont les *Côtes de Fer* de certains géographes, la mer est généralement houleuse et mauvaise souvent, et de Tabarca à Bizerte les pêcheurs n'y trouvent pas de port convenable pour s'abriter en cas de tempête. Les moyens de communication y manquent aussi pour écouler à l'intérieur des terres le produit de la pêche.

Le petit golfe de Tabarca ressemble à ceux de l'Algérie : il est bordé par des fonds rocheux à l'Ouest et, à l'Est, par des fonds de sable que couronnent des dunes ; le mouillage du port laisse à désirer et, aux premiers symptômes menaçants, les pêcheurs tirent leurs embarcations sur la plage.

Dans le golfe de Bizerte on admire le canal moderne qui a remplacé le vieux canal tortueux par lequel se déversaient les eaux du lac de Bizerte. Celui-ci est profond de 11 mètres à son centre et la sonde atteint même 12 mètres en certains points.

A partir du cap Bon les hauts-fonds s'étendent en se dirigeant vers le Nord-Est, et la côte qui s'étend jusqu'au cap Farina est ainsi coiffée par une vaste région, dont le fond est surtout fait de gravier, de sable et de vase et sur laquelle, en un point, la profondeur de 100 mètres n'est atteinte qu'à près de 22 milles des côtes. En ce point les fonds s'abaissent, mais c'est pour se relever bientôt dans le banc des Esquerquis dont une bonne partie est exploitable aux arts traînants.

A l'Est du cap Farina s'arrondit le golfe au fond duquel est Tunis, que séparent de la mer le lac de Tunis et la bande de terre qui porte la Goulette ; il est échancré au Nord-Ouest par le lac de Porto-Farina, que tendent à combler les alluvions de la Medjerda. Celle-ci a recouvert d'un tapis de vase presque tout le fond du golfe de Tunis, qui n'atteint d'ailleurs la profondeur de 100 mètres qu'à son ouverture vers la haute mer. Au Sud-Est la côte du golfe est rocheuse et la mer y vient battre les contreforts des montagnes qui prolongent l'Atlas saharien de l'Algérie. Ceux-ci se terminent au cap que les Carthaginois avaient appelé par antiphrase le cap Bon et auquel les indigènes ont donné le nom de Trompeur. A 40 milles au large, au Nord-Est de l'île italienne de Pantellaria, se trouve le banc Aventure, dont les fonds seraient exploitables par des engins perfectionnés et qui pour cette raison mérite d'être cité ici.

A partir du cap Bon la côte court du Nord au Sud, bordée surtout de plages sablonneuses et, par places, de vastes sebkhas. Le golfe d'Hammamet l'échancre et, plus au Sud, le grand golfe de Gabès, celui-ci bordé au Nord par les îles Kerkennah et leurs bancs de sable et au Sud par l'île de Djerba.

Si l'on tire une ligne droite partant du cap Bon et se dirigeant vers la pointe Est des hauts-fonds de sable des Kerkennah, on trace approximativement la ligne isobathe de 100 mètres jusqu'au large de Mehdia où, après avoir dessiné un grand cap vers l'Est, elle s'y dirige brusquement de manière à contourner de très loin les Kerkennah ; nous ne la retrouverons plus au Sud de la Tunisie. Sur les immenses étendues de sable, de vase, de gravier, comprises entre cette ligne et le rivage se dressent les bancs de Kurba, de Nabeul et de Mahmur et, en face Monastir, les îles de Monastir, les îles Kuriat et Conigliera.

La marée vient recouvrir les hauts-fonds du golfe de Gabès, redoutés des anciens marins ; elle atteint parfois $2^m 5$ en vive eau. Les hauts-fonds du golfe et ceux qui entourent les Kerkennah sont creusés de dépressions en forme de vallée aux berges abruptes, auxquelles les indigènes ont donné le nom d'*oued* et qui servent de mouillage. Les bancs de sable sont moins étendus autour de Djerba ; on les retrouve dans le Bahiret-el-Bou-Grara, sorte de mer intérieure très poissonneuse que Djerba isole de la haute mer ; on les retrouve encore le long du rivage au Sud de Zarzis. Cette dernière partie de la côte, entre Zarzis et la frontière tripolitaine, se dirige vers le Sud-Est et est découpée par les canaux qui donnent accès dans la mer des Bibans.

Les mouillages sont très mauvais dans la partie Nord de la côte orientale : Kélibia, Nabeul, Hammamet ne sont pas des ports à proprement parler, et si Sousse fournit aux pêcheurs un abri sûr, celui qu'ils trouvent près des murailles crénelées de Monastir est loin d'avoir la même valeur. Par contre le port de Mehdia est hospitalier aux bateaux de pêche. Plus au Sud est Sfax, que nos ingénieurs ont rendu accessible aux navires de fort tonnage, et que les Kerkennah protègent contre la mer du large, puis le mouillage de la Skira, assez bon mais peu fréquenté, les ports de Gabès, d'Humt-Souk à Djerba et de Zarzis, qui sont tous trois de valeur bien médiocre.

Les cours d'eau sont peu nombreux en Tunisie, et ils ne roulent à l'étiage qu'une quantité d'eau insignifiante. Les petits oueds qui débouchent le long des côtes sont généralement entièrement à sec en été ; les autres charrient du limon en abondance et leurs eaux sont parfois magnésiennes. Sur la rive Nord il n'y a guère à citer que le petit oued Zuara ; dans le golfe de Tunis se jettent la Medjerda, qui prend naissance en Algérie, et l'oued Miliane, bien moins important.

Le lac de Bizerte est relié par l'oued Tindja, long de 5 kilomètres, avec le lac Ishkeul, dont les eaux saumâtres encerclent le Djebel Ishkeul, où paissent les buffles sauvages. L'oued Tindja a un cours de direction variable : ses eaux se dirigent vers le lac de Bizerte lorsque l'Ishkeul est grossi par l'apport des ruisseaux afférents voisins, elles se jettent au contraire dans l'Ishkeul lorsqu'une forte évaporation fait baisser le niveau des eaux de celui-ci.

Pêche en eaux douces.

Après ce que nous avons dit des eaux douces de la Tunisie, il n'y a pas lieu de s'étonner si la pêche n'y est pratiquée que d'une manière très restreinte.

Les immenses sebkhas tunisiennes sont inhabitables pour les poissons et, comme en Algérie, la faune des eaux courantes prend un goût de vase très prononcé ; les anguilles et les mulets que le lac Kelbia fournissait au marché de Kairouan n'ont fait l'objet que d'une exploitation de courte durée : on a trouvé qu'ils étaient « nuisibles à la santé » (De Fages et Ponzevera).

A l'embouchure des cours d'eau pénètrent l'alose finte, le mulet, l'anguille, qui remontent à des hauteurs très variables. Nous signalons ailleurs la pêcherie qui s'installe à l'oued Zuara. Le lac Ishkeul est poissonneux, et dans l'oued Tindja se trouvent des bordigues pour la capture des anguilles et des mulets.

Le barbeau (*boulbis* des indigènes) est assez abondant dans les eaux douces, on le signale jusque dans les oasis de Tozeur ; mais il est peu pêché, car son goût laisse beaucoup à désirer. On le désigne sous le nom de poisson pour juifs, les israélites étant les seuls à le consommer. En certains endroits on fait cuire les barbeaux pour les donner aux porcs. Deux espèces se rencontrent en Tunisie : *Barbus callensis* Val. et *B. setivimensis* Val.

En compagnie de l'alose finte on les capture dans la Medjerda, aux environs de Tebourba et de Djedeida ; la Compagnie concessionnaire de Bizerte a eu le monopole de cette pêche aux lieux indiqués, de 1889 à fin 1896. Le revenu était d'un millier de francs environ, avec 5.000 kilogrammes de poissons.

Nous ne citons guère qu'au point de vue faunique les poissons auxquels les puits artésiens ont donné issue en plus d'un point, dans le Sud, des *Chromis*, des *Hemichromis*, un *Cyprinodon*. Dans l'eau thermale (37°,5) qui remplit les piscines romaines de Gafsa pullulent les cyprins et le *Glyphisodon Desfontainei* Lacpd. Cette dernière espèce se retrouve à Tozeur.

Après ce qui précède il n'y a donc pas lieu de souligner que la pêche en eaux douces est libre en Tunisie ; on ne la pratique guère d'ailleurs qu'à l'épervier, au tramail et au carrelet. Il est cependant interdit (décret du 28 août 1897) de retirer le poisson en plaçant des fascines, des gords et amas de pierres aux embouchures des fleuves et rivières.

Ajoutons, pour compléter ces renseignements, que le crabe d'eau douce, *Potamon edulis*, fréquente les cours d'eau ; il est comestible, mais nous n'avons pas de renseignements sur l'appoint, bien faible certainement, qu'il peut fournir à l'alimentation.

Pêche en eaux salées.

Étendue des eaux territoriales. — Il est intéressant de constater, au point de vue du droit maritime international, que le Gouvernement de la Régence étend en plus d'un point sa juridiction au delà des trois milles à partir de la laisse de basse mer, qui bornent généralement les eaux territoriales, et notamment sur les bancs d'éponges qui se trouvent à vingt milles à l'Est des îles Kerkennah, ainsi que sur les gisements de corail de la côte Nord.

Les droits des beys sur les bancs d'éponges éloignés des côtes ont été contestés, il est vrai, mais deux jugements du consul de France et de celui de Grèce, en 1875, en ont reconnu la validité. Ils sont d'ailleurs suffisamment étayés par la notification qui avait été faite aux consuls, sans protestation de leur part, des décrets beylicaux qui visaient la concession, puis le fermage des éponges, ainsi que par la convention de 1870 en vertu de laquelle la France, l'Angleterre et l'Italie se sont fait concéder, entre autres ressources, le produit de la ferme des éponges et des poulpes, pour le paiement des intérêts dus à leurs nationaux, créanciers de la Régence. Or la pêche des éponges ne se fait guère qu'au delà de trois milles des côtes.

L'intérêt général commande d'ailleurs cette extension de la territorialité des eaux tunisiennes ; nous savons avec quelle insouciance et quelle rapidité les pêcheurs non surveillés tarissent leurs moyens d'existence et il est indispensable qu'une autorité intervienne pour protéger les bancs d'éponges, véritable fortune publique qu'une pêche intensive aurait tôt fait de gaspiller. C'est un principe identique qui dirige le *Fishery Board* d'Écosse dans l'énergique campagne qu'il mène depuis plusieurs années, et qui a motivé le vœu du Congrès International des Pêches de Bayonne-Biarritz (1899) : « que le gouvernement français s'entende avec les gouvernements étrangers afin d'étendre la limite des eaux territoriales pour les pêches, lorsqu'il y a lieu de protéger sur certains points du littoral le régime piscicole. »

Pêcheurs. — La pêche fait vivre un nombre assez considérable d'indigènes et d'Européens. Parmi ceux-ci on ne compte presque pas de Français. Nos nationaux ne se rencontrent guère que dans les sociétés fondées pour l'exploitation des quelques pêcheries que le gouvernement beylical leur a concédées ou amodiées. Si l'on fait abstraction des concessionnaires, à titre personnel ou à titre d'actionnaires, et des principaux fonctionnaires des sociétés, qui ne fournissent à l'industrie de la pêche que l'apport de leur capital ou de leur intelligence, on peut dire que l'élément français se désintéresse absolument dans la Régence des revenus que procure l'exploitation de la mer.

Nous trouvons bien, en 1904, un total de 57 bateaux français, montés par 248 hommes d'équipage, mais quelles désillusions se préparerait celui qui croirait pouvoir causer français sur ces bateaux français ! Presque tous les marins qui les montent sont des naturalisés italiens, qui ne s'expriment que dans le patois de leur province natale.

Passe encore quand ils sont réellement naturalisés et quand ils ne naviguent pas avec les papiers d'un prête-nom, naturalisé, mais qui exerce à terre une industrie quelconque. Ce cas se présente de temps en temps, notamment pour les bateaux algériens qui viennent pêcher en Tunisie, et pour lesquels l'armateur lui-même est parfois aussi étranger et a un prête-nom naturalisé. A part quelques Corses employés au lac des Bibans, il n'y a guère à citer que les naturalisés français qui pêchent la sardine à Tabarca, qui calent leurs filets dans le golfe de Bizerte, ou qui draguent le golfe de Tunis et les fonds de Sousse.

D'une manière générale, les Européens qui pêchent en Tunisie sont Italiens, Grecs ou Maltais. En première ligne il faut citer les Italiens, surtout d'origine sicilienne. Travailleurs acharnés et résistants, d'un grand courage à la mer, ils savent se contenter d'un salaire très réduit et d'une nourriture quelconque ; la sobriété des pêcheurs napolitains dépasse tout ce que l'on peut imaginer. Un certain nombre d'entre eux se sont fixés à demeure dans la Régence, échappant ainsi aux ennuis du service militaire et, à l'aide d'engins variés, fournissent du poisson aux divers ports. On les voit occupés à la capture des langoustes à la Galite ; ils forment presque tout l'équipage de la flottille de pêche de la Goulette, de Sousse, et leurs colonies de pêcheurs se rencontrent aussi à Sfax et à Gabès. Mais la plupart des Italiens sont des nomades qui font des campagnes périodiques le long des côtes tunisiennes : ils viennent capturer des sardines, des anchois à l'Est de Tabarca, des allaches à Mehdia, ils enlèvent les éponges au trident ou les draguent à la gangave, fournissent aux madragues la main-d'œuvre (sicilienne) qui leur est nécessaire. En 1904 il y a eu 1.023 navires italiens, avec 4.361 hommes.

Tout explique cette affluence des marins italiens en Tunisie : le voisinage de la Sicile, de Pantellaria, de Lampédouse, l'abondance des produits exploitables dans les eaux africaines, et surtout cet article 7 du traité tuniso-italien du 28 septembre 1896, par lequel « en ce qui concerne la pêche, les Tunisiens jouissent en Italie des droits et avantages accordés aux sujets des puissances étrangères par la législation en vigueur dans le royaume, tandis que les Italiens sont traités en Tunisie comme les nationaux et comme les Français ». Cet article constitue une abdication réelle des droits légitimes de la Tunisie et de la France. Si l'on distingue à première vue l'intérêt considérable qu'ont les Italiens à bénéficier du régime d'extrême faveur qui leur est accordé, on saisit moins facilement quels avantages ont les Tunisiens à jouir en Italie des maigres droits accordés aux sujets des puissances étrangères. La main-d'œuvre indigène exercée est très loin de suffire à faire valoir comme il convient le riche domaine maritime de la Régence, et il n'y a pas lieu de prévoir ni de souhaiter une émigration des pêcheurs tunisiens.

Après les Italiens il faut citer les Grecs, au nombre de 451 en 1904, montés sur 81 navires. Nomades, eux aussi, envahissant périodiquement les rivages de la Tunisie, au Sud de Mehdia, ils viennent pratiquer uniquement la pêche des éponges. Travailleurs actifs et habiles, durs à la fatigue, âpres au gain, ils dépensent fréquemment la plus grande partie de leurs salaires en coûteuses fêtes, dans les ports qu'ils fréquentent. Ils ont été attirés par les anciens fermiers de la pêche des éponges, auxquels ils fournissaient des produits d'excellente préparation, et ils ont introduit dans les pêcheries de la Régence des procédés et des engins que se sont assimilés leurs concurrents, Italiens et indigènes. Ce sont eux qui encombrent les listes de mortalité des pêcheurs au scaphandre.

Les Maltais viennent pêcher principalement sur la côte orientale, dans la région de Monastir et de Sfax : en 1904 ils étaient 113 pêcheurs, avec 40 navires. D'origine africaine, ils se reconnaissent à leur teint brun, à leurs cheveux noirs légèrement crépus, à leurs lèvres épaisses, à leur physionomie éveillée et intelligente. Ils se livrent à la pêche côtière, à la construction de bateaux ; ils sont très nombreux parmi les revendeurs de poisson.

Tel est l'élément pêcheur européen. Du côté des indigènes (4.324 en 1904) on remarque une homogénéité beaucoup plus grande. La côte Nord, inhospitalière, est peu fréquentée par eux ; le lac de Bizerte a vu disparaître ses installations indigènes. Ce n'est guère que sur les côtes du Sud, à partir de Monastir (1), que les indigènes tirent de la pêche des revenus appréciables, et trois centres principaux sont

(1) On peut placer au niveau de Monastir une limite assez approximative au Nord et au Sud de laquelle les conditions de la pêche sont bien différenciées. Au Nord la pêche est presque exclusivement entre les mains des étrangers, nomades souvent, abstraction faite des concessions ; on y capture l'anchois, la sardine et l'allache et des bancs de coraux s'y rencontrent, entre le cap Roux et Bizerte. Au Sud les poissons migrateurs sont représentés surtout par l'allache, le corail est remplacé par les éponges et les poulpes, et les pêcheurs indigènes sont en majorité.

à signaler : les îles Kerkennah, l'île de Djerba et Zarzis avec sa tribu des Accara. Les habitants des îles que nous venons de citer, protégés par la mer, « ont regardé passer les invasions et les révolutions qui ont ensanglanté la Tunisie » et ils ont pu, dans une paix relative, développer leurs aptitudes et leur esprit d'initiative. Obligés de subir la domination arabe, ils ont embrassé l'islamisme, puis sont devenus schismatiques, et ainsi a été constituée une nouvelle barrière qui a contribué efficacement à empêcher la fusion entre l'habitant de Djerba et l'Arabe conquérant.

Les Djerbiens sont des berbères de type assez pur. Hardis marins, descendants des corsaires qui avaient fait de leur île le centre esclavagiste du Nord de l'Afrique, ils sont dociles, laborieux et tenaces, un peu routiniers malheureusement. Ils s'adonnent à la pêche des éponges à la foëne, mais généralement ne lavent pas leur récolte ; quelques-uns d'entre eux, à Humt-Adjim notamment, savent plonger à des profondeurs assez considérables. Ils pêchent aussi les poulpes et des poissons en abondance, à l'aide de filets divers ou d'installations à demeure. Les lotophages d'Homère sont des ichthyophages.

Sfax possède aussi des pêcheurs indigènes en assez grand nombre; ils s'occupent surtout de vider périodiquement les nasses de leurs pêcheries fixes. On les voit passer, indolemment appuyés sur la barre du gouvernail de leur loude, et plusieurs d'entre eux portent le turban vert, affirmation d'une parenté avec le Prophète que leur type ethnique semble bien démentir parfois.

A Kerkennah nous retrouvons le type berbère, mais plus mélangé qu'à Djerba, ces îles ayant pendant longtemps servi de lieu de déportation. Les Kerkenniens sont des pêcheurs consommés, eux aussi, possédant un très grand nombre de pêcheries fixes, et pratiquant la pêche noire des éponges et celle des poulpes.

Berbères encore les diverses tribus de pêcheurs qui habitent les côtes du golfe de Gabès, de même que la riche et active tribu des Accara qui fournit aussi d'excellents marins, pêcheurs d'éponges d'une grande habileté professionnelle et constructeurs d'ingénieuses installations pour la capture du poisson. Hennique raconte que la flottille des Accara livra à la flottille des pêcheurs d'éponges grecs, à la suite de certains froissements, un véritable combat naval après lequel les Grecs restèrent plusieurs années sans reparaître.

Les musulmans envahisseurs, communément désignés sous le

nom d'Arabes, dédaignent en général l'exercice de la pêche ; les juifs s'en désintéressent entièrement.

Flotte de pêche. — Tout bateau qui désire pêcher dans les eaux de la Régence est assujetti par le décret du 28 août 1897 à en faire la déclaration au bureau du port qu'il choisit comme port d'attache ; il doit porter, peints d'une manière apparente, un numéro d'inscription, le nom du port et, à l'avant, les initiales de ce port, choisies de manière à ne pas être confondues avec celles qui caractérisent les ports algériens. Les bateaux de pêche n'ont à payer aucune taxe spéciale, mais ils ne sont pas exemptés des droits maritimes établis dans les ports où ils abordent.

Les navires de pêche indigènes sont construits de manière à pouvoir aller sur les hauts fonds. Les *karebs* à coque noire, construits en bois d'olivier et de sapin, sont employés à la pêche des éponges et à celle du poisson. Certains d'entre eux, appelés *loudes* ou *sandals*, sont presque exclusifs au golfe de Gabès ; ils ont un mât très incliné en arrière, planté au tiers antérieur de leur longueur et portant une seule voile carrée, parfois cependant une voile supplémentaire, munie d'une antenne, est fixée à l'avant. La flotte indigène de pêche comprenait 1364 bateaux en 1904.

Les Siciliens ont introduit le *bovo* massif, à l'arrière carré ou arrondi, la *tartane* à arrière pointu, le *schifazzo* très tonturé, à étrave et étambot rentrants, le *laoutello* monté par cinq ou six hommes d'équipage et qui vient pêcher la sardine à Tabarca ; des laoutelli de plus fort tonnage font la campagne d'éponges à Kerkennah et à Sfax. Les *paranzelle* ou balancelles, d'origine napolitaine, jaugeant de 20 à 30 tonneaux, toujours accouplées à leur engin traînant comme deux bœufs attelés à la même charrue, portent aussi le nom de *parelle* ou *pareilles*. Il en vient de Bari qui sont larges et massives, à étrave très fortement relevée et même recourbée vers l'arrière ; elles sont moins bonnes à la mer que les balancelles à avant effilé et sont économiquement décorées de peaux de mouton clouées au sommet de l'étrave et du mât, la laine en dehors.

D'origine italienne aussi la *menaica* qui vient poursuivre les Clupéidés de passage, ainsi que la *coralline* à un mât, une voile latine et un foc, qui allait explorer les fonds corallifères quand la pêche du corail était en honneur. La grande coralline porte quinze

Pl. 1.

MOSAÏQUE TROUVÉE A SFAX (MUSÉE MUNICIPAL DE SFAX)

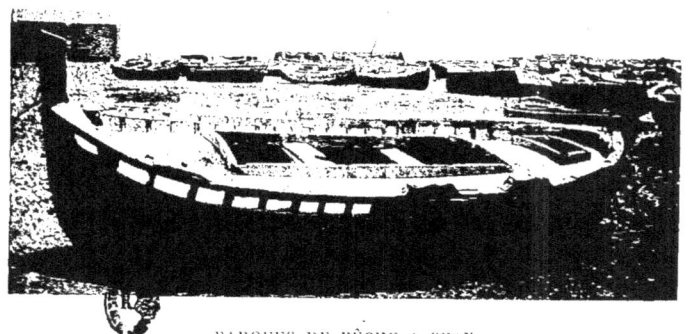

BARQUES DE PÊCHE A SFAX
(Photographie communiquée par M. Allemand-Martin.)

Pl. II.

SACOLÈVE GRECQUE

UN "LOUDE" SOUS VOILES (SFAX)

hommes ; la petite rentre au port chaque soir et n'a qu'une seule équipe de sept hommes. L'emploi de la gratte de fer dans la pêche du corail, rendant nécessaires des efforts violents de l'équipage, qui fatiguent le bateau, a fait changer légèrement la forme de celui-ci, et surtout a obligé les constructeurs à en augmenter beaucoup la solidité.

La *barcheta* italienne porte les pêcheurs d'éponges au trident et évolue autour des bateaux de plus fort tonnage (bovo, schifazzo, laoutello). C'est une sorte de baleinière, très large et un peu pointue aux deux extrémités et dans laquelle le marin fait mouvoir deux avirons. Un gros bateau a sa flottille de 8, 10, 12 barquettes amenées de Sicile ou louées à Sfax et se distinguant par une couleur ou une marque uniforme de celles qui dépendent d'un autre armement.

Le *taffarel* (ou *farella*) maltais tient très bien la mer et peut venir de Malte par ses seuls moyens ; solide, ponté, long de 6 mètres en moyenne, il est muni à l'avant d'un mât et d'une voile à livarde, souvent accompagnée d'un foc. Pendant la belle saison son équipage de trois ou quatre hommes se livre à la pêche du poisson. Maltais d'origine, le *canotto* s'est répandu sur toute la côte où on l'utilise pour la pêche du poisson et des éponges ; l'arrière est carré, l'avant presque droit, il est large et de faible tirant d'eau. Muni d'un mât à la jonction du tiers antérieur et du tiers moyen, il porte une voile, généralement triangulaire. Deux ou trois hommes le montent, qui l'utilisent alternativement pour la pêche et pour le commerce. Sa longueur peut dépasser 5 mètres ; les indigènes du Sud commencent à s'en servir : ils l'appellent *skif* ou *chekif*.

Les Grecs viennent sur leurs *sacolèves* ou sur leurs *scaphes*. Brillantes, parées et bigarrées de couleurs éclatantes, ornées au haut des mâts de boules de cuivre luisant au soleil, mais que la mer a vite ternies, les sacolèves sont solides et bien assises sur l'eau. Certaines d'entre elles prennent de faux airs de grands navires, avec trois ou quatre focs, etc. Elles sont larges et à forme évasée, d'un faible tirant d'eau, à pont très tonturé et relevé de l'arrière ; à la mode levantine leur plat-bord est souvent exhaussé dans sa partie centrale par des fargues volantes en toile. Leur voilure est extrêmement variable : le *scouna* (du mot anglais schooner) a un gréement très voisin de celui des bricks-goélettes, d'autres ont deux grandes voiles tiercées et baumées, etc. Ce sont des navires de 10 à 15 mètres, parfois de

17 mètres, dont le tonnage dépasse fréquemment une quarantaine de tonneaux ; ils sont montés par 8 à 10 hommes.

Les *scaphes* sont très larges et très évasés, eux aussi ; leur avant est notablement plus relevé que l'arrière. Ils sont pontés, sauf au milieu, et sont munis près de l'avant d'un mât vertical court qui porte une voile à livarde. Parés de couleur voyantes, ils ont de 3 à 5 tonneaux ; on les emploie généralement pour la pêche au scaphandre et chacun d'eux est muni d'une pompe à cet effet.

Les balancelles utilisées actuellement dans la Régence ont été fabriquées en Italie. Par contre il existe en Tunisie des ateliers pour les bateaux de plus faible tonnage. Ce sont des Maltais et des Italiens qui possèdent ces chantiers où ils arrivent à construire des embarcations de 30 tonneaux ; dans le Sud on trouve de bons charpentiers indigènes pour la réparation des barques.

Engins. — Les procédés de pêche et les engins suivants sont les seuls dont les décrets du 28 août 1897 et du 24 avril 1902 aient autorisé l'emploi. La plupart d'entre eux sont identiques à ceux qui sont en usage dans les divers centres de pêche de l'Europe occidentale, et ne méritent pas de description.

1° Filets sédentaires. Leurs mailles doivent posséder au moins 20 millimètres en carré, une fois imbibées d'eau. Sont autorisés les *manets* de toute espèce, les *rattades* de poste et à tramail, etc.

Bouguière ou *boguière*. *Mugelière*, maniée à l'aide de deux barques, prend des mulets, des bogues, des maquereaux, des rougets, etc.

Cannal ou *saulade*, est formée de deux parties dont une reste verticale et l'autre flotte horizontalement. Avec la cannat on entoure, par petits fonds, les bandes de mulets ; des barques sont à l'intérieur et, à coups de rames, on effraie les muges qui sautent hors de l'enceinte et se maillent dans la nappe horizontale. Servonnet et Lafitte décrivent une cannat spéciale, appelée *demessa*, et employée près de Zarzis ; la nappe de filet horizontale y est remplacée par des clayons en brindilles de palmier, les *hasor*, dont nous aurons à reparler.

2° Filets dormants et flottants. Les mailles des premiers doivent avoir 30 millimètres, celles des filets flottants au moins 10 millimètres.

Tramail ; *aiguillière* ; *sardinal*, prend les sardines, les anchois, les allaches. Le *lampare*, très utilisé en Algérie, commence à pénétrer en

Tunisie, où il ne peut être employé qu'avec une autorisation personnelle et révocable ; entre des mains exercées il donne d'excellents résultats.

Rissolle, employée de préférence au précédent pour la pêche aux anchois.

Courantille ou *thonaire flottante*, sert à envelopper les bandes de thons.

3º Filets trainants. Ils sont tous autorisés, quelle que soit leur dénomination, sous la condition que leurs mailles aient au moins 25 millimètres en carré. Toutefois leur emploi est interdit du 1ᵉʳ juin au 31 août, et la pêche au bœuf et au chalut est interdite en toute saison en deçà de trois milles de terre.

Bœuf ou *grand gangui*, trainé par une paire de bateaux qui possèdent en général trois filets et trois couples de câbleaux ; les poches sont fermées par un cordon à la mode italienne, ce qui se conçoit aisément. Il est nécessaire de surveiller attentivement les dimensions de leurs mailles, car des fraudes à ce sujet sont fréquemment constatées ; cette question est d'autant plus importante que l'ouverture des mailles s'étrangle au cours de la traction et que tout le poisson meurt alors étouffé, gros ou petit.

Le *petit gangui* est assez peu utilisé ; le grand et le petit *bourgin* portent aussi en Tunisie leur nom italien de *sciabicca* ; le *tartarone* est notre tartanon.

Gangave. Ce filet, d'origine grecque, porte un nom dont la parenté étymologique avec le gangui provençal et le ganguil espagnol est évidente. On l'emploie exclusivement à la pêche des éponges. Son ouverture est bordée en bas par une barre de fer ronde qui se relève pour former les côtés latéraux ; le côté supérieur de l'ouverture est en bois ; elle est longue de 6 à 12 mètres et haute de 0^{m}60 à 0^{m}80. Sur le cadre s'attache le filet en forme de poche, profond de 3 à 5 mètres. Sa valeur, câble de traction compris, est de 800 francs environ.

Croix de Saint-André ; c'est une croix de bois lestée, aux bras de laquelle sont suspendus des fauberts ou des morceaux de filets hors d'usage et qui sert uniquement à la pêche du corail. En Tunisie on se sert d'une croix de petites dimensions, ne valant guère qu'une vingtaine de francs.

En réalité la croix est entièrement délaissée, on se sert uniquement de la *gratte*.

5° Filets mobiles. *Carrelet, épervier.* Leurs mailles doivent avoir au moins 20 millimètres en carré. Ces engins sont en général utilisés surtout pour la pêche fluviale ; en Tunisie cependant l'épervier est aussi employé par des pêcheurs en barque dans les principaux ports, ainsi que par les indigènes qui pratiquent la pêche à pied.

6° Engins divers. Sont autorisés tous ceux qui sont employés à la pêche des crustacés et des mollusques, et en plus les suivants :

Foène ou *harpon*. Cet engin sert à la pêche des éponges et, entre les mains des indigènes, de certains poissons (squales, mérous, poissons plats, etc.). Le nombre des dents est variable avec les espèces que l'on désire pêcher et avec la nationalité des pêcheurs qui l'emploient.

Lignes diverses (canne, ligne de traîne, ligne morte).

Palangre ou *bringali*. Suivant les dimensions des hameçons employés on pêche des poissons différents (merlans, raies, congres, etc.) ; certains pêcheurs emploient des palangres de 3,000 lignes. On les appâte fréquemment avec des céphalopodes (poulpes, seiches, etc.), avec les poissons de rebut sortis de la poche du gangui. Le palangre de surface est utilisé par les Maltais pour la pêche de l'aiguille.

Nasses (*drina* des indigènes, pluriel *dreyn*), jambins, paniers, claies, etc. ; on les fait surtout, à la mode indigène, avec les pétioles de feuilles de palmier découpés en lanières et avec les brindilles des régimes de palmier, reliés par des cordelettes d'alfa. Leurs jours doivent avoir au moins 35 millimètres. Servent à la capture des poissons (daurades), des langoustes, etc. On les utilise aussi dans l'édification des pêcheries indigènes, dans la pêche à la *djemmâa*.

7° Installations fixes. Elles ne peuvent être établies qu'en vertu d'une autorisation spéciale.

Madrague, appelée en Tunisie *thonaire* (de l'italien *tonara*), mais bien différente des vraies thonaires qui sont la courantille et la thonaire de poste. Les filets sont en alfa ou en fibres de coco, sauf le corpou qui est en chanvre ; les mailles doivent avoir au moins 135 millimètres. Sert à capturer les thons et les pélamides.

Palamidière, beaucoup plus simple que la madrague et formée d'une nappe verticale qui se recourbe en crosse suivant sa longueur, à une extrémité, l'autre étant reliée à la côte ; elle capture les pélamides et les bonites. Les mailles doivent avoir 70 millimètres. La palamidière est aussi utilisée dans les études préparatoires qui précèdent l'installation d'une madrague, dont le prix de revient est beaucoup plus élevé. Une palamidière est calée à l'endroit où la madrague doit s'élever et un guetteur exercé compte les thons qui viennent heurter le filet. Les renseignements approximatifs ainsi obtenus servent de base pour la demande de concession définitive.

Thonaire de poste. Voisine de la précédente, mais plus longue ; capture thons, pélamides et bonites ; la dimension obligatoire des mailles est de 135 millimètres au moins.

Pêcheries fixes proprement dites ; il y a lieu de distinguer les pêcheries indigènes et les installations européennes.

Les pêcheries indigènes sont installées dans des régions où la marée se fait suffisamment sentir ; il n'en existe point au Nord du Ras Khadidja. Elles sont surtout abondantes autour des Kerkennah, que les auteurs anciens nous représentent déjà comme « environnées de pieux ». Les particuliers ne sont pas les seuls à en posséder, un certain nombre appartiennent à des confréries religieuses. Les indigènes se servent pour leur confection de sortes de clayons, composés de lanières et de brindilles de palmier, parallèles, reliées par des cordelettes d'alfa. Des pieux légers, pointus à une extrémité et fixés de chaque côté du clayon, le rendent aisément maniable. Ces clayons ont une largeur moyenne de 1^m 20 à 1^m 50 et sont appelés *hassira* (pluriel *hasor*). D'une manière essentielle, une pêcherie est constituée par une ligne de clayonnages en zigzag, interrompue au niveau des angles dirigés vers la côte afin de faciliter l'entrée du poisson, munis au contraire de chambres dans les angles qui regardent la haute mer. Les chambres sont appelées *cherfiat* d'après nos renseignements personnels ; d'après Hennique et Servonnet et Lafitte, on donnerait le nom de cherfiat à l'ensemble d'une pêcherie, et la chambre serait appelée *dar* (pluriel *diar*) et en langue franque *morto*.

Les chambres sont installées sur le modèle des bordigues, avec des nasses au bas de leurs parois ; il peut y avoir au même point deux chambres successives, ce qui rend plus difficile l'évasion du poisson. Quand la mer marne assez peu, comme au Nord de Sfax, les clayons chargés de conduire le poisson aux chambres sont remplacés par des feuilles de palmier plantées verticalement ; les chambres seules sont en hasor. Les pêcheries sont appâtées avec des débris de poisson, fréquemment avec de la seiche. Leur mécanisme est très simple : le poisson remonte avec le flot les lignes de clayons ; au moment du jusant il tend à fuir la côte et suit le clayonnage jusqu'à la nasse inclusivement,

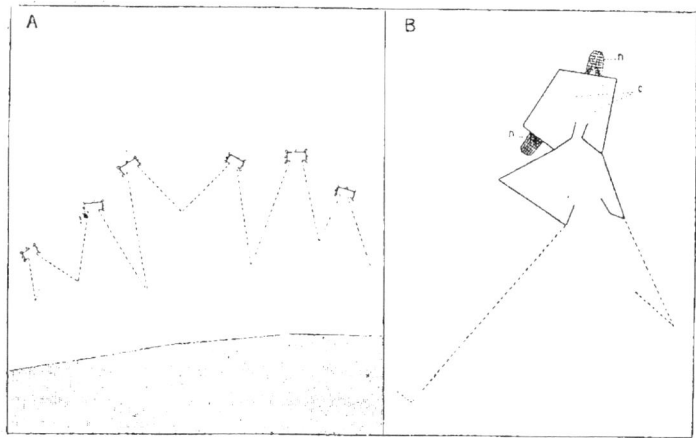

FIGURE 1. — A. Pêcherie fixe indigène. — B. Détail d'une chambre dans une des pêcheries des environs de Sfax ; c cordelettes en alfa, n nasses.

A marée basse on vient vider les nasses, à pied ou en barque suivant les cas.

D'après les renseignements de M. Capriata, capitaine du port de Sfax, aux environs de cette ville les pêcheries ne fourniraient en moyenne qu'une dizaine de kilos de poisson par jour, tandis que près du Ras Khadidja elles en rapporteraient jusqu'à trois et quatre cents kilos.

Le *zroub* (du mot *zerb*, haie) (1) dérive de la méthode de pêche précédente. Les clayons ou hasor sont disposés en demi-cercle sur des hauts-fonds et à leur partie inférieure sont installées les nasses, espacées de 10 à 12 mètres. Le demi-cercle de clayonnage est souvent prolongé par des rangées de feuilles de palmier. Vers l'ouverture de l'ensemble, les pêcheurs effraient le poisson en frappant l'eau avec leurs avirons. Ces installations ne sont que très rarement placées à poste fixe (Servonnet et Lafitte).

Et ceci nous conduit à un autre procédé, indigène aussi, qui ne mérite d'être étudié en cette place qu'à cause des relations étroites qui le relient aux méthodes que nous venons de décrire. C'est la pêche à

(1) Sans doute la *gemma* d'Hennique.

la *djemmâa* (assemblée), qu'Hennique appelle pêche à la *dara* (cercle). Un certain nombre de loudes se rassemblent en un point donné, se rangent en un cercle qui a parfois deux à trois cents mètres de rayon et attendent le moment où le flot est à son maximum. Au signal du chef on *amin* qui a été choisi on déroule et on enfonce dans le fond les hasor qui ont été apportés, et sous lesquels des nasses sont disposées de place en place. Parfois la barrière de clayonnages n'est pas commencée en même temps sur les divers points de la circonférence; on forme d'abord, comme dans la pêche au zroub, un demi-cercle qui est ensuite fermé. Cette installation doit être faite avec une très grande rapidité. Ensuite des hommes, montés sur des barques restées à l'intérieur du cercle, frappent l'eau avec les avirons ; le poisson se réfugie dans les nasses que les pêcheurs de l'extérieur remplacent à mesure qu'elles se remplissent. Cette pêche commence dès fin mai, elle est surtout pratiquée au moment des marées de syzygie et peut être réellement fructueuse, à cause de l'abondance du poisson dans les parages du golfe de Gabès. Hennique a vu rentrer à Sfax cinq loudes chargés de poissons ainsi capturés, qui ont rapporté 25 francs à chaque pêcheur.

Les bordigues indigènes des lacs salés ont à peu près disparu, remplacées par des installations plus grandioses. Dans la construction de celles-ci on substitue graduellement les treillis de fil de fer aux roseaux entre lesquels s'insinuent trop facilement les poissons plats ; les piquets de bois sont remplacés par des pieux métalliques, tels que les vieux tubes de chaudières. Les treillis de fil de fer ont malheureusement l'inconvénient d'être facilement obstrués par des algues et à certains points, malgré le goudron dont ils sont enduits, ils ne tardent pas à être envahis par une végétation et par une faune variées qui nécessitent un entretien continuel. Les bordigues ne sont pas appâtées.

La plupart des filets employés en Tunisie viennent d'Italie, surtout ceux que les pêcheurs nomades apportent avec eux. L'Allemagne cependant commence à importer de notables quantités de filets de coton faits à la machine ; ceux-ci arrivent directement par colis postaux ou par la voie de Naples, ces filets allemands faisant en Italie même une concurrence sérieuse aux filets de chanvre. Quelques filets de coton sont aussi fournis par la France.

Police des pêches maritimes. — Le service des pêches maritimes dépend en Tunisie de la Direction des Travaux publics, et il en découle ce fait que les capitaines de port et les gardes-pêche sont sous la direction d'ingénieurs. Cependant la bonne marche du service ne paraît pas s'en ressentir, et la Direction des Travaux publics étudie avec soin les questions qui concernent la pêche et a imprimé un vigoureux essor au développement de cette industrie.

Grâce à cette impulsion féconde et à l'accroissement de concessions qui en est résulté, le produit connu des pêches maritimes tunisiennes s'est élevé en 1904 à plus de 5.400.000 francs.

Quatre péniches gardes-pêche, solides et bien pontées, commandées par un capitaine garde-pêche et montées chacune par cinq marins indigènes, parcourent la région Sud, et leur incessante activité est nécessaire pour faire respecter les règlements par les pêcheurs d'éponges ; il serait à souhaiter que l'emploi de la vapeur leur donne une mobilité plus grande.

Des préposés à la pêche ont été institués à Djerba, à Kerkennah, à la Goulette ; dans les autres ports les capitaines sont chargés des questions qui concernent la pêche. Ils sont secondés par les divers agents des Travaux publics, tels que les douaniers, les gardiens de phares, le personnel des bateaux chargés de l'entretien des phares et des balises, etc.

Faune. — 1° Poissons sédentaires.

Raja, raie (plusieurs espèces) ; arts trainants, foëne.

Scyllium canicula Cuv., grande roussette (*raïa* B) (1) ; filets trainants, palangre.

Anguilla vulgaris Turt., anguille (*hanesch* B, *hanach*) ; se prend dans des bordigues spéciales, dans des nasses de formes variées. Septembre-novembre. Remonte dans les cours d'eau.

Conger vulgaris Cuv., congre (*gangrou* B). Palangres et ligne morte.

Muræna helæna L., murène (*mourina* B) ; *Mur. unicolor* Lowe ; ligne de fond, palangre, nasses.

Atherina hepsetus L., sauclet ou prêtre ; filets ou nasses.

(1) La lettre B indique que le nom indigène, mis entre parenthèses, a été emprunté aux statistiques du lac de Bizerte ; les autres noms indigènes se rapportent à la région sfaxienne et au golfe de Gabès. On remarquera les origines européennes d'un certain nombre de ces noms, surtout des bizertins.

Mugil cephalus Cuv., mulet d'été, *M. capito* Cuv., mulet d'hiver, *M. auratus* Risso, *M. saliens* Risso (*bouri* B, *bittoun* B, *bigeran* B, *kimri* B; *bouri, milla, karchoug*; Servonnet et Lafitte donnent les noms de *bouri, mouïla, kerchou*). Bordigues, cannat, épervier; août-septembre. Remontent les cours d'eau.

Gadus merlangus L, merlan (*nazalli* B); filets traînants; janvier-juin.

Gadus minutus L, capelan (*spigri* B); boguière, bœufs, canne.

Dicentrarchus labrax Jord. et Eigenm., loup ou bar (*karous* B); bordigues, nasses, ligne morte, tramail, tartarone; novembre-décembre.

Serranus cabrilla Cuv., serran (*serran* B); filets traînants, bordigues.

Box boops Bp., bogue (*bougha* B); boguière, bœufs, nasse; mai-juin.

Box salpa C. V., saupe (*chelba* B); filets traînants, épervier, bordigues; mars, septembre.

Cantharus lineatus Thomps., canthère grise; palangres, bordigues.

Chrysophrys aurata Cuv., daurade (*geraffa* B); bordigues, nasses, palangrote, tramail; septembre-décembre.

Mæna vulgaris C. V., mendole; tramail et tartarone; avril-mai.

Oblata melanura C. V., oblade (*kahleya* B); ligne de traîne, filets simples, parfois bordigues.

Pagellus mormyrus C. V., marbré (*mankous* B); bordigues, tramail et arts traînants; mai-juin.

Sargus annularis Geoffr., sparaillon, pataclé (*sbarès* B); bordigues, arts traînants, foène. Un petit sparaillon à chair peu délicate est appelé *ouzef* dans le golfe de Gabès (Servonnet et Lafitte).

Sargus vulgaris Geoffr., sargue ou sar (*bassar* B.); nasses, bordigues, tramail, palangre.

Mullus surmuletus L, rouget (*trilia* B, *mello*); *M. barbatus* L.; filets traînants, bordigues, tramail, nasses, juin-juillet, novembre-décembre.

Coris julis Gthr., girelle; paniers, arts traînants.

Labrus, nombreuses espèces, vieille, etc. (*zancour* B, *chérif*); tramail et lignes; toute l'année.

Seriola Dumerilii Risso, limon ou saumon, est sans doute le *serre* tunisien.

Solea variegata Gthr., limande (*balaï* B) ; filets traînants.

Solea vulgaris Quensel, et autres espèces, sole (*mendès* B) ; filets traînants, bordigues, foène.

Gobius paganellus L., goujon (*matsouni* B) ; lignes et filets traînants.

Gobius jozo L., *G. geniporus* C. V., *G. quadrimaculatus* C.V., etc.

Scorpæna porcus L. et *Sc. scrofa* L., rascasse ou scorpène (*bouquechach* B, *gachech* ; filets traînants, tramail, nasses ; toute l'année.

Trigla corax Bp., *T. lineata* L. Gm., grondin, rouget gris (*serdouk* B) ; filets traînants ; février-mai.

Blennius tentacularis Brünn., *Bl. pavo* Risso ; palangrote, paniers, bœuf.

2. Poissons aventuriers.

Centrina Salviani Risso, cochon de mer (*hallouf* B).

Squales divers : *Carcharias glaucus* Ag., *Squatina lævis* Cuv. ou ange, *Sphyrna zygæna* Raf., ou marteau ; foène, installations fixes.

Belone acus Risso, aiguille ; palangre de surface, aiguillière.

Cerna gigas Bp., méro ou mérou (*mannen* B, *mennen*) ; palangre, nasses, lignes de fond, foène ; juillet-août.

Sciæna aquila Risso, maigre (*lège* B) ; palangres, tramail, bordigues, filets traînants ; mai.

Umbrina cirrosa Cuv., ombrine (*korbous* B) ; palangre, tramail, arts traînants, bordigues, ; mai.

Dentex vulgaris Cuv., denté (*guerfel* B, *gatous*) ; palangres, lignes de fond, tramail, filets de poste ; mai-juin.

Pagellus erythrinus C. V., pageau (*mordjan* B) ; palangre ; juin-juillet.

Pagrus vulgaris C.V., pagre ; palangre.

Lichia amia Cuv., liche amie (*leitcha* B) ; palangre, tramail, rarement bordigues.

Trachinus draco L., *Tr. aranens* C. V., vive (*trassen* B) ; ligne de traîne, nasses, bœuf, filets divers ; mai-juin. Poisson venimeux.

3. Poissons migrateurs.

Clupea finta Cuv., alose finte (*chebouka* B) ; sardinal, tramail ; avril-juin. Remonte dans les cours d'eau.

Clupea aurita Gthr., allache ; sardinal.

Clupea pilchardus Art. Walt., sardine; sardinal, lampare.

Engraulis encrasicholus Cuv., anchois; sardinal, rissolle.

Trachurus Linnæi Malm., saurel (*srel* B); tartanon, palamidière; avril-mai.

Euthynnus pelamys Ltkn., Jord. et Gilb., bonite à ventre rayé (*balamita* B); palamidière, ligne de traine. *Euth. thunnina* Jord. et Gilb., thounine.

Thynnus thynnus White., thon; madrague, courantille, pêche à la cerne; *Thynnus alalonga* C. V., germon.

Sarda mediterranea Jord. et Gilb., pélamide ou bonite à dos rayé; se pêche comme les thons et les bonites; mai-juin.

Scomber scomber L., maquereau (*caval* B); mugelière, battude, lignes; avril-mai.

4. Reptiles.

Thalassochelys caretta Fitz., tortue caouane (*fakroun* B); se pêche à la main, dans les filets, parfois dans les bordigues.

Sphargis coriacea Gray, tortue luth (*bouzegza*).

Testudo mauritanica L., tortue terrestre.

5. Mollusques.

Ostrea edulis L., huitre comestible.

Pecten maximus Chemn., *Pecten jacobæus* Lam., coquille de Saint-Jacques.

Meleagrina albina Lam., petite pintadine.

Pinna nobilis L., jambonneau.

Lithodomus lithophaga L., datte de mer.

Cardium edule L.

Tapes decussatus Forb. et Hly, clovisse.

Donax trunculus Lam., haricot de mer.

Littorina neritoides L.

Murex brandaris L., *M. trunculus* L.

Sepia Fillionxi Lafont, seiche (*sibia* B, *chebia*); mars-mai.

Loligo vulgaris Ststrp., calmar ou encornet (*calamar* B).

Octopus vulgaris Lam., poulpe (*karnit* B, *granita*); septembre-décembre.

6. Crustacés.

Crabes divers.

Penæus caramote Desm., grosse crevette (*gambri* B); bœufs; mars-juin.

Homarus vulgaris M. Edw., homard ; nasses.
Scyllarus latus Latr., cigale.
Palinurus vulgaris Latr., langouste (*aghousti* B ; ce nom servirait aussi à désigner le homard); nasses ; mai-septembre.

7. Echinodermes.
Oursins.
8. Cœlentérés.
Corallium rubrum Lam., corail.
9. Spongiaires.
Euspongia officinalis var. *lamella* Schulze, oreille d'éléphant.
Euspongia officinalis var. *adriatica* Schulze, vit sans doute en Tunisie, mais ne paraît pas y être pêchée.
Euspongia zimocca Schulze, chimousse (*hadjemi*).
Hippospongia equina Schulze, var. *elastica* Lend.

Pêche des Poissons sédentaires et aventuriers. — En ajoutant à ces poissons (*ouzelf* B ou *khalt* B des indigènes) quelques espèces comme le maquereau, l'alose, qui n'ont d'ailleurs qu'une importance secondaire, on constate que la Tunisie a extrait de ses eaux 3.552.000 kilog. de poissons en 1903, 4.071.700 en 1904. Encore ne sont pas compris dans les relevés statistiques les poissons qui leur échappent naturellement, tels que ceux qui sont conservés par les pêcheurs ou leurs familles, ou qui sont vendus dans les petites agglomérations et qui n'acquittent aucun droit.

La moitié environ des quantités de poisson citées plus haut est fournie par les 1.103 pêcheries fixes des indigènes ou par celles des lacs amodiés. Le reste est capturé par des filets et des lignes de nature très diverse. Le poisson qui n'est pas retiré des installations fixes est en majeure partie pêché par les Italiens ; les principaux marchés de la Régence sont alimentés par eux à l'aide des bateaux-bœufs (1), des palangres, du tramail, du tartanon, de l'épervier. Les Maltais emploient aussi le palangre et le tramail, surtout à Monastir et dans la région sfaxienne. Les indigènes se servent également des palangres, au Sud de Sousse, et du tramail, surtout au Sud de Sfax ; l'épervier leur est

---

(1) Les marins pêchant au bœuf gagnent en moyenne 1 fr. 25 par jour et 1 fr. 50 les bonnes années.

familier, mais ils le manient de la côte, à pied. Ils parcourent ainsi la région comprise entre Bizerte et Porto-Farina, capturant les mulets à l'embouchure des petits oueds; on les retrouve avec le même engin sur toute la côte orientale, à partir d'Hammamet. Dans la région qui avoisine le golfe de Gabès et les parages de Zarzis, pendant les périodes de sécheresse, les indigènes prennent leur épervier et vont demander à la mer la nourriture que la terre leur refuse.

Les grands arts traînants, si productifs, mais en même temps si destructeurs que les Italiens les appellent les *brucciamare*, les brûle-mer, exploitent les fonds qui entourent Sousse, mais surtout le golfe de Tunis, et dans les deux points leur emploi répété trop près des côtes a déterminé un appauvrissement très sensible des fonds. Introduite en 1835 dans le golfe de Tunis par des bateaux de Bari et de Naples, cette pêche a pris en ces derniers temps une grande extension ; il y avait trois couples de balancelles en 1881, dix couples en 1889. Aussi les esprits avisés étaient-ils unanimes à demander que les dimensions des mailles des ganguis fussent étroitement surveillées et qu'un certain temps de repos fût accordé aux fonds toutes les années. En 1900, nous apprend le Rapport sur la situation de la Tunisie, la pêche aux bœufs continue à prendre une telle extension dans le golfe de Tunis qu'il est nécessaire de tenir la main à l'exécution du règlement et de détruire les filets traînants, à mailles étroites, apportés d'Italie par les pêcheurs. Près de vingt paires de balancelles exploitaient le golfe en 1901.

A Sousse il existe depuis trois ans une paire de balancelles de Bône, à pavillon français, et deux paires de balancelles de Bari. Les fonds de Tabarca reçoivent la visite de bateaux-bœufs venus de Bône, avec leur cale pleine de glace : on voit se profiler à l'horizon leurs voiles jumelles, et c'est tout. Nomades pressés de rentrer, les bateaux glacent le poisson à mesure de la levée du filet, puis regagnent Bône aussitôt que leur récolte est suffisante. Tabarca ne bénéficie en rien de leur présence. La pêche aux bœufs avait été essayée à l'Ouest du golfe de Bizerte : elle était très fructueuse, mais l'entreprise n'aurait pas donné de bons résultats, paraît-il, parce que les bateaux employés n'étaient pas aménagés pour conserver du poisson pendant un temps suffisant. Une paire de balancelles algériennes est venue en 1905 à Bizerte, à la suite de l'interdiction pour six mois qui a été édictée en Algérie : on a dû la renvoyer à cause des dimensions qu'avaient les mailles de ses filets.

Le chalutage à vapeur ne peut être pratiqué qu'avec une autorisation expresse du Directeur des Travaux publics. M. Coste a essayé en 1899 de traîner l'*otter trawl* à l'ouverture du golfe de Tunis et sur le banc des Esquerquis avec un vapeur de 150 chevaux et un équipage français entraîné. Le résultat obtenu n'a pas été suffisamment rémunérateur, et l'entreprise a été abandonnée.

Le gouvernement a fixé une dimension minima de 10 centimètres pour les poissons pêchés, transportés ou mis en vente ; exception faite pour les espèces qui à l'état adulte restent au-dessous de ces dimensions (anchois, sardines, soclets, etc.). Les poissons de trop petites dimensions ne peuvent pas être non plus employés comme appâts. La vente des œufs de poissons est également interdite.

Un certain nombre de procédés de pêche sont déclarés délictueux. Il est défendu :

1° De répandre dans l'eau de la mer, le long des côtes, des substances destinées à appâter, enivrer ou empoisonner le poisson ;

2° D'employer des armes à feu ou des matières explosibles ;

3° De pêcher au feu ;

4° De pratiquer des canaux sous-marins conduisant le poisson à des filets placés à leur extrémité ;

5° D'épouvanter le poisson autrement qu'avec des avirons pour le faire fuir dans les filets et de troubler l'eau par des moyens quelconques.

Le jet à la mer des résidus d'usines est subordonné à une autorisation expresse du Directeur général des Travaux publics.

Malgré les interdictions précédentes la pêche à la dynamite est pratiquée clandestinement, par des Italiens surtout, entre Monastir et le cap Roux.

Si nous cherchons à embrasser d'un coup d'œil l'état de la pêche côtière en Tunisie, nous voyons que la pêche est active dans certaines régions, tandis que d'autres sont presque entièrement délaissées par les pêcheurs.

Le poisson est à Tabarca très abondant et de belle taille, les rougets de 700 grammes n'y sont pas rares et dans les eaux du cap Négro vivent des mérous très estimés. Mais les moyens de communication sont insuffisants encore et, bien qu'une partie du produit de la pêche soit expédié à la Calle, à Béja, à Souk-el-Arba, les bons pêcheurs trouvent que la vente du poisson n'est pas toujours assurée à des prix assez rémunérateurs, et certains d'entre eux ne viennent à Tabarca que d'une manière temporaire. Toute la région comprise entre Tabarca et Bizerte manque de pêcheurs sédentaires.

A Bizerte la plupart des barques inscrites en 1905 sur les registres du port sont siciliennes, une d'elles cependant est maltaise ; les lignes et les filets, concurremment avec les pêcheries du lac, alimentent Bizerte d'une manière bien suffisante, ainsi que les campagnes de Mateur : les daurades se vendent dans les rues de Bizerte au prix moyen de 0 fr. 70 à 0 fr. 80 le kilo, les loups atteignent 1 fr. 25. La pêche est fort active à la Goulette, et l'épervier, les lignes et les filets divers aident les balancelles à fournir de poisson le marché de Tunis. De Tunis les produits de la mer pénètrent par chemin de fer vers Béja, vers Souk-el-Arba, vers Zaghouan.

Au Sud du cap Bon les espèces sont à peu près les mêmes que sur les rivages du Nord, avec cette différence cependant que la mendole et le merlan y sont plus rares. Kélibia, Nabeul et Hammamet, bien que situées au bord de la mer, ne sont pas alimentées de poisson d'une manière suffisante ; quelques expéditions de marée sont faites cependant d'Hammamet sur Tunis, par chemin de fer, mais cette riche région est en réalité presque entièrement inexploitée. Cette situation ne s'améliorera que lorsque un bon abri pour les bateaux de pêche aura été construit dans ces parages. Sousse reçoit depuis quelques années du poisson en assez grande abondance, mais les expéditions qui en sont faites sur Kairouan et surtout sur Marseille diminuent dans une très forte proportion les quantités qui sont offertes à la consommation locale ; les palangriers sont obligés d'aller chercher assez loin des fonds que n'aient pas bouleversé les balancelles. Les principales espèces qui paraissent sur le marché de Sousse sont le pageau, les rougets, le loup, le mérou, les mulets.

A partir de Monastir la pêche est surtout exercée par les indigènes et le poisson qu'ils prennent dans les parages de cette ville est en partie envoyé à Sousse ; au Sud de Monastir se trouvent quelques villages dans lesquels vit une population d'habiles pêcheurs. Mehdia est entourée de fonds rocheux où abondent les mérous et les poissons de roche savoureux ; cette ville est approvisionnée d'une manière à peu près suffisante. Plus au Sud s'étend le règne des pêcheries fixes dont le grand nombre, autour de Kerkennah surtout, aide à amener une surproduction dont bénéficie Sfax, ainsi que la région de Gafsa, reliée à Sfax par une voie ferrée. Si le poisson est abondant à Sfax, il y est en revanche assez peu varié. Les agglomérations qui sont plus au Sud sont convenablement alimentées. Dans tout le golfe de Gabès on pêche, comme à Sfax, à l'aide du tartanon, du tramail et des palangres.

Le poisson pêché sur les côtes de la Tunisie était soumis avant 1897 à un droit (*mahsoulat*), manifestement exagéré, de 25 o/o *ad valorem*, ce qui obligeait le pêcheur à faire vendre à la criée le produit de sa pêche et à céder à des intermédiaires une partie des bénéfices qu'il pouvait espérer recueillir.

Ce régime a été modifié depuis 1897. Les droits de débarquement, de vente, de colportage, etc., sont supprimés. Les divers produits de la pêche ont été divisés en six catégories, imposées ainsi qu'il suit dans les villes de 500 habitants et au-dessus (décret du 31 mai 1899).

Première catégorie à 2 francs les 100 kilogrammes. — Allaches, aloses fintes, arapèdes, barbeaux communs, bigorneaux, coquillages non dénommés, petites daurades, goujons, limandes, petits merlans, bigerans, sardines fraîches, oursins, seiches.

Deuxième catégorie à 5 francs les 100 kilogrammes. — Anchois frais, anges, canthères grises, clovisses, crabes, encornets, grondins, maigres, gros merlans, petits mulets et mulets écorchés, oblades, pageaux, perches (vieilles), petites raies bouclées, petits rougets, saupes, saurels, serrans, thons.

Troisième catégorie à 10 francs les 100 kilogrammes. — Congres, daurades grosses, liches amies, maquereaux, marbrés, mérous, murènes, ombrines, poissons de roche (girelles), poissons divers et menus poissons, rascasses, rougets gris, sardines salées, sargues.

Quatrième catégorie à 16 francs les 100 kilogrammes. — Anchois salés, bonites, cigales, loups, pélamides, soles.

Cinquième catégorie à 20 francs les 100 kilogrammes. — Huîtres, crevettes, homards, langoustes, boutargues de mulet et de thon.

Sixième catégorie, exempte d'impôt. — Anguilles, squales, chiens de mer, grosses raies.

Moyennant le paiement de ces taxes, le commerce et le colportage du poisson sont libres. La vente à la criée est facultative et est grevée d'une taxe de 2 o/o au profit de l'administration de la criée.

Cette réglementation n'a pas été favorablement accueillie par les pêcheurs, qui trouvent les droits d'entrée trop élevés aux époques où le prix de vente de certains poissons vient à baisser d'une manière

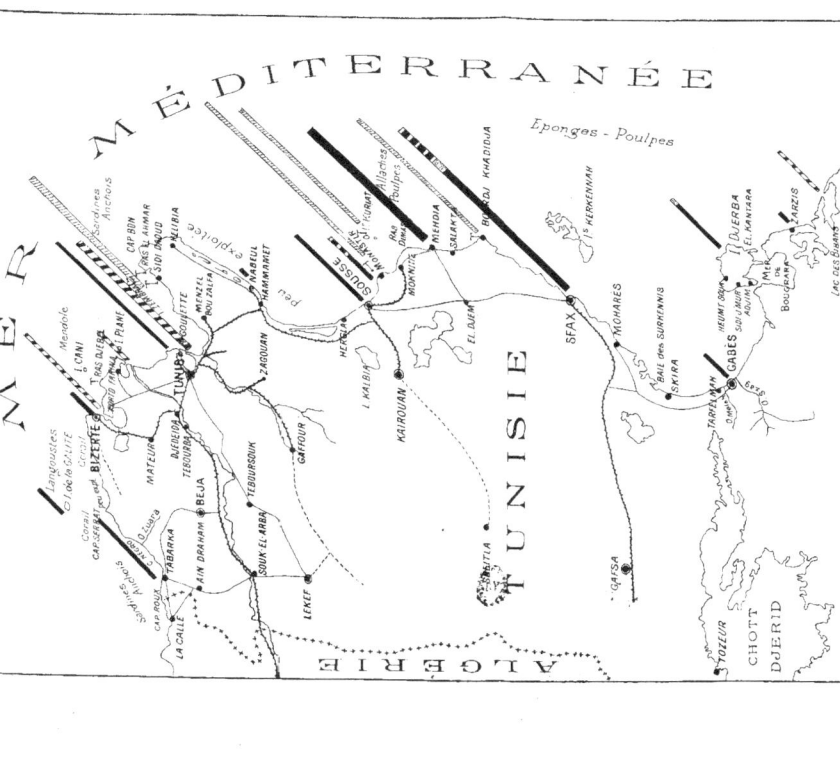

PÊCHERIES DE LA TUNISIE EN 1904

La surface occupée par le trait placé en regard de chaque centre de pêche port, littoral, lac annulé est proportionnelle au produit de la pêche dans ce centre, à raison de 1 millimètre carré de surface pour 10 tonnes de produits pêchés. On y distingue en cinq catégories de produits : les poissons de surface (traits pleins), les éponges (traits pointillés), les poulpes (traits barrés transversalement), les produits des lacs annulés (traits barrés obliquement), et enfin les produits des thonaires (traits hachurés).

exceptionnelle ; ils auraient préféré voir modifier, en l'abaissant, la taxe *ad valorem*, qui avait l'avantage d'être très élastique, et de suivre les fluctuations du marché. De plus, les pêcheurs n'ont pas su profiter des facilités qui leur ont été données de vendre par eux-mêmes ce qu'ils ont pêché ; l'initiative voulue leur a fait défaut, et parfois une fierté mal placée les a retenus. « Une Maltaise se croirait déshonorée en vendant du poisson dans les rues de Tunis (1) » ; une indigène ne peut en vendre dans aucune ville.

Les pêcheurs ont donc continué à passer par la criée, acceptant de payer 2 o/o aux commissaires-priseurs, de payer aussi les 2 o/o supplémentaires dont les commissaires-priseurs de Tunis les ont imposés pendant plusieurs années contre toute équité ; ils ont continué à laisser prendre un bénéfice, qui aurait pu leur revenir, aux intermédiaires revendeurs au détail, horde bruyante et sans scrupule qui n'hésite pas à employer la violence pour se rendre maîtresse du marché à la criée, et pour déterminer ainsi un avilissement des cours dont ne profite pas le public.

L'exemple de Monastir est bien caractéristique à ce point de vue. La municipalité de cette ville a voulu mettre un terme aux abus auxquels se livraient les revendeurs du poisson et leur a interdit, en avril 1905, d'acheter du poisson aux pêcheurs avant 10 heures du matin, heure où la plupart des ménages ont fait leurs achats. Bien rares ont été les pêcheurs qui ont su tirer parti de la situation en détaillant eux-mêmes leur pêche : il est vrai que ceux-là ont eu une situation exceptionnellement avantageuse, car la défection des autres pêcheurs a monopolisé entre leurs mains le commerce local du poisson. Les autres pêcheurs ont vendu clandestinement leur récolte aux revendeurs, d'où procès-verbaux pour ceux-ci, ou bien l'ont purement et simplement expédiée sur Sousse ; d'autres encore sont allés à Sousse, avec leurs engins et leur barque, chercher une municipalité qui s'occupât moins d'eux. Il leur plaît d'être battus et il sera difficile sans doute de secouer leur apathie.

La nouvelle réglementation de la vente du poisson en Tunisie a donc manqué son double but, qui était d'améliorer la condition des pêcheurs et de faire payer moins cher par les consommateurs les divers produits de la mer. Les prix de ceux-ci subissent, au contraire, une

---

(1) M. de Fages. Procès-verbaux de la Commission de Colonisation, 11 mars 1904.

hausse graduelle, due à ce que l'argent devient plus abondant dans la Régence, amenant, avec plus de bien-être, un renchérissement des vivres, et à ce que le poisson peut être facilement expédié de la Tunisie vers des pays où les marchés offrent des prix avantageux. Il existe cependant des régions où ce renchérissement ne s'est pas fait sentir encore : dans le Sud, loin des villes, où les pêcheurs indigènes savent se contenter de modiques bénéfices ; dans les îles du golfe de Gabès, où la moitié de la population est ichthyophage ; dans la région qui est au Sud de Monastir et où les agglomérations de la campagne sont inondées de poisson à bon marché par les petits villages de pêcheurs indigènes de la côte, notamment par Saiada.

En présence de cette élévation graduelle des prix, la Conférence Consultative a émis le vœu que les droits soient supprimés sur le poisson autre que le poisson de luxe (mai 1904).

Le gouvernement de la Régence soumet à un droit d'entrée de 8 o/o *ad valorem* le poisson pêché à l'étranger, à l'exception du poisson frais d'eau douce autre que les salmonidés, pour lequel le droit est de 5 francs les 100 kilogrammes. Ces taxes sont notoirement inférieures à celles qui sont imposées aux produits tunisiens, indiquées plus haut, et qui atteignent souvent 20 o/o *ad valorem*. Il y a là une anomalie appelée sans doute à disparaître.

Le poisson exporté à l'état frais doit acquitter, en sortant, une taxe de 2 francs par 100 kilos. Ses principaux débouchés sont en France, en Italie et à Malte.

En France le droit de douane est de 20 francs par 100 kilos pour le poisson à l'état frais, de 25 francs pour le poisson préparé. Cependant le poisson frais, pêché sur les côtes de la Tunisie par des équipages et des bateaux immatriculés dans un port français, est admissible en franchise dans la métropole s'il est importé directement par un navire français.

L'Italie constitue aussi un bon débouché pour le poisson tunisien : frais, celui-ci n'a aucun droit à acquitter. Naples reçoit du poisson frais, notamment de Sousse. Un certain nombre d'expéditions d'anguilles vivantes sont faites de Bizerte et de Tunis à destination de l'Italie. L'anguille, abondante dans la Régence comme en Algérie, n'y est pas consommée par les indigènes.

Malte ne fait payer aucune taxe au poisson frais ou préparé ; quelques expéditions de poisson frais, de Sousse, nous ont été signalées.

Mais c'est la France qui reçoit la majeure partie, la presque totalité du poisson frais tunisien exporté, et ce sont surtout les amodiataires des lacs tunisiens qui alimentent ce commerce. Les expéditions sont faites de Tunis, de Bizerte et de Sousse.

Il faut compter pour cette dernière ville sur un fret de 40 francs par tonne sur Marseille (45 francs par la Compagnie Transatlantique), plus 6 francs de frais d'embarquement et de débarquement spécial. Le poisson est mis dans des caisses très variables de forme, qui tiennent de 80 à 200 kilogrammes de poisson ; celui-ci est disposé sur des châssis qui portent un lit de poisson recouvert d'une feuille de papier, puis de glace pilée. La glace est fournie par une usine de Sousse, elle est renouvelée à Tunis. Le poisson n'est jamais acheté aux palangriers de Sousse moins de 45 francs les 100 kilogrammes ; celui des balancelles est meilleur marché.

Le poisson expédié de Tunis est fourni par les balancelles qui sillonnent son golfe, par les pêcheries des lacs de Tunis, des Bibans et de Porto-Farina ; Bizerte envoie celui de son lac. Ces expéditions sont faites dans de lourdes caisses renfermant environ 100 kilogrammes de poisson. Marseille a reçu de Tunisie les quantités suivantes de poissons frais (chiffres de l'Administration des Douanes) :

	1889	1890	1891	1892	1893	1894
kilog.	285.557	319.454	345.214	321.642	239.184	308.990

Avant d'examiner la situation de la pêche dans les diverses concessions, nous allons dire un mot des industries annexes.

Nous avons déjà suffisamment parlé des revendeurs de poisson (1) ; ils sont généralement italiens ou maltais.

Le séchage et le salage du poisson sont pratiqués en divers points. Dans le Sud on fait sécher, à l'usage des caravaniers du Djerid et du Soudan, les poissons qui proviennent des pêcheries de Djerba ou des pêcheries fixes (chiens de mer, petits squales, raies, ouzefs, etc.). Les pêcheurs du golfe de Gabès salent et font sécher des bonites, des pélamides, des maquereaux pour lesquels ils trouvent des débouchés en Sicile. Des Siciliens viennent périodiquement, d'avril en juin, pêcher et saler la mendole au large des îles du Nord de la Tunisie, à la Galite,

1) A Sousse ils sont appelés *gachars*.

à Cani, à Zembre; ils rapportent chez eux le produit de leur pêche, non sans en avoir vendu quelques barils à Tunis. Dans la région du Nord, à l'oued Zuara notamment, on sale les barbeaux après les avoir ouverts comme des morues; le produit ainsi obtenu, à chair très rouge, est expédié à Alger où les israélites l'achètent à raison de 0 fr. 20 la pièce. Les Italiens qui pêchent aux bœufs salent légèrement et font sécher sur leurs bateaux toutes sortes de poissons divers : raies, mulets, merlans, roussettes, chiens de mer, etc., surtout quand approche l'époque de la clôture annuelle de la pêche aux arts traînants. Ces salaisons sont emportées pour la nourriture personnelle des hommes de l'équipage. Le poisson sec ou salé, pêché par des barques italiennes, entre en Italie en franchise.

Le sel, vendu 45 francs la tonne par l'Administration des Monopoles, est cédé à 20 francs aux possesseurs d'installations fixes de pêche. Les ateliers de salaisons doivent être établis hors des villes. Les poissons salés, séchés ou conservés, ainsi que la boutargue sont exemptés de tout droit d'exportation.

La fabrication des conserves de poisson a pris une certaine importance. Une usine avait été établie à Bizerte, de commun entre la Compagnie concessionnaire et la maison Prevet ; on y préparait, conservés à l'huile ou au beurre ou marinés, des daurades, des bars, des rougets, des mulets, des soles, etc. Cette usine n'a eu qu'une existence éphémère. Une autre a été créée par la *Société Française des Grandes Pêcheries* à El Kantara, au sud de l'île de Djerba ; elle utilise surtout la main-d'œuvre indigène et maltaise et peut traiter par jour 2.000 kilos de poissons (loups, mulets, mérous, etc.). Elle livre des boîtes contenant du poisson recouvert par une sorte de gelée ferme, extrêmement savoureuse, véritable extrait de poisson. Les résidus de fabrication de cette gelée, d'abord utilisés pour l'élevage des porcs, sont actuellement traités à la presse hydraulique; ils fournissent ainsi un concentré pour soupes de poissons et des tourteaux que l'on compte expédier pour l'alimentation des coolies. Il semble qu'il y ait là une industrie appelée à un grand avenir ; mais il est indispensable, pour que la fabrication des conserves puisse prendre l'importance que l'on peut attendre d'elle, que la barrière douanière française soit moins difficile à franchir qu'elle ne l'est actuellement.

Un certain nombre de Bizertins vont pêcher, paraît-il, dans les lacs de la Calle et y fabriquent de la boutargue vendue de 4 à 5 francs le kilo ; celle-ci servirait principalement à frauder celle de la Compagnie du Port de Bizerte, dont il sera question plus loin.

Lac de Bizerte. — La Compagnie concessionnaire a été investie jusqu'en 1964, par décret du 11 novembre 1889, du monopole de la pêche, de la pisciculture, etc. dans les lacs de Bizerte et d'Ishkeul, les produits pêchés par elle étant exempts de droits intérieurs et de droits de sortie. Elle a eu aussi jusqu'en 1896 le monopole de la pêche dans la basse Medjerdah. Avant 1889 le fermage de la pêche dans le lac de Bizerte était mis en adjudication pour des sommes qui se sont élevées jusqu'à 150.000 francs par an.

Dans ce lac merveilleux, véritable mer intérieure de 150 kilomètres carrés, se jouent une cinquantaine d'espèces différentes de poissons. En nous basant sur les résultats de la pêche, en 1898 et 1899, nous voyons que les espèces les plus communes sont les suivantes :

Daurades.....	42 o/o	des produits pêchés
Mulets........	28 o/o	—
Sars..........	5,4 o/o	—
Marbrés	4,9 o/o	—
Loups........	4,8 o/o	—
Saupes........	3,4 o/o	—

Les daurades de Bizerte sont célèbres depuis longtemps ; Cuvier et Valenciennes nous disent que les plus grandes daurades de leur collection viennent du lac de Bizerte, et que ce sont celles qui ont servi à la description de Cuvier.

Les mulets y atteignent également de fort belles dimensions, et la présence de nombreux individus jeunes montre avec évidence que le genre *Mugil* s'est actuellement acclimaté dans le lac et peut y accomplir toute son évolution. Les autres espèces, et la plupart des mulets aussi, poussés par leur instinct, vont à la mer à époque fixe. Voici d'après MM. de Fages et Ponzevera, l'époque principale de ces migrations :

Daurade..................	fin octobre à décembre.
Mulets (*kimri* et *bittoun*)..	novembre à février.
» (*bouri* et *bigeran*)..	juillet à février.
Sar.....	
Marbré..................	avril à juin.
Loup....................	décembre, janvier.

L'anguillle, l'alose, le mulet remontent le canal sinueux de l'oued Tindja, par lequel le lac de Bizerte communique avec l'Ishkeul ; les eaux saumâtres et peu profondes de celui-ci s'étendent sur 120 kilomètres carrés. La pêche n'y est pas pratiquée, mais sur le Tindja, tout près du pont du chemin de fer, s'élèvent les bordigues, restaurées par la Compagnie concessionnaire, pour la capture des espèces qui descendent vers le lac de Bizerte.

Les anciennes bordigues indigènes du canal de Bizerte ont été enfouies sous les terrassements, lors du creusement du nouveau canal, et leurs piquets sont encore visibles, parfois, lorsque des éboulements se produisent sur les berges. Un long barrage de 1.200 mètres, attaché à Ras-el-Ouzir, maintient captif le poisson du lac. Il est formé de panneaux de toile métallique, à mailles de 4 centimètres, soutenus par des pieux métalliques tubulaires dont la hauteur atteint en certains points 18 mètres. Aux points reconnus comme les plus favorables ont été ménagés des bassins, grands et petits, où vient se rassembler le poisson qui se dirige vers la mer. De place en place sont une vingtaine de chambres mobiles de 4 mètres de côté, à armature de bois et formées de toile métallique ; le côté qui regarde le lac possède une ouverture, fente verticale à lèvres mobiles hérissées de pointes, qui est sur le modèle de celles des bordigues. Une passerelle court tout le long du barrage, sauf au milieu où se trouve une passe, large de 50 mètres, pour donner passage aux navires. Celle-ci est bordée de deux pylones supportant un filet mobile, que l'on abaisse pour les besoins de la navigation.

Cet ensemble de constructions a coûté environ 250.000 francs ; la Compagnie dépense pour sa pêcherie une centaine de mille francs par an. En plus des visites continuelles que fait un scaphandrier pour vérifier le bon état du barrage, on relève tous les mois les panneaux métalliques et tous les quatre mois environ les chambres. La toile métallique porte des algues, des formations diverses qui agglutinent le sable ; il est nécessaire de la nettoyer par un brossage soigné, puis de l'enduire de coaltar.

Un courant énergique se produit alternativement dans un sens et dans l'autre, par le canal de Bizerte, et le poisson a l'habitude de marcher en sens inverse du courant. On utilise pour la pêche cette notion, ainsi que le besoin physiologique qui porte les espèces à venir de la mer dans le lac, puis à regagner la mer au moment de la fraie.

Lorsque le courant va du lac vers la mer, par le magnifique fleuve artificiel que nous avons creusé, on ouvre le barrage à l'est. Il est rare qu'on cherche à prendre les poissons à ce moment, car ils ne sont pas assez en chair. Lorsque le courant vient de la mer les poissons du lac, par petites familles, pénètrent dans les grands bassins, d'où on les fait passer dans les petits en les effrayant ; on attend qu'ils soient en nombre suffisant pour les retirer par un coup de filet ; il en est de même pour les chambres : on laisse les poissons s'y accumuler à loisir, et parfois leur nombre est tel que la chambre est littéralement remplie par une masse grouillante qui s'affole et s'éhroue dans la recherche d'une introuvable issue, au milieu du scintillement des écailles et de l'écume de l'eau. Pour vider les chambres, on y introduit verticalement une nappe de filet bordée d'un fort bambou de chaque côté ; en relevant le filet et son armature on ramène la population prisonnière et on n'a plus qu'à vider avec un salabre le contenu du filet.

Mais ce ne sont pas là, à proprement parler, les véritables pêches du lac de Bizerte. C'est au filet que se font celles-ci. Un *raïs* ou capitaine indigène, d'une expérience consommée, surveille attentivement les eaux du lac. Son regard exercé sait reconnaître, au scintillement spécial, au remous particulier de la surface, la présence et l'importance probable d'une troupe de poissons qui esquissent un mouvement de migration. A son appel les pêcheurs sautent en barque, entourent avec leurs filets le banc signalé et le poussent généralement dans l'anse qui est à l'Ouest de la pêcherie. Il se fait ainsi des hécatombes, des *matanzas* de 5 à 6.000 daurades. Bouchon-Brandely et Berthoule parlent de la capture, avant les travaux actuels, d'un banc de 22.000 daurades du poids de 2 à 5 kilos.

Aussitôt pêché le poisson est pesé, afin de pouvoir établir la valeur de la part des pêcheurs ; puis il est mis en vente à Bizerte, à Tunis, à Paris *viâ* Marseille. Le poisson qui va à Tunis ou à Marseille est mis sous glace, la tête de chaque poisson enveloppée dans un cornet de papier. Les mulets sont ouverts et leurs ovaires servent à faire de la boutargue. L'Italie demande des anguilles vivantes.

Les pêcheurs sont pour la plupart indigènes ; cependant, quand le besoin s'en fait sentir, on fait appel aux Italiens de la Goulette, à quelques Maltais. Les filets sont faits sur place ; ils sont de dimensions variables.

Le rendement du lac est malheureusement en forte diminution depuis quelques années. Les travaux de construction du bassin de radoub, la navigation incessante dans le lac obligent à abaisser de plus en plus souvent le filet mobile et effraient le poisson, qu'effarouchent davantage encore les lancements de torpilles dont le lac est parfois le théâtre. Peut-être aussi l'agrandissement du canal, qui a modifié dans de grandes proportions le régime antérieur du lac, a-t-il diminué son habitabilité ou tout au moins son attrait pour les espèces qui le fréquentaient si volontiers.

Voici le résultat de la pêche au cours des dernières années :

1893...	Kg. 262.000	1899...	Kg. 507.000	1902...	Kg. 338.000
1895...	339.000	1900...	600.000	1903...	287.000
1897...	529.000	1901...	445.000	1904...	300.000

Le prix moyen de vente a été de 0 fr. 50 à 0 fr. 55 le kilo.

Fait intéressant, à mesure que le rendement du lac a diminué, la pêche côtière a pris dans le golfe de Bizerte une extension plus grande :

1900...	Kg. 31.555	1902...	Kg. 91.228	1904...	Kg. 82.114
1901...	58.470	1902...	117.295		

Les revenus que tire de la pêche la Compagnie du Port sont actuellement bien faibles, même en y comprenant les recettes supplémentaires que fournit la fabrication de la boutargue. La préparation de celle-ci commence en juin-juillet ; elle est faite avec les ovaires du mulet d'été, plus petits que ceux du mulet d'hiver. Cette différence de taille est largement compensée par le nombre beaucoup plus considérable des mulets d'été, aussi est-ce cette dernière espèce qui fournit la plus grande partie de la boutargue de Bizerte. Celle-ci trouve un débouché facile en France et dans le Levant (1).

Lac de Porto-Farina. — Ce lac a été amodié à M. Lisbonis en 1897 ; la concession est actuellement entre les mains de M. Demange et doit prendre fin au 1er janvier 1926. Les clauses sont identiques pour la

---

(1) Nous apprenons que le rachat du monopole de la pêche dans les lacs de Bizerte et d'Ishkeul a été décidé en principe, ce qui permettrait de supprimer le filet mobile du barrage, très gênant pour la navigation et dont le maniement grève assez lourdement le budget de la Marine. Le lac Ishkeul serait amodié ; rien ne serait encore décidé au sujet du régime à appliquer au lac de Bizerte. (*Note ajoutée au cours de l'impression.*)

LA PÊCHE DANS LES CHAMBRES DU BARRAGE DE RAS-EL-OUZIR (COMPAGNIE DU PORT DE BIZERTE)
(Cliché communiqué par M. le Directeur général des Travaux publics de la Tunisie.)

plupart avec celles des autres amodiations de lacs tunisiens : interdiction de pêcher aux arts traînants, de céder l'amodiation à un tiers sans une autorisation spéciale, retour à l'État, à l'expiration de l'amodiation, de toutes les installations fixes, obligation de fournir un relevé trimestriel. La redevance annuelle est de 500 francs.

Le lac est peu profond, vaste de 30 kilomètres carrés environ ; il communique avec la mer par une passe large de 500 mètres et profonde de un mètre. Les principales espèces qui l'habitent sont la daurade, bien moins grosse que celle du lac de Bizerte, l'anguille, le loup, le merlan, le marbré, la sole. La montée se fait de mars à fin avril. Des bordigues en panneaux de toile métallique ont été installées à l'entrée du lac et l'amodiataire a obtenu des Habous la location d'une bordigue située entre le lac et la pointe de Sidi-el-Meki.

En plus du poisson retiré des quinze chambres de capture des bordigues, une certaine quantité est aussi fournie par la pêche au tramail. Les rendements ont été assez faibles au début : 31 tonnes en 1898, 66 en 1899. Puis M. Demange a loué le lac à des Maltais qui ont eu tôt fait d'accroître la production, et la pêche de 1904 s'est élevée à plus de 115 tonnes.

Une notable partie du poisson est vendue à la criée de Tunis, où elle est portée par la route. En été il est nécessaire d'avoir recours à la glace pour que les 50 kilomètres qui séparent Porto-Farina de Tunis soient franchis sans encombre. Marseille constitue un autre débouché : on y expédie surtout des loups, des daurades et des soles.

Lac de Tunis. — Pendant longtemps le poisson du lac de Tunis est resté l'apanage de la classe pauvre de la population, à laquelle il s'imposait par son bon marché. Le lac dans lequel se reflètent les vols de flamants roses et les minarets de Tunis, est aussi le dépotoir dans lequel se jettent les déjections de près de 200.000 habitants. Aussi comprend-on la défaveur qui s'est attachée pendant longtemps aux poissons qu'en retiraient les pêcheurs italiens de la Goulette. Mais depuis que le chenal du port a été creusé, l'eau du golfe pénètre facilement dans le lac et, avec l'aide de la passe du pont de Radès et du vieux canal de la Goulette, il se produit un renouvellent incessant de l'eau de la petite mer, *El Bahira*.

L'Administration des Travaux publics, dans le but de favoriser la colonisation maritime de la Tunisie, divisa en 1896 le lac en sept lots et les mit en adjudication ; M. Coste fut adjudicataire pour les sept lots moyennant une redevance annuelle de 17.748 francs. Le même entrepreneur, ou plutôt la société *Les Pêcheurs réunis* qu'il a fondée, a fait également l'acquisition de la *pêcherie Morali*, concédée en 1862 et située à l'Est du lac. M. Coste est donc seul amodiataire du lac, de 50 kilomètres carrés de superficie, lagune dont la profondeur n'excède pas $1^m 50$. La concession doit expirer en 1910 pour l'ensemble du lac, en 1926 pour la pêcherie Morali.

Le lac de Tunis est coupé de l'Est à l'Ouest par le chenal obtenu à l'aide de dragages dont les déblais ont été rejetés de chacun de ses côtés et ont formé deux longues levées de terre. Sur celles-ci viennent s'attacher les bordigues, actuellement munies de dix-huit chambres et qui ferment les ouvertures du chenal (au Nord et au Sud du port à l'Ouest, au niveau du large canal du chemin de Radès à l'Est, ainsi que des canaux à petite section de l'Est). Les roseaux ont donné de mauvais résultats (1) : l'espace réglementaire de deux centimètres qui les séparait était trop faible, car les algues l'obstruaient rapidement, et il se créait ainsi, d'un côté à l'autre du barrage, une dénivellation dangereuse pour lui et qui pouvait aller jusqu'à $0^m 30$; cet espace était cependant trop considérable, car il laissait passer les soles et les petites daurades qui fréquentent le lac. L'installation actuelle est faite en panneaux de toile métallique, maillés à $0^m 031$, maintenus en place par des tubes de fer enfoncés de 2 mètres dans la vase du fond. Les barrages sont interrompus au niveau des chambres de capture et, en sens inverse, aux points où sont placées les bouches d'entrée.

Les canaux à petite section de l'Est sont le siège de courants violents par gros temps ; aussi en ce point a-t-il été nécessaire de consolider fortement le barrage ; il a fallu aussi y établir des pare-algues, sortes de V très ouverts, à pointe dirigée vers l'intérieur du lac. Ils sont formés de panneaux de fil de fer maillé à $0^m 12$, solidement maintenus et soit de terre, soit de la passerelle qui les surmonte, on les débarrasse des algues qui les encombrent. Les panneaux des pare-algues peuvent être enlevés quand l'eau est calme et les courants peu marqués. En mars et en avril les barrages doivent réglementairement être enlevés ; le poisson reste cependant à ce moment dans le lac et celui du golfe y pénètre.

(1) Voir E. Coste. *La Pêche dans le lac de Tunis ;* Tunis, 1900.

La pêche ne se fait pas à une distance des barrages moindre de 1000 mètres, elle est pratiquée par 17 pêcheurs à pied et par 8 barques, dont 5 françaises, montées par 29 hommes, dont 17 naturalisés français. Ce sont les anciens pêcheurs du lac, auxquels l'amodiataire a conservé ainsi leur occupation journalière ; ils quittent la Goulette le lundi matin et y rentrent le samedi soir. Au dire de M. Coste, ce sont des marins d'une sobriété exemplaire, ainsi que le personnel employé aux installations fixes, et ils se nourrissent exclusivement de pain, de poisson et d'eau.

Les principales espèces qui vivent dans le lac sont : l'anguille, la sole, la daurade, le loup, le mulet d'été et le mulet d'hiver, le mulet doré ; les époques de leur migration sont :

Pour la sole............. mai-juin.
le mulet d'été...... août-septembre.
» doré...... septembre-octobre.
la daurade......... octobre-novembre.
l'anguille........... décembre.
le mulet d'hiver.. } décembre-janvier.
le loup............ }

Les pêches le plus abondantes se produisent dans le deuxième semestre de l'année.

D'après M. Coste la faune du lac serait des plus riches et il suffirait d'une quinzaine de jours pour que les poissons y viennent bien en chair. La taille des individus pêchés aurait grandi depuis l'installation des barrages et ceux qui ont été empêchés de descendre vers la mer n'ont donc aucunement souffert de leur claustration. Les spares, qui avaient complètement disparu, sont revenus et il en a été pêché quelques tonnes en 1899 ; de même le mulet d'hiver reparaît graduellement, mais la daurade n'acquiert jamais une grande taille dans le lac. De temps en temps malheureusement surviennent des journées de sirocco qui amènent la mort de beaucoup de poissons.

Les paniers employés à la manipulation du poisson sont en rotin, bien plus résistant que l'osier. Ils sont continuellement occupés, la pêcherie du lac de Tunis étant celle qui donne en Tunisie les plus brillants résultats : 520.500 kilos en 1903, 608.700 en 1904, alors qu'avant l'amodiation le lac ne produisait guère qu'une centaine de tonnes. Les quatre cinquièmes de ce poisson sont portés à la poissonnerie de Tunis, où le prix moyen de vente à la criée est de 0 fr. 50 ; une certaine quantité est expédiée, à la glace, dans des caisses doublées de zinc, à casiers en tôle galvanisée et bois, et renfermant 100 kilos de poisson.

Des expéditions d'anguilles vivantes se font à destination de l'Italie et de l'Allemagne. L'envoi de salaisons en Orient n'a pas donné des résultats encourageants.

Lac des Bibans. — Cette belle nappe d'eau, qui s'étend sur environ 300 kilomètres carrés et qui communique avec la mer par de nombreuses passes dont la principale a 2 mètres de profondeur, a été de tous temps exploitée pour la pêche et les Accara y avaient installé de remarquables pêcheries fixes. Les espèces animales y sont abondantes et très diverses ; on y trouve des poissons de roche, qu'il est anormal de rencontrer dans les lagunes, et qui voisinent avec les types des étangs salés. D'une manière générale la faune des Bibans est caractérisée par le grand nombre des espèces de la pleine mer qui s'y rencontrent. Voici en effet, rangés par ordre d'importance, les poissons que l'on y pêche : rascasse, loup, daurade, rouget, merlan, sole, sar, pageau, mérou, bonite, sardine, anchois, mulet, poissons de roche des côtes de Provence.

Le lac des Bibans a été amodié par voie d'adjudication en 1896, avec les clauses habituelles. Les adjudicataires, MM. Deiss et Demange, auxquels a succédé la *Société française des Pêcheries Tunisiennes*, sont en possession du lac jusqu'en 1926. La redevance est de 2 fr. 05 par 100 kilos sur les 100.000 premiers kilogrammes pêchés chaque année, de 3 fr. 07 sur les suivants jusqu'à 300.000, de 4 fr. 10 au-delà, avec un minimum de 5.000 francs par an ; de plus une somme fixe de 15.000 francs, versés une fois, était destinée au rachat des pêcheries indigènes. Obligation est faite de n'employer que des salariés français ou indigènes.

Des bordigues ont été installées, après des tâtonnements ; elles ont actuellement treize chambres. Quelques pêcheurs à pied, 4 barques, dont 2 françaises, montées par 13 hommes dont 7 Français aident à la pêche.

La Société des Pêcheries Tunisiennes a eu de vastes espérances à ses débuts : elle s'est créée au capital de six millions, et elle a employé 1.500.000 francs à l'achat du procédé Lescardé pour la conservation du poisson. Elle a construit des baraquements et quelques installations sur l'îlot des Bibans, terre ingrate et stérile, sans arbres et sans eau, où sous un ciel implacable sévit cette variété du spleen que nous avons entendu appeler la *bibanite*.

Des essais de séchage et de salage de poisson ont été faits, à l'exemple de ce qui était pratiqué par les anciens pêcheurs du pays. Le soleil du Sud tunisien facilite singulièrement l'opération et les poissons de peu de valeur, ainsi préparés pour les caravaniers, trouvaient acheteur à 30 francs les 100 kilos ; les principaux débouchés étaient la Tripolitaine, d'où les produits gagnaient le centre de l'Afrique par Ghadamès, ainsi que Sfax et Gabès, pour de là être expédiés dans l'Extrême Sud tunisien.

La Société a cherché surtout à se créer des débouchés pour le poisson frais. Celui-ci, aussitôt pêché, est enfermé dans des chambres frigorifiques à — 4° ou — 5° où il attend le moment d'être expédié. Un service de courrier sur Sfax a été créé et la Société reçoit remise de sa redevance à titre de subvention postale ; grâce à ce service le poisson peut être transporté à Sfax, conservé avec la glace que fournit une usine construite sur l'îlot des Bibans.

Sfax, mais surtout Tunis et Marseille se partagent le poisson des Bibans. D'ailleurs celui-ci encombre beaucoup moins les marchés qu'on ne l'avait supposé. On est loin des 3.000 ou des 1.000 tonnes annuelles qu'on avait cru pouvoir escompter. En 1898 il y a eu 130 tonnes, 145 en 1899, 66 en 1903, 164 en 1904. On peut dire que c'est là un demi-insuccès. Une main-d'œuvre exercée, rompue à la pratique de la pêche dans les lagunes de Biguglia, essaie de relever l'affaire. Espérons qu'elle y réussira.

Pêcheries diverses. — La *pêcherie de l'Oued-Maltine*, dont la concession a été donnée en 1901 à M. Landas, ne fournit aucun appoint à l'alimentation. La région qu'elle embrasse, sur la partie orientale des bancs des Surkennis, est cependant très poissonneuse; mais le concessionnaire n'aurait pas encore essayé de la mettre en valeur.

La *pêcherie du Ras-Dimas*, concédée en 1904 à M. E. Grésillon, n'a donné jusqu'ici que des résultats insignifiants.

La *pêcherie de l'Oued-Zuara*, dont nous avons déjà parlé, en est encore à sa période d'études et d'essais. M. Bellamy, à qui la concession a été accordée pour cinquante ans, à charge pour lui d'entretenir un douanier et de payer une rétribution à déterminer, compte installer des bordigues pour la capture des daurades, des loups, des soles, des anguilles, des mulets et des autres poissons blancs qui franchissent la passe de l'ouverture de l'oued, dont les eaux sont salées dans son parcours inférieur. Le succès de cette entreprise semble subordonné à la création projetée d'une fabrique de glace à Tabarca et à l'amélioration des communications de ce port, par mer ou par terre.

Des études ont été faites par un particulier au sujet de l'utilisation des sebkhas du golfe de Hammamet : aucun résultat n'a été et ne pouvait être obtenu.

Pêche de la sardine, de l'anchois et de l'allache. — Il est difficile de séparer l'étude de la pêche à laquelle donnent lieu ces trois poissons et cependant, ainsi que nous l'avons dit déjà, il faut remarquer que l'allache vit mélangée à la sardine sur la côte du Nord, tandis qu'elle est au contraire l'espèce de beaucoup la plus abondante le long de la côte orientale. La pêche de ces trois espèces est presque entièrement entre les mains des Italiens ; les 189 bateaux et les 1.080 hommes qui l'ont pratiquée en 1904 étaient tous italiens, à l'exception de huit barques et de cinquante marins français, et nous savons dans quel sens il faut prendre ce mot de français.

Les pêcheurs de sardines et d'anchois mouillent leurs filets dans les parages des îles Zembre et Plane, dans les eaux du cap Farina et du cap Zebib ; ils explorent méthodiquement la côte accidentée qui s'étend du cap Blanc au cap Roux. Ils ne négligent pas de s'aventurer dans les eaux algériennes quand ils se croient assurés de l'impunité, mais fréquentent surtout les abords du cap Négro, où un puits a été creusé à leur intention. Bizerte reçoit peu leur visite ; on assure d'ailleurs que la sardine est relativement rare dans son golfe. De juin à fin août des barques de pêche de Gênes, Livourne, Lerigi, la Spezzia, Palerme, pêchent l'anchois entre Zembre et Porto-Farina.

La véritable capitale des pêcheurs de sardines est Tabarca. Depuis que la loi de 1888 a réservé aux seuls Français l'exploitation des eaux algériennes, la flotte de pêche qui remplissait le port de la Calle l'a abandonné, au bénéfice de sa voisine Tabarca. Celle-ci est devenue « le Douarnenez ou le Concarneau de la Méditerranée », et il est intéressant de voir tous les sardiniers qui lui donnent la plus grande part de son animation, lorsque le mauvais temps ou le chômage d'un jour de fête les retiennent au rivage. Les bateaux sont tirés sur le sable, car le port n'est pas sûr : siciliens pour la plupart, ils sont peints et bariolés de teintes voyantes, disposées en petits dessins compliqués où se rencontrent des associations imprévues de couleurs, semblables à ceux qui entrent dans la décoration des arabats qui sillonnent les chemins tunisiens. Leur étrave, élargie dans le haut, est ornée d'images auréolées de saints. Sur la grève, à côté du repas qui se prépare, les hommes travaillent aux filets, songeant au pays natal où ils rentreront à la fin de la campagne, dans les derniers jours d'août, emportant avec eux non seulement leurs salaires, mais encore la majeure partie des produits pêchés.

Cette population nomade subit de très grandes oscillations. Le nombre des bateaux étrangers, venus pour se livrer en Tunisie à la pêche des espèces de passage, était de 404 environ en 1894 et près de 2.600 hommes les montaient ; nous avons vu combien ils étaient en 1904. La raison de ces variations est due en partie au fort courant d'émigration qui entraîne les Italiens vers l'Amérique et qui enlève ainsi beaucoup de bras à l'industrie de la pêche, et pour une autre partie à ce que les armateurs ont été découragés par quelques séries de campagnes désastreuses. Les quantités de sardines pêchées ont oscillé entre 901.000 kilogrammes (1898) et 86.000 kilogrammes (1899) ; pour l'anchois les fluctuations sont encore plus grandes : 796.000 kilogrammes en 1894, 700 kilogrammes en 1903. Le graphique que nous donnons, page 79 fournit des renseignements sur les oscillations de la pêche des poissons migrateurs.

Les balancelles italiennes ont une valeur qui dépasse en général 1.800 francs (1); elles arrivent avec un approvisionnement complet en vivres, en barils, etc. ; le sel pour salaisons (sel *mollito*) est acheté à Tabarca ou à la Goulette, l'Administration des Monopoles fournissant du sel beaucoup plus beau que celui de Sicile à 30 francs la tonne. Chaque balancelle en emploie en moyenne de deux à trois tonnes ; à la fin de la saison elle rend l'excédent qui lui reste et qui est repris avec une légère réduction de prix. Elles apportent de 50 à 150 barils, achetés dans leurs ports d'armement au prix de 1 franc à 1 fr. 25 pièce et de 0 fr. 50 quand ils sont usagés. Lorsque la campagne est abondante

---

(1) Voir pour ces détails : Layrle. La pêche italienne sur les côtes de l'Algérie en 1897. *Bull. Pêches Mar.*, t. VI, 1898.

il leur arrive d'acheter de nouveaux barils à Tabarca à 2 fr. 20, 2 fr. 50 pièce, mais il paraîtrait que le bois employé à la fabrication des barils indigènes ne conservait pas bien le poisson, et on préfère actuellement monter les barils en Tunisie avec des douelles siciliennes.

Chaque bateau a environ onze sardinaux, dont la valeur en Italie oscille entre 240 et 250 francs. Certains d'entre eux sont faits par les pêcheurs eux-mêmes avec du fil de lin préparé à la quenouille par leurs familles et ne coûtent alors que le prix de la matière première, soit 50 francs environ. On emploie de plus en plus les filets en coton allemands, faits à la machine et qui valent 200 francs en Italie.

Au moment de l'embarquement chaque matelot touche une prime d'entrée en pêche qui oscille entre 50 et 100 francs suivant la confiance qu'il inspire à l'armateur ; cette prime lui reste acquise, quel que soit le résultat de la campagne. Suivant la valeur de son outillage le produit de la pêche d'une balancelle est divisé en huit à quatorze parts ; le patron prend une part et demie, le mousse une demi-part, chaque marin une part. Le reste est le bénéfice de l'armateur. En général on fait onze parts, dont trois restent à l'armateur. Les frais généraux d'une saison de pêche sont de 1.500 francs par bateau : 600 francs pour l'usure du matériel, 600 francs de vivres, italiens, pour la nourriture de l'équipage, 300 francs pour le sel et les barils vides. Les pêcheurs sont astreints à faire un métier des plus pénibles et sont fort mal nourris : des oignons, des galettes, des pommes de terre, parfois avariées ; et le bénéfice de la campagne ne dépasse souvent pas pour eux une centaine de francs.

Les filets sont mis à la dérive au coucher du soleil, par des fonds de 30 mètres environ. A 10 ou 11 heures ils sont visités : si la pêche est suffisante les poissons pris sont démaillés et les filets immergés à nouveau ; sinon on attend le lever du soleil pour les relever. Les sardines sont salées pendant le jour, soit à bord, soit sur des bateaux aménagés à cet effet, soit enfin sur la côte. Les pêcheurs ne se servent pas de rogue (*brumé, brumeccio*), car ils pêchent la nuit. Leurs plus grands ennemis sont les marsouins, qui font de grands ravages à leurs filets, et au sujet desquels aucune mesure de destruction ne semble avoir été prise.

Quand il y a peu d'allaches mélangées aux sardines, on n'en fait pas le triage ; si leur proportion est suffisante au contraire, on leur fait subir un traitement à part. La salaison se fait presque entièrement à la mode sicilienne; dans des barils larges le poisson est couché à plat, disposé avec soin suivant les rayons d'une circonférence, et le sel est employé sans addition de matière colorante. Une forte pression à l'aide de pierres ou d'objets de fonte tasse le tout dans les barils, si bien que les sardines y sont extrêmement aplaties. En même temps s'écoule un liquide huileux très fortement coloré qui est recueilli, puis vendu en Italie pour la corroierie à 30 francs les 100 kil.; l'anchois ne rejette presque pas d'huile, l'allache encore moins. A mesure que le tassement se produit, de nouveaux lits alternatifs de sardines et de sel sont déposés à la partie supérieure du baril. Cent kilos de sardines servent à faire environ deux barils et quart. Ceux-ci, une fois pleins, pèsent environ 55 kilos; ils sont entreposés dans des magasins où on en prend soin jusqu'à la fin de la campagne pour la somme de 0 fr. 50 par baril. M. Layrle estime qu'il faut compter en outre 7 francs par baril pour le prix du sel, du baril lui-même et de la main-d'œuvre. Tabarca, en dehors de la nouvelle usine dont nous parlerons un peu plus loin, compte cinq ou six ateliers de salaisons, plus quelques autres ateliers peu importants et comportant des installations extrêmement sommaires.

Les anchois sont capturés en général par les mêmes pêcheurs, qui se servent à cet effet de sardinaux à plus petites mailles et de rissolles, qu'on mouille le soir et qu'on laisse dériver pendant la nuit, attachés à une barque. La saison commence en mai-juin et vient après celle de la sardine, que l'on pêche dès les mois de février-mars. Les anchois pêchés par les Génois sont très estimés et ont un excellent parfum et cela, assure-t-on, parce que ces pêcheurs salent à bord l'anchois vivant. Les marins qui fréquentent les côtes tunisiennes ne sont pas accoutumés à poursuivre le poisson au large des côtes, et ils doivent compter avec tous les caprices des bandes migratrices. On admet que les anchois se rapprochent du rivage alors que la mer est calme et que les eaux sont chaudes; viennent le vent ou la pluie qui agitent et refroidissent les eaux, et voilà la pêche arrêtée.

Les barils d'anchois ont le même sort que les barils de sardines; ils prennent presque tous le chemin de l'Italie qu'ils y soient rapportés par les pêcheurs, ou portés par des balancelles affrétées par les armateurs. Ainsi salés les poissons ne peuvent pas être conservés longtemps et doivent être mangés dans l'année. En Italie on fait subir aux anchois un nouveau traitement et on les met dans de nouveaux emballages, variables tous les deux avec la clientèle à laquelle sont destinés les produits. Ces anchois, sous estampille italienne, se vendent partout et sont partout très demandés. L'importance de l'exportation tunisienne directe dans cet article est nulle, ou à peu près. C'est un état de chose fort regrettable. Tripoli de Barbarie prend en Italie les anchois et les sardines en tonneaux ; de même les pays du Levant (Bulgarie, Turquie d'Europe et d'Asie, etc.), ne semblent guère connaître les sardines et les anchois de Tunisie.

Le commerce italien des salaisons tunisiennes est grandement facilité par ce fait que les poissons tunisiens sont reçus en Italie en franchise, tandis que ceux d'Algérie sont frappés d'un droit de 6 francs par 100 kilos. Aussi les barques qui vont en contrebande tendre leurs filets dans les eaux algériennes ont-elles le soin de déposer quand même leurs rôles chez les consuls italiens de la Goulette ou de Tabarca, donnant ainsi au produit de leur pêche une origine tunisienne qui leur ouvrira les barrières douanières de l'Italie.

Entre le cap Bon et Hammamet la côte manque d'abris et peu de pêcheurs se hasardent à y poursuivre les bandes migratrices. Plus au Sud s'étend le domaine de l'allache ; c'est surtout à partir de Sousse qu'elle prédomine sur les autres espèces.

Cette dernière ville voit arriver en mars et avril les premières barques siciliennes, qui ont fait parfois un court arrêt à Kélibia. Les allaches pêchées à Sousse y sont vendues fraîches, à des prix assez bas. En 1905 une douzaine de barques siciliennes ont poursuivi l'allache à Sousse, et comme la pêche était bonne, elles rentraient chaque soir avec plusieurs centaines de kilos de poissons. Plus tard, vers le 15 mai, ces bateaux sont descendus à Mehdia, qui est le Tabarca des allaches.

Mehdia a le grand avantage d'être rapprochée de salines d'où se retire un sel excellent. Un courant commercial d'une certaine importance s'y est créé et les maisons dalmates, qui ont entre leurs mains la plus grande partie du commerce de l'allache, entretiennent à Mehdia des représentants. En 1905 un des capitaines de bateaux pêcheurs était également Autrichien.

La salaison est faite à la mode autrichienne, à peu près identique à la salaison française de la sardine : le poisson est disposé dans les barils le dos en l'air, en lignes parallèles serrées ; mais, différence avec la salaison française, le plan dorso-ventral du poisson fait un angle avec la verticale. Les barils sont de 40 à 50 kilos environ et, comme les barils français de salaisons, sont plus hauts et moins larges que les barils siciliens. Parfois l'allache est mise en bordelaises.

Les débouchés sont en Autriche, en Italie, en Egypte, et le baril s'y vend de 20 à 30 francs. Les allaches de la Tunisie sont estimées parce qu'elles sont salées avec soin et que les acheteurs peuvent avoir confiance dans les barils qu'on leur offre et qui sont d'une composition homogène.

La fabrication des conserves de sardines semble entrer dans une voie nouvelle. Une Société s'est créée en Tunisie, qui a l'intention de monter un certain nombre d'usines ; la première a été ouverte à Tabarca en 1905. C'est une usine modèle, pourvue des derniers perfectionnements ; il faut espérer qu'elle ne suivra pas les errements que l'on reproche aux fabricants de conserves africaines et qu'elle ne mélangera pas dans ses boîtes la sardine et l'allache. Les acheteurs ont tôt fait de refuser les marques dont les produits laissent à désirer. La tentative de cette nouvelle Société est des plus intéressantes et mérite tous les encouragements ; l'usine actuelle est disposée pour cuire à la vapeur de grandes quantités de poisson. Le personnel occupé, en avril 1905, était d'environ 80 personnes, de nationalités diverses. L'huile est prise dans le pays, les feuilles de fer blanc pour les boîtes sont françaises, mais les pêcheurs sont tous siciliens : l'usine a armé onze barques siciliennes et a obtenu de la Direction des Travaux publics, pour ses pêcheurs, l'autorisation personnelle et révocable de pêcher au lampare. Le poisson serait payé aux pêcheurs 28 francs les 100 kilos. C'est là un bon prix ; à la Calle, dans le même temps, le cours des sardines était de 20 francs et celui des allaches 7 francs seulement.

Pêche du thon et des poissons analogues. — Plusieurs espèces de scombres fréquentent la Méditerranée ; la plus remarquable est *Thynnus thynnus*, qui atteint une grande longueur et un poids considérable. Venus de l'Atlantique, les thons suivent les côtes Nord de l'Afrique pour continuer, le cap à l'Est, leur longue migration à travers la Méditerranée. Poursuivis eux-mêmes par les squales, ils poursuivent les bancs de sardines et d'anchois. On admet que c'est surtout par vent modéré qu'ils se déplacent le plus. Sur leur passage se dressent des pièges dans lesquels ils vont imprudemment s'enfermer, ou bien leurs bandes se laissent entourer par les pêcheurs à la courantille.

Cette dernière pêche ne se pratique guère que dans la région de Bizerte, et encore y est-elle délaissée certaines années. Par contre l'année 1905 a été favorable à ce point de vue aux pêcheurs bizertins qui ont expédié leur pêche, comme à l'ordinaire, à la poissonnerie de Tunis. Il paraît que les pêcheurs indigènes qui habitent la côte au Sud de Monastir, notamment à Saiada, savent aussi poursuivre les scombres, et qu'ils envoient le produit de leur pêche à Monastir et à Sousse.

On peut dire que c'est presque uniquement à la madrague que se prennent les thons sur les côtes de la Tunisie. Cet engin, qui y est appelé thonaire, se compose essentiellement d'une longue nappe de filet amarrée à la côte, appelée queue de côte et contre laquelle viennent se heurter les thons, qui rangent la côte à droite. Ceux-ci suivent l'obstacle, puis entrent dans les chambres d'où ils ne savent plus sortir. Le *raïs*, ou capitaine, dont les yeux perçants savent distinguer et compter les thons au fond de l'eau, les fait pénétrer d'une chambre dans l'autre en les effrayant avec un objet blanc, tel qu'un crâne d'animal. Un filet mobile, placé derrière eux, leur ferme chaque fois la retraite. Ils sont enfin dans le corpou. On relève alors le filet de chanvre résistant qui forme le fond de cette chambre de mort et, lorsqu'il est près d'affleurer, des mains exercées harponnent les thons et les tirent à bord des barques : c'est l'opération de la *matanza*.

Un certain nombre de pièges de ce genre sont tendus sur les côtes tunisiennes. Leur installation nécessite une assez forte mise de fonds, qu'augmente encore le prix des constructions dans lesquelles se feront les traitements ultérieurs des produits pêchés. Il faut que les filets soient solidement fixés sur le fond à l'aide d'ancres pour pouvoir résister aux tempêtes, la moindre fissure dans les cloisons pouvant permettre aux thons de s'échapper. Il est admis en Tunisie que c'est après une jolie brise de l'Ouest au Nord que se font les meilleures pêches; d'après M. Coste les années de sécheresse seraient les plus fécondes.

Pour que rien n'effraie les thons et ne les empêche de pénétrer dans les madragues, la pêche aux autres engins est interdite au vent des madragues sur un large espace, annuellement fixé par décret. Les concessionnaires de ces installations sont tenus d'arborer à leurs extrémités des signaux de protection, éclairés la nuit.

Les pélamides sont capturés en assez grand nombre en même temps que les thons, on leur fait subir les mêmes traitements qu'à ceux-ci. Les bonites sont pêchées par les marins qui pratiquent la petite pêche ; elles sont mangées à l'état frais ou conservées sous sel.

Thonaire de Ras-Djebel. — Concédée au comte Joseph Raffo en 1877, cette madrague a été calée à l'Est du cap Zebib, et d'importantes installations à terre ont été faites. Les résultats n'ont pas été satisfaisants et l'exploitation a été abandonnée depuis 1894.

Thonaire de Sidi-Daoud. — Cette madrague, la plus importante de la Tunisie, a été concédée dès 1826 à la famille Raffo ; le concessionnaire n'était tenu à aucune redevance, recevait en franchise tout ce qui est nécessaire à l'exploitation de la madrague et le produit de celle-ci était exempté de tout droit intérieur, de tout droit d'exportation. Après la mort du comte Joseph Raffo, en 1902, les capitaux français ont laissé échapper un placement d'une rare valeur et c'est un Italien encore, M. Parodi, qui s'est rendu acquéreur, pour la somme de un million, de la concession qui doit expirer en 1940.

Fabriquée avec des filets italiens, la madrague s'attache à la presqu'île du cap Bon, à Sidi-Daoud, et se dirige vers le Nord-Ouest ; tout près de là, sur l'îlot de Sidi-Daoud et sur la côte voisine, se trouvent les vastes installations fixes pour les opérations industrielles et les logements du personnel. Celui-ci ne vient qu'au moment de la pêche ; transporté et nourri pendant toute la campagne aux frais du concessionnaire, il est presque exclusivement sicilien, de même que celui des autres madragues tunisiennes. Un aumônier l'accompagne, ainsi qu'un médecin. Il comprenait, en 1899, un raïs, un second, 98 marins dont 2 pour le canot du raïs, 2 charpentiers et 2 calfats. Les ateliers sont occupés par un chef d'atelier et par 31 hommes payés en moyenne 4 fr. 50 par jour. La tonnellerie emploie 64 personnes, à salaire moyen de 3 fr. 75 par jour. En 1904 le personnel s'est élevé à 264 hommes.

Le personnel de pêche reçoit 0 fr. 60 par homme et par jour ; de plus il est distribué à chaque armement 75 francs par mille thons pêchés. Enfin le contenu des thons (œufs, laitance, etc.) est ainsi partagé : un dixième au concessionnaire ; le raïs, son second et ses deux marins prennent ensemble quatre parts par armement, les calfats et les charpentiers une part par armement, chaque patron a une part et quart, les autres pêcheurs ont de une à une demi-part.

Cette madrague reste calée du 1er mai au 1er juillet et, pendant ce court espace de temps, a pu capturer, certaines années, jusqu'à 14.000 thons. Par contre ce chiffre s'est abaissé à 6.000 ; on peut compter sur une moyenne de 8 à 10.000 thons. En 1903 il y a eu 471.900 kilogrammes de thons, valant à l'état frais 188.800 francs ; en 1904, 10.793 thons, pesant 863.640 kilogrammes et dont la valeur à l'état frais était de 259.092 francs. Citons en plus 600 kilogrammes de pélamides valant 120 francs en 1903, et 250 kilogrammes (75 francs) en 1904.

En général les trois quarts de la récolte sont préparés à l'huile, le reste est salé. Il est également vendu quelques thons à l'état frais.

Conservé dans l'huile, qui est prise sur place, le thon est mis dans des boîtes de 1 à 20 kilos, ou dans des barils, et vendu en Italie ou à Malte, très peu en Tunisie. Par 100 kilogrammes le thon salé paie 10 francs de droit d'entrée en Italie et le thon à l'huile 30 francs.

Les œufs sont employés à faire une boutargue, bien moins estimée que celle de mulet ; la tête et les arêtes fournissent de l'huile ; les résidus constituent un engrais apprécié à juste titre, renfermant plus de 8 o/o d'azote et de 28 o/o d'acide phosphorique (de Fages et Ponzevera).

Les prix moyens de vente sont les suivants, par 100 kilogs :

```
Thon en saumure................F.  45
   »    à l'huile......................  120
Huile de poisson..................   40
Résidus...........................    5
```

Le revenu annuel de l'exploitation oscillerait entre 100.000 et 150.000 francs.

Thonaire de Ras-el-Ahmar. — Cette madrague, dont la concession a été accordée en 1905 à une Société fondée par M. Coste, est située au Nord de la madrague de Sidi-Daoud et près d'elle. Elle est moins bien abritée que cette dernière, et destinée à recueillir les thons qui lui ont échappé. M. Coste, qui a fait de courageux efforts en faveur des intérêts français, s'est adressé à Marseille pour la fabrication de ses filets ; ceux-ci sont en coco et le corpou en chanvre. Ils ont été exécutés très rapidement, et dans de bonnes conditions de solidité et de prix.

Thonaire de Monastir. — Elle est exploitée avec des intermittences depuis l'année 1817. En 1893 la Société française la *Thonaire de Monastir* a été investie du monopole de la pêche du thon sur une longueur de 5.000 mètres à partir de la pointe Nord-Est de l'île Egdemsi, à laquelle on peut relier par un filet l'île Hammam. La Société a le droit d'occuper ces deux îles pour les besoins de son industrie ; elle paie une redevance annuelle de 100 francs et à l'expiration de la concession (en 1960) les installations appartiendront à l'État. Le Conseil d'administration de la Société doit être entièrement français.

Les installations ont été faites sur l'île Egdemsi d'une manière grandiose et dénotent un souci de l'hygiène qui mérite d'être souligné ; elles ont coûté 175.000 francs qui, ajoutés aux 78.000 francs de la madrague et de ses accessoires, ont constitué une première dépense de 253.000 francs. Le fonds de roulement s'élevait en 1900 à 100.000 francs environ.

La main-d'œuvre et les débouchés sont les mêmes que ceux de la thonaire de Sidi-Daoud ; il serait d'ailleurs impossible de se passer brusquement de la main-d'œuvre sicilienne, exercée à cette pêche spéciale, et, pour ce qui concerne les débouchés, on ne peut guère songer à vendre en France le thon mariné tunisien. Celui-ci a des droits d'entrée trop élevés à payer ; de plus le thon avec lequel il est fabriqué est d'un goût moins fin et d'une chair plus grossière que le germon, avec lequel sont faites les conserves françaises.

Les résultats obtenus à Monastir n'étaient pas des plus encourageants au début : en 1898, 3.000 thons, soit 90.000 francs ; en 1899, 2.662 thons valant 60.000 francs ; puis il y a eu amélioration dans le rendement. La campagne 1903 a été encore mauvaise : 169.500 kilos de thons, d'une valeur de 67.800 francs ; par contre 1904 a rapporté 7.754 thons, valant plus de 186.000 francs. D'ailleurs la Société de Monastir a acquis en 1903 la thonaire de Kuriat, et la fusion en une seule des deux entreprises voisines a permis de réduire sensiblement les frais généraux de l'exploitation.

La campagne commence pour toutes les deux le 15 avril et finit le 15 septembre.

Thonaire de Kuriat. — Cette madrague a été concédée en 1900, après adjudication, à MM. Demange frères. La concession, qui vise un périmètre de 7 kilom. 5 autour des îles Kuriat, devait expirer en 1940 ;

cette date a été reportée en 1960. La redevance est de 1 franc par 100 kilogrammes jusqu'à 500.000 kilogrammes, et au-dessus de ce chiffre de 5 francs par 100 kilos, avec minimum de 2.000 francs. Ainsi que nous l'avons déjà dit, la concession est passée entre les mains de la Société de Monastir. La madrague est calée sur l'îlot Conigliere et est dirigée vers le Nord.

A Kuriat on ne prépare que du thon en saumure, les individus qui doivent être mis à l'huile sont transportés à Monastir. Les opérations ont porté en 1898 et 1899 sur 4.000 thons, en 1903 sur 401.000 kilogrammes, valant 160.400 francs, et en 1904 sur près de 6.000 thons, valant environ 140.000 francs.

Thonaire de Bordj-Khadidja. — Concédée en 1901 à M. Révocat, elle s'attache à terre près de la tour Khadidja (au cap Khadidja ou Ras Kapudia) et se dirige vers l'Est sur une longueur d'environ un mille ; son corps est par des fonds de 25 à 35 mètres. Elle est calée du 15 mars au 15 juillet.

Elle a donné de forts beaux résultats et on estime que le capital engagé a été recouvré en deux ans : 350.100 kilogrammes de thons valant 101.500 francs ont été pêchés en 1903, et en 1904 5.203 thons valant 132.500 francs. Les thons n'y subissent aucune préparation ; ils sont simplement vendus à des saleurs de Sfax au prix moyen de 0 fr. 30 le kilo.

Pêcherie de l'Oued-Srag. — L'autorisation a été accordée en 1900 à M. Payrou, pharmacien à Gabès, d'établir près de l'embouchure de l'oued Srag un filet fixe pour la capture des squales, et en 1902 de le transformer en pêcherie pour squales, thons, bonites et pélamides. La pêche par tous engins est interdite à un mille autour de son installation. La concession va expirer en 1906. Nous croyons que c'est là toute son histoire.

Des études ont été faites à diverses reprises, concernant l'installation de nouvelles madragues au cap Négro, au cap Serrat, près d'Hergla, au Ras Dimas, à Salakta. Les autorisations accordées à cet effet sont devenues caduques sans que les permissionnaires les aient fait transformer en concessions définitives.

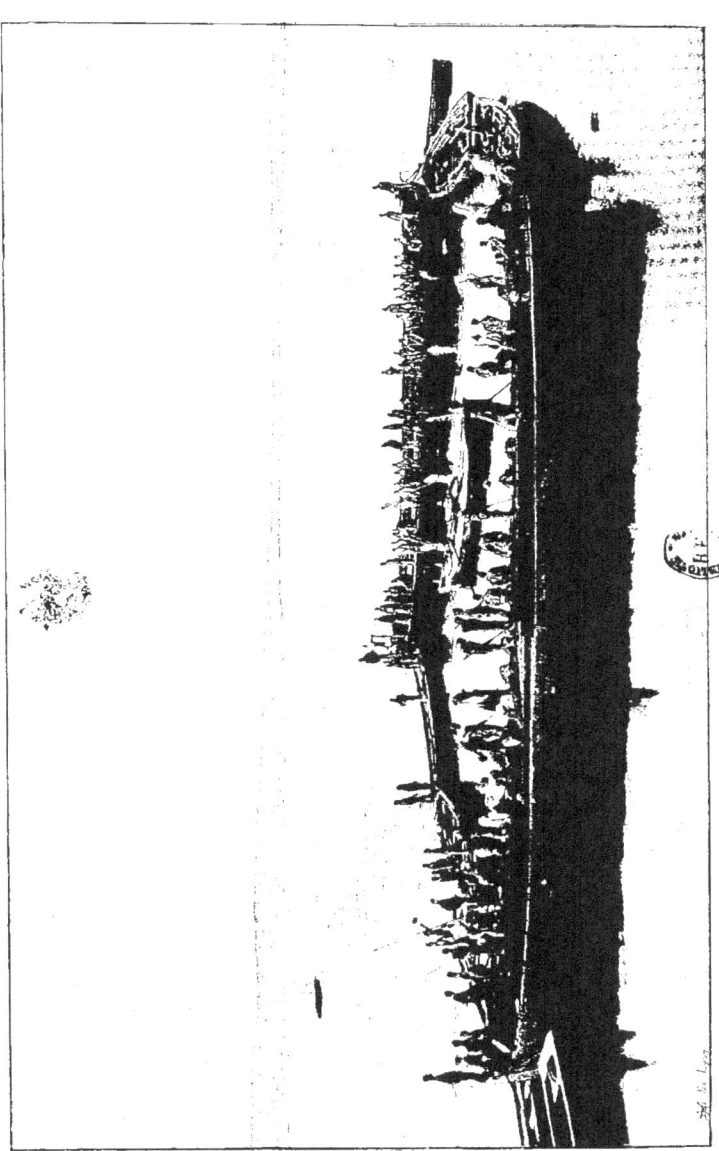

UNE MATANZA DE THONS A SIDI-DAOUD

(Cliché communiqué par M. le Directeur général des Travaux publics de la Tunisie.)

LE DÉBARQUEMENT DES THONS APRÈS LA MATANZA

(Cliché communiqué par M. le Directeur général des Travaux publics de la Tunisie.)

Voici la statistique de la pêche pendant les cinq dernières années :

	Thons	Pélamides
1900 .... Kil.	988.000	Kil. 19.000
1901	1.147.000	11.000
1902	398.000	11.000
1903	1.392.500	600
1904	2.404.286	250

Pêche des squales, etc. — Dans la région de Djerba on capture un certain nombre de squales à l'aide de crocs en fer. On les coupe ensuite en lanières, puis on fait subir à ces fragments un lavage à l'eau salée et, après séchage au soleil, on les envoie à Gabès où les achètent les caravaniers de l'Extrême Sud. Nous avons parlé plus haut de la pêcherie de l'Oued-Srag.

Les cétacés viennent parfois s'échouer sur les côtes tunisiennes. Saint Augustin nous apprend qu'un squelette de baleine était déposé à Carthage, et le R. P. Delattre en a retrouvé des débris dans ses fouilles. Bouchon-Brandely et Berthoule ont vu pêcher à Sfax un cachalot de 17 mètres de long, qui fut vendu 800 francs ; en 1899 une troupe de 14 cétacés a été jetée à la côte sur les Kerkennah.

La tortue caouane est assez fréquente sur les côtes de la Tunisie et serait très commune à Sousse; elle vient s'empêtrer dans les filets, ou bien elle est renversée sur le dos et capturée à la main par les pêcheurs qui la rencontrent sur l'eau, endormie. D'après Servonnet et Lafitte elle vaudrait de 1 fr. 50 à 5 francs dans le golfe de Gabès et servirait à faire de l'huile recherchée pour les propriétés médicinales qu'on lui prête.

La *bouzegza*, qui est très vraisemblablement la tortue luth, est très rare ; par contre elle est très recherchée à cause des propriétés aphrodisiaques que les indigènes du Sud attribuent aux organes du mâle ; elle vaudrait de 300 à 400 francs.

Les tortues de terre sont très abondantes. Elles constituent un article courant d'exportation vers la France, et toutes les années un décret fixe les quantités de tortues qui peuvent être introduites en France en franchise.

Pêche des Crustacés et des Echinodermes. — Le crustacé de beaucoup le plus intéressant est la langouste. On la trouve, çà et là, dans les fonds rocheux de la côte Nord, depuis Tabarca; on la pêche autour de l'île Cani; mais c'est surtout à la Galite que la pêche est le plus active. Elle l'est même beaucoup trop et le voisinage immédiat de la Galite a été à peu près entièrement dévasté. Les pêcheurs s'adonnent actuellement à leur industrie en eaux neutres, à 8 ou 10 milles au Nord de l'île.

Les langoustes de la Galite acquièrent de très belles dimensions et parallèlement, au dire des connaisseurs, leur chair manquerait de finesse. Elles sont néanmoins d'une vente très facile. Des pêcheurs de Ponza, des balancelles de Bône les capturent à l'aide de paniers. D'après Bouchon-Brandely et Berthoule, la Galite fournissait par an de 30.000 à 40.000 kilogrammes de langoustes. Des bateaux-viviers espagnols et italiens, des bateaux de Bône les prennent à un prix moyen de 1 fr. 25 à 1 fr. 50 le kilo et les portent à Bône d'où elles sont expédiées en France, à Alger ou à Tunis; une forte proportion va en Italie. En 1902 les expéditions se sont faites surtout sur Marseille et sur Gênes, et Tunis a dû s'approvisionner en Sicile et à Pantellaria.

Les homards sont peu abondants ; ils se trouvent dans les mêmes fonds que les langoustes, mais sont bien plus clairsemés. On a d'ailleurs fait remarquer qu'il est rare de voir langoustes et homards coexister en nombre dans une même région.

Il est interdit de pêcher ou de mettre en vente des homards et des langoustes ayant moins de $0^m 20$ mesurés de l'œil à la naissance de la queue, et des femelles grainées, quels que soient leur âge et leur taille.

Sur les mêmes fonds rocheux signalons la présence des scyllares, des crabes que l'on pêche peu. La petite crevette se trouve dans le golfe de Gabès ; la grosse crevette (*Penæus caramote* Desm.) vit dans le golfe de Bizerte, dans celui de Tunis, au large de Sousse et de Sfax. Cette grosse crevette, si chère aux gourmets, ne paraît pas sur les étalages de Bizerte, à moins qu'elle n'y soit apportée de Tunis. Elle existe cependant dans le golfe et elle en a été ramenée par les arts traînants qui, à certaines époques, ont exploré les eaux bizertines. Elle remonte, paraît-il, jusqu'au barrage du lac et on peut l'y prendre en pêchant au feu. Elle est pêchée par les balancelles dans le golfe de Tunis, mais nulle part elle n'est très abondante.

Les oursins ne font pas l'objet d'un commerce bien important ; ils sont assez abondants, mais vides trop souvent. On les prend à la main, c'est là le procédé indigène, ou au gangui à oursin, plus spécialement employé à Sousse ; on ne les pêche pas à la radasse.

Pêche des Mollusques divers. — La pêche des poulpes, qui dure de septembre à avril, a une réelle importance pour les populations du Sud de la Tunisie, à partir de Sousse. Son sort a été constamment lié à celui de la pêche des éponges. A l'époque du fermage, avant 1892, le fermier était adjudicataire pour les deux pêches en même temps. Actuellement encore les patentes qui donnent l'autorisation de pratiquer au trident la pêche noire des éponges sont également valables pour la pêche des poulpes. Il est cependant délivré aux barquettes qui se livrent uniquement à la pêche des poulpes des patentes annuelles de 30 francs, payables en deux fois, et des patentes au prix de 10 francs pour les hommes exerçant la pêche à pied. Les indigènes sont à peu près les seuls en s'en faire délivrer. Les poulpes pris par les barquettes doivent être obligatoirement apportés dans un des ports ouverts au commerce, où leur nombre est enregistré par le préposé à la police des pêches.

Une légende tendait à s'accréditer, c'est que les poulpes sont plus abondants pendant les années de sécheresse. En réalité, ainsi qu'on l'a fait remarquer depuis assez longtemps, les poulpes sont plus abondants seulement sur les marchés, car aux époques de sécheresse un certain nombre d'individus des tribus Zlass, Souassi, Metellit, Mehebda, privés de leurs ressources accoutumées, viennent se livrer à la pêche des poulpes et augmentent dans de notables proportions le nombre des pêcheurs habituels.

En 1903 88 barques, montées par 171 hommes, et 108 pêcheurs à pied ont pêché 430.600 kilos de poulpes, valant 387.000 francs. En 1904 ces chiffres ont été respectivement de 141 bateaux et de 417 marins, de 115 pêcheurs à pied, et la quantité pêchée a été seulement de 342.500 kilos, valant 337.000 francs. En évaluant approximativement que les marins munis de patentes spéciales pour cette pêche ont capturé la moitié des poulpes ci-dessus, le bénéfice moyen d'un pêcheur ressortirait à 694 francs en 1903, à 318 francs en 1904.

La région de Sfax et des Kerkennah fournit à elle seule plus des deux tiers des pêcheurs : 171 en 1903, 424 en 1904.

On pêche le poulpe à la foène (*fouchga*), mais surtout en lui tendant des pièges dans lesquels il vient s'abriter. Les uns sont des abris formés avec des pierres ou des feuilles de palmier et terminant de longs chemins creux, tracés sur les plages qui découvrent à marée basse. A mesure que la mer baisse le poulpe descend la tranchée jusqu'à l'abri dans lequel il se tapit et où on vient le prendre à pied sec, à marée basse.

En mer plus profonde on immerge, suspendues à une corde, une série de gargoulettes perforées qui se fabriquent à Galalah (Djerba) et dans lesquelles viennent se cacher les poulpes. Quand on relève cette sorte de palangre (Servonnet et Lafitte) il suffit d'enfoncer par les trous un instrument pointu pour faire sortir les poulpes. Il existerait 10.000 pièges de ce genre autour de Djerba (B.-Brandely et Berthoule). Nous croyons qu'il y a là un peu d'exagération, Djerba n'ayant produit que 2.150 kilos de poulpes en 1903, 1.200 kilos en 1904.

Une fois les poulpes pêchés, on leur renverse le manteau en dehors, puis on les jette violemment contre le sol, contre des pierres, un grand nombre de fois ; ensuite on les malaxe énergiquement, on les noue deux à deux par les bras et on les fait sécher au soleil. C'est là un article important de la consommation locale et on voit figurer ces couples de pieuvres sèches sur les étalages des marchés indigènes. Un grand nombre sont expédiés sur l'Orient. Les familles pauvres orthodoxes de la Grèce et des pays de langue grecque les font largement entrer dans leur alimentation pendant leurs deux carêmes annuels. Les Grecs achètent le poulpe à raison de 2 francs l'ocque de 1 kil. 250 ; ce sont eux qui les revendent à Mitylène, à Constantinople, où le prix de vente est de 2 fr. 10 à 2 fr. 50 l'ocque.

Un droit d'exportation de 12 francs les cent kilogrammes frappe les poulpes à leur sortie de la Régence.

La seiche est très abondante sur certains points de la côte, notamment dans le golfe de Tunis. Ainsi qu'en Provence on la pêche parfois en utilisant l'attraction physiologique qui fait accourir les mâles vers une femelle tenue captive au bout d'une ficelle. Le calmar entre également pour une bonne part dans l'alimentation.

Les divers coquillages sont assez peu estimés par les indigènes qui n'ont pas pris la peine de les désigner par des noms spéciaux et les englobent tous sous le même nom de *babbouch*.

Les patelles et les *Murex* sont surtout consommés par la population italienne ; les *Donax*, ou *haricots de mer*, abondants du côté de Mehdia, ne sont guère pêchés et nous croyons que le *Cardium edule* et la datte de mer ne le sont à peu près nulle part. Le *C. edule* a été signalé par Dautzenberg comme récolté par Chevreux au nord de Sfax, dans la baie de Surkennis et à Djerba au sud de Sidi Jamur; le lithodome a été pêché par Chevreux au large de Maharès. Les *Pecten* sont peu consommés. La clovisse vit à Sousse et y atteint de belles dimensions; on la trouve aussi autour des Kerkennah, dans le golfe de Gabès (baie des Surkennis, embouchure de plusieurs oueds, mer de Bou-Grara). Elle n'existerait pas dans le golfe de Tunis. Les moules sont peu abondantes : quelques-unes çà et là, à Tabarca, à Sousse, etc.; elles n'alimentent aucun commerce sérieux. Un essai de mytiliculture a été fait dans le lac de Bizerte, sous la pêcherie : il n'a pas donné de résultats. Un autre essai avait été déjà tenté en 1899 à la Goulette par M. Coste et avait été aussi abandonné.

Les huîtres comestibles (*Ostrea edulis*) ont été rapportées par Chevreux de la baie des Surkennis et du large de Gabès, des huîtres pied de cheval vivraient dans la rade de Sfax (Servonnet et Lafitte); d'autres (espèces inconnues) se trouvent sur les pierres des quais de Sousse, où il est interdit de les pêcher, près d'Adjim (aux abords de l'îlot de el Kattaia) etc. D'autres espèces, comme *O. plicata* Chemn., vivent en plus d'un point.

La présence de ces huîtres à l'état spontané a déterminé quelques essais d'ostréiculture. Servonnet et Lafitte nous parlent de tentatives faites à la Goulette en 1885 par Delbert, que découragea l'attitude de l'administration. Des huîtres adultes ont été répandues aux îles Egdemsi, près Monastir, mais les pêcheurs du pays les ont enlevées. des essais commencés à el Kattaia, près d'Adjim, ont été abandonnés (Rapport sur la Tunisie, 1900). Des résultats encourageants avaient été obtenus dans le port de Sousse, à ce qu'on nous a déclaré; ce renseignement demanderait confirmation. Le projet d'installation de parcs d'huîtres à l'oued Srag ne doit pas avoir été mis à exécution. La tentative la plus importante est celle que M. Blaize, ostréiculteur breton, a faite à Kerkennah : une journée de sirocco a suffi pour détruire toutes les espérances que donnait l'élevage et pour anéantir les capitaux assez élevés qui avaient été engagés dans l'entreprise.

Le sirocco est certainement l'ennemi que les ostréiculteurs auront toujours le plus à redouter, mais il ne faudrait pas se baser sur les insuccès précédents pour décourager ceux qui voudraient recommencer des tentatives de ce genre. Il est impossible de tirer des déductions, en vue de l'élevage d'une espèce déterminée, des phénomènes biologiques que présente une autre espèce, et même une variété ou une race déjà acclimatée. Il serait absurde de se baser sur l'existence d'une *Ostrea* en un point donné pour en conclure que l'huître d'Arcachon pourra être semée en cet endroit avec espoir de succès. Il est certain cependant que les conditions de milieu extérieur (tranquillité de l'eau, salure, etc.) se prêteraient en plus d'un point à l'élevage de l'huître sur les côtes de la Tunisie. Reste la question du sirocco ; son action pernicieuse sera d'autant moins à redouter que les sujets élevés seront placés plus profondément dans l'eau, et l'on ne voit pas pourquoi on ne pourrait pas obtenir des races d'huître comestible aussi résistantes que les espèces indigènes. L'élevage de l'huître portugaise, si rustique, est aussi à conseiller.

Il serait regrettable à tous égards que cette question fût abandonnée sans que des essais aient été faits dans le merveilleux lac de Bizerte. Ajoutons, pour compléter ces renseignements, que le naissain d'huître ainsi que celui de moule est exempt de tout droit d'entrée, tandis que l'huître adulte paie 8 o/o *ad valorem*. Il est interdit de mettre en vente des huîtres ayant moins de 50 millimètres dans la plus grande largeur, des clovisses et des moules de moins de 30 millimètres. La majeure partie des huîtres consommées en Tunisie provient d'Arcachon.

La petite pintadine se trouve dans le golfe de Gabès et l'on a émis l'opinion qu'elle serait venue de la mer Rouge et aurait traversé l'isthme de Suez après le creusement du canal. Découverte par Bouchon-Brandely et Berthoule, identifiée par M. Vassel avec la petite pintadine de la mer Rouge, son aire de dispersion est connue grâce aux recherches de M. Vassel, de M. Chevreux, de M. Bavay. Elle se trouve dans les environs de Sfax, dans la baie des Surkennis, où elle forme un cordon littoral de $0^m 50$ d'épaisseur, à l'embouchure de l'oued Melah, au large de la Skira, au Nord de l'oued Gabès, sur la côte ouest de Djerba, sur le câble sous-marin de cette dernière île.

La petite pintadine ne semble se prêter actuellement à aucune utilisation. Sa chair est très coriace et a vite fait de rebuter les estomacs les plus complaisants ; l'espoir de lui voir produire des perles est encore une hypothèse que rien ne semble venir confirmer, et sa nacre est sans aucune valeur. Bouchon-Brandely et Berthoule, ainsi que les auteurs qui les ont suivis, ont conseillé d'essayer l'introduction de la grande pintadine de la mer Rouge dans la mer de Bou-Grara et dans le golfe de Gabès.

Sans utilité lui aussi, le jambonneau habite en abondance le golfe de Gabès, la mer de Bou-Grara et se rencontre, par places, sur la côte Nord. Sa nacre est de qualité très inférieure et n'est que rarement utilisable pour les incrustations ; ses perles colorées et son byssus soyeux ne sont pas recherchés.

Pêche du corail. — Cette pêche (1) se pratique depuis très longtemps en Tunisie et la république de Pise s'en occupait déjà en 1035. Depuis cette époque elle a fait l'objet d'une active concurrence entre les Français, concessionnaires habituels, et les Génois établis à Tabarca. Indiquons seulement qu'un Marseillais, Gautier, reçut du bey de Tunis en 1685 l'autorisation de pêcher le corail au cap Négro. Le monopole exclusif de cette pêche a été définitivement acquis par la France en 1832, moyennant une redevance de 13.500 piastres ou 8.100 francs, versée toutes les années par l'Algérie à la Recette générale des Finances à Tunis, mais à laquelle la Tunisie a renoncé.

Les bateaux français peuvent s'adonner librement à cette pêche sans payer aucun droit, mais il leur est interdit d'avoir plus du quart de leur équipage composé d'étrangers non naturalisés ; les coralleurs étrangers doivent prendre une patente de 800 francs. La franchise est accordée, à l'entrée en France, au corail pêché sous pavillon français et dans des eaux françaises ou tunisiennes. Mais les hommes se font rares, qui consentent à accepter les fatigues considérables et la vie de misère et de privations du pêcheur coralleur. Depuis longtemps la France n'en produit plus, et les Italiens seuls viennent extraire le corail des eaux africaines. Encore en vient-il peu. Une à une les corallines se sont désarmées et il est probable qu'il faut désespérer de voir jamais revenir les flottes de 800 et 900 bateaux qui se sont parfois réunies pour cette pêche dans les parages de la Régence. Le repeuplement des fonds, conséquence du repos qui leur a été accordé, permet cependant d'espérer que la pêche du corail sortira de l'état de marasme dans lequel nous la voyons actuellement.

Les fonds corallifères de la Tunisie sont à des profondeurs variant entre 25 et 80 mètres, et se trouvent principalement dans les environs

(1) Pour plus de détails, voir le chapitre de l'Algérie.

de la Galite, des Sorelles et au large de Bizerte (à Cani); ils existent aussi au cap Négro, au cap Serrat, aux Fratelli, sur une zone d'une largeur moyenne de 12 milles à partir du rivage. Les corailleurs avaient surtout pour point d'attache la Galite, où la vie est à meilleur marché et où la surveillance de la pêche laissait beaucoup à désirer. Le corailleur n'aime pas voir paraître la voile de la péniche garde-pêche; il pêche avec la gratte, et la croix de Saint-André qu'il a à bord n'y joue qu'un rôle honoraire. S'il est surpris, un coup de hache sur le câble de la gratte est vite donné et le lendemain on viendra repêcher l'engin, soigneusement repéré. De même avant de rentrer au port on immergera la gratte en eaux peu profondes et on retournera la prendre avant d'aller sur les lieux de travail. La profondeur à laquelle vit habituellement le corail sur les côtes tunisiennes interdit à peu près complètement aux scaphandriers d'aller l'en retirer.

En août 1896 un banc fut découvert dans le Nord de l'île Plane; des Italiens venus de Bizerte ou de Sicile et des naturalisés de la Calle y promenèrent activement leurs engins meurtriers : au bout de deux mois le banc était entièrement dévasté (Layrle). Aussi le bateau qui a trouvé un banc productif cherche-t-il généralement à cacher cette heureuse aubaine avec le plus de soin possible; il est donc fort difficile d'avoir des renseignements un peu précis sur les fonds corallifères exploitables.

Le corail de Tunisie, aussi estimé dans le commerce que celui de la Calle, ne pénètre à peu près plus en France; la petite quantité qui vient à Marseille ne fait qu'y transiter et est réexpédiée sur Naples. A l'entrée en Tunisie le corail brut est frappé d'un droit de 33 o/o *ad valorem*.

Pêche des éponges. — Les éponges tunisiennes, que Pline connaissait déjà, alimentent un commerce d'une grande importance.

Les régions spongifères les plus anciennement exploitées sont situées au Sud de Sfax. En parlant de la Tripolitaine on trouve, en face de la côte qui sépare les salines de Magta du Bordj Biban, et s'étendant à une distance moyenne de 24 à 30 kilomètres, le banc étroit de *Faroua* (*Foros* en grec), qui continue le banc tripolitain de *Zuara*. Le banc de Faroua a été en partie décimé par une pêche active, mais fournit des produits recherchés. On y prend sur des fonds de sable des éponges de belle qualité, de bonne forme, souples et à racine

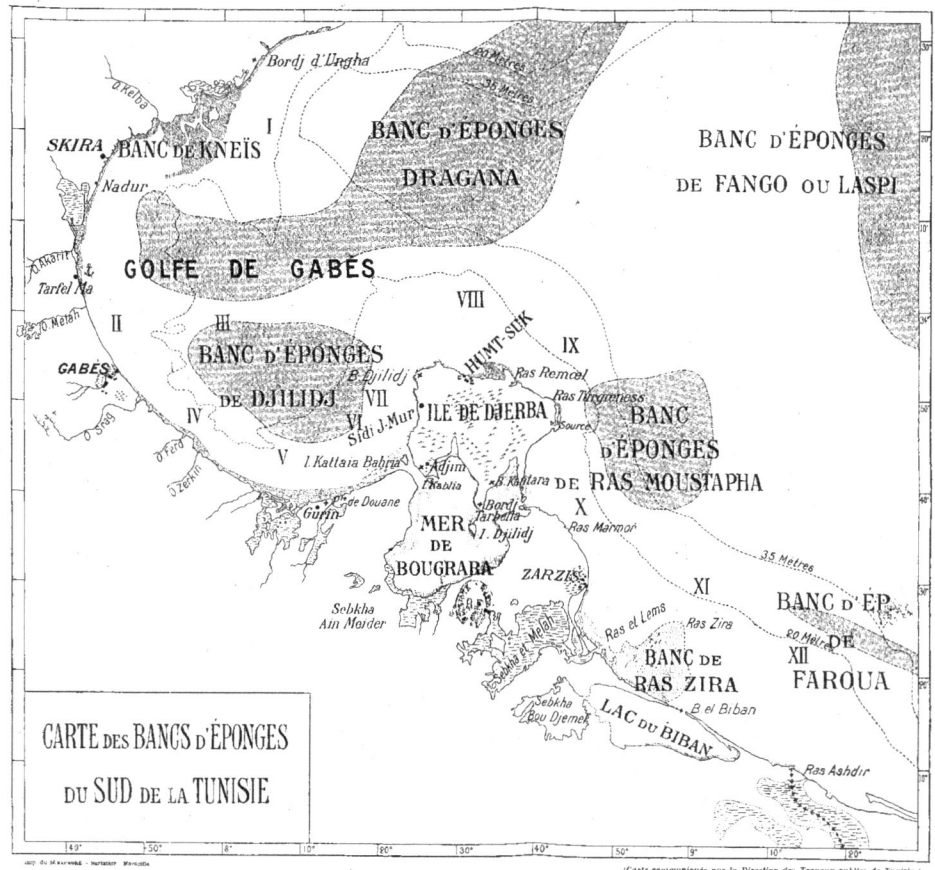

I. Eponges de bonne qualité, mais sans forme. — II. Eponges de qualité médiocre, peu consistantes, à tissu et racine rouges. — III. Eponges dites Fitcho. — IV. Eponges de qualité très ordinaire, à racine blanche, à tissu rude. — V. Eponges dites de Gurin. — VI. Eponges hadjemi. — VII. Eponges de bonne qualité, à tissu demi-souple. — VIII et IX. Bonne qualité ; racine blanche ; tissu souple et ferme. — X. Sur les fonds en-deçà de 7 ᵐ, les éponges sont de qualité médiocre, à tissu rouge et peu consistant ; au delà de 7 ᵐ la qualité est bonne. — XI. Eponges de bonne qualité, mais petites. — XII. Eponges de très bonne qualité, à tissu très souple et à racine blanche.

blanche. La chimousse y est abondante. Les produits qui en proviennent portent le nom de *Foros*.

A l'Est de Djerba est le banc de *Ras Moustapha*, nom grec du Ras Turgœness et qui fournit les éponges dites *Moustapha*. Les scaphandriers seuls peuvent exploiter les fonds de roches qui le forment à l'Ouest et au Nord-Ouest; le fond est vaseux à l'Est. Les éponges pêchées, très analogues à celles du banc de Djilidj, ont un tissu consistant et souple, elles sont blanches à la surface et brunes à l'intérieur. Les éponges que l'on pêche au large de Humt-Suk sont de bonne qualité, à tissu souple et à racine blanche.

Dans le golfe de Gabès il faut citer le banc de *Djilidj* et celui de *Dragana*. Le premier, situé entre Gabès et Djerba, a son fond formé d'algues et de sable; il possède des éponges de bonne qualité, à racine et à surface blanches, et brunes à l'intérieur. Leur tissu est consistant et souple, elles sont d'une belle forme et leur qualité augmente à mesure que l'on se rapproche du Sud du banc, où se pêchent sur fonds rocheux les éponges dites de *Gurin*; celles-ci sont très estimées et se rapprochent de celles qui proviennent de l'Extrême-Sud. Les chimousse (*hadjemi*) sont abondantes sur le banc de Djilidj. Au Nord-Ouest de ce banc se trouvent les éponges dites *Fitcho*, de très bonne qualité, grosses et de belle forme, que l'on préfère même aux individus qui proviennent du banc de Faroua.

Le banc de *Dragana* a son fond formé de cailloutis et de coquillages. Il s'incurve vers la baie des Surkennis et, dans une direction opposée, remonte vers les Kerkennah qu'il entoure, et atteint le degré 35° 10' de latitude. Il s'étend surtout à l'Est des îles; d'après Barry, sa largeur moyenne au niveau des Kerkennah est de 10 à 20 milles. Les individus de bonne qualité y sont fort nombreux entre Tarf-el-Ma et la Skira, à une distance du rivage qui varie entre 4 et 15 milles environ. Sur la plus grande partie du banc on trouve, mélangés à des éponges à fibres rouges, d'autres individus qui sont blancs, de bonne qualité, de belle forme, à tissu souple, mais dont la résistance laisse un peu à désirer. La présence du gravier dans leur tissu est assez fréquente.

Au large, en face du golfe de Gabès, s'étend le banc de *Laspi*, appelé aussi banc de *Fango* à cause de la nature de son fond et d'où les gangaves retirent des éponges à tissu rude, consistant et informe, à racine brune et rouge, et blanches à leur partie supérieure.

En réalité les bancs dont nous venons de parler représentent seulement des régions où le nombre des éponges est maximum, et leur limite ne peut être fixée que d'une manière très arbitraire. Leur épuisement progressif a amené les pêcheurs à chercher des fonds encore inexploités. C'est ainsi qu'ont été reconnus en 1895 des bancs situés à l'Est et au Nord de Mehdia, puis d'autres jusqu'à Hergla et les bateaux-bœufs rapportent fréquemment à Sousse des éponges arrachées par leur engin. Au Sud-Ouest du cap Bon, d'après un renseignement de M. Bourges, existerait une riche station de fort belles éponges; le courant y est malheureusement fort et la pêche au scaphandre difficile. M. J. Blessa nous a indiqué qu'une gangave grecque a pêché en 1904, à une cinquantaine de milles Nord-Nord-Est de Djerba, une vingtaine d'ocques (25 kilog.) d'une éponge dont le tissu est analogue à celui de l'oreille d'éléphant et très solide, mais qui est plus petite que l'oreille d'éléphant et mal formée; elle n'a guère intéressé les commerçants.

Sur la côte Nord les éponges sont peu nombreuses et leurs colonies clairsemées ne se prêtent pas à une exploitation régulière; c'est du moins l'opinion actuellement admise; des études conduites avec soin pourraient peut-être la modifier en partie.

Les modes de pêche les plus divers sont employés en Tunisie : pêche à pied ou par plongée, pêche au trident, à la gangave ou au scaphandre. Au point de vue des produits pêchés on distingue la pêche noire, presque uniquement pratiquée par les indigènes, dans laquelle les pêcheurs apportent les éponges sur les marchés au jour le jour, sans leur avoir fait subir aucune préparation, et la pêche blanche où les éponges sont nettoyées par les pêcheurs eux-mêmes, qui ne mettent en vente que les squelettes lavés. Les produits de la pêche blanche ont une valeur commerciale plus grande que les autres. Les pêcheurs sont astreints à prendre une patente, variable avec le mode de pêche employé et avec l'engin utilisé, et dont la valeur sera indiquée plus loin.

La pêche à pied est pratiquée le long des côtes de Kerkennah sur les hauts-fonds et à marée basse. Les hommes tâtent le fond avec leurs pieds nus et cherchent à détacher avec leurs orteils les éponges qu'ils rencontrent sur les tiges de posidonies; celles qui résistent sont enlevées avec la main ou à l'aide d'un simple croc. Il est évident que cette pêche ne peut se faire que sur un espace très limité, et seulement quand la température de l'eau est suffisamment élevée.

On pêche à la plongée autour des Kerkennah, de Djerba; les Djerbiens vont à de plus grandes profondeurs que les Kerkenniens et on cite, depuis Servonnet et Lafitte, les plongeurs d'Humt-Adjim qui vont enlever des éponges par 25 mètres de fond. Au total ces procédés de pêche ne fournissent qu'une quantité très faible des éponges qu'exporte la Tunisie.

Il existe au Musée de pêche du Laboratoire Marion une éponge tunisienne percée d'une cavité volumineuse que l'étiquette dit avoir été faite par un poisson venimeux appelé par les Grecs *drakaïna*. Il s'agit de la vive (*Trachinus draco*); si celle-ci se cache parfois dans les éponges, il peut en résulter des accidents pour les pêcheurs. La maladie des pêcheurs d'éponges, dont parle Zervos, ne parait guère sévir sur les plongeurs tunisiens et nous n'en connaissons aucun cas.

La pêche à la foëne (*kamaki*) commence au début d'octobre, alors que les posidonies (*ziddagra* des indigènes) perdent leurs feuilles et laissent les éponges à découvert; puis graduellement les frondes repoussent et au début de février la pêche se trouve arrêtée de nouveau. C'est donc une pêche d'hiver, qu'interrompt souvent l'agitation de la mer dont la première conséquence est de soulever la vase du fond. Il est en effet absolument indispensable que le pêcheur puisse distinguer les fonds avec suffisamment de netteté, et c'est dans ce but qu'il emploie le miroir, introduit par les Grecs. Les indigènes des Kerkennah et de Djerba n'ont pas encore renoncé à leurs vieilles habitudes de routine, et la plupart d'entre eux ne se servent pas encore du miroir; les Accara le manient au contraire avec adresse.

Pour que la pêche au trident soit possible, il faut que la lumière arrive jusqu'aux fonds avec assez d'intensité, et les heures de pêche ne s'étendent guère en hiver que de 7 à 8 heures du matin à 4 ou 5 heures du soir.

Les Italiens pêchant à la foëne sont presque tous originaires de Sicile; leur instrument (*fiocina, fuscina, friscina*) est à 3 ou 5 dents. Ils étaient en 1903 au nombre de 1.237, et de 1.428 en 1904. Ils pêchent aux environs des Kerkennah et de Sfax, aussi leurs patentes sont-elles toutes délivrées dans le port de Sfax. Les éponges qu'ils prennent sont estimées dans le commerce, à cause du banc d'où elles proviennent, et prennent le nom de *siciliennes*. Ils viennent de Sicile avec des bateaux de fort tonnage (bovo, schifazzo, laoutello), qui leur servent pendant la campagne de bateaux-casernes et d'entrepôts, et louent dans le pays de douze à quinze barquettes par bateau ; chacune d'elles porte généralement un harponneur et un rameur, celui-ci est d'ordinaire un jeune débutant qui fait toute la journée force avec les rames pour pousser la barque ou pour lutter contre le courant. La pêche est divisée en quatre parts : une est pour le rameur, deux pour le pêcheur et une pour la barque. Chaque barque pêche pour un millier de francs environ ; les frais d'usure et de vivres s'élèvent à 250 francs, le rendement oscille autour de 400 francs pour le harponneur, de 150 à 200 francs pour le rameur.

Les Grecs qui emploient le kamaki sont moins nombreux qu'autrefois et n'atteignent pas la centaine ; presque tous pêchent au sud de Sfax et quelques-uns d'entre eux pratiquent la pêche noire.

Les indigènes sont très nombreux à manier la foène (*fouchga*) à 2, 3 ou 4 dents ; ils étaient 1.937 en 1903, 1.873 en 1904, presque tous originaires de la partie Nord des Kerkennah. La plupart d'entre eux vendent leurs éponges brutes ; cependant 104 indigènes en 1903 et 318 en 1904 ont pratiqué la pêche blanche. Ceux-ci sont presque tous des indigènes du Sud, appartenant à la tribu des Accara ; formés, dit-on, par les Grecs, ils savent pêcher au signal. Pendant l'hiver ils s'occupent de leurs terres, puis se répandent sur les lieux spongifères quand vient la fin mai. M. Capriata, à qui nous devons des renseignements du plus haut intérêt, a vu des indigènes pêcher au signal à la profondeur incroyable de 26 mètres ; les pêcheurs italiens à la foène ne dépassent pas en général 15 mètres de profondeur, et cependant ils voient l'éponge qu'il faut harponner.

Heureusement pour la Régence les Accara font des élèves qui suivent leur exemple ; à Sfax il existerait déjà deux ou trois familles indigènes qui ont appris à pêcher au signal et à laver leurs éponges. Il est à souhaiter que ces méthodes se diffusent rapidement parmi l'élément indigène.

Les Kerkenniens qui pratiquent la pêche noire ont fréquemment reçu des avances d'un armateur qui paie la patente, etc., et qui prélève une part (250 à 300 francs) sur la pêche ; une part reste au harponneur et une au matelot. L'armateur reçoit aussi un tant pour cent sur les bénéfices supplémentaires que fait la barque (cabotage, etc.).

La drague ou gangave, introduite par les Grecs en 1875, est traînée sur les fonds par des bateaux à pavillon grec ou italien ; ceux-ci sont surtout d'origine napolitaine. La gangave est encore plus dangereuse pour les éponges que le chalut ne l'est pour les poissons, car ceux-ci ne sont pas rivés au sol et un certain nombre d'entre eux peuvent s'échapper. Les fonds rocheux sont interdits à la gangave, mais il y a en Tunisie beaucoup de fonds de gravier, de sable ou de vase sur lesquels elle peut aisément promener la dévastation.

Les bonnes pêches se font quand le bateau marche en sens contraire de la marée et prend les herbes, inclinées par le flot, en quelque sorte à rebrousse-poil. Arrachées de leur support les éponges s'accumulent dans la poche du filet. Celles qui sont trop petites passent parfois au travers des mailles, mais ne tardent généralement pas à mourir ; quelques-unes, plus heureuses, peuvent se trouver suffisamment immobilisées au fond pour continuer à vivre. On voit alors se produire des néoformations de tissus qui déforment le squelette primitif. Il est fait de 4 à 6 calées par jour, chacune d'elles durant de une à trois heures et draguant les fonds sur une longueur de 2 à 3 milles. Que par la pensée nous ajoutions bout à bout 100 gangaves, à longueur moyenne de 10 mètres, et que la barre de fer ainsi obtenue râcle les fonds sur 5 kilomètres, cela 5 fois par jour et 100 jours dans l'année, nous aurions un total de 2.500 kilomètres carrés de bancs spongifères annuellement détruits par les gangaves sur les fonds tunisiens.

Le nombre des gangaves a été :

	Indigènes	Italiennes	Grecques	Equipage
1903......	1	69	48	599
1904......	2	46	33	455

Mattei évalue qu'une gangave pêche dans la saison pour 6.000 francs d'éponges et dépense 1.600 francs en vivres et en cordages. Voici quelle est l'organisation habituelle d'une campagne de pêche avec les gangaves italiennes ; elle est un peu différente avec les sacolèves grecques, qui passent souvent une partie de l'année en Tripolitaine. L'armateur fait au capitaine l'avance d'une somme de 1.200 à 1.500 francs (prix de la patente, vivres, avances à l'équipage qui peuvent s'élever de 120 à 150 francs par homme). Les frais d'usure d'engins ou autres sont d'un millier de francs, ceux de vivres de 3.000 francs et le rendement de la campagne est en moyenne de 8.000 à 10.000 francs. Après déduction des frais de vivres, etc., on partage la pêche en 12 ou 13 parts, dont six à six et demie vont à l'armateur (2.000 à 2.500 francs environ), deux au capitaine (800 francs), une à chaque matelot (400 francs).

Malgré les frais élevés qu'elle entraîne et l'effroyable morbidité qui sévit sur ses plongeurs, la pêche au scaphandre est très en faveur auprès des armateurs et des négociants d'éponges. Elle est la seule possible sur les fonds de 20 à 30 mètres qui ne sont plus guère accessibles à la foène et sur lesquels il est souvent impossible de draguer, ainsi que sur les fonds rocheux interdits à la gangave ; ceux-ci sont recherchés par le scaphandrier parce que les éponges s'y trouvent mieux groupées et que l'eau y est généralement plus claire. 15 patentes pour scaphandre ont été délivrées en 1904.

Les scaphandriers, tous Grecs, passent souvent en Tripolitaine la moitié de leur saison de pêche, mais viennent volontiers en Tunisie parce que la Tripolitaine manque d'abris ; de plus la ville de Sfax leur offre des avantages impossibles à rencontrer ailleurs, soit pour les avances de capitaux, soit pour l'écoulement des produits pêchés ; ils y trouvent enfin la loi française pour régler les différends entre capitaine et équipages (renseignements donnés par M. Blessa). Cette affluence des Grecs est saluée avec joie par les commerçants sfaxiens, car le marin hellène dépense volontiers tout ce qu'il gagne, et on évalue à 250.000 francs l'argent ainsi laissé à Sfax chaque année.

Les Grecs arrivent avec leurs sacolèves ou leurs scounafs, sur lesquels sont chargés de trois à cinq scaphes. Le navire servira de bateau-caserne, d'entrepôt de vivres et de marchandises ; autour de lui évolueront les scaphes, munis chacun d'une pompe et montés par 10 à 14 hommes, dont quatre plongeurs. Malgré les recommandations du gouvernement hellénique les scaphandriers descendent souvent à des profondeurs trop considérables et le nombre des accidents qui les frappent est toujours très élevé. Aussi la Grèce envoie-t-elle un navire hôpital sur les lieux de pêche ; en 1903 c'est l'aviso *Creta* qui est venu stationner sur les côtes de Cyrénaïque, de Tripolitaine et de Tunisie ; il y a eu à bord de l'aviso jusqu'à vingt-quatre malades à la fois, dont plusieurs sont morts rapidement.

Les plongeurs ont des appointements qui s'élèvent pour certains d'entre eux jusqu'à 3.600 francs, payés d'avance. Parfois, au moment du départ pour la pêche, le plongeur qui a été embauché trouve un prétexte pour ne pas partir, et l'armateur qui a compté sur lui pour l'organisation de sa campagne se voit obligé d'augmenter le salaire convenu. Selon leur capacité on donnera aux plongeurs de 2 à 5 parts du produit de la pêche, les autres marins n'auront qu'une part et le capitaine, qui est aussi l'armateur, gardera 8 parts. Les frais de vivres sont en moyenne de 6.000 francs, les frais d'usure d'engins et autres sont de 1.000 francs. Le rendement moyen est de 20.000 francs, sur lesquels 8.000 environ restent au capitaine.

Les éponges, une fois lavées et sèches, sont offertes au commerce. Il faut faire la part des corps étrangers qui les souillent (coquilles, etc.), du sable qu'elles renferment. On sait par exemple que les Accara font sécher leurs éponges sur les belles plages qui s'étendent au sud de Zarzis et que les produits qu'ils fournissent renferment du sable en abondance ; d'ailleurs les Accara sablent intentionnellement leurs éponges et parfois, paraît-il, y ajoutent même du plomb.

Le négociant jette de l'eau de mer sur les éponges qu'il achète, pour voir si elles ont été bien ou mal préparées. Au bout de deux jours, quand elles sont bien gonflées, on les divise en un certain nombre de catégories. Les chimousses sont mises à part, à part aussi les éponges roulées ; celles qui sont trop abîmées, de mauvaise qualité ou trop petites constituent les écarts (*scarti*). Dans un lot d'une même provenance on établit ainsi une douzaine ou une quinzaine de catégories ; puis on enferme les éponges dans des sacs de 17 à 18 kilogrammes, chacun des sacs contenant une égale proportion des éponges des diverses catégories, afin que l'acheteur étranger, à la seule inspection d'un seul des sacs, connaisse la composition exacte de tout l'envoi qu'il reçoit. On achète ordinairement au poids, mais les connaisseurs préfèrent acheter à la pièce ou au tas.

Un droit d'exportation de 20 francs par 100 kilos frappe les éponges lavées ; les éponges brutes paient 10 francs. On ne fait pas subir aux éponges, en Tunisie, les divers traitements (lavages aux acides, etc.) dont nous avons parlé ailleurs ; de même, on ne les rogne presque pas.

On admet en Tunisie que les années pluvieuses rapportent davantage d'éponges ; les vents du large, qui soufflent plus longtemps ces années-là, balaient les herbes du fond et découvrent les éponges.

Le principal débouché des éponges tunisiennes est la France ; ce sont d'ailleurs les maisons françaises qui ont créé le mouvement commercial sur cet article, notamment la maison Coulombel, de Paris

Depuis plusieurs années nos nationaux ont fortement à lutter avec des maisons étrangères ; une maison belge, entre autres, travaille avec beaucoup d'énergie pour accaparer le marché de Sfax ; en 1898 elle a acheté plus de la moitié de la pêche, et malgré les efforts des commerçants français, elle continue à enlever le tiers ou le quart des éponges apportées à Sfax. Elle est secondée à ce point de vue par le prix élevé du fret sur les bateaux français et par les barrières douanières que la France a su élever. L'éponge non travaillée paie en France 35 francs de droits d'entrée par 100 kilos et 70 francs quand elle est travaillée ; en Belgique elle ne paie rien. Pas de droits d'entrée non plus en Italie, et Naples cherche à suivre l'exemple de la Belgique ; elle est d'ailleurs favorisée par le cours du change par rapport aux négociants parisiens. Elle cherche à grossir sa clientèle naturelle des pêcheurs de Lampédouse et à donner plus d'extension à son commerce d'éponges. L'Autriche et l'Angleterre n'imposent non plus aucun droit d'entrée à l'éponge brute, mais la concurrence que ces deux pays font en Tunisie à nos compatriotes est insignifiante.

L'activité avec laquelle est recherché le précieux zoophyte a eu pour conséquence de diminuer son abondance et les dimensions des produits pêchés. Si les quantités retirées des eaux tunisiennes restent sensiblement constantes, c'est parce que les engins à grande production sont de plus en plus employés et parce que les pêcheurs élargissent continuellement le rayon de leurs opérations. Avant 1868 il fallait en moyenne 14 éponges et demie de Kerkennah pour faire un kilo, de 1868 à 1880 il y en avait 22 au kilo, et en 1897 de 35 à 36 au kilo (Mattei). Même en admettant un peu d'exagération dans ces chiffres, il n'en est pas moins certain qu'il y a lieu de protéger les bancs.

Le gouvernement des Beys avait successivement concédé, puis en 1869 adjugé aux enchères le monopole de la pêche des éponges. Celle-ci était affermée, en même temps que celle des poulpes, pour quatre ans seulement et le fermier disposait d'un temps trop court pour qu'il songeât à s'intéresser à des mesures pour la protection des fonds : au contraire son intérêt était d'obtenir le maximum de rendement en attirant le plus grand nombre possible de pêcheurs et en améliorant l'outillage de la pêche. Les concessionnaires et les fermiers ont ainsi introduit en Tunisie les pêcheurs grecs en 1856, et, avec l'aide de ceux-ci, le scaphandre, la gangave et le miroir. Le fermier, qui a toujours été de nationalité française, payait une redevance annuelle qui de 60.000 francs est montée à 130.000 francs ; il percevait le 25 o/o des éponges blanches pêchées, le 33 o/o des éponges brutes et des poulpes, et tenait un surveillant à bord de chacune des embarcations. Il lui arrivait d'être frustré de certains bénéfices, notamment par des Italiens qui allaient chercher à Lampédouse un faux certificat d'origine pour le produit de leur pêche, et par les Grecs qui sont partis quelquefois avec leur récolte sans acquitter les droits.

Depuis 1892 le régime de la pêche a été modifié, le fermage supprimé et la pêche est devenue libre sous la seule condition de l'imposition de patentes spéciales. Le Trésor n'a rien perdu à ce changement ; les patentes pour la seule pêche des éponges ont produit plus de 150.000 francs en 1903. Le prix des patentes a été successivement :

	1892	1895	1897 (mai)	1897 (août)	1903
Pêche blanche :					
Kamaki	125	125	125	100	100
Gangave	450	450	450	350	375
Scaphandre	1.500	1.500	3.000	1.000	1.000
Pêche noire :					
Barquette	30 (1)	75 (2)	75 (2)	40 (2)	40 (2)

Les patentes pour la pêche noire sont payables par trimestre et d'avance : ainsi que les patentes pour kamakis elles courent à partir du 1er octobre, les autres à partir du 1er janvier. La pêche à la drague et au scaphandre est interdite du 1er novembre au 31 décembre. Les bateaux qui ont une patente pour la pêche noire doivent obligatoirement débarquer leurs éponges à l'état brut. Blanches ou noires, les éponges doivent être apportées dans un des ports ouverts au commerce, où le poids est enregistré par le préposé à la police de la navigation et des pêches.

Les variations du prix des patentes trahissent les hésitations de la Direction des Travaux publics, soucieuse de conserver intactes les richesses des eaux tunisiennes. Une décision unanimement approuvée est celle qui a abaissé le tarif pour la pêche noire ; celle-ci est presque uniquement pratiquée par les indigènes, qui s'arment de la foène aux moments de loisir que leur laissent leurs pêcheries fixes et l'actif cabotage qui se fait entre leurs îles et la terre ferme. De même la

---

(1) Plus 10 o/o sur le produit de la pêche.
(2) Net, sans autre charge. Toutes les valeurs sont en francs.

patente pour la pêche blanche à la foène est fixée à un chiffre raisonnable qui ne sera sans doute pas modifié de longtemps et qui, en tout cas, ne paraît pas pouvoir être augmenté.

Une enquête faite en mars 1897 avait montré que les scaphandriers récoltaient beaucoup de petites éponges et que les produits de leur pêche étaient rangés parmi les écarts dans la proportion de 30 à 33 o/o, tandis que les gangaves produisent seulement 20 o/o d'écarts (il n'était naturellement pas tenu compte des éponges détruites par cet engin et restées sur les fonds). Il eût fallu imposer un minimum de taille pour les produits pêchés, on préféra exécuter le scaphandre : la patente pour cet instrument fut portée à 3.000 francs.

Les négociants de Sfax s'émurent ; ils firent remarquer que Lampédouse cherchait à accaparer le commerce des éponges malgré le prix élevé des denrées et des approvisionnements (20 à 30 o/o moins chers à Sfax), du loyer de l'argent (25 à 30 o/o à Lampédouse, 10 o/o à Sfax), l'absence de chantiers de réparations pour navires. Lampédouse avait, par contre, les avantages de ne pas imposer aux pêcheurs de patente coûteuse (1), de ne pas interdire comme en Tunisie la pêche pendant une période qui s'étendait alors sur les mois de mars, avril et mai, d'accepter les paiements en papier, d'où bénéfice sur le change, de ne faire payer aucun droit d'exportation sur les éponges, enfin d'avoir une main-d'œuvre, des loyers et des moyens de transport à meilleur marché. En conséquence ils réclamaient une nouvelle tarification des patentes, qui est celle du décret d'août 1897, sauf pour les gangaves pour lesquelles ils demandaient 300 francs seulement ; en compensation ils offraient d'acquitter le droit d'exportation sur toutes les éponges, renonçant au bénéfice de l'entrepôt accordé jusqu'alors aux éponges provenant des bancs neutres. Ils demandaient aussi que la période d'interdiction de la pêche fût reportée en novembre et décembre; on leur a également donné satisfaction sur ce dernier point.

Les négociants sfaxiens se sont appuyés sur l'autorité de Lo Bianco pour dire que l'époque de la reproduction de l'éponge tunisienne est aux mois de novembre et décembre ; ils ont fait erreur. Lo Bianco a trouvé à cette époque des larves chez *Eusp. off.* var. *adriatica*,

---

(1) Une *licenza* de 5 francs est seule exigée, et délivrée sans que de longues démarches soient nécessaires.

variété qui doit être bien rare en Tunisie si elle y existe, et on a oublié de mentionner qu'il en a vu en juillet chez *Eusp. officinalis* (var. ?) (1). D'ailleurs lorsque le gouvernement tunisien a envoyé auprès de lui M. Leblanc pour recueillir de plus amples renseignements, M. Lo Bianco s'est tenu sur une prudente réserve et a conseillé de faire des expériences suivies à ce sujet.

De nombreux points de détail doivent être élucidés en ce qui concerne la biologie des éponges tunisiennes. Il ne faut pas seulement connaître l'époque à laquelle se forment, puis à laquelle sont émises les larves; il faut également que soit précisé le temps moyen qu'une larve passe en liberté avant de se fixer, ainsi que le temps nécessaire à l'éponge : 1° pour émettre ses premières larves, 2° pour acquérir une taille commerciale. Il est nécessaire de compléter la carte des bancs spongifères de la Régence, avec indication de la valeur des éponges que l'on y pêche et peut-être de la rapidité de croissance des éponges qui vivent sur les divers bancs. Il y a lieu de vérifier l'exactitude des observations déjà connues sur la rapidité plus grande de la croissance et sur la fermeté plus grande du squelette des éponges qui vivent en eaux agitées. On peut également faire quelques expériences de spongiculture, quand ce ne serait que pour fouiller les problèmes biologiques qui en découlent (comparaisons entre la croissance des éponges intactes et des boutures, entre l'émission des premières larves chez les éponges intactes et les boutures, etc.).

A la suite des incidents dont nous avons parlé la Direction des Travaux publics a décidé, par arrêté du 31 décembre 1902, de construire un laboratoire de biologie marine. Ce laboratoire a été élevé en pleine mer, en face Sfax ; il est sous la direction de M. Raphaël Dubois et a comme sous-directeur M. Allemand-Martin. C'est seulement quand les études biologiques auront fourni des résultats certains que l'on pourra instituer une réglementation définitive de la pêche des éponges.

Il est cependant une question des plus délicates, que ne peuvent résoudre les recherches d'un laboratoire, c'est celle des engins à favoriser ou à éliminer.

Il est difficile de prendre la défense de la gangave : elle constitue

---

(1) Voir à ce sujet ce qui est dit au chapitre Éponges, dans le tome 1 de cet ouvrage.

l'engin destructeur par excellence. On a fait remarquer cependant, avec raison, que la foëne ne descend guère au-delà de 15 mètres, que le scaphandre ne peut pas, pratiquement, dépasser 40 mètres, ni explorer les fonds vaseux où ses pas troublent l'eau trop rapidement. Conservons donc à la gangave son caractère d'engin exceptionnel, uniquement réservé pour les régions où il est le seul à pouvoir être utilisé. Ce serait, ce nous semble, suffisamment concilier les intérêts en présence que d'interdire la pêche à la gangave : 1° dans tout le golfe de Gabès, 2° par les fonds inférieurs à 35 mètres ; s'il le faut, qu'on abaisse alors à un prix infime le prix des patentes pour cette pêche.

En agissant ainsi nous ne porterions pas tort aux indigènes qui ne pratiquent pas la pêche à la drague, sauf exceptions ; nous ménagerions l'existence, dans les régions qui resteraient inexplorées, de cantonnements où les éponges pourraient grandir en tranquillité et émettre des larves pour le repeuplement des fonds exploités. Les partisans de la gangave disent bien qu'elle améliore les fonds, qu'elle les débarrasse des éponges mortes qui les encombrent : belle manière d'améliorer un banc, que de détruire les jeunes éponges pour les débarrasser des vieux individus qui pourraient gêner leur croissance.

La question du scaphandre est plus vivement discutée. Cet instrument a des défenseurs convaincus : il est le seul qui permette la la pêche sur les fonds rocheux où ne peut aller la gangave et trop profonds pour la foëne ; il a d'ailleurs l'avantage énorme de n'être pas pas aveugle comme la drague et de permettre de choisir les éponges. Mais il existe aussi des détracteurs nombreux de cet appareil. Les uns parlent au nom de la question d'humanité, qui ne peut en vérité laisser personne indifférent et sur laquelle les avis sont unanimes. Les autres, jaloux peut-être des bons résultats que donne le scaphandre, rééditent les objections d'Arapian, déclarent qu'avec ses lourds souliers le scaphandrier écrase beaucoup d'éponges, et que ses verres grossissants l'amènent à prendre des individus de trop petites dimensions. Nous avons répondu ailleurs à ces objections, nous avons déjà dit que les bancs exploités ne peuvent pas être comparés à des pelouses d'éponges dans lesquelles il n'y aurait qu'à se baisser pour cueillir et où des pas maladroits causeraient d'irrémédiables dégâts. D'autre part le scaphandrier qui ramasse les exemplaires de petite taille sait parfaitement ce qu'il fait et se livre volontairement à une œuvre de vandalisme que tolère le silence de la législation tunisienne à cet égard. Espérons que ce silence sera bientôt rompu et qu'interdiction sera faite de pêcher, colporter ou vendre des éponges ayant de trop petites dimensions.

Le gouvernement tunisien est hostile au scaphandre : il avait cherché en 1897 à décourager les armateurs par le prix des patentes, on l'a vu plus haut ; le 4 août 1902 il a interdit complètement l'emploi de cet engin. Le commerce a fait entendre alors d'énergiques protestations et l'arrêté précédent a été annulé le 16 novembre 1902; seulement il a été décidé qu'un chiffre maximum de patentes à délivrer serait fixé toutes les années. Ce chiffre était de 22 pour 1904 et pour 1905.

On a craint surtout en 1902 que l'interdiction de l'emploi du scaphandre, promulguée par le gouvernement ottoman en 1901, n'amène en Tunisie les plongeurs inoccupés, et à ce point de vue la limitation du nombre des patentes est parfaitement justifiée. Mais de là à l'interdiction totale il y a loin.

Nous n'avons pas les mêmes motifs que le gouvernement ottoman pour prendre la même mesure que lui. Sous la raison d'humanité, qui n'a été qu'un prétexte, il faut voir que la Porte a entendu interdire la pêche des éponges dans son domaine aux scaphandriers, tous Grecs, pour la réserver à ses nationaux plongeurs à nu, et faire cesser ainsi les motifs des rixes fréquentes qui troublaient les rivages levantins. En Tunisie les pêcheurs indigènes ne sont pas assez nombreux pour maintenir à eux seuls le commerce des éponges, et il est nécessaire d'avoir recours aux pêcheurs étrangers. A tout prendre, il est plus profitable d'attirer les Grecs, qui dépensent presque tous leurs appointements en Tunisie, que les Italiens dont la sobriété légendaire, celle des Napolitains surtout, et l'extrême économie font le désespoir des commerçants sfaxiens.

En présence de la concurrence acharnée que se font les peuples sur le terrain économique, tous les efforts doivent être faits par la Tunisie pour conserver sa clientèle d'acheteurs d'éponges, et il ne faut pas oublier que les scaphandriers ont rapporté les 26 o/o des éponges blanches pêchées en Tunisie en 1903 et 1904. En somme, s'il est à souhaiter que les hygiénistes triomphent dans la lutte qu'ils ont entreprise contre le scaphandre, le gouvernement de la Régence ne doit pas prendre l'initiative de la suppression de cet instrument ; cette suppression ne pourrait être que la conséquence d'une conférence internationale qu'il serait désirable de voir réunir pour étudier la question de la pêche des éponges. Son programme serait vaste : en plus de la question des engins, il y a celles de la limitation de la pêche, même sur les bancs d'éponges situés hors des eaux territoriales, de l'action en commun pour la répression de la pêche et du colportage des éponges de petites dimensions, etc., qui sont bien dignes de fixer l'attention.

On peut regarder comme assuré que la création de cantonnements pour la pêche des éponges finira par s'imposer en Tunisie. Les régions fertiles pourraient être divisées en zones qui, tous les trois ou quatre ans, seraient ouvertes aux pêcheurs pour une année. Il y aurait avantage à établir le roulement de pêche entre les zones de manière que les bancs épuisés puissent recevoir, sous l'action des courants, les larves émises par des bancs en voie de repeuplement, et à veiller à ce que l'interdiction totale de la pêche dans certaines régions spongifères ne cause pas la disparition périodique sur les marchés de certaines sortes commerciales. Pour qu'une réglementation de ce genre puisse être établie, il est nécessaire qu'elle soit précédée du dressement d'une carte complète des bancs d'éponges tunisiens ; les capitaines d'embarcations pourraient être d'une grande utilité pour la confection de cette carte, surtout si l'on concédait pour quelques semaines le monopole de la pêche sur un banc nouvellement découvert au capitaine qui signalerait son existence dans un bureau de port.

Conclusions. — Si maintenant nous cherchons à embrasser dans une vue d'ensemble les renseignements qui ont été successivement passés en revue plus haut, nous avons à constater que les résultats obtenus jusqu'à ce jour sont des plus remarquables et pleins de promesses pour l'avenir. La Notice sur les Pêches maritimes de la Tunisie en 1900 évaluait à 4.665.000 francs la valeur approximative des bateaux et des engins employés dans la Régence à l'industrie de la pêche, ainsi que celle des installations fixes ; sur ce total la flotte française entrait pour une somme de 45.000 francs, tandis que les pêcheries fixes entre les mains de nos nationaux représentaient environ 1.300.000 francs.

Il y a lieu de modifier légèrement ces chiffres ; depuis 1899 la flotte italienne a subi une diminution de valeur ; les gangaviers et les

INDUSTRIE DE LA PÊCHE EN TUNISIE

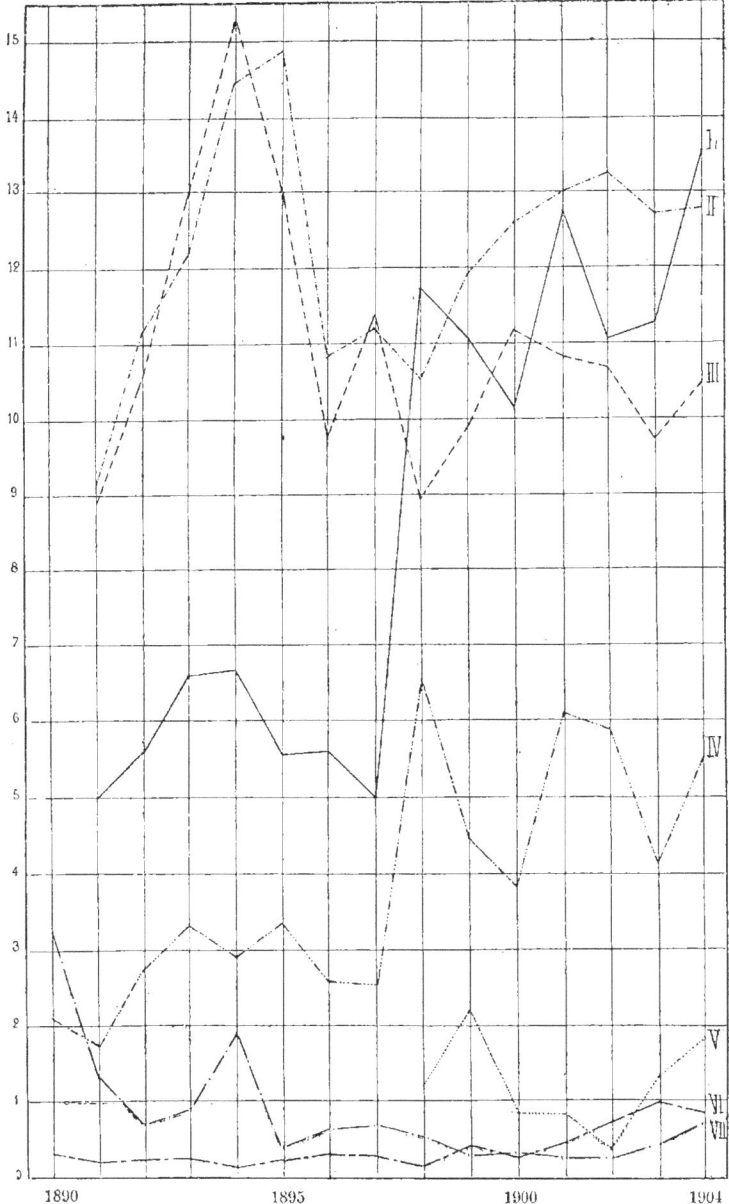

I. Produit total de la pêche. — II. Nombre de bateaux de pêche. — III. Nombre de pêcheurs. — IV. Pêche des éponges. — V. Pêche des thons. — VI. Pêche des poulpes. — VII. Pêche des sardines, des anchois et des allaches.
Chaque division représente, suivant le cas, 400.000 fr., 200 bateaux, 1.000 pêcheurs.

sardiniers sont moins nombreux et l'accroissement en nombre des pêcheurs à la foëne ne compense pas cette moins-value que l'on peut fixer à 400.000 francs environ. Les bateaux de pêche français ont augmenté de nombre, et les madragues de Bordj-Khadidja et de Ras-el-Ahmar sont à porter à l'actif des capitalistes français. On peut évaluer à près de 400.000 francs l'accroissement de valeur du matériel français. A l'heure actuelle la part de la France et celle de l'Italie seraient donc approximativement représentées par une somme de 1.700.000 francs pour chacune des deux nations. D'après les renseignements que nous avons reçus, il conviendrait en outre de grossir le chiffre qui représente la valeur des engins français, le matériel des installations fixes étant estimé au-dessous de sa valeur.

Les graphiques que nous donnons page 79 montrent quelle a été la rapidité de la marche ascendante du revenu de la pêche en Tunisie. Un certain nombre d'améliorations restent cependant encore à apporter à cette industrie.

Il y a lieu de prévoir tout d'abord que la progression graduellement croissante du rendement de la pêche côtière subira un temps d'arrêt momentané, jusqu'au jour où on se décidera à employer des moyens de pêche plus perfectionnés.

Actuellement la Tunisie est un pays exportateur de poisson frais; cette exportation va certainement tendre à diminuer et peut-être même à disparaître à mesure qu'augmentera la population européenne de la Régence, ainsi que la fortune privée et les moyens de communication. Déjà à Tunis le poisson devient presque, à certaines époques, une denrée de luxe. Cette situation ne peut-elle pas être améliorée ?

Du côté de certains lacs amodiés (Bibans et Porto-Farina) on peut prévoir sans doute une augmentation de la production, qui compensera peut-être le déficit du lac de Bizerte. En tout cas l'expérience faite a été concluante et il est aujourd'hui évident pour tout le monde que l'amodiation fait produire à l'hectare d'eau son maximum de rendement.

La pêche côtière est en moins bonne position. Les pêcheries fixes des indigènes, leur pêche à pied, leur tramail et leurs palangres n'exploitent pas d'une manière suffisante la riche région qui s'étend au Sud de Monastir ; mais que feraient actuellement les indigènes d'un excès de production ? Ils pêchent de manière à suffire à leur consommation et n'augmenteront leur activité dans cette voie que lorsqu'ils seront assurés de débouchés avantageux. Peut-être qu'un expéditeur de poisson installé à Sfax, et qui enverrait à Tunis du poisson à la glace, rendrait service à ce point de vue aux pêcheurs de la région sfaxienne. Dans la région du Sud les arts traînants doivent être interdits afin de ménager les bancs d'éponges.

Il en est tout autrement au Nord. Le talus exploitable de la côte Nord, bien que d'une faible largeur, offrirait néanmoins de riches moissons aux bateaux qui dragueraient, du cap Roux à Porto-Farina, ses fonds inexploités. Il en serait de même des fonds dont la profondeur n'atteint pas 100 mètres, accessibles par conséquent aux arts traînants, qui se trouvent au Nord de la Tunisie. Au Sud du cap Bon existe de même une immense région où la pêche est à conseiller à l'aide d'engins puissants ; elle manque malheureusement d'abri sûr : c'est une lacune qu'il serait facile de combler en mettant à exécution des projets qui sont depuis longtemps à l'étude.

A condition d'interdire aux chalutiers la pêche le long des côtes et sur les fonds qui n'ont pas une profondeur suffisante, on devrait favoriser le plus possible l'extension des arts traînants dans les régions dont nous venons de parler. Si les bancs tunisiens se trouvaient dans la mer du Nord, ils feraient l'objet d'une pêche intensive. Mais il manque deux choses à la Tunisie : des capitaux audacieux et de bons moyens de transport.

L'échec de M. Coste ne doit pas décourager les capitalistes, et la solution doit être cherchée dans le sens qu'il a indiqué. Il faut organiser le chalutage à vapeur, qui permet d'aller chercher au loin les fonds productifs et de ramener rapidement le poisson pêché, quel que soit le vent. Ces chalutiers devraient abandonner le Sud du golfe de Tunis et les fonds de Sousse, mis en coupe réglée par les balancelles ; si les bateaux-bœufs avaient pris l'initiative de varier leur champ d'opération et de raser la côte de moins près, ils auraient évité l'arrêté d'interdiction pour six mois qui les menace, à ce qu'on assure.

La question des moyens de transport possède une égale importance. Il n'est pas de l'intérêt de l'armateur d'inonder de poisson le marché d'une grande ville, par intervalles, et des cales frigorifiques à bord ou des chambres de même nature, à terre, sont nécessaires pour permettre l'emmagasinage du poisson pêché et pour éviter l'avilissement des prix. Ces installations sont encore plus indispensables pour assurer l'écoulement du poisson tunisien sur le marché européen. La France, l'Italie sont pour la Tunisie des débouchés tout naturels, prêts à recevoir d'énormes quantités de poisson, et le commerce actuel d'exportation sur cet article pourrait être considérablement augmenté, notamment si des expéditions étaient faites sur la Suisse, actuellement tributaire de l'Océan.

Mais il faut nécessairement, pour que le poisson tunisien puisse conquérir la place à laquelle il a droit dans les poissonneries européennes, qu'il y parvienne en état de fraîcheur parfaite. Il faut renoncer aux archaïques procédés actuels de conservation, qui ne le mettent pas suffisamment à l'abri des coups de sirocco. Il faut donc qu'au séjour dans les chambres frigorifiques tunisiennes succède le séjour en cale frigorifique à bord des vapeurs de commerce. Et ici intervient l'action du gouvernement qui dans les conventions postales peut faire insérer les clauses qu'il lui plaît. Comptons sur lui.

Pourquoi faut-il que nous soyons obligés de signaler ici que malheureusement nous ne sommes pas prêts en France pour recevoir le poisson tunisien dans de bonnes conditions ? Pas de chambres réfrigérantes, presque pas de wagons frigorifiques, et des tarifs de chemin de fer si mal établis que le poisson paie 161 francs la tonne pour aller de la Rochelle à Bâle, tandis que les prix sont de 85 francs de Hambourg à Bâle, alors que le trajet entre ces deux dernières villes est cependant plus long de 2 kilomètres (1).

Des améliorations sont aussi à apporter en ce qui concerne la main-d'œuvre. Si le chalutage à vapeur vient à être organisé, on devra exiger la présence à bord des bateaux d'un certain nombre de Français, la moitié ou les deux tiers de l'équipage. La vie à bord d'un chalutier est moins pénible que celle que mènent beaucoup de pêcheurs européens exerçant en Tunisie : on trouverait alors plus aisément des marins français qui consentiraient à aller pêcher dans la Régence, et on aiderait à diminuer les appréhensions de ceux que hante le « péril sicilien ».

L'introduction de la main-d'œuvre française préoccupe depuis longtemps les esprits et beaucoup d'entre eux sont hypnotisés par l'idée de la colonisation maritime bretonne. Cette question est traitée

(1) M. Lebail, Chambre des Députés, séance du 16 février 1905.

au chapitre de l'Algérie et nous ne répéterons pas ici les arguments que nous y fournissons à ce sujet. Faut-il rappeler l'échec lamentable de Tabarca, dû surtout au manque d'organisation de l'entreprise, et l'insuccès qu'a obtenu la tentative des Bibans ? A Tabarca les pêcheurs, venus de Douarnenez, avaient reçu du gouvernement des secours matériels et pécuniaires fort appréciables ; mais, faute d'éducation nécessaire et de direction, ils n'ont pas su trouver des sardines là où les Siciliens rentraient avec leurs barques pleines. Aux Bibans il leur a été impossible de s'acclimater sous un ciel et dans un milieu si différents de ceux de la Bretagne.

Il ne faut pas croire que c'est chez les Bretons seuls que l'on peut trouver les éléments d'une colonisation maritime, et c'est au contraire parmi les marins du Sud de la France que l'on devrait avoir le plus de chances de rencontrer les pêcheurs désirés. Il ne faut cependant pas se faire trop d'illusions à ce point de vue, ainsi que le montre l'exemple suivant. En 1899 on put, à force d'instances, décider cinq pêcheurs de Carro à aller passer trois mois d'été à la madrague de Monastir ; le voyage leur était payé, ils recevaient 100 francs par mois, les 24 o/o de la petite pêche et 20 francs par mille thons : ils ne sont pas retournés en 1900. Il est vrai qu'il ne s'agissait pas véritablement, dans ce cas, d'une tentative de colonisation à proprement parler.

Mais il y a lieu de se demander, plus encore en Tunisie qu'en Algérie, si la colonisation maritime française est appelée à donner des résultats sérieux. Les nouveaux colons-pêcheurs, s'il en vient, seront en concurrence avec les marins étrangers; pourront-ils lutter avec les pêcheurs siciliens, auxquels leur sobriété et leur âpre économie donnent un avantage considérable? Là où vit un pêcheur italien un pêcheur français ne trouverait souvent pas à assurer sa subsistance. Quel armateur emploiera à pêcher la sardine ces marins qui voudront rentrer au port chaque jour à heure convenable, qui demanderont à être nourris à leur goût, à avoir de bons appointements, alors qu'il est si facile d'embaucher les Siciliens, qu'aucune fatigue ne rebute et qui acceptent des salaires de famine? On ne peut songer à faire embrasser à nos nationaux la profession de pêcheur d'éponges ou de corail, bien plus pénibles encore ; l'éducation professionnelle leur fait d'ailleurs absolument défaut.

Aussi ne semble-t-il pas qu'il soit possible actuellement d'espérer coloniser sérieusement avec des Français le domaine maritime de la

Régence. Le mieux serait d'utiliser dans de meilleures conditions la main-d'œuvre étrangère, ou plutôt de la canaliser. Les marins étrangers, nous l'avons vu, se divisent en sédentaires et en nomades : les sédentaires sont surtout italiens et maltais, les nomades sont italiens et grecs et pêchent les poissons de passage et les éponges. Il n'y a pas lieu de s'opposer pour le moment à l'afflux des marins étrangers qui viennent se livrer à une industrie négligée par nos nationaux : leurs bras servent à extraire de la mer des ressources qui resteraient inutilisées, mais il est abusif de voir un grand nombre d'entre eux arriver périodiquement et rapporter chez eux tous les bénéfices de leurs pêches sans rien laisser en échange. Il faudrait arriver à fixer en Tunisie ces pêcheurs nomades et à les rendre sédentaires. L'exemple de l'Algérie a montré que la chose est possible, mais cet exemple montre aussi comment il faut opérer. Il ne faut pas, comme en Algérie, produire une rupture brusque de l'équilibre préexistant, et amener une perturbation funeste au commerce et capable d'anéantir des capitaux engagés dans l'industrie de la pêche ou dans les industries annexes. C'est surtout par l'imposition aux pêcheurs nomades de charges de plus en plus lourdes, accompagnées d'avantages offerts à ceux qui deviendraient sédentaires, que l'on devrait provoquer la fixation des étrangers sur le sol tunisien. Et la conclusion du mouvement à provoquer ainsi consisterait dans l'imposition de la naturalisation, trop peu encouragée jusqu'à ce jour, à tous ceux qui voudraient exploiter les eaux tunisiennes. Des exceptions sont peut-être à prévoir en faveur de marins appartenant à des catégories spéciales, tels que les employés des madragues, qu'il est impossible actuellement de se procurer en dehors de la Sicile, ou les scaphandriers pêcheurs d'éponges.

Mais, avant de tenter quoi que ce soit dans ce sens, il est indispensable de dénoncer la convention tuniso-italienne actuellement en vigueur, qui concède des avantages par trop considérables à l'Italie et aux puissances qui ont obtenu de la Tunisie le régime de la nation la plus favorisée; on devra alors la modifier dans un sens plus protectionniste en ce qui concerne la question qui nous occupe. MM. Chautemps, Loth, etc., estiment que l'on a beaucoup exagéré le péril sicilien et que, une fois la fixation obtenue, l'influence de la nouvelle patrie, les mariages mixtes, etc., ne tarderaient pas à assurer la fusion des races. Un autre facteur qui agirait puissamment dans ce sens est représenté par le maître d'école. L'action des écoles italiennes est gênée par les entraves qu'on leur a imposées à juste titre et l'école française est de plus en plus en faveur auprès de l'élément étranger. N'augmenterait-on pas la pénétration de la langue et des idées françaises parmi les pêcheurs par la création d'écoles ou de cours professionnels de pêche? Les procédés de pêche sont trop variables le long des côtes tunisiennes pour qu'il soit possible de définir dans un exposé sommaire ce que devrait être une école de pêche dans un tel pays, mais un seul exemple permettra d'en concevoir la très réelle utilité. La plupart des pêcheurs indigènes d'éponges pratiquent la pêche noire, ne se servent pas du miroir et sont souvent la proie des armateurs qui leur font l'avance du prix de la patente de pêche, prélevant en échange une part, usuraire à l'excès, sur le produit de la pêche et sur les menus bénéfices du cabotage auquel se livre la barque. N'y aurait-il pas avantage à former l'esprit de ces hommes dans une école où ils trouveraient, en même temps qu'un enseignement français, des indications techniques fournies par un pêcheur exercé, ainsi que des conseils qui leur seraient tout aussi utiles?

Des tentatives ont été déjà faites dans un sens analogue. Dans la séance de la Conférence Consultative où a été adopté, sur un vœu de M. Coste, le principe de la création d'une école de pêche, le Directeur des Travaux publics a rappelé avec éloges le cours d'hydrographie qui avait été créé à Sfax par M. Capriata. Les élèves de ce cours appartenaient surtout à la race intelligente et docile des Kerkenniens et les résultats obtenus ont été surprenants. N'est-ce pas d'un bon augure pour le succès d'une école de pêche?

Le gouvernement de la Régence paraît très disposé à favoriser l'industrie des fabrications de conserves. Mais un obstacle se dresse, bien fait pour décourager beaucoup de bonnes volontés, et qui consiste dans le droit d'entrée de 25 o/o qui frappe les conserves tunisiennes à leur entrée en France. Les fabricants français veillent jalousement sur le maintien de ce tarif prohibitif, dont les Tunisiens demandent instamment la suppression ou au moins l'atténuation. Une mesure dans ce sens ne pourra être prise que lorsque la réglementation de la pêche en Tunisie aura été modifiée dans le sens voulu. Il serait illogique d'ouvrir nos barrières douanières à des conserves de poissons dont la pêche et la préparation seraient l'ouvrage de mains étrangères. Du moment que le principe de la protection pour nos nationaux est accepté, cette conclusion s'impose d'elle-même. Espérons qu'elle ne s'imposera pas pendant longtemps encore. Du moins les fabricants de conserves ont le droit d'espérer que le gouvernement tunisien continuera à les favoriser. Des mesures, telles que le dégrèvement complet des objets servant à leur industrie, les encourageraient à augmenter leur production : il se créerait ainsi un mouvement commercial dont l'importance pourrait être très grande.

Les saleurs d'anchois et de sardines devraient s'attacher à chercher des débouchés nouveaux dans les villes du Levant, où leurs produits semblent parvenir trop souvent sous des marques italiennes. Ils seraient sans doute puissamment aidés dans la conquête de ces marchés si le gouvernement tunisien, ou plutôt les Chambres de Commerce intéressées, ouvraient dans quelques grandes villes des magasins d'exposition des produits tunisiens.

Espérons que les bancs de corail sortiront encore de l'oubli, que l'on aura à enregistrer le succès de nouvelles expériences de mytiliculture et d'ostréiculture, nous n'osons pas ajouter de spongiculture. Nous nous sommes déjà occupés de cette dernière question plus haut, nous n'y reviendrons pas. En tout cas nous devons mettre en garde ceux qui voudraient s'occuper de spongiculture contre une phrase du rapport de Bouchon-Brandely et Berthoule, que nous avons cité plusieurs fois. Ces auteurs conseillent d'essayer la culture des éponges dans le lac de Bizerte : il est certain qu'actuellement le lac n'offre pas à l'éponge les conditions biologiques nécessaires à son existence ; il en offrait encore moins à l'époque où le rapport a été rédigé.

Nous nous sommes expliqués plus haut sur la réglementation qui nous paraît devoir être appliquée à la pêche des éponges. Souhaitons que les ravages de la gangave aillent en s'atténuant, qu'une prescription sévère fixe un diamètre minimum pour les éponges pêchées ou colportées dans la Régence, que des études soient faites pour préparer l'institution de cantonnements. Il faut développer chez les indigènes la pratique de la pêche blanche et celle de la pêche au signal. Cette question a déjà été envisagée, mais d'une manière insuffisante. Il est impossible de favoriser chez les indigènes la diffusion des méthodes de pêche par des moyens, tels que l'abaissement du prix des patentes pour la pêche blanche, car les marins étrangers profiteraient des concessions qui leur seraient faites et que toute mesure protectionniste dont ne pourraient pas profiter les marins italiens nous est interdite. Ne pourrait-on pas employer des moyens détournés, instituer, par exemple, des concours entre indigènes, concours de pêche et concours de lavage d'éponges ? Les prix consisteraient dans des exonérations de patentes de pêche, d'impôt de la medjba, etc. Peut-être aussi serait-il à souhaiter que l'Administration se montre très tolérante à l'égard des indigènes munis d'une patente pour la pêche noire et qui voudraient s'essayer à laver leurs éponges ; elle imiterait l'exemple de Parmentier faisant garder ostensiblement pendant le jour les champs de pomme de terre qu'il souhaitait voir dévaliser la nuit. En utilisant les instincts de fraude qui sont dans le cœur de tout administré, il serait peut-être possible d'augmenter plus rapidement le nombre des indigènes qui font la pêche blanche.

De nombreuses autres réformes sont encore à accomplir : Tabarca doit sortir de l'isolement dans lequel elle a été laissée jusqu'à ce jour; les droits d'exportation sur les éponges et les poulpes doivent disparaitre, comme ont disparu déjà ceux qui grevaient les autres produits de la pêche, etc. Nous comptons à ce sujet sur la bonne volonté de ceux sur qui reposent les destinées de la Tunisie et qui y ont déjà amené l'industrie de la pêche à un état de prospérité vraiment remarquable, mais trop ignoré en France.

Nous oublions trop que si la Tunisie a été le grenier de Rome, elle a été considérée aussi par les Romains comme un vivier d'une richesse peu commune, et de nombreuses mosaïques exhumées du sol tunisien nous montrent, représentées avec soin, les principales espèces aquatiques qui ornent encore aujourd'hui ses marchés. Puissent les lignes qui précèdent rappeler à nos nationaux que la Tunisie ne tient pas tout entière dans ses cultures et dans ses mines, et qu'il y a, en dehors des Nefzas et de Gafsa, des champs de Béja et des olivettes de Sousse, d'autres ressources à recueillir, d'autres champs où l'on peut récolter sans avoir ensemencé et que moissonnent surtout les étrangers. Si les Français ne peuvent pas être les bras des exploitations de pêche, qu'ils en soient du moins la tête : c'est encore un grand rôle à jouer.

ALGÉRIE

Hydrographie. — L'Algérie expose directement à l'action des vents du Nord ses côtes, longues de 1.100 kilomètres environ. Les ramifications de l'Atlas viennent y dominer la mer en falaises rocheuses, qu'interrompent un certain nombre de golfes et de baies. Ce sont les baies d'Oran, d'Arzew, d'Alger, les golfes de Bougie, de Philippeville et de Bône. L'allure de ces concavités de la côte est assez constante : elles sont généralement limitées à l'Ouest par un cap rocheux qui se prolonge vers le Nord-Est et qui constitue un abri naturel contre les vents du Nord et du Nord-Ouest ; vers l'Est la côte du golfe est faite de galets érodés par les flots, de sable fin, et des dunes la couronnent souvent. Elle se relie au rivage voisin, à l'Est, par une courbe douce, longuement étalée. Exception doit être faite pour la baie d'Alger bordée à l'Est par le cap Matifou, et surtout pour le golfe de Philippeville que protège le cap de Fer, pointé vers le Nord-Ouest ; il est vrai qu'il y a en ces points deux massifs de roches éruptives qui impriment un aspect particulier au profil de la côte.

Çà et là surgissent quelques îlots sans importance, qui ne méritent pas le nom d'îles.

Les fonds plongent rapidement sous les eaux algériennes et l'isobathe de 100 mètres est très rapprochée du rivage ; elle l'affleure parfois et sur de grandes distances elle le côtoie à moins de trois milles. Elle s'infléchit au niveau des golfes d'Oran, de Bougie et de

---

Principaux documents consultés : G. Pénissat, *La Navigation maritime et la pêche côtière en Algérie*. Alger, 1889. — Bouchon-Brandely et A. Berthoule, Les Pêches maritimes en Algérie et en Tunisie. *Revue mar. et col.*, 1890. — A. Imbert, *Notice sur les services maritimes de l'Algérie*. Alger, 1900. — A. Bonnard, Pêche côtière et colonisation maritime en Algérie. *Thèses Doct. Fac. Droit Paris*, 1902. — Statistiques des Pêches Maritimes. — Etc.

Philippeville ; au contraire elle ne pénètre pas dans ceux d'Arzew et de Bône où se trouvent ainsi délimités des fonds assez vastes, vaseux et coquilliers, accessibles aux arts traînants. Dans l'ensemble, c'est seulement sur une zone très étroite que peut être pratiquée la pêche côtière.

Les cours d'eau n'ont pas une grande importance ; presque à sec en été, leur régime est des plus irréguliers et leurs eaux sont souillées de limon. Leurs rives manquent souvent de cette végétation aquatique qui égaie nos ruisseaux de France et qui est l'habitat d'une riche faunule dont se nourrissent les poissons. Enfin les eaux d'un assez grand nombre de rivières sont trop magnésiennes pour que les poissons d'eau douce puissent y prospérer.

Le plus notable des cours d'eau algériens est le Chéliff, qui roule ses eaux jaunes sur plus de 700 kilomètres et qui, après avoir fait un grand coude, se dirige finalement vers l'Ouest et se jette au Nord-Est du golfe d'Arzew. Les massifs du Djurjura et des Babors supportent des forêts touffues et leurs sommets sont couronnés de neige pendant plusieurs mois de l'année ; les ruisseaux qui coulent dans leurs ravins donnent naissance à des cours d'eau dont le débit est relativement constant et dont les eaux fraîches sont propres à la vie d'une faune variée : ce sont l'Isser, le Sébaou, le Sahel, l'oued el Kébir. Plus à l'Est est la Seybouse, à débit moyen de 20 mètres cubes et dont les eaux limoneuses vont dans le golfe de Bône. Les cours d'eau de l'Algérie orientale ont en général leur embouchure dirigée de manière que leurs flots, arrivant à la mer, la pénètrent et se mélangent graduellement à elle suivant une direction qui va de l'Ouest à l'Est.

Quelques lacs sont à signaler. Les cultures en ont diminué le nombre : l'ancien lac Halloula, près de Montebello, a été entièrement desséché par nos colons ; dans la région orientale quelques-uns restent encore et méritent de nous intéresser. D'abord le lac Fetzara, à l'ouest de Bône, qui s'étend sur 14.000 hectares et communique avec la mer, d'une manière accidentelle, par la Seybouse ; son assèchement est à l'étude. Le petit lac des Oiseaux se trouve entre Bône et la Calle et autour de cette dernière ville s'étendent trois lacs : le Mélah, à l'Ouest, directement relié à la mer ; au centre, l'Oubeïra, qui communique avec l'oued el Kébir, et à l'Est le Tonga appelé aussi *Gara el Hout* (lagune des poissons), qui se déverse à la mer par la Messida. La sebkha d'Oran, le lac d'Arzew (*el Mellaha*), les divers chotts épars ne sont que des bas-fonds où se déposent, en été, les sels contenus dans l'eau qui les remplit en hiver, et dans lesquels les poissons ne peuvent pas subsister ; leur intérêt pour nous est donc absolument nul.

Pêche en eaux douces.

La faune ichthyologique (1) des eaux douces d'Algérie, peu variée, n'a présenté, jusqu'à ces derniers temps, qu'un intérêt économique extrêmement faible.

Un certain nombre d'espèces marines remontent dans les cours d'eau : ce sont les muges (*Mugil cephalus* Cuv., *M. capito* Cuv.), l'alose finte, une blennie (*Bl. vulgaris* Pollini), une athérine (*Ath. hyalosoma* Cocco) qui se rencontre jusque dans les Zibans, des gobies (*Gob. paganellus* L., *G. rhodopterus* Gthr) ; mais il faut citer surtout l'anguille (*Ang. vulgaris* Turt.) qui est extrêmement abondante partout, dans les eaux courantes comme dans les eaux stagnantes ; et les colons qui ont creusé des puits dans les collines qui dominent Djidjelli n'ont pas été peu étonnés de la voir apparaître à la fin de leurs sondages. Guichenot avait cru pouvoir en faire une espèce locale, appelée *Anguilla callensis* ; il s'agit en réalité d'une simple variété de l'anguille commune.

Dans presque toutes les eaux douces se rencontrent les barbeaux (*Barbus callensis* C. V. surtout ; *B. setivimensis* Val. est plus rare) ; un gardon (*Leuciscus callensis* Guichenot) est très répandu à l'Est de l'Algérie ; une truite (*Salar macrostigma* Duméril) vit dans l'oued Zour, une épinoche (*Gasterosteus brachycentrus* C.V.) dans les ruisseaux qui courent à travers la plaine de la Mitidja. Le cyprin doré de Chine (*Carassius auratus* L.) a été introduit en plusieurs endroits, il est notamment assez abondant dans la Moulouia ; la carpe et la tanche sont également naturalisées çà et là.

Cyprinodon calaritanus C.V. existe dans les environs de Bône et, ainsi que *Cyprinodon iberus* C.V., pullule dans les sources des Hauts-Plateaux où il accompagne *Tellia apoda* Gervais, *Leuciscus callensis*,

(1) Voir J.-A. Battandier et L. Trabut. *L'Algérie, le sol et les habitants*. Paris, Baillière, 1898.

etc. *Cristiceps argentatus* C. V. a été signalé dans les eaux provenant d'un puits artésien de la région des Zahrez. *Tilapia nilotica* Gerv. est appelé *bolti* à Touggourt.

Dans les gouffres ou *bahrs* du Sahara se sont enfoncés des poissons, qui vivent ainsi d'une vie pleine de mystère pour nous et qui sont ensuite rejetés au niveau des émergences des puits artésiens, où on peut les recueillir en coiffant d'un filet l'extrémité du tuyau (Rolland) ; ils y sont accompagnés par le crabe d'eau douce, *Potamon edulis*, qui est répandu dans tous les lieux humides du Maghreb. Ces espèces des puits artésiens sont *Chromis Zillii* Gerv., *Hemichromis Saharæ* Sauvage, *H. Rollandi* Sauv., *Glyphisodon Desfontainei* Gerv., *Cyprinodon calaritanus*, etc. Une chevrette est pêchée dans le Fetzara et sert d'appât pour les poissons marins.

Le plus grand nombre des espèces que nous venons de citer n'apportent qu'un appoint insignifiant à l'alimentation des Algériens, soit à cause de leur peu de diffusion, soit à cause de l'insuffisance de leurs qualités de saveur. Quelques indications sur la pêche peuvent cependant être fournies.

Le lac Mélah se déverse à la mer, mais par gros temps le phénomène inverse se produit, aussi ses eaux sont-elles salées, ainsi que l'indique suffisamment son nom indigène. Il a été affermé par adjudication et le fermier actuel est un indigène de la Calle ; la concession est pour trois, six ou neuf ans et la redevance annuelle s'élève à 700 francs. L'adjudicataire a le monopole, qu'il peut affermer à des tiers, de la pêche, de la chasse au gibier d'eau, du droit d'abreuvage, de la récolte des feuilles d'acore, si abondantes dans les lacs de la Calle. La pêche est pratiquée par des indigènes bizertins, qui viennent prendre à l'épervier la sole, le loup, le sar, la daurade, le rouget, le mulet. Ces poissons sont mis sous glace et expédiés à Marseille.

Le lac Oubeïra, plus profond que le précédent, atteignant par places 3 mètres, renferme l'anguille, l'alose, le mulet. La pêche en barque et en tramail y est pratiquée surtout par des Italiens naturalisés. C'est la pêche au mulet qui y est la plus importante. Ce lac est affermé également, pour neuf ans, au prix de 2000 francs ; la chasse y a peu d'importance.

Le lac Tonga a été adjugé à un indigène pour une somme de 250 francs par an. La concession, qui a été donnée pour neuf ans, a fini en octobre 1905 ; elle comprend les mêmes avantages que pour les autres lacs. L'adjudicataire sous-loue la chasse à des Français pour 50 francs par an. Le lac renferme en très grande abondance des anguilles, ainsi que des barbeaux ; les pêcheurs sont italiens.

D'une manière générale on peut établir que le poisson des cours d'eau algériens a le goût de vase ; il faut surtout citer à ce point de vue le barbeau, si abondant dans toute l'Algérie. Chez cet animal le goût de vase, des plus prononcés, semble augmenter avec l'âge ; la chair est en même temps très molle ; on assure cependant que le barbeau acquiert une chair excellente et un goût délicat quand on le conserve dans des bassins d'élevage, entretenus avec de l'eau soigneusement décantée. On le pêche peu, et on lui donne le nom de poisson pour juifs, ce qui indique suffisamment par quelle partie de la population il est consommé. Dans certaines régions où le poisson de mer pénètre d'une manière insuffisante et où les distractions sont rares, la population européenne appâte ses hameçons pour la pêche du barbeau ; il en est ainsi par exemple à Sétif où, faute souvent d'avoir mieux, on consomme une quantité fort appréciable de ce poisson. Au point de vue biologique il est intéressant de constater que les barbeaux peuvent remonter la Seybouse et arriver près des sources d'Hammam Meskoutine, à un endroit où les eaux ont une température de 39°. Les barbeaux pêchés dans les lacs de la Calle et dans le Fetzara sont, pour une partie, salés et séchés après avoir été ouverts et vidés comme la morue. Le poisson ainsi préparé a la chair rouge ; son goût de vase a disparu, cependant il n'est guère consommé que par la population israélite, notamment à Alger et à Constantine. Le barbeau du Fetzara a servi à faire de l'huile de poisson et de l'ichthyocolle ; cette entreprise a été abandonnée. On capture le barbeau dans ce lac avec des sortes de petits filets traînants renfermant des appâts à odeur forte.

Les mulets et les aloses qui remontent dans les cours d'eau, tels que la Seybouse, sont également très peu estimés et leur valeur sur les marchés reste toujours très faible. Les mulets des lacs de la Calle, pris par les pêcheurs de Bizerte et de la Calle, sont chargés par eux sur des bêtes de somme et vendus au prix de 0 fr. 50 à 1 franc le kilo dans les pays voisins : à Constantine surtout, à Béja, à Aïn-Draham, à Souk-el-Arba, etc. Les ovaires servent à faire de la boutargue qui est vendue de 4 à 5 francs le kilo en moyenne et sert à frauder la boutargue de Bizerte.

L'anguille fait l'objet d'une pêche plus active : on la capture notamment dans le lac Tonga, dans le Sahel, dans les marais de la Reghaia, dans ceux de la Macta, mais surtout dans le lac Fetzara. La consommation locale des anguilles, bien que fort appréciable, n'acquiert cependant pas le développement que l'on pourrait supposer : les indigènes ont la plus grande répulsion pour cet animal serpentiforme, les Français préfèrent la bouillabaisse marseillaise à la matelote d'anguilles des banlieues parisiennes, et c'est surtout parmi l'élément italien que se recrutent les principaux amateurs de ce poisson. Un nouveau débouché lui a été ouvert : des anguilles du lac Fetzara ont été expédiées de Bône sur Marseille en bateaux-viviers à pavillon italien. A l'arrivée dans le port les anguilles, dont le poids moyen dépassait 1.100 grammes, ont été pêchées avec un salabre et mises dans un vagon-vivier rempli d'eau douce, muni d'un moteur à pétrole pour assurer la circulation de l'eau ; elles ont été ainsi expédiées en Allemagne. La maison qui a inauguré ce service a passé pour l'année 1905 un marché de 320.000 kilogrammes d'anguilles. Les anguilles de l'oued Sahel seraient également mises à Bougie en bateaux-viviers pour l'exportation. Une certaine quantité de ce poisson est aussi mise en barils, sous sel, ainsi qu'on le fait à Commachio, et est expédiée en Autriche ; c'est l'anguille du lac Tonga qui est ainsi préparée, à la Calle ; elle est abondante dans le lac et les pêches s'élèvent certains jours à 50 quintaux ; elles se font à l'aide d'un barrage en clayons, soutenu par des piquets et placé en travers de la Messida.

Les pêcheurs de Castiglione pêchent quelque peu dans l'oued Mazagran, ceux de Mostaganem dans le Chéliff. Voici à ce sujet la statistique pour l'année 1902 (Statistiques des Pêches maritimes).

	Oran	Mostaganem	Castiglione	La Calle	Total en kilogr.	Valeur en francs
Anguilles............	724	»	403	15.000	16.127	1.999
Mulets gris	»	»	760	10.000	10.760	1.315
Bars, loups	»	»	»	12.600	12.600	1.260
Poissons divers	»	6.658	»	»	6.658	2.996

La truite (*houta m'la oued Zour*, poisson de l'oued Zour) est chère aux gourmets algériens, qui regrettent seulement de lui voir occuper une aire extrêmement restreinte. Elle est cantonnée dans la Kabylie de Collo (1), dans quelques ruisseaux frais et limpides, dont les eaux transparentes coulent sur un lit de granit et de gneiss et qu'ombragent les chênes-lièges, les zéens et les afarès : ce sont les affluents de l'oued Zour. Dans le bas de l'oued règnent les barbeaux, dans le haut se trouve le domaine de la truite. Celle-ci n'acquiert pas en général de grandes dimensions et ne dépasse guère $0^m 20$ de long. On a hésité parfois à la considérer comme une espèce distincte et pour certains auteurs elle serait sans doute une simple variété de la truite commune (*Salmo fario* L.), modifiée par des conditions spéciales d'existence.

Cette truite a été découverte en 1855 par le colonel Lepasset ; elle a été répandue en 1864 par le capitaine Vivensang dans le bassin de l'oued Zadra, voisin de celui de l'oued Zour.

La truite a failli disparaître entièrement lors des incendies de forêts qui ont dévasté en 1881 la région où elle vit ; elle a heureusement survécu sur quelques points et sa multiplication a pu prendre un nouvel essor. Ses plus grands ennemis sont les indigènes. Depuis que l'attention des Européens a été attirée sur ce poisson et qu'il est payé à Collo à des prix rémunérateurs, les indigènes le pêchent avec activité, sans s'inquiéter d'assurer la conservation de l'espèce. Ils empoisonnent les ruisseaux, les assèchent, etc. Aussi la truite de l'oued Zour ne lutte-t-elle qu'avec peine contre toutes les causes de destruction qui la poursuivent.

Cosson a essayé, en 1858, d'introduire en Algérie d'autres Salmonidés ; il porta des tubes remplis d'œufs fécondés de truite, d'omble-chevalier, etc. ; de jeunes carpes et des cyprins dorés accompagnaient l'envoi. Seulement les notions biologiques sur les poissons importés étaient encore peu précises, ainsi que les connaissances hydrologiques sur les cours d'eau algériens : les eaux du Rummel sont trop calcaires et les Salmonidés ne purent pas y vivre. Quant aux carpes et aux cyprins, ils prospérèrent dans le Djebel Ouach, à 8 kilomètres de Constantine.

(1 M. Leroy (*Rev. Sc. Nat. appl.*, t. xxxix, 1892) a signalé sa présence à Dra-el-Mizan (dép. Alger) et à 40 kilomètres au Sud-Ouest de Tiaret, dans la tribu des Khallafas ; ces renseignements méritent confirmation.

En 1862 le général Liébert, ainsi que Pichon et Tourniol, propriétaires à Milianah, renouvelèrent l'expérience avec des œufs venus d'Huningue (truite commune, truite saumonée, grande truite des lacs, saumon du Rhin, omble-chevalier), de Grenoble (écrevisse) ; ils opérèrent aussi sur des carpes et M. le vicomte de Galbert fournit quelques œufs de truite. Les œufs sont presque tous arrivés morts en Algérie ; quelques résultats appréciables furent cependant enregistrés et le général Liébert, notamment, a obtenu de très beaux élevages de carpes dans des bassins qui se déversaient dans l'oued Boutan. D'autres essais de pisciculture de la carpe et de la tanche ont réussi dans la province d'Alger et actuellement, à ce que l'on assure, les carpes se seraient bien multipliées dans la région de Blida et y seraient pêchées d'une manière assez suivie.

La pêche en eaux douces n'a fait l'objet d'aucun règlement spécial, mais il est généralement admis que la législation de la métropole, et notamment la loi du 15 avril 1829, doit être considérée comme exécutoire en Algérie. Tous les cours d'eau de la colonie ont été classés dans le domaine public par la loi du 16 juin 1871.

Pêche maritime.

La pêche maritime possède une importance bien plus grande. La pêche hauturière est inconnue en Algérie : les marins qui y poursuivent le poisson ont des embarcations de trop faible tonnage, leur éducation professionnelle est trop insuffisante pour qu'ils se hasardent à perdre de vue les côtes. Ils ne s'éloignent guère au delà de trois milles ; les balancelles au bœuf, seules, vont jusqu'à cinq à six milles du rivage. C'est vraiment par euphémisme que les Statistiques du Ministère de la Marine (1899-1901) donnent le nom de pêche hauturière à l'industrie exercée par quelques balancelles d'Oran, d'Arzew et de Mostaganem. La pêche côtière est seule pratiquée en Algérie.

Le service de la pêche y dépend de la Marine et est par conséquent sous les ordres du contre-amiral commandant la Marine et d'un commissaire principal de la Marine, chef du service administratif, qui réside à Alger. Les quatre quartiers d'Inscription maritime d'Oran, d'Alger, de Philippeville et de Bône ont à leur tête un commissaire de 1re classe de la Marine « à qui les procédés pratiques de pêche doivent être familiers » (Dépêche ministérielle du 21 février 1854) ; les quartiers sont divisés en préposats et en syndicats ayant à leur tête un syndic des gens de mer. Sous les ordres de ceux-ci sont les gardes maritimes, les gendarmes et les gardes-jurés de la Marine. Les officiers et officiers-mariniers commandant les bâtiments et les embarcations gardes-pêche concourent à la police de la pêche maritime, ainsi que les officiers et maîtres de port. Les agents des divers autres services civils sont également chargés de surveiller l'exécution des règlements en ce qui concerne les dimensions des poissons, des coquillages et des crustacés colportés ou mis en vente. La surveillance de la pêche est très insuffisante, et bien qu'il ait été dressé 361 procès-verbaux en 1904, en plus des interdictions momentanées de pêche, il est certain que le nombre des gardes-pêche a besoin d'être augmenté.

Deux torpilleurs et deux chaloupes à vapeur sont chargés de la surveillance de la pêche, mais sont souvent employés à d'autres occupations.

L'Inscription maritime a été organisée comme en France et l'exploitation des eaux algériennes a été, par la loi du 1er mars 1888, exclusivement réservée aux inscrits maritimes français ou naturalisés français. Cette réserve faite, la pêche maritime est libre, sans fermage ni licence, avec obligation pour les pêcheurs d'observer un certain nombre de prescriptions, contenues dans le décret du 2 juillet 1894 et les arrêtés ministériels du 5 juillet 1894.

Pêcheurs. — Les pêcheurs algériens sont à peu près tous Européens ; ce sont des Italiens, des Espagnols et des Maltais ; quelques-uns, rares, sont Français d'origine.

Quand l'Algérie eut été conquise, le principal objectif du gouvernement fut de constituer un cadre européen solide pour surveiller et maintenir l'élément indigène : tous les pêcheurs qui ont voulu apporter dans la colonie naissante leur appoint à l'œuvre de la colonisation ont été volontiers acceptés. Les Italiens ont été les plus nombreux, les Siciliens surtout. Depuis longtemps déjà l'élément italien s'intéressait à la pêche du corail ; profitant de la sécurité que lui procurait notre pavillon, il est venu poursuivre et saler les sardines et les anchois, et dans les ports où se multipliait l'élément européen il s'est constitué le pourvoyeur habituel de poisson. Pour des raisons faciles à comprendre les Italiens sont restés surtout cantonnés dans la région orientale, jusqu'à Alger ; une de leurs colonies s'est fixée à Mers-el-Kebir.

Les Espagnols sont venus dans la région occidentale ; des Mahonnais ont fondé le village du Fort-de-l'Eau, dans la baie d'Alger, et s'y sont montrés aussi actifs pêcheurs que merveilleux jardiniers. Les Maltais ont fait leur apparition çà et là, surtout dans la province de Constantine.

Ces étrangers étaient généralement des nomades qui arrivaient avec leurs engins et leurs vivres et qui, une fois la campagne finie, rentraient chez eux en emportant leurs salaires et, souvent, les produits pêchés sous forme de barils de sardines et d'anchois, sans apporter à la colonie le moindre avantage qui pût légitimer leurs propres bénéfices. Ceux d'entre eux qui pratiquaient la pêche côtière des poissons sédentaires vivaient en quelque sorte d'une vie d'étranger, achetant à leurs compatriotes les engins de pêche dont ils avaient besoin, et n'ayant souvent qu'un objectif, celui de regagner leur pays d'origine avec les pauvres économies qu'ils avaient péniblement amassées. Quelques-uns se faisaient naturaliser, afin d'obtenir la pension que sert la caisse des Invalides de la Marine aux marins français qui ont 300 mois de navigation et 50 ans d'âge. La situation devait se modifier.

Le 12 juillet 1880 le régime de l'Inscription maritime a été étendu à l'Algérie, ce qui augmenta les charges des quelques Français établis pêcheurs dans la colonie et rendit plus efficace encore la concurrence que leur faisaient les étrangers non naturalisés. La Statistique des Pêches maritimes de 1882 évalue ainsi la proportion des éléments qui composaient à cette époque la population des pêcheurs :

Indigènes, Français et naturalisés...... 30 o/o
Italiens............................. 50
Espagnols........................... 15
Maltais............................. 5   (1).

Les malentendus économiques qui s'élevèrent en 1886 entre la France et l'Italie précipitèrent les évènements : les Italiens ne furent

(1) Actuellement encore (M. C. Jonnart. *Exposé de la situation générale de l'Algérie*. Alger, 1904), 13,91 o/o seulement des inscrits maritimes sont Français d'origine, 8,65 o/o sont indigènes.

plus acceptés que pour un quart seulement dans la composition des équipages algériens; ceux d'entre eux qui purent justifier d'avoir résidé en Algérie pendant trois années consécutives et dont le casier judiciaire était vierge de condamnations furent admis à la naturalisation. Le nombre des naturalisations, qui avait été de 34 en 1885, s'éleva à 251 en 1886, à 547 en 1887 ; il fut de 601 en 1888.

En cette dernière année la loi du 1er mars 1888 réserva aux seuls inscrits maritimes français ou naturalisés la pêche dans les eaux territoriales de France et d'Algérie, et les Espagnols et les Maltais qui ne voulaient pas abandonner leur profession durent subir aussi les formalités de la naturalisation. Le but souhaité était atteint.

Cette transformation dans le régime de la pêche a été accompagnée de perturbations, moins profondes qu'on aurait pu le craindre, mais bien accusées cependant : tous les pêcheurs étrangers n'étaient pas dans les conditions voulues pour obtenir la naturalisation, tous d'ailleurs ne voulaient pas la demander. Il y a donc eu un exode subit d'un grand nombre de pauvres hères, brusquement privés de leur moyen d'existence : ils ont chargé leurs engins et leurs hardes dans les embarcations qui les avaient amenés et sont allés chercher des cieux plus cléments, une terre plus hospitalière. La Tunisie, si voisine, a été le salut pour beaucoup. Depuis cette époque le port de la Calle agonise : les sardiniers, dont les voiles ocre ou blanches encombraient si joyeusement son petit port, ont choisi Tabarca pour point d'attache. De plus le départ de nombreux pêcheurs a privé momentanément de poisson plusieurs ports algériens et, fait plus grave encore, a obligé plusieurs usines de conserves et de salaisons à fermer leurs portes.

Cette mesure, inattaquable dans son principe, mais appliquée d'une manière un peu brutale, a donc eu quelques conséquences fort regrettables. Elle a eu l'immense avantage de rendre sédentaires un certain nombre de pêcheurs nomades, d'« hirondelles de mer », mais n'a pas entièrement atteint son but à ce point de vue. Nous ne parlons pas ici de ces pêcheurs de sardines qui venaient et viennent encore en contrebande tendre leurs filets dans les eaux de l'Algérie orientale : l'activité des gardes-pêche a restreint leurs agissements et pourrait s'y opposer si nous le voulions. Mais nous voyons encore qu'à l'heure actuelle l'équipage des balancelles pêchant au bœuf est engagé pour la durée de la saison et que, celle-ci finie, les pêcheurs retournent dans leur pays d'origine. Les uns sont restés étrangers et peuvent être acceptés pour un quart dans la composition des équipages, les autres ont pris pour la forme le titre de naturalisé, d'autres encore empruntent en arrivant dans leur port d'embarquement, en Algérie, les papiers d'un naturalisé qui exerce une autre profession et pêchent sous son nom. Parfois le patron de l'embarcation lui-même est étranger et se sert d'un prête-nom naturalisé.

Il ne faut pas croire que ceux à qui la naturalisation a été imposée sous peine de la perte de leur gagne-pain soient devenus Français du jour au lendemain. Aujourd'hui encore, près de vingt ans après les évènements dont nous venons de parler, la langue française est inconnue à bord d'un trop grand nombre de bateaux de pêche algériens ; les divers patois napolitain, sicilien, etc., sont seuls intelligibles pour des hommes qui sont cependant des électeurs.

Fait à souligner, les naturalisations qu'ils ont sollicitées ne sont pas connues en Italie — c'est surtout des Italiens qu'il s'agit — et ils gardent toujours leur titre, leurs droits et leurs devoirs de citoyen dans leur première patrie, à laquelle les rattachent tous les souvenirs du passé et qui est beaucoup plus chère à leur cœur que cette France, dont ils ne connaissent guère que le drapeau et les formalités administratives.

La situation ne doit cependant pas être envisagée avec pessimisme : les Mahonnais, par exemple, ont été très rapidement assimilés et si la plupart des étrangers qui étaient déjà hommes faits quand ils sont venus en Algérie se sont montrés assez réfractaires à tout mouvement de fusion des races, il n'en est pas de même de leurs descendants. La nouvelle génération qui grandit apprend à parler français et constitue un élément qui n'est pas négligeable pour la formation de cette race néo-latine, à langage français, qui s'élabore activement dans nos possessions du nord de l'Afrique.

Le nombre des naturalisés n'est pas encore suffisant pour satisfaire aux besoins de l'industrie de la pêche et les armateurs de balancelles de Bône ont demandé l'autorisation d'embarquer 50 o/o d'étrangers ; cette permission leur a été refusée avec raison. Elle a été par contre accordée aux armateurs de corallines, à cause de la pénurie de marins exercés à la pêche de corail ; mais les bateaux sur lesquels la proportion d'étrangers est supérieure au quart de l'équipage ne sont pas admis à pêcher dans les eaux territoriales.

Les indigènes ne pêchent pas, sauf quelques exceptions. Quelques-uns, rares, manient l'épervier, d'autres le tramail, d'autres encore la ligne, un très petit nombre est embauché à bord des barques européennes. Les indigènes dont le nom paraît sur les registres de l'Inscription maritime pratiquent le batelage, se trouvent sur la marine de commerce ou même sur la flotte de guerre. Nous ne retrouvons plus ici l'équivalent de cette race de pêcheurs vaillants qui exploite d'une manière si heureuse les côtes du Sud de la Tunisie. Lors de l'invasion sémitique les Berbères du Nord de l'Algérie sont allés dans les montagnes, refuge habituel des populations vaincues, qui étaient plus faciles à défendre que les rivages d'une mer, souvent inhospitalière d'ailleurs. L'obligation de payer l'impôt leur a fait cultiver avec soin ces montagnes sur lesquelles ils avaient établi leurs repaires ; c'est ainsi que se sont formées, aux dépens d'un type ethnique unique, la race des laboureurs kabyles et celle des pêcheurs de Djerba. Peut-être arrivera-t-on peu à peu à dresser à la pêche l'élément berbère et à lui faire combler les vides de l'élément européen.

Le nombre des Français d'origine est infime parmi les pêcheurs algériens. Nous ne parlons pas ici de l'apparition accidentelle de quelques pêcheurs de nos rivages méditerranéens (Collioures, La Ciotat, etc.) ou de la Corse, dont les balancelles venaient faire de courtes campagnes en Algérie, surtout à la poursuite des poissons de passage. Le pêcheur français s'expatrie peu, sans doute parce que l'industrie de la pêche exige un assez long apprentissage, fait en plein air, accompagné de fatigues et de dangers, mais aussi de jouissances et de satisfactions, qui attachent d'une manière étroite le pêcheur à la région qu'il exploite et dont il possède les moindres recoins.

Depuis longtemps cependant l'Administration a essayé de lutter contre ces sentiments et d'attirer en Algérie des pêcheurs français. En 1845 on a créé le village de Guyotville : Guyotville n'est actuellement connu que par ses primeurs. Fouka, près de Castiglione, créé en 1846, est aussi un insuccès. Insuccès encore les tentatives faites avec des Bretons à Sidi-Ferruch en 1848 et 1872, avec des Corses à Herbillon en 1872 : les quelques familles de Bretons que l'on avait installées à Sidi-Ferruch durent être rapatriées bientôt ; on pêche quelque peu à Herbillon, mais si nous en croyons ce qui nous a été dit, la vie est réellement misérable dans ce coin du monde, isolé sur une plage déserte, presque sans communications avec l'intérieur et trop éloigné de Bône et de Philippeville pour que le poisson puisse y être porté dans de bonnes conditions. Puis viennent les colons bretons, corses et roussillonnais de Philippeville, de Collo, de Stora et de Ziama, amenés en 1891 et 1892 et auxquels de grandes facilités étaient accordées : gratuité de transport pour les personnes, les bateaux et le matériel, subsides de 200 francs pour les chefs de famille, de 100 fr. pour les célibataires, plus 10 francs par mois pour le logement. Les résultats furent à peu près nuls ; ils furent même désastreux en ce qui concerne les Bretons, que l'on dut rapatrier l'année suivante : ils manquaient d'activité au travail sous un climat mal fait pour eux, dans un pays auquel ils ne s'étaient pas acclimatés. Ils manquaient aussi de sobriété, et les pêcheurs de Philippeville parlent encore en riant de ces immigrants qui ne sortaient pas du port toutes les fois que le temps le leur permettait, qui laissaient à leurs femmes le soin d'entretenir barque et filets et dont les familles usaient largement de l'eau-de-vie... A la Calle ils seraient venus, puis repartis sans avoir voulu essayer le maniement du lampare et sans avoir su utiliser les méthodes bretonnes de pêche.

En 1893-1896 ont été créés au cap Matifou, près d'Alger, les villages de Jean-Bart, de Surcouf et de la Pérouse. Sur cette dernière tentative il est bon de donner quelques détails, car le projet de création de villages de pêcheurs n'a pas été abandonné dans les milieux gouvernementaux.

En plus des conditions faites aux pêcheurs venus à Philippeville, ceux du cap Matifou ont reçu une barque, un lot de terrain de 2.000 mètres carrés (acheté 1.000 francs l'hectare par le gouvernement) et une maison, qui sont devenus leur propriété après deux ans de séjour dans le village; les Bretons ont été surtout groupés à Jean-Bart, les Corses à la Pérouse, les Provençaux et les pêcheurs du Roussillon à Surcouf; chaque village comportait une vingtaine de maisons. Le prix de revient de chaque famille, tout compris, s'est élevé à 20.000 francs environ. Une machine élévatoire, placée près d'Aïn-Taya, est chargée d'envoyer de l'eau potable à la Pérouse et à Jean-Bart. Son entretien, mis à la charge de la municipalité d'Aïn-Taya, grève assez lourdement le budget de cette commune.

Les endroits choisis ne l'ont pas été d'une manière très heureuse : Surcouf est bien voisin des marais de la Reghaia et les eaux n'y sont pas très bonnes ; les fièvres y sévissent, alors que, près de là, Aïn-Beïda a des eaux potables de bonne qualité et est très salubre. La sélection de l'élément importé n'a pas été parfaite non plus : tout inscrit maritime n'est pas bon pêcheur. De ceux qui sont venus au cap Matifou, les uns sont repartis, grelottant des fièvres ; d'autres ont attendu de pouvoir disposer en pleine propriété de la maison et du jardin qu'on leur avait donnés, et les ont vendus aux Algérois en quête de maison de campagne ; certains d'entre eux n'ont jamais mis leur barque à la mer et se sont contentés de multiplier les demandes de secours auprès du gouverneur général, qui d'ailleurs leur a garanti pendant un certain temps 800 francs par part. Des colons pêcheurs de la première heure il resterait actuellement un seul à la Pérouse, deux ou trois à Jean-Bart, sept à Surcouf, et cependant une usine de conserves créée dans ce dernier village assurait aux marins l'écoulement de leurs pêches en poissons migrateurs. A Surcouf les pêcheurs de Collioures auraient été les premiers à repartir.

Les marins de Surcouf se plaignent de ce qu'ils ne disposent pas d'un train à heure convenable leur permettant de porter le poisson à Alger dans un bon état de fraîcheur ; ils en ont cependant quatre par jour, ce qui n'est pas à dédaigner. Deux de ces pêcheurs ont acheté cheval et voiture et vont détailler leurs récoltes dans les riches fermes des environs de Rouiba : ceux-là, paraît-il, sont contents de leur sort.

En somme, si l'on jette un coup d'œil sur les résultats de la colonisation maritime, on constate que presque tous les pêcheurs ont dû être rapatriés et que la plupart des autres ont abandonné leur profession : ce n'était pas la peine de les amener à grands frais pour augmenter le nombre des agents électoraux ou des aspirants fonctionnaires.

Il est question de renouveler la tentative une fois de plus et les projets de colonisation bretonne continuent à être à l'ordre du jour ; mais les personnes qui connaissent le mieux le monde des pêcheurs et les conditions de la pêche en Algérie, et qui ont profité de l'expérience du passé, manifestent en général un scepticisme de mauvais augure.

La vie devient difficile en Bretagne où, conformément à la loi de Malthus, le sol et la mer ne peuvent plus suffire à l'alimentation d'une population dont l'accroissement est continuel ; l'émigration devient donc une nécessité, et il est patriotique de chercher à drainer vers nos colonies le mouvement d'émigration qui nous ferait perdre un riche capital d'existences humaines s'il continuait à se diriger vers l'étranger, vers le Canada et la République Argentine. Il serait déplorable de voir se reproduire l'exode des Béarnais et des Basques, qui se sont disséminés dans les pays de langue espagnole, du Mexique à la Plata.

Mais est-on bien sûr que parmi les Bretons qui émigrent il y ait beaucoup de pêcheurs? Nous l'avons dit plus haut, en général les pêcheurs s'expatrient peu, et cela est surtout vrai pour les pêcheurs bretons. S'ils s'embarquent volontiers pour des expéditions lointaines, c'est avec l'espoir du retour au pays, avec l'espoir de retrouver le clocher familier. Le mal du pays, qui a atteint ceux d'entre eux qui ont essayé de se fixer en Afrique, sévissait sur leurs femmes, assure-t-on, avec encore plus d'intensité. On a dit qu'il fallait leur reconstituer un milieu breton : ce n'est pas chose aisée. Le mouvement, bien amorcé, aurait peut-être continué, les Bretons allant volontiers là où se trouvent déjà des compatriotes, mais il n'est pas facile d'amorcer un tel mouvement. Il est étrange que les marins bretons accaparent à ce point l'attention et que l'on néglige l'appoint que pourraient fournir les pêcheurs français de la Méditerranée, beaucoup plus faciles à acclimater en Afrique ; l'expérience du passé n'a pas été plus défavorable pour les uns que pour les autres.

Une des raisons des échecs subis dans les tentatives de colonisation réside peut-être dans les allocations pécuniaires que l'on a faites aux pêcheurs et qui ont attiré des désœuvrés, pressés d'exploiter la situation et uniquement occupés à vivre aux frais des contribuables. Il est logique de transporter gratuitement barques et engins, de faire aux colons pêcheurs des avances, remboursables par annuités, mais ces avances doivent être remboursables. Des filets qui n'ont rien coûté sont plus vite mis hors d'usage, une barque qui n'a pas été achetée par de pénibles journées de fatigue n'est pas entretenue avec assez de soin. Il reste cette arrière-pensée que l'Administration ne se refusera pas à venir en aide à ses protégés aussi souvent qu'il sera nécessaire et cherchera par tous les moyens à maintenir une entreprise dans laquelle elle aura déjà engagé de fortes dépenses.

L'apprentissage indispensable au pêcheur qui vient dans un pays inconnu, sur une côte dont il doit apprendre à connaître les richesses au prix de fatigues et de déboires multipliés, n'est pas fait pour favoriser les tentatives de colonisation maritime. Il est nécessaire que les immigrants arrivent sans esprit de retour et sans escompter qu'une tentative de courte durée doive être suivie, à la première déception, d'un rapatriement ou de l'octroi de quelque place de garde-champêtre ou de facteur rural.

Aussi l'émigration volante, proposée par M. Violard, nous a-t-elle paru compter bien peu de partisans. Il s'agirait de construire des maisons et des usines démontables, avec double paroi laissant passer le courant d'air et dans lesquelles on logerait les pêcheurs et on traiterait le poisson au cours de la campagne. Celle-ci finie, les pêcheurs retourneraient capturer la sardine sur les côtes bretonnes. Ces nouveaux Terre-neuvas ne se fixeraient sans doute pas en Algérie, car ils y feraient un séjour trop peu prolongé pour pouvoir y prendre des attaches solides, et leur nomadisme périodique n'apporterait aucun remède efficace, ni à la surpopulation de la Bretagne, ni à la disette algérienne de colons.

D'ailleurs, et nous touchons ici au nœud véritable de la question, qui fera les frais de ces déplacements répétés? Qui paiera les dépenses occasionnées par la fabrication, le montage et le démontage des usines et des maisons? C'est là un luxe que ne pourra s'offrir le gouvernement et pour lequel on ne pourra compter sur l'aide des capitalistes. Sollicités pour une entreprise de ce genre, ils feront remarquer qu'une usine en simples planches ferait tout aussi bien leur affaire et que la main-d'œuvre du pays leur est à meilleur marché que celle de Bretagne. De nombre insuffisant, il est vrai, les pêcheurs naturalisés acceptent des salaires que refuseraient des Français d'origine; ils ont de plus le grand avantage de connaître la région où ils pêchent. Cette question du prix de revient de la main-d'œuvre est primordiale et les considérations qu'elle éveille s'appliquent aussi bien aux pêcheurs du Midi de la France qu'à ceux du Nord. Est-on bien sûr d'agir dans leur intérêt, est-on certain de pouvoir leur assurer des conditions d'existence acceptables en les appelant en Algérie?

En tout cas, il ne faut pas songer à la création de villages isolés sur des plages désertes, de sortes de Port-Tarascon où les pêcheurs n'auraient que la ressource de se nourrir du poisson pêché par eux et devraient se résigner à ne manger que les jours où la mer le leur permettrait; mieux vaudrait les laisser en France ou les voir partir pour l'étranger.

Nos nationaux ne peuvent trouver à gagner leur vie que dans le voisinage immédiat des grands ports de commerce, des têtes de ligne des voies ferrées, là où le produit de la pêche côtière trouve un écoulement facile, ou bien dans des régions où les usiniers leur fourniront un débouché assuré. Encore faut-il se souvenir que le poisson de passage est capricieux et que son absence au cours d'une campagne affamerait une population qui ne tirerait sa subsistance que de lui seul.

Modes et engins de pêche. — Un certain nombre de personnes trouvent dans la pêche à pied des ressources, assez restreintes certainement, sur lesquelles les statistiques officielles fournissent des renseignements insuffisants. Celles-ci nous disent qu'elle est pratiquée surtout dans les régions de Castiglione et de Nemours et a rapporté en :

1898.........	F.	1.239	1901......... F.	1.504
1899.........		2.989	1902.........	2.038
1900.........		2.437.		

La pêche au feu est interdite, ainsi que l'emploi des armes à feu, des matières explosibles et des substances, liquides ou plantes, répandues dans l'eau en vue d'appâter, d'enivrer ou d'empoisonner le poisson. Il est également défendu : 1° de pratiquer des canaux sous-marins conduisant le poisson à des filets placés à leur extrémité ; 2° d'épouvanter le poisson autrement qu'avec les avirons pour le faire fuir dans les filets, ou de troubler l'eau par des moyens quelconques ; 3° de retenir le poisson en plaçant des obstacles quelconques sur le cours ou à l'embouchure des douves, canaux et fossés, ou en détournant le cours des eaux afin de former des mares d'où le poisson ne puisse plus sortir. Une taille minima de 10 centimètres est fixée pour les poissons pêchés, exception faite pour les espèces de petite taille ; le frai est protégé.

Les filets spécialement destinés à la pêche des chevrettes, des anguilles, des soclets et des autres poissons de petite taille ne sont pas astreints à une dimension de mailles minima, mais leur emploi doit être déclaré aux agents de la Marine. Les diverses lignes, les palangres, les nasses et les paniers sont autorisés en tout temps.

Les filets sont rangés réglementairement en trois catégories :

1° Filets fixes, tenus au fond au moyen de piquets, de cordages ou de poids, et ne changeant pas de position une fois calés. Ceux dont les mailles ont moins de 20 millimètres en carré sont prohibés ; l'emploi des filets fixes à poche est interdit dans les parties de fleuves, rivières et canaux où l'eau est salée et qui dépendent de l'Administration de la Marine.

Les madragues font l'objet de dispositions spéciales. Les mailles des filets qui forment le corps et les chambres de la madrague doivent avoir au moins 325 millimètres, celles de la fosse ou poche un minimum de 67 millimètres ; la calaison ne peut être obtenue qu'à l'aide d'ancres, de grappins ou de gueuses en fer, l'emploi des pierres est absolument interdit. Trois feux de couleur doivent rester allumés toutes les nuits aux points extrêmes de la madrague, pendant tout le temps que celle-ci reste calée.

2° Filets flottants, qui restent immergés dans les couches superficielles de la mer et ne touchent jamais le fond. Ils ne sont assujettis à aucune dimension de mailles, pourvu qu'ils ne se transforment pas en filets traînants. Le plus intéressant d'entre eux est le *lampare*, qui avec le *rets volant* a fait l'objet de prescriptions particulières.

Le *lampare* est une sorte de senne d'origine italienne, qui a de grandes analogies avec la senne Belot. Ses dimensions sont réglementées : la ralingue de liège doit avoir 180 mètres, la ralingue inférieure 120 mètres seulement et être lestée de 60 grammes par mètre. La ralingue inférieure, d'un tiers plus courte, joue le rôle d'un cordon passé dans une coulisse, rétrécit la partie inférieure de la nappe et fait prendre au filet, dans l'eau, la forme d'une poche dans laquelle s'accumule le poisson. Les ailes, très étroites à leur extrémité, sont à base de chanvre comme les ralingues ; leurs mailles sont de 120 millimètres à leur extrémité. Puis elles diminuent graduellement, n'ont plus que 50 millimètres, puis 15 millimètres seulement. Le milieu de la nappe, dans la partie formant poche, est fabriqué avec du lin très fin et les mailles doivent avoir 11 millimètres ; la partie supérieure de cette région, au voisinage de la ralingue de liège, est faite avec du fil plus fort. La hauteur totale entre les deux ralingues est de 15 mètres, et la forme générale est celle d'un fuseau asymétrique. Le prix en est de 500 à 800 francs, tout compris ; fait en coton, sa poche dure trois ans en moyenne, les ailes cinq ans.

Le mode de pêche est un peu spécial, nécessite des conditions atmosphériques favorables et une certaine habileté professionnelle, un véritable flair; le filet doit être calé, puis retiré avec une grande rapidité, ce qui lui a valu son nom italien de *lamparo* (*lampa*, éclair).

A cause des efforts qu'il faut faire pour retirer cet engin, une barque de lampariens porte en général sept hommes. On choisit, principalement entre septembre et fin avril, des nuits sans lune, afin de pouvoir distinguer les bancs de sardines à la phosphorescence spéciale de l'eau, phosphorescence surtout visible quand on effraie par un bruit soudain les bancs qui se trouvent dans les parages de la barque ; on peut pêcher aussi de jour, même en eaux troubles, mais par un temps calme, qui permette d'apercevoir le clapotis léger que fait une troupe de poissons migrateurs : maquereaux, sardines, bonites, allaches, anchois. La troupe doit être enveloppée par un coup de lampare. A cet effet les pêcheurs accourent à force de rames, puis jettent à l'eau, en dehors de la bande de poissons, un grappin fixé à une aussière reliée par un orin à une bouée, barillet ou paquet de liège. Puis, avec rapidité, on mouille successivement l'aile du filet à laquelle est fixée l'aussière et, en formant un cercle, la poche, puis l'autre aile, de manière que tout le filet soit utilisé au moment où la barque rattrape à nouveau la bouée. Dans la circonférence de 180 mètres ainsi délimitée le poisson se trouve prisonnier, il suffit de le capturer : symétriquement les deux ailes sont halées sur la barque tandis que l'on mollit l'aussière, si bien que la barque s'éloigne du grappin au cours de cette opération et se rapproche progressivement de la poche du filet qui reste immobile. Pendant ce temps un homme, armé d'une barre de bois, frappe dans l'eau pour effrayer le poisson et pour le rejeter vers le fond de la poche. Les deux ralingues sont soigneusement retirées en même temps et, à la fin, il suffit de rejeter la ralingue inférieure sur la poche pleine de poisson et d'amener celle-ci à bord.

Quoi qu'on en ait dit, le lampare est donc un filet flottant, puisqu'il n'est pas lesté d'une manière suffisante pour aller au fond. Il a l'inconvénient d'abîmer le poisson, qui se débat dans la poche au moment de la capture, se blesse et y perd ses écailles ; aussi les poissons pris au lampare ont-ils une valeur marchande inférieure aux autres. Les sardines, notamment, se vendent généralement à des prix plus avantageux quand elles ont été pêchées au sardinal, dans lequel elles se maillent et conservent une plus belle apparence. Mais la légère dépréciation du poisson est largement compensée d'autre part, car entre des mains exercées le lampare procure d'abondantes pêches ; aussi les lampariens sont-ils souvent mal vus par les autres marins qui se plaignent de la dépréciation produite sur le marché les jours où le lampare a bien donné, et qui assurent également que ces engins, souvent trop lestés, ne sont en fait que des engins traînants. Ceci est en partie vrai, et les gardes-pêche confisquent de temps en temps des lampares qui ne remplissent pas les conditions requises. C'est là une affaire de surveillance, qui ne fournit pas de motif suffisant pour classer le lampare parmi les filets traînants et pour lui imposer une dimension de maille de 20 millimètres, ce qui équivaudrait à sa suppression. Le premier grief n'a de la valeur qu'à cause de l'insuffisance actuelle des débouchés en Algérie.

Tiraillé par les partisans et les adversaires de l'engin litigieux, le gouvernement a pris des arrêtés de circonstance, qui sont comme la caractéristique de la réglementation provisoire qui régit actuellement la pêche en Algérie : il a décidé que le lampare serait autorisé toute l'année, de nuit et de jour, sauf dans les syndicats de Nemours, d'Oran, d'Arzew et d'Alger, où il est interdit en février, mars et avril. Il ne peut être calé qu'à 300 mètres au moins des filets des autres pêcheurs.

Le *rets volant*, très voisin du lampare, fait l'objet de la même réglementation. Voici les dimensions qui sont prescrites pour cet engin :

Longueur des ralingues supérieure et inférieure.. 200^m
Hauteur du filet. . . . . 20^m
Lest par mètre de la ralingue inférieure . . . . 60^{gr}
Dimensions des mailles des ailes. . . . . de 120$^{m/m}$ à 15$^{m/m}$
  »   »   » de la poche . . . . 11$^{m/m}$

3° Filets traînants. Ce sont ceux qui, coulés au fond au moyen de corps lourds placés à la partie inférieure, y sont traînés sous l'action d'une force quelconque ; leurs mailles doivent avoir au moins 20 millimètres au carré. Les filets traînants se subdivisent en deux séries : la première comprend ceux qui sont traînés au fond à la remorque d'un ou de plusieurs bateaux ; ce sont le bœuf, la vache, le gangui, etc.

Les filets bœufs employés en Algérie ont en général des ailes de

33 mètres de longueur sur 10 mètres de largeur, la poche a 14 mètres de long sur 5 mètres de chute et est fermée à l'aide d'un cordon en coulisse, suivant la mode italienne ; la valeur moyenne du filet est de 400 francs.

Il est défendu aux engins de la première catégorie de pêcher en deçà des fonds de 40 mètres, par endroits même en deçà des fonds de 60 mètres ; de plus un certain nombre d'échancrures de la côte leur sont fermées ; enfin ces engins ont été jusqu'en 1904 interdits pendant les mois de juin, juillet et août. Les prescriptions officielles étaient trop souvent lettre-morte pour les propriétaires de ces engins : leurs filets étaient souvent saisis à cause de l'étroitesse de leurs mailles ; certains d'entre eux, conservés dans les magasins de la Marine à Alger, dépassent à ce point de vue tout ce que l'on peut imaginer. Enfin les cantonnements d'où ils sont exclus recevaient fréquemment leur visite, la nuit surtout. Aussi, sur les réclamations des marins maniant les autres engins, a-t-on interdit en 1905 pour six mois, à partir du 1er avril, la pêche aux engins de la première série.

La deuxième comprend les filets qui sont halés à bras sur le rivage, du large vers la terre, ou à bord d'un bateau mouillé, et ceux qui, coulés au fond, sont immédiatement ramenés vers la surface, à terre ou en mer. Ce sont les sennes, la bouliche, l'eyssaugue, le tartanon, la tartanelle, la lamparette, l'épervier, etc. Ils sont interdits pendant les mois de mars, avril et mai. Cette interdiction temporaire est très justifiée pour les véritables filets traînants, mais elle s'explique mal pour l'épervier, dont les ravages en mer sont d'une importance très secondaire et qui est bien souvent l'engin du pauvre ou du pêcheur occasionnel.

En fait les engins les plus utilisés en Algérie sont les arts traînants, les divers manets (sardinal, bonitière, boguière, aiguillière, etc.), les lignes (palangres, palangrotes, etc.), le lampare, les nasses ; le tramail est moins répandu.

La plus grande partie des filets employés en Algérie provient d'Italie et d'Espagne ; ceux-ci sont surtout fabriqués à Barcelone. Un certain nombre de filets italiens passent par Malte, sans doute pour des raisons douanières ; les filets de grandes dimensions : sardinaux, lampares, etc., sont envoyés sous forme de nappes isolées, qui sont assemblées sur place.

Malgré les droits de douane qui les grèvent, les filets étrangers reviennent en Algérie à meilleur marché que les français, à cause du prix élevé de la main-d'œuvre française et des cours du change qui favorisent nos concurrents. En outre, même à prix égal, les marques italiennes sont préférées par les naturalisés d'origine italienne, ainsi que par leurs compatriotes qui n'ont pas encore demandé leur naturalisation. Enfin à l'époque encore récente où les barques italiennes venaient si régulièrement poursuivre les sardines et les anchois dans les eaux de la Calle, de Djidjelli et de Bougie, elles ne manquaient pas d'apporter des filets neufs qu'elles entraient en contrebande. Toutefois la surveillance active qui s'exerce dans ces parages depuis 1898 a mis un frein assez puissant aux petits trafics accessoires qui accompagnaient les incursions des étrangers.

Les articles français peuvent pénétrer en Afrique depuis que la fabrication mécanique fournit en abondance des filets en coton, moins résistants, mais plus souples que les filets de lin et d'un prix de revient moins élevé ; bien qu'il faille les remailler constamment, beaucoup de pêcheurs les préfèrent parce qu'ils sont plus fins et pêchent mieux. La pénétration des produits français se trouve graduellement facilitée à mesure que la population maritime s'acclimate d'une manière plus profonde et que se relâchent les liens qui la réunissent encore à ses lieux d'origine. L'Ecole de pêche de Philippeville a eu à ce point de vue de bons résultats, et sa courte existence a été marquée dans son rayon d'action par des achats de filets faits à des maisons françaises.

Quelques filets sont faits en Algérie, notamment à Alger des filets à grosses mailles ; les pêcheurs en confectionnent aussi quelques-uns. Afin d'en fixer l'identité la douane marque sans frais les filets d'un plomb, avant tout emploi et quelle qu'en soit la provenance.

Les cordes passent par le port franc de Malte. La Statistique de 1901 mentionne la présence à Alger de deux fabriques d'hameçons ;

ANNÉES	HAMEÇONS		FILETS		TOTAL en francs
	de France	de l'Etranger	de France	de l'Etranger	
1901.............	130 k.	638 k.	3.991 k.	10.977 k.	121.645
1902.............	38 »	579 »	4.883 »	10.794 »	125.000
1903.............	100 »	700 »	5.700 »	11.000 »	134.000

celles-ci sont loin de suffire aux besoins de la consommation locale, qui sont satisfaits par des envois de Malte, de France, etc. Il a été importé, en hameçons et filets, les quantités indiquées dans le tableau ci-contre.

Bateaux. — La flotte de pêche comprenait en 1903 1.237 bateaux valant 1.388.550 francs. Le plus grand nombre de ces embarcations est de faible tonnage ; on remarque cependant un certain nombre de balancelles pratiquant la pêche au bœuf et de bateaux à vapeur. Ceux-ci, au nombre de onze en 1903, sont de fabrication européenne.

Les balancelles, appelées aussi *parelles* ou *pareilles* parce qu'elles vont toujours par paires, sont assez effilées de l'avant et tiennent bien la mer. Dans la région orientale elles sont du type italien, gréent une voile latine, et leur tonnage varie entre 18 et 30 tonneaux ; leur équipage est de 10 hommes et deux mousses, leur valeur de 10.000 francs environ. Dans le quartier d'Oran elles ont l'arrière carré, à la mode espagnole, et sont de 10 à 15 tonneaux. Le nombre des balancelles à voile est de 124 en 1905, se répartissant ainsi : Oran 48, Alger 30, Philippeville 20, Bône 26. Bien peu d'entre elles ont été lancées en France, la plupart ont été construites à l'étranger, et c'est à l'étranger aussi qu'elles sont conduites pour les grosses réparations.

Deux types sont encore à citer : 1º la coralline, qui fréquentait les environs de la Calle et qui était construite en Italie. Reconnaissables au cabestan placé sur le pont, les corallines ont une grande voile latine et un ou plusieurs focs. La grande coralline est de 6 à 16 tonneaux et est montée par 12 à 15 hommes formant pour la pêche deux équipes, une de jour et une de nuit ; sa valeur, gréée, varie de 4.500 à 5.000 francs. La petite coralline a de 3 à 4 tonneaux, elle est à demi-pontée et montée par 6 à 7 marins ; gréée, elle vaut de 2.500 à 3.000 francs.

2º Les sardiniers, plus petits que ceux dont se servent les nomades de langue italienne qui exploitent les côtes africaines, sont de 2 à 3 tonneaux et reçoivent de 6 à 9 hommes, dont un capitaine et un mousse.

Les bateaux de pêche étaient, à l'origine, tous étrangers et avaient été amenés d'Italie, d'Espagne ou de Malte par les pêcheurs qui venaient exercer leur industrie en Algérie. Même après leur fixation, les pêcheurs ont continué à s'adresser à leurs constructeurs habituels, aussi le type de leurs embarcations est-il surtout italien ou espagnol, suivant la région que l'on considère. Les barques ne sont pas pontées et gréent une voile latine, mais naviguent souvent à l'aviron.

Depuis un certain nombre d'années des chantiers de construction se sont créés dans les principaux ports algériens ; ils sont surtout entre les mains des Maltais. La Statistique de 1901 signale l'existence de douze de ces chantiers ; les embarcations qu'ils fournissent ne dépassent guère trois tonneaux et sont généralement d'un tonneau environ. Ils effectuent aussi les réparations courantes.

Voici le chiffre des embarcations qu'ils ont mises à l'eau en cinq ans, de 1898 à 1902 inclusivement, d'après les indications des Statistiques des Pêches maritimes :

	Nombre	Tonnage en tonnes	Valeur en francs
Nemours	3	3	2.550
Oran	25	67	13.190
Arzew	3	7	2.000
Mostaganem	12	24	12.500
Cherchell	4	7	2.200
Castiglione	18	31	10.500
Alger	39	163	64.225
Bougie	6	9	1.755
Philippeville	49	100	27.000
Bône	13	46	6.000
La Calle	11	49	7.250
Total	183	546	169.170

Les bois employés à la construction des barques proviennent en général d'Italie et d'Autriche ; dans les quartiers de Philippeville et de Bône l'olivier, le mûrier et le sorbier servent surtout pour les membrures. Le pin d'Alep est très abondant dans les régions calcaires et son bois, résistant mais un peu lourd, pourrait être plus utilisé qu'il ne l'est. L'Algérie avait exposé à Paris en 1900 des membrures de canot en frêne, en chêne vert, en orme ; nous ignorons dans quelle proportion ces espèces entrent dans la construction des barques de pêche ; cette proportion doit être bien faible.

Le tableau suivant fournira des indications sur la répartition des bateaux de pêche, en 1903, dans les divers ports algériens (1).

(1) D'après la Statistique générale de l'Algérie pour 1903.

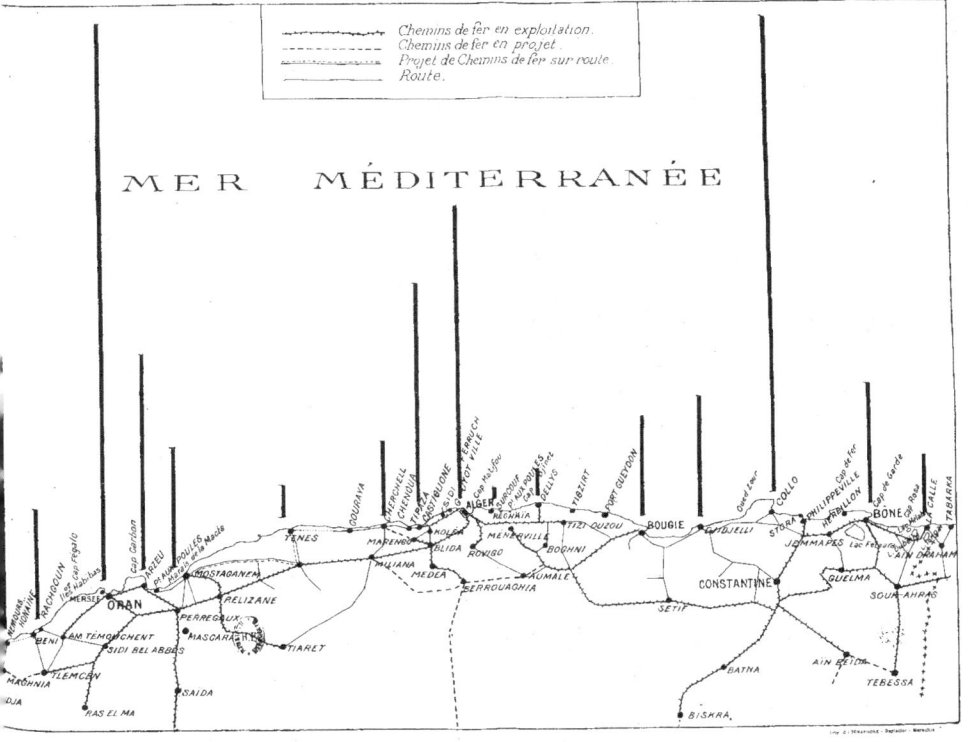

PÊCHERIES DE L'ALGÉRIE EN 1903

La longueur du trait placé en regard de chaque port est proportionnelle au produit de la pêche dans ce port en 1903, à raison de 1 millimètre de longueur pour 10 tonnes de produits pêchés.

	NOMBRE DES BATEAUX		TONNAGE DES BATEAUX		VALEUR des BATEAUX EN FRANCS	
	à vapeur	autres	à vapeur	autres	à vapeur	autres
Oran :						
Nemours	—	17	—	28	—	8.500
Honaïne	—	—	—	—	—	—
Béni-Saf	—	35	—	96	—	20.000
Oran et Mers-el-Kébir	2	218	36	636	40.000	170.000
Arzew	—	95	—	319	—	101.000
Mostaganem	4	63	17	201	40.000	93.600
Alger :						
Ténès	—	19	—	44	—	18.500
Cherchel	—	31	—	108	—	41.350
Castiglione	—	85	—	210	—	65.000
Alger	5	235	103	1.238	52.000	376.400
Jean-Bart, Lapérouse et Surcouf	—	21	—	43	—	31.000
Dellys	—	16	—	40	—	5.500
Philippeville :						
Bougie	—	42	—	205	—	38.000
Djidjelli	—	21	—	48	—	8.000
Philippeville, Stora et Collo	—	137	—	490	—	95.000
Bône :						
Bône	—	137	—	450	—	150.000
La Calle	—	54	—	145	—	35.000

Faune. — La faune marine de l'Algérie est très semblable à celle qui vit sur les côtes tunisiennes ; nous renvoyons donc le lecteur à la liste qui est donnée au chapitre de la Tunisie et qui fournit des indications d'une exactitude bien suffisante (1).

Dans ses grandes lignes la faune marine de nos possessions du Nord de l'Afrique diffère peu de celle de nos côtes françaises de la Méditerranée; on y remarque cependant quelques types de l'Atlantique ou de la Méditerranée orientale, qui ne visitent la Provence qu'accidentellement.

(1) Nous donnerons cependant les quelques noms vulgaires qui suivent :
Cerna gigas Bp., mérou, appelé aussi *mer, cernia* (arabe), *lucierna* (ital.) (d'après Fillias).

Balistes capriscus L.	appelé cochon de mer à la Calle.	
Lophius piscatorius L.	« pescatrice	»
Peristedion cataphractum L.	« fourchette de mer	»
Corvina nigra Cuv.	« corbeau	»
Box salpa L.	« poisson juif	»
Oblada melanura L.	« bourricot	»
Auxis bisus Bp.	« melva à Alger.	

Pêche des poissons sédentaires ou aventuriers. — On trouve dans les Statistiques générales de 1892 et 1893 (1) les éléments suffisants pour évaluer l'importance relative, au point de vue de la pêche, des divers animaux qui habitent les eaux algériennes. Abstraction faite de ceux qui font l'objet de pêches spéciales, et dont il sera question plus loin, voici quel a été le rendement annuel moyen de la pêche des deux années dont il s'agit. On remarquera que nous avons ajouté à ce tableau les maquereaux, les saurels et même des animaux autres que les poissons.

	Kilos	Francs
Maquereaux	355.273	142.362
Merlans	343.652	233.762
Chiens de mer	343.510	104.341
Rougets, surmulets	333.618	243.135
Pagres, pagels, bogues	248.232	234.077
Raies	216.266	87.521
Grondins et autres trigles	181.447	76.015
Rascasses	166.317	156.956
Mérous	131.489	136.145
Mulets divers	117.838	98.105
Saurels ou maquereaux bâtards	115.618	47.445
Soles	94.207	106.090
Seiches, encornets	93.425	52.332
Daurades	89.073	84.463
Plies, limandes, etc	86.214	55.663
Anguilles	61.700	37.810
Bars, loups, loubines	46.662	50.947
Murènes	44.534	29.195
Congres	39.376	31.807
Crabes divers	33.845	6.288
Aloses	32.460	13.605
Baudroies	27.235	19.252
Poulpes	26.486	10.390
Scyllares	10.132	12.231
Capelans	8.492	3.950
Turbots et barbues	5.230	6.598

Il est à remarquer que la statistique précédente porte sur des années où le maquereau s'est trouvé exceptionnellement abondant (525.783 kilogrammes en 1892). Il en a été pêché seulement :

(1) Ce sont les seules qui aient fourni des renseignements détaillés sur les diverses espèces d'animaux pêchées.

En 1898.... 123.502 kilogrammes valant 22.331 francs.
    1899 ... 40.831   »   » 15.818 »
    1900.... 177.031   »   » 67.091 »
    1901.... 65.149   »   » 32.961 »
    1902.... 89.609   »   » 44.333 »

Le poisson pour la vente journalière est fourni principalement par les bœufs et les palangres. Le poisson des bœufs est acheté en moyenne 40 francs les 100 kilogrammes et celui des palangres 60 francs, car il est dans un état de fraîcheur bien plus grand. Les hameçons de ce dernier engin sont amorcés avec des allaches et des sardines de rebut, ou avec des calmars ; on se sert également beaucoup de déchets invendables, retirés des poches des bateaux bœufs ; aussi certains pêcheurs peu entreprenants ne savent-ils plus comment amorcer leurs lignes pendant la période où la pêche aux bœufs est interdite.

Les balancelles exploitent surtout les régions d'Oran, d'Alger, de Bône, de Philippeville ; une paire de balancelles de Bône a émigré et est allée explorer les fonds de Sousse. Les pêcheurs qui exploitent les autres arts se plaignent de ce que les bœufs amènent un avilissement des prix sur les marchés et de ce qu'ils vont pêcher, de nuit, dans les régions qui leur sont interdites, près des côtes, au risque souvent de couper les filets et de couler les barques qui sont sur leur passage ; aussi ont-ils pu obtenir l'arrêté d'interdiction pour six mois, qui a frappé en 1905 le filet bœuf. Par cet arrêté on a vraisemblablement cherché à décourager les armateurs, condamnés à une longue et coûteuse inaction, et à diminuer ainsi le nombre des engins qui labourent les fonds algériens.

Heureusement pour ceux-ci, les roches les composent sur des espaces assez grands, ce qui limite le champ d'action des balancelles et assure la persistance d'un certain nombre de frayères naturelles. Malgré cela on a remarqué que les dimensions des produits pêchés ont diminué dans des proportions fort appréciables, et Marseille ne reçoit plus que rarement les individus de belle taille, merlans et autres, que lui expédiait autrefois l'Algérie (Gourret).

Les armateurs de Bône ont essayé d'utiliser leurs balancelles pendant les trois premiers mois de la période d'interdiction, en 1905, en les envoyant pêcher au large de Tabarca. Les balancelles partaient avec leur cale pleine de glace, pour ramener le poisson en meilleur état. On nous a dit que cette tentative n'a pas donné des résultats très encourageants.

La pêche des poissons sédentaires et aventuriers dure toute l'année en général ; celle des maquereaux est surtout active entre les mois de mai et de novembre. Les pêcheurs n'ont guère d'accidents professionnels spéciaux à redouter, et c'est à peine s'il faut citer qu'ils craignent la piqûre des vives, des rascasses et de la raie noire.

La répartition par ports des produits pêchés est naturellement en relation étroite avec l'importance du chiffre de la population de ces ports et des agglomérations dont ils sont les pourvoyeurs.

Nemours abrite assez mal une rade peu sûre entre des falaises qui dominent une eau profonde ; sa colonie de pêcheurs est assez faible et ceux-ci s'éloignent peu du port, car la mer est souvent mauvaise aux environs. Ils alimentent Nemours et les quelques villages qui l'entourent, et expédient du poisson au marché de Lalla-Marnia.

Le petit port de Béni-Saf manque aussi de débouchés importants ; sur ses côtes rocheuses, en face desquelles se dresse l'ilot de Rachgoun, les diverses espèces de poissons de roche abondent et ont un goût exquis. Les pêcheurs ne peuvent guère expédier leurs captures qu'à Aïn-Temouchent et à Tlemcen, cette dernière ville éloignée de 90 kilomètres par route.

Oran et Mers-el-Kébir fournissent à la pêche une flotte importante, parmi laquelle il faut citer deux péniches à vapeur de 36 tonneaux. Son action ne se limite pas au golfe d'Oran et elle s'aventure fréquemment dans celui d'Arzew. Elle alimente la ville d'Oran, dont la consommation en poisson est des plus importantes, une grande partie de la province du même nom, là où pénètre le chemin de fer : Mascara, Sidi-bel-Abbès, Aïn-Temouchent, Tlemcen sont ses clients. Les pièces de choix sont expédiées à Marseille.

Arzew, située à l'Ouest d'un golfe aussi poissonneux que celui d'Oran et blottie au pied d'un contrefort du Djebel Orouze, constitue le meilleur abri naturel de l'Algérie occidentale. Cette petite ville de 5.000 habitants est la cinquième de l'Algérie pour le nombre de ses pêcheurs. En plus de la voie ferrée qui la relie à Oran, elle est à la tête du chemin de fer de pénétration de Duveyrier, aussi les pêcheurs qui exploitent ses eaux peuvent-ils écouler leur poisson à Oran, et en France par ce port, ainsi que sur quelques villes de l'intérieur : Perrégaux, Mascara....

Mostaganem, quoique bien plus peuplé, possède une colonie de pêcheurs moins importante. Leur nombre s'est accru, au cours de ces dernières années, par l'arrivée des quatre bateaux à vapeur qui ont notablement augmenté la quantité du poisson pêché. Les expéditions se font sur Perrégaux, sur Mascara, sur Relizane.

Il y avait à Ténès, en 1903, 19 barques et 59 inscrits ; d'après Bouchon-Brandely et Berthoule ces nombres étaient, en 1890, de 13 barques et 85 pêcheurs, et étaient trois fois plus élevés vingt ans auparavant. Ainsi réduite, cette flottille expédie à quelques villages environnants et à Orléansville le peu de poisson que ne retient pas le marché de Ténès. Cette dernière ville est un des rares points de mouillage entre les golfes d'Arzew et d'Alger, sur une côte très poissonneuse et trop peu exploitée ; il est à supposer que la pêche y prendra plus d'importance lorsqu'une voie de chemin de fer projetée la reliera à Orléansville et lorsque les tronçons de route qui s'éloignent de Ténès, à l'Ouest et à l'Est, auront été poussés jusqu'à Mostaganem et à Cherchell.

Les principaux débouchés du poisson de Cherchell sont à Milianah, à Blidah et même à Alger. C'est à Alger aussi que les marins de Castiglione envoient la plus grande partie de leur pêche ; Castiglione est un village de pêcheurs bâti sur une belle plage de sable et qui doit sa fortune au voisinage de la plus grande ville de l'Algérie, ainsi qu'aux poissons de passage. Au Nord-Est sont les villages de Fouka, de Sidi-Ferruch et de Guyotville, où la pêche est à peu près nulle.

Alger est un centre de pêche très important, mais c'est en ce point aussi que la population est le plus dense ; des voies ferrées assurent un écoulement rapide du poisson vers Boufarik, Blidah, Médéah, etc., et sur mer des paquebots rapides amènent à Marseille, en quelques heures, les plus beaux spécimens de la faune marine algérienne. La consommation du poisson augmente graduellement à Alger, et le nombre des pêcheurs ne s'accroît pas en proportion ; aussi Alger fait-elle venir actuellement du poisson des divers ports de la colonie. Elle en reçoit quelque peu des petits villages créés au cap Matifou.

La pêche est bien peu active à Dellys et soixante-quinze pêcheurs seulement y alimentent une commune de 14.000 habitants, à laquelle aboutit un chemin de fer ; ils fournissent du poisson à Tigzirt, à Port-Gueydon, à Ménerville, à Tizi-Ouzou, et expédient à Alger les plus belles pièces de leur récolte. Malgré les débouchés qui sont ouverts aux pêcheurs, le rendement de la pêche a été très insuffisant à Dellys au cours de ces dernières années ; c'est cependant dans le voisinage de cette ville que se trouvait Rusucurru, le *Rusukkur* ou Cap des poissons des Carthaginois. Plus à l'Est la pêche est à peu près nulle à Port-Gueydon.

Bougie s'abrite aux pieds des monts de la Kabylie, qui l'isolent d'une manière très étroite. Le long de l'unique voie ferrée qui la dessert, dans la vallée de l'oued Sahel, ne s'échelonnent que des agglomérations d'une faible importance; dans les montagnes voisines les villages sont d'un abord des plus difficiles, aussi ne faut-il pas s'étonner si l'industrie de la pêche n'est pas exercée à Bougie avec une grande activité. Ce port expédie cependant du poisson sur Alger et sur Marseille. Faute de débouchés par terre, les marins de Djidjelli envoient aussi à Alger et à Marseille une partie de leur butin.

Ceux du petit port de Collo et ceux qui habitent l'étroite plage de Stora sont généralement réunis dans les statistiques à ceux de Philippeville. L'ensemble de ces trois centres de pêche est le troisième de l'Algérie, serrant de près le groupe d'Oran et Mers-el-Kébir, eux aussi compris dans les statistiques sous une rubrique commune. De notables quantités de poisson sont expédiées sur Marseille ou vont alimenter les marchés de Constantine et des principales villes de la province.

Plus à l'Est, à l'abri du cap Takouch, est le petit village d'Herbillon dont nous avons déjà parlé ailleurs. Puis vient Bône, dont le port a pris une grande extension, qui dirige sur Marseille de nombreuses expéditions de poisson, qui en envoie à Guelma, à Souk-Ahras, etc. Bône reçoit aussi, pour le réexpédier, le poisson pêché par les marins de la Calle et dont elle est presque l'unique débouché. En 1881 une fabrique de glace avait été construite à la Calle et avait permis un certain nombre d'expéditions sur Marseille ; les courriers ne fréquentent pas le port avec une régularité suffisante, la fabrique a fermé ses portes et ce qui fut un grand port de pêche se meurt.

Ainsi qu'on le voit par l'énumération précédente et par la carte qui accompagne ce chapitre, la pêche est fort active dans certaines régions privilégiées, tandis que dans d'autres elle est presque nulle. Cette situation ne se modifiera dans un sens favorable que lorsque le perfectionnement du réseau des voies de communication et le bienêtre croissant auront rendu les marchés de l'intérieur plus accessibles aux produits de la mer et lorsque ceux-ci seront transportés d'une manière plus rationnelle. En certains points la pêche semble avoir atteint à peu près son maximum de développement, mais c'est là l'exception. Malgré la faible largeur du talus de côtes exploitable, malgré la concurrence très grande que leur font les arts traînants, presque partout les pêcheurs peuvent accroître dans de fortes proportions le rendement de leur industrie ; mais pour cela il est nécessaire qu'on leur ouvre de nouveaux débouchés.

L'évolution du commerce du poisson en Algérie est bien instructive à cet égard. Cette colonie exporte depuis longtemps du poisson en France, mais deux ports ont presque cessé leurs expéditions au cours de ces dernières années : Alger et Oran. La consommation croissante a fait monter les prix du poisson sur les marchés de ces deux villes et les mareyeurs n'ont aucun avantage à risquer les frais d'envoi d'une denrée qui est sans peine absorbée sur place. Les belles pièces, seules, sont dirigées sur Marseille. Alger, hier encore centre exportateur de poisson, est devenue importateur à son tour et draîne une bonne partie des pêches des ports algériens, et ses expéditions sur Marseille s'élèvent actuellement à un chiffre bien faible.

C'est là une indication pour l'avenir. Actuellement l'accroissement du nombre des pêcheurs pourrait lutter contre ce mouvement et rétablir l'ancien courant commercial, mais cet accroissement ne peut pas être indéfini. Il n'existe pas sur les côtes algériennes de banc de quelque étendue, exploitable aux arts traînants ; ceux-ci en sont réduits à explorer des fonds voisins de la côte, où ils concurrencent les autres engins d'une manière assez fâcheuse. Et finalement il y a lieu de prévoir que, dans un avenir assez éloigné, il est vrai, l'Algérie cessera d'être un pays exportateur de poisson.

Les quantités envoyées à Marseille ont été au cours des six dernières années (1) :

1899	Kil.	557.192	1902	Kil.	514.299
1900		498.172	1903		463.103
1901		447.786	1904		434.780

(1) Chiffres fournis par l'Administration des Douanes.

Le poisson d'exportation est placé dans de lourdes caisses de bois, renfermant des casiers sur lesquels reposent les poissons, par lits recouverts de glace; elles contiennent environ 100 kilogrammes de poisson. Celui-ci a à acquitter sur les navires de la Compagnie Transatlantique des droits de fret de 40 francs par tonne, auxquels il faut ajouter 1 franc pour l'embarquement et 5 francs de droit de débarquement spécial. Le poisson frais n'est frappé d'aucun droit de sortie et entre en France en franchise.

Une partie du poisson algérien est vendue à Marseille, le reste est réexpédié sur les principales villes de France desservies par la Compagnie P.-L.-M. Il voyage alors dans des caisses plus légères, mais sous glace toujours.

L'Etat ne prélève aucune redevance sur la vente du poisson en Algérie. Dans la plupart des villes importantes celui qui est destiné à la consommation locale est vendu à la criée par des agents de la municipalité. A Oran par exemple la municipalité oblige les pêcheurs à porter à la poissonnerie leur récolte pour lui faire subir une visite sanitaire, et les amène ainsi à faire vendre leur poisson à la criée. La ville perçoit alors un droit de 5 o/o sur le produit de la vente ; les intermédiaires, auxquels les pêcheurs sont obligés de s'adresser à cause des formalités exigées et qui sont chargés de pousser pour eux les enchères, prennent encore 5 o/o. Il en résulte que les pêcheurs paient en réalité un droit de 10 o/o. A Beni-Saf la Compagnie minière, propriétaire du port, prélève une taxe de débarquement de 2 o/o en vertu d'un droit qui, paraît-il, serait très contestable. A Ténès la ville perçoit 0 fr. 20 par mètre carré de table à la poissonnerie et 0 fr. 10 par corbeille placée au-dessous de la table.

A Alger le poisson doit acquitter à la vente à la criée un droit de stationnement ; à cet effet il est divisé en trois catégories : la première comprend les anchois, araignées, bonites, bouillabaisse, brochets, charbons, cigales, congres, crevettes, daurades, espadons, étoiles, galinettes, homards, merlans, moustèles, mulets, murènes, ombrines, pageaux, rascasses, rougets de roche et de fond, saumons, soles, thons, vaches. — Deuxième catégorie : aiguilles, bogues, bourzongs, raies, rats, salps, sarrans, saurels. — Troisième catégorie : allaches, anges, chats de mer, chiens de mer, marteaux, requins, sardines, sépioles, fretin.

Droits de stationnement.

	Corbeille de 10 kg.	Casier de 12 kg.	Casier de 16 kg.
1re catégorie....	0.50 cent.	0.60 cent.	0.80 cent.
2e catégorie....	0.30	0.40	0.50
3e catégorie....	0.10	0.10	0.20

Le droit de stationnement est payé moitié par le vendeur, moitié par l'acheteur. Un droit de place est en outre prélevé pour la vente au détail à la poissonnerie ; l'ensemble de ces droits, auxquels il faut ajouter celui qui est imposé aux colporteurs en ville, a fourni à la ville une moyenne de 66.500 francs au cours des cinq dernières années. Tel est l'impôt prélevé par la municipalité algéroise sur le poisson frais consommé à l'intérieur de la ville. Ajoutons, en ce qui concerne les charges qui pèsent sur les pêcheurs et secondairement sur le produit de leur pêche, qu'ils ont un mandataire qui pousse pour eux les enchères et qui retire 5 o/o du prix de la vente ; il est question de charger le crieur de faire toute l'enchère.

A Dellys la taxe municipale est de 0 fr. 10 par panier de poisson de 15 kilos. A Philippeville le poisson destiné à la consommation locale doit être apporté à la poissonnerie ; le pêcheur peut le vendre lui-même; dans le cas contraire il doit passer par la criée. La poissonnerie est affermée par la ville pour trois ans ; l'adjudicataire actuel, dont le contrat a commencé en avril 1904, paie 9.100 francs par an, son prédécesseur payait 9.925 francs. Le fermier procède gratuitement aux ventes à la criée, mais perçoit les taxes suivantes :

1° Taxe de stationnement : 1re catégorie 0 fr. 50 la corbeille de 12 kilos, 2e catégorie 0 fr. 20 la corbeille de 12 kilos ;

2° Taxe d'emplacement pour la vente au détail : 0 fr. 35 par mètre carré et par demi-journée, 0 fr. 60 par jour et 15 francs par mois. La première catégorie correspond sensiblement aux deux premières du marché d'Alger.

A Bône le poisson doit être porté à la poissonnerie où les pêcheurs peuvent le détailler eux-mêmes[1] et où ils possèdent un droit

---

[1] « Considérant qu'il convient de laisser aux pêcheurs la libre disposition du produit de leur travail, tout en les obligeant à faire passer par la poissonnerie, pour y être examinés au point de vue de la salubrité, les poissons et crustacés destinés à la consommation locale ; qu'il y a lieu, par conséquent, d'abolir ou tout au moins de rendre facultative et gratuite, avec payement direct des mains de l'acheteur en celles du vendeur, la vente à la criée dont l'obligation paraît attentatoire à la liberté du commerce et de l'industrie..... » (*Arrêté du maire de Bône, 31 août 1897*).

de priorité pour le tirage au sort des emplacements ; sinon la vente à la criée est faite par un fonctionnaire municipal assermenté. La commune perçoit : 1° un droit de stationnement de 6, 4 et 2 francs par 100 kilos de poisson, suivant la catégorie ; 2° un droit de place de 0 fr. 25 par mètre courant de table et par demi-journée. La première catégorie de poissons correspond à peu près à la catégorie analogue d'Alger ; la deuxième comprend les mulets, sardines, seiches et encornets, cigales, petites raies, goujons, coquillages du pays, oursins ; la troisième les allaches, sarragues, tortues, barbeaux, aloses, saupes, chevrettes, clanches, capelans, marbrés, chiens de mer et similaires, grosses raies, oblades, poulpes. Le rendement de la poissonnerie de Bône a dépassé une moyenne annuelle de 14.500 francs au cours des cinq dernières années.

Il est à remarquer que généralement les pêcheurs ne bénéficient pas de l'autorisation, qui leur est accordée dans la plupart des villes, de détailler eux-mêmes le produit de leur pêche, et qu'ils aiment mieux passer par l'intermédiaire de la criée, bien moins rémunératrice cependant. Après avoir affronté les aléas et les fatigues de la pêche, ils ne veulent pas supporter les aléas et les fatigues, incomparablement moindres, de la vente au détail et abandonnent aux revendeurs un bénéfice facile. C'est là une constatation devant laquelle il n'y a qu'à s'incliner et il est certain qu'il sera difficile, en présence de cet état d'esprit, d'améliorer la situation matérielle de ces travailleurs par trop dépourvus d'initiative.

On ne voit pas figurer parmi les revendeurs les femmes des pêcheurs, ainsi que cela se produit dans nos ports métropolitains ; les revendeurs, Européens en majorité, sont en général des Italiens, des Maltais, des Espagnols, suivant la région que l'on considère. Ils doublent facilement, pour la vente, le prix auquel ils ont acheté le poisson à la criée.

En certains points on fait sécher au soleil des poissons, principalement des maquereaux, surtout après leur avoir fait subir un léger salage : c'est là une industrie dont l'importance est bien faible et sur laquelle nous n'insisterons pas.

Pêche des sardines, des anchois et des allaches. — Cette pêche possède une importance très grande dans la colonie. Lorsqu'a sévi en Bretagne la crise aiguë de l'industrie sardinière, un certain nombre d'usiniers ont lutté contre la mauvaise fortune en venant créer en Algérie de nouvelles usines. Le poisson qui avait fui les côtes bretonnes s'y retrouvait en abondance, en même temps qu'une main-d'œuvre économique. Puis est venue la loi de 1888, qui a jeté de grandes perturbations dans le monde des pêcheurs, et plusieurs usines ont disparu pendant cette tourmente. Les caprices des migrations des poissons ont agi dans un sens analogue et l'abondance des pêches de certaines années favorisées ne s'est pas maintenue; aussi le nombre des usines et des marins et l'importance des capitaux engagés dans cette pêche ainsi que dans les industries annexes ont-ils subi une diminution marquée contre laquelle semble se dessiner un mouvement de réaction.

Les filets utilisés sont le sardinal et le lamparo pour la sardine et l'allache, et la rissolle pour l'anchois. Ainsi que nous l'avons dit plus haut, le lamparo est interdit trois mois par an dans quatre des quartiers maritimes ; mais cette interdiction est souvent lettre morte, pour les étrangers surtout, et les fraudes sont difficiles à réprimer à cause de la solidarité qui règne entre les pêcheurs et de la manière dont la contrebande est organisée. Les bureaux de la Marine d'Alger avaient été prévenus que des Napolitains venus au cap Matifou pêchaient en fraude et cachaient leurs lampares sur la côte, à l'est de Surcouf ; un gendarme, envoyé aussitôt, a trouvé la cachette vide car les intéressés avaient été prévenus de son départ d'Alger. Quand un torpilleur quitte Alger en tournée d'inspection, son départ est signalé et il ne peut rien faire.

C'est en effet pour cette pêche surtout que les incursions des marins italiens sont à surveiller. Montés sur leurs menaïcas ou sur leurs laoutelli ils venaient périodiquement, avant 1898, tendre leurs filets en maraude dans les eaux algériennes et un de leurs quartiers généraux se trouvait à l'îlot de Mansouria, dans le golfe de Bougie. Avant de passer la frontière ils déposaient leurs rôles chez les consuls italiens de Tunisie, afin d'obtenir qu'à leur retour les produits pêchés entrent en Italie en franchise, comme poissons tunisiens, alors que les poissons algériens payaient 6 francs les 100 kilos. Ils se livraient donc à une double fraude. Les naturalisés fixés sur la côte algérienne aident les étrangers dans la mesure de leurs moyens et rendent fort difficile la mission des gardes-pêche : ceux-ci doivent en effet prendre le pêcheur sur le fait, au moment où il pêche en eaux territoriales. En

1896 le garde-pêche faillit surprendre 120 pêcheurs à la fois, mais il était arrivé trois quarts d'heure trop tard : le poisson était à bord, frais, mais les filets étaient rentrés et aucun procès-verbal ne put être dressé.

Fait étonnant, qu'affirme M. Layrle, la douane à ce moment favorisait les manœuvres des Italiens en acceptant de surveiller les barils de salaisons déposés par eux dans des grottes ou des cabanes sur la plage, moyennant une taxe de 0 fr. 10 comme droit de statistique. Ces manœuvres ont heureusement pris fin. Mais l'activité des gardes-pêche est encore prise fréquemment en défaut et les pêcheurs de l'Italie ne renoncent pas facilement aux riches récoltes que fournissent les eaux africaines. En 1905 encore les pêcheurs français du cap Matifou se plaignaient de la concurrence que leur faisaient, avec des engins prohibés, des Napolitains dont le centre d'action était dans la région de Port-aux-Poules.

Certaines années des balancelles corses de Bastia ont fait une saison de pêche en Algérie ; le produit de la pêche se partageait par moitié entre l'armateur et l'équipage, chaque marin recevant au départ une avance de 40 à 60 francs.

La pêche des sardines se pratique principalement de février à juillet, la nuit, avec des sardinaux laissés à la dérive, ou de nuit et de jour, avec le lampare. On n'emploie pas de rogue (*brumé, brumeccio*) ; cependant le docteur Morvan a proposé la fabrication d'une rogue artificielle, à base de sauterelles, qui d'après lui serait au moins aussi bonne que la rogue de Norwège et dont le prix de revient serait bien faible, certaines années. On l'accuse de donner mauvais goût au poisson. Les centres les plus importants de la pêche des sardines sont : Philippeville, Oran, Alger, la Calle, Castiglione, Béni-Saf, Cherchell, Djidjelli, Arzew ; pour l'allache il faut citer surtout Oran, Arzew, Philippeville, Bône.

Les sardines et les allaches sont vendues à l'état frais dans toutes les poissonneries algériennes, mais la plus grande quantité de ces poissons est salée ou mise en conserves. Les usiniers sont souvent armateurs des barques de pêche, soit parce qu'ils ont fait construire des barques, soit parce qu'après les mauvaises années ils ont acheté à bas prix les barques et les engins des patrons ruinés. Ils ont ainsi l'avantage d'encaisser des bénéfices comme armateurs, et surtout de s'assurer le produit de la pêche des équipages qu'ils emploient.

Les engagements se font à la part. En avril et mai 1905 les allaches prises à la maille étaient comptées aux pêcheurs 10 francs les 100 kilos à Philippeville, les sardines 25 francs et les anchois 50 ; si la pêche était faite au lampare les allaches ne valaient plus que 8 francs, les sardines 20 et les anchois 30 (1). A la Calle les prix étaient de 7 francs pour l'allache, de 20 pour la sardine, de 50 pour l'anchois. Par moments ils s'élèvent pour la sardine jusqu'à 75 francs les 100 kilos, ou s'abaissent au contraire à des prix infimes, tels que 8 et 7 francs. Dans le premier cas la sardine ne peut être vendue que pour la consommation à l'état frais et n'est pas abordable pour les usiniers ; dans le deuxième il y a une bien faible rémunération pour les fatigues subies par les pêcheurs. C'est ainsi que les 8.812.715 kilos de sardines pêchés dans l'année 1897 sont donnés dans les statistiques comme représentant une valeur de 620.093 francs seulement.

L'allache ne fait pas l'objet d'un commerce spécial et est mélangée à la sardine, bien que ses qualités alimentaires soient inférieures de beaucoup à celles de ce dernier poisson : sa chair est plus sèche et plus grossière et de grosses arêtes la traversent. L'inconstance de son apparition, la variabilité de sa proportion dans les produits pêchés, une routine regrettable, n'ont pas permis jusqu'à ce jour de créer sur l'allache un courant commercial appréciable, analogue à celui qui existe à Mehdia.

L'anchois commence à donner lorsque la sardine est déjà moins abondante et dure plus tard, jusqu'en août ; on lui fait subir un traitement à part. M. Layrle dit que l'anchois ne s'approche de la côte que lorsque la mer est calme et que les eaux sont chaudes, en tout cas sa pêche présente encore plus d'incertitudes et d'aléas que celle des autres poissons de passage. Il est capturé principalement à Castiglione, à Djidjelli ; il faut mentionner ensuite Bougie, Philippeville, Alger, Cherchell, Oran, Béni-Saf, Mostaganem. Les pêcheurs de Castiglione exploitent surtout à ce point de vue la plage de Bou-Haroun, ceux d'Alger la région qui est à l'Est du cap Matifou.

On met les sardines et les allaches en salaisons et en conserves, les anchois en salaisons. Les salaisons, pour les deux premiers poissons cités, se font suivant la méthode sicilienne ou suivant la

---

(1) Dans certaines localités on ne fait pas de différences entre les poissons pêchés au lampare ou ceux qui sont pris avec d'autres engins.

méthode française. Dans le premier cas les poissons sont couchés à plat, en lits alternant avec du sel et disposés dans chaque rangée suivant les rayons d'une circonférence, et le sel est employé à l'état naturel. On presse les poissons pendant dix ou quinze jours, en ajoutant de nouveaux lits de poisson à mesure que le tassement réduit le volume du contenu du baril, et on verse de la saumure pour remplir les vides. Dans la méthode française les poissons sont placés le dos en haut et dans chaque lit ils sont mis en lignes parallèles ; le sel est coloré en rouge par du cinabre.

La forme des barils est variable aussi : les barils siciliens sont larges, ayant environ 50 centimètres en diamètre et en hauteur, et pèsent, une fois pleins, 55 kilogrammes ; les barils pour salaisons à la française sont de forme plus allongée et pèsent, pleins, de 30 à 50 kilogrammes. Ces procédés de préparation sont imparfaits et les produits obtenus doivent être consommés dans l'année.

Les barils proviennent presque tous d'Italie, de Naples et de Sicile ; le marché métropolitain commence à fournir des douelles qui sont assemblées sur place. Le prix des barils varierait de 3 fr. 50 à 4 francs pièce (1). Ces prix sont exagérés : M. Layrle dit que les barils valent, en Italie, 1 franc neufs et 0 fr. 50 quand ils sont usagés, et que ceux qui sont fabriqués à Djidjelli y sont achetés à 2 fr. 30 ou 2 fr. 50 pièce ; à Tabarca on nous a indiqué pour les barils siciliens le prix de 1 fr. 25 et de 1 franc. Bouchon-Brandely et Berthoule évaluent à 4 fr. 50 le prix d'un baril et des 15 kilogrammes de sel qu'il doit recevoir.

Le sel employé dans la région orientale provient d'Italie, il est déclaré en entrepôt fictif et ne paie pas de droits ; dans la province d'Alger on se sert surtout du sel fourni par les Salins du Midi de la France ; celui d'Arzew est utilisé à l'Est, sans exemption de droit.

Le nombre des ateliers de salaison ne peut pas être estimé d'une manière très exacte, car en plus des ateliers et des usines connus et fonctionnant toutes les années, à chaque campagne on voit s'élever des installations provisoires, chaque bateau peut devenir à l'occasion un atelier de salaison. C'est ainsi qu'opèrent notamment les Italiens. Venus avec leurs barils, leur sel, etc., ils pêchent avec leurs barques quand la surveillance se relâche, achètent le poisson aux naturalisés

---

(1) *Bull. trim. de l'Ens. des pêches marit.*, t. IX, 1904.

quand le garde-pêche croise dans leurs parages et salent à bord ou sur la plage. Puis ils s'en retournent, une fois leurs barils pleins.

On a commencé à Nemours en 1904 la fabrication des salaisons, avec de bons résultats ; l'expédition sur Marseille s'est élevée cette même année à 14,000 kilogrammes de poissons salés. La préparation des salaisons se fait assez activement à Saint-André-de-Mers-el-Kébir. A Arzew quelques salaisons de sardines, et surtout d'allaches, sont faites par de petits industriels quand l'abondance de la pêche amène l'avilissement des cours. Ténès a deux ateliers qui en 1903 ont expédié 463 quintaux de poissons salés ; plusieurs se trouvent sur les plages qui entourent Castiglione, d'autres encore à Surcouf. Ces derniers sont presque tous italiens. A Port-aux-Poules la salaison se fait avec activité et un usinier du syndicat d'Alger nous disait que 1.300 barils y avaient été préparés, grâce à la pêche au lampare faite en fraude par les Napolitains, à un moment où il n'avait pu réunir lui-même que les éléments d'une quarantaine de barils. On sale quelque peu à Dellys, à Bougie, à Djdijelli, mais c'est surtout dans le syndicat de Philippeville, et notamment à Stora, que se trouve concentrée l'industrie qui nous occupe. Le quartier de Philippeville expédie annuellement 500.000 kilogrammes de poissons salés en Italie et 200.000 kilogrammes en France. A la Calle existent sept ateliers qui exportent environ 120.000 kilos de poissons par an. Dans l'ensemble de la colonie il y a eu en 1902 57 ateliers de salaisons, occupant 569 ouvriers européens et 19 indigènes.

Le prix de vente des salaisons est naturellement fort variable et suit les oscillations de la pêche. M. Layrle cite l'achat à Djidjelli de barils de sardines, payés 10 francs par une maison génoise ; comme il estime les frais divers à 7 francs par baril, il est resté au saleur 3 francs par baril, dont il a fallu déduire le prix des poissons. Ce sont là heureusement des prix exceptionnels et il faut compter en général sur 20 à 30 francs par baril. Bouchon-Brandely et Berthoule évaluent à 30 o/o les bénéfices moyens des saleurs armateurs.

Les débouchés sont variables. Presque tous les anchois vont en Italie, où a été à peu près monopolisé le commerce de ce poisson ; on leur y fait subir une nouvelle préparation, variable avec les préférences des populations auxquelles on les destine. L'emballage des produits de choix y est fait dans des boîtes de fer blanc ; ils valent alors en Orient de 1 fr. 50 à 1 fr. 60 le kilogramme ; les autres sont mis en barils de 80 kilogrammes et leur prix oscille autour de 1 franc le kilogramme.

Castiglione envoie des barils d'anchois et de sardines de 55 kilogrammes, préparés à la sicilienne, à Collioures et à Port-Vendres. Dans ces villes on change les poissons de barils, on les met dans des barils de dimension différente, le dos en haut, accolés l'un contre l'autre, de manière qu'après imbibition parfaite avec de la saumure colorée il reste du sel entre les poissons. Leur conservation est alors presque indéfinie.

Quelques allaches sont expédiées, surtout en Autriche et en Orient; les sardines vont en Italie, en France, à Malte, en Grèce, dans le Levant. Les importations en Grèce par voie directe sont très faibles, bien que ce pays ait acheté pour plus d'un million et demi de francs de poissons salés en 1902. Smyrne fait venir d'Algérie, par an, de 200 à 500 barils de sardines, vendus de 30 à 35 francs. Les sardines algériennes sont à peu près inconnues à Constantinople. Cette dernière ville reçoit annellement 500 barils de 60 kilogrammes d'allaches, vendus sur place 30 francs ; mais on s'y plaint que les barils sont trop souvent coiffés par des poissons salés de belle taille, causant de graves déceptions aux acheteurs quand ils arrivent aux couches suivantes. Il faudrait plus d'uniformité dans la composition des barils ; les industriels qui se livrent à ces pratiques regrettables portent grand tort à la réputation des marques algériennes et rendent plus difficile la vente des produits loyalement présentés.

Marseille a reçu d'Algérie en poissons de mer conservés, marinés ou autrement préparés :

	1899	1900	1901	1902	1903	1904
Sardines .	216.993	159.178	97.568	101.734	118.457	122.143 kilog.
Autres....	7.725	385	1.882	46.435	32.500	100

En somme, c'est l'Italie qui achète la plus grande partie des salaisons algériennes et celles-ci constituent pour ses navires un fret de retour assuré. Ajoutons que l'Algérie est également un pays importateur de poisson salé; Oran surtout achète en abondance des salaisons espagnoles, notamment des *sarraguels*.

Le nombre des usines qui continuent à faire les conserves de sardines est actuellement bien faible. Il en existait une vingtaine en 1888, actuellement il y en a deux à Mers-el-Kebir, peu importantes, une à Surcouf, fonctionnant avec des pêcheurs d'origine française et des ouvriers kabyles, quatre à Philippeville dont deux assez importantes, une notamment qui a des succursales en France; enfin une à la Calle, produisant une moyenne de 100.000 boîtes par an.

Nous avons déjà parlé de la crise dont les usines algériennes ont souffert à la suite de la loi sur la pêche maritime, de la quasi-disparition des bancs de sardines sur certains points de la côte, pendant quelques années; on peut ajouter que la mauvaise réputation de la plupart des marques algériennes a agi dans le même sens. On ne fait guère en Algérie que des qualités bon marché, dans lesquelles trop souvent l'allache tient la place de la vraie sardine; il est fâcheux de voir inséré dans les Rapports officiels du Jury de l'Exposition Universelle de 1900 que l'Algérie et la Tunisie n'exposent, en fait de conserves, que des sardines de « qualité secondaire ».

C'est là une situation qui peut facilement être modifiée, d'autant plus que les conserves fournies par l'Algérie sont parfois d'un goût excellent. Il suffirait sans doute de la perspective de quelques marchés avantageux pour enhardir les usiniers et pour les amener à tirer un meilleur profit des éléments dont ils disposent. Si les nécessités de la concurrence les obligent actuellement à négliger la fabrication des conserves de qualité supérieure, ils pourraient facilement améliorer leur production, mais il est nécessaire pour cela de permettre aux consommateurs de connaître immédiatement la valeur des boîtes qu'on leur offre. Ce serait, semble-t-il, rendre service aux usiniers sérieux que d'obliger les fabricants à imprimer en creux sur le couvercle : 1° le mot *Algérie*; 2° le mot *Sardines* pour les boîtes qui ne contiendraient que des sardines seules, et celui d'*Allaches* pour les boîtes renfermant des allaches, seules ou mélangées avec des sardines.

Les fabricants algériens de conserves de poissons vendent la plus grande partie de leurs boîtes sur place; la France reçoit la plupart de celles qui sont exportées, les autres débouchés sont en Angleterre, en Belgique, en Amérique.

Les boîtes sont faites sur place avec des feuilles de fer blanc imprimées, françaises. L'huile utilisée à Mers-el-Kebir vient de Nice ou de Provence, celle de l'usine de Surcouf est fournie par les moulins de la Kabylie; à Philippeville on emploie de l'huile de Bougie et de

Provence, et à la Calle celles de Nice et de Sousse. Pour les conserves aux tomates les fruits se trouvent sur place à des prix très avantageux.

La main-d'œuvre employée à la fabrication des conserves n'est pas très chère : un contremaître gagne de 4 à 5 francs par jour, un surveillant 4 francs, les ouvriers de 2 fr. 50 à 3 fr. 50, les manœuvres et les charretiers de 2 à 3 francs, les femmes de 1 fr. 20 à 2 francs, les enfants de 1 franc à 1 fr. 75. On préfère souvent payer les femmes à raison de 0 fr. 25 l'heure de travail, et donner aux soudeurs 1 fr. 25 à 1 fr. 50 par 100 boites soudées.

Pêche du thon et des poissons analogues. — La pêche du thon, qui donne de si brillants résultats en Tunisie, est bien moins importante en Algérie. Quelques pièges ont été dressés le long des côtes pour capturer les scombres de passage. En 1889 M. Pénissat a signalé l'existence de cinq madragues, ou engins analogues, installés à Arzew, à Sidi-Ferruch, à Guyotville et à Alger ; en 1900 M. Imbert n'en cite plus qu'une, à Dellys. En 1905 une madrague était calée à la Pérouse, près d'Alger, produisant annuellement 40.000 kilos de poissons en moyenne, et une autre à Dellys, dont le rendement serait moitié moindre ; enfin une palamidière se trouve au cap de Fer et capture quelques thons. Les thons sont aussi un peu pêchés à la courantille ou à la thonaire ; ce dernier engin sert également à prendre les maquereaux et les bonites. Les principaux ports dans les parages desquels se pêche le thon sont ceux d'Alger, de Castiglione, d'Arzew, de Béni-Saf, d'Oran. Les quantités pêchées ont été :

ANNÉES	THONS ET GERMONS		BONITES		PÉLAMIDES	
	kilogrammes	francs	kilogrammes	francs	kilogrammes	francs
1898........	182.651	111.514	94.169	36.437	»	»
1899........	70.750	37.409	183.911	107.956	71.920	22.072
1900........	53.499	42.927	95.366	48.448	35.800	11.396
1901........	88.011	90.975	139.411	57.545	56.440	15.270
1902........	68.166	48.283	153.438	78.635	45.700	11.425

Les thons sont vendus à l'état frais sur les marchés des principales villes; la fabrication des conserves de thons ne peut pas être entreprise à cause du faible rendement des madragues algériennes.

Les pélamides sont capturés à Arzew, à Oran, à Castiglione; les principaux centres de pêche de la bonite sont, par ordre d'importance toujours, Alger, Arzew, Philippeville, Mostaganem, Ténès, Bougie, Castiglione, Oran (îles Habibas). A Alger la bonite atteint fréquemment le prix de 1 franc le kilo à la criée; le marché de cette ville aurait reçu, pendant le printemps 1905, 20.000 pélamides et 10.000 bonites en deux mois.

Les pélamides et les bonites sont surtout pêchés à la ligne de traîne, à la bonitière, et les bonites au lamparo, principalement du printemps à l'automne. Les bonites sont vendues à l'état frais ou mises en salaisons dans des barils, comme les sardines. La fabrication de ces salaisons est surtout active dans les quartiers d'Alger et d'Oran.

Pêche des Crustacés et des Echinodermes. — Les crabes divers sont pêchés un peu partout, sur les roches. La grosse crevette, *Penæus caramote*, apparaît en divers points et fréquente surtout le golfe de Bône, d'où la ramènent les balancelles; la saveur exquise, la finesse de ce précieux crustacé le font enlever sur les marchés; aussi les pêcheurs n'arrivent-ils pas à satisfaire à la consommation locale. Quelques essais d'exportation ont cependant été faits sur Marseille, mais la grosse crevette était inconnue de la plupart des acheteurs, et les expéditeurs l'ont vendue avec trop de difficultés et à des prix trop peu rémunérateurs pour qu'ils aient songé à continuer leurs envois. Cette crevette se retrouve à Alger, à Oran, quelque peu à la Calle. La petite crevette pullule aux environs d'Alger, de Philippeville, d'Oran; mais c'est surtout à Alger qu'elle est pêchée.

Les scyllares ou cigales de mer habitent les fonds rocheux; ils n'entrent que pour une faible part dans l'alimentation.

Les homards sont rares, mais les langoustes se rencontrent à divers endroits le long de la côte. On les trouve aux îles Habibas; près d'Oran (cap de l'Aiguille, cap Carbon) leur petit nombre est en partie compensé par la belle taille à laquelle elles arrivent; on en trouve à Ténès (îles Colombi), à Cherchell (cap Chenoua), au cap Djinet, à Djidjelli, à Herbillon, entre le cap de Fer et celui de Garde, et à la Calle (entre le cap Rosa et le cap Roux). Voici, par ordre d'importance, les centres de pêche principaux : Oran, Alger, Philippeville, Bône, Djidjelli, Cherchell. Les quantités pêchées se sont élevées, d'après les Statistiques des Pêches maritimes à :

	Homards et Langoustes		Crevettes	
	Kilogr.	Francs	Kilogr.	Francs
1898...	28.679	56.630	76.483	86.718
1899...	17.770	43.336	79.846	103.961
1900...	22.341	53.858	86.491	137.143
1901...	17.187	45.930	90.138	152.611
1902...	15.444	37.176	98.067	123.512

Dans le but de protéger la reproduction de ces crustacés la pêche des homards et des langoustes a été interdite du 1er octobre au 31 novembre ; de plus il a été défendu de pêcher, d'acheter ou de transporter des homards et des langoustes ayant moins de 20 centimètres, ainsi que leurs femelles grainées. Toutefois les pêcheurs savent détacher les œufs avec un pinceau et s'affranchir ainsi de cet article du règlement.

Bien que quelques expéditions de langoustes (500 kilogrammes dans les six dernières années) aient été faites d'Algérie sur Marseille, la pêche locale ne suffit pas aux besoins de la population algérienne : des balancelles de Bône vont capturer ces crustacés à la Galite ; Alger en reçoit aussi de la Galite et de Port-Mahon, apportées en bateaux-viviers. Un vivier à langoustes se trouve à Cherchell, un autre à Bône.

Le mouvement commercial auquel donnent lieu les oursins est très faible ; on ne les pêche guère qu'à Castiglione où il en a été pris pour 560 francs en 1902. On se sert surtout de la radasse pour cette pêche.

Pêche des Mollusques divers. — Les céphalopodes se rencontrent sur toutes les côtes, mais ils ne donnent naissance nulle part à un mouvement de pêche et d'exportation analogue à celui qui est si développé dans le Sud tunisien.

Les moules couvrent les roches en des points variés ; elles sont surtout abondantes à l'Ouest de Nemours (Pointe-Noire, Sidi-Brahim) et à l'Est de la Tafna ; on en trouve aussi à Rachgoun, à Oran, au Nord-Est de l'embouchure du Chéliff, à Ténès, à Cherchell, au cap Chenoua, et à Guyotville où vit la savoureuse moule dite d'Alger, mais où les moulières ont perdu de leur importance, à Dellys, entre Djidjelli et Stora, entre le cap de Fer et Bône, un peu aux environs de la Calle.

Ce sont surtout les marins de Philippeville qui se livrent à cette pêche ; après eux il faut citer ceux de Béni-Saf, de Castiglione, d'Oran, de Mostaganem. Les quantités qu'ils récoltent sont bien insuffisantes et le déficit de leur production est comblé par une importation régulière de ces mollusques, qui s'élève annuellement à une dizaine de mille francs. Une pénible déception attend le voyageur qui demande des moules dans les restaurants avoisinant la Pêcherie d'Alger, et auquel on sert des moules provenant des Martigues.

La mytiliculture n'a fait l'objet que de peu de tentatives (Castiglione, etc.), sur petite échelle et sans succès (1).

Les huîtres sont peu abondantes : çà et là se trouvent quelques bancs, mal établis à l'embouchure d'oueds dont le limon menace continuellement leur existence. Découverts surtout par les filets traînants des balancelles, leur exploitation est généralement difficile et peu rémunératrice ; la plupart des gisements connus ont bien diminué d'importance, la pêche y a été peu intensive cependant. On a signalé la présence de l'huître comestible à l'embouchure de la Tafna, près de Mostaganem (à la Stidia), à Ténès (embouchure de l'oued Allala), près de Castiglione (oued Mazafran) où elle atteignait une grande taille et prenait un goût excellent, dans la baie d'Alger, où se trouvait un banc de pieds de cheval, exploité en 1879 et qui en 1882 était entièrement submergé sous les envasements de l'oued Harrach. D'autres se trouvaient au cap Matifou, dans le golfe de Bougie, à Philippeville, à Bône (oued Mafrag). On ne la pêche plus guère qu'à Mostaganem et quelque peu à Béni-Saf et à Castiglione ; encore les quantités récoltées sont-elles infimes, ainsi que le montre le tableau ci-joint.

---

(1) La Statistique des Pêches maritimes de 1931 signale l'existence à Arzew d'un établissement de mytiliculture. Il s'agit d'un simple vivier, aujourd'hui détruit.

ANNÉES	MOULES		HUITRES		AUTRES COQUILLAGES	
	Hectolitres	Francs	Nombre	Francs	Hectolitres	Francs
1898........	652	5.421	20.200	1.152	290	1.427
1899........	2.011	7.513	7.190	427	970	2.018
1900........	568	4.648	1.250	235	318	2.760
1901........	510	4.994	1.000	18	293	2.660
1902........	352	4.240	10.350	151	300	2.242

Actuellement les bancs d'huîtres qui avoisinent Alger ont été à peu près épuisés : les gros sujets qu'ils fournissaient ont presque entièrement disparu des marchés, et l'Algérie est cliente des ostréiculteurs français qui ont importé 16.000 francs d'huîtres en 1901, 84.000 en 1902 et 66.000 en 1903.

Des mesures de précaution ont été prises cependant à l'égard des huîtres et des moules. Un arrêté du Commandant de la Marine fixe annuellement les moulières et les huîtrières à livrer à l'exploitation. Tout pêcheur qui a découvert un banc d'huîtres est tenu d'en faire immédiatement la déclaration à l'autorité maritime du premier port qu'il aborde ; il doit en outre donner les amers de ce banc pour qu'il soit aussitôt visité par l'autorité maritime. Celle-ci recueille toutes les informations se rattachant à la formation de nouveaux bancs huîtriers ou au repeuplement d'anciens bancs ; l'emploi de tout filet traînant peut être interdit sur les bancs d'huîtres ou aux abords de leur gisement. Il est interdit de jeter sur les bancs de coquillages des immondices ou du lest de navire. Les diverses prescriptions précédentes s'appliquent également aux moulières ; il est défendu en outre d'arracher les moules à poignées et de les cueillir avec d'autres instruments que des couteaux et des râteaux à moules. La pêche des moules et des huîtres ne peut pas se faire avant le lever et après le coucher du soleil. Sont prohibées la pêche et la vente des huîtres ayant moins de 5 centimètres et des moules au-dessous de 3 centimètres.

Des essais d'ostréiculture ont été tentés à diverses reprises : par Gouin et Bresciano à Sidi-Ferruch en 1848, à l'embouchure de la Macta en 1880, près de Castiglione en 1888 ; quelques huîtres restent encore comme témoins de ces efforts infructueux. Le nombre des localités où pourront être reprises ces expériences n'est peut-être pas très grand en Algérie, car il faut éviter à la fois les vents du Sud, meurtriers en été, et ceux du Nord qui agitent si durement la mer, il faut se garer des algues que les courants amoncellent sur beaucoup de plages et de la vase qu'apportent les rivières, surtout au moment de leurs crues. Il est à souhaiter néanmoins que l'ostréiculture puisse s'implanter en quelque coin privilégié de l'Algérie : des débouchés certains lui sont assurés.

Les *Donax*, ou haricots de mer, sont abondants sur les principaux marchés, où on en donne de 40 à 50 pour 0 fr. 10. Ils vivent aux îles Habibas, au cap Falcon, à Oran, à Arzew, à Cherchell, à Alger, à Bône.

Le *Cardium edule* L., les praires (*Venus verrucosa* L.) sont pêchés en plusieurs points. Les *Cardium* se trouvent notamment à Bône, les praires dans les ports d'Oran, d'Alger et de Bône, où elles seraient d'introduction relativement récente.

Les clovisses (*Tapes decussatus* L.) sont peu répandues : elles vivent à Oran, à Mostaganem (embouchure du Chéliff), à Sidi-Ferruch, à Philippeville, mais surtout à Bône. La plupart de celles qui paraissent sur les marchés, où elles sont vendues au prix moyen de 0 fr. 15 à 0 fr. 25 la douzaine, viennent, ainsi que les praires, des Baléares et de Gibraltar. Aussi est-il assez étrange de constater qu'une certaine quantité de clovisses est annuellement transportée à Marseille : les statistiques des douanes nous apprennent qu'il en a été ainsi importé en

1899..... 4.402 kil.   1901..... 761 kil.   1903..... 40 kil.
1900..... 1.477 »   1902..... 659 »   1904..... 1.255 »

Les clovisses de provenance algérienne sont assez peu estimées à Marseille; elles sont bien moins grasses, moins fines et d'une conservation plus difficile que les clovisses reçues de l'Océan; on ne les fait venir que lorsque les arrivages de l'Océan sont insuffisants. Il est très probable que les clovisses expédiées d'Alger proviennent en réalité des Baléares ou de Gibraltar et n'ont fait que transiter à Alger.

Les pétoncles sont abondants à Oran et au cap Matifou ; on les vend à Alger au prix de 0 fr. 10 la douzaine, sous le nom de *clovisses noires*, pour amorcer les hameçons.

Les patelles, les bigorneaux, les haliotides ne font pas l'objet d'une pêche bien active ; les lithodomes et les pholades perforent les blocs sur lesquels sont assises les jetées de plusieurs ports (Alger, Bône, etc.) et il est naturellement interdit d'aller les en extraire. Les jambonneaux sont surtout abondants dans la zone orientale, près d'Oran et des Habibas, mais leur importance économique est pratiquement nulle ; ils fournissent cependant quelques perles roses, vendues au Maroc. La coquille de Saint-Jacques est consommée à Philippeville et dans quelques autres ports.

Les coquillages sont récoltés avec un râteau muni de dents de fer recourbées ou avec une petite drague. Leur pêche est autorisée en tout temps, de jour et de nuit.

Animaux divers. — Les phoques sont accidentellement signalés sur les côtes (Arzew, Alger) ; il s'agit du *Monachus albiventer* Gray. Leur importance économique est pratiquement nulle ; nous noterons simplement que l'Algérie a importé en France par Marseille, en 1902, 46 kilogrammes de peaux de phoques brutes, et que les pêcheurs se plaignent des ravages que ces animaux font parfois à leurs filets.

Des doléances identiques sont exprimées au sujet des dauphins et des marsouins ; aucune mesure sérieuse de destruction n'a été prise à l'égard de ces derniers, qu'il est d'ailleurs bien difficile d'atteindre. On se contente de donner parcimonieusement une prime de 10 francs aux pêcheurs sinistrés, lors de la capture des marsouins. Opérant la nuit et sans rogue, les pêcheurs de sardines de l'Algérie n'ont pas les mêmes raisons que les pêcheurs basques pour souhaiter la présence du marsouin autour des bancs de sardines.

Les tortues sont abondantes : la caouane est prise assez souvent par les pêcheurs et est commune au large du cap de Garde, son poids varie de 25 à 100 kilogrammes ; sa chair n'a pas une grande valeur, sa carapace aucune. Elle se vend à un prix moyen de 5 à 10 francs pièce et fournit une huile à laquelle on attribue de vagues propriétés thérapeutiques.

La tortue luth est très rare ; l'*Emys leprosa* pullule dans les mares et les ruisseaux ; un autre chélonien (*Testudo mauritanica* L.) se rencontre presque partout. On expédie annuellement pour quelques milliers de francs de tortues en France.

Les squales sont mangés par les indigènes et par un certain

nombre d'Européens, à goût peu raffiné. On vend au marché d'Alger l'aiguillat commun, les deux marteaux, l'ange, la petite roussette; les chiens de mer y atteignent le prix de 1 fr. 80 le kilo.

Les éponges ne font l'objet d'aucune pêche, car les gisements connus jusqu'à ce jour ne sont pas d'une richesse suffisante pour que leur exploitation soit rémunératrice. Le maréchal Pellissier, gouverneur de l'Algérie, avait envoyé en 1861 à la Société d'Acclimatation une éponge « de forme curieuse », pêchée dans les environs de Bône et qui, disait le maréchal, « paraît d'une qualité passable ». Cette curieuse éponge pourrait bien être une oreille d'éléphant; nous tenons en effet de la bouche des pêcheurs que des oreilles d'éléphant sont rapportées par les arts traînants qui exploitent le golfe de Bône et nous en avons vu un exemplaire ainsi obtenu, exposé à la poissonnerie de cette ville. On trouve aussi des éponges vers l'Ouest, jusqu'à Philippeville, où les bateaux-bœufs en ramènent quelques spécimens.

A la Calle, Topsent signale la présence de *Euspongia off. adriatica* Schulze. Enfin des éponges vivent aussi le long de la côte qui s'étend entre Mers-el-Kebir et Béni-Saf; les recherches entreprises par les Espagnols sur les côtes du Maroc nous renseigneront sans doute sur la possibilité d'exploiter les régions spongifères de l'Algérie occidentale. Des individus isolés ont été pêchés accidentellement au niveau de la province d'Alger, mais aucune exploration sérieuse n'a été faite à ce sujet et l'on peut dire, d'une manière générale, que les points connus comme spongifères sont ceux qui ont été dragués par les balancelles ou sur lesquels a été pratiquée la pêche du corail.

Pêche du corail. — Depuis longtemps la pêche du corail sur les côtes africaines a fait l'objet des préoccupations de la France et son histoire, dont plus d'une page a été écrite avec du sang, constitue un des épisodes les plus intéressants de notre pénétration dans le Maghreb. Elle consiste en monopoles successivement accordés, puis retirés aux maisons françaises, en luttes de nos nationaux avec les indigènes, en luttes d'influence avec les Italiens et quelquefois avec les Anglais. La pêche du corail n'a souvent été en partie qu'un manteau destiné à couvrir des opérations commerciales d'autre nature ou des visées politiques complexes.

En 1561, deux Marseillais, Thomas Linches et Carlin Didier, achètent le privilège de cette pêche entre Bône et Tunis et fondent, à trois lieues à l'Ouest de l'endroit où se créera la Calle, les premières bases de l'établissement qui sera connu plus tard sous le nom de Bastion de France : ils s'y ruinent.

Une autre Société française reprend l'affaire en mains et crée des comptoirs à l'îlot de la Calle, au cap Roux, à Bône, à Collo, à Djidjelli, à Bougie. On ne se contente pas de pêcher le corail, on profite de la création des comptoirs pour faire en contrebande le commerce des céréales, source de profits considérables, et il est encore possible de voir au bord de mer, sur une falaise presque inaccessible du cap Roux, les restes d'un magasin d'une de nos Compagnies successives : par les ouvertures béantes que le temps a respectées s'opérait sur les navires le chargement des grains, en fraude.

La paix n'était jamais bien assurée sur ce coin d'Afrique et les torts, il faut le reconnaître, sont parfois de notre côté. Au XVIIe siècle un nommé Picquet, de Lyon, administrateur de la Société, fait banqueroute, enlève à la Calle un grand nombre d'indigènes et les vend comme esclaves à Livourne. Manière commode de combler un déficit, mais qui amène des représailles : le Bastion de France est attaqué et détruit.

Il se relève de ses ruines, puis passe en 1741 entre les mains de la Compagnie d'Afrique, créée à Marseille au capital de 1.200.000 livres. A cette époque, la Calle arme vingt-cinq corallines montées chacune par sept hommes : il est vrai que pendant ce temps les Génois de Tabarca en possèdent quarante. Les bénéfices restent élevés : la pêche moyenne est évaluée à 25.000 kilogrammes de corail, payé aux matelots 5 fr. 80 le kilo, vendu à Marseille de 20 à 25 francs. Le bénéfice annuel de la Compagnie est supérieur à 400.000 francs, celui de chacun des pêcheurs dépasse 800 francs.

Survient la Révolution : la Compagnie d'Afrique est supprimée en 1794 ; la liquidation du fonds social produit plus de 2 millions de livres, qui sont versés au Trésor. Le rôle de la France dans la pêche du corail est en quelque sorte terminé depuis ce jour. Au début du XIXe siècle l'Angleterre nous supplante dans la province de Constantine, afin d'assurer le ravitaillement en grains de Malte et de Gibraltar ; elle essaie ensuite de monopoliser la pêche du corail dans les États Barbaresques, mais l'affaire est trop onéreuse et vite abandonnée.

La France devient propriétaire des gisements algériens après la prise d'Alger en 1830, fermière à perpétuité des gisements tunisiens par le traité de 1832. Mais on ne trouve plus de pêcheurs français. Déjà avant la Révolution l'insalubrité du Bastion et de la Calle, l'insécurité de leurs environs, les fatigues extrêmes de la profession rendaient bien difficile le recrutement des corailleurs : il fallait avoir recours aux gens de sac et de corde des quais de Marseille, écume cosmopolite des grands ports de commerce. Après la Révolution les Français ne sont plus montés sur les corallines et la pêche est tout entière, depuis cette époque, entre les mains des Italiens et quelque peu des Espagnols, à l'Ouest. On a bien exempté de droits les bateaux français et imposé aux bateaux étrangers une patente annuelle de 1.695 fr. 60, qui a été abaissée à 800 francs en 1844 et à 400 francs pour les Italiens en 1862, le résultat a été nul : les quelques bateaux français ont des équipages naturalisés, mais entièrement d'origine étrangère. Actuellement la pêche ne peut être exercée que par des bateaux français, cependant la moitié de l'équipage peut être composée d'étrangers à bord des embarcations qui pêchent hors des eaux territoriales.

Les points sur lesquels le corail existe en Algérie sont assez nombreux. La plus belle qualité est fournie par la région orientale ; c'est un corail très dur, à grain fin, prenant un très beau poli, et ses tiges bien formées fournissent peu de déchets. Il acquiert souvent une demi-transparence qui affine et fond sa couleur : c'est dans cette région que se pêche la belle et rare variété connue sous le nom de *peau d'ange*. Les gisements s'échelonnent, en partant du cap Roux, jusque vers le port de Bône, au Nord duquel sont la baie et l'anse des Corailleurs, puis du cap Takouch à Bougie, et il faut citer surtout dans cette dernière région les bancs de Collo, ceux du cap Bougaroni, des Kabyles, de Mansouria, de Ziama. Quelques gisements ont été momentanément exploités à Port-Gueydon, où se trouvait de beau corail rouge, à l'Ouest d'Alger, puis à trois milles Nord-Nord-Est du cap Ténès. Enfin à l'Ouest le corail est assez abondant entre le cap Carbon et le cap Fégalo, mais on n'y retrouve pas d'aussi belles variétés qu'à l'Est : le corail y est fréquemment perforé par les cliones et par les algues, ce qui occasionne beaucoup de déchets, et il ne se polit pas très bien. Un certain nombre de bancs connus ont été entièrement épuisés : c'est ainsi que deux bateaux ont armé sans succès à Ténès en 1895 et que la pêche est abandonnée dans le quartier d'Alger depuis une quinzaine d'années.

Le corail se trouve à partir de la profondeur de 15 mètres environ et jusqu'à une distance des côtes de 20 et même de 27 kilomètres. La pêche se fait à l'aide du scaphandre, mais surtout de la gratte et de la croix de Saint-André.

La pêche au scaphandre est peu en honneur, car les fonds exploitables sont généralement situés à une profondeur supérieure à 40 mètres. Elle est entre les mains des Espagnols, qui s'adjoignent des Italiens naturalisés ; les plongeurs sont tous des paysans originaires des régions orientales de l'Espagne qui avoisinent notre frontière.

La gratte est interdite au même titre que tous les engins en fer, car c'est à elle que l'on doit l'épuisement actuel des bancs anciennement exploités : aussi les corallines ont-elles toutes à bord une croix de Saint-André réglementaire, mais qui n'est que peu employée. Les croix sont généralement petites et leurs bras ont moins d'un mètre de long.

Ce sont surtout de petites corallines qui sont armées pour cette pêche en Algérie : les hommes manient à la main l'engin sous l'action de la brise ou des avirons. Le patron est à l'arrière et contre sa cuisse droite, protégée par une lame de cuir, passe l'aussière de l'engin dont il perçoit ainsi les déplacements. Les pêcheurs manœuvrent l'instrument toute la journée, dans une dépense d'énergie continuelle et considérable. Le cabestan ne sert guère que pour l'immersion et la relève de la croix. Chaque soir on rentre au mouillage. Dans quelques régions où les courants sont très forts on laisse simplement traîner l'engin sur les fonds, à la voile : c'est un mauvais procédé, car alors la croix ne pénètre pas aisément sous les roches, là où vit le corail.

Les grandes corallines comportent deux équipes : une de jour et une de nuit, qui se relaient continuellement. Toute la manœuvre se fait au cabestan.

L'emploi, devenu graduellement exclusif, de la gratte de fer a obligé les armateurs à faire construire des embarcations plus solides. Quand l'équipage se porte sur l'avant de la coralline, en quelque sorte amarrée par la gratte engagée sous les roches, et, par des pesées rythmées, par des sauts en cadence, fait effort sur l'aussière raidie jusqu'à ce que des fragments de rocher, détachés par les secousses et la traction combinées, laissent échapper l'engin, on comprend que le navire fatigue énormément, et sa quille et ses membrures doivent être étudiées de manière à permettre la pratique de ces manœuvres.

La pêche est divisée en deux campagnes, une d'été et une d'hiver ; la pêche d'hiver est plus fructueuse, car elle fournit plus de corail vivant et les courants sont plus favorables pendant cette saison : elle commence en octobre, la pêche d'été dure du 1er avril à la fin septembre. Pendant quelques années la pêche a été interdite du début de juillet à fin septembre.

La vie de corailleur, toute de fatigues continuelles et de privations, est bien faite pour rebuter les marins. Leur salaire est modique : Lacaze-Duthiers nous apprend que les meilleurs matelots recevaient de 400 à 500 francs pour les six mois d'été, qu'en général les appointements variaient de 200 à 300 francs; la Statistique des Pêches de 1882 indique une solde de 400 à 500 francs pour l'année ; M. Pénissat fixe à 40-45 francs par mois les appointements de l'équipage, les Statistiques des Pêches de 1898 évaluent le gain moyen d'un pêcheur à 200 francs seulement, M. Layrle (1899) parle d'un salaire annuel de 650 francs. A la Calle, d'après nos informations, les armateurs donnent en moyenne 70 francs par mois au patron, 60 francs par mois aux marins, le mousse reçoit de 20 à 25 francs.

La nourriture est infecte : des galettes et de l'eau à discrétion, une fois par jour des pâtes grossièrement assaisonnées, parfois des oignons. Lacaze-Duthiers fait ajouter au menu de la viande deux fois par an et du vin à titre exceptionnel. Et ce sont des hommes ainsi nourris qui ahanent toute la journée, souvent sous un ciel implacablement torride, aux pieds de falaises rocheuses contre lesquelles plus d'une coralline a été jetée par une mer dont les colères sont à redouter. S'il faut en croire les vieilles relations, la nourriture à bord des corailleurs français était autrefois bien meilleure. Au XVIIe siècle chaque bateau de sept hommes recevait « par semaine 300 pains, une millerole (environ 64 litres) de vin, 25 livres de chair, une bouteille d'huile, une autre de vinaigre, une livre de suif, 10 livres de sel, 20 livres de légumes et de plus, tous les mois, 30 livres de fromage et un baril de sardines ».

Il est impossible d'évaluer les bénéfices d'une campagne. Ils sont essentiellement variables : tout dépend du cours du corail, ainsi que du hasard qui peut conduire la coralline sur des gisements vierges, capables de procurer la fortune à ceux qui les découvrent. En 1831 sept bateaux ont retiré en quinze jours des bancs du golfe de Collo, jusque-là inexploités, 3.500 kilogrammes de coraux de dimensions énormes (Baude).

En 1897, d'après M. Layrle, un bateau scaphandrier a récolté 83 kilog. 5 de corail vendu 60 francs, soit 5.010 francs ; en 1896, ce même bateau en avait ramené 125 kilogrammes, vendus 9.000 francs. Le même auteur évalue ainsi les frais généraux, pour une année, d'une coralline dont la valeur toute gréée est de 1.500 francs environ.

Matériel de pêche............ F.	3.000
Nourriture de l'équipage......	1.500
Solde des marins.............	4.500
Total........... F.	9.000

D'après MM. Gourret et Coste le prix d'achat des corallines oscille entre 2.000 et 4.000 francs, la solde de l'équipage entre 5.575 francs pour les grosses corallines et 3.200 pour les petites ; les frais imprévus se monteraient à 3.200 francs pour les premières et 2.200 francs pour les secondes.

Quant au rendement, on peut le déduire des résultats de la pêche. Voici quelques renseignements sur le corail pêché en Algérie (1).

Années	Bateaux	Equipage	Poids en kil.	Valeur en francs
1891......	11	68	4.978	248.900
1892......	11	69	9.424	496.200
1893......	20	140	4.972	248.600
1894......	30	201	3.591	179.525
1895......	33	201	2.813	133.775
1896......	30	199	2.448	125.150
1897.....	14	99	1.132	57.450
1898......	2	12	275	13.775
1899....	27	189	4.468	210.000
1900......	—	—	—	—
1901......	—	—	—	—
1902......	—	—	—	—
1903......	2	14	—	7.750
1904......	4	28	—	16.200

(1) D'après les Statistiques du Gouvernement de l'Algérie ; 1903 et 1904 d'après M. Jonnart, *loc. cit.*

L'institution de l'Inscription maritime en Algérie, l'émigration des Italiens en Amérique, la crise intense qui a sévi sur le corail et qui en a fait baisser fortement le prix, l'épuisement des bancs, ont diminué dans d'énormes proportions l'importance des équipages pour cette pêche. Nous sommes loin, maintenant, des 245 bateaux de 1836 (M^{al} Vaillant), des 263 navires qui en 1877 ont retiré 33.287 kilogrammes de corail, vendus au prix de 2.311.950 francs (Imbert).

Malgré que nos nationaux se soient complètement désintéressés de cette pêche, entièrement passée entre les mains des étrangers, il a été nécessaire de protéger les bancs contre l'abusive exploitation dont ils étaient l'objet, et de veiller à la conservation d'un élément appréciable de la fortune publique. La pêche a été réglementée en 1899. La croix et le scaphandre restent les seuls engins autorisés. Enfin le littoral algérien a été divisé en trois zones, dans chacune desquelles la pêche est autorisée pour cinq ans : un repos de dix ans est donc accordé aux bancs pour se refaire. C'est un retour aux méthodes de la Compagnie d'Afrique, qui semble avoir exploité alternativement les bancs dont elle avait la concession, en même temps qu'elle limitait le nombre des barques de pêche.

La première zone a été ouverte à la pêche le 1er octobre 1899 ; elle s'étend de la frontière tunisienne au cap de Fer ; la pêche y a été à peu près nulle.

La deuxième zone comprend les gisements, autrefois riches, qui s'étendent à l'Ouest du cap de Fer et elle va jusqu'à la limite occidentale du département d'Alger ; une seule coralline a été armée en 1905 à la Calle pour explorer ces fonds qui venaient de se reposer pendant cinq ans ; en avril de la même année on la disait déjà désarmée, et les fonds seraient si pauvres dans la zone où la pêche est actuellement permise, qu'il serait question d'autoriser à nouveau la pêche dans la première zone, afin de permettre aux quelques corailleurs qui restent de ne pas abandonner définitivement leur profession.

La troisième zone comprend tout le département d'Oran.

Le Conseil supérieur du Gouvernement a voté, le 1er février 1900, le principe du dressement d'une carte des gisements de corail, à frais communs entre l'Algérie, la Tunisie et la métropole. Il ne semble pas que cette carte soit commencée. On ne peut pas compter sur l'aide des corailleurs pour sa confection : les patrons d'embarcations tiennent très cachées les observations qu'ils ont faites afin de s'assurer le monopole de la pêche sur les bancs découverts par eux.

Un crédit de 4.000 francs, destiné à des primes à l'armement pour la pêche du corail, a été inscrit au budget de 1905.

Le corail est mis en vente à la Calle, où on l'offre aux acheteurs dans des caisses ou *bauli*, coiffées par les plus beaux exemplaires. Le corail est ensuite embarqué, en partie par la voie de Marseille, et va à Torre-del-Greco où il est presque tout travaillé. Il n'a à acquitter aucun droit de sortie.

Quelques kilogrammes de corail restent en Algérie, où ils sont préparés par des ouvriers en chambre ; ceux-ci polissent et percent des branches, en fragments longs de 1 1/2 à 2 centimètres : c'est le *corail arabe*. Les habiles orfèvres de la tribu kabyle des Beni-Yenni sont réputés pour ce travail ; ils utilisent aussi le corail pour des incrustations. La Statistique des Pêches de 1882 parle d'un petit atelier à la Calle, à production insignifiante. Le gouvernement avait essayé en 1862 d'enlever à l'Italie le monopole de la taille du corail et de créer des ateliers en Algérie. Des conditions avantageuses, des privilèges étaient offerts aux industriels sous la condition de n'employer que de la main-d'œuvre française ou indigène : la tentative a complètement échoué.

Conclusions. — Il est impossible de représenter dans une formule d'ensemble la situation matérielle du pêcheur algérien ; les diverses spécialités auxquelles il se livre lui fournissent des revenus très variables, qui ne sont pas du tout comparables d'une année à l'autre, ainsi que sur les divers points de la côte.

D'une manière générale les mouvements d'embarquement et de débarquement des marins sont très fréquents, et l'engagement pour la pêche du poisson se fait à la part et sans durée déterminée. Il faut faire exception cependant pour les équipages des chalutiers à vapeur, ainsi que pour celui des balancelles. Ces derniers sont engagés pour la durée d'une campagne, ne viennent en Algérie que pendant la saison de la pêche et retournent ensuite dans leur pays d'origine ; les naturalisés font prime et reçoivent de 60 à 75 francs par mois, les étrangers sont payés à raison de 40 à 50 francs. Parfois les engagements se font à la part, pour la pêche au bœuf ; l'armateur prend alors six parts, les marins une, les mousses une demi-part, le patron de la balancelle au vent reçoit trois parts, l'autre patron une part et demie. En moyenne le rendement de la part est égal aux appointements des marins, exposés ci-dessus, ou leur est de peu supérieur.

INDUSTRIE DE LA PÊCHE EN ALGÉRIE

I. Nombre des pêcheurs. — II. Nombre des bateaux. — III. Produit total de la pêche. — IV. Valeur des bateaux et des engins. — V. Pêche des sardines, des anchois et des allaches. — VI. Pêche du corail.
Chaque division représente, suivant le cas, 400.000 francs, 100 bateaux ou 400 marins.

Sur les bateaux palangriers une part est attribuée à chaque marin, une demi-part est pour le canot, une demi-part pour l'engin ; les frais de remplacement des hameçons, etc., qui sont bien appréciables dans une pêche où les accidents de lignes sont fréquents, sont entièrement à la charge de l'équipage.

M. Pénissat et M. Imbert évaluent la valeur moyenne de la part, pour les matelots pêcheurs, entre 550 et 600 francs ; elle s'élèverait rarement à 650 francs. Bouchon-Brandely et Berthoule, dont le rapport est généralement trop optimiste et dont la riche palette est souvent trop chargée de rose, disent que l'on peut estimer le gain moyen d'un pêcheur à 3 ou 4 francs par journée de quatre à six heures de travail.

Le relevé de la pêche est fait chaque quinzaine sur les bateaux sardiniers ; on compte généralement onze parts pour une barque : chacun des hommes reçoit une part, le capitaine a deux parts, sur lesquelles il fait souvent un prélèvement pour avantager un pêcheur, et parfois une part et demie seulement, le mousse a une demi-part ; deux à trois parts sont réservées pour l'armateur. Celui-ci a fait souvent des avances aux marins ; quand il est en même temps usinier il paie les poissons pêchés à un prix qui varie avec les fluctuations du marché et les accords particuliers qu'il a faits. Nous avons parlé de ces prix plus haut. Il est difficile d'évaluer le bénéfice moyen d'un pêcheur sardinier (allaches et anchois compris) : il ne dépasse pas en général 300 à 400 francs. Nous avons déjà exposé quelle est la situation des marins corailleurs, nous n'y reviendrons pas.

L'examen du graphique (1) que nous donnons page 145 montre d'une manière évidente que la vie devient de plus en plus difficile pour les pêcheurs, dont le nombre a graduellement augmenté depuis 1890, tandis que le produit de la vente des produits pêchés a subi une décroissance considérable. Avant 1893 le rendement annuel de la pêche était supérieur à 1.000 francs par homme ; actuellement il n'est plus que la moitié de ce chiffre. Il faut remarquer toutefois que le rendement de la pêche tend actuellement à se relever ; le produit de la pêche a été en 1904 supérieur de près de 200.000 fr. à celui de 1903.

Dans beaucoup de localités le gain des pêcheurs est absolument insuffisant, et il est à remarquer que ce fait se produit fréquemment au voisinage des grandes villes, où l'écoulement des produits pêchés

(1) Comparer ce graphique avec celui que nous donnons pour la Tunisie, page 79.

est cependant des plus faciles. Il arrive par contre assez souvent que, au cours des bonnes années, l'industrie de la pêche fournit dans les petits ports des résultats réellement avantageux, car les marins y sont peu nombreux pour se partager les ressources d'une mer assurément féconde. En revanche l'avilissement des prix se produit avec trop de facilité dans les milieux où les débouchés sont peu nombreux et les pêcheurs, spécialisés souvent dans certaines pêches comme celle des poissons de passage, sont réduits à la famine lorsque les bandes migratrices ne font pas leur apparition aux lieux accoutumés.

Voici, pour chaque port, le rendement moyen obtenu en divisant le produit en francs de la pêche par le nombre des pêcheurs, d'après les indications fournies par les Statistiques des Pêches maritimes ; à titre comparatif nous fournissons également le rendement moyen pour l'Algérie tout entière et pour la France (Algérie déduite). Ces chiffres ne représentent pas les bénéfices des pêcheurs, car il faut les réduire pour tenir compte des avantages accordés aux capitaines d'embarcations et il y a lieu d'en défalquer les parts des armateurs.

	1898	1899	1900	1901	1902
Nemours	581	1.154	554	492	366
Béni-Saf	657	567	521	649	919
Oran	543	824	449	294	541
Arzew	791	801	611	737	725
Mostaganem	487	651	412	670	881
Ténès	732	599	836	911	874
Cherchell	473	441	472	655	578
Castiglione	335	505	392	297	388
Alger	588	644	614	606	506
Jean-Bart	»	»	»	»	1.043
Dellys	1.074	334	378	303	235
Bougie	444	363	371	506	585
Djidjelli	511	702	705	907	735
Philippeville	440	486	364	560	811
Bône	388	388	512	539	622
La Calle	431	231	176	367	327
Algérie	520	589	473	483	589
France	923	1.022	1.067	1.127	1.121

On voit la disproportion considérable qui existe actuellement entre les moyennes de l'Algérie et celles de la France ; la différence serait encore plus sensible si dans les calculs on séparait d'avec la France continentale l'île corse, qui offre les plus grandes analogies avec notre colonie africaine pour l'état de misère dans lequel se trouve sa population maritime.

La situation du pêcheur algérien est donc très digne d'intérêt. Les marins qui pratiquent la petite pêche ont accueilli avec joie l'interdiction pour six mois qui a frappé en 1905 les grands arts traînants ; la suppression temporaire de leurs concurrents les plus redoutables a fait hausser d'une manière très appréciable les prix de leur poisson et leur a permis de le vendre à des prix inaccoutumés. Les consommateurs, par contre, se sont plaints de cette mesure qui a empêché trop souvent les personnes peu fortunées d'aborder les poissonneries, et qui a accru notamment dans de sensibles proportions la vente de la morue au cours de la semaine sainte. Il est assez difficile de concilier les intérêts contradictoires des consommateurs et des pêcheurs, mais on peut cependant améliorer la situation de ceux-ci.

Au point de vue des accidents professionnels et des indemnités, les pêcheurs sont régis par la loi du 21 avril 1898, contre laquelle ils ont généralement protesté. Nous ne nous attarderons pas sur cette question.

Il serait superflu sans doute d'essayer actuellement l'organisation de coopératives de production au sein d'une population qui est généralement assez fruste, alors surtout que les pêcheurs métropolitains ne sont pas encore en état de leur fournir des modèles à ce sujet. L'amélioration du sort des pêcheurs ne semble pouvoir être obtenue qu'en augmentant les débouchés qui leur sont ouverts.

Dans la colonie même il y a encore fort à faire ; les résultats auxquels on est généralement arrivé, dans les régions où l'art de nos ingénieurs a ouvert des voies de pénétration, montrent quel accroissement la consommation de poisson est susceptible d'atteindre lorsque le réseau de routes et de voies ferrées aura été complété. Actuellement les envois vers l'intérieur se font simplement en paniers recouverts de glace ; peut-on espérer voir circuler sur les lignes de chemin de fer des wagons frigorifiques, capables de faire mieux affronter aux produits de la mer les chaleurs africaines, permettant d'expédier la marée à de plus grandes distances et par des températures plus élevées qu'avec les procédés actuels ?

Il serait à souhaiter que nos compagnies de navigation installent à bord de leurs navires des cales frigorifiques pour amener le poisson algérien, qui arriverait ainsi dans un état parfait de fraîcheur sur nos marchés métropolitains, y jouirait d'une faveur plus marquée et y trouverait des prix plus avantageux qu'actuellement. Il ne faut toutefois pas avoir d'illusions à cet égard : la concurrence faite par les acheteurs français aux consommateurs algériens de poisson ne semble pas susceptible de beaucoup s'accroître, ni même de rester indéfiniment stationnaire. Quand l'Algérie sera mieux outillée comme moyens de transport, que ses habitants seront plus riches, il est probable que tout le poisson pêché sur l'étroit talus de ses fonds sous-marins sera absorbé sur place : le mouvement actuel d'exportation de poisson frais semble appelé à disparaître dans un avenir, assez éloigné sans doute, mais que commande le développement économique de notre colonie nord-africaine.

Il est à désirer que les municipalités réfractaires suppriment ou adoucissent dans de grandes proportions les droits qu'elles perçoivent sur les poissons ou dont elles provoquent indirectement l'imposition, permettant ainsi aux pêcheurs de retirer une rémunération plus équitable de leur travail, et aux consommateurs peu fortunés d'aborder plus facilement les marchés et de se procurer une nourriture saine à de meilleures conditions.

Du côté de la pêche des poissons migrateurs de notables améliorations sont aussi à apporter. Il faut encourager l'installation sur les points les plus favorables d'ateliers français de salaisons et de fabriques de conserves et aider à la diffusion des produits algériens. Une impulsion vigoureuse dans ce sens a été commencée, espérons que le mouvement continuera. Parmi les places à conquérir, citons celles du Levant pour les poissons salés. Une action commune dans ce sens pourrait être entreprise avec la Tunisie, notamment par l'envoi de missions et par l'ouverture de magasins d'exposition. Mais il est indispensable de n'envoyer que des produits bien préparés et loyalement présentés. Du côté des conserves la réputation des marques algériennes doit et peut facilement être améliorée ; nous avons déjà traité cette question plus haut et préconisé l'obligation pour les usiniers de mettre en creux le mot *Algérie* sur toutes leurs boîtes, et celui de *Allaches* sur celles d'entre elles qui ne seraient pas remplies uniquement avec des sardines.

Dans un ordre d'idées analogue, il serait à souhaiter de voir effectuer la taille du corail par des usiniers établis en Algérie; mais est-il possible actuellement de lutter contre Torre-del-Greco? En tout cas cette question ne pourra être reprise avec chances de succès que lorsque la pêche du corail algérien aura recouvré quelque importance. Ayons confiance dans l'efficacité des cantonnements pour amener le repeuplement des bancs épuisés, espérons que l'on dressera une carte des bancs de corail plus complète que celle que nous possédons. Mais, comme mesure corollaire destinée à aider l'implantation en Algérie de la taille du corail, nous ne croyons pas qu'il soit prudent de suivre le conseil de M. Layrle et de frapper d'une taxe de sortie le corail expédié en Italie. Ne risquerait-on pas de faire oublier définitivement le chemin de nos côtes africaines aux corailleurs, qui ne les fréquentent déjà plus qu'avec bien peu d'assiduité?

D'autres améliorations encore peuvent être réclamées. Contre les incursions des étrangers la protection de nos nationaux, de vieille souche ou naturalisés, doit être faite avec plus de vigilance que par le passé, ce qui exige l'accroissement du nombre des gardes-pêche et l'augmentation de leurs appointements, afin que leur recrutement se fasse avec plus de facilité.

De même il serait à souhaiter qu'une réglementation uniforme s'appliquât à toute l'Algérie, autorisant et interdisant pendant les mêmes périodes l'emploi de tel ou tel filet sur toute l'étendue des côtes, sans que leur usage, vérité en deçà des limites d'un quartier, devienne erreur au delà. Une enquête est faite à ce sujet par une Commission consultative des pêches, instituée par décret du 17 novembre 1904, et dans laquelle on a eu l'heureuse idée de faire représenter les sciences naturelles; nous espérons que sa visite aux divers centres de pêche sera suivie d'une réglementation définitive qui donne satisfaction, dans la mesure du possible, aux intérêts contradictoires en présence.

Actuellement l'élément indigène se désintéresse de la pêche; le fait est regrettable, car dans certaines régions les bras des travailleurs kabyles pourraient suppléer heureusement à l'insuffisance de nombre des marins européens. Peut-être arriverait-on à diriger vers les industries de la mer un certain nombre d'entre eux par la création de cours professionnels de pêche. Ceux-ci pourraient avoir aussi une grande action sur les pêcheurs européens, soit en augmentant leurs connaissances techniques, en développant parmi eux les idées de mutualité, soit encore en favorisant la diffusion des produits français. Nous avons parlé plus haut des ventes de filets français qui avaient été facilitées par l'Ecole de pêche de Philippeville.

Celle-ci est morte (1). Elle n'a pas survécu au départ du Commissaire de l'Inscription maritime, M. Layrle, qui l'avait créée ; il faut espérer que l'initiative gouvernementale pourra reprendre et développer une œuvre qui, due à la seule initiative privée, avait recueilli cependant un auditoire de 28 élèves.

Le programme des réformes à accomplir est certainement vaste, mais les pêcheurs ont le droit de compter, pour son exécution, sur la sollicitude des pouvoirs publics. Grâce à ces réformes leurs familles pourront connaître un peu plus de bien-être et l'industrie de la pêche pourra prendre un nouvel essor en Algérie.

---

(1) Son musée de pêche se trouve actuellement au Musée municipal de Philippeville.

AFRIQUE OCCIDENTALE

SÉNÉGAL

Hydrographie. — Bien que tout le cours inférieur du Sénégal traverse une contrée à climat presque saharien, le régime du fleuve, alimenté par les eaux tombées sur les pentes septentrionales du Fouta-Djallon, est celui d'un cours d'eau tropical, dont le débit varie avec

Principaux documents consultés : Sabin Berthelot, *La Pêche sur la Côte occidentale d'Afrique*, 1840. — Rochebrune, *Faune de Sénégambie*, Mémoires de la Société linnéenne de Bordeaux, 1880. — Ecasse, *La grande Pêche sur la Côte occidentale d'Afrique*, Bulletin de la Société d'Acclimatation. — Merle, *La pêche de la morue sur la Côte occidentale d'Afrique*, Revue de Géographie, 1886. — *Les Prussiens à Arguin au XVII*^{e} *et XVIII*^{e} *siècles*, Bulletin de la Société de Géographie commerciale, 1886-87. — *L'Espagne dans le Sahara occidental*, Bulletin de la Société des Études coloniales et maritimes, 1887. — Hautreux, *La pêche de la morue au Sénégal*, Bulletin de la Société de Géographie de Bordeaux, 1887. — Hautreux, *La Pêche au Sénégal*, ibidem 1888. — *La Pêche aux Canaries*, Bulletin de la Société d'Acclimatation, 1891. — Roché, *La Grande pêche française peut-elle s'étendre aux côtes du Sahara ?* Revue des Sciences naturelles de l'Ouest, 1892. — Lagrillière-Beauclerc, *Mission au Sénégal et au Soudan*, Paris, 1897. — Bailleu, *Le Soudan français*, Revue coloniale, 1898. — Brosselard-Faidherbe, *Casamance et Mellacorée*. — Barot, *Guide pratique de l'Européen dans l'Afrique occidentale*. — Noirot, *A travers le Fouta-Djallon et le Bambouk*. — Cligny, *Une Mission au Sénégal*, Notice de l'Exposition de 1900. — Buchet, *Contribution à l'étude des pêches canariennes*, Revue scientifique, 1901. — De la Vayssière, *Arguin et Portendik*, Questions diplomatiques et coloniales, 1901. — Layec, *Bretagne et colonisation française*, Questions diplomatiques et coloniales, 1901. — Courtet, *Étude sur le Sénégal*, Revue coloniale, 1902. — Taquin, *Les Iles Canaries et les parages de pêche canariens*, Bulletin de la Société belge de Géographie, 1902-03. — Froideveaux, *Les pêcheries de la Côte occidentale d'Afrique*, Bulletin du Comité de l'Afrique française, 1903. — Montaudy, *Les Pêcheries de la Côte occidentale d'Afrique*, Bulletin de la Société de Géographie commerciale de Bordeaux, 1903. — Siant, *Les Pêcheries du banc d'Arguin*, Bulletin de la marine marchande, 1904. — *Note sur la Pêche dans les eaux des Canaries*, ibidem, 1904. — Bunge, *Une nouvelle Terre-Neuve*, Le Havre, 1904. — *La Mission du banc d'Arguin*, Bulletin de la Société de Géographie de Bordeaux, 1905. — Comité central des Armateurs de France, circulaire 328 : *Rapports sur les travaux de la Mission des Pêcheries de la Côte occidentale d'Afrique*, 1905. — Pellegrin, *Poissons recueillis par la Mission Gruvel*, Bulletin de la Société Zoologique de France, 1905. — Etc.

les alternances d'une saison de pluies et d'une saison sèche. Les rivières qui le forment sont au début encaissées entre des berges élevées ; leur lit, entrecoupé de bancs rocheux, où les rapides et les cascades alternent avec de courts biefs plus calmes, s'étale aux confluents sur de larges espaces encombrés de leurs alluvions. Les plus septentrionales de ces rivières, comme le Baoulé, cessent de couler pendant la saison sèche et sont alors remplacées par une succession de mares. A Bafoulabé, le fleuve bien formé devient réellement navigable pour des embarcations de faible tonnage ; à Médine, les cataractes du Felou, hautes de 15 à 17 mètres, forment une barrière infranchissable, au dessous de laquelle le Sénégal, bientôt grossi de la Falémé, devient un fleuve de plaine, à pente très faible, à cours assez lent, facilement dévié par les obstacles, divisé en bras multiples par des iles, aux rives tantôt abruptes, tantôt plates et sablonneuses. La navigation, difficile au moment de la baisse pour les embarcations de commerce, en est à peu près toujours possible pour les barques de pêche.

Un des principaux caractères du bas fleuve est la présence de marigots, vastes expansions, souvent plus larges que le fleuve lui-même, qui se prolongent dans les terres à des distances souvent considérables. Quelques uns de ces marigots aboutissent à de véritables lacs, tel que le lac de Cayar, le lac de Guier, le lac Taniahya.

Des palétuviers poussent sur les berges et leurs racines immergées entrelacées forment pour les poissons des retraites sûres. Le fond est plus ou moins vaseux. L'estuaire du fleuve est encombré d'alluvions et fermé par une barre sablonneuse peu stable, dont la passe est parfois aisée à franchir pour les grandes embarcations, tandis qu'elle n'est généralement praticable qu'aux barques spéciales des indigènes.

Au moment de la crue, le Sénégal monte considérablement, roule puissamment une grande masse d'eau, qui emporte parfois les berges et inonde de vastes espaces sur chaque rive. La crue se fait sentir dans les marigots et le fleuve se déverse dans les lacs qui servent de réservoirs et qui se videront ensuite, en donnant lieu à la formation d'un courant en sens inverse, au moment de la baisse. Aux basses eaux, la marée reflue très loin vers l'intérieur et les eaux sont saumâtres jusqu'à Richard Toll ; la crue dessale complètement tout le fleuve et c'est la mer à son tour qui, sur une grande distance, est mélangée d'eau douce.

La partie supérieure seule de la Gambie coule en territoire

français et son allure rappelle celle du cours supérieur du Sénégal. La Casamance a pour estuaire un chenal long et large, assez profond, navigable jusqu'à une assez grande distance pour de grosses embarcations, et dont les caractères sont analogues à ceux de l'estuaire du Sénégal.

Côtes. — Du cap Blanc, constitué par une muraille de grès à pic, au cap Vert et à l'îlot de Gorée, formés de falaises trachytiques, s'étend une côte basse et sablonneuse, que bordent sur presque toute son étendue des dunes feldspathiques, d'une trentaine de mètres de hauteur, dont la formation a isolé de la mer une série de marigots et d'étangs lagunaires, transformés en salines naturelles par l'intensité de l'évaporation. La régularité de la côte n'est coupée que par quelques formations rocheuses, telles que le cap Mirick. Entre ce dernier et le cap Blanc se dessine une vaste échancrure, longue de 200 kilomètres, large de 80, partiellement protégée par le cap Blanc et une ligne continue de récifs qui le prolongent au Sud ; tout cet espace, où les fonds, généralement formés de sable coquillier, sont de 10 à 25 brasses, est connu sous le nom de banc d'Arguin : la mer forme là une nappe d'eau, assez abritée pour permettre habituellement la circulation des barques indigènes ; mais ce sont des parages dangereux pour la navigation, dont l'accès est rendu difficile par les brisants et où abondent les hauts fonds. Cependant, une fois les passes franchies, on trouve des points favorables au mouillage et au stationnement : à l'Est du cap Blanc s'étend la baie du Lévrier, longue de 25 milles, large de 22, dont les fonds de sable vaseux, tenant bien les ancres, varient de 5 à 15 mètres ; la baie de Consado en est une petite dépendance, de 4 milles de largeur et de 2 de profondeur, avec 9 mètres d'eau au milieu et 4 sur les bords ; c'est le meilleur mouillage pour les bâtiments. Plus au Sud, la baie d'Arguin, de 7 milles de profondeur et d'autant de large, permettait autrefois le mouillage des frégates, mais son entrée est obstruée aujourd'hui par un banc de sable qui n'en permet l'accès qu'aux navires calant moins de 4 mètres ; à son entrée est un groupe de trois îles, dont la principale est celle d'Arguin, plateau de grès long de 6 kilomètres, large de 2 à 3.

Au large du cap Blanc et de la ligne des hauts fonds qui lui font suite, la déclivité du sol sous-marin est faible et la profondeur

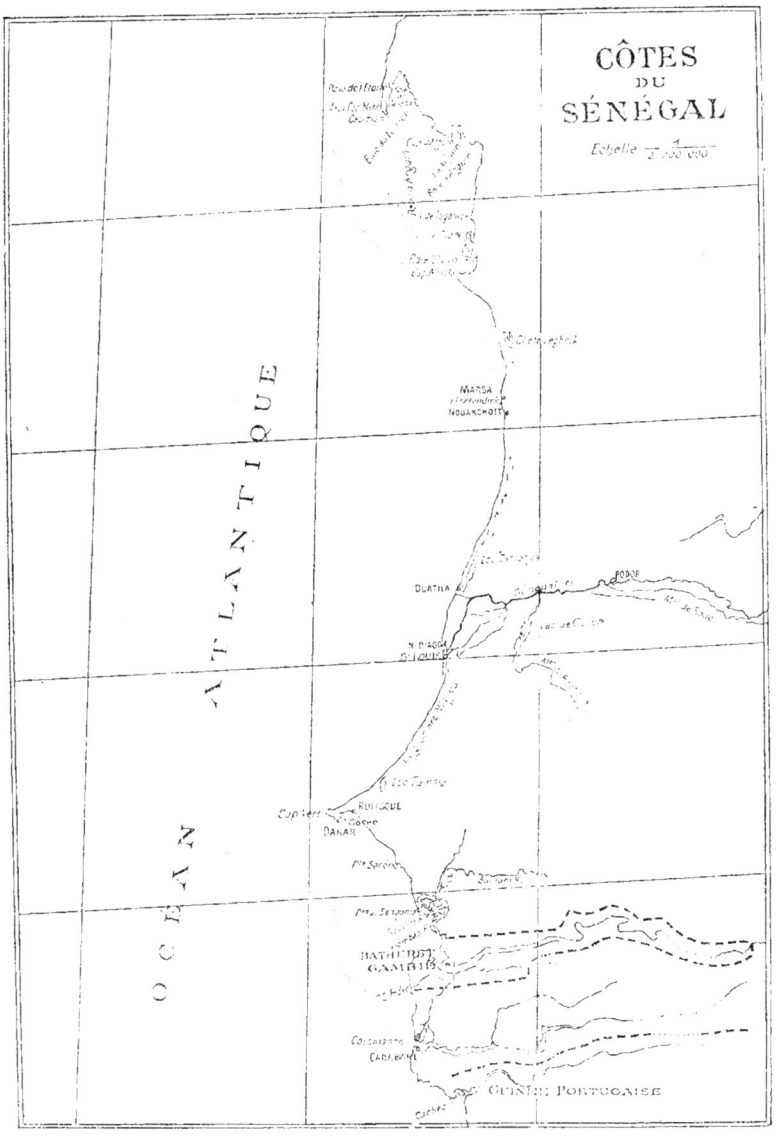

augmente graduellement ; l'isobathe de 100 mètres est située à une trentaine de milles de cette ligne ; elle se rapproche de la terre au cap Mirick et, au sud de ce point, les hauts fonds deviennent de moins en moins étendus en se rapprochant du cap Vert. Mais au delà de Dakar, les bancs s'élargissent de nouveau jusqu'à l'embouchure de la Casamance et peuvent atteindre 40 milles de largeur.

Ces fonds sont presque partout constitués de sables plus ou moins coquilliers, qui se mêlent de vase auprès de l'embouchure des fleuves. De plus, ils sont parsemés, surtout dans le voisinage du cap Blanc et entre Saint-Louis et le cap Vert, d'étendues plus ou moins pierreuses et schisteuses, recouvertes d'une riche végétation de coralliaires et d'hydraires, que les pêcheurs des Canaries désignent sous le nom de « marisco ». Les essais de la mission Gruvel (voir plus loin) ont montré que l'on peut facilement traîner le chalut sur tous ces fonds.

Parallèlement à la côte, passe un courant dirigé vers le Sud. Les marées oscillent entre 2 et 3 mètres. La température moyenne de l'eau est de 17°5 en janvier et 24°5 en août. Le plankton est extrêmement abondant.

L'année se divise dans cette région en deux saisons : l'hivernage ou période des pluies, de juillet en septembre, et la saison sèche le reste du temps. Le climat est chaud, mais supportable pour l'Européen, surtout en saison sèche ; la température moyenne est 15° en janvier et 25° en septembre. Les vents dominants viennent du Nord-Est ; mais parfois souffle l'harmattan, vent d'Est venant du désert, chaud et chargé de poussière, comme le sirocco d'Algérie.

Le principal obstacle à toute tentative d'installation sur un point de la côte ou de ses îles réside dans le manque d'eau ; les puits sont généralement situés un peu dans l'intérieur des terres. A l'île d'Arguin, se trouve une ancienne citerne portugaise, réparable. Un autre obstacle est l'insécurité due à la sauvagerie des indigènes qui sont des Maures, pillards et très dangereux.

Faune. — La vie animale est d'une très grande intensité dans le Sénégal et ses affluents, aussi bien que dans les marigots et lacs tributaires et dans les autres cours d'eau de la colonie ; certains étangs, même de simples mares, très éloignées dans l'intérieur, renferment parfois une abondance extraordinaire de poisson. La prédominance alternative des eaux douces et saumâtres dans le bas fleuve a une grande influence sur sa population; dans cette région, pendant la saison sèche, les représentants de la faune fluviatile se rencontrent en petit nombre, tandis que beaucoup d'espèces marines remontent le fleuve; au moment de la crue, au contraire, ces dernières retournent à la mer, tandis que les formes spéciales aux eaux douces se montrent en troupes nombreuses.

Indépendamment des espèces essentiellement fluviatiles et des poissons venus momentanément de la mer (loups, mulets, etc.), on trouve dans les eaux douces des types habituellement marins, qui, cependant, y vivent d'une manière permanente; ce sont, par exemple, des soles, des labres, des squales des genres *Carcharias*, *Galeus*, *Zygœna*, qui pullulent dans tous les marigots, des raies des genres *Pristis*, *Trygon* et *Torpedo*; *Trygon spinosissima* Dum. semble localisé dans le fleuve et y atteint 4 mètres de long; les nègres le recherchent beaucoup, non pour le manger, mais pour faire des cannes avec sa queue séchée et polie.

La vraie faune d'eau douce est remarquable en Afrique pour son homogénéité et un très grand nombre des espèces et surtout des genres et des familles que l'on trouve au Sénégal se rencontrent également dans nos autres possessions du continent noir. Cette faune est caractérisée par la présence des Protoptères et des Polyptères, et par la prédominance des Siluridés, Mormyridés et Cichlidés. L'*Hydrocyon Forskalii* Cuv. est généralement connu des Européens sous le nom de brochet, à cause de sa tête allongée, de sa gueule largement fendue, armée sur toute sa périphérie de dents formidables; sa chair est fort estimée, mais toute remplie d'arêtes. De nombreuses espèces de *Chromis*, que les Européens appellent carpes, remontent le fleuve en grandes troupes au moment de l'hivernage et vivent aussi dans des mares qui en sont très éloignées; ils sautent fréquemment dans les embarcations. Citons encore comme très communs les *Gerres* (dobe), *Labeo* (solls), *Barbus* (gnonghi), et *Elops* (leak). C'est dans les parties marécageuses surtout qu'abondent les Siluridés : *Shilbe*, *Bagrus*, *Pimelodus*, *Heterobranchus*, *Malapterurus electricus* Gm. et surtout les *Clarias*; ces derniers pullulent dans les mares qui se dessèchent périodiquement et ils s'enfoncent dans la vase, en formant des sortes de terriers, d'où ils sortent la nuit pour aller manger des grains de millet. Sur la vase, au bord des eaux tranquilles, sautillent les *Périophthalmes*, aux yeux saillants et mobiles et aux nageoires pectorales en forme de pattes.

Au goût des Européens, le meilleur des poissons du fleuve est le capitaine (*Polynemus quadrifilis* C. V.), qui vit d'ailleurs aussi bien dans la mer et les eaux saumâtres; c'est un superbe animal à la chair très fine, qui atteint et dépasse même un mètre.

Les goûts sont assez partagés sur la valeur de ces différents poissons; au dire de bien des auteurs, la chair des poissons du fleuve est molle, flasque, peu appétissante; les Siluridés notamment sont, en général, laissés de côté. D'autres personnes, au contraire, citent comme très bons les *Hydrocyon*, *Chromis*, etc. C'est évidemment une affaire d'appréciation personnelle, dans un pays où les grandes chaleurs donnent facilement aux Européens de l'inappétence et du dégoût. Les indigènes sont moins difficiles et apprécient la plupart des espèces, même les Siluridés.

On trouve partout des crabes terrestres et d'eau douce et des crevettes assez bonnes. Autrefois, les lamentins étaient abondants; ils sont devenus bien rares et on ne les trouve plus à l'embouchure du Sénégal; on en voit quelques-uns dans les grands marigots, dans la Falémé et la Casamance. Les caïmans se montrent surtout à l'époque des basses eaux; on les voit alors étendus sur la plage au soleil; ils ne paraissent pas bien redoutables pour les pêcheurs, même dans les endroits où ils pullulent; les noirs aiment beaucoup leur chair.

Depuis longtemps on sait que la côte occidentale d'Afrique, jusqu'à l'embouchure de la Gambie, peut compter parmi les parages les plus poissonneux de l'Océan. Le banc d'Arguin et les régions avoisinantes sont extraordinairement riches, surtout pendant l'hiver, d'octobre à mai. Un grand nombre d'espèces sont propres à la côte d'Afrique; beaucoup lui sont communes avec la Méditerranée, quelques-unes avec l'océan Indien ou l'Amérique du Sud. Nous pouvons citer, parmi les poissons les plus abondants, de nombreux squales (*Carcharias*, *Galeus*, *Zygaena*, *Notidanus*, *Acanthias*); des raies (*Raja clavata* L., *R. miraletus* L. *Trygon pastinaca* L., *Cephaloptera giorna* Cuv.); des loups (*Labrax*) communs et estimés; des serrans de grande taille (*Serranus fuscus* Lowe, *S. acutirostris* C. V., *S. caninus* Val., *S. papilionaceus* C. V., *Epinephelus æneus* Geof., *Lutjanus dentatus* Guich.); des sars, pagres; des dentés (*Dentex filosus* Val., *D. vulgaris* C. V.); daurades (*Chrysophrys gibbiceps* C. V., *Ch. cœruleosticta* C. V.). La sciène (*Sciæna aquila* L.) occupe une place très importante pour la qualité de sa chair, sa grande taille (10 à 30 kilogrammes) et son abondance sur tous les bancs. On estime aussi beaucoup l'ombrine (*Umbrina ronchus* Val.) et le capitaine (*Polynemus*). Les mulets forment des troupes considérables; il y en a de plusieurs espèces, toutes très recherchées (*Mugil cephalus* C. V., *M. auratus* Risso, *M. cryptobranchus*, *M. hypselotus*, etc.). Le thon (*Thynnus pelamys* C. V., *T. alalonga* Risso) abonde d'une façon permanente, mais surtout en avril et mai ; les maquereaux également. Les sardines et les anchois constituent des bancs immenses; les nègres les estiment à cause de leur petite taille. On voit également de grandes bandes d'exocets. Il y a un bon petit turbot (*Rhombus serratus* Val.) et trois soles (*Solea vulgaris* Quensel, *S. exophthalma* Bennet et *S. Hœfleri* Steind.), qui atteignent une très grande taille (50 à 60 centimètres de long) et sont d'excellente qualité. On trouve une petite quantité de gadidés, que l'on a considérés à tort comme des morues (*Phycis limbatus* Val.; *Mora mediterranea* Risso), dont la chair est d'ailleurs excellente, et enfin un congre (*Conger marginatus*); mais les nègres ne mangent aucun poisson de la famille des murénidés, à cause de la crainte que leur inspire leur ressemblance avec les serpents. Ils ont également de la répulsion pour les diverses espèces d'Orphies, à cause de la couleur verte de leurs os. Ils redoutent enfin avec raison plusieurs espèces de *Tetrodon* pour la toxicité de leur chair et *Batrachus didactylus* Schn. à cause des blessures qu'il peut infliger, l'exagération des indigènes faisant considérer son contact comme mortel.

Les crustacés sont représentés par toute une série de crabes et de crevettes et surtout par des langoustes, qui sont très abondantes et atteignent souvent une belle taille. Sur les racines des palétuviers, on trouve fixées des quantités de petites huîtres (*Ostrea Guineensis*).

Les tortues à écaille semble être devenues assez rares. De nombreuses bandes de dauphins et parfois des cachalots s'approchent des côtes.

Pêche en eau douce. — Les fleuves offrent des ressources suffisantes pour subvenir partiellement aux besoins des populations riveraines. Les Européens pêchent peu, et c'est un tort, car ce serait pour beaucoup d'entre eux un sport facile et peu fatigant, dans un pays où l'existence est un peu monotone. Mais la pêche constitue un métier pour bien des indigènes ; elle n'est cependant pas d'une très grande activité. On ne voit pas, comme en d'autres pays, des peuplades entières s'y adonner d'une manière presque exclusive, en formant des castes tranchées. Ce défaut d'adaptation semble pouvoir être attribué au caractère hybride de la population et aux migrations qui ont conduit successivement, sur les bords du fleuve, des races diverses venues de l'intérieur. L'importance de la pêche est cependant suffisante pour avoir amené l'obligation de la réglementer : à Felou, des contestations incessantes s'élevaient au sujet du droit de pêche dans les rapides, droit qu'il a fallu mettre en adjudication. A un point de vue plus général, un décret présidentiel du 27 février 1904 prescrit certaines mesures destinées à la protection de la pêche : interdiction de se servir, si ce n'est sur les berges des fleuves et dans les marigots, de filets à mailles de moins de 6 centimètres ; de filets dits « *sayenas* », destinés à barrer les fleuves, et de sennes à mailles de moins de 6 à 8 centimètres et de plus de 50 mètres de longueur ; prohibition de la dynamite, du poison et autres drogues de nature à enivrer et à détruire le poisson.

Les indigènes pêchent beaucoup à la lance. La pêche à l'hameçon est aussi d'un usage courant, soit à l'aide de lignes de fond, soit avec la ligne à main ; Noirot dit avoir vu à Silla-Konda, sur la Haute-Gambie, près de 200 personnes pêchant à la ligne avec des grains de mil comme amorce. On se sert souvent souvent comme appât d'une herbe aquatique nommée *mouque*.

On emploie aussi beaucoup des filets de diverses sortes et des nasses. Mais ce sont les pêcheries, établies sur une grande échelle, qui donnent les produits les plus abondants ; dans tous les endroits propices sont intallés des barrages, formés de paniers et de nasses orientés dans le sens du courant, par conséquent contre la direction que suivent habituellement les poissons ; ces engins sont coulés avec des cailloux et les pêcheurs passent leurs journées à l'eau, pour visiter leurs installations et consolider leurs barrages. Des pêcheries très importantes sont installées à Felou, dans les rapides, ainsi que dans la Taouay ; près de la Falémé, Kérékoto est un autre village où partout on ne voit qu'engins de pêche séchant au soleil. En Casamance, un seul coup de filet remplit parfois une pirogue de 40 à 50 kilogrammes de poisson ; les Diolas installent sur les bords des marigots des pêcheries en forme de labyrinthes, faites de roseaux et de bambous.

Les engins de pêche sont partiellement fabriqués dans la colonie

Pl. IX.

Manœuvre de la senne a Dakar
(Photographies communiquées par M. Émile Masson, Dakar.)

Manœuvre de la senne a Dakar (suite)
(Photographies communiquées par M. Emile Masson, Dakar.)

Pl. XI.

Indigène lançant l'épervier a Dakar
(Photographies communiquées par M. Emile Masson, Dakar.)

mais donnent aussi lieu à une petite importation irrégulière, comme l'indique le tableau suivant :

Année	Filets	Lignes de chanvre	Année	Filets	Lignes de chanvre
1898...	Fr. 717	—	1901...	Fr. 384	17.889
1899...	—	9.969	1902...	728	—
1900...	—	6.174	1903...	31	—

Dans le cours supérieur des rivières, dans les mares à moitié desséchées, la pêche est simplifiée ; on prend le poisson avec des nasses, parfois simplement avec des corbeilles ou à la main. On y emploie aussi beaucoup le poison, constitué par une décoction de feuilles de *Tephrosia*.

Les pêcheurs de métier vendent la plus grande partie de leur prise au marché, soit pour les indigènes, soit pour les Européens ; les villes importantes à proximité des fleuves sont ainsi approvisionnées : à Kayes, la majeure partie du poisson vient des pêcheries de Felou, qui expédient aussi dans l'intérieur une certaine quantité de poisson desséché ou boucané au soleil. A Saint-Louis, où la pêche est particulièrement productive, on recueille les vessies natatoires de diverses espèces de poissons, capitaines et probablement quelques Siluridés ; on les fait sécher et on les livre au commerce au prix de 0 fr. 80 à 1 fr. 20 le kilogramme, suivant la qualité. Il s'en fait annuellement une petite exportation en France ; la moyenne, qui était de 5.078 francs de 1891 à 1895, n'a plus été que de 1.892 francs de 1898 à 1903.

Dans l'estuaire des fleuves, les huîtres de palétuviers jouent un certain rôle dans l'alimentation des indigènes : les Diougoutes et les Carones, tribus Diolas, pratiquent dans l'estuaire de la Casamance une sorte d'ostréiculture rudimentaire : ils cueillent les petites huîtres sur les palétuviers et les renferment dans des parcs sur les bords des marigots ; quand elles sont assez grosses, ils les sortent de leurs coquilles, les fument et vont les vendre à Carabane ou en rivière.

Pêche en mer. — Sur la côte, la pêche est pratiquée avec une certaine activité : à Dakar, les Lebous pêchent volontiers ; du côté de Saint-Louis, il y a parmi les Ouolofs un bon nombre de pêcheurs de profession et les villages de Guet N'dar et de Gandiolle sont presque exclusivement habités par eux. Excellents marins, chaque matin, vers

4 ou 5 heures, ils franchissent la barre sur leurs grandes pirogues à fond plat, pour aller pêcher au large. Comme filets, ils tendent des sortes de trémails; mais ils pêchent surtout à la ligne. Près du rivage, ils emploient beaucoup l'épervier, qu'ils lancent sur la plage, en entrant dans l'eau jusqu'à mi-jambe; ils se servent aussi de longues sennes, qu'ils disposent en demi-cercle, en face du rivage, à l'aide de barques, puis que tous, y compris les femmes et les enfants, tirent à terre par leurs deux extrémités.

L'abondance du poisson procure des récoltes très belles. Les pêcheurs rentrent de bonne heure à terre, pour approvisionner le marché des Européens, ou dans la journée, pour vendre leur poisson aux indigènes. Une certaine quantité du produit est séchée pour être vendue dans l'intérieur. L'un des poissons pris et préparés en plus grande quantité est la Sciène; l'animal fendu suivant la ligne ventrale est nettoyé d'une manière rudimentaire, puis étalé au soleil, pour être desséché plus ou moins bien; on l'envoie alors jusque dans la brousse, où il sert d'assaisonnement au couscouss; la tête est réservée par les pêcheurs.

En outre du poisson pêché dans la colonie, il est importé chaque année de la morue et d'autres poissons salés, ainsi que des conserves de poissons; en raison de la rapidité des communications avec la France, on peut même apporter à Saint-Louis et à Dakar des huîtres fraîches :

Année	Poissons secs et salés	Conserves	Huîtres fraîches
1898	F. 8.355	F. 22.857	F. 1.538
1899	10.266	41.992	2.421
1900	10.108	26.834	924
1901	7.611	29.653	698
1902	8.702	32.262	1.442
1903	16.303	41.393	3.945

Un certain nombre d'indigènes de Dakar et de Saint-Louis, 200 environ, avec 70 pirogues, se rendent jusque sur la côte de Mauritanie. Ils font sécher au soleil leur poisson qui devient très dur, mais qu'ils apprécient cependant en cet état et qu'ils vendent aux populations de l'intérieur.

Dans cette région, les Maures se livrent aussi un peu à la pêche, mais avec peu d'ardeur et ils se contentent souvent de la quantité nécessaire à leur consommation. A certaines époques, cependant, ils se réunissent pour faire de grandes pêches : les filets appartenant à plusieurs tribus sont réunis de façon à former une immense senne, qui embrasse une grande étendue de la côte. Les hommes font au large du filet, avec leurs pagaies, l'office de rabatteurs ; pendant ce temps, les femmes, les enfants, les vieillards tirent le filet à terre ; d'énormes quantités de poissons sont ainsi amenées sur le rivage. Les chiens de mer et les petits squales sont laissés de côté et pourrissent ; les raies et les soles sont rejetées à la mer avec d'infinies précautions pour éviter tout contact, car ce sont des animaux réputés impurs. Le reste du poisson est mis en deux ou trois énormes tas que l'on recouvre de branches, de feuilles vertes, d'herbes mouillées, auxquelles on met le feu de divers côtés à la fois ; une fumée âcre et épaisse se dégage ; la couche superficielle des poissons est carbonisée, mais ceux du dessous sont fumés au goût du pays et les chefs des villages se les partagent. Les marchés environnants sont approvisionnés de ce poisson fumé et les caravanes qui passent à proximité leur en achètent et en portent fort loin dans le Sahara. Une trentaine de gros poissons s'échangent contre une pièce de guinée (environ 7 fr. 50),

Les eaux de la côte de Mauritanie ne sont pas exploitées seulement par les indigènes : elles sont encore visitées par les pêcheurs canariotes, les *Islenos*, qui y sont actuellement les pêcheurs les plus nombreux et les mieux outillés. La pêche en haute mer au large du Sahara constitue pour les indigènes des Canaries une industrie importante, car, bien que le poisson abonde dans leurs îles, les eaux africaines sont encore plus riches. Bien que ces pêcheurs exploitent plus particulièrement la partie de la côte qui est au large de la colonie espagnole de Rio-de-Oro, au Nord du cap Blanc, ils descendent aussi, surtout en hiver, au Sud de ce point, le long du rivage de nos possessions. Aussi est-il d'un grand intérêt pour nous de connaître la façon dont ils pratiquent leur industrie.

Les Canariotes arment pour la pêche sur la côte d'Afrique des goélettes de 30 à 40 tonneaux, appelées *costeros* ; 50 à 60 de ces costeros sont armés dans les îles ; chacun possède deux *lanches*, embarcations de $6^m 70$, à voile latine. Les engins de pêche appartiennent soit à l'armateur, soit à l'équipage ; celui-ci est composé en général de 25 hommes, dont cinq gamins. Ces gens sont de très bons marins, intelligents, extrêmement sobres et ne buvant que de l'eau. Ils ne touchent pas de rétribution fixe, mais sont payés à la part.

Les costeros se rendent en un point de la côte pour prendre leur mouillage, mais ils ont peu de rapports avec la terre, où les équipages descendent le plus rarement possible, par crainte des Maures, avec lesquels ils vivent en hostilité permanente.

Les Canariotes emploient des engins très simples. Ils utilisent surtout des lignes ; celles-ci ont 3 millimètres de diamètre, 55 brasses de longueur, et sont enduites de goudron ; elles sont terminées par un faisceau de cordelettes pourvues d'hameçons. Quelques-unes sont en fil de cuivre avec un seul hameçon. Les hameçons sont de diverses grosseurs. Chaque costero possède aussi deux ou trois nasses en rotin, de provenance havanaise, de $1^m 35$ de haut et $1^m 25$ de diamètre.

Chaque matin, de très bonne heure, on appareille pour se rendre à la pêche ; l'une des embarcations reste près de terre, l'autre accompagne le costero et pêche comme lui. On commence par se procurer des poissons d'amorce ; on utilise dans ce but surtout des *anjovas* (*Temnodon saltator* Bloch Schn.) et des tasards (*Orcynopsis unicolor* Geoff.), que l'on prend à la traîne sans appât. Quand la provision est faite, on gagne le large et la pêche commence vers 7 ou 8 heures du matin. Après quelques essais, destinés à reconnaître la profondeur à laquelle se trouve le poisson au-dessus des mariscos, le travail bat son plein ; parmi les pêcheurs, les uns se servent de grands hameçons, les autres de petits. On appâte avec des morceaux de poisson préparés par les gamins. La ligne est gardée tout le temps à la main. Lorsque les gros poissons sont amenés près de la surface, ils produisent un sifflement dû à l'échappement des gaz de leur vessie natatoire ; cette dernière, distendue, refoule les viscères par la bouche. Quand le poisson est près du bord, on l'assomme, puis on le saisit par les orbites et on le sort de l'eau. Vers 11 heures, il y a un repos d'une demi-heure ; vers 2 heures la pêche est terminée et on regagne le mouillage.

Chaque costero prend en moyenne 3 tonnes, parfois 6 à 10 par jour. Les embarcations pêchent de la même façon. La récolte est assez composite, mais parfois un bateau n'est chargé que de deux ou trois espèces ; ce sont tous des poissons de fond sédentaires et les formes pélagiques, thons, sardines, etc., sont négligées. Les espèces les plus abondantes sont les *Serranus fuscus* Lowe (*abadejo*), *S. caninus* Val. (*cherne*), *Chrysophrys* et *Dentex* (*sama*), *Sciæna aquila* (*curbine*).

La pêche aux nasses se fait sur les fonds de sable ; on amorce ces engins avec de grosses boules de chair de poisson et on les laisse dix minutes au fond ; cela suffit pour ramener une quarantaine de poissons.

Au repos, les hommes pêchent aussi un peu la nuit pour leur propre compte.

Au mouillage, le poisson est préparé ; pour cela, un homme le fend en deux ; un autre ouvre le crâne et sectionne en plusieurs points la colonne vertébrale ; un troisième extrait les viscères et les branchies ; un quatrième le lave à la mer ; un cinquième gratte les écailles au couteau ; un nouveau laveur le nettoie une dernière fois et enfin les saleurs le recouvrent de sel, qu'ils font pénétrer dans les incisions ; ensuite, on le range en tas dans la cale avec du sel. Pour les *Chernes* (*Serranus caninus* Val.) et les *Curbines* (*Sciaena aquila* Lacp.), on ne conserve pas la tête. La langue des *Samas* (*Chrysophrys, Sparus*) est conservée à part dans le sel comme très délicate. Les squales sont séchés sans salaison. Les pêcheurs prennent aussi des mollusques qu'ils mettent dans du vinaigre et, lorsqu'ils capturent un dauphin, ils en font de l'huile et mangent sa chair.

Le poisson de la côte d'Afrique est ainsi préparé par les Canariotes d'une façon un peu rudimentaire et il se conserve peu. Déchargé à Las Palmas, Santa-Cruz ou Orotava, il est en partie consommé dans les Canaries et s'y vend entre 11 et 28 francs, au plus 40 francs, les 110 kilogrammes. Le reste est expédié en Espagne ou à la Havane.

Chaque costero fait 6 à 8 campagnes par an, chacune de vingt à cinquante jours. Chaque fois, la cargaison est d'environ 33.000 kilogrammes, ce qui représente environ 6.600 francs. Les frais d'armement étant d'environ 874 francs, le bénéfice est de 5.726 francs. Si l'équipage et de 19 hommes et 5 gamins, on fait du bénéfice 48 parts que l'on répartit ainsi : l'armateur, dix-huit (2.147 francs); le patron, trois (357 francs); les revendeurs, six (715 francs); les 19 hommes, dix-neuf (2.266); les 5 gamins, deux (238 francs). Les bénéfices sont, par conséquent, très bons pour l'armateur.

Depuis quelques années, on s'est efforcé de conserver le poisson vivant dans un réservoir en communication avec la mer, après avoir crevé la vessie natatoire, pour maintenir son volume normal.

Avenir de la pêche maritime au Sénégal. — Il est certain que la production de la pêche sur les côtes de notre colonie du Sénégal est infime en regard des incontestables richesses qui s'y trouvent et qui, depuis longtemps, ont rendu fameux ces parages. La pêche des indigènes est rudimentaire ; celle que font les Canariotes est encore bien peu importante, surtout si l'on considère qu'une partie seulement est pratiquée au large des possessions françaises ; elle est, d'ailleurs, sans aucun profit pour la France ou pour la colonie, qui négligent ainsi d'utiliser des ressources situées à leur portée. Nous ne pourrions pas prétendre à des droits exclusifs sur ces régions, puisque les bancs s'étendent bien au delà des limites des eaux territoriales, mais la situation privilégiée de la France comme puissance riveraine lui faciliterait l'exploitation de ces eaux et permettrait à ses pêcheurs de lutter avec avantage contre la concurrence des nations rivales.

Depuis des temps très anciens, de nombreux essais ont été faits par des nations européennes, en vue de créer dans ces parages des établissements permanents, ou d'y envoyer des expéditions destinées à la mise en valeur de leurs richesses maritimes ; ces tentatives ont eu des fortunes diverses, mais n'ont jamais abouti à des résultats très durables.

Dès 1444, les marins de Lagos venaient pêcher depuis le cap Bojador jusqu'au banc d'Arguin, et, en 1448, le Portugal créa un comptoir sur l'île d'Arguin. Des établissements de pêche furent installés et prirent une si grande extension que, pour les protéger, un château-fort fut construit à Aguer en 1510. Vers 1520, les navires se rendant à Saint-Thomas allaient à Arguin faire provision de poisson. Les Espagnols du golfe de Biscaye fréquentaient aussi ces régions vers le milieu du xvie siècle et toutes les relations de voyage s'accordent à parler de l'incroyable quantité de poisson que l'on y trouve. L'îlot d'Arguin devint, par ce fait, célèbre et excita les convoitises.

En 1638, les Hollandais s'en emparèrent ; ils durent en 1665 l'abandonner aux Anglais, mais le leur reprirent en 1668 pour le céder aux Français en 1678 par le traité de Nimègue. La Compagnie française du Sénégal négligea de l'occuper et il retomba aux mains des Maures. Le grand électeur Frédéric-Guillaume, secondé par le Hollandais Raule, rêvant de faire du Brandebourg une grande puissance commerciale et maritime, et ayant déjà fondé en 1682 sur les côtes de la Guinée le comptoir de Frédéricksbourg, envoya en 1685 une expédition à Arguin ; un traité fut signé avec le sultan maure qui permit aux Brandebourgeois de relever le fort d'Arguin, où ces derniers se maintinrent malgré les réclamations de la France et une attaque infructueuse dirigée en 1687 par la Compagnie du Sénégal. Cet établissement ne paraît d'ailleurs pas avoir été très florissant et, en 1718, le roi de Prusse Frédérik-Guillaume Ier abandonna le monopole du commerce à la Compagnie hollandaise des Indes, qui en était déjà en fait la véritable propriétaire. Les Hollandais y avaient des bateaux exclusivement adonnés à la pêche et le poisson leur servait non seulement à assurer l'existence de la garnison, mais encore à trafiquer sur la côte de Guinée et aux Açores ; les Maures leur fournissaient tout le sel nécessaire à la salaison, qu'ils tiraient de grandes salines situées à la Pointe Sainte-Anne. Une escadre française, équipée par la Compagnie des Indes, qui avait succédé aux droits de l'ancienne Compagnie du Sénégal, reprit en 1721 le fort d'Arguin et, après un échec des Hollandais qui cherchèrent encore à s'y établir, la contrée resta sans conteste à la France ; celle-ci d'ailleurs ne l'exploita pas. Mais la réputation de ces parages de pêche se continuait et, en 1764, l'écrivain anglais Georges Glas avance « que la morue de ce pays est meilleure que celle de Terre-Neuve ». Cette attestation erronée de l'existence de la morue, admise sans conteste, fut cause d'innombrables confusions dans la suite, et on peut rejeter sur cette erreur la responsabilité de bien des tentatives infructueuses.

C'est seulement en 1788 qu'eut lieu la première tentative d'installation de pêcheries françaises dans cette région : l'abbé Baudeau, bibliothécaire du duc d'Orléans, reprenant une idée émise l'année précédente par un négociant de Bayonne, essaya de fonder une société sous le nom de « Royale Atlantique », qui devait avoir des établissements de culture, de commerce et de pêche entre le cap Bojador et le Sénégal ; le siège principal devait se trouver à Arguin, au centre des pêcheries, et une corvette de guerre devait croiser dans ces parages. Afin de dédommager les armateurs français des pertes que leur causait leur exclusion de Terre-Neuve par les Anglais, le promoteur de la Société demandait que l'Etat accordât une prime de 6 francs par quintal de morue pêchée et exportée aux Antilles. Mais la Révolution survint et les événements politiques firent échouer ce projet.

La célébrité du golfe d'Arguin persistait cependant et l'on avait conscience des services que l'on pouvait attendre de l'exploitation de ses eaux. Corréard et Savigny, l'appelant le Terre-Neuve africain, parlent encore de sa morue, qui pourrait alimenter les ateliers de Sénégambie ; la mission hydrographique au Sénégal s'occupe encore du sujet dans son rapport. L'appel le plus retentissant en faveur de ces pêcheries fut lancé en 1840 par le consul de France aux Canaries, le naturaliste Sabin Berthelot, qui écrivit sur la question un remarquable rapport, constituant à la fois une monographie documentée et un plaidoyer chaleureux, mais où il réédite malheureusement l'affirmation erronée de l'existence de la morue.

Vers 1875, les Américains voulurent acheter un port aux Espagnols, mais ceux-ci n'y consentirent pas. En 1879, le consul anglais aux Canaries fit à son tour un rapport à son gouvernement, donnant des détails sur la pêche des Canariotes sur la côte africaine. La même année, M. Hautreux publiait un article sur la question et montrait que si les anciennes tentatives d'exploitation avaient été interrompues, les conditions nouvelles et les moyens plus puissants que l'on possédait permettaient de renouveler ces essais avec espoir de succès. Des difficultés avec le gouvernement de Terre-Neuve ayant apporté un certain trouble parmi les armateurs et les pêcheurs de morue, qui se croyaient déjà menacés de ruine, le Ministre de la Marine, croyant toujours à l'existence de la morue sur les côtes du Sahara et sachant que la pêche y était fructueuse, adressa une circulaire aux quartiers maritimes, pour engager les armateurs français à y envoyer leurs bateaux ; quelques-uns suivirent le conseil et furent furieux de ne pas trouver ce qu'ils cherchaient. Cette tentative n'était pas faite pour encourager de nouveaux essais.

Cependant en 1882, une Société de petits vapeurs, appelée « Marée des deux Océans », fut fondée à Marseille ; à l'aide de cinq petits bateaux des Canaries, qu'elle fit pêcher sur la côte, elle put charger 10.000 quintaux en vingt-sept jours, mais la vente en échoua complètement ; une partie fut conservée par des procédés frigorifiques encore grossiers et on commit la maladresse de la mettre en vente à Marseille, où le poisson à la glace est toujours peu apprécié et où les espèces nouvelles s'imposent difficilement aux habitudes des consommateurs ; deux raisons suffisantes pour expliquer l'insuccès complet de ce poisson. D'autre fut salé, mais soit pour une raison, soit pour une autre, la conservation tentée sans expérimentation préalable fut mauvaise et le produit inférieur. Il faut ajouter que les établissements, non protégés contre les pillards maures, ne jouissaient pas d'une sécurité complète et que l'île d'Arguin, privée d'eau, était mal choisie.

En 1899, une nouvelle entreprise française, émanant de MM. Famin et Raulane, fréta un costero aux Canaries pour pêcher à Arguin, mais eut des difficultés avec l'équipage et fut volée par les Maures.

Pendant ce temps, l'Espagne, désirant acquérir une position avantageuse pour pouvoir prendre sa part de la production marine de ces parages, avait annexé en 1886 les contrées comprises entre le cap Bojador et le cap Blanc et cette prise de possession fut reconue en 1900 par la France. L'Espagne projetait d'établir à Rio de Oro une factorerie et une pêcherie. Une Société se constitua à Barcelone, mais, manquant de connaissances théoriques et pratiques, elle eut des mécomptes et abandonna son projet. Nous ne croyons pas que cet établissement ait jamais de l'avenir, car il ne présenterait pas sur les Canaries des avantages de proximité suffisants pour contrebalancer les grandes différences de climat et d'habitabilité des deux pays.

Les Portugais, encouragés par le voisinage de ces lieux de pêche, de leur pays et surtout des îles du cap Vert, firent quelques tentatives auxquelles ils étaient poussés en outre par le désir de s'affranchir de l'énorme importation de morue faite chez eux par des nations ayant pour cette pêche un armement considérable. Leur intention était, du reste, de s'en tenir d'abord pour l'exploitation des produits, aux marchés africains, susceptibles d'offrir de sérieux débouchés, et de ne s'adresser aux marchés européens que lorsque les produits obtenus seraient susceptibles de soutenir la comparaison avec ceux des autres pêcheries. En 1890, se fonda aux îles du cap Vert la Société dite de l'île de Sal, qui limitait ses opérations à la pêche en bateau en vue de terre. Malgré l'abondance du poisson, les moyens employés étaient trop rudimentaires, le personnel trop difficile à recruter et peu apte à remplir le rôle qu'on lui demandait, de sorte que la tentative échoua. Depuis 1897, il y eut quelques tentatives particulières de pêche sur le banc d'Arguin, faites par des propriétaires de goélettes de 80 à 100 tonneaux ; elles ont donné des résultats différents, suivant la composition de l'équipage et son habileté à préparer le poisson : il faut d'ailleurs remarquer que ces tentatives ont été faites pour utiliser les bateaux pendant la morte saison du fret, sans aucun esprit de suite; malgré cela, le poisson bien préparé s'est vendu de 80 centimes à 1 fr. 25 le kilog, à Sierra-Leone, et il peut facilement trouver à se vendre dans tout le golfe de Guinée, entre le Sénégal et le Congo.

D'autres nations s'inquiétèrent également de la question. En 1890, le gouvernement italien envoya en mission M. Stassano, qui élabora, un projet auquel aucune suite ne fut donnée. En 1902, un Belge, M. Taquin, publia une étude très complète sur la pêche des Canariotes et engagea ses compatriotes à participer à l'exploitation de la côte saharienne.

Dans ces dernières années, les projets d'organisation de la pêche sur la côte saharienne ont été encore plus à l'ordre du jour en France. M. Durand Valentin provoqua à ce sujet, en 1901, une discussion au Conseil général du Sénégal. Les publications sur la question se multiplièrent aussi bien en France qu'ailleurs et la presse quotidienne commença à s'y intéresser. Les récents arrangements entre la France et l'Angleterre ayant provoqué une nouvelle émotion parmi les pêcheurs de Terre-Neuve, on se demanda avec un intérêt plus vif encore si, au cas où les intérêts des marins, armateurs et sécheurs français seraient réellement lésés, on ne pourrait pas, dans une certaine mesure, trouver une compensation dans les parages du Sénégal.

Il faut reconnaître que, jusqu'à ces derniers temps, bien qu'un certain bruit ait été fait, à diverses reprises, autour des richesses de la côte occidentale d'Afrique, l'étude pratique de leur exploitation n'avait pas été abordée sérieusement. Des idées erronées persistaient, par exemple celle de la présence de la morue, dont les naturalistes avaient cependant déjà fait justice. Les tentatives plus ou moins avortées faites par les Européens avaient laissé une mauvaise impression ; malgré l'affirmation de certains marins, qu'ils avaient pu saler et conserver parfaitement du poisson excellent, l'opinion était au contraire répandue que la qualité de ce poisson était médiocre, sa conservation impossible et que, si son abondance était une réalité, son exploitation n'était pas pratique. Les optimistes, d'autre part, voulaient retenir surtout cette réalité d'une richesse ichthyologique exceptionnelle et se refusaient à admettre qu'elle fût inutilisable. Donc, d'un côté c'étaient des raisonnements purement théoriques, de l'autre une opinion établie d'après des expériences faites au hasard et sans esprit de suite. Hors d'atteinte de ces controverses, un fait demeurait bien certain : l'exploitation effective et rémunératrice de ces parages par les Canariotes.

C'est dans ces conditions que se créa à Bordeaux un mouvement ayant pour but d'examiner sérieusement cette question, à laquelle les

Bordelais s'étaient toujours intéressés particulièrement. Les sécheries de morue occupent une place importante dans l'industrie de la ville et elles se sont crues menacées par le traité franco-anglais ; l'influence de leurs propriétaires a dû être un facteur important de ce mouvement. La Société de Géographie de Bordeaux prit l'initiative d'organiser une mission et elle reçut le concours de la Chambre de Commerce, du Conseil de l'Université, de l'Institut colonial, de la Société d'Océanographie de Bordeaux, des Ministères de la Marine, des Colonies, de l'Instruction publique, de l'Institut et de nombreuses sociétés savantes. Le Gouverneur Général de l'Afrique occidentale était également désireux de favoriser l'installation de pêcheries sur la côte de Mauritanie, non seulement dans l'intérêt immédiat de l'utilisation de ses ressources, mais aussi pour assurer, par la fondation d'établissements industriels et commerciaux, la tranquilité d'une région au pouvoir actuellement de nomades pauvres et pillards ; aussi mit-il à la disposition de la Société de Géographie de Bordeaux une somme de 25.000 francs pour subventionner la mission, dont il s'efforça ensuite par tous les moyens de faciliter la tâche.

Une véritable expédition scientifique et industrielle fut donc organisée et mise sous la direction de M. Gruvel, maître de conférences à la Faculté des sciences de Bordeaux, qui en étudiait depuis longtemps la préparation ; M. Dantan, chef du service ichthyologique au laboratoire de Tatihou, fut nommé second et M. Bouyat préparateur ; le commandant du bateau était M. Rehel, capitaine au long cours, et le second, M. Nicolaysen, également capitaine au long cours, était spécialement chargé des opérations de pêche. La mission comprenait encore un chef de cuisine d'une des principales fabriques de conserves de Bordeaux, pour s'occuper de la préparation des conserves de toutes sortes ; un saleur et un trancheur de Terre-Neuve, venus de Saint-Malo ; un patron de pêche canarien, muni des instruments utilisés actuellement par ses compatriotes ; un sécheur et des pêcheurs spécialement choisis et connaissant la manœuvre des différents engins de pêche.

La mission des pêcheries de la Côte occidentale d'Afrique s'embarqua sur le vapeur *Guyane*, qui avait reçu les aménagements nécessaires et qui emportait des appareils de pêche très variés : chaluts, sennes, trémails, nasses, casiers à langoustes, filets à sardines, palangres, lignes à thons, etc., ainsi qu'une sécherie démontable construite spécialement pour les pays chauds.

La *Guyane*, partie de Bordeaux le 15 janvier 1905, passa à Las Palmas et Dakar et installa la sécherie démontable à Nouakchott, à 18 kilomètres au sud de Portendik. Pendant trois mois elle explora toutes les régions comprises entre le cap Blanc, avec la baie du Lévrier, et Dakar. La mission essaya tous les engins emportés ; elle promena le chalut tout le long de la côte et obtint partout des récoltes remarquables ; les plus beaux échantillons furent capturés dans les parages de Nouakchott et Guet N'dar ; le chalut ramenait des sciènes pesant jusqu'à 30 kilogrammes et d'énormes serrans ; un seul coup de chalut ramena en deux heures 431 soles mesurant de 42 à 62 centimètres de long en même temps que des poissons d'autres espèces et des langoustes, dont l'excellente qualité à l'état frais fut unaniment constatée. Comme qualité, ce poisson serait un peu moins délicat que celui de l'Océan, mais se rapprocherait de celui de la Méditerranée. On put pêcher aussi des quantités considérables de mulets de grande taille, surtout dans la baie du Lévrier ; un jour, 3.500 kilogrammes en furent capturés à la senne en quelques heures.

Le poisson susceptible de conservation était salé avec du sel pris dans les salines naturelles de Marsa. Ce poisson prenait bien le sel et se conservait bien. Une partie fut séchée parfaitement dans la sécherie de Nouakchott, par une température ne dépassant guère 22 degrés avec vent d'Est ou de Nord-Est ; le reste fut rapporté au vert en France et séché à Bordeaux à la façon de la morue ; ce poisson sèche bien, mais il faut prendre quelques précautions pour qu'il ne sèche pas trop vite. La mission fabriqua aussi diverses espèces de conserves de langoustes et de poissons.

Les indigènes suivaient sans hostilité les travaux de la mission et même s'intéressaient aux essais de conservation ; on enseigna à quelques-uns des plus intelligents des procédés de pêche et de conservation leur permettant de tirer des ressources du pays un parti meilleur qu'ils ne font actuellement.

Le séjour de M. Gruvel et de ses compagnons au Sénégal fut de trois mois et le vapeur rentra à Bordeaux vers le milieu d'avril, pour faire juger les résultats obtenus et soumettre les produits rapportés à l'examen d'une Commission nommée par la Chambre de Commerce de Bordeaux ; cette Commission était composée de MM. Daney, maire de Bordeaux, ancien négociant en morues, Magne, président du

Syndicat du commerce de la morue, Rœdel, président du Syndicat des fabricants de conserves.

Cette Commission reconnut : que le poisson prend bien le sel ; qu'il se sèche dans de bonnes conditions sur les côtes de Mauritanie ; qu'on peut le rapporter en France en bon état de conservation ; qu'il peut être séché en France avec succès ; que le sel de Mauritanie peut être employé pour saler le poisson, à condition d'être égrugé.

Mais à côté de cela, la Commission se montra pessimiste sur les qualités du poisson examiné : d'après elle, il possède de grosses écailles qui sont un obstacle sérieux à son entrée dans la consommation ; il est plus ou moins huileux et l'huile, qu'on ne distingue pas sur le poisson très sec, reparait avec l'humidité ; en raison de ces particularités, il est probable qu'il serait difficile d'habituer la consommation à ce produit nouveau. Le Syndicat des commerçants de morue admit à l'unanimité que l'on ne pouvait vendre ces poissons sur les marchés exploités par le commerce de Bordeaux. Les poissons conservés à l'huile étaient comestibles, mais de goût grossier ; les filets de soles avaient pris une consistance coriace et gélatineuse. Quant aux conserves de langoustes, elles se rapprochaient beaucoup des produits du Cap.

Comme conclusion, la Commission considérait que l'armement pour la pêche sur la Côte occidentale d'Afrique ne pouvait pas être recommandé ; les frais s'élèveraient au minimum à 30.000 francs et il faudrait pour les couvrir rapporter une quantité de poisson d'autant plus grande que les prix devraient être très bas ; de plus, ce poisson ne bénéficierait pas de la prime d'exportation de la morue. La pêche ne pourrait guère donner de résultats qu'avec de petits bateaux analogues à ceux des Canaries et des établissements rudimentaires installés sur la côte ; elle n'aurait que des débouchés limités. En tous cas, le commerce de Bordeaux n'aurait rien à en attendre.

Mais M. Gruvel ne s'incline pas devant toutes les appréciations de la Commission. En ce qui concerne les qualités comestibles du poisson, plus de 500 personnes, collectivement ou isolément, en ont consommé de toutes manières, accomodé à la vinaigrette, en brandade, en sauce blanche, au beurre, etc.; tous ceux qui n'étaient pas avertis ont cru manger de la morue ; pour ceux qui savaient à quoi s'en tenir, les uns ont trouvé ce produit moins bon que la morue, d'autres l'ont trouvé semblable et d'autres meilleur. Il n'y aurait donc aucune impossibilité à exploiter la pêche des côtes du Sénégal, mais cette pêche ne devrait être en rien comparée à celle de Terre-Neuve. Il faudrait tirer parti de tout, non seulement du poisson et des langoustes que l'on préparerait de diverses manières, mais encore des foies dont on ferait de l'huile, des ovaires dont on fabriquerait de la rogue, des résidus que l'on transformerait en guano. Les calmars, seiches, sépioles, etc., que l'on récolte abondamment, seraient conservés comme boette, par le froid ou le sel, pour la pêche à Terre-Neuve, etc. Il faudrait tirer parti de tout, pour obtenir des résultats industriels; il faudrait avoir des bateaux de pêche, des bateaux chasseurs de bonne vitesse, des installations à terre, très possibles en différents points, à condition qu'ils soient protégés contre les Maures (1).

Devons-nous donc, maintenant encore, après le retour de la mission Gruvel, nous trouver dans la même incertitude qu'auparavant ? Nous sommes encore en présence d'opinions contradictoires, qu'un critique impartial peut ne pas trouver suffisamment détachées de l'influence des contingences personnelles ; on est tenté, d'une part, d'attribuer au chef de la mission un enthousiasme exagéré, mais bien excusable pour une œuvre aussi passionnante ; on ne peut d'autre part faire abstraction de l'état d'esprit spécial dans lequel devaient se trouver les principaux intéressés parmi les négociants bordelais. Ceux-ci, désireux avant tout de trouver le succédané d'un produit dont ils se croient menacés de manquer, sont obligés de constater l'inaptitude du nouveau poisson à se substituer naturellement à la morue ; ils peuvent craindre soit de ne pas trouver sur le marché l'écoulement du poisson africain, soit au contraire de le voir concurrencer celui qu'ils ont l'habitude d'offrir. Malgré les avertissements donnés, les produits de la Côte d'Afrique portent encore la tare de la comparaison malheureuse de Georges Glas et l'absence de morue signifie aux yeux des armateurs l'inutilité de ces pêcheries.

Il faut regretter, évidemment, que les moyens dont disposait la mission Gruvel n'aient pas été suffisants pour lui permettre d'opérer sur une plus vaste échelle. Pour cette expédition, comme pour beau-

---

(1) Au moment où ce volume sera terminé, M. Gruvel aura vraisemblablement fait paraître le compte rendu détaillé de sa mission. Nous ne pouvons qu'y renvoyer le lecteur, en regrettant d'avoir dû renoncer à en profiter avant d'envoyer notre travail à l'impression.

coup d'autres, l'équipement, la mise en train, l'aller et le retour ont absorbé la majeure partie des ressources et ont restreint beaucoup les opérations elles-mêmes. Ce n'est pas en faisant déguster à quelques personnes un produit nouveau, que l'on peut savoir si le public l'accueillera avec faveur, à moins qu'une incontestable supériorité ne lui permette de s'imposer du premier coup. L'important serait de savoir si, de lui-même, après en avoir une fois goûté, le consommateur en achètera encore et l'admettra dans son alimentation ; il faut pour cela qu'un marché se trouve pendant quelque temps régulièrement approvisionné et ce n'est pas la *tonne* rapportée par la *Guyane* qui aurait pu permettre cette expérience.

Si nous cherchons à envisager quel peut être l'avenir des pêcheries des côtes sahariennes, nous devons considérer qu'un certain nombre de faits sont bien démontrés : 1° la possibilité d'une grande pêche très fructueuse sur de vastes espaces ; 2° la bonne qualité des produits frais ; grande taille, bon goût, finesse de chair ; 3° la possibilité de les conserver par salaison ou en boîtes ; 4° le défaut de similitude entre les marchandises ainsi obtenues et celles qui sont actuellement dans le commerce.

La solution de la question se trouve donc portée essentiellement sur le terrain commercial ; elle peut se résumer ainsi : Cherche-t-on exclusivement une nouvelle source de production d'un produit marchand identique à la morue ? Il faut définitivement renoncer à un espoir que n'autorisait déjà plus la connaissance depuis longtemps acquise des différences spécifiques. Se propose-t-on, au contraire, de créer un mouvement industriel et commercial à l'aide d'un article que l'on présenterait franchement comme nouveau ? Voilà le projet dont on peut examiner les chances de réussite.

Nous sommes en présence d'un produit doué de bonnes qualités comestibles et avec lequel le consommateur n'est pas familiarisé ; on peut considérer comme certain que, si cette marchandise est offerte pendant longtemps sur le marché, elle finira par y acquérir définitivement droit de cité ; avec la facilité actuelle des communications, il est commun d'assister à l'apparition, timide d'abord, d'une denrée nouvelle, puis à sa prise de possession régulière d'une place sur nos tables. Mais si cette denrée ne s'impose pas par des qualités exceptionnelles de bon goût ou de bon marché, son implantation sera très lente et exigera des efforts soutenus de réclame. Ainsi nous paraît-il devoir en être avec le poisson de la Côte d'Afrique : sa qualité semble être à peu près équivalente de celle de la morue, mais nous n'avons aucune donnée sur les conditions économiques auxquelles il pourrait être vendu en France. S'il revenait plus cher que la morue, il n'aurait pas de chances de réussite ; s'il était notablement meilleur marché, il aurait probablement un succès assez rapide ; si son prix était équivalent, il s'insinuerait peu à peu, à cause de nos besoins de variété ; mais il serait très important, pour des négociants qui ne voudraient pas courir au devant d'aventures désastreuses, de ne rien entreprendre qu'avec beaucoup de prudence, en laissant le temps et l'habitude travailler pour eux.

Mais ce n'est pas seulement au marché européen qu'il faut songer pour l'écoulement du produit de pêcheries installées au Sénégal : l'Afrique elle-même peut permettre d'espérer des débouchés qui s'accroîtront sans cesse. C'est dans l'intérieur des terres qu'est vendu le produit de l'industrie primitive des pêcheurs nègres ou maures ; c'était sur la côte de Guinée que s'opérait la majeure partie de la vente du poisson des pêcheries portugaises et hollandaises de la côte saharienne ; le succès d'entreprises portugaises actuelles à Lagos et à Mossamédès nous permet d'augurer un bon résultat d'opérations similaires. L'examen du mouvement commercial de nos colonies d'Afrique nous montre qu'elles importent une certaine quantité de morue et d'autres poissons salés. Dans tous les points où les indigènes pêchent en abondance, ils préparent et vendent du poisson sec pour les peuplades de l'intérieur qui viennent leur en acheter. Le poisson est un aliment que tous les peuples aiment à des degrés divers : doué de beaucoup de goût, il est très apprécié des populations pauvres dont l'aliment principal, riz, couscouss, mil, est naturellement fade ; riche en azote, il est un complément utile de cette alimentation trop amylacée ; facile à sécher, il peut être transporté aisément par les caravanes ; salé, il sert de véhicule à un produit de grande valeur pour les habitants de l'Afrique centrale... Il y a donc tout lieu de penser que, dans un pays comme l'Afrique, où existent des espaces immenses privés de cours d'eau, où le développement des côtes est minime, relativement à la surface du pays, il pourra se créer un grand commerce de poisson sec et salé. Au fur et à mesure que la sécurité deviendra plus complète, que les voies de pénétration se multiplieront, en un mot que les échanges augmenteront, le poisson sec pourra être un des articles importants du mouvement commercial. On ne peut que se féliciter de le trouver sur le littoral même des possessions françaises.

Il est probable que les indigènes se montreront moins difficiles que les Européens sur la similitude du poisson qu'on leur fournira et de la morue, bien qu'ils soient souvent un peu routiniers. Mais, quand il s'agira de créer des débouchés nouveaux, parmi des populations peu habituées à consommer du poisson, ou chez lesquelles le poisson arrive souvent avarié en l'état actuel, on peut penser qu'elles accepteront volontiers une marchandise de bonne qualité, quelle qu'elle soit. Il faut d'ailleurs, là aussi, compter sur une accoutumance progressive et très lente.

Il est donc probable, à notre avis, que la création d'un établissement de pêche sur la côte sénégalaise doit être intimement liée à celle d'une entreprise commerciale ; ou bien les maisons qui fonderaient un semblable établissement s'occuperaient elles-mêmes activement de l'écoulement de leurs produits ; ou bien elles auraient une entente étroite avec des maisons de commerce qui se chargeraient de la vente du poisson. Il faudrait en tous cas, pour éviter des insuccès certains, que la production fût subordonnée aux probabilités de vente. Cette considération établirait une différence entre les exploitants de ces parages et la plupart des autres pêcheurs : en présence de la possibilité de rendements pour ainsi dire illimités, ils devraient limiter leur récolte à la quantité qu'ils pourraient écouler, alors qu'en général les pêcheurs prennent le plus qu'ils peuvent.

On ne pourrait donc certainement pas conseiller un beau jour aux armateurs français : cette année, au lieu d'envoyer vos bateaux à Terre-Neuve, dirigez-les sur la côte du Sénégal. On aboutirait à un désastre. Il faut seulement songer à encourager la formation d'entreprises nouvelles.

Ce n'est pas à dire qu'il ne puisse y avoir, sur la côte saharienne, un espoir de bénéfices pour des pêcheurs français ; mais il faudrait qu'ils fussent appelés, en nombre limité aux besoins, par les comptoirs de pêche établis sur les lieux et au courant des nécessités économiques. Nous avons vu d'ailleurs que la saison la plus favorable à la pêche est l'hiver ; les opérations de l'industrie pourraient être plus actives à ce moment-là et des engagements de pêcheurs métropolitains pourraient avoir lieu pour cette saison, pendant laquelle ils sont inoccupés.

La nécessité d'assurer la sécurité de la région amènera un certain changement dans la vie nomade des indigènes, dont un certain nombre se fixeront au voisinage d'établissements européens et chercheront plus ou moins à tirer parti de ce contact, soit pour engager leurs services, ce qui donnera de la main-d'œuvre, soit pour imiter les procédés qu'ils verront employer, afin de tirer de leur pêche un meilleur profit. Il y aurait lieu d'encourager une semblable solution, le gouvernement ayant intérêt à augmenter la prospérité générale de la colonie. Enfin, peut-être pourrait-on avoir également de la main-d'œuvre en faisant de la colonisation pénitentiaire d'Annamites, cette race ayant des dispositions incontestables pour la pêche ; leur introduction dans ces conditions à la Guyane (1) nous offre un exemple de ce que l'on pourrait attendre d'eux.

Nous partageons entièrement l'avis de M. Gruvel sur la nécessité qu'il y aurait pour des entreprises de pêcheries dans ces parages à ne pas se spécialiser dans un seul genre d'opérations, mais au contraire à tirer parti du caractère des ressources de ces régions, de la variété ; il faut y exploiter la mer pour ses richesses de toutes sortes et trouver de tout la plus complète utilisation ; avoir des établissements à terre pour sécher, saler, fumer et conserver les poissons en cherchant pour chaque espèce le meilleur procédé ; préparer de l'huile, de l'ichthyocolle, du guano ; avoir en mer des bateaux pêcheurs et des « chasseurs ». On peut conseiller de débuter par les essais qui sont presque assurés d'un succès certain, comme les conserves de langoustes par exemple.

Un autre ordre d'opérations qu'on pourrait tenter serait de chercher à approvisionner la métropole de poisson frais. Il est probable que des langoustes pourraient être transportées en bateaux viviers jusque sur les marchés de France. En tout cas on peut, et des essais satisfaisants ont été faits par M. Gruvel, faire cuire des crustacés sur place et les apporter en France dans des chambres réfrigérantes à 0° ou 1°. On peut aussi transporter du poisson en chambres froides et l'amener dans les ports français en bon état de conservation. Ces tentatives gagneraient à être faites lorsqu'un établissement en plein

(1) Voir au chapitre sur la Guyane.

fonctionnement permettrait d'assurer à un vapeur faisant le service un chargement régulier de pièces de choix.

Comme, en France, les initiatives particulières ont généralement une tendance à chercher un appui gouvernemental, on ne peut espérer voir ces entreprises réussir que si elles trouvent des encouragements officiels. Une affaire de pêcheries demanderait certainement à trouver auprès du gouvernement de la colonie toutes les facilités administratives utiles à son installation et la protection vis-à-vis des indigènes. On pourrait peut-être également la favoriser en obtenant des compagnies de navigation qu'elles assurent les communications et le ravitaillement de la localité et aussi en s'engageant à acheter une certaine quantité de produits pour la nourriture des troupes indigènes.

Une question importante est celle de la prime accordée par le gouvernement métropolitain. Ainsi que l'indique M. Gruvel, si la prime actuelle à l'exportation de la morue était destinée seulement à favoriser la pêche de ce poisson, il n'y aurait pas à insister; mais si elle doit encourager la pêche en général en facilitant l'exportation de ses produits, on ne peut la refuser aux produits de la pêche en Mauritanie; si on généralisait ainsi l'octroi de la prime, le poisson du Sénégal pourrait se répandre sur les marchés et tout au moins y jouer, suivant l'expression de M. Gruvel, le même rôle que la viande de cheval vis-à-vis de celle de bœuf.

Il paraît donc que les côtes de notre colonie, en premier lieu celles de Mauritanie, pourraient devenir un jour un lieu de pêche très productif, destiné non pas à se substituer à un autre, mais bien à créer une industrie nouvelle. Mais les opérations qu'on y entreprendrait devraient être menées avec beaucoup de prudence et d'habileté, et ne se développeraient qu'avec le temps. Etant donnés les insuccès antérieurs, dus à une préparation insuffisante et mal comprise, il importera, afin de ne pas laisser s'établir des légendes injustifiées, de veiller à ce que les affaires soient entreprises sérieusement. Il importe en tous cas de ne pas négliger plus longtemps une question dont les étrangers ont compris l'importance, puisqu'au moment du deuxième passage de la *Guyane* à Las Palmas, deux chalutiers hollandais et un allemand accomplissaient sur la côte d'Afrique une campagne de pêche. Il faut donc, sans agir avec précipitation, ne pas laisser aux autres le temps de nous devancer. D'ailleurs, désireux de voir continuer les essais, M. le Gouverneur général de la Côte occidentale d'Afrique vient de rappeler M. Gruvel au Sénégal.

GUINÉE

Les côtes de la Guinée française sont accidentées, irrégulières et parfois même déchiquetées de façon à former des îles et à s'entailler de baies profondes. Le long de toute cette côte, les courants ont étalé les sables apportés par les rivières; en outre, de nombreux récifs en rendent les abords dangereux. Au large de la barre qui règne à une certaine distance du rivage, les fonds, formés généralement de sables ou de vase, parfois rocheux, descendent en pente très douce : on trouve des profondeurs de 30 à 50 mètres à 60 milles de la terre. La mer, poussée par les vents dominants d'Ouest, est généralement forte dans ces parages; les marées sont de 4 à 6 mètres.

De nombreuses rivières descendent du Fouta-Djallon, où tombe annuellement une grande quantité d'eau (3 mètres). Il pleut quotidiennement en été et en automne, mais aucune saison n'est complètement sèche; aussi, les rivières coulent-elles toujours abondamment. Mais leur pente rapide, entrecoupée de cascades et de roches, en rend la navigation impossible. Leurs estuaires, encombrés de hauts fonds, s'enfoncent profondément dans les terres.

Les côtes sont poissonneuses : les espèces les plus communes sont les raies, les scies (*Pristis*), les daurades, mulets, capitaines, rougets, thons, maquereaux. La tortue franche et le caret sont abondants, particulièrement aux îles de Los, sur les bancs de sable de Bromaya, du Cobak et du bas Kompony; les noirs ne les chassent que pour leur chair et ne savent pas les exploiter. Sur les plages fourmillent les crevettes grises et roses. On trouve des langoustes aux îles de Los et au Sud-Ouest de Cobak. Enfin, il y a un gros crabe noir comestible. Des huîtres sont fixées sur la partie immergée des palétuviers jusqu'à la limite de l'eau saumâtre et, en beaucoup d'endroits, elles forment des bancs dans la mer, par exemple à l'embouchure du Pongo et dans le voisinage de l'île Matakony.

Dans les cours d'eau, on trouve des capitaines et des mulets vers

---

Principaux travaux consultés. — De Sanderval, *Conquête du Fouta-Djallon*, Paris, 1899. — Famechon, *la Guinée française*, notice de l'Exposition de 1900. — Dr. Froi, *Résultats scientifiques de la mission du Fouta-Djallon*, Bull. Soc. de Géogr. de Bordeaux, 1891.

la partie inférieure et, plus haut, des *Hydrocyon*, des *Labeo* et un grand nombre de Siluridés que les Européens apprécient peu. Les rivières sont infestées de caïmans, dont les indigènes aiment beaucoup la chair.

La pêche, au sujet de laquelle nous ne possédons presque aucun document, paraît peu développée en Guinée; les cours d'eau ne s'y prêtent pas beaucoup et la mer est mauvaise pour les embarcations de faibles dimensions des indigènes. Cependant, les Soussous pêchent à la ligne et au harpon; ils ne se servent pas de filets, à cause de l'abondance des roches qui les leur déchireraient. Les femmes vont à marée basse ramasser sur le rivage des crevettes, des petits poissons et des huîtres; pour recueillir ce coquillage, elles détachent l'animal de sa coquille et n'emportent que la partie comestible, dont elles remplissent des calebasses; puis elles vont laver cette masse gluante et la préparent pour leur cuisine. Ces indigènes consomment ainsi une assez grande quantité de poisson qu'ils mangent avec le riz, base de leur nourriture. Ils fabriquent aussi un peu de graisse de poisson.

Il est importé chaque année à la Guinée française les quantités suivantes de poissons secs, salés ou en conserves :

Année	Poissons secs, salés, etc.	Conserves de poissons	Année	Poissons secs, salés, etc.	Conserves de poissons
1898...	F. 2 137	F. 1.607	1901...	F. 6.110	F. 14.846
1899...	7 206	19.940	1902...	2 727	23.504
1900...	16.842	25.684	1903...	6.468	33.900

Les ressources des eaux de la Guinée ne pourraient, probablement, pas être beaucoup mieux utilisées qu'elles ne le sont aujourd'hui par les indigènes avec leurs moyens actuels. L'avenir de la pêche dans cette contrée sera vraisemblablement dans l'exploitation de ces bancs qui s'étendent au large de ses côtes sur de si vastes espaces. Ils sont peut-être comparables sous ce rapport à ceux des côtes du Sénégal et la pêche n'y pourrait être faite qu'avec des moyens d'action puissants : grosses embarcations, résistant à la violence de la mer, emploi de chaluts, etc. L'usage de ces moyens exigerait, ou bien des entreprises européennes, ou bien un état de civilisation que les indigènes sont loin d'avoir atteint. D'ailleurs, la température très chaude et humide du pays rendrait probablement difficile la conservation des produits de la pêche. On ne peut donc pas espérer voir cette industrie prospère avant un avenir assez éloigné.

COTE D'IVOIRE

Le littoral de la Côte d'Ivoire, d'une longueur de 600 kilomètres environ, est presque rectiligne, un peu onduleux dans sa moitié occidentale; il est formé par une plage de sable, où les palétuviers et les papyrus arrivent presque jusqu'au bord de l'eau. Parallèlement au rivage règne une barre, où la mer déferle et brise sans cesse, en dedans de laquelle l'eau, très peu profonde, est généralement calme; en dehors, la houle est presque continuelle. Au niveau de la barre, le sol sous-marin présente une dénivellation brusque, puis descend en pente douce, de telle façon que l'isobathe de 100 mètres court à 15 milles environ du rivage; au delà, la profondeur devient considérable; en face de la lagune de Grand-Bassam, cette ligne subit une inflexion qui la rapproche complètement de la terre, formant ce qu'on appelle le Trou sans Fond.

Dans la partie orientale de la Côte d'Ivoire, le rivage n'est formé que d'un cordon littoral de peu de largeur, en dedans duquel se trouvent des lagunes assez vastes. La lagune d'Assinie s'enfonce de 20 kilomètres dans les terres, celle d'Abrié est moins large, mais longue de 120 kilomètres environ; celle de Grand-Lahou est plus petite. Ces lagunes sont très découpées et forment d'innombrables criques et baies; leur profondeur, toujours assez faible, varie de quelques centimètres à 2 mètres; elles communiquent avec la mer par des ouvertures ou graus.

Les fleuves, encaissés étroitement dans la forêt qui est très dense, ont leur cours obtrué par la végétation, par des marécages et par des rapides, qui rendent la navigation impossible; leur débit est très variable, suivant que l'on est dans la saison des pluies, d'avril à novembre, ou dans la saison sèche.

Principaux travaux consultés: — Amiral F. de Langle, *Croisière à la Côte d'Afrique*, Tour du Monde, 1873. — Binger, *Du Niger au golfe de Guinée*, Paris 1892. — Pierre Mille, *La Côte d'Ivoire*, Notice de l'Exposition de 1900. — Marc Maurel *Côte d'Ivoire*, Société de Géogr. de Bordeaux, 1902.

Nous avons peu de renseignements sur la richesse de la mer dans cette colonie. Les rivières sont extrêmement poissonneuses ; les Siluridés y atteignent de grandes tailles. Les eaux saumâtres des lagunes contiennent une très grande quantité de poissons, presque tous comestibles ; il y en a une quarantaine d'espèces, les unes marines, les autres d'eau douce. Des crocodiles et des hippopotames vivent dans les parties retirées des criques et des estuaires. Quelques tortues marines viennent sur la plage.

La pêche en mer est très peu pratiquée. D'après Binger, à Grand-Bassam, les indigènes Jack-Jack traversent la barre dans de toutes petites pirogues ; ils sont généralement deux, un homme et un gamin. Pour gagner le large, c'est le plus fort qui mène l'embarcation ; une fois la barre passée, c'est lui qui pêche et l'enfant qui manœuvre. Pour changer de place, comme ils feraient chavirer la pirogue s'ils voulaient se croiser, ils plongent tous deux et remontent en même temps.

Ce sont les lagunes qui constituent de beaucoup le terrain de pêche le plus propice et le plus exploité. La pêche s'y fait un peu à la ligne et avec divers filets, mais surtout dans de vastes pêcheries qui sont établies partout ; on peut même dire que la lagune n'est qu'une immense pêcherie, car tous les villages situés sur ses bords possèdent des installations considérables. Au début de l'occupation, quand les Français voulurent y naviguer, il fallut négocier longuement pour obtenir le passage des avisos.

Ces pêcheries sont construites avec de longs pieux enfoncés dans la vase, servant de soutiens à des roseaux fendus ; les barrages prennent généralement la lagune en travers et, en quelques points, atteignent plusieurs milles de largeur. De distance en distance, environ tous les 200 mètres, la palissade forme un labyrinthe où s'engage le poisson ; il passe d'un compartiment spacieux à un autre plus petit et, en fin de compte, est forcé de rester prisonnier. Aux issues d'aval et d'amont, alternativement, sont disposées des nasses ; le reste est pris dans des compartiments qui servent de viviers, soit à l'aide d'éperviers, soit avec des casiers que l'on tend la nuit et que l'on relève le matin, soit au moyen de filets à main. Dans ce dernier cas, pour juger si le moment est opportun, les indigènes versent sur l'eau de l'huile de palme, afin de rendre la surface unie, ce qui leur permet de voir jusqu'au fond. S'il y a beaucoup de poisson, ils bouchent les issues, plongent avec un filet dans chaque main et ramassent ainsi tout le contenu de la pêcherie.

Dans quelques lagunes secondaires, de petites dimensions, les indigènes de plusieurs villages se réunissent parfois, pour creuser dans le sable une tranchée par où l'eau s'écoule en partie, laissant le poisson presque à sec ; il leur est alors facile d'en faire des récoltes abondantes.

Les engins de pêche donnent lieu à un faible mouvement d'importation dans la colonie comme nous l'indiquons ci-dessous :

Année	Hameçons	Filets	Année	Hameçons	Filets
1898	F. 3.150	—	1901	F. 22.847	304
1899	731	—	1902	852	6.372
1900	6.761	417	1903	4.796	307

Les hameçons sont presque tous d'origine étrangère ; les filets sont irrégulièrement français ou étrangers.

La pêche constitue ainsi pour les riverains de la lagune une industrie de premier ordre ; le poisson forme la base de leur alimentation. Quand la quantité récoltée dépasse les besoins immédiats, le surplus est séché et fumé sur des claies ; il est alors l'objet d'un certain trafic avec les peuplades de l'intérieur, qui apportent en échange de l'huile de palme et de l'or.

On conçoit qu'une ressource aussi importante pour les habitants ait nécessité l'organisation, dans cette population relativement dense, d'une certaine police. Il existe une réglementation simple : la pêche n'est autorisée qu'un jour sur trois et elle est déclarée fétiche les deux autres. Cette mesure prévient à la fois le dépeuplement des eaux et surtout une surproduction de la pêche qui s'accompagnerait forcément d'un gaspillage. Une petite quantité de poisson séché de la lagune est exportée à l'étranger :

1898	F. 259		1901	F. 1.878
1899	—		1902	2.882
1900	—		1903	—

L'abondance du poisson n'empêche pas une importation de poissons secs ou en conserves, dont on peut juger par le tableau suivant :

Année	Poissons secs, salés, etc.	Poissons conservés	Année	Poissons secs, salés, etc.	Poissons conservés
1898	F. 1.308	9.568	1901	F. 4.213	33.716
1899	3.600	14.358	1902	1.320	53.160
1900	2.534	24.408	1903	3.287	57.900

Peut-être le faible mouvement d'exportation que nous avons signalé indique-t-il le commencement d'un certain trafic. Les lagunes semblent être assez riches pour suffire à une production plus considérable. On pourrait peut-être d'ailleurs établir sur les graus des sortes de bordigues qui permettraient l'entrée du poisson et lui interdiraient la sortie, augmentant ainsi sa quantité.

C'est surtout avec les parties de la colonie éloignées de la côte que le commerce du poisson paraît devoir rencontrer dans l'avenir des débouchés plus étendus ; il suffirait de favoriser des transactions qui ont déjà une tendance à se faire, pour donner à la pêche une plus grande prospérité. On pourrait également amener les pêcheurs à augmenter leurs profits en utilisant les déchets pour la fabrication d'huiles et d'engrais.

DAHOMEY

La pêche constitue pour les indigènes du Dahomey une ressource fondamentale et se range, par son importance économique, immédiatement après l'agriculture.

La côte du Dahomey, longue d'une centaine de kilomètres, est une plage rectiligne, qui présente les mêmes caractères que celle de la Côte-d'Ivoire : barre très forte, faible déclivité du fond. En arrière du rivage existe une longue ligne de lagunes, assez étroites à l'Ouest, très vastes à l'Est, où les lagunes de Nokoué et de Porto-Novo sont considérables ; cette dernière se continue en devenant plus étroite dans la colonie anglaise du Laos. Derrière ces lagunes véritables, s'étend sur une assez grande surface un pays recouvert en partie de

Principaux travaux consultés : — Abbé Bouche, *La côte des Esclaves et le Dahomey*, 1885. — Commandant Toutée, *Du Dahomey au Sahara*, Paris 1899. — Brunes et Guithlen, *Le Dahomey*, Paris 1900. — Pradin, *Le secteur de Cabolé (Dahomey)*, Revue coloniale, 1902.

vastes marais. Enfin le Dahomey est traversé du Nord au Sud par un certain nombre de rivières, au cours entrecoupé de nombreux rapides, dont la plus importante de beaucoup est l'Ouémé.

La mer semble être très poissonneuse, à en juger par la grande abondance des requins ; mais elle est mal connue. Dans les fonds sablonneux de la barre, on trouve beaucoup de langoustes.

Dans les lagunes, on trouve côte à côte un grand nombre d'espèces marines (rougets, mulets, soles, sardines) et d'espèces d'eau douce ; celles-ci, sur lesquelles nous n'avons pas de détails précis, doivent se rapporter dans leur ensemble aux formes qui font le fond de la faune africaine : grande abondance des Siluridés, Cichlidés, etc. La richesse de la lagune est prodigieuse et, pour en donner une idée, le commandant Toutée affirme avoir vu les aubes du bateau à vapeur empêtrées pendant plus de cinq heures par les cadavres d'une espèce de poisson tuée pendant un orage. On trouve aussi dans la lagune des crevettes et des crabes. Sur les troncs des palétuviers, il y a des bancs épais d'huîtres comestibles, dont il ne faut pas abuser, parce qu'elles deviennent purgatives, et qu'il est bon de faire séjourner dans l'eau de mer avant de les consommer.

La pêche maritime est presque complètement délaissée ; l'état généralement houleux de la mer, les difficultés que l'on éprouve dans le passage de la barre, sont des dangers auxquels les pêcheurs s'exposent d'autant moins volontiers que la lagune leur offre des ressources inépuisables, dont l'exploitation est très facile.

Les eaux tranquilles des lagunes sont couvertes de pirogues de pêche ; les villages établis sur leurs bords sont habités uniquement par des populations dont la pêche est l'industrie principale. Certains même, comme celui d'Avansouri, sont bâtis sur pilotis, assez élevés pour que les vagues ne mouillent pas les cases, autour desquelles la circulation se fait en pirogue.

Les procédés de pêche sont variés, les engins assez bien faits et l'habileté des hommes très grande. Les pêcheurs calent dans la lagune des lignes dormantes ou des nasses. Ils traînent parfois des filets, notamment de la façon suivante : deux pirogues, montées par quatre hommes, promènent sur le fond un filet tendu entre elles ; sur chaque pirogue, l'un des hommes pousse à la perche, tandis que l'autre lance sa perche au loin en avant, de telle sorte qu'elle tombe verticalement dans l'eau et peut être ramassée par son propriétaire ;

ce manège effraie le poisson qui se sauve et celui qui se précipite dans le filet s'y emmaille.

L'engin le plus employé est l'épervier ; les indigènes excellent à le manier ; debout à l'avant de leur pirogue, ils le tiennent à deux mains et le font tournoyer au-dessus de leur tête, puis le lancent horizontalement. Leur instrument, qu'ils fabriquent eux-mêmes, est d'une légèreté et d'une régularité de mailles telles qu'il n'a, paraît-il, rien à envier à ceux de France.

Dans les endroits favorables de la lagune, là où le poisson circule beaucoup, sont établies à demeure des pêcheries en clayonnages, formées de barrages et de labyrinthes, qui conduisent le poisson à des chambres de pêche de la même façon que cela se passe dans les bordigues.

On pêche également avec beaucoup d'activité partout où il y a de l'eau, avec des procédés plus ou moins analogues. Sur l'Ouémé, il y a un village important de pêche à Zagnonado, à 100 kilomètres dans l'intérieur, et à Agouagou, à hauteur de Savé.

Les produits de cette pêche sont en partie apportés sur les marchés des grandes villes et tous les jours, à Kotonou, on peut trouver des mulets et des soles. Mais les quantités ainsi vendues ne représentent qu'une faible proportion de ce qui est pris. Le poisson entre pour une large part dans l'alimentation des pêcheurs eux-mêmes et de leurs familles. En beaucoup d'endroits, le poisson est aussi fumé par les indigènes et cette opération se fait de deux façons différentes : quand on veut garder le poisson pendant trois ou quatre jours seulement, on le met très près des charbons et, pendant qu'il se fume, il subit une légère cuisson ; quand on veut le conserver pendant plusieurs mois, on le découpe en tranches plus minces et on le place sur une sorte de gril de bois, au-dessus d'un feu de bois très fumeux que l'on entretient plusieurs jours ; les habitants des diverses localités attachent une grande importance à la nature du bois et des feuilles employées pour ce traitement.

Il est impossible d'apprécier la valeur des produits de la pêche, parce que leur consommation dans la colonie échappe à tout contrôle, d'autant plus que la majeure partie sert à la nourriture des populations qui s'adonnent à ce travail. Mais le poisson ne constitue pas seulement un aliment précieux pour le pays ; c'est aussi à l'état sec un article d'exportation, qui paraît prendre une importance de plus en plus grande. Cette exportation se fait pour la plus grande part vers le Lagos ; ce fait s'explique peut-être par la disposition particulière de la lagune de Porto Novo, dont le débouché naturel est celle de Lagos ; peut-être y a-t-il une prédisposition toute particulière des indigènes du Dahomey pour la pratique de la pêche. On peut juger par les chiffres suivants de l'accroissement rapide de ce mouvement d'exportation :

1898	F. 113.253	1901	F. 289.625
1899	267.286	1902	329.387
1900	229.869	1903	600.861

A côté de cette exportation a lieu l'importation d'une petite quantité de poissons secs, salés ou en conserves ; mais ce commerce est assez faible pour que l'on puisse considérer qu'il répond moins à une véritable nécessité qu'aux goûts de la clientèle européenne :

Année	Poissons secs, etc.	Poissons conservés	Année	Poissons secs, etc.	Poissons conservés
1898	F. 933	F. 3.153	1901	F. 8.549	F. 13.556
1899	1.429	5.530	1902	1.303	16.298
1900	4.276	—	1903	2.663	—

Il est donc certain que la pêche constitue pour le Dahomey une industrie prospère, qu'il est de tout intérêt de favoriser, afin d'augmenter encore sa contribution à la prospérité de la colonie. Il parait évident qu'elle continuera à être exercée exclusivement par les indigènes et qu'il n'est pas désirable d'essayer un autre mode d'exploitation. Elle nourrit actuellement de nombreuses populations et il est probable que l'exportation n'est limitée que par la demande à l'extérieur.

L'influence des autorités françaises peut encourager les producteurs à soigner de plus en plus la qualité de leur marchandise et aussi favoriser les moyens de transport : ce sont surtout des facilités commerciales qu'il faut donner et, en ce sens, les maisons européennes peuvent s'occuper du trafic du poisson. Quand les moyens de pénétration vers le Nord seront plus pratiques, les pays richement arrosés du Sud pourront vraisemblablement alimenter en poisson les régions voisines du Soudan ; enfin l'utilisation des résidus serait pour les pêcheurs une source de bénéfices.

En l'état actuel, la richesse des eaux semble rendre prématurées les mesures administratives contre leur dépopulation ; mais il ne faut pas laisser se propager les moyens essentiellement destructeurs, tels que les explosifs et le poison. Bien que la pêche en mer ne paraisse guère pouvoir se développer, en présence de la concurrence que lui fait la pêche dans la lagune, il serait désirable de ne négliger aucune ressource, et l'administration ferait sagement en cherchant à favoriser la construction et la sortie de quelques embarcations capables de tenir la haute mer.

NIGER

Bien que les différentes parties du cours du Niger et de ses affluents soient rattachées administrativement à plusieurs colonies, nous examinerons dans un seul et même chapitre les conditions de la pêche dans les eaux du fleuve.

Grossi rapidement par un grand nombre de rivières qui lui apportent une masse d'eau considérable, le Niger coule dans un lit resserré jusqu'à Koulikoro ; il s'étale alors et acquiert deux kilomètres de largeur ; sa pente est très faible et il court très lentement dans un pays très plat et sans arbres, coulant parallèlement au Bani auquel il est relié par plusieurs bras secondaires. A partir du lac de Debo, qui lui sert de réservoir et de régulateur, il couvre d'un réseau de bras toute une région marécageuse, formant autour de Tombouctou de véritables lacs d'une grande étendue, tels que le lac Horo, où la profondeur est suffisante pour que les vagues puissent parfois entraver la navigation et la pêche. Son débit diminue en arrivant dans ces régions sahariennes, où aucun affluent ne vient s'ajouter à lui. Il traverse de nouveau une région resserrée, à fond rocheux et plein d'écueils, puis s'étale encore, grossi par de nouveaux affluents, en se divisant en bras, autour d'îles nombreuses.

Principaux travaux consultés : — Hourst, *Une reconnaissance hydrographique au Niger*, Bulletin du Comité de l'Afrique française. — Dubois, *Tombouctou la mystérieuse*. — Commandant Toutée, *Du Dahomey au Sahara*, Paris 1899. — Mgr Hacquard, *Monographie de Tombouctou*, Paris 1900. — Gratiolet, *Note sur les lamentins du Niger*, Bulletin du Museum, 1900. — Chevalier, *Un voyage scientifique à travers l'Afrique centrale*, Annales de l'Institut colonial de Marseille, 1902. — Baillaud, *Sur les routes du Soudan*, Toulouse 1902.

Le volume des eaux du Niger varie considérablement : aux basses eaux, il n'a souvent que quelques centimètres de profondeur ; sa crue, qui commence vers le mois d'avril dans sa partie supérieure, se fait sentir de plus en plus tard en descendant son cours, surtout au-dessous du lac de Debo, à partir duquel elle ne se montre qu'en juin. Cette crue atteint à Segou près de 5^{m}50. Au moment de la crue, dans sa partie étalée, le fleuve couvre des espaces immenses. La navigation peut s'effectuer partout avec des embarcations de fort tonnage, mais présente de grandes difficultés entre Tombouctou et Say.

Le Niger est extrêmement poissonneux ; sa faune a des rapports étroits avec celle du Sénégal et celle du Congo. A côté des nombreux représentants des Siluridés, des Mormyridés et des Cichlidés, on trouve beaucoup de *Labeo* et d'*Hydrocyon*, que les Européens considèrent comme des carpes et des brochets ; des capitaines et de grandes quantités de petits clupéidés à mœurs migatrices appelés *tenenis* (*Pellonula*). Chevalier signale au lac Faguibine, près de Tombouctou, une grande quantité de poissons aplatis, rappelant les raies. Au moment des crues, tous ces poissons se répandent sur les terrains immergés. D'après Hourst, le fleuve semblerait être moins riche du côté de Fort-Archinard.

Les crevettes et les crabes d'eau douce se trouvent aussi en grandes quantités. Des mollusques que les Européens désignent sous le nom d'huîtres (*Ætheria*), forment des bancs considérables, parfois développés au point d'entraver la navigation ; ils sont comestibles et leurs coquilles épaisses peuvent servir à fabriquer de la chaux. Les caïmans se montrent partout dans le fleuve, ses affluents et les marécages. Les lamentins (*Manatus senegalensis*) sont communs sur le Niger ; les pêcheurs de Segou, trouvant à ces *mounous* un aspect à moitié humain, les considèrent comme de terribles jeteurs de sorts et les respectent au point de les rejeter sans leur faire aucun mal, lorsqu'ils les prennent dans leurs filets ; d'autres, moins sentimentaux, les mangent sans hésiter.

La pêche dans la vallée du Niger occupe une nombreuse population et certaines tribus s'y sont adaptées depuis des siècles, au point de s'y adonner exclusivement.

De Kouroussa à Bammakou, les pêcheurs sont des Somonos, caste Malinkèse, qui forment des villages spéciaux, dont Yamina est un des plus importants, et qui, dans les grandes villes, sont cantonnés dans des quartiers séparés. Ils construisent eux-mêmes leurs pirogues, simplement creusées dans un tronc de *caïcedra* ; les plus grandes sont formées de deux parties réunies par des cordes. Ils fabriquent aussi leurs filets avec une sorte de chanvre (*Dolichos*) que l'on cultive aux environs de Sansanding, Djenné et Segou, que l'on fait rouir et qui donne lieu à un commerce important.

Partis dès le matin sur le fleuve, les pêcheurs somonos ne rentrent que le soir. C'est, en général, à l'aide de filets qu'ils pêchent, en barrant le fleuve et en épuisant avec des filets plus petits l'espace circonscrit. Souvent aussi, ils harponnent le poisson, même de petite taille, avec une rare habileté. Enfin ils placent des nasses et des pièges de différentes sortes. Le commandant Hourst décrit aussi des sortes de casiers qu'il a vu employer sur le Tinkisso, près de Sakoya ; ce sont des cages cylindriques, en lattes de bambou, dans lesquelles on a ménagé une ouverture que peut fermer une petite porte à coulisse, chargée d'une pierre et maintenue par un léger obstacle, que la moindre secousse suffit à rompre ; les coups de queue du poisson qui a pénétré dans la cage décrochent la porte qui glisse de haut en bas et retient l'animal prisonnier. Pendant que les hommes pêchent, les femmes ouvrent les poissons et les font sécher au soleil ; les vieillards réparent les filets.

Au-dessous de Segou, c'est une autre race, celle des Bosos, qui s'adonne à la pêche. Montés sur leurs légères pirogues, ces hommes sillonnent continuellement le fleuve, harponnant les grosses pièces. Ils emploient aussi des filets de petites dimensions. Quand arrivent les bandes de *Tenenis*, on les chasse avec ardeur ; on les prend souvent la nuit à la lumière, et le fleuve se couvre alors de pirogues portant des fanaux. Dans les terrains inondés, on tend des nasses et des pièges divers, ou bien on prend le poisson à la main dans les flaques ; alors tout le monde pêche et peut faire sa provision. Mais pour les vrais pêcheurs, l'époque la plus favorable et où l'on peut se procurer les plus belles pièces est celle des basses eaux.

Les Bosos préparent le poisson en assez grande quantité ; ils le font sécher sans le saler, à cause du prix du sel ; le poisson durci, roux, gondolé, ressemble alors à des morceaux d'écorce. Les femmes vont vendre ce produit dans les villages agricoles et sur les marchés des villes ; ce commerce est suffisant pour permettre à ces peuplades de vivre et de payer l'impôt. Le cercle de Djenné est le principal centre de cette industrie ; en plus de la quantité de poisson sec qui est consommée dans le pays, l'exportation en est assez importante : l'exportation de Djenné vers le Mossi était en 1898 de 20.000 kilog., au prix de 0 fr. 15 à 0 fr. 35 le kilog, suivant la saison ; le cercle de Segou en avait exporté une tonne.

On pêche encore au niveau de Tombouctou et le marché de cette ville est approvisionné de poisson, mais à un état sec et souvent avarié, qui le fait repousser des riches et des Européens ; cependant il constitue pour la classe ouvrière et pauvre un bon appoint dans l'alimentation où il est plutôt employé à titre de condiment à cause de son goût très fort.

Nous n'avons pas de renseignements sur la pêche entre Kaboura et Say. Dans le bief inférieur du Niger, la pêche est organisée sur une grande échelle ; elle semble même être réglementée sur certains points : dans les villages de Badjiba, de Douga et de Yékédé, existe une sorte de police commune qui interdit la pêche sur certaines laisses du fleuve à l'époque de la fraie ; la fin de cette période d'interdiction donne lieu à de grandes fêtes. La pêche la plus importante se fait dans les bras du fleuve, où les mouvements d'ascension et de descente laissent les poissons emprisonnés dans des flaques ; on les y prend à la main ou à l'aide de filets analogues à nos troubles. Les lignes de fond donnent en plein fleuve de beaux résultats, surtout pour la capture des gros poissons. Mais l'emploi de la foënne est le procédé le plus répandu et le plus caractéristique : ce sont de véritables javelots terminés par un harpon à une ou plusieurs dentelures ; tantôt ce harpon est libre et on suppose qu'il suffira à arrêter le poisson blessé, tantôt il est monté à l'extrémité d'une corde qui se déroule dans le bateau à mesure que le poisson s'enfuit. Enfin certaines petites foënnes peuvent être tirées avec un arc, ce qui donne au tir plus de précision et permet d'atteindre plus facilement les poissons de petite taille. Le pêcheur se borne souvent à se promener au bord de l'eau, pour chercher à découvrir les poissons qui dorment le long de la berge, à l'abri de la violence du courant. La nuit on pêche beaucoup au flambeau.

On voit donc que le Niger n'est pas seulement une puissante artère fertilisante et une voie de communication ; il est seul aussi, sur des espaces immenses, à fournir une nourriture estimée chez la plupart des peuples. La sécheresse des pays traversés par le fleuve permet de conserver le poisson par le séchage seul ; mais nous avons vu que cette conservation est imparfaite ; elle se ferait évidemment bien mieux, si on pouvait saler le poisson. Cette industrie se lierait donc à la pénétration du sel ; il faudrait que cette substance puisse arriver dans le pays à un prix assez bas pour pouvoir être employée à cet usage. Il est probable d'ailleurs que le poisson déjà salé trouverait un écoulement de plus en plus assuré dans les pays tributaires du Niger et que le fleuve ne sera pas seulement un producteur, mais aussi une voie d'importation pour les produits de la pêche venus de pays encore plus riches.

CONGO

GABON ET CONGO MARITIME

La côte du Congo français est assez profondément découpée, au Nord du cap Lopez, par les baies de Corisco et du cap Lopez et l'estuaire du Gabon, vastes et profondes échancrures où l'eau douce se mêle à celle de l'Océan et où le flux et le reflux se font sentir à une grande distance ; dans toute cette partie, la déclivité du sol est assez accentuée. Au Nord du cap Lopez, le rivage est, au contraire, presque rectiligne, très bas, et isole du côté de l'intérieur un certain nombre de lagunes, où se font sentir le flux et le reflux ; les plus vastes sont celles de M'Banio, de N'Dogo, de N'Gové, de Fernan Vaz ; cette dernière, au sud de l'embouchure de l'Ogooué, est un vaste lac de 800.000 hectares, qui reçoit plusieurs rivières et communique avec la mer par trois ouvertures. Le littoral, presque partout sablonneux et bordé de palétuviers, est longé à une certaine distance par une barre qui sépare de la haute mer les eaux plus tranquilles du bord.

De nombreux cours d'eau, de grands fleuves avec leurs affluents descendent des plateaux élevés : leur cours est entrecoupé de rapides qui en rendent la navigation pénible. Leurs rives sont bordées dans les parties basses d'une végétation dense. Leur régime est réglé par celui des pluies, pendant la saison desquelles ils roulent une quantité d'eau considérable, tandis que leur débit devient très réduit pendant

---

Principaux documents consultés : — *Documents communiqués par M. le Gouverneur général du Congo français, relatifs au Gabon et aux régions de Nyanga-Mayumba et de Loango.* — Winwood Read, *The African Sketch Book.* — Marche, *Voyage au Gabon et sur le fleuve Ogooué*, Tour du Monde 1878. — Sauvage, *Faune ichthyologique de l'Ogooué*, Nouvelles Archives de Museum, 1880. — *Exposition de la mission de Brazza au Museum*, Revue scientifique, 1886. — Voulgre, *Le Congo français, le Loango.* Paris 1897. — Duboc, *Mission du golfe de Guinée.* Revue coloniale, 1902.

la saison sèche. Le fleuve le plus important est l'Ogooué, dont le cours atteint 1.200 kilomètres, dont le débit moyen est supérieur à celui du Rhin et du Rhône réunis ; dans sa partie inférieure, il s'étale et se divise en marigots et il communique avec les lacs Zouenghé et Anenghé, dans lesquels il se déverse aux hautes eaux. Citons encore les rivières Komo, Rhamboé, Nyanga et Kouilou.

Les côtes du Congo sont richement peuplées et on les a comparées, sous ce rapport, à la baie du Lévrier ; d'ailleurs, le Congo portugais et la colonie allemande du Sud-Ouest sont aussi favorisés. Les requins pullulent ; les raies atteignent de très grandes tailles ; les poissons les plus communs sont les mulets, daurades, capitaines, soles, espadons, exocets, congres, et les sardines qui, à certaines époques, apparaissent près des côtes en bancs très nombreux. Des cachalots et des marsouins s'approchent souvent de la terre et, avant l'occupation française, des goélettes américaines venaient les chasser. Beaucoup de tortues franches et quelques carets viennent pondre sur le rivage. Les crabes, crevettes et langoustes abondent, ces dernières particulièrement dans la baie de Corisco. Sur les racines des palétuviers sont attachées souvent de petites huîtres (*Ostrea guineensis*).

Dans les estuaires des lagunes et les lacs du bas Ogooué, vivent beaucoup d'espèces marines : raies, mulets, daurades, sardines, espadons, mélangées à des espèces d'eau douce : capitaines, siluridés, brochets (*Hydrocyon*), *Labeo*, etc. ; on y trouve aussi à la fois des tortues de mer et des *Trionyx* ; quelques lamentins s'y rencontrent également. Dans la lagune de M'Banio, il y a en abondance des bancs d'huîtres dont le goût est médiocre, à cause de leur habitat en eau saumâtre ; mais l'Administrateur de la région estime qu'un séjour dans l'eau de mer les rendrait aussi bonnes que des portugaises.

Dans les cours d'eau, les Cichlidés (*Tilapia, Hemichromis*) sont les plus abondants et les plus estimés ; il faut citer encore, parmi les espèces les plus importantes, les *Labeo, Distichodus, Hydrocyon*; ces derniers atteignent une très grande taille ; dans les parties marécageuses habitent surtout les Mormyres et les Silures ; parmi ces derniers, les *Clarias*, au corps allongé, sont faussement désignés sous le nom d'anguilles. La plupart de ces poissons sont bourrés de parasites au point que M. Attilio Pecile conseille de les manger les yeux fermés. Mentionnons au point de vue faunistique les Polyptères et Protoptères. Il y a beaucoup de crevettes et de crabes d'eau douce d'assez forte taille. Des tortues habitent diverses régions; enfin les caïmans sont très abondants.

Les habitants des villages côtiers se livrent volontiers à la pêche, presque toujours d'une manière un peu accidentelle; c'est seulement à Libreville et à Loango que l'on trouve quelques véritables professionnels. La pêche est très active dans les baies de Corisco et du cap Lopez; dans la rade de Libreville les tribus qui y sont surtout portées sont les M'Pongoués, les Boulous et les Bongos. Au sud du cap Lopez, jusqu'à Mayumba, les indigènes ne pêchent pas en mer, à cause des dangers du passage de la barre; dans la baie de Mayumba, où la barre est moins forte, quelques pirogues se risquent parfois à la traverser. Sur les bancs de sable dans la baie de Banda, on voit toute l'année un nombre considérable de pirogues se livrer à la pêche, mais pas quotidiennement. Dans la région de Loango, les pêcheurs loangos s'aventurent jusqu'à deux milles en mer.

Les embarcations sont des pirogues de petite taille; au Gabon elles sont montées au plus par quatre hommes; elles sont manœuvrées à la pagaie ou pourvues d'une voile carrée; à Mayumba, Banda, elles sont minuscules et montées par un seul indigène. Les pêcheurs les fabriquent généralement eux-mêmes, un peu partout, mais particulièrement dans la région de Conkuati; elles sont creusées dans les troncs de divers arbres, de préférence d'*okoumé*.

Chacun se fabrique aussi les engins qui lui sont nécessaires; les fibres d'ananas et de bananier, l'écorce de certaines lianes et de certains arbres fournissent des textiles très souples utilisés pour la confection des filets et des lignes; ils sont remplacés parfois par du fil acheté dans les factoreries. Des hameçons sont importés en petite quantité : 91 kilogrammes en 1903, 72 kilogrammes en 1904.

La pêche à l'hameçon se fait à la ligne de fond ou à la ligne traînante. La pêche à l'épervier, qui est d'importation européenne, est très pratiquée; les indigènes, qui y sont très habiles, capturent ainsi surtout les mulets sur les bancs de sable, à une faible profondeur. Les filets les plus employés sont des sortes de sennes, de 40 à 50 mètres de long, 1^{m}50 de large, que l'on traîne par leurs deux extrémités.

Les pêcheurs prennent un assez grand nombre de tortues franches, dans la baie de Corisco; cette pêche se fait la nuit, à l'aide d'un harpon dont le fer, assez petit, se sépare du manche, mais lui reste rattaché par une corde ; le bois flottant à la surface permet de rattraper l'animal lorsqu'il s'est fatigué. Une petite quantité d'écaille de caret est aussi recueillie : 1.400 francs en ont été expédiés en France en 1901.

La pêche dans les lagunes est très active; elle se pratique à l'aide de sennes, d'éperviers, de nasses ; avec ces dernières, qui sont très longues et construites en bambous, les indigènes barrent des coins de lac ; elles sont pourvues de portes que l'on ouvre à marée montante et que l'on ferme à marée descendante. Les indigènes des bords de la lagune de M'Banio font, pendant huit mois de l'année, une consommation énorme des huîtres dont nous avons parlé.

Dans les lacs du bas Ogooué et de Fernan Vaz, la pêche est surtout active pendant la saison sèche ; les travaux agricoles étant alors terminés, les habitants des villages de l'intérieur viennent établir sur les bords des campements qu'ils déplacent suivant les migrations du poisson.

Les tribus riveraines des fleuves pêchent également : chez les Pahouins, les femmes pêchent à la ligne, montées dans de petites embarcations avec lesquelles elles s'éloignent peu du bord et demeurent près des villages. Les hommes se servent de filets, de nasses, de harpons, mais rarement ; ils construisent plutôt des barrages fort ingénieux. Marche fait la description d'une pêcherie fort bien installée au bas d'un fort rapide, à l'embouchure de l'Iboga : une estacade de bambous, dont les interstices sont bouchés avec des pierres et des herbes, barre toute la rivière, ne laissant que trois ou quatre passages étroits, au travers desquels l'eau se projette violemment sur des claies en bambous, à rebords élevés, inclinées à 30°, qui sont solidement fixées en arrière des ouvertures ; les pêcheurs, hommes, femmes et enfants, se jettent à l'eau en amont de l'estacade, criant et pataugeant pour remuer le poisson, qui est lancé par le courant contre les claies sur lesquelles on le ramasse.

En mer ou en rivière, les indigènes pêchent pour la plupart en vue de leur propre alimentation et non pour exercer une industrie de rapport; cependant, dans les régions où existent des factoreries, une partie insignifiante du poisson pêché est vendue par les indigènes, surtout pour se procurer du tafia. A Libreville, en raison de l'agglomération des Européens, la vente du poisson procure aux pêcheurs une réelle aisance; le prix en est de 1 franc à 1 fr. 25 le kilogramme.

Une partie du poisson est consommée immédiatement, le reste est séché au soleil ou fumé plus ou moins soigneusement ; les tribus qui viennent pêcher pendant la saison sèche peuvent ainsi en emporter chez elles de grosses provisions pour le reste de l'année ; celles qui pêchent toute l'année expédient en petite quantité ce poisson conservé vers l'intérieur, où il constitue un article recherché, pouvant servir à des échanges, contre du caoutchouc, par exemple. La quantité de poisson offerte est toujours inférieure à celle qui pourrait être consommée.

Les noirs mangent aussi les tortues qu'ils peuvent se procurer, rôties sur la braise ou bouillies avec du manioc ou du riz ; la chair en paraît fade, molle et peu savoureuse aux Européens ; les œufs en sont très prisés.

L'exploitation des eaux de cette région est donc encore bien rudimentaire ; elle est en rapport avec la modicité des besoins et la paresse des indigènes, bien plus qu'avec les ressources que l'on pourrait tirer d'une pêche bien organisée. Cette dernière n'est soumise à aucun règlement et ses produits ne sont grevés d'aucun droit ; cela est fort heureux, car ce seraient de nouvelles entraves à une industrie déjà si précaire.

La voie à suivre pour tirer parti de ces richesses paraît devoir être celle qui est timidement tracée par les indigènes : non seulement trouver une nourriture abondante pour les populations côtières, mais encore en faire un article d'échange pour commercer avec l'hinterland. Ces transactions pourraient être développées par la bonne qualité des produits, permettant leur conservation et leur transport au loin, et par la facilité des communications avec l'intérieur. S'il ne semble pas possible pour des Européens de s'occuper de pêche autrement que par des conseils et des encouragements aux indigènes, ils peuvent fort bien faire jouer un rôle important dans leurs affaires au trafic du poisson sec.

Sur la côte du Congo portugais, des opérations se font déjà dans ce sens : à Loanda, 500 indigènes environ pêchent en mer toute l'année ; ils sèchent simplement ou sèchent et salent leur poisson et toute la prise est achetée par trois maisons portugaises, qui l'expédient par chemin de fer ou caravanes sur les marchés indigènes de l'intérieur ; ce trafic représente 200 à 250 tonnes. A Mossamédès il y a deux entreprises de pêche montées sur une grande échelle par des Portugais de Madère et de l'Algarve ; chacune possède une cinquantaine de bateaux, tous montés par un Portugais et des noirs ; le poisson est salé, séché, mis en sacs et expédié sur différents ports du Congo, d'où il pénètre dans l'intérieur ; il trouve à Angola et San-Thomé des marchés qu'il ne suffit pas à alimenter.

Le système pratiqué à Loanda pourrait plus facilement être appliqué au Congo français que celui de Mossamédès car on ne pourrait conseiller à des pêcheurs français de monter eux-mêmes les embarcations, sous un climat si pénible pour eux. Peut-être pourrait-on concéder à des Européens le droit d'établir des pêcheries fixes dans certaines lagunes.

On pourrait aussi trouver une source de revenus, ainsi que l'indique l'Administrateur de la province de Nyanga-Nayumba, dans l'exploitation des huîtres de la lagune de M'Banio, qui pourraient alimenter autant de parcs qu'on en voudrait établir sur la côte d'Afrique.

CONGO ET SES AFFLUENTS

Les quelque 600 kilomètres de la rive droite du Congo possédés par la France constituent en quelque sorte le littoral de notre colonie sur cette immense surface d'eau que l'on a comparée à une mer intérieure. La largeur du fleuve varie dans cette partie de 5 à 18 kilomètres ; son cours et parsemé d'îles parfois très vastes et présente, à côté d'étendues plus calmes, des rapides et des remous, surtout aux époques de hautes eaux ; aussi la navigation y est-elle souvent périlleuse et elle exige de solides embarcations. L'Oubanghi, large

---

Principaux documents consultés : *Documents communiqués par M. le Gouverneur général du Congo français, relatifs aux régions de Bangui et de la Haute-Sangha.* — Boulenger, *Les poissons du bassin du Congo*, Bruxelles. — Trivier, *Mon voyage au continent noir.* — *La mission Dibowski vers le Tchad*, Tour du Monde 1893. — Van Mons, *La Pêche au Congo*, Congo illustré 1893. — Clozel, *Les Bayas, Haute-Sangha*, Paris 1896. — Jullien, *Du Haut-Oubanghi vers le Chari*, Bulletin de la Société de Géographie de Paris, 1897. — Wauthers, *L'État indépendant du Congo*, Bruxelles 1890. — Cureau, *Les États Zandés*, Revue coloniale, 1899. — Fourneau, *Rapport anecdotique de la mission Fourneau*, Revue coloniale, 1900. — Guillemot, *Le Congo français*, Notice de l'Exposition de 1900. — Mahieu, *Haut-Oubanghi*, Revue coloniale, 1902. — Truffert, *Le massif des M'Brès*, Revue générale des sciences, 1902. — Journal officiel de l'État libre, 18 juin 1903. — Collection du Congo illustré.

souvent de plus de 3 kilomètres, encombré aussi d'îles et de bancs de sable, atteint à peine 1 mètre de profondeur en saison sèche, mais dépasse 6 mètres pendant l'hivernage. Avec la Sangha, la Likouala, l'Alima, ils forment les principales artères d'un très riche réseau hydrographique. Tout le pays, à la saison des pluies, ruisselle d'eau ; partout courent des rivières et des marigots, desséchés totalement ou en partie dans la saison sèche, et qui souvent s'étalent en marais, par lesquels communiquent parfois des rivières coulant dans des bassins différents.

D'une manière générale, ces eaux sont pures, pauvres en calcaire et en chlorures, peu chargées en matières organiques. Limpides en saison sèche, elles se chargent pendant l'hivernage de matières argileuses arrachées à la berge, qui les rendent troubles et jaunes, mais se déposent facilement par un simple repos.

Les poissons sont extrêmement abondants partout ; depuis les plus grandes rivières jusqu'aux simples flaques isolées, toutes les eaux fourmillent de vie. Dans les grands fleuves, certaines espèces atteignent une taille énorme. Le bassin du Congo est peut-être le plus riche en espèces de toute la terre. Le faciès de cette faune est caractérisé par la présence des Protoptères et Polyptères, par l'abondance des Siluridés, qui constituent la majorité des poissons capturés, ainsi que par celle des Mormyridés, Characinidés et Cichlidés.

Quelques espèces méritent une mention spéciale : les *Mormyrops* atteignent $1^m 50$; leur chair est excellente, comme aussi celle des *Petrocephalus* et *Gnathonemus*. De petits clupéidés de 5 à 7 centimètres, *Pellonula*, *Odaxothrissa* (appelés *dogolas*), vivent en bandes innombrables, à la façon des sardines, et peuvent se prendre en quantités considérables, surtout à l'état jeune. *Hydrocyon Goliath*, aux dents formidables, capables de couper des fils de cuivre, dépasse un mètre ; il est redoutable et aussi très estimé. Des barbeaux vivent dans les eaux rapides ; ils peuvent peser plusieurs kilogrammes ; leur chair est blanche et bonne. Les *Labeo* sont de bons poissons, souvent appelés carpes par les Européens ; ils dépassent un mètre. Les Siluridés : *Clarias lazera* C. V., *Clariallabes melas* Boul., *Channalabes apus* Boul., abondent dans les parties marécageuses et, en saison sèche, s'enfoncent dans la vase, se faisant des sortes de terriers, d'où ils sortent la nuit pour chercher leur nourriture ; leur corps allongé les fait souvent désigner par les Européens sous le nom d'anguilles ;

leur chair, très recherchée, est aussi comparable à celle de ce poisson. *Chrysichthys Cranchii* Leach., dont la chair rappelle celle de la morue, peut peser 40 kilogrammes. *Synodontis acanthomias* Boul., peut atteindre deux mètres. *Malapterurus electricus* Gm., célèbre par ses propriétés électriques, a une chair de qualité inférieure, que l'on consomme peu et que l'on accuse dans certaines tribus de provoquer des éruptions. *Lates niloticus* C.V. est excellent et de grande taille. Enfin, on trouve un *Tetrodon*, *T. mbu*, dont la chair, probablement moins toxique que celle des espèces marines, est mangée par certaines peuplades, rejetée par d'autres,

Les crevettes et les crabes sont très abondants. Les mollusques sont très rares dans la partie française du Congo ; il faudrait remonter jusqu'aux cataractes pour trouver des bancs d'*Ætheria*. On rencontre diverses tortues d'eau douce parmi lesquelles deux *Pelomedusa* qui atteignent 40 centimètres de long et que l'on peut manger, et une grande *Trionyx* qui peut peser 100 kilogrammes. Les crocodiles pullulent dans le fleuve comme dans ses plus petits affluents ; ils sont très voraces et dangereux. Quelques lamentins s'y trouvent encore.

Les Européens n'ont guère le temps de pêcher et préfèrent abandonner cet exercice à l'habileté des nègres ; cependant, par exception, quelques blancs s'amusent, le dimanche, à pêcher à la ligne, à l'épervier ou à la dynamite. Nous ne savons si ce dernier procédé est légitime dans la colonie française, où il n'existe aucune réglementation de la pêche ; dans l'Etat libre, la pêche aux explosifs était interdite, mais un arrêté du 18 juin 1903 l'a autorisée dans le district du Stanley Pool ; nous ignorons les motifs de cette détermination qui paraît regrettable, car, si poissonneux que soit le fleuve, on arriverait vite à le dépeupler.

L'abondance extraordinaire du poisson constitue pour toutes les populations riveraines une véritable richesse, en tant qu'aliment et qu'objet de trafic. Malgré leurs tendances naturelles à la paresse, les indigènes se sont pliés au travail de la pêche comme à une nécessité géographique et ils s'y sont tellement adaptés que cet art est presque aussi perfectionné chez eux que dans nos pays. Leurs engins, fort compliqués et ingénieux, sont généralement fabriqués par eux-mêmes, avec beaucoup d'adresse, bien que leurs matériaux soient un peu primitifs. Ils avaient même des hameçons fort bien faits, mais maintenant ils en utilisent surtout d'origine européenne, comme l'indiquent les chiffres d'importation :

Années	France	Etranger	Années	France	Etranger
1898	20 Fr.	717 Fr.	1901	210 Fr.	377 Fr.
1899	6.114	551	1902	846	358
1900	1.414	1.067	1903	343	773

En raison de la facilité et de la fréquence des communications sur le fleuve, les mêmes procédés de pêche sont connus sur presque tout son cours, mais les diverses peuplades, plus ou moins laborieuses, se donnent plus ou moins de peine pour ce travail ; ainsi, les Batékés, paresseux, pêchent le moins possible, sans grandes installations, alors que les Basokos, les Upotos, parcourent constamment le fleuve dans leurs pirogues sur des distances immenses ; c'est ainsi qu'une douzaine de Basokos, qui sont venus s'installer à Léopoldville, alimentent la ville en poisson. Les indigènes qui descendent le fleuve pour commercer, consacrent en route beaucoup de temps à la pêche et s'arrêtent fréquemment sur les bancs de sable pour préparer leur prise. Certaines peuplades mènent une vie absolument lacustre ; habitant jour et nuit d'énormes pirogues de plus de 25 mètres, recouvertes de toits d'herbages, ils ne descendent à terre que pour sécher leurs filets et échanger le produit de leur pêche.

Les pirogues employées sur le Congo sont de tailles très diverses, pouvant contenir de quelques personnes seulement à une centaine ; elles sont creusées dans des troncs d'arbres, à la hache et à l'herminette et flambées à l'extérieur, pour les rendre imperméables.

Les noirs pêchent beaucoup à la lance, qu'ils jettent comme un harpon avec une grande habileté ; ils prennent ainsi de très gros poissons ; quelques espèces, comme les *Hydrocyon*, ne peuvent guère être prises que de cette façon. Cette pêche se pratique souvent de nuit, à la torche, au bord du Stanley-Pool. On se sert aussi de fléchettes de bambou, à pointe travaillée, lancées au moyen d'un arc.

La pêche s'effectue souvent en choisissant au bord du fleuve un endroit peu profond, où les herbes poussent hautes et drues. Un groupe de pêcheurs remonte le courant dans une pirogue, prend le large, et revient par une courbe vers le rivage en frappant l'eau avec des pagaies ; le poisson s'enfuit dans les herbes où d'autres pêcheurs, restés au bord, les ramassent avec des paniers ou les harponnent avec des sagaies. C'est une pratique commune chez les Bakhourous et parfois très fructueuse.

Partout les femmes et les enfants, plongés dans l'eau jusqu'à la ceinture, pêchent à l'aide de petits paniers de bambou à jours, ovoïdes, pointus ou cylindriques, qu'ils promènent sur les bords du fleuve ou dans les herbes; c'est une méthode peu productive qui donne de petits poissons et des crevettes.

La pêche à la ligne à main n'est guère pratiquée que par les enfants; leur canne est une simple branche, leur ligne une ficelle légère, terminée par un hameçon que l'on amorce d'une boulette de chicwangue ou d'un ver de terre.

La capture des poissons à l'hameçon s'effectue surtout au moyen de lignes flottantes, de lignes à renversement et de lignes dormantes; la corde en est tressée avec les fibres tirées de la deuxième écorce d'un arbrisseau. La ligne flottante est constituée par un morceau de bois léger, auquel pend une corde à laquelle est attaché un hameçon appâté avec un petit poisson; les soubresauts annoncent au pêcheur qu'un

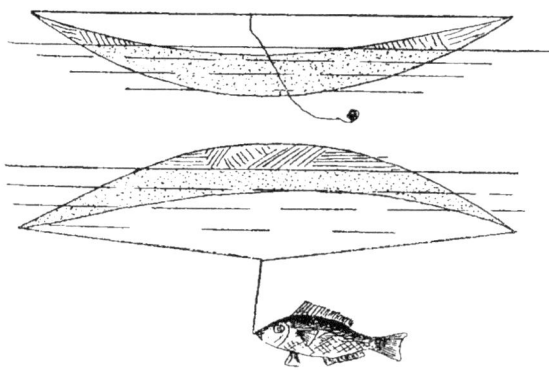

Fig. 2. — LIGNE A RENVERSEMENT DU CONGO

poisson a mordu. Dans la ligne à renversement, le flotteur en bois est creusé en forme de nacelle et la corde est attachée à sa partie supérieure; la traction exercée par le poisson pris retourne le flotteur et le

— 204 —

pêcheur est ainsi averti. Si, à une ligne flottante, on ajoute une corde maintenue par une pierre, pour empêcher l'appareil d'être entraîné par le courant, la ligne devient dormante. C'est l'hameçon qui, avec le harpon, permet de prendre les plus belles pièces.

Partout sont extrêmement employées des nasses des dimensions les plus diverses; certaines sont longues de 5 à 6 mètres, avec 2 à 6 mètres de diamètre à l'orifice; d'autres peuvent être tenues sous le bras d'un enfant. Elles sont faites d'éclats de bambous, soigneusement ajustés. Elles ont généralement la forme d'un panier conique, à sommet bien fermé, à l'entrée duquel est adapté un panier plus petit, dont le sommet est ouvert; d'autres sont cylindriques et ont deux

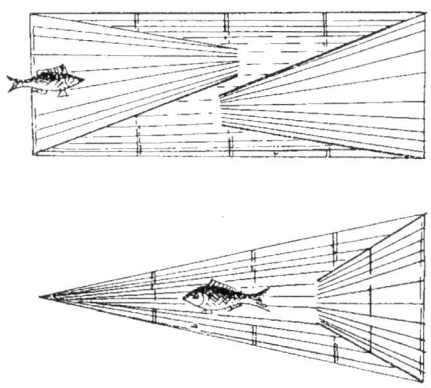

Fig. 3. — NASSES DU CONGO

entrées, disposées obliquement pour ne pas se correspondre. Les nasses sont parfois simplement jetées à l'eau dans un endroit poissonneux, retenues à la rive par une liane; chaque jour on les relève vers le matin, et on les immerge à nouveau aussitôt. Souvent, aux hautes eaux, les pêcheurs placent dans les rochers des rapides d'immenses nasses solidement maintenues par des lianes à des perches calées entre les pierres et dans lesquelles viennent s'engouffrer les eaux et tout ce qu'elles contiennent; il faut que les pêcheurs accomplissent de véritables tours de force pour aller en pirogue, trois ou quatre fois par jour, recueillir leur récolte; les naufrages sont fréquents. Ces engins sont continuellement détériorés et des travaux de réparation doivent constamment être exécutés, ce qui donne à ces lieux de pêche une grande animation. Ce procédé fournit peu de gros poissons, car ils se laissent plus difficilement que les petits entraîner par le courant.

D'autres barrages sont établis pour profiter de la baisse annuelle des eaux ; cette baisse est, d'ailleurs, partout l'occasion d'une recrudescence dans la pêche et les habitants de villages, situés jusqu'à vingt kilomètres dans l'intérieur, viennent se fixer sur les lieux de pêche ; les prétentions au droit de pêche, en certains points, donnent souvent lieu, entre les tribus, à des réclamations et à des conflits, sujets de palabres indéfinis. Peu de temps avant la crue, les indigènes construisent dans un endroit convenablement choisi, à l'aide de clayonnages, ou de branches et de terre, un barrage d'au moins deux mètres de haut, dans lequel ils réservent une ou plusieurs ouvertures, suivant la longueur ; des nasses sont adaptées dans ces passages avant la baisse des eaux, moment où les poissons répandus dans les terrains inondés par la crue se précipiteront dans les pièges où il n'y aura plus qu'à les ramasser ; certaines de ces pêcheries peuvent être disposées sur deux à trois lieues de longueur.

Un appareil très usité est le "*Iokando*" sorte de nasse en bambous très légers, longue de 15 à 20 mètres, large de $1^m 50$; très flexible, elle peut être roulée ou déroulée en un instant. Pour l'usage, elle est ouverte et tenue prête à fonctionner par 7 hommes, trois à l'avant de la pirogue, quatre à l'arrière. Les pagayeurs font descendre à l'embarcation le cours de l'eau en passant de préférence près des rives et des endroits peu profonds. Dès qu'ils aperçoivent une bande de poissons, les pêcheurs sautent dans le fleuve, en faisant tomber l'engin perpendiculairement et le traînent, de manière à capturer une partie de la troupe. D'autres fois, on fait décrire au lokando un cercle, de façon à cerner les poissons, puis on l'enroule sur un de ses côtés, en tenant le cercle hermétiquement fermé ; l'espace, se rétrécissant de plus en plus, le poisson immobilisé peut être pris à la main ou au harpon.

On emploie encore beaucoup une claie de 10 à 12 mètres carrés de superficie, en fibres de bambou tressées de manière à former un tamis dont les trous n'ont guère que 1 ou 2 millimètres. Ces claies sont fixées du côté droit d'un canot à deux forts crochets de bois assujettis au fond de l'embarcation, à l'avant et à l'arrière ; deux grandes perches permettent d'élever et d'abaisser l'appareil. Deux pagayeurs montés dans le canot le laissent dériver avec le courant, en tenant l'engin abaissé un peu au-dessous de la surface de l'eau ; ils le relèvent de temps en temps et les petits poissons qui peuvent être pris ainsi, désignés sous le nom de « *bolas* », tombent au fond du bateau.

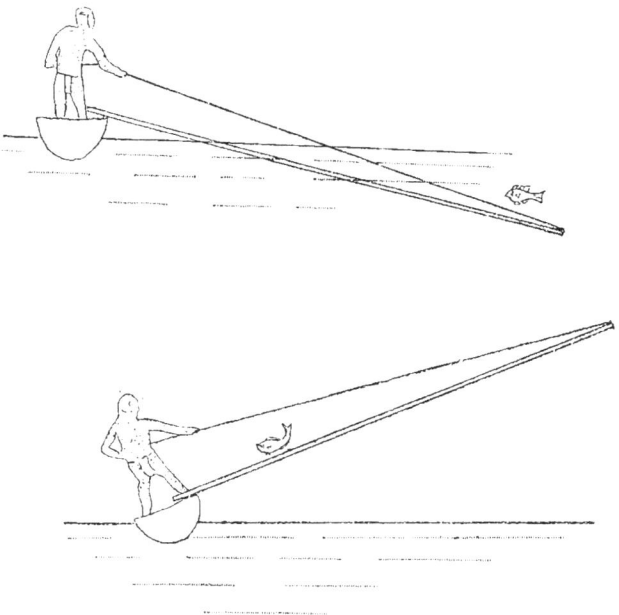

Fig. 4. — MANŒUVRE DES CLAIES MONTÉES SUR PIROGUES

Les filets, tressés en fibres de palmiers ou autres, sont de toutes longueurs ; certains atteignent 100 mètres de long et 2 ou 3 de haut ; les flotteurs sont de petits morceaux de bois très léger, souvent en forme de tubes ; comme lest on se sert de pierres ou de tubes de poterie fabriqués pour cet usage, très rarement de fer. Ils sont traînants ou flottants, suivant que l'on y met plus de lest ou de flotteurs. Les premiers sont disposés par une pirogue sur un banc de sable, de façon à décrire un circuit, et halés ensuite sur la grève. Les filets flottants sont tendus entre deux pirogues qui descendent le courant et des rabatteurs effraient le poisson qui vient se jeter dans les mailles.

La pêche au poison est aussi très en faveur. On emploie généralement dans ce but *Tephrosia Vogelii*, légumineuse soigneusement cultivée dans tous les villages ; les feuilles et les fleurs de cette plante sont écrasées et mises à macérer dans l'eau pendant plusieurs jours, et cette décoction est jetée dans les ruisseaux et les mares ; dès que le poisson l'a absorbée, il devient malade et flotte à la surface où il est aisé de le prendre.

La plupart des tribus riveraines du fleuve sont essentiellement ichthyophages ; le poisson forme la base de leur nourriture azotée. Sur les marchés un peu importants, on trouve du poisson frais et des crevettes, qui fournissent aux Européens une nourriture saine et leur permettent de varier leurs menus. Une partie de la pêche est consommée immédiatement, la plus grande quantité est séchée et fumée sur des claies. Ainsi préparé, le poisson n'est pas mauvais, mais la conservation est souvent imparfaite et les vers s'y mettent. Les pêcheurs font de ce poisson sec un grand commerce, même avec des peuplades habitant fort loin du fleuve. Parmi les poissons qui jouent le rôle le plus important, il faut citer ces petits clupéidés, les *dogolas*, dont le goût piquant est assez agréable ; salés et séchés, ils sont vendus en immenses quantités.

Les gens de l'intérieur prennent aussi dans les mares et les ruisseaux beaucoup de poisson, insuffisamment pour en faire un commerce mais assez pour leurs besoins. Ils utilisent beaucoup le poison. Ils isolent aussi par des barrages des portions de cours d'eau qu'ils mettent ensuite à sec et où ils prennent le poisson à la main. En saison sèche, ils savent aussi déterrer les *Clarias* et les Siluridés de mœurs analogues.

Sur les bords de l'Oubanghi, habitent encore des peuplades spécialisées dans la pêche. Les Balloïs construisent leurs villages entièrement sur les rives du fleuve, qu'ils bordent parfois sur une grande longueur. Les Bonjos pêchent avec ardeur ; ils n'ont que de petites pirogues, mais leurs pagaies énormes atteignent 2 mètres de long. La pêche au gros poisson se fait avec des nasses ou par le barrage de petites rivières ; le fretin se prend à l'aide de claies montées sur pirogues comme au Congo.

Les Banziris présentent à un haut degré le caractère de populations vivant de la rivière ; ce sont des piroguiers émérites ; ils ont de grandes embarcations pour voyager sur le fleuve, mais leurs bateaux de pêche ne dépassent pas 1 tonneau. Leurs peuplades se déplacent avec une grande facilité : aux eaux basses, ils quittent leurs villages et vont s'installer dans des endroits plus favorables, campant sur les bancs de sable découverts. Ils pêchent à la ligne, au poison, à l'épervier, aux filets, aux nasses, avec une habileté consommée. Ils ont des nasses si volumineuses que deux pirogues doivent se réunir pour les porter ; ils construisent aussi des pêcheries immenses. Les femmes et les enfants fument sur des claies le poisson pris par les hommes, pour la mauvaise saison ou pour les échanges ; avec ce produit ils achètent du manioc, des fruits, de la viande, du bois de teinture rouge, des esclaves, aux populations plus paresseuses, telles que les Baccas de la région de Bangui. La saison finie, ils détruisent leurs villages provisoires.

Sur la Sangha, les Missangas pêchent aussi fort habilement à la ligne, au harpon, aux nasses, aux filets, ou établissent sur toute la largeur de la rivière des barrages percés d'ouvertures en face desquelles sont fixées des nasses ; ils empoisonnent aussi les flaques d'eau.

A mesure que l'on s'éloigne des grandes rivières, les habitants deviennent de moins en moins bons navigateurs et pêcheurs, Ils ont de toutes petites pirogues, appelées, dans la haute Sangha, pirogues moustiques. On utilise encore la ligne, les nasses, les filets, surtout au bord des rivières principales ; mais le procédé le plus important est la construction de barrages, mobiles ou fixes, procédé pour lequel le moment le plus favorable est le début de la saison sèche, époque où les populations de villages assez distants émigrent au bord des rivières. Ces barrages répandus partout ne servent pas seulement à la pêche, mais sont utilisés aussi comme ponts ou comme moyen de défense nautique. Dans les très petits cours d'eau, on isole avec des digues des portions du lit que l'on dessèche et où le poisson est ramassé avec des paniers.

Les crocodiles sont des ennemis dangereux pour les pêcheurs qu'ils dévorent parfois ou mutilent. Les noirs se vengent en mangeant ces adversaires, car ils sont très friands de leur chair. Ils les capturent à l'aide d'un morceau de bois pointu entouré d'entrailles qu'ils attachent au bout d'une corde. Ils recherchent aussi beaucoup leurs

Pl. XII.

MANŒUVRE DU FILET MONTÉ SUR PIROGUE, DANS LE BAS CHARI

œufs. Certains en font même un élevage : ils font éclore les œufs et engraissent les petits dans une mare, puis les portent au marché.

Il est de toute impossibilité de déterminer la valeur économique que peut représenter la pêche au Congo ; nous avons constaté seulement que des populations nombreuses en vivent exclusivement, que le poisson forme la base de la nourriture d'un plus grand nombre encore et donne lieu à un trafic important. On peut supposer que la facilité des communications permettra à ce trafic d'augmenter dans de fortes proportions, car le fleuve est assez grand pour fournir beaucoup plus qu'on ne lui demande actuellement. Mais il n'est pas certain qu'il puisse suffire à tous les besoins futurs : si grand qu'il soit, un fleuve a toujours une étendue limitée et si la facilité des communications crée dans l'Afrique centrale des débouchés de plus en plus vastes, il faudra peut-être encore compléter sa production par l'importation de poisson de mer. Déjà pénètre au Congo une quantité de poisson sec ou conservé qui doit dépasser de beaucoup la demande de la population européenne, ainsi que le montre le tableau des importations :

Année	Poisson sec, salé ou fumé	Poisson conservé	Année	Poisson sec, salé ou fumé	Poisson conservé
1898...	F. 38.083	F. 39.747	1901...	F. 42.750	F. 92.975
1899...	31.691	50.427	1902...	29.168	51.523
1900...	40.607	111.686	1903...	28.206	91.570

Il semble que le poisson salé doive obtenir du succès auprès de populations chez lesquelles le sel est rare, auprès desquelles on est obligé d'en importer des quantités considérables. On pourrait peut-être aussi arriver à fournir du sel à prix réduit pour saler le poisson et en favoriser ainsi la conservation et le commerce.

Il ne paraît pas qu'il y ait beaucoup à apprendre aux indigènes pour la pratique d'un métier où ils sont forts habiles ; on ne peut guère que les encourager à développer leur industrie avec plus d'ardeur. Une réglementation ne semble pas encore nécessaire, si ce n'est pour prévenir les conflits provenant des compétitions pour les parties à exploiter. On pourrait peut-être chercher à faire disparaître progressivement l'emploi du poison ; il faudrait interdire aussi l'emploi des explosifs et obtenir une semblable prohibition de la part de l'État libre, la richesse du fleuve important également aux deux pays.

CHARI ET TCHAD

Vaste étendue d'eau de profondeur généralement faible, dépassant rarement 6 à 7 mètres, le Tchad doit sa caractéristique à l'action incessante sur lui de deux facteurs puissants, l'évaporation intense due à la chaleur et à la sécheresse du climat, l'envahissement par les sables désertiques apportés par les vents d'Est. Le premier de ces facteurs semble amener la régression du lac, malgré l'apport continuel de grandes quantités d'eau par ses affluents et l'absence presque complète d'écoulement vers la mer. Le second amène un comblement progressif, surtout manifeste dans la région orientale, où la profondeur est rendue bien plus faible que dans la partie occidentale et qui se continue vers l'Est par de vastes étendues marécageuses, dont la plus considérable est le Bahr-el-Ghazal ; un très grand nombre d'îles, les Kouris et les Boudoumas, émergent dans cette moitié orientale.

Les eaux du lac sont douces, mais dans les flaques avoisinant les rives, où l'évaporation les concentre, elles se chargent de sels. Les rives sont presque partout plates, garnies d'herbes, et se prolongent en beaucoup de points dans les terres, sous forme de longs et larges marigots.

Le Chari, son principal affluent, est une large rivière, longue de plus de 1.000 kilomètres, navigable sur presque toute son étendue, bien que sa profondeur soit assez faible et qu'elle présente quelques rapides.

La faune du Tchad est riche ; les voyageurs indiquent que ses rives sont jonchées d'écailles et d'arêtes de poissons ; quant au Chari, pour donner une idée de l'abondance du poisson dans ses eaux, Foureau dit que souvent des animaux de belle taille sautent dans les pirogues. Cette faune présente, comme on pouvait s'y attendre, des rapports avec celles du Nil, du Sénégal et de l'Oubanghi. Elle est

Principaux documents consultés : Chevalier, *De l'Oubanghi au Tchad*, Bull. de la Soc. de Géog. de Paris. — Foureau, *D'Alger au Congo par le Tchad*, Paris 1902. — Chevalier, *Exploration scientifique des états de Snoussi*, la Géographie, 1903. — Truffert, *Région du Tchad*, Revue de Géographie, 1903. — Destenave, *Le lac Tchad*, Rev. génér. des Sciences, 1903. — Pellegrin, *Poissons du Chari et du lac Tchad*, Bull. du Museum, 1904. — Bruel, *Le cercle du Moyen Logone*, Renseignements coloniaux, n° 11, 1905. — *Documents scientifiques de la mission Foureau*, Paris 1905.

encore insuffisamment connue : on trouve des *Hydrocyon, Mormyrus, Lates, Tilapia,* etc. Pellegrin cite une quarantaine d'espèces, originaires du lac ou du Chari ; il est malheureusement difficile, dans cette liste, de retrouver ceux des poissons dont l'importance économique est la plus grande et que nous connaissons seulement par les noms indigènes et une description rapide du capitaine Truffert ; ce sont :

fadi : dos verdâtre, côtes violacées avec des reflets dorés, ventre blanc à reflets argentés ; aplati transversalement ; peau lisse, sans écailles ; 0^m 70 à 0^m 80 ;

kaga : sorte d'anguille au dos vert sombre, à nageoire dorsale hérissée de leurs forts piquants ; il est revêtu de grosses écailles carrées et a le ventre sale ;

m'bassa : aplati verticalement, dos verdâtre, ventre argenté, écailles rondes ; très commun ; 0^m 30 à 0^m 40 ;

kagamodo : sorte de machoiran vivant dans la vase, tête aplatie et large, dos noirâtre, ventre blanc sale, peau lisse, nageoires dorsale et abdominale assez développées, à extrémités rouge saumon ;

sahoui : pourvu d'une bosse sur le dos et d'une membrane dorsale non cartilagineuse ; dos argenté, ventre blanc ; longs filaments aux narines, à la nageoire dorsale et à la queue ; peut dépasser 1 mètre.

lacoli : gros poisson de 1^m 20, à dos bleuâtre ; tête argentée ainsi que le ventre ;

kritima : poisson vorace, aux dents solides, de même taille que le précédent ; dos vert clair, lobe inférieur de la queue rouge vif.

Tous ces poissons portent des barbes près des narines et sur la mâchoire inférieure ; il est probable que ce sont en majorité des Siluridés. Le Malaptérure se rencontre dans le Chari, où il atteint 1^m 40 à 1^m 50 ; on ne l'a pas trouvé dans le Tchad.

Au moment de l'hivernage, les poissons du lac remontent en grandes troupes ses affluents et particulièrement le Chari. Il y a également de grandes tortues d'eau douce.

Le Tchad renferme des caïmans assez dangereux ; ceux du Chari ne semblent pas très redoutables. On trouve encore dans ces eaux des crevettes d'eau douce, des gastéropodes appelés *kilisis* et un bivalve appelé *cofoui*. Dans tout le cours du Chari on rencontre de vastes bancs d'huîtres (*Ætheria*) qui, dans certains points, sont dangereux pour la navigation ; les individus deviennent de plus en plus petits à mesure que l'on remonte le fleuve.

Enfin le Tchad renferme une espèce de lamentin (*Manatus Vogeli*) qui lui est spéciale et qui vit surtout dans la partie occidentale, mais qui est assez rare ; il ne peut guère offrir une ressource, mais il faudra un jour le protéger, afin d'en empêcher la destruction, conformément aux prescriptions de la Convention internationale du 17 mai 1900.

Les îles du Tchad renferment deux populations bien distinctes : les Boudoumas, très apathiques, ne montrent que peu de dispositions pour la pêche et consomment très peu de poisson ; le commandant Destenave suggère que l'absence de cet aliment azoté pourrait être la cause de la diminution de la population, très sensible chez eux. Les Kouris, au contraire, se livrent régulièrement à la pêche, qu'ils pratiquent avec beaucoup d'adresse ; le poisson paraît d'ailleurs plus abondant dans leur archipel que dans celui des Boudoumas.

Les Kouris se servent, pour la navigation et la pêche, de pirogues qu'ils construisent avec les tiges d'une espèce de papyrus appelé *folé* ; ils en forment d'abord des botillons coniques, très allongés, qui sont ensuite reliés entre eux ; la pointe sert à faire l'avant de la pirogue, relevé de façon élégante, comme celui des gondoles ; on les manœuvre à la pagaie et à la perche. Il est curieux de constater que ces indigènes ne pratiquent jamais la pêche à la ligne et que l'hameçon leur est inconnu. Les gros poissons sont pris avec un petit harpon appelé *fellat*. Les Kouris se servent aussi de filets à larges mailles ressemblant à nos trémails, dont les flotteurs sont formés de roseaux ou de bois de *marea* et le lest par des os, car il n'y a dans les îles ni métaux ni pierres. Les indigènes apprécient aussi beaucoup la chair des caïmans, mais ils ont peur de ces animaux.

Dans le Bahr-el-Ghazal, les pêcheurs sont nombreux et pêchent avec une nasse tronconique qu'ils promènent dans l'eau à la main ; ils semblent obtenir ainsi des récoltes fructueuses.

Le bas Chari est peuplé par une race appelée Kotoko, exclusivement adonnée à la pêche. A l'époque où le poisson remonte le fleuve, les nuits entières sont employées à ce travail, surtout entre 3 et 8 heures du matin. Les Kotokos se forgent eux-mêmes des hameçons en fer, gros parfois comme le doigt. Ils ont des harpons à pointe de fer, dont le manche en bois peut se détacher et servir de flotteur, retenu par une corde. Ils se fabriquent des filets en fibres de *Beloubelun* (*Hibiscus cannolinus*) Enfin ils pêchent surtout au filet sur pirogue ; pour ce dernier procédé, on emploie de grandes pirogues longues d'une douzaine de mètres, larges de 1^{m}50 environ ; elles sont à fond plat, l'arrière est assez relevé et l'avant l'est beaucoup ; elles sont faites de très fortes planches, réunies par des coutures de lianes et calfatées d'écorces diverses ; le fond et les bas côtés sont d'une seule pièce, en retour d'équerre, ce qui assure une grande solidité et prévient l'usure sur les bancs et dans les rapides. Un grand filet, monté sur deux énormes antennes, est placé sur l'extrême-arrière et manœuvré au moyen d'un grand levier, constitué d'une seule pièce de bois coudée à angle droit. On abaisse ce filet jusqu'à ce qu'il avoisine le fond de la rivière, et la pirogue avance très lentement, tandis qu'une autre petite pirogue, montée par deux gamins, vient vers le filet en faisant grand tapage, battant l'eau avec des perches et frappant en cadence sur le plat-bord. Alors le filet est relevé et la capture, généralement bonne, retombe d'elle-même dans le bateau. Lorsque le poisson remplit le fond de la barque, il est chargé dans de petites pirogues qui l'amènent à terre où il est vendu, mangé ou mis à sécher. L'industrie du séchage du poisson est la plus importante des villes du bas Chari et l'atmosphère est empuantie par son odeur. Les Kotokos fabriquent également de l'huile de poisson.

Plus haut, sur le Chari, les peuplades riveraines vivent encore de poisson et des fruits que leur fournit la forêt ; leurs villages sont construits tellement au bord de l'eau, qu'ils doivent être déplacés au moment des crues. Les indigènes pêchent au harpon, aux pièges et aux filets. Les pièges sont formés de grandes enceintes de claies, où le poisson s'engage. La pêche au filet ne se fait plus sur pirogue, mais s'opère à l'aide de larges filets traînés à bras d'homme dans la rivière, puis ramenés sur une grève ; elle donne des résultats remarquables.

Le haut Gribingui est encombré de pièges d'un autre type, qui obstruent fréquemment le courant et empêchent la navigation : ce sont de grandes nasses tendues dans l'eau, devant une sorte de barrage en grille, fait au moyen de perches fichées dans le fond, barrage dans lequel sont ménagées trois ou quatre ouvertures, suivant le nombre des nasses. D'autres fois, les indigènes choisissent de grands et beaux arbres de bordure, qu'ils abattent en travers de la rivière, de façon à la barrer ; ils font ensuite des trouées entre les branches submergées et placent en face leurs grandes nasses. Cette seconde méthode est préférée pour trois raisons : elle économise la construction du barrage en grille et présente plus de solidité ; les branches et les feuilles masquent le piège ; enfin le poisson aime à se faufiler dans les arbres tombés, parce qu'il y trouve plus facilement sa nourriture.

Sur le Moyen-Logone, les Massas s'adonnent beaucoup à la pêche et viennent dans ce but s'installer sur les bancs de sable du fleuve pendant la saison sèche. Ils emploient les filets sur pirogues, comme les indigènes du bas Chari, et procèdent de la même façon que ces derniers ; mais leurs embarcations sont plus petites (3 à 4 mètres) et les antennes de leurs filets également (6 à 7 mètres).

Le poisson pêché dans le bassin du Tchad sert à alimenter des pays assez éloignés. Les populations du bas Chari en font un commerce assez actif avec le Baguirmi et le Bornou. La Komadogou, affluent qui vient de l'Ouest, alimente des pays du Sahara méridional. Les populations de contrées sahariennes achètent le poisson quand elles en trouvent : Foureau signale que le marché de Zinder est fourni de poisson fumé et séché, qui provient de villages situés à quatre jours dans le Sud-Est. A mesure que la sécurité pénétrera dans ces régions, que les échanges se feront plus facilement, de nouveaux débouchés s'ouvriront pour les produits de la pêche du Tchad dans l'Est du Sahara méridional. Vraisemblablement un jour viendra où le poisson d'eau douce ne pourra plus suffire et où l'approvisionnement devra être complété par du poisson de mer sec ou salé, importé soit par le Sud, soit par la Méditerranée.

COTE DES SOMALIS

M. Soleillet, chargé de mission au Choa, écrivait en 1883 : « Les Européens qui s'établiraient à Obock pourraient se livrer à deux industries importantes, le sel et la pêche. » La colonie française de la côte des Somalis a pris depuis un grand développement, des salines ont été établies à Djibouti, mais la pêche est restée une industrie locale très restreinte.

Il est superflu de rappeler qu'il n'y a dans la colonie aucune rivière, aucune étendue d'eau douce, où il serait possible de pratiquer la pêche.

Les côtes de la colonie s'étendent sur 250 kilomètres le long de la mer Rouge et du golfe d'Aden. D'abord rectilignes et assez inhospitalières, elles s'infléchissent pour constituer le golfe de Tadjourah, vaste échancrure qui s'enfonce d'une quarantaine de milles à l'intérieur des terres. Le rivage est formé surtout de falaises entrecoupées de plages et il est bordé en beaucoup de points de récifs madréporiques ; la déclivité en est rapide : la profondeur du golfe de Tadjourah dépasse vite 100 mètres dans la majeure partie de son étendue, mais s'atténue graduellement vers son extrémité ; là, il communique par une passe double, profonde au maximum de 22 mètres, avec le Ghubbet-Kharab, sorte de vaste lac, d'un diamètre de 10 milles environ, qui est profond aussi presque partout de plus de 100 mètres, et est entouré à faible distance de hauteurs assez considérables. Dans la dépression limitée à l'Est par la presqu'île de Djibouti, l'aspect est différent : le

---

Principaux documents consultés : — *Documents envoyés par M. le Gouverneur de la Côte française des Somalis.* — *Documents envoyés par M. Serre.* — *Rapport de M. Soleillet, chargé de mission au Choa*, 1883. — Vigneras, *La Côte française des Somalis*, Notice de l'Exposition de 1900. — Pellegrin, *Poissons recueillis à Djibouti et à Obock par M. Gravier*, Bulletin du Museum, 1904, etc.

rivage est formé de vase, recouverte en partie de zostères, et abrité par une bande de récifs coralliens parallèles à la côte ; une deuxième bande de récifs, moins étendue, est séparée de la première par une autre dépression à fond vaseux. Plus au large, se trouvent des bancs de faible profondeur, tels que le banc du Pingouin, celui du Météore. A 6 milles au nord de Djibouti, les iles Musha sont entourées de grands espaces recouverts de récifs coralliens. Entre Djibouti et ces îles, et, à l'Est, sur une étendue de 12 à 15 milles au large, s'étend un plateau de 30 à 40 mètres de profondeur, limité par un banc de sable et de roches parallèle au rivage, surélevé de quelques brasses. Cet aspect se continue au Sud-Est, le long de la colonie anglaise, avec une plus grande complication de hauts-fonds et de récifs.

La mer est partout extrêmement poissonneuse, mais le golfe de Tadjourah est particulièrement riche. Les requins pullulent ; des bandes de thons et de sardines se montrent surtout en janvier et février. Des daurades (*Chrysophris sarba* Forsk. et *C. haffara* Forsk.), des pagres (*Pagrus spinifer* C. V.), des tazars (*Cybium Commersonii* Lacp.), des carangues (*Caranx hippos* Lacp. et *C. djeddaba* Forsk.) sont parmi les poissons les plus communs. Au voisinage des récifs abondent des Serranidés, *Diagramma gaterina* Lacp., *Epinephelus miniatus* Forsk., *E. hemistichus* Rupp., *E. cœruleus*, *E. fasciatus*, *Lutjanus fulviflamma* Forsk., et des Labridés, *Cheilinus lunulatus* Forsk. et *C. radiatus* Bl. Des *Trygon* et des murènes sont redoutés comme venimeux. Tous ces poissons sont en général d'excellente qualité, mais, à certaines époques, ceux que l'on prend sur les récifs coralliens acquièrent un goût désagréable qui les rend impropres à la consommation.

Autour des ilots et dans les récifs, les langoustes sont très abondantes. Les pintadines se rencontrent partout sur la côte en assez grande quantité ; il y a une petite espèce appelée « *bilbil* », de 5 à 6 centimètres de diamètre, qui donne une jolie nacre et des perles jaunâtres, et une espèce plus grande, mesurant de 20 à 22 centimètres, particulièrement abondante dans le Ghubbet-Kharab. On trouve aussi en différents points des éponges : *Hippospongia reticulata* Lend. est commune dans les prairies vaseuses de zostères, entre la côte et la première ligne de récifs ; *Euspongia irregularis* var. *pertusa* Hyatt est abondante entre les deux lignes de récifs, mais y prend rarement une forme à peu près régulière,

La pêche est entièrement libre et n'est pas réglementée. Elle est pratiquée uniquement par des indigènes dont il est difficile d'établir le nombre exact, car leurs groupements se modifient sans cesse ; on peut estimer qu'il y en a une centaine ; du reste, ils ne sont pas spécialisés et se livrent à la pêche quand ils n'ont rien de mieux à faire. Les uns sont des boutriers arabes, qui viennent séjourner une saison ; les autres sont sédentaires, surtout de race Somali, les Danakils devenant moins volontiers marins. Les patrons emploient un nombre d'hommes variant avec l'importance de leur embarcation ; en général ils les nourrissent et partagent avec eux le produit de la pêche.

Les pêcheurs montent soit de petits boutres à voiles de 1 à 4 tonneaux, soit des canots ou des pirogues ; ils emploient comme engins la ligne, la nasse, l'épervier, la nappe à fleur d'eau et la nappe de fond ; la grande abondance des requins rend souvent difficile l'usage des filets qu'ils détruisent. Une partie de ces engins provient de l'importation, française pour les filets, française et étrangère pour les hameçons. Voici les chiffres de cette importation :

Année	Hameçons	Filets	Année	Hameçons	Filets
1900...	F. 136	Fr. 575	1902...	F. 227	F. 275
1901...	193	—	1903...	160	1.360

Une partie plus ou moins grande des engins importés est réexportée en Abyssinie.

Une petite partie du poisson pêché est portée à Aden ; le reste est consommé sur place par l'ensemble de la population ; il n'est soumis à aucun droit dans la colonie. Le poisson ne rentre d'ailleurs pas pour une part importante dans la nourriture des indigènes. Une certaine quantité est salée et séchée, puis exportée soit dans les colonies françaises, soit à l'étranger, comme l'indique le tableau suivant :

Année	Col. franç.	Etranger	Année	Col. franç.	Etranger
1900...	F. 62	F. 997	1902..	F. 2.492	F. 211
1901...	390	1.175	1903...	7.572	1.056

On a fabriqué aussi en 1902 un peu d'huile de poisson ; 228 kilos valant 171 francs ont été exportés à l'étranger.

D'autre part la colonie importe de France et de l'étranger les quantités suivantes de salaisons et de conserves :

Année	Poissons secs, salés ou fumés	Poissons conservés	Année	Poissons secs, salés ou fumés	Poissons conservés
1899...	F. 769	F. 8.654	1902...	F. 1.741	F. 7.132
1900...	2.818	9.784	1903...	5.275	10.051
1901...	2.048	10.087			

Une partie des conserves de poissons est ensuite réexportée à l'étranger, surtout en Abyssinie : 2.425 francs en 1903.

La pêche des huîtres à nacre se fait activement dans les environs ; les indigènes les ramassent à la plonge et se servent, pour examiner le fond, d'une sorte de lunette de calfat, le « *tenika* ». Ils font des récoltes assez abondantes. Mais ces pêcheurs se bornent à se ravitailler à Djibouti et ne trouvent pas à y vendre leurs produits ; ils sont obligés d'aller les écouler à Zeilah, perdant ainsi deux jours pour le trajet aller et retour.

Un décret du 6 septembre 1899 a établi que la pêche des huîtres perlières et à nacre dans les eaux territoriales doit être l'objet de concessions réservées aux citoyens ou sujets français, accordées par le gouverneur. Ces concessions, faites au maximum pour dix ans, mais renouvelables, doivent porter sur certaines parties bien délimitées de la côte ; elles sont données à titre onéreux, mais exemptées de redevance pendant les trois premières années. Le même décret interdit l'emploi de dragues et autres engins traînants et établit pour les huîtres un diamètre minimum de 6 centimètres. En 1900, M. Lacroix et le Comptoir de Djibouti ont obtenu la concession de cette pêche dans le golfe de Tadjourah ; ils font usage de scaphandres, mais éprouvent des difficultés, à cause de la forte houle.

Les coquilles que les pêcheurs vont vendre à Zeilah échappent à toute évaluation ; mais une certaine quantité est cependant exportée de la colonie, soit en France, soit à l'étranger, au prix moyen de 1 franc le kilo : voici les chiffres de cette exportation :

Année	France	Étranger	Année	France	Étranger
1899	F. 30	—	1902	F. —	620
1900	683	670	1903	10.494	5.180
1901	2100	3.183			

Il semble que l'on puisse espérer voir la pêche prendre sur la Côte des Somalis un plus grand développement, car le poisson, comme nous l'avons vu, n'y manque pas et les débouchés sont faciles à trouver. La ville de Djibouti a un accroissement rapide et les besoins y vont par conséquent en augmentant ; les navires y font de plus en plus escale et peuvent charger à bord une certaine quantité de poisson frais. Les huiles de foie de requins sont très goûtées à Aden ainsi que les ailerons. Des poissons que l'on conserverait soit par salaison, soit en boîtes, trouveraient un écoulement assuré sur les côtes voisines ou dans les pays d'Extrême-Orient, avec lesquels les communications sont si fréquentes. Mais le principal pays de consommation pour les produits de la pêche de la colonie paraît devoir être l'Abyssinie. Sans communications avec la mer, sans étendue d'eau douce suffisantes pour l'alimenter, l'Abyssinie produit fort peu de poisson et cependant ses habitants en sont très friands ; ils en achèteraient volontiers s'il en était mis à leur disposition. Comme ce pays peut fournir à Djibouti des fruits et des légumes qui y manquent, on conçoit qu'il y ait en perspective les éléments d'un trafic d'une véritable importance et d'heureux résultats à espérer pour des négociants qui le créeraient. En l'état actuel, le poisson salé ou en conserves pourrait seul arriver en Abyssinie ; mais lorsque le chemin de fer, suffisamment bien aménagé, permettra des transports rapides et même en wagons réfrigérants, il pourra amener sur les marchés importants d'Abyssinie du poisson frais pêché à Djibouti.

Les indigènes semblent être assez disposés à la pêche pour que l'on puisse espérer voir la production augmenter au fur et à mesure des besoins. Peut-être, si la concurrence devenait trop forte entre eux, pourrait-on chercher à favoriser ceux qui sont plus intimement attachés à la colonie ou essayer de fixer ceux qui viennent s'installer seulement pour une saison, soit en interdisant à ces derniers les eaux territoriales, ou l'accès aux marchés, soit en les obligeant à payer une taxe pour leurs bateaux.

Des pêcheurs européens ne pourraient guère songer à venir exercer leur métier aux mêmes conditions que dans la métropole, mais il y aurait vraisemblablement de l'avenir pour une ou plusieurs entreprises qui se proposeraient de préparer en grand du poisson salé et les produits annexes d'une semblable industrie : huiles, guanos, ailerons de requins, etc. ; on pourrait aussi faire des conserves en boîtes de certaines bonnes espèces et surtout utiliser ainsi les langoustes des îles environnantes. Le poisson nécessaire pourrait être acheté en partie aux pêcheurs indigènes, avec lesquels des contrats seraient passés ; mais en outre les entrepreneurs devraient obtenir du gouvernement colonial la concession de certaines parties du littoral ou des hauts fonds découvrant à marée basse, pour y établir des pêcheries fixes au moyen de barrages ; on récolterait ainsi de grandes quantités de poisson. Quant au sel, il s'en fabrique beaucoup à Djibouti et sa qualité est satisfaisante.

Il est regrettable que les pêcheurs de nacre soient obligés d'aller vendre leur récolte au dehors ; il serait désirable de leur en faciliter l'écoulement sur place. Si la quantité qu'ils apportent est insuffisante pour alimenter à elle seule le commerce d'une maison, une société de pêche pourrait joindre ce trafic à ses autres opérations. Les concessionnaires de pêche aux huîtres pourraient aussi annexer un pareil commerce à leur exploitation. Il serait possible de créer ainsi un courant d'achat non seulement pour les nacres prises dans les environs de la colonie, mais aussi pour celles que l'on pêche en abondance dans les différents points de la mer Rouge.

L'arrêté relatif à la pêche des huîtres perlières prévoyait la concession de parcs pour l'élevage de ce mollusque, et cherchait à le faciliter en accordant des délais de concession plus longs (20 ans), et une exonération de la redevance. Le Comptoir de Djibouti projetait de faire ainsi de l'ostréiculture, mais il ne semble pas qu'une suite ait été donnée à ses intentions; sans oser trop compter sur un heureux résultat, on peut dire que la région semblerait plutôt favorable pour une pareille tentative.

Les concessionnaires de la pêche aux nacres feraient bien également d'étudier la possibilité d'exploiter les éponges. Malgré leur qualité inférieure, ces zoophytes pourraient, sans constituer une exploitation rémunératrice à elle seule, servir d'appoint à une entreprise qui utiliserait pour leur pêche les engins dont elle serait pourvue.

MADAGASCAR

Il paraît qu'autrefois, au xviie siècle en particulier, des navires européens et américains venaient dans le sud de Madagascar, où la sardine, le thon et d'autres poissons, ainsi que les grands cétacés étaient de leur part l'objet de campagnes de pêche réputées. Depuis longtemps il n'en est plus ainsi et aujourd'hui les seuls indigènes capturent le poisson strictement nécessaire à leur consommation ou à des échanges peu développés. Manquant d'activité, d'initiative et de capitaux, ils n'ont que des embarcations et des engins peu puissants et ne peuvent exercer leur industrie qu'à proximité des côtes, dans les parties abritées et peu profondes. Ils sont loin de tirer des fonds

---

Principaux documents consultés : — *Renseignements envoyés par M. le Gouverneur général*, 1905. — *Renseignements sur la pêche maritime et fluviale à Madagascar*, communiqués par l'Office colonial, 1905. — *Renseignements envoyés par MM. Petitcau, Oltz, Moriceau*, 1905. — *Rapport du général Pennequin sur les huîtres perlières, les trépangs et les tortues sur les côtes de Madagascar*, 1901. — *Rapport du Gouverneur général de Madagascar sur le commerce et l'industrie de cette colonie*, 1898. — *Rapport du Gouverneur général sur la situation économique de Madagascar*, 1901. — Journal Officiel de Madagascar. — Bleeker, Faune de Madagascar, 1875. — Sauvage, *Histoire naturelle des poissons de Madagascar*, publiée par Grandidier, Paris, 1891. — Dr Léon, *Nossi-Bé*, Bulletin de la Société de Géographie de Bordeaux, 1894. — Faucon, *Note sur la résidence de Vohémar*, Notes, reconnaissances, explorations, 1897. — *Le Cercle d'Anjozorobe*, ibidem, 1898. — Condamy, *Étude générale sur le Betsiriry*, ibidem, 1899. — Bénévent, *Étude, sur le Bouéni*, ibidem. — Lemaire, *De Fort-Dauphin au Faux-Cap*, ibidem. — Merleaux-Ponty, *Le pays Sihanaka*, ibidem. — Grandidier, *Les productions naturelles du Sud-Ouest de Madagascar*, Bulletin de la Société des Études coloniales et maritimes, 1900. — *L'Ile Juan de Nova*, Bulletin économique de Madagascar, 1902. — Moriceau, *Rapport sur une tournée dans le Nord du Cercle de Majunga*, ibidem, 1902. — Vergne, *La pêche à la tortue dans la province de Vohémar*, ibidem, 1902. — *La pêche des éponges sur la Côte ouest de Madagascar*, ibidem, 1902. — Morel, *Notice sur le lac Itasy*, Revue trimestrielle de Madagascar. — Petit-Nicolas, *Note sur le pays Sakalave*, Revue de Madagascar, 1904.

visités par eux tout le parti possible et surtout ils laissent inexploitées d'immenses étendues dont nous ignorons encore presque complètement la constitution et les ressources.

Hydrographie. — La plus grande partie de Madagascar est richement arrosée; les pluies y sont abondantes, tombant presque toute l'année sur la côte Est, pendant une saison de quatre mois sur la côte Ouest et de cinq mois dans les régions élevées. Les fleuves du versant oriental ont un parcours peu considérable, en raison de la situation de la ligne de partage des eaux ; traversant un pays accidenté, à pentes rapides, ils ont une allure torrentueuse et sont impropres à la navigation, malgré le débit important de certains d'entre eux, tels que le Maningory, le Mangoro et la Mananara. Le versant occidental étant beaucoup plus étendu, les cours d'eau y sont plus développés et quelques-uns sont navigables pour de petites embarcations sur un certain parcours, bien que le courant y soit rapide, par exemple, la Betsiboka, la Tsiribihina, la Mangoka ; leur cours se divise en deux parties, l'une dans les hauts plateaux, l'autre dans la plaine sakalave, reliées par des chutes et des rapides nombreux ; dans les parties basses, le lit en est vaseux ou sablonneux.

La région des hauts plateaux possède un grand nombre de lacs et de marécages. Dans l'Imérina, la principale culture du pays étant le riz, tout le terrain utilisable est irrigué d'une façon très complète ; de nombreux petits étangs servent de réservoirs pour cette irrigation et ils sont alimentés probablement par des sources cachées qui y produisent un véritable courant et rendent leur eau assez claire ; bien que leur niveau baisse en saison sèche, ils ne se dessèchent jamais et ont souvent encore 7 mètres de profondeur ; pendant la saison des pluies, ils débordent et le pays est presque tout couvert d'eau. Les rives de ces étangs sont recouvertes d'une riche végétation herbacée ; les insectes et les larves aquatiques y abondent.

Il y a aussi dans le plateau central des lacs beaucoup plus vastes : le lac Alaotra, dont le Maningory est l'émissaire, autrefois beaucoup plus étendu, a encore 35 kilomètres de long et 10 de large, avec une profondeur de 4 à 5 mètres seulement ; le lac Itasy, situé sur le parcours d'un affluent de la Tsiribihina, est profond de 5 à 6 mètres et tend également à diminuer d'étendue ; quelques autres sont moins importants.

RÉGIONS DE PÊCHE DE MADAGASCAR

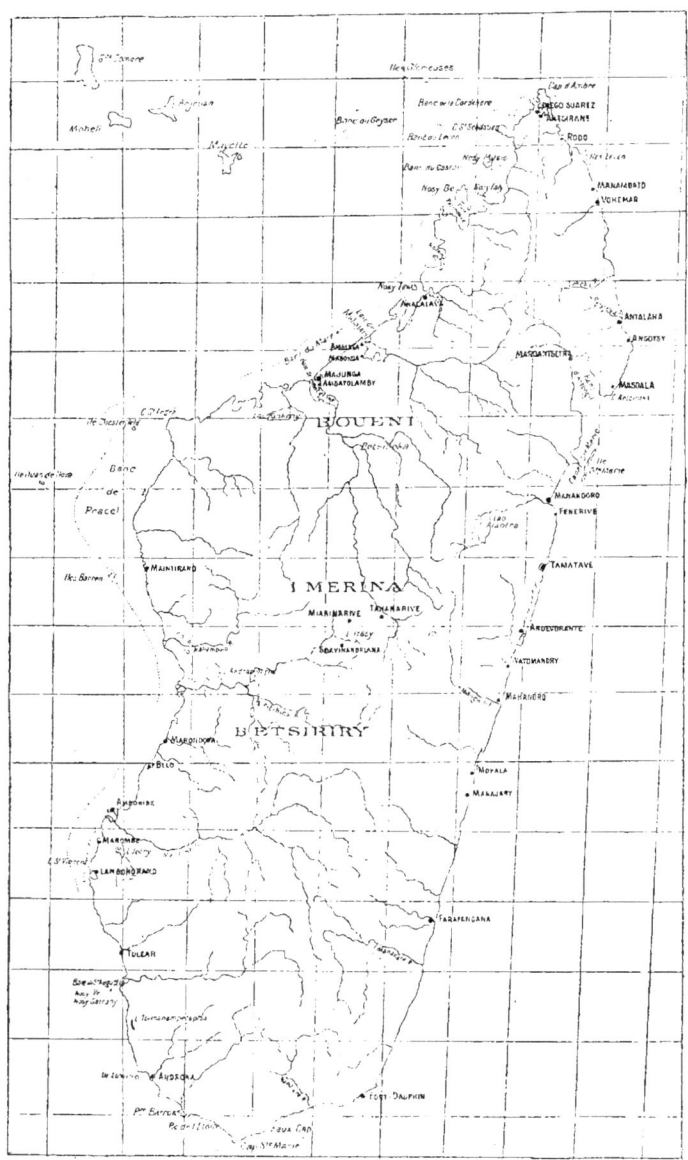

Dans la plaine, les rivières sont souvent bordées de marais ; il y a en outre de vrais lacs, comme le Kinkony, l'Andranomena, près de la Tsiribihina, l'Iétry, près de la Mangoka, etc. Enfin, le long des côtes, on trouve, surtout sur le littoral oriental, des étendues considérables de lagunes peu profondes, à fond vaseux ou sablonneux.

Dans l'extrême Sud de l'île, le pays est extrêmement sec, et seul le Mandrare, qui prend sa source dans les régions hautes, a un débit sérieux. Il y existe divers lacs dont la salure est supérieure à celle de la mer : le plus important est le Tsimanampetsotsa.

Les côtes de Madagascar ont environ 5.000 kilomètres de développement. Si leur configuration est bien connue, si le relief sous-marin est assez bien déterminé, nous sommes beaucoup plus ignorants de la nature des fonds et nous ne possédons que quelques données sur les parages les plus fréquentés par les pêcheurs.

Le littoral oriental et le littoral occidental diffèrent essentiellement d'aspect. La côte Est, entre Fort-Dauphin et Fénérive, est presque rectiligne ; les sables charriés par les rivières ont été entraînés par le grand courant sud-équatorial et étalés à une faible distance en bancs parallèles au rivage, en dedans desquels se trouvent isolées des lagunes qui communiquent avec la mer par des canaux naturels. En relation avec la proximité des montagnes, la déclivité du sol est accentuée et les profondeurs augmentent rapidement vers le large. D'après les cartes marines, les fonds inférieurs à 100 mètres cessent à 4 ou 5 milles du rivage. En différents points, des récifs coralliens s'étendent à une petite distance de la côte qu'ils protègent contre une mer généralement mauvaise, constituant des zones abritées, telles que le port de Tamatave. La marée sur cette côte ne dépasse pas $2^m 50$.

En arrivant au canal Sainte-Marie et à la baie d'Antongil, nous trouvons des eaux plus abritées, où les pêcheurs peuvent plus facilement s'aventurer ; dans la baie d'Antongil, les fonds sont de vase, de sable et de varech. Au nord de cette baie, la côte est protégée par de nombreux récifs ou îlots, formant, surtout à partir de Vohémar, une ligne assez irrégulière et discontinue, en dedans de laquelle le sol est surtout constitué de coraux vivants ou de débris recouverts de végétation. En approchant du cap d'Ambre, la côte se découpe et la vaste baie de Diégo-Suarez offre un abri immense, à fond partie sablonneux et partie corallien.

De l'autre côté du cap d'Ambre, la côte est très échancrée et dessine une série de baies profondes. Volcanique jusqu'à Nosy-Bé, elle est formée depuis cette région jusqu'au cap Saint-André par des falaises calcaires. Une série d'îles la borde à une certaine distance. Du cap Saint-André au cap Saint-Vincent, le littoral s'abaisse, devient sablonneux, beaucoup moins sinueux et est incisé seulement par les estuaires de nombreuses rivières, où se forment des barres très fortes. Le long de toute cette côte, l'inclinaison du sol est faible et la profondeur minime sur des espaces considérables. Dans toute la partie comprise entre Nosy-Bé, Nosy-Mitsio et le cap Saint-Sébastien, de même qu'entre celui-ci et le cap d'Ambre, les fonds n'excèdent pas 40 mètres ; entre les îles Radana et la côte, ils sont à peine de 30 mètres. Beaucoup de chiffres de sondage entre le cap Saint-Sébastien et Mayotte n'atteignent pas 100 mètres ; à une cinquantaine de milles de Nosy-Mitsio, on trouve le banc de Leven, dont la profondeur moyenne est de 18 mètres, et le banc Castor, où elle est de 30 à 45 mètres ; au large du cap Saint-André, sur une étendue d'environ 45 milles, on ne trouve pas de fonds de plus de 45 mètres ; entre la côte et l'île Juan da Nova, un seul sondage est supérieur à 100 mètres. Dans toute la région qui va du cap Saint-André à l'embouchure du Manambolo, le banc de Pracel s'étend sur une largeur moyenne d'une cinquantaine de milles, avec des profondeurs qui ne dépassent pas 50 mètres, et qui, au-delà du banc, tombent au-dessous de 180. Au Sud du banc de Pracel, jusqu'au cap Saint-Vincent, se succèdent des bancs d'une disposition analogue mais dont la largeur, moindre, varie entre 10 et 30 milles.

Il y a donc dans toute cette région des espaces immenses, qui seraient accessibles à des pêcheurs pourvus d'engins modernes ; malheureusement la nature des fonds nous est presque inconnue ; nous savons que la pêche autour des îles, dans les baies, s'effectue en général sur un sol de sable ou de coraux, mais aucune carte n'en indique la répartition. A des distances variables du rivage, émergent des îlots madréporiques, comme les îles Chesterfield, Juan da Nova, de Barren, qui laissent supposer l'existence de régions coralligènes étendues, mais nous ne savons rien de l'importance relative des fonds de roche et de ceux de sable ou de gravier, sur lesquels il serait possible de traîner des filets. Sur toute cette côte soufflent généralement de faibles brises de Nord-Ouest ou de Sud-Ouest ; la mer est ordinairement un peu houleuse. Le marnage varie, suivant les points, de 2 mètres à $2^m 50$.

Du cap Saint-Vincent à Androka, la côte est basse et sablonneuse, bordée de récifs de coraux ; les fonds sont presque tous coralliens. Le plateau littoral est étroit, mais au delà de sa limite, les fonds ont seulement 80 à 90 mètres, sur une étendue mal déterminée. Dans cette partie, la mer, soumise au régime des moussons, est souvent grosse et les orages sont fréquents pendant la saison des pluies. La marée est de $3^m 20$ à $2^m 20$ dans la baie de Saint-Augustin.

D'Androka au cap Sainte-Marie, le plateau littoral s'élargit de nouveau pour former le banc de l'Étoile, long de 80 milles environ avec une largeur maxima de 30 milles et une profondeur de 50 mètres. A l'Est du cap Sainte-Marie et jusqu'à Fort-Dauphin, le fond descend en pente très douce pour atteindre 90 mètres à une trentaine de milles. Tout le littoral est envahi par des coraux en dedans desquels sont isolées de nombreuses lagunes.

Faune. — Les rivières et les lacs de Madagascar, aussi bien que les marais et les rizières, sont habituellement très poissonneux. Les espèces sont peu nombreuses et peu variées, mais les individus de certaines d'entre elles sont très abondants. La caractéristique de cette faune est l'absence de Cyprinidés et de Siluridés et la prédominance des Cichlidés, qui sont représentés par huit espèces, toutes excellentes; les plus répandues sont : le « *Marakely* » (*Paratilapia Bleekeri* Svg.); le « *Fony* » (*P. Polleni* Blkr.), abondant dans les rivières, surtout dans les endroits calmes, et qui devient plus grand dans les lacs; le « *Masovoatoaka* » (*Paretroplus polyactis* Blkr.), commun dans les lagunes et les cours d'eau de la côte orientale, le poisson de rivière le plus estimé par les Européens, qui l'ont surnommé le Gourami malgache ; le « *Trondro* » (*Ptychochromis madagascariensis* Svg.), qui habite le lac Itasy. Deux percidés : *Dules rupestris* Lacp. et *D. caudavittatus* Lacp., appelés « *Fiantsara* », sont très bons. Les anguilles sont abondantes dans toute l'île et très recherchées des indigènes; elles atteignent de grandes tailles, surtout dans les lacs ; il y en a plusieurs espèces, dont les plus importantes sont l' « *Amalona* » (*Anguilla Hildebrandi* Ptrs.) et la « *Tona* » (*A. Delalandei* Kp.). De nombreuses espèces de Gobiidés, connues sous le nom générique de « *Toho* », sont répandues partout ; ces poissons vont pondre à la mer et leurs alevins remontent les cours d'eau par troupes innombrables, connues des indigènes sous le nom de « *Varilava* »; ce sont les béchiques de la Réunion.

On peut citer comme un bien malheureux exemple d'acclimatation l'introduction du poisson rouge (*Carassius auratus* L.) à Madagascar : en 1861, M. Laborde en donna sept exemplaires au P. Weber, pour qu'il les offrît à la reine; celle-ci, après s'en être amusée quelques temps, les fit mettre dans l'étang de Tananarive, où ils se multiplièrent rapidement et d'où ils se répandirent dans tous les étangs, canaux et rivières du massif central pour y pulluler. Devant leur envahissement, les Cichlidés et les Gobiidés, autrefois beaucoup plus répandus, ont beaucoup diminué; tandis que ces poissons étaient excellents, les cyprins, pleins d'arêtes, ont un goût de vase prononcé, qui les rend insupportables aux Européens, mais dont les Malgaches s'accommodent. Ils reproduisent les mêmes variétés de teinte que dans nos bassins : les Hovas appellent « *Trondromena* » les individus rouges et « *Trondromainty* » les noirâtres.

La partie basse des cours d'eau abonde en muges de différentes espèces, « *Zompana* » ou « *Tofoka* », dont quelques uns atteignent une taille énorme : *Mugil borbonicus* C. V., *M. robustus* Gthr., *M. cephalotus* C. V., sont communs dans les lagunes de la côte orientale ; *M. Smithii* Gthr., qui atteint 1 mètre de long, s'y trouve aussi, en même temps que dans les fleuves de la côte Ouest. Par grandes troupes, ils descendent à la mer après la saison des pluies et remontent le mois suivant; quand ils arrivent de la mer, ils sont excellents ; leurs nageoires ont alors une teinte jaunâtre ; s'ils n'ont pas cette teinte, c'est qu'ils ont séjourné longtemps dans l'eau douce et ils ont alors un goût de vase.

Aux embouchures des rivières et dans les lagunes, on trouve en abondance divers poissons marins : la Carangue ou « *Treotreoka* » (*Caranx hippos* L.), qui peut peser jusqu'à 15 kilogrammes ; les daurades : « *Antsotaka* » (*Chrysophris haffara* Forsk.), « *Sampetra* » (*Ch. hasta* Bl.), « *Fiampotsy* » (*Ch. sarba* Forsk.); enfin, les « *Fiana* » (*Gerres oyena* Forsk.) et « *Sabibiky* » (*Salarias*).

La présence d'écrevisses dans tous les torrents et ruisseaux des régions élevées constitue une des particularités de Madagascar. Ces écrevisses, *Astacoides madagascariensis* Guérin, se rapprochent de celles que l'on trouve en Australie, en Nouvelle-Zélande et dans l'Amérique du Sud. Elles valent, paraît-il, comme qualité, celles d'Europe et les dépassent comme grosseur, atteignant souvent 25 centimètres de long. Plusieurs espèces de crevettes d'eau douce, désignées sous le nom d' « *Orana* », de la famille des Palæmonidés, se rencontrent en grandes quantités; les *Patsa*, *Parapalæmon patsa*, sont de très petite taille, 0ᵐ025 au maximum; les « *Patsanorana* » sont plus grosses; certaines espèces atteignent une grande taille. Des crabes d'eau douce (*Telphusa*, *Paratelphusa*), se trouvent surtout dans les lacs et les marais, où ils sont de grosseur moyenne; ils sont connus sous le nom de « *Foza* ».

Les tortues d'eau douce se trouvent surtout dans les fleuves de la côte occidentale; les *Dumerilia*, belles et grosses, ont une chair excellente; une petite tortue de 15 centimètres est commune dans l'intérieur, particulièrement dans la région du lac Alaotra, où on l'appelle *sokota*. Dans le Sud, vit une grosse tortue terrestre, *Testudo radiata* Shaw.

Enfin, cette faune est complétée par les caïmans, hôtes incommodes et dangereux, qui pullulent en certains points et remontent très haut dans le cours des rivières et dans les lacs des régions élevées. Extrêmement redoutés des indigènes, surtout dans les fleuves de l'Ouest, ces animaux sont cause, pour beaucoup, du faible développement de la navigation et de la pêche.

Tous les témoignages, tous les rapports officiels, s'accordent à affirmer la richesse de la faune des côtes de Madagascar. Bien qu'il soit difficile d'établir des comparaisons, en raison de la diversité d'origine des renseignements, il semble que certains points soient particulièrement favorisés, par exemple la baie d'Antongil, les environs de Vohémar, de Nosy-Bé, de Tuléar, de l'île Europa, tandis que la côte Est, au Sud de Sainte-Marie, serait plus pauvre.

Des baleines se montrent assez souvent au voisinage de l'île, surtout dans la partie méridionale du canal de Mozambique et parfois aussi dans le canal Sainte-Marie; elles étaient pêchées assez sérieusement autrefois. Des bandes de petits cachalots du genre *Euphiscles*, dont le poids n'excède pas 500 kilogrammes, apparaissent parfois dans les baies de la côte Ouest et on en apporte alors sur le marché de Majunga. Des dugongs fréquentent les baies et les embouchures de rivières, surtout les baies de Bambetoka et de Mahanjaba; leur chair est estimée et leur foie sert à faire de l'huile.

Les requins, « *Akio* », se trouvent partout en quantités considérables; leur chair est appréciée des indigènes. Les raies sont représentées par plusieurs espèces, notamment *Raia capensis* M. H., qui n'est pas estimée, mais dont on utilise surtout la queue pour faire des limes et des cannes ; par plusieurs *Trygon*, « *Makoba* », dont la chair est comestible ; celle des *Pristis*, « *Vavano* », communs dans les baies et les estuaires, est grossière, mais leur foie passe pour excellent.

Plusieurs espèces de *Myripristis* et d'*Holocentrum* sont confondues sous le nom de « *Fiamena* » (en sakalave). Les percidés marins sont nombreux et très estimés, entre autres : la Gueule pavée (*Diagramma gatterina* Forsk.), l'ail (*Apsilus fuscus* C. V.), le « *Varavana* » (*Diacope rivulata* C. V.), le « *Barahoho* » (*Diacope marginata* C. V.), le Coincoin (*Pristipoma anas* Val.). Les Serrans portent le nom générique de « *Lovo* » ; citons entre autres la Pintade (*Epinephelus guttatus* Bl.). On retrouve en mer les diverses daurades qui pénètrent dans les eaux saumâtres. Les Capucins ou « *Fiantsametsa* » sont des espèces variées d'*Upeneus*, *U. vittatus* Forsk., *U. cyprinoïdes* C. V. Les *Chætodon* sont communs sur tous les récifs de coraux ; les « *Tabakas* » (*Holacanthus zebra* Lienard) sont fort appréciés. Les Capitaines ou « *Fiantsara* » (*Polynemus Astrolabi* Svg. et d'autres) qui pénètrent aussi dans les lagunes, sont peut-être les meilleurs poissons de la côte. Les Scombriformes sont représentés par les Thons ou « *Vohy* » (*Thynnus thynnus* L., *T. thunnina* C. V.), plusieurs espèces de maquereaux, les Bonites (*Pelamys sarba* C. V.), les Tazars (*Cybium Commersonii* Lacp.), les Carangues ou « *Treotreoka* », les Marguerites (*Amphacanthus luridus*), les Espadons (*Xiphias gladius* Cuv.), les Cordonniers ou « *Hindzy* » (*Acanthurus triostegus* L.). Les Gobiidés, « *Toho* », sont très nombreux. Tous les muges déjà cités en eau douce se retrouvent en mer près du rivage. Mentionnons encore les Ombrines (plusieurs *Sciæna*), les aiguilles ou « *Tseraka* » (*Sphyræna obtusata* C. V.) ; parmi les nombreux Labridés, le « *Vaho* » (*Novacula immaculata* C. V.), les Perroquets (divers *Pseudoscarus*). La Barbue (*Rhombus borbonensis* Kp.) peut peser 5 à 8 kilogrammes ; on trouve aussi des soles (*Solea tubifera* Ptrs.). Les poissons volants ou « *Valalaynty* » (*Exocœtus Commersonii* C. V., *E. evolans* L., etc.) abondent comme dans toutes les mers chaudes. Des Clupéidés vont par bandes considérables : sardines ou « *Sorindry* » (*Clupeonia Commersonii* C. V., *C. Jussieui* Lac.), Harengules ou « *Vango* » (*Harengula spirula* Guich.), « *Vohyvohy* » (*Megalops cyprinoïdes* Brouss.). Enfin on trouve des Congres ou « *Kifi* » (*Conger marginatus* Val.).

Si nous sommes relativement bien renseignés sur les ressources que peuvent offrir les poissons fréquentant les eaux littorales, nous le sommes beaucoup moins sur les formes pélagiques, telles que les Clupéidés, les Scombridés, dont l'importance économique est prépondérante, et nous n'avons de détails ni sur leurs habitudes dans ces régions, ni sur leur abondance au large. Le voisinage des côtes est poissonneux, mais nous ignorons la richesse en formes pélagiques des mers environnantes et encore plus celle de ces immenses espaces accessibles qui s'étendent au large de la côte occidentale.

Les crustacés sont représentés par des langoustes, *Palinurus ornatus* Fabr. et *P. penicillatus* Oliv., crevettes et crabes, de diverses espèces, abondants surtout dans les rochers coralliens.

Pêche en eau douce

Les Malgaches consomment de grandes quantités de poissons d'eau douce, qui forment, avec le riz, la base de leur nourriture. Malgré cela, il n'y a qu'en très peu d'endroits de véritables pêcheurs ; en général, chacun pourvoit lui-même aux besoins de sa consommation familiale. Ce manque de spécialisation, joint à leur paresse naturelle, explique que les indigènes, indifférents à la qualité, se bornent à pêcher ce qui leur demande le minimum de peine.

Nous ne connaissons aucun acte réglementant la pêche en eau douce, en dehors d'un arrêté relatif au lac Itasy.

Dans la plupart des régions du massif central, bien que beaucoup de rivières soient poissonneuses et contiennent parfois de belles anguilles, c'est plutôt dans les marais que se fait la pêche et l'on prend surtout du menu fretin, qui y pullule souvent, ainsi que des crevettes. Les engins employés sont parfois des hameçons grossiers, des nasses ou des paniers que l'on promène dans la vase ; mais le plus souvent les femmes et les enfants, pataugeant dans les eaux basses et troubles, s'efforcent de ramasser dans des corbeilles ou simplement dans leurs lambas, tenus des deux mains devant eux, les troupes de petits poissons dont un grouillement de l'eau décèle la présence.

Parfois des idées superstitieuses, masquant peut-être de simple apathie, interdisent la pêche de bonnes espèces ; dans la Bealona, les indigènes considèrent les anguilles comme *fady* et les redoutent à l'égal des caïmans ; ils n'en mangent jamais.

Lorsqu'ils ne consomment pas immédiatement leur pêche, ils la font sécher au soleil pour la conserver ; c'est à peu près la seule forme sous laquelle on peut trouver du poisson sur la plupart des marchés ; les Européens l'apprécient peu. Cependant, dans les villes importantes, on en vend un peu de frais : à Tananarive, on en a une poignée pour 0 fr. 10. On apporte aussi sur les marchés des écrevisses très recherchées des Européens ; on les vend 0 fr. 60 la douzaine à Tananarive.

La pêche devient au contraire une véritable industrie sur les bords des grands lacs.

Les Sihanakas, riverains de l'Alaotra, sont presque exclusivement adonnés à la pêche. Les hommes vont pêcher au milieu du lac, le matin ou le soir, rarement l'après-midi, en raison de la violence du vent, qui soulève des vagues auxquelles leurs faibles pirogues ne résisteraient pas. Ils se servent surtout de sortes de troubles en joncs. Ils prennent principalement des anguilles. Sur les bords du lac, les femmes ramassent avec des paniers de petits poissons, tandis que les enfants pêchent à la ligne ; ils capturent ainsi surtout des *fony*. Les femmes fument le poisson et le vendent au marché, par brochettes de douze à vingt individus enfilés par les ouïes. Ce poisson entre pour une large part dans leur alimentation et forme en outre un important article de trafic avec les pays éloignés du lac ; on l'écoule souvent jusqu'à la côte. Les bons pêcheurs arrivent à réaliser certains jours de jolis bénéfices.

Dans le lac Itasy, la pêche a, de tout temps, été pratiquée avec activité ; toutes les populations environnantes s'y livrent plus ou moins. Autrefois, les bords du lac avaient été distribués par le roi Radama en sortes de fiefs ou «*tompomenakely*» à des familles nobles. Dans ces concessions furent aménagés des barrages ou « *fefy* » pour la pêche des anguilles, et ces barrages étaient ensuite loués à des conditions variables par conventions particulières. La pêche aux autres poissons était libre, mais le produit en était frappé sur le marché d'une taxe ou « *haba* ». De plus, une règle voulait que l'on envoyât au roi toutes les *Tona* ; les pêcheurs ne pouvaient en goûter qu'en cachette, au risque d'être dénoncés. Ces droits féodaux ont été abolis par arrêté du Gouverneur du 15 juillet 1899, et remplacés par une redevance au profit de la colonie : tout indigène voulant se livrer à la pêche doit se munir d'une licence absolument personnelle accordée par les sous-gouverneurs de Miarinarivo, Soamahamina et Soavinandriana, contre le paiement d'une taxe établie comme suit :

1° Pêche de l'anguille et de tous autres poissons au trou : un an, 25 francs ; six mois, 15 francs ; trois mois, 10 francs ;

2° Pêche des poissons autres que l'anguille, à la ligne ou au filet : un an, 5 francs.

3° Pêche aux crevettes : un an, 2 fr. 50.

Moyennant cette licence, la pêche peut être effectuée dans toute l'étendue du lac ; 150 de ces permis ont été délivrés en 1900.

L'objet de pêche le plus important de beaucoup est l'anguille, dont on trouve les deux espèces, la *Tona*, qui atteint de grandes dimensions, souvent plus de 1^{m}50, avec 30 centimètres de tour, et l'*Amalona*, qui est la meilleure comme chair. On prend encore dans le lac des *Trondro*, des Cyprins ou *Trondromena*, des Gobies ou *Toho*, des crevettes.

La pêche des *Tona* s'effectue surtout en décembre et dans la première quinzaine de janvier ; on les prend dans les anfractuosités ou dans des trous creusés dans ce but par groupes de cinq à six au bas de petites jetées ou *fefy*, longues de quelques mètres. Ces trous, dont l'entrée est garnie partiellement de pierres et d'herbe, sont considérés comme la propriété de ceux qui les ont aménagés. Les anguilles y pénètrent si volontiers en cette saison que chacun fournit en moyenne sept anguilles par jour. On les prend au moyen d'un harpon emmanché à une hampe semblable à celle d'une sagaie. L'anguille est conservée vivante jusqu'au jour du marché, attachée dans l'eau à une herbe ou à une racine au moyen d'un lien passé dans l'ouïe.

Dans le reste du lac et toute l'année, on pêche l'*Amalona* à la ligne de fond (*farango*), appâtée de grenouilles ou de vers.

La pêche aux autres poissons se fait par des procédés divers. On pêche à la canne, soit des bords, soit en pirogue, avec des lignes formées d'un fil solide, fait de l'écorce de divers végétaux (*agy, sampivato, lambiro*) ; le chanvre ne sert que pour les lignes à *Trondro*. Le petit hameçon est amorcé avec des boulettes de manioc cuit, des vers ou des crevettes ; les *Toho* mordent aux vers et on attache à la ligne une petite pierre.

La pêche au filet se fait avec des sortes de nattes en joncs (*harato*), de la forme d'un large sac, dont le tiers postérieur est double et que l'on peut fermer complètement au moyen d'une liane passée dans une coulisse ménagée autour de l'ouverture. Pour utiliser cet appareil, on part avec une pirogue et un radeau en joncs ; deux pêcheurs, accroupis au bord du radeau, tiennent horizontalement le filet, pendant qu'une vingtaine d'autres se jettent à la nage en formant un cercle qu'ils resserrent progressivement, pour chasser le poisson dans le filet. Les nageurs, nombreux et bruyants, n'ont rien à craindre des caïmans et, aussitôt l'opération terminée, ils remontent sur les pirogues ou les radeaux. La prise est placée dans une corbeille attachée sur le côté de la pirogue de façon à plonger à moitié dans l'eau. On emploie aussi des nasses (*vovo*) que l'on place au point de convergence de barrages en roseaux. Enfin, les crevettes et les petits poissons se prennent avec des corbeilles que l'on traîne au fond de l'eau.

Les poissons frais sont mis dans des corbeilles, enveloppés d'herbes ; les plus grands sont réunis par paquets de cinq ou six, au moyen d'un lien passant par la bouche ; les anguilles sont attachées isolément de la même façon.

Pour préparer les anguilles, on les plonge dans l'eau bouillante et on les suspend verticalement, au moyen d'un lien, pour les nettoyer en les frottant avec une feuille de fougère ; puis on les coupe en tranches de 4 centimètres de long, que l'on enfile en chapelet au moyen d'un lien en « *fanjorozo* » ; les entrailles, sauf la vésicule biliaire, et la graisse, sont pétries avec de la farine de riz et mises en boules entourées de feuilles de bananier. Le tout est placé dans une marmite dont le fond est garni de *fanjorozo*, pour empêcher l'adhérence. D'autres fois, on fait griller l'anguille embrochée, après l'avoir ouverte, nettoyée, salée et refermée. Pour les conserver longtemps, on les ouvre longitudinalement, puis on les nettoie, les sale et les met à sécher dehors ou à côté du feu, en les maintenant déployées par des baguettes de roseaux.

Les *Trondro* sont cuits sous la cendre, sans être écaillés, ou grillés après avoir été nettoyés et salés. Pour les conserver, on les sèche à l'air. Les petits poissons et les crevettes sont mis à sécher le jour sur des nattes et suspendus la nuit au-dessus du foyer. Enfin, avec des *Trondomena* et des crevettes grillés, pilés, mélangés de sel et de piment, on fabrique une sorte de farine que l'on conserve dans des calebasses.

Une grosse *Tona* fraîche se vend de 8 à 10 francs ; sèche, 3 fr. 75 à 5 francs ; une petite anguille, 2 francs fraîche, 0 fr. 60 à 0 fr. 80

sèche ; 10 à 20 petits poissons secs coûtent 0 fr. 50 et un grand 0 fr. 20. La valeur des anguilles prises dans les trous par une seule personne dans une année peut s'élever à 300 francs ; celle des anguilles prises à la ligne et autres engins, à 50 francs ; celle des poissons de toutes espèces et des crevettes, à 50 francs. Tous ces produits font l'objet de transactions assez importantes aux marchés de Zoma, Menozory, Sabotsy et Ampefy.

Dans les provinces de la côte orientale, à l'exception de celle de Vohémar, la pêche fluviale est assez active ; elle est pratiquée surtout dans les lagunes et près de l'embouchure des fleuves côtiers, qui sont d'ailleurs les parties les plus poissonneuses. Les procédés en usage sont assez grossiers : harpons, lignes de fond, trémails, sennes, nasses, barrages de roseaux. Le poisson est en partie consommé frais, en partie fumé sur des claies que l'on voit au-dessus de tous les foyers indigènes.

Dans le Bouéni, tous les riverains des cours d'eau pêchent pour se procurer une nourriture dont ils sont très friands ; mais on ne trouve de véritables pêcheurs qu'au village d'Amparinimponga ; ceux-ci ne vendent que fort peu de poisson sur place ; ils le font sécher presque tout au soleil ou à la fumée et l'expédient ensuite dans l'intérieur. Les engins les plus employés sont :

1° La ligne, formée simplement d'un gros hameçon attaché au bout d'une ficelle de rafia, dont se servent généralement les femmes et les enfants, mais que les piroguiers mettent aussi parfois à la traîne ;

2° La nasse, simple cône en joncs tressés que l'on ne cale pas au fond, mais que l'indigène, entré dans l'eau, promène avec lui, pendant que deux aides poussent le poisson de son côté. Ce système bien primitif parvient à fournir le « *ramazona* » quotidien nécessaire à toute famille ; il ne pourrait suffire à la vente en gros. Quelques Sakalaves fabriquent aussi des nasses de modèle européen, que l'on peut placer à demeure sur le lit des rivières :

3° Le rapetout, pièce d'étoffe rectangulaire que deux hommes traînent sur le lit de la rivière, dans les eaux peu profondes et très poissonneuses, tandis qu'un troisième pousse le poisson dedans ;

4° Des filets que l'on tend de façon à barrer de petites criques dont le poisson ne peut sortir sans se jeter dans les mailles.

Dans cette région, le poisson est difficile à sécher à cause de l'humidité ; on l'étend sur un grillage de bois exposé au soleil, au dessous duquel on entretient un feu de braise ; il est ainsi légèrement boucané par la fumée, cuit par le feu et désséché par le soleil et peut se conserver. On en fait aussi, en le pilant avec du piment, une farine qui se conserve indéfiniment et que l'on mange mélangée au riz.

Dans le Betsiriry, tout le pays est couvert de rivières, d'arroyos, d'étangs ; c'est au bord de ces étangs que se groupent les villages, dont les habitants se livrent volontiers à la pêche, qui est une de leurs principales ressources. Les poissons et les crocodiles abondent et atteignent de grandes dimensions. La pêche se fait aux filets, aux nasses et à la ligne ; cette dernière est constituée d'un gros hameçon fixé au bout d'une corde, attachée elle-même à un flótteur en bois suffisamment gros pour n'être pas entrainé au fond et grâce auquel on peut voir aisément quand le poisson est pris et le tirer hors de l'eau.

Dans le Sud, les indigènes pratiquent très peu la pêche ; aux environs du lac Tsimanampetsotsa, elle est pour les habitants très arriérés une ressource extrême, employée lorsque la famine est à son comble. Les tortues terrestres, *Chelone radiata*, sont pour ce dernier pays une production d'une certaine valeur. Pour les indigènes, elles sont *fady* ; ils ne les mangent pas et il ne faut pas les manger sur place ; mais on peut les emporter. Les chasseurs les cherchent dans la brousse et retournent celles qu'ils rencontrent, puis les ramassent au retour ; elles sont portées au Faux-Cap, et de là, expédiées à la Réunion.

Pêche maritime.

La pêche est peut-être un peu plus importante en mer qu'en eau douce, mais, là encore, presque toujours, les indigènes, peu industrieux, se contentent de recueillir le poisson nécessaire à leur nourriture ; ils ne savent pas en faire l'objet d'un commerce, sauf dans quelques régions, où leurs goûts les portent davantage à ce métier, et dans les villes importantes, où les Européens sont nombreux et où la demande, assez intense, fait naître la profession. La pratique de la pêche varie beaucoup dans les diverses localités, suivant les aptitudes des races et la nature des fonds, mais reste toujours une industrie assez primitive.

A Diégo-Suarez, la plupart des pêcheurs sont des créoles de la Réunion ; les indigènes sont en petit nombre, en tout vingt personnes environ. La pêche se fait uniquement dans la baie, qui peut suffire amplement à la consommation locale : elle a lieu ordinairement pendant le jour, les créoles seuls la faisant quelquefois la nuit. Les pêcheurs montent de petites embarcations légères ou des pirogues ; ils emploient l'hameçon ou divers filets ; pour prendre les poissons, ils utilisent le « *valakia* », appareil consistant en plusieurs rangées de joncs de 1m50, espacés de 10 centimètres et réunis par des cordes ; cet engin est placé en demi-cercle au bord de la mer, à quelques mètres seulement de la plage, en laissant seulement sur les côtés un petit espace pour permettre l'accès aux poissons ; ceux-ci restent pris au moment du reflux. On peut estimer à environ 80 kilogrammes la quantité pêchée par jour. Presque tout le poisson est vendu frais, à la halle ou à domicile, même le requin dont les indigènes sont particulièrement friands. Le prix du poisson frais varie de 0 fr. 20 à 2 francs la pièce. Quelques malgaches fument et sèchent un peu de poisson pour le vendre dans l'intérieur.

A Vohémar, la pêche maritime ne sert qu'à l'alimentation d'un petit nombre d'habitants ; dans le Sud de la province elle joue un rôle plus important. Les Sakalaves s'y livrent peu ; les Betsimisarakas, plus industrieux, installent le long des rivages peu profonds, où la mer est calme, en dedans des chaînes de récifs, ou aux embouchures de rivières, de vastes pêcheries en bois menu, en bambous ou en roseaux, où le poisson est recueilli à mer basse, en fermant les ouvertures dégagées à haute mer. Mais ces constructions sont très primitives et laissent échapper beaucoup de poisson ; on ne prend guère de pièces de grande taille et la plus grande partie de la pêche est formée de muges. On se sert également de lignes en écorce amorcées avec des fragments de poissons ; de filets à mailles de 4 centimètres, longs de 80 mètres, sans poche ; de nasses. Les embarcations, « *akafio* », légères et rapides, sont de simples pirogues sans balancier, qui ne peuvent se risquer au large que par très beau temps et ne servent que dans les baies abritées. Le poisson destiné à être conservé est fumé au-dessus d'un feu de bois vert, puis séché au soleil ; il est expédié vers l'intérieur dans des sacs de « *vakoa* ». Les prix sont minimes ; on paie la pièce de 0 fr. 10 à 0 fr. 50 ; les petits poissons se vendent par paquets de 3 à 6, 0 fr. 05 à 0 fr. 10. Le poisson fumé se vend le double.

Dans la baie d'Antongil, tous les indigènes, même les femmes et les enfants pêchent pour leur consommation personnelle ; en 1898, un créole et deux indigènes faisaient vendre le produit de leur pêche au marché de Maroantsetra. Le matériel consiste en trémails, éperviers, filets, nasses ou paniers. Le poisson est conservé frais ou séché au soleil, après lavage à l'eau de mer ; il se conserve peu. On le vend à domicile ou au marché 0 fr. 30 le kilogramme.

A Sainte-Marie, la pêche est effectuée sur la côte occidentale, entre les récifs et le rivage. Les habitants de l'île, excellents marins, vont pêcher jusque dans la baie d'Antongil et sur la côte de Vohémar. Ils emploient la senne, la ligne et des nasses qu'ils immergent pendant dix à douze heures ; ils ne vendent pas leur poisson.

Sur la majeure partie de la côte Est, à Fenerive, Andevorante, Manahoro, Vatomandry, en raison de la violence de la mer, la pêche maritime est nulle ou insignifiante et suppléée par la pêche dans les lagunes. A Tamatave, pour subvenir à la consommation des Européens, quelques embarcations à voiles vont pêcher avec des nasses, des lignes et des sennes. Dans la province de Farafangana, les habitants du littoral sont tous pêcheurs ; ils sortent en pirogue et vont pêcher à la ligne sur des fonds rocheux avec des crabes et des poissons comme appâts, par 30 à 40 mètres de profondeur ; ils mangent le poisson frais ou fumé sur des claies. A Fort-Dauphin, la pêche au filet, à la ligne ou aux nasses, est aussi très restreinte.

A Tulear, à Marombe, les indigènes pêchent au filet et à l'hameçon sur des fonds coralliens, par 10 à 30 mètres ; le poisson est toujours consommé frais. Ils prennent aussi beaucoup de homards et de langoustes.

Les Vezos, qui habitent le Nord de la province de Tulear et le Sud de celle de Morondova, sont de hardis marins ; avec leurs pirogues à balancier, ils font la pêche et le petit cabotage ; sans être très ardents au travail, ils ont beaucoup de goût pour ce métier. Les habitants du petit port de Belo s'occupent uniquement de leurs pirogues et de leurs filets. Les pêcheurs travaillent même de nuit, à la lanterne, harponnant le poisson attiré par la lumière. Ils utilisent des filets de diverses sortes et aussi le « *laro* », sorte de latex qu'ils mélangent avec de la terre et avec lequel ils empoisonnent l'eau ; le poisson étourdi vient flotter à la surface où on le prend en grandes quantités. Une des principales pêches est celle de la langouste dans les bancs de coraux, pêche ardue et fatigante : il faut faire en pirogue un trajet de deux heures pour se rendre à l'îlot de Nosy-Iania, banc de sable dénudé d'un diamètre de 100 mètres environ. A marée basse, l'homme descend de sa pirogue et, dans l'eau jusqu'aux hanches, il scrute les rochers du regard et cherche le trou où la langouste se réfugie. Il tâtonne avec un petit harpon et, s'il sent remuer le crustacé, d'un coup sec il enfonce le fer dans le corps de l'animal, qu'il retire et jette dans la pirogue. Pendant le jour, les femmes poursuivent, en pataugeant dans les mares, les bandes de fretin qu'elles capturent avec leurs lambas. On ramasse aussi beaucoup de crabes, de crevettes ainsi que des huîtres et clovisses que les Européens trouvent excellentes, tandis que les indigènes les dédaignent. Par superstition, les Vezos délaissent les soles et les raies, qui sont cependant de bonne qualité.

A Morondova, ce sont surtout les Makoas qui pêchent, mais seulement pour leurs besoins ; il est très difficile de les faire pêcher moyennant salaire, pour le compte des Européens. Ils vont parfois par troupes dans les lagunes à marée basse et circonscrivent un espace avec un très long filet tenu verticalement de façon à emprisonner le poisson ; ils se rapprochent alors les uns des autres et, quand ils sont suffisamment près, ils laissent tomber leur filet en avant et prennent à la main le poisson saisi dessous.

L'île Juan da Nova était autrefois visitée chaque année par des pêcheurs de tortues de Maintirano. Depuis quelques années, un Français s'en est rendu locataire pour une durée de 30 ans ; il a installé sur le plateau une case en paille avec magasin et sécherie de poisson, mais nous n'avons pas pu avoir de détails sur ses opérations.

Dans la province de Majunga, la consommation de poisson est considérable, mais c'est seulement dans les villages de Marolaka et d'Ambatolamby qu'on trouve une population exclusivement composée de pêcheurs. Chacun possède une pirogue à balancier ou « *lakafiara* » munie d'une voile carrée, avec laquelle il se transporte dans tous les points poissonneux de la baie de Bambetoke, d'où il ne sort pas. Les engins principaux employés dans le pays sont :

1° La ligne, faite d'une corde de 2 à 5 millimètres de diamètre munie d'hameçons droits ; cette pêche n'est guère fructueuse qu'aux étales de haute et de basse mer. Pour les requins, on tend de longues lignes en forte corde, avec un émerillon auquel on accroche un quartier de viande ; on les place à marée basse ; quand un requin est pris, on le tire sur le rivage où on l'assomme.

2° Des filets, en rafia ou en aloès, avec lesquels on barre en entier des recoins propices ; c'est un procédé très fructueux. Pour les crevettes, on se sert de nattes et de petits filets spéciaux.

3° L'épervier, semblable à celui des pêcheurs français, mais que le Sakalave ne tient pas attaché au poignet : il le lance librement et se met à l'eau pour aller le chercher.

Le poisson est surtout mangé frais, mais, dans certaines parties, on le sèche pour l'envoyer dans l'intérieur.

Dans la baie de Mahajamba, la plupart des riverains sont plutôt agriculteurs ; cependant, à Ambenya, une centaine de familles vivent seulement de la pêche et de racines ramassées dans la forêt ; à Marsakoa, deux créoles font la pêche et y réussissent ; Ampasimarina est un village de pêcheurs qui envoient leur poisson à Majunga ; une crique qui s'avance dans les terres est d'une rare richesse en poissons de toutes sortes ; elle est fermée par un banc de sable sur lequel sont établies de vastes pêcheries fixes fort bien faites.

A Nosy-Bé, les indigènes exploitent d'une façon irrégulière le pourtour de l'île et la baie de Pasindava, se servant de filets, de harpons, de nasses et de lignes. Les femmes pêchent avec leurs lambas dans les criques. Le poisson pris, insuffisant pour les besoins de la population, est consommé frais. Quelques Zanzibarites sèchent et salent du requin pour l'expédier à Zanzibar.

Rendement de la pêche. — Ainsi, comme le disait le Gouverneur général dans son rapport au Ministre des Colonies, « partout « on trouve des pêcheurs, mais nulle part un seul capable de trans- « former son métier en industrie lucrative ; souvent la population « manque du poisson qui lui est nécessaire ; jamais les marchés ne « sont régulièrement, ni complètement approvisionnés ». Malgré le développement de ses côtes et de ses cours d'eau, et leur richesse ichthyologique, Madagascar est obligé d'importer des produits de la pêche et ces importations se sont élevées aux chiffres suivants :

Année	Poisson sec, salé ou fumé	Poisson conservé
1901	F. 67.064	F. 166.451
1902	87.028	184.431
1903	68.353	147.102

L'exportation de poisson doit, dans ces conditions, être insignifiante ; elle a été de 1.902 francs en 1902 et de 6.715 en 1903, pour la France, ses colonies et l'étranger ; mais les documents ne renseignent pas sur la nature des produits dont il s'agit.

Pêche de la tortue. — Les tortues à écaille fréquentent toutes les côtes de Madagascar ; seules les longues étendues rectilignes du littoral oriental semblent leur être peu favorables. Elles affectionnent cependant particulièrement certains points : sur la côte Nord-Est, elles sont abondantes entre Rodo et Manambato, aux îles Leven, ainsi qu'à Antalaha et aux embouchures du Lokoho et du Mananarabe ; sur la côte Est, leurs lieux de prédilection sont Nosy-Faly, Ambevatolo, la région d'Analalava, le Sud de la province de Majunga, les îles Europa, les environs de Belo. Presque partout on les pêche au moins d'une façon occasionnelle ; mais les deux centres principaux de cette pêche sont la province de Vohémar et Belo.

Dans la province de Vohémar, la saison de cette pêche dure deux mois et demi : d'octobre à la mi-décembre. Les pêcheurs s'installent surtout entre Rodo et Manambato et dans les îlots voisins du rivage. Ils sont pour la plupart Sakalaves, contrairement aux pêcheurs de poisson. Ce sont surtout des gens de la région, mais quelques-uns viennent de la côte Ouest et n'hésitent pas à passer le cap d'Ambre avec leurs pirogues à balancier, pour venir s'installer pendant la saison. Leur nombre est de vingt à trente ; ils s'entendent entre eux pour le choix de la partie de la côte où chacun ira s'établir. Sur le secteur qui lui est échu en partage, le pêcheur édifie une petite case et surveille le rivage ; c'est là sa principale occupation, car, si la capture des tortues n'est pas difficile, elle exige beaucoup de surveillance et une grande connaissance de leurs mœurs. Lorsque l'animal vient pondre, le pêcheur le retourne, détache à la hache le plastron qu'il jette, et enlève avec un couteau la chair contenue dans la carapace. Celle-ci est alors mise au-dessus d'un feu doux pour détacher l'écaille. Les plaques en sont frottées avec de la graisse de l'animal, pour qu'elles ne se dessèchent pas trop, et mises dans des « *sobikas* » ; certains pêcheurs, dans le même but, les mettent en terre ; d'autres, pour augmenter leur poids, les enfouissent dans la vase, ce qui en diminue beaucoup la qualité. L'écaille se vend surtout à des Indiens établis à Vohémar et à Antsirane, au prix moyen de 35 à 40 francs le kilog. ; la plus fine peut monter a 50 francs ; celle qui est avariée tombe à 10 ou 20 francs. Un pêcheur expérimenté peut capturer 15 à 20 tortues dans les bonnes saisons, 10 à 15 dans les saisons moyennes, 4 ou 5 dans les mauvaises.

A Belo, les Vezos prennent parfois la tortue à terre au moment de la ponte, mais généralement ils la pêchent en haute mer ; un pêcheur assis à l'arrière d'une pirogue gouverne avec une pagaie ; un autre se tient à l'avant, ayant à portée de sa main un harpon très lourd, en bois de natte, long de deux mètres environ, retenu par une corde d'une vingtaine de mètres ; il regarde attentivement le flot, sans jamais se lasser, quelquefois des heures entières, en chantant mollement. Sitôt qu'il aperçoit une tortue, il la frappe de son arme ; l'animal s'enfuit rapidement, entraînant la pirogue ; quand il est fatigué, on l'amène à bord et on rentre à terre. La tortue est révérée des Vezos ; tout le village se rassemble pour la dépecer avec pompe au pied d'un autel. Les lamelles d'écaille sont retirées d'abord et nettoyées proprement pour être vendues aux commerçants indiens. La carapace est enlevée et le sang recueilli dans des calebasses pour peindre l'avant des pirogues et porter bonheur aux pêches futures. Puis on se partage la chair que l'on fait cuire.

L'écaille donne lieu à une exportation assez notable, frappée d'un droit de 300 francs par 100 kilogrammes et dont voici les chiffres :

Année	Valeur	Année	Valeur
1898	F. 60.281	1901	F. 55.497
1899	70.562	1902	70.955
1900	68.806	1903	89.654

Pêche des trépangs. — Les trépangs se trouvent en notable quantité sur une importante partie des côtes malgaches ; il y en a à Diégo-Suarez ; sur la côte Est, on en a signalé quelques-uns seulement à Vohémar, où ils sont petits et n'appartiennent pas à l'espèce grise (*Stichopus luteus* ?), et aussi à Mananjary ; dans les autres points on ne les connait pas. Au contraire, sur la côte occidentale, ils sont communs à Nosy-Bé, Analalava, Majunga et surtout abondants dans les provinces de Morondova et de Tuléar, sur les points de la côte abrités par les récifs.

L'industrie de la pêche et de la préparation des trépangs a été inaugurée à Madagascar vers 1860, surtout dans le Sud-Ouest. A

Diégo-Suarez, l'exploitation ne semble pas avoir donné des résultats satisfaisants. On ne les exploite plus actuellement que dans les provinces de Tulear et de Morondova. Les indigènes les récoltent à marée basse, lors des grandes marées, dans les bancs de coraux, puis les font dégorger, bouillir et sécher. Ils ne consomment pas ce produit, mais le vendent aux commerçants indiens, qui l'exportent en partie à Maurice et surtout à Singapore; de ce dernier port, on l'envoie dans les diverses parties de l'Extrême-Orient. L'exportation, frappée d'un droit de 5 o/o, a été la suivante :

Année	Valeur	Année	Valeur	Année	Valeur
1901.....	F. 25.290	1902.....	F. 175.064	1903.....	F. 123.750

Cette exportation pourrait être plus considérable et les Indiens de Tulear disent qu'ils pourraient en fournir 300 tonnes par mois s'ils avaient la main-d'œuvre.

Pêche des éponges. — La présence d'éponges sur la côte Sud-Ouest de Madagascar a été depuis longtemps constatée ; il en existe également dans les environs de Majunga et, à la suite d'un cyclone, M. l'Administrateur Moriceau a pu en recueillir des exemplaires sur la plage; on en trouve aussi sur les récifs voisins de Vohémar, à Andravina.

Ces éponges ne semblent pas devoir être de bien bonne qualité : M. le général Pennequin en a adressé à l'Officice colonial des échantillons qui avaient subi malheureusement un commencement de préparation défectueuse rendant leur qualité encore plus mauvaise. Ces éponges paraissent semblables à celles de la Mer Rouge, prennent mal l'eau et se gonflent fort peu ; leur valeur ne dépasserait pas 2 francs à 2 fr. 50 le kilogramme, à sec. Il serait important de savoir si une bonne préparation ne les rendrait pas meilleures et si, en certaines localités, il n'y en aurait pas de qualité supérieure.

Afin de faire une étude sérieuse des conditions dans lesquelles on pourrait effectuer la pêche des éponges, en même temps que des recherches diverses dans le fond de la mer, deux négociants de Majunga, MM. Saury et Pilidis, avaient obtenu en février 1902 l'adjudication de la pêche des éponges sur la côte entre Ambohibe et le cap Sainte-Marie ; cinq plongeurs grecs furent engagés, quatre scaphandres et deux goélettes furent achetés, et des recherches commencées entre l'île Lœwen et la côte, par le travers de la pointe Barrow ; les pêcheurs avaient pour instructions d'explorer le plus de points possible, sans chercher à exploiter aucun banc. Malheureusement l'état de la mer, même en saison favorable, et la nature des fonds rendirent le travail très pénible et la tentative ne donna pas de résultats. D'autres causes indépendantes obligèrent ces armateurs à abandonner leurs projets ; mais on ne doit pas considérer cet arrêt de l'entreprise comme un échec définitif ; il y a place pour de nouvelles recherches, entreprises avec d'autres procédés d'extraction.

Pêche des huîtres. — A coté de différentes espèces de mollusques, plus ou moins comestibles et de minime importance, les huîtres doivent attirer particulièrement l'attention. Comme l'indique un rapport du général Pennequin, « il résulte des renseignements recueillis que les huîtres perlières existent un peu partout sur le rivage de la colonie, mais que leurs bancs n'ont jamais été explorés sérieusement ». Une enquête a été faite en effet, pour recueillir des renseignements dans toutes les provinces, mais aucune recherche véritable n'a été accomplie ; on s'est heurté à deux difficultés : d'une part, comme les indigènes ne plongent pas, il n'est possible de connaitre que les bancs situés presque à fleur d'eau ; en second lieu, comme les indigènes mangent parfois des pintadines, et que l'enquête n'était pas faite par des zoologistes, il est souvent impossible de comprendre si les documents parlent d'huitres à nacre ou d'huitres comestibles. La meilleure huître comestible est *Ostrea denticulata* ; on mange encore *O. cristata* et, cuite, *O. radiata*.

Dans la province de Diégo-Suarez, il y a de petites quantités d'huîtres comestibles peu appréciées, et il existe en face du village de Sankozo, des bancs d'huîtres perlières, d'étendue et d'épaisseur inconnue, mais qui paraissent peu riches ; ils découvrent aux grandes marées ; les plus gros échantillons atteignent 15×10 centimètres et leur poids n'excède pas 200 grammes. La nacre, de qualité médiocre, est mince, peu brillante, d'un blanc mat. On a recueilli quelques nacres isolées à Vohémar, N'Gontsy, Ratsiarana ; les coquilles avaient 8 à 10 centimètres, la nacre était épaisse, de belle qualité, dorée sur les bords ; l'importance des bancs est tout à fait inconnue. A l'Est de la presqu'île de Massoala, il y a quelques bancs mal connus d'huîtres à coquille petite, mince et terne. A Sainte-Marie, Fenerive, Tamatave, Andevorante, Vatomandry, Mahanoro, il ne paraît y avoir que quelques huîtres comestibles. A deux milles au Nord de Mahéla, sur le récif d'Antsirakarana, existe un banc d'huîtres, de 12 × 40 mètres, presque à fleur d'eau et battu par les vagues, distant de 10 mètres de la plage. A Farafangana, il y a plusieurs bancs d'huîtres à coquille oblongue et épaisse ; on n'y a jamais trouvé de perles. Sur le côté Sud de la presqu'île de Fort-Dauphin, il y a un banc peu étendu à 2 mètres de profondeur ; la nacre est peu épaisse et sans perles. Des bancs sont simplement mentionnés à Androka, à l'île Europa, à Belosa, Sarandrano, Nosy-Satrani, Tulear, Lamboharana ; près de Tulear, ils découvrent à marée basse ; ailleurs ils sont au moins à 8 mètres ; on n'a aucune donnée sur leur importance ; les coquilles arrondies mesurent environ 12 centimètres de diamètre et pèsent 230 grammes ; la nacre est épaisse, d'un beau brillant, d'un blanc uniforme ; on y trouve des perles grosses, souvent irrégulières, d'un bleu ardoisé. Vers le cap Saint-Vincent, aux îles Murder, à Mahafitse-de-Morombe, dans la baie de Sarany, existent des bancs assez profondément placés, 3 à 4 mètres à marée basse ; les coquilles sont larges comme les deux mains, effilées à une extrémité ; la nacre en est mince et n'a généralement qu'une seule couche, rarement deux, d'un beau brillant, de couleur uniforme ; les perles y sont rares, petites, rondes, blanches et brillantes. A 20 kilomètres environ au Nord de Majunga, il y a des bancs d'huîtres perlières mélangés à des bancs d'huîtres ordinaires ; ils sont à 3 ou 4 mètres de profondeur en moyenne ; les dimensions varient entre 14 et 18 centimètres de long, 5 à 6 de large ; elles sont plates, irrégulières, à nacre peu épaisse, d'un beau brillant, blanc damassé ; on y trouve des perles blanches, brillantes, grosses comme un grain de mil. Près d'Analalava, aux îles Nosy-Lava et Alana, on connaît des bancs à étendue et épaisseur mal déterminées ; dans les parties découvertes à marée basse, les coquilles n'ont guère plus de 7 à 8 centimètres ; plus profondément, elles sont plus grosses. La nacre est mince, d'un beau blanc, mais jamais rayée sur le bord ; on y rencontre d'assez jolies perles. Dans la baie du Courrier et près de Nosy-Mitsiou, on a trouvé quelques huîtres à coquille mince, avec de très petites perles.

Sous le régime hova, une compagnie américaine se livrait au commerce des nacres à l'Est et au Nord-Ouest. Aujourd'hui, les indigènes n'exploitent nulle part véritablement les bancs d'huîtres. Ils se contentent le plus souvent d'aller sur les parties qui découvrent à marée basse, pour faire la récolte à la main, sans aucun engin, en général pour leur nourriture, parfois pour les vendre aux marchands indiens. A Mananjary, ils se servent de la bêche malgache et ils ont beaucoup de répugnance pour ce travail, à cause des blessures qu'ils se font aux jambes sur le banc de Mahéla. A Morondova, la pêche a déjà été pratiquée sur une échelle un peu moins restreinte par les indigènes, à mer basse, quand les bancs sont recouverts de 3 à 4 mètres d'eau. A Marombe, un colon, M. Lafont, fait la récolte des huîtres et les envoie à Marseille où la vente s'opère dans de bonnes conditions. A Nosy-Bé, un seul colon s'est occupé avec un peu de succès de la pêche des huîtres, mais il n'a pas donné d'indications précises. Enfin, par un décret du Gouverneur général, M. Petiteau avait été autorisé en 1898 à exploiter pendant une période de dix ans la baie d'Antongil, entre le cap Belona et le cap Massoala, moyennant une redevance annuelle de 100 francs ; mais le concessionnaire, découragé par le formalisme administratif, n'a pas donné de suite à son projet.

On pêche aussi sur la côte occidentale divers coquillages, notamment des cauries, qui sont expédiées en Afrique. A Tulear, on pêche des burgos, qui servent de trompes et que l'on vend très loin dans l'intérieur ; on en ramasse également à Nosy-Bé.

L'exportation des coquillages ne donne lieu actuellement qu'à un commerce peu important, ainsi que le montre le tableau suivant :

Année	France	Etranger
1901	F. 5.297	F. 1.213
1902	1.539	3.201
1903	5.470	5.192

Mesures à prendre pour le développement de la pêche. — Quel que soit l'avenir de l'industrie de la pêche à Madagascar, les conditions, dans lesquelles elle s'exerce actuellement, devront nécessairement se modifier ; lorsque des besoins grandissants auront introduit des habitudes de travail et une spécialisation des indigènes, tous ceux qui seront occupés à l'agriculture, aux mines, etc., ne pouvant se procurer eux-mêmes le poisson nécessaire à leur alimentation, devront l'acheter au marché ; avec les nécessités de l'approvistonnement de ce marché, apparaîtront des pêcheurs spécialisés dans leur art.

« Tout est à faire et à organiser en ce qui concerne la pêche maritime, qui, jusqu'à ce jour, est entièrement libre sur les côtes de la grande île ; aucune loi, aucune règle n'existe ; les zones de pêche ne sont pas déterminées ; l'indigène pêche où il veut et toujours de la même manière et, dans tous les cas, avec les mêmes engins. » Tels sont les termes dans lesquels s'exprimait le Gouverneur général dans un rapport au Ministre ; la situation n'a, d'ailleurs, pas changé depuis. A un point de vue plus général, il indique dans un autre document « que le service de l'inscription maritime reste jusqu'ici un des moins réglementés... Il n'existe pas, ou peu s'en faut, au point de vue de la police des pêches... J'étudierai ensuite, avec toute la prudence qu'exige un pareil sujet, les dispositions à adopter dans un avenir prochain pour amener progressivement l'établissement d'un régime d'inscription maritime adapté aux besoins et aux ressources du pays, en encourageant la profession maritime à tous les degrés, développant l'industrie de la pêche et entretenant une réserve de bons marins indigènes ».

Un des premiers objectifs d'une administration désireuse de s'occuper sérieusement du développement de l'industrie des pêches nous semble devoir être un inventaire complet des ressources de la colonie. Nous avons pu constater la grande insuffisance des données que l'on possède sur ce sujet. Il faudrait faire une étude approfondie de la nature des fonds, délimiter les bancs des coraux, les zones rocheuses et les espaces où des filets pourraient être traînés sans dommage. La besogne est lourde, si l'on songe aux immenses étendues à explorer. Il faudrait aussi rechercher la répartition des espèces comestibles sur les divers points encore inexplorés aujourd'hui et se livrer à des essais répétés pour se rendre compte de leur abondance et du rendement possible de leur exploitation. Il faudrait repérer avec non moins de soin les bancs d'huîtres perlières et examiner si, à des profondeurs plus considérables, les coquilles ne seraient pas de plus belle qualité.

Il nous semble que cette exploration méthodique doit provenir de l'initiative gouvernementale ; s'étendant sur une zone très vaste, elle demande un outillage très perfectionné, avec le concours de capitaux élevés et de spécialistes ; il faut aussi que les résultats puissent en être coordonnés et comparés. Des particuliers ne pourraient entreprendre un pareil travail sans demander des avantages ou des monopoles nuisibles aux intérêts généraux. Sans doute on peut concéder, en vue d'un but précis, certaines zones déterminées ; mais cette concession ne doit pas exclure des recherches plus étendues et plus générales.

Il paraît désirable de voir établir un service chargé de la direction des pêches maritimes et fluviales, dont la réunion est bien justifiée par l'importance de l'exploitation actuelle des lagunes et des embouchures de rivières. Il importe d'établir des règlements de police aussi larges et aussi peu tracassiers que possible, mais permettant d'ores et déjà une protection suffisante des fonds. Il faut empêcher l'usage des poisons et des explosifs, et celui des engins traînants dans la zone littorale. Il vaut mieux ne pas laisser s'implanter des habitudes qu'il serait difficile, plus tard, de faire disparaître.

Il serait désirable de voir se former sur le littoral une population habituée à la mer et vivant d'elle ; dans ce but, le Gouverneur général a chargé par arrêté un créole, constructeur maritime à Belo, d'instruire, chaque année, un certain nombre d'indigènes. Des mesures analogues pourraient être prises en différents points : il faudrait amener les indigènes à fabriquer et à employer des embarcations capables d'affronter la mer du large.

Il sera évidemment difficile de secouer l'apathie des Malgaches et de les décider à se servir d'engins perfectionnés. Les conseils et les exemples de toute nature n'auront probablement pas une action rapide. On ne saurait trop les multiplier et on pourrait les inculquer aux enfants des écoles dans les localités maritimes. Il faudra surtout s'appliquer à les donner aux peuplades ayant des dispositions évidentes pour la profession maritime, comme les Vezos et les habitants de Sainte-Marie. Il faudrait encourager aussi l'établissement de pêcheurs créoles. Enfin l'introduction de pêcheurs annamites par colonisation pénitentiaire ou de quelque autre façon, donnerait probablement d'heureux résultats.

Nombre de rapports affirment qu'il y aurait intérêt pour des Européens à créer en certains points des entreprises de pêche. Nous ne savons si les vastes étendues de hauts fonds de la côte occidentale pourront un jour donner lieu à une grande exploitation ; mais les régions connues sont assez poissonneuses pour que l'on puisse déjà préconiser la création de quelques établissements. Sur la côte Est, la baie d'Antongil et la région de Vohémar, paraissent seules propices ; sur la côte occidentale, presque toutes les baies qui la découpent pourraient être choisies. De plus, certaines lagunes, notamment sur le littoral oriental, pourraient faire l'objet de concessions analogues à celles de Tunisie, pour l'aménagement de pêcheries fixes.

L'Administrateur de Vohémar donne des conseils détaillés dont on pourrait s'inspirer pour monter une semblable entreprise : d'une part, on pêcherait au chalut au large, avec des dundee de 30 à 50 tonneaux, à bord desquels on salerait le poisson ; d'autre part, on établirait sur les récifs qui assèchent à marée basse des pêcheries fixes en treillis de fil de fer galvanisé de $1^m 70$ de haut, à mailles de 6 centimètres, dont le prix, avec la pose, reviendrait à 7 francs le mètre courant. On pourrait employer le sel de Diego-Suarez, qui a déjà donné à Vohémar de bons résultats.

Il semble que ces pêcheries pourraient ne pas restreindre leurs visées à l'approvisionnement en poisson salé de la colonie qui en importe déjà et pourrait vraisemblablement en consommer davantage ; mais Madagascar pourrait, en l'état actuel, exporter vers certains pays situés à proximité, tels que la Réunion, Maurice, la côte orientale d'Afrique, et peut-être trouverait-on des débouchés dans l'Inde et les pays d'Extrême-Orient, qui absorbent tant de poisson et où l'on expédie déjà des trépangs.

On ne doit pas considérer, dans les diverses tentatives, l'industrie de la pêche et celle de la conservation du poisson comme inévitablement liées. Les pêcheries fixes sont faciles à exploiter à l'aide d'un faible personnel européen ou créole ; quant à la pêche en mer, il serait peut-être plus avantageux de s'assurer par des contrats le concours de patrons indigènes, qui apporteraient, moyennant un prix régulier, tout leur poisson ; l'entreprise aurait alors pour but surtout la conservation et le commerce du poisson. La préparation devrait être faite avec le plus grand soin, afin d'obtenir des produits supérieurs à ceux des indigènes et de reproduire les qualités habituelles des conserves françaises, le choix et la finesse. Il y aurait lieu de rechercher si certains poissons ne gagneraient pas à être fumés, marinés ou préparés tout autrement que par simple salaison. L'abondance des langoustes à Belo et à Tulear justifierait peut-être l'établissement de fabriques de conserves de ces crustacés, analogues à celles du Cap. Dans les points favorables, on donnerait de l'extension à l'industrie des trépangs.

Pour ce qui est du poisson frais, on ne peut évidemment lui chercher d'autres débouchés que l'approvisionnement régulier des villes littorales ; les marchés de l'intérieur sont insuffisants pour rémunérer un transport à grande vitesse. Les pays voisins sont aussi trop éloignés ; peut-être, cependant, pourrait-on diriger des crustacés vivants sur l'Afrique du Sud.

En ce qui concerne la pêche de la tortue à écaille, l'Administrateur de la province de Vohémar nous apprend que l'on projetait de prendre des mesures destinées à protéger leur reproduction sans léser les intérêts des pêcheurs ; nous ne savons si, depuis, quelque chose a été fait dans ce sens. Nous ne verrions de possible que les mesures générales proposées au chapitre sur les Tortues. Nous avons vu qu'à Vohémar, les indigènes rejetaient le plastron, qui est pourtant aujourd'hui si recherché ; nous ignorons si on leur a appris depuis à en tirer parti ; sinon, il faudrait les détourner de ce gaspillage.

Il semble que le régime des concessions convienne assez bien à la pêche des huîtres à nacre, dont elle permet d'assurer une surveillance et une exploitation plus méthodiques, à condition d'exiger des concessionnaires quelques garanties et la possession d'un matériel sérieux, tout en évitant les formalités et tracasseries inutiles ; il serait regrettable de voir des essais échouer à cause des conditions dans lesquelles ils auraient été tentés. En raison du manque de plongeurs indigènes et de l'abondance des requins, il est probable que c'est au scaphandre qu'il faudra avoir recours. Il sera nécessaire d'imposer un roulement dans l'exploitation des bancs, afin de laisser reposer les régions épuisées. Sur les bancs à fleur d'eau, il faudra interdire l'emploi des pioches, bêches, etc. et permettre seulement la pêche à la main. On ne peut enlever aux indigènes la jouissance des bancs qu'ils exploitent déjà pour leur nourriture ou pour la récolte des coquilles ; mais on pourra là aussi prévenir la dévastation par une protection mesurée et l'établissement de cantonnements.

L'Administration se montrerait très disposée à favoriser l'installation de parcs pour tenter la culture des huîtres ; une concession, non suivie d'exploitation, avait été accordée dans ce but à M. Cureau, à Mahombo. Les rapports administratifs paraissent souvent traduire des idées un peu confuses sur l'ostréiculture. Autant la culture des huîtres comestibles est une chose bien connue et bien réglée, qu'il serait possible et désirable de développper dans toutes les régions abritées, particulièrement aux embouchures des rivières et dans les lagunes, autant la culture des pintadines est encore aléatoire. Il faut se montrer très réservé sur l'opportunité qu'il y aurait à la recommander; les essais devraient être considérés comme de véritables expériences, que des gens avertis devraient seuls entreprendre. C'est ainsi que les lagunes ne paraissent pas indiquées du tout pour la culture des pintadines qui ne vivent pas en eau saumâtre. C'est plutôt dans des eaux profondes, abritées et sans mélange d'eau douce, qu'il faudrait essayer leur élevage.

Les cours d'eau sont assez peuplés pour que la pisciculture des espèces indigènes ne s'impose pas; mais il serait utile de favoriser la pêche par la destruction des caïmans, dont la peau pourrait être utilisée. Combinée avec l'acclimation d'espèces nouvelles, l'aquiculture donnerait peut-être de bons résultats. L'introduction du poisson rouge a été une véritable erreur, mais elle ne doit pas arrêter toute nouvelle initiative et elle ne peut probablement être réparée que par la diffusion d'espèces nouvelles judicieusement choisies. En 1900, M. Ormières, Administrateur de la province de Tananarive, a fait venir de Tamatave quelques gouramis, dans des caisses de bois qu'on faisait voyager de nuit; par ses excellentes qualités et la facilité avec laquelle il s'était acclimaté autrefois à la Réunion, ce poisson était des mieux choisis. De nouveaux essais devaient suivre, ainsi que l'introduction de carpes, mais nous n'avons pas de détails sur la suite des expériences. Il paraît certain que l'élevage de ces poissons dans les étangs qui servent à l'irrigation des rizières donnerait de bons résultats; de là, ils se répandraient à leur guise dans les cours d'eau. On pourrait aussi essayer d'introduire des truites et autres salmonidés dans les torrents du plateau central.

MAYOTTE ET DÉPENDANCES

En raison de leurs petites dimensions, les îles Comores n'ont que des cours d'eau d'importance minime ; il n'y a même pas le moindre ruisseau à la Grande-Comore ; à Mohéli, Anjouan et Mayotte, il y en a au contraire dans toutes les vallées et leur eau est vive et limpide. En raison du climat, caractérisé par une saison des pluies, de novembre à avril, et une saison sèche, pendant le reste du temps, le régime de ces petites rivières est torrentueux : réduits à un simple filet d'eau en saison sèche, ils deviennent beaucoup plus gros pendant l'hivernage.

La faune de ces petits cours d'eau est très peu variée ; on y trouve des anguilles, des carpes anjouanaises (?), des gouramis, introduits assez récemment par M. Sunley, et des crevettes d'eau douce. La pêche ne saurait s'exercer sérieusement dans ces ruisseaux.

Les côtes de ces îles sont assez échancrées, très découpées même à Mayotte, le plus souvent escarpées, parfois basses et garnies de palétuviers. Elles sont entourées de récifs de coraux qui découvrent à marée basse ; à Mohéli et à la Grande-Comore, ces récifs s'appuient sur le rivage même et ne s'étendent guère au large ; à Anjouan, ils sont distants de 50 à 600 mètres, ménageant entre eux et la terre un chenal abrité ; à Mayotte, ils forment une ceinture presque complète, et le chenal qu'ils délimitent atteint plusieurs kilomètres de large.

Entre les différentes îles, la mer offre des dépressions assez profondes ; de grands fonds existent entre les Comores et l'Afrique ; ils sont beaucoup moindres du côté de Madagascar, ainsi que nous l'avons déjà vu en parlant de cette île.

Principaux documents consultés : — Documents communiqués par M. le Gouverneur de Mayotte. — Repiquet, *Le sultanat d'Anjouan*, Paris 1901.

Les eaux de l'archipel sont très poissonneuses : les squales sont abondants ; les meilleures espèces sont les serrans, capucins, maquereaux ; on trouve encore des raies, mulets, carangues, soles, sardines, congres, exocets, etc. ; les *Scarus* ont mauvais goût et sont rejetés. Les récifs nourrissent beaucoup de crabes, crevettes et langoustes ; sur les racines de palétuviers sont fixées de petites huîtres comestibles assez délicates. Des tortues franches et carets visitent parfois les plages du littoral, particulièrement celui de la Grande-Comore. Quelques lamentins habitent les baies et les embouchures des cours d'eau. Les poissons venimeux ou vénéneux sont rares.

Les habitants des côtes pêchent le poisson qui les peuple ; les indigènes seuls se livrent à ce métier et ceux qui sont d'origine malgache y semblent plus spécialement habiles. Ils opèrent tous pour leur compte personnel, d'ailleurs sur une assez petite échelle, et la plupart s'adonnent entre temps à la culture du riz.

Autrefois les indigènes pêchaient volontiers en jetant à la mer, à marée basse, une décoction d'*ourouva*, poison végétal très énergique ; les poissons étourdis se laissaient aisément harponner ; mais un arrêté du 7 novembre 1901 a interdit l'usage, pour la pêche fluviale ou maritime, de cette substance aussi bien que de tous autres poisons, de même que l'emploi d'armes à feu et de matières explosives. C'est là, d'ailleurs, le seul règlement relatif à la pêche dans la colonie ; pour tout le reste elle est entièrement libre, laissée aux goûts et aux habitudes de la population.

Les procédés sont primitifs et ne se sont pas modifiés sous l'influence des Européens ; les indigènes fabriquent eux-mêmes leurs engins. Ils emploient beaucoup des espèces de filets en tiges de roseaux, que l'on fixe à marée haute sur des pieux enfouis d'avance dans la vase ; lorsque la mer baisse, le poisson est retenu par cette barrière. On fait aussi des sortes de bordigues à l'aide de murs en pierre sèche ; des nasses de formes diverses sont également calées en dedans des récifs ; enfin, pour prendre les lamentins, on se sert de filets spéciaux très forts.

Les indigènes font volontiers la pêche en bateau. Ils ont des pirogues d'un demi-tonneau environ, fabriquées avec des bois légers du pays : *takamaka*, badamier, etc. ; elles sont de deux types ; les unes sont faites d'un seul tronc de *takamaka*, creusé au feu et à la gouge, arrondies, terminées à chaque bout par une pomme qui sert à amarrer une voile latine de 5 à 10 mètres carrés, forte et légère, faite de rabanes ; les cordages sont en brou de cocotier ; pontées à l'avant et à l'arrière, elles contiennent de deux à vingt personnes ; elles ont un balancier sur lequel peut passer une partie de l'équipage. L'autre type de pirogue est étroit, taillé en lame de couteau et formé de plusieurs morceaux ; il porte deux balanciers et son avant est relevé et effilé : il tient moins bien la mer que le précédent. Ces embarcations, fabriquées par les indigènes, valent en moyenne 25 francs ; tout le matériel représente donc un capital bien modeste.

Les pêcheurs se tiennent à proximité des côtes, mais ils s'aventurent parfois jusqu'à cinq ou six kilomètres. La pêche se fait à la foëne, au harpon, souvent la nuit au flambeau, ou enfin à la ligne ; ils amorcent leurs hameçons avec un coquillage ou un morceau de poisson. Ces procédés sont aussi employés près du rivage, pour la pêche à pied.

Les produits servent seulement à l'alimentation des pêcheurs et des habitants de la colonie. Les Européens, peu nombreux, n'en achètent qu'une quantité insignifiante ; mais les indigènes consomment beaucoup de poisson ; la nourriture principale des Makouas, la partie la plus nombreuse de la population, est le « *kima* », pâte de manioc cuite avec un ragout de poisson frais ou de « *nanda* », tranches de requin desséché et souvent corrompu. Comme il n'y a ni droits de marché ni exportation, on ne peut guère apprécier la quantité qui est prise ; on peut estimer que les pêcheurs arrivent à gagner environ 200 francs par an.

Une petite quantité de poisson est séchée, salée ou fumée pour être consommée sur place. Avec les squales, on fait un peu d'huile, utilisée pour enduire les pirogues. Il n'y a pas d'autre utilisation des déchets.

Les produits de la pêche de la colonie pourraient probablement lui suffire entièrement ; une petite quantité, sans indication spéciale, est cependant importée : 6.227 francs en 1902.

Une certaine quantité d'écaille est récoltée, presque toute à la Grande-Comore et l'exportation a été de 2.595 francs en 1902 ; le tout a été expédié à l'étranger.

La pêche ne pourrait guère être développée davantage aux Comores que si on lui créait de nouveaux débouchés ; la richesse des eaux semblerait autoriser une pareille tentative ; il serait bon de faire quelques recherches pour s'assurer si le champ à exploiter serait réellement assez vaste, et, dans ce cas, on pourrait fort bien fonder un établissement analogue à ceux dont nous préconisons l'installation à Madagascar.

L'île Glorieuse est un ancien atoll, dont les eaux sont très poissonneuses et le produit de la pêche entre pour une large part dans la nourriture de la population, formée d'une quarantaine d'habitants originaires des Comores et d'une famille française. Le littoral est fréquenté de janvier à juin par de nombreuses tortues franches, que les habitants prennent pour leur nourriture ; d'octobre à février, ce sont les carets, dont l'écaille est recueillie et vendue.

LA RÉUNION

Malgré son isolement et le peu d'importance de sa population, la Réunion ne produit pas dans ses eaux de quoi suffire à la consommation qui s'y fait des produits de la pêche.

A cause de sa faible superficie, de son relief considérable, de ses pentes rapides, la Réunion ne possède que des cours d'eau minimes, à régime souvent torrentiel, à débit considérablement réduit pendant la plus grande partie de l'année et dont le courant impétueux est coupé de cascades et de bassins. Il existe quelques étangs dans les hauteurs, notamment le Grand-Étang, qui a 40 hectares de superficie ; sur le littoral, dans les parties basses, on trouve quelques étangs marécageux, tels que l'étang du Bois-Rouge, près de Sainte-Suzanne, et l'étang Salé, près de Saint-Louis. Des canaux d'irrigation et enfin des bassins et des viviers, installés sur un grand nombre de propriétés, complètent le domaine des eaux douces de l'île.

Ces conditions sont peu favorables au développement naturel de la vie aquatique. Dans les cuvettes un peu calmes et profondes, au pied des cascades, on trouve des anguilles qui atteignent une forte taille et sont très recherchées (*Anguilla marmorata*) (?), des poissons plats (*Dules rupestris* Lacp.), et des chittes (*Nestis cyprinoides* C. V. et *N. dobula* C. V.) ; des mulets (*Mugil borbonicus* C. V.) se trouvent aux embouchures. Le cyprin doré a été introduit dans la deuxième partie du xviiie siècle par Céré, qui lui a laissé son nom ; il a pullulé partout au détriment des autres espèces. Les carpes ont été importées vers 1830 par Lemarchand ; élevées d'abord dans les

---

Principaux documents consultés : Documents communiqués par M. le Gouverneur de la Réunion. — Imhaus, *Histoire naturelle de la Réunion*, Revue coloniale, 1857. — Maillard, Notes sur la Réunion, Paris 1863. — Bleeker, Faune de Madagascar, 1875. -- *La Réunion*, Dépêche coloniale illustrée, 1905.

viviers, elles se répandirent ensuite partout et on les vend aujourd'hui sur le marché. Le gourami, naturalisé vers 1795, a été transporté par le débordement des viviers dans les rivières et les étangs.

Il y a en outre dans les cours d'eau de petites espèces de poissons : les Bouches rondes (*Gobius cœruleus* Lién.) et les Cabots (*Sicydium lagocephalum* Köls et *S. laticeps*, C. V.), qui vont pondre à la mer et dont, périodiquement, presque chaque mois, durant les trois ou quatre derniers jours du dernier quartier de la lune, le naissain remonte en masses compactes de l'embouchure des rivières ; ces petits poissons sont connus sous le nom de « béchiques » ; les rivières du Mat, de l'Est, des Roches et des Marsouins sont les plus envahies, tandis que les béchiques ne pénètrent presque jamais dans les cours d'eau de la partie sous le vent.

Il y a encore dans les eaux douces deux espèces de crevettes fort appréciées sous le nom de « camarons » (*Palæmon ornatus* et *P. hirtimanus*). Au début de la colonisation, il y avait beaucoup de tortues d'eau douce et des tortues terrestres de très grande taille, mais leur destruction a été considérable et leur disparition complète.

Les côtes ont un développement de 207 kilomètres ; leur contour assez régulier ne présente que quelques sinuosités, sans caps ni baies importants et, par conséquent, sans abri naturel. La déclivité du fond est très accentuée et la profondeur d'une centaine de mètres se rencontre généralement à moins d'un mille du rivage. Le littoral est ordinairement abrupt, formé de falaises et d'escarpements ; pourtant les alluvions charriées par les rivières ont formé en certains points des fonds en pente douce, particulièrement à Champ-Borne, à la pointe des Galets, à la pointe Saint-Paul et à l'étang du Gal, près de Saint-Louis, donnant naissance à des plages. Le littoral occidental entre le cap de la Moussaye et le cap Saint-Leu et, en outre vers l'étang Salé et Saint-Pierre, est bordé d'une ligne de récifs coralliens.

Le rivage est partout peu abordable, par suite de la grosse mer qui règne souvent sur la côte et aussi à cause des courants très forts et sans régularité. La marée est faible : le maximum d'écart entre les hautes et les basses mers ne dépasse pas 1^m10, ce qui limite beaucoup la zone de la pêche à pied.

Les espèces marines sont très variées ; les poissons favoris sur le marché sont les divers Serrans, entre autres la Pintade (*Serranus gutattus* Bl.), la Rougette (*S. marginalis* C.V.), le Macabit (*S. hexagonatus* Forst; le Tazard (*Aprion virescens* C. V.); la gueule pavée (*Chrysophrys sarba* Forsk.) ; l'Aigrette (*Pagrus filamentosus* C. V.); le Coin-coin (*Pristipoma anas* Val.) ; le poisson d'aye (*Pimelepterus altipinnis* C.V.) ; le Barbe (*Polynemus plebeius* L.) ; le capucin (divers *Upeneus*) ; le mulet (*Mugil borbonicus* C. V.) ; la Carangue (*Coranx Forsteri*), la Bonite (*Pelamys sarda* Bl.) ; la Bonnette (*Thynnus thunnina* C.V.), le Thon blanc (*Cybium Commersonii* Lacp.) ; la Sardine (*Clupeonia Jussieui* Lacp.) et (*C. Commersonii* Lacp.) ; la sole (*Rhomboidichthys lunatus* L. et *R. borbonensis*) ; le Congre (*Conger altipinnis* Kaups et autres murénidés) ; etc. Il existe deux espèces de langoustes *Palinurus ornatus* Fabr. et *P. penicillatus* Oliv.).

La pêche en eau douce offre de si faibles ressources qu'elle ne peut constituer pour personne une véritable profession, permettant à un pêcheur de gagner sa vie. Les étangs eux-mêmes ne font pas l'objet d'une exploitation régulière et l'on ne pêche assez souvent que dans l'étang de Saint-Louis. Dans l'étang de Saint-Paul, trop encombré d'herbes, on pêche beaucoup le Jeudi saint. La réglementation de la pêche est cependant très complète; elle est établie par une ordonnance locale du 5 juillet 1819, par un arrêté du Gouverneur du 9 août 1869 et un autre du 4 février 1905. Dans les ruisseaux, rivières et embouchures, dont le lit, suivant le titre de concession, fait partie du terrain qu'il traverse, la pêche appartient exclusivement au propriétaire du dit terrain, mais seulement dans l'étendue de sa propriété ; lorsque le milieu de la rivière forme la démarcation de terrains appartenant à des propriétaires différents et limitrophes, la pêche, dans cette partie des rivières, appartient en commun aux dits propriétaires, exclusivement à tous autres. En dehors de ces propriétés particulières, la pêche en eau douce dans les rivières, ruisseaux, mares, étangs, lagunes, faisant partie du domaine public, est libre, mais ne peut se faire qu'à la ligne avec un seul hameçon ou au moyen de matrapes. Exceptionnellement et moyennant une autorisation écrite du Secrétaire général, la pêche avec des filets de chanvre dont les mailles doivent mesurer au moins 25 millimètres de côté peut être permise dans les eaux situées en dehors de la zone maritime. Il est interdit de pêcher dans les canaux. La pêche aux flambeaux est aussi interdite. Enfin il y a interruption de la pêche pendant la période de la fraie. Il est défendu de barrer les cours d'eau ou bien de les saigner, vider ou dessécher ; mais lorsque leurs débordements ou bien le flux de la mer obligent à faire des ouvertures aux embouchures, on peut alors y tendre des poches, toiles ou filets pour prendre le poisson que les eaux entraîneraient à la mer. En fait, on pêche surtout à la ligne, au ver, pour prendre des anguilles, et avec de petites nasses pour les autres espèces.

Une pêche assez particulière et d'un certain rapport est celle des béchiques. Au moment où les alevins remontent les cours d'eau, on tend aux embouchures des nasses connues sous le nom de vouves et aussi des toiles de toutes sortes, dont l'emploi est autorisé dans ce but ; on prend ainsi parfois la charge de plusieurs chevaux ; ces béchiques sont très appréciées de la plupart des colons ; on les mange souvent avec du carick.

La pêche en mer n'est pratiquée que par des habitants de l'île, riverains sédentaires qui, le plus souvent, ne sont pas de véritables professionnels, mais s'adonnent en même temps à quelque culture. Ils ne pratiquent pas la pêche d'une manière permanente, et n'entendent pas être considérés comme des inscrits maritimes ; ils ne veulent pas s'assujettir au paiement des taxes prévues au titre de la Caisse des Invalides et de la Caisse des retraites.

La pêche maritime est réglementée par des arrêtés du Gouverneur du 9 août 1869 et du 18 août 1900 et par décret présidentiel du 17 novembre 1899. Tout propriétaire de bateau ou de pirogue qui veut faire la pêche doit être muni d'un double permis délivré par la douane et par l'inscription maritime. A chaque bateau est affecté un numéro qui doit être peint sur l'avant et l'arrière, accolé à la lettre initiale du mot « Pêcheur ». Les bateaux de pêche doivent être tous les soirs mouillés ou halés à terre et enchaînés à un piquet en des points déterminés par les agents de l'autorité maritime. La pêche de nuit n'est permise qu'à condition pour les patrons pêcheurs de se munir d'un permis délivré par la douane, après autorisation de sortir délivrée par les agents du port. Les bateaux et pirogues qui veulent rester dehors plus d'un jour doivent avoir un permis de douane relatant le lieu où ils devront pêcher et le temps qu'ils devront rester absents ; dans le cas où ils communiqueraient avec la terre, ils doivent faire viser ce permis.

Les bateaux de pêche sont des pirogues jaugeant de 2 à 3 tonneaux et montés par un équipage de deux ou trois hommes. Autrefois, toutes les embarcations étaient creusées dans des troncs d'arbres, mais l'île est maintenant en grande partie déboisée; les rares espèces subsistant encore, qui sont susceptibles d'être utilisées pour la construction des bateaux, sont réservées par le service forestier, de sorte que la plupart des pirogues actuelles ont seulement leurs membrures construites avec les bois durs du pays et sont, à l'extérieur, bordées de sapin de Norvège. On peut estimer à environ 135 le nombre des bateaux de pêche autour de l'île. La douane locale perçoit un droit mensuel de 0 fr. 25 sur chaque embarcation.

Avec de tels bateaux, on ne peut pratiquer que la petite pêche dans les environs immédiats de l'île; elle se fait sur le littoral, mais dans une zone étroite qui ne s'étend pas à plus de trois ou quatre milles; c'est pour la pêche du thon que les pêcheurs s'aventurent le plus au large. Dans les fonds coralliens, particulièrement aux environs de Saint-Gilles et de Saint-Leu, le poisson acquiert fréquemment des propriétés vénéneuses; ils sont pour ce motif peu fréquentés.

La grande pêche n'est représentée que par l'armement, chaque année, de deux goélettes d'une trentaine de tonneaux pour les îles Saint-Paul et Amsterdam.

L'équipage et les patrons de pêche ne sont pas liés par un véritable contrat d'engagement; en vertu d'un simple accord verbal, le produit de la pêche est partagé journellement entre tous les pêcheurs, sauf, s'il y a lieu, paiement au propriétaire du bateau d'un prix de location. Exception est faite pour les pêcheurs se rendant aux îles Saint-Paul et Amsterdam, qui reçoivent de l'armateur un salaire journalier fixe.

Cette population maritime étant de mœurs plutôt douces, il ne se produit presque jamais de conflits; on ne peut guère signaler d'autres délits que ceux qui sont causés par l'ivresse.

Les accidents professionnels sont aussi assez rares, la pêche se pratiquant peu la nuit et le littoral étant bien pourvu de phares. Cependant il y a parfois des raz de marée violents et subits, qui peuvent amener quelques naufrages.

La saison la plus favorable à la pêche est la saison chaude, de décembre en avril.

En raison du mode de peuplement de l'île, les procédés de pêche ont été importés; ils ressemblent à ceux qui sont employés en Europe, mais ils sont restés primitifs, probablement à cause des faibles ressources qu'ils procurent.

La pêche aux hameçons est très répandue ; on utilise comme appât des poissons de petites espèces, des tronçons ou déchets de poissons plus gros, ou des coquillages. Les langoustes se prennent de nuit au carrelet.

La pêche à la senne est très pratiquée, surtout à la pointe des Galets, pour la capture des bandes de poissons ; on en emploie souvent de très grandes, appartenant à plusieurs pêcheurs ; tous les autres filets traînants sont rigoureusement interdits sur les côtes de l'île, sans distinction de fonds ni de localités. La senne est autorisée sur tout le littoral, avec faculté de haler le filet à terre ; elle est interdite en temps de fraie, le long des côtes, le Gouverneur statuant, après avis du maire au Chef des services administratifs, sur les époques d'interdiction dans chaque localité. Elle est en outre interdite dans les ports, la zone maritime des cours d'eau, les mares, étangs ou lagunes communiquant avec la mer. Les filets sont en chanvre ; les mailles à l'état humide doivent avoir 25 millimètres au moins de côté. Exceptionnellement, pour la pêche à la sardine et aux poissons de petites espèces, on autorise des sennes à mailles de 14 millimètres au moins, mais l'emploi doit en être déclaré aux agents chargés de la surveillance de la pêche et est strictement limité au genre de pêche pour lequel ils ont été déclarés. Dans les localités où se montrent des Capucins nains (*Upeneus*?), la pêche en est permise par exception à une distance du rivage inférieure à 25 mètres, au moyen de filets à mailles de 8 millimètres, à des époques déterminées par décision du commissaire ordonnateur, rendue sur l'avis des maires.

Les règlements autorisent l'emploi de filets fixes à simple, double ou triple nappe, dont les mailles en fil de chanvre doivent avoir 25 millimètres de côté. Les marins peuvent en faire usage en bateau ou autrement. L'autorité locale détermine leurs dimensions, leur forme et les heures pendant lesquelles ils peuvent être calés.

Les filets flottants qui sont laissés au gré du vent, du courant ou de la lame, ou à la remorque d'un bateau sans jamais s'arrêter au fond, ne sont assujettis à aucune dimension de mailles.

Dans le port de la Pointe-des-Galets, la pêche est autorisée seulement durant le jour dans l'avant-port et le chenal d'entrée, sous la réserve que les filets ne gênent pas la navigation ; elle est interdite avec tous les filets dans les bassins, sauf pour la capture des petites espèces devant servir d'appâts, sous réserve de ne pas entraver la navigation et de ne pas dépasser une limite de 8 mètres à partir du rivage ; enfin elle est interdite d'une façon absolue dans le chenal de communication.

L'emploi de sennes formées de lianes, herbes, feuillages ou toiles qui ramassent tout le poisson indifféremment, celui de la dynamite et des substances toxiques, sont rigoureusement prohibés.

Il existe sur la côte un certain nombre de poissons venimeux ; les plus redoutés sont le Crapaud (*Synanceia horrida* C. V.) et le Sarde (*Plotosus lineatus* C. V.) ; les Poissons armés (*Ptérois*), les Marguerites (*Amphacanthus*), Callyonymes, Uranoscopes, Cottes, sont moins dangereux. Certaines espèces sont vénéneuses : on trouve la Melette vénéneuse, les Coffres et les Bouvetannes (*Tetrodon* et *Diodon*). Ces espèces doivent être détruites et leur vente est interdite.

Les produits de la pêche sont en général vendus immédiatement pour l'alimentation publique ; le poisson est mangé frais ; les béchiques se font parfois sécher. Les pêcheurs ne consomment guère leur poisson que lorsqu'ils n'ont pu en opérer la vente. Aucun droit ne grève cette vente au profit de l'État ; il y a seulement des droits spéciaux de marché imposés partout au profit des communes. Dans ces conditions, il ne peut guère être établi de statistiques, même approximatives, relatives à la production de la pêche. Il est certain, en tous cas, que cette quantité est trop faible pour une population dans l'alimentation de laquelle le poisson entre pour une part fondamentale. En raison de son éloignement de tous autres centres de pêche, l'île doit se contenter de sa production en poisson frais. Par contre tous les poissons secs, salés, fumés ou conservés sont importés en grande quantité, ainsi que le montre le tableau suivant :

Année	Poissons secs, salés ou fumés	Poissons conservés	Année	Poissons secs, salés ou fumés	Poissons conservés
1898	F. 801.721	73.663	1901	F. 519.348	75.622
1899	554.927	193.395	1902	915.141	12.198
1900	1.398.387	304.756	1903	927.586	104.553

Il est importé des îles Saint-Paul et Amsterdam une vingtaine de tonnes de poisson salé, connu sous le nom de poisson d'Amsterdam et fort apprécié ; le prix moyen de la tonne est de 1.200 francs.

On importe en assez grande quantité des tortues d'Aldabra et de

Madagascar ; ces dernières sont les plus appréciées. On les conserve dans des parcs où elles pondent des œufs qui éclosent au bout d'une année ; mais leur croissance est si lente qu'il leur faudrait vingt-cinq ans pour atteindre une taille alimentaire. La chair de tortue est très estimée à la Réunion.

On conçoit aisément que la colonie ne puisse se livrer à aucune exportation de poisson ; pourtant il s'est installé à Saint-Pierre un petit établissement destiné à préparer certaines conserves, particulièrement des béchiques, qui font l'objet d'une exportation assez restreinte : 2.812 francs en 1903.

Les déchets de poisson sont aussi trop peu importants pour que l'on puisse en trouver une utilisation industrielle : on fabrique une très petite quantité d'huile de foies.

Il est également difficile d'apprécier approximativement l'importance du commerce des engins de pêche. De rares végétaux, surtout le chanvre, sont employés à leur fabrication ; mais cette industrie ne s'est pas concentrée et développée dans quelque localité déterminée, au point d'y constituer une spécialité.

Tout ce que nous venons de dire montre l'exiguïté et l'insuffisance du champ d'action des pêcheurs de la Réunion. Ce champ ne saurait être étendu pour les espèces sédentaires et les pêcheurs se plaignent déjà du dépeuplement des fonds ; quelques réserves que l'on puisse faire sur l'exactitude de ce dépeuplement et sur les causes qu'on lui assigne (destruction par les gros poissons et notamment par les requins, qui pullulent), il ne paraît guère possible de préconiser une exploitation plus intense par des moyens plus puissants. Peut-être, par contre, pourrait-on tirer plus de parti des espèces pélagiques, en employant de plus fortes embarcations et en étendant leur zone d'action ; il faudrait rechercher sérieusement si l'on trouve abondamment, à une certaine distance des côtes, des bandes de ces poissons, et l'on pourrait peut-être alors encourager les bateaux à faire des sorties plus longues et réviser un règlement qui semble défavorable aux expéditions de plus d'une journée. Nous reviendrons au chapitre suivant sur l'intérêt qu'il y aurait à développer l'armement pour Saint-Paul et Amsterdam.

Toute tentative de cantonnement ou d'aquiculture maritime serait évidemment prématurée : les résultats obtenus avec ces procédés sont encore trop incertains pour que l'on puisse en préconiser des essais sur un rivage aussi peu favorable et mal abrité. Par contre, l'aquiculture en eau douce aurait plus de chances de réussite ; il tombe dans l'île une grande quantité d'eau, qui retourne rapidement à la mer, mais qui pourrait alimenter autant de viviers et de bassins artificiels que l'on voudrait ; il serait possible d'y élever des espèces favorables ; on possède déjà dans l'île le gourami et la carpe, dont l'élevage réussit parfaitement dans ces conditions et pourrait être développé ; on pourrait essayer l'acclimatation de nouvelles espèces, à condition d'en faire un choix plus judicieux que lorsque on a introduit le poisson rouge.

LES ILES SAINT-PAUL ET AMSTERDAM

Perdues au milieu de l'Océan à d'immenses distances de toute autre terre, ces petites îles volcaniques, abruptes et presque stériles, n'offrent d'autres ressources que celles qui peuvent être fournies par la mer ; mais celle-ci est d'une richesse prodigieuse et dont la renommée est déjà ancienne. Jadis les otaries étaient tellement abondantes que, lorsqu'il voulut débarquer, v. Vlaming fut obligé de les écarter à coups de bâton. Mais à la fin du xviiie siècle les pêcheurs, surtout les Américains, en firent une telle destruction que ces animaux sont devenus très rares et d'une importance économique nulle. On trouve également dans ces parages un assez grand nombre de cétacés (baleines franches, baleines noires, balénoptères, cachalots), auxquels les baleiniers américains viennent parfois faire la chasse. Mais c'est actuellement l'abondance du poisson qui fait pour nous l'importance de ces îlots.

En 1843, un négociant de la Réunion, M. Camin, à la suite d'une exploration de ces parages, fut frappé de leur richesse et s'en fit donner la concession, afin d'y fonder un établissement de pêche. Mais le gouvernement métropolitain ne ratifia pas l'acte du Gouverneur de la Réunion, qui constituait une prise de possession. Les pêcheries

---

Principaux documents consultés. — *Documents communiqués par M. le Gouverneur de la Réunion*, 1905. — Vélain, *La Faune des îles Saint-Paul et Amsterdam* Archives de zoologie expérimentale, 1877. — Vélain, *La Faune ichthyologique de l'île Saint-Paul*, ibid. 1879. — Vélain, *Iles Saint-Paul et Amsterdam*, Annales de Géographie, 1893. — *Iles Saint-Paul et Amsterdam*, Journal des Colonies, 1905.

de Saint-Paul, livrées à leurs seules ressources, eurent une existence précaire et, après avoir passé successivement dans des mains diverses, furent abandonnées en 1853. Pourtant cette première tentative d'exploitation était montée sur un grand pied; il y avait à terre de nombreuses constructions, les unes en pierre sèche, les autres en bois apporté de la Réunion; la flotille se composait de deux goélettes de 88 tonneaux, d'un brick de même tonnage, de deux chaloupes à voiles de 50 tonneaux et de cinq baleinières. Le personnel comptait une cinquantaine d'hommes, parmi lesquels vingt-huit pêcheurs et apprentis étaient destinés à séjourner sur l'île.

Ces îles ont été réoccupées par la France en 1893. Actuellement M. Hermann, armateur à Saint-Denis, à la Réunion, arme chaque année deux goélettes d'une trentaine de tonneaux pour aller pêcher à Saint-Paul. Ces goélettes partent en novembre ; elles sont montées par un équipage créole d'environ vingt marins, qui reçoivent un salaire journalier fixe. Les frais d'armement peuvent être évalués à 10.000 francs.

Amsterdam est presque inaccessible ; Saint-Paul, au contraire, est formé par un cône volcanique ouvert d'une vaste brèche, qui donne accès à un bassin intérieur parfaitement abrité, constitué par le cratère. Une petite jetée a été construite de chaque côté de la passe. Les goélettes entrent en profitant de la marée et peuvent venir s'amarrer contre la falaise du côté Ouest. Dans le cratère, les fonds varient de 10 à 50 mètres; à l'extérieur, la côte est abrupte et on peut compter que la profondeur atteint quatre-vingt mètres à un mille environ du rivage. L'île est presque continuellement entourée de brumes, les vents y sont fréquents et irréguliers; en tout temps la mer y est houleuse et, parfois, elle devient énorme. Sur la côte Est, on trouve des champs d'algues flottantes du groupe des Macrocystes.

Les poissons fourmillent partout, surtout sur la côte Ouest. Ils constituent une faune qui offre des analogies avec celles de l'Amérique du Sud, du Cap et surtout de l'Australie. Le nombre des espèces est peu considérable : dix-sept seulement. Trois forment le fond de la pêche : *Cheilodactylus fasciatus* Lac. est le plus abondant; il s'approche des côtes à la saison chaude, de novembre à mars; il se tient à la surface et saute à la façon des bonites; il mord avec avidité à tous les appâts; sa longueur est de 50 à 75 centimètres. *Latris hecateia* Rich. est la plus grosse espèce et son poids atteint 60 kilogrammes; il accompagne le précédent, mais se tient plus profondément et se nourrit surtout de mollusques et de crustacés ; les pêcheurs l'appellent Cabot ou Poisson de fond. *Mendosoma elongatum* ou Poisson bleu est plus petit et moins commun que les deux premiers. Parmi les poissons stationnaires, il faut citer un Tazard, *Thyrsites atun* Euphras., d'une couleur azurée, qui mesure un mètre ; sa chair est peu estimée ; il y a beaucoup de squales, notamment des *Acanthias* d'une taille considérable. L'intérieur du cratère offre de petites formes spéciales. Parmi les céphalopodes, il faut citer deux espèces d'*Ommastrephes* ou calmars sauteurs, que l'on voit de temps en temps s'élancer hors de l'eau en troupes, comme des flèches. Dans le cratère on trouve en abondance le poulpe commun appelé *ourite* par les pêcheurs, qui s'en servent comme appât. Enfin une langouste, *Palinurus Lalandei*, se rencontre en quantités prodigieuses dans le bassin et autour de l'île.

Nous n'avons d'autres renseignements sur la pratique de la pêche que ceux donnés par Vélain, qui a visité Saint-Paul en 1877 ; les procédés ne doivent pas avoir beaucoup varié.

Lorsque les goélettes sont arrivées dans le cirque intérieur, tout l'équipage débarque et s'installe dans des cabanes sur le revers de la baie. La pêche se fait le matin, de 6 à 11 heures, à l'aide de petites chaloupes ou de baleinières montées par 5 à 7 hommes. Trois ou quatre heures suffisent pour que les embarcations soient pleines à couler bas. La voracité des poissons rend le choix de l'appât peu important : au départ, chaque patron prend sur le rivage quelques langoustes, des poulpes, s'il s'en trouve ; puis, quand la provision est épuisée, un poisson bleu ou tout autre, coupé en morceaux, remplit le même office.

Les chaloupes se rendent sur les bancs, faciles à reconnaître, parce que le poisson se tient à la surface, « flotte », suivant l'expression des pêcheurs ; elles sont mouillées à l'aide d'un grappin ou d'une pierre et les hommes jettent leurs lignes, faites d'une forte corde armée de trois ou quatre hameçons, et portant un plomb de 3 à 400 grammes. Chaque homme tient trois de ces lignes, l'une à la main, les deux autres amarrées aux genoux. Il est constamment occupé à les retirer pour en détacher le poisson, à les amorcer et à les jeter à nouveau. Aussi la pêche est très expéditive.

Au retour, le poisson est immédiatement compté et porté à terre pour y être préparé. On détache d'abord la langue qui se met à part, puis on coupe la tête, qui est rejetée à la mer. On le porte ensuite sur de grandes tables dressées devant les hangars qui servent de saleries et, là, on le fend en deux, de la tête à la queue, pour enlever la colonne vertébrale et les viscères. Ces derniers sont encore mis de coté ; plus tard on en détache le foie et d'énormes paquets de graisse, adhérents aux entrailles et surtout aux parois de l'estomac, d'un développement particulier chez *Cheilodactylus* ; on en retire une huile utilisée pour l'éclairage.

Le poisson ainsi préparé est alors frotté de gros sel ; les gros cabots sont découpés par morceaux et de larges incisions sont encore pratiquées dans ceux qui sont particulièrement gras. On les range alors en piles dans les saleries, sur un plancher garni de paille. Chaque lit de poisson alterne avec une épaisse couche de sel. Ces tas mesurent $1^m 50$ de large et 2 mètres de haut.

Après avoir laissé ce poisson dégorger ainsi pendant deux à dix jours, on le change de sel, c'est à dire qu'on fait une nouvelle pile avec de nouvelles couches de sel. Puis, quand on le juge suffisamment imprégné, on le porte sur l'une ou l'autre des deux jetées, pour le laver à la mer et le faire sécher en l'étendant sur les galets pendant plusieurs jours, opération qui demande beaucoup de soins et une grande surveillance, car il faut à chaque instant retourner les poissons et les couvrir ou même les rentrer, si le soleil est trop ardent. Ensuite on les embarque, en les tassant à fond de cale et les recouvrant de sel. On prépare aussi par le même procédé un certain nombre de langoustes.

Une goélette armée de 20 hommes et quatre embarcations, peut faire son plein en deux mois ; elle charge alors 20.000 poissons. Lorsqu'elles ont achevé leurs opérations, ces goélettes reviennent à la Réunion, où elles arrivent vers le mois d'avril. Leur cargaison est d'une vingtaine de tonnes de ce « poisson d'Amsterdam », qui vaut environ 1.200 francs la tonne et est consommé de la même façon que la morue. Si on défalque du prix de vente les 10.000 francs de frais d'armement, on voit que le bénéfice net est de 10 à 15.000 francs.

La richesse des eaux de Saint-Paul et d'Amsterdam pourrait permettre une exploitation beaucoup plus importante ; mais le peu d'étendue des terrains disponibles à terre empêcherait cependant les pêcheries de prendre de trop grandes proportions. Leur éloignement de toute terre, de tout port d'abri étranger, en fait un terrain réservé à la pêche française. On ne peut songer à y venir pêcher de la métropole, dont elles sont trop éloignées ; elles sont donc le lieu de grande pêche par excellence de la Réunion. Nous avons vu que cette colonie est obligée de demander à l'importation une grande quantité de poisson sec provenant en majeure partie de Terre-Neuve ; il est évidemment plus conforme à la logique et il devrait être plus économique qu'elle se le procurât elle-même, donnant ainsi du développement à une industrie locale. Il y aurait lieu d'examiner si le gouvernement colonial ne pourrait pas donner des encouragements à cette industrie et susciter l'envoi d'un plus grand nombre de goélettes, en concédant aux armateurs et aux marins des avantages spéciaux. On pourrait trouver là, également, le moyen de créer à la Réunion un plus grand nombre d'inscrits maritimes. Le jour où le nombre des pêcheurs justifierait la mesure, on pourrait envoyer pendant la saison de la pêche une canonnière, pour assurer le maintien de l'ordre et fournir au besoin des secours médicaux.

On devrait examiner également si certaines des espèces pêchées ne gagneraient pas à être préparées par d'autres procédés, par exemple à être fumées ou mises en conserves ; il est regrettable de voir employées comme appâts ou salées grossièrement les langoustes si abondantes dans ces parages. Enfin, puisqu'on apporte les poissons entiers jusqu'à terre, on pourrait conseiller aux pêcheurs de ne pas négliger les bénéfices que leur procurerait l'utilisation des déchets actuellement rejetés à la mer et dont ils pourraient retirer de l'huile ou faire du guano.

KERGUELEN

Kerguelen appartient à une région froide, brumeuse, exposée continuellement aux vents et aux tempêtes. La terre principale, extrêmement découpée, est bordée d'une série d'îles secondaires plus ou moins grandes. Les côtes sont un peu connues seulement au Nord-Est et au Sud-Est ; elles sont creusées de nombreux golfes, qui peuvent offrir aux navires un bon abri contre les grosses mers, mais où ils

Principaux documents consultés : *Fishery industries of the U. S.* vol. II. — H.-J. Bull, Kerguelen, *Questions diplomatiques et coloniales*, 1904.

sont moins protégés contre le vent. Les fonds environnant l'île sont mal connus.

La faune ichthyologique est mal étudiée : quatre poissons seulement sont cités et nous n'avons pas de renseignements sur leur abondance. Les cétacés et les carnassiers marins existaient autrefois en quantités extraordinaires, notamment les éléphants marins (*Macrorhinus leoninus*).

Au début du XIXe siècle, quelques baleiniers anglais recherchaient les ports sûrs et commodes de Kerguelen et exploitaient déjà aussi les éléphants marins. Vers 1837, les Américains commencèrent à y venir et firent aux cétacés et surtout aux éléphants une chasse acharnée. Dans l'espace de quarante ans, 150.000 barils d'huile et des quantités immenses de peaux à fourrures furent expédiés en Amérique. En 1853, il y avait dans les environs plus de 500 baleiniers venus d'Europe, d'Amérique et de la colonie du Cap. A la suite de ces hécatombes, cétacés et éléphants de mer diminuèrent considérablement ; en même temps, l'emploi croissant des huiles minérales fit baisser le prix des huiles animales et les pêcheurs cessèrent d'aller à Kerguelen.

Le répit laissé aux animaux leur permit de se multiplier à nouveau et, en 1893-94, la baleinière norvégienne commandée par Bull, venue pour visiter ces parages, tua 1.600 éléphants de mer en six semaines, recueillant pour 50.000 francs de marchandises. En 1898, un petit bâtiment australien qui y vint, put en rapporter 50 tonnes d'huile valant 25.000 francs.

La France, qui a pris possession de Kerguelen en 1893, n'a jamais été parmi les nations qui ont profité de ses ressources spéciales ; elle n'a pas, depuis cette époque, armé pour cette région. Depuis, la concession de la chasse aux éléphants marins sur la grande terre a été accordée à M. Bossière, qui devait y faire en même temps l'élevage des moutons. Nous ne croyons pas que l'une ou l'autre partie du programme ait été remplie.

ÉTABLISSEMENTS FRANÇAIS DE L'INDE

La France possède dans l'Inde, outre des loges dans un certain nombre de villes anglaises, cinq établissements principaux, les seuls dont nous ayons à nous occuper ici : Mahé sur la côte occidentale ; Karikal, Pondichéry et Yannaon sur la côte orientale, et enfin, sur les bords de l'Hougli, l'un des bras du Gange, Chandernagor.

Ces cinq établissements sont eux-mêmes d'importance très diverse. Par l'étendue de leur territoire et par le nombre de leurs habitants, Chandernagor et Yannaon restent bien en arrière de Mahé, de Karikal et surtout de Pondichéry. En ce qui concerne plus particulièrement la question qui nous occupe ici, les deux premiers établissements n'offrent guère d'intérêt : la pêche ne peut y être pratiquée que dans des fleuves, l'Hougli à Chandernagor, le Godavéri et la Coringua à Yannaon ; et ses produits, consommés sur place, ne donnent lieu à aucune industrie. On a bien fait, vers 1892, quelques essais de pisciculture dans les petits étangs du territoire de Chandernagor, mais il ne semble pas que cette tentative ait été couronnée de succès. Il reste donc seulement à constater que Yannaon importe chaque année une petite quantité de poisson salé, de provenance étrangère, dont la majeure partie, et parfois même la totalité, est du reste réexportée en territoire étranger ; c'est là un commerce qui n'a jamais eu d'importance réelle et qui paraît en voie de déclin : de 1898 à 1902 la valeur des importations a passé de 2.700 francs à 900 francs, celle des exportations s'est abaissée de 1.800 francs à 825 francs. En 1902 comme en 1901 toutes les quantités importées, 2.500 kilos, ont été réexportées. La pêche locale suffit donc à la consommation des habitants.

Documents consultés : Renseignements fournis par M le Gouverneur des Établissements français de l'Inde.

Mahé, Karikal et Pondichéry doivent retenir un peu plus longtemps notre attention.

Le territoire de Mahé est d'assez faible étendue ; la ville est bâtie sur la rive gauche de l'estuaire de la rivière de Mahé et autour d'elle s'étend, entre cet estuaire et la mer, une étroite bande de terrain confinant dans le Sud au territoire anglais. Il n'existe dans tout l'établissement aucun lac ou étang, et la pêche ne peut par suite être pratiquée qu'en eau salée, dans l'estuaire et la mer ; l'entrée de la rivière est fermée par une barre de rochers qui peut être franchie, à marée haute, par des navires de faible tonnage, pour lesquels la rivière est ensuite navigable sur quelques kilomètres. On sait d'autre part que le long des côtes occidentales de l'Inde existe depuis les embouchures de l'Indus jusqu'au cap Comorin, un vaste plateau sous-marin, dont la largeur dépasse 200 kilomètres en face de Bombay, et qui se rétrécit vers le Sud. Le bord occidental de ce plateau est accore ; sur le plateau même les sondes demeurent inférieures à 100 mètres, et la profondeur moyenne est de 40 mètres ; devant Mahé, en particulier, la largeur de ce plateau est de 80 kilomètres environ et sa pente est assez régulière, en sorte que les fonds de 10 mètres se trouvent à 8 kilomètres du rivage, ceux de 50 mètres à 40 kilomètres ; les cartes ne fournissent malheureusement que de trop rares indications sur la nature des fonds : aux environs de Mahé, elles indiquent des sables ou des vases ; il semble donc que ces parages seraient accessibles au chalut.

Après avoir contourné Ceylan, le plateau sous-marin se continue le long de la côte orientale de l'Inde ; mais sa largeur est ici beaucoup moindre. Néanmoins en face de Karikal on peut encore s'éloigner de la côte jusqu'à 25 ou 30 kilomètres sans trouver de fonds supérieurs à 50 mètres et les sondes de 20 mètres ne se trouvent pas à moins de 8 kilomètres du rivage. A Pondichéry la pente du sol sous-marin est plus rapide : on a 20 mètres de fond à 4 kilomètres de la ville, 50 mètres à 20 kilomètres. Dans l'un comme dans l'autre cas, la nature des fonds est telle — à en juger du moins par les trop rares indications des cartes — que l'emploi des engins traînants serait possible.

Les pêcheurs de Karikal et de Pondichéry peuvent en outre exercer leur industrie dans les eaux douces des deux établissements ; Karikal a un territoire assez vaste (13.515 hectares) arrosé par six petites rivières qui sont autant de bras du delta de la Cavéri ; la ville est bâtie sur l'une de ces rivières, à 3 kilomètres environ de la mer. Pondichéry est construite au bord de la mer ; le territoire, de 29.165 hectares de superficie, est irrigué par de nombreux cours d'eau dont les principaux sont le Ponéar et le Gingi ; tous ces cours d'eau sont navigables pour des bateaux à fond plat, jusqu'à 25 kilomètres de leur embouchure, mais pendant quatre mois de l'année seulement.

Faune. — Parmi les pays tropicaux, l'Inde est certainement un de ceux dont la faune ichthyologique nous est le mieux connue, grâce aux travaux de Buchanan et de Day. En ce qui concerne plus spécialement nos possessions, les poissons de Pondichéry et de Mahé ont été recueillis par Leschenault et Dussumier et décrits par Cuvier et Valenciennes.

La région de l'Asie située au sud de l'Himalaya et du Yang-tse-Kiang ne le cède, sous le rapport de la richesse ichthyologique des eaux douces, qu'à l'Amérique tropicale ; les deux familles qui fournissent le plus grand nombre d'espèces à cette faune sont celles des Siluridés et des Cyprinidés ; celles qui la caractérisent le mieux sont celles des Nandidés, des Ophiocéphalidés et des Mastacembélidés.

L'un des rares Percidés que l'on trouve dans les eaux douces de l'Inde, à Pondichéry et dans le Gange, est le *Lates calcarifer* (Bl.), très estimé quand sa taille ne dépasse pas 60 centimètres ; c'est le *pêchenaire* (poisson des guerriers) de Pondichéry. Un certain nombre d'*Ambassis* paraissent remplir aux Indes les étangs et les mares comme le font en Europe les Epinoches et les petits Cyprinidés ; elles sont très estimées à Pondichéry. Enfin quelques *Gerres* et *Pristipoma* se rencontrent dans le cours inférieur des rivières. Les Nandidés (*Badis, Nandus, Catopra*) sont des poissons de petite taille, abondants dans toutes les rivières. Les *Polynemus* ou *pêche-mangue* ou encore *pêche-royal*, dont la plupart sont remarquables par la délicatesse de leur chair et par leur poids considérable atteignant jusqu'à 150 kilos, sont surtout des poissons d'eau saumâtre ; *P. indicus* Shaw, *P. paradiseus* L. et *P. plebeius* L. sont les plus estimés à Calcutta et sur la côte coromandelle. Quelques Sciénidés (*Corvina*) remontent le Gange jusqu'au delà du point où se fait sentir la marée. Parmi les Trachinidés deux *Sillago*, les *pêche-madame* de Pondichéry, dont la chair est très appréciée, remontent aussi les rivières. On trouve un peu partout dans les eaux douces de nombreux *Gobius*, assez estimés. La petite famille des Mastacembélidés est représentée ici par les deux seuls genres qu'elle comprenne : *Rhynchobdella ocellata* C. V. des étangs de Pondichéry et *Mastacembelus armatus* Lac. sont tous deux fort recherchés. Les *Atherina* et les *Mugil* se plaisent dans les eaux saumâtres à l'embouchure des rivières. Les Indiens seuls mangent la chair des *Ophiocephalus*, qui abondent dans les rivières et les étangs. L'*Anabas scandens* L., bien que de petite taille et abondant en arêtes, est très recherché aussi par les Indiens parce qu'il passe pour augmenter le lait des femmes et exciter les forces des hommes, propriétés qu'il partagerait avec les *Saccobranchus*. Dans toutes les rivières côtières trois espèces d'*Etroplus*, à la chair blanche, légère et savoureuse, représentent les Cichlidés. Les Siluridés sont très nombreux et appartiennent aux diverses tribus de cette grande famille ; citons seulement les *Clarias*, les *Plotosus*, très redoutés des pêcheurs, la piqûre de leurs rayons pouvant être mortelle, les *Saccobranchus* et les *Silurus*, puis divers *Macrones* (*M. Gulio* Buch. et *M. aor* Buch. notamment) et des *Arius* parmi lesquels *A. thalassinus* (Rupp.), dont la piqûre est dangereuse, a une chair très appréciée. Parmi les Cyprinidés les plus abondants sont d'une part les Barbeaux et, par ailleurs, les Loches (*Cobitis*, *Nemachilus*, *Botia*) ; les *Thynnichthys*, voisins des barbeaux, sont propres aux eaux de l'Inde ; notons encore, parmi les formes dominantes, les *Labeo* et les *Catla* ; *C. Buchanani* C. V. dépasse 80 centimètres de longueur et constitue un mets recherché. Les *Haplochilus* représentent les Cyprinodontidés, et quelques Scombresocidés, parmi lesquels *Belone caudimaculata* C. V., se trouvent dans les étangs et les cours d'eau. La faune d'eau douce, très riche comme l'on voit, se complète par quelques Clupéidés qui sont plutôt d'eau saumâtre, enfin par des *Notopterus* et par quelques espèces de *Symbranchidés*, parmi lesquelles des anguilles.

La faune marine n'est ni moins riche ni moins variée.

Les Sélaciens sont nombreux, particulièrement les Scyllidés et Trygonidés. Parmi les Percidés, outre les *Apogon* et les *Mesoprion*, à la chair peu agréable, il faut citer les *Serranus*, très variés, de belle taille pour la plupart, activement pêchés, désignés à Pondichéry sous le nom de *Pann-mine* (poisson cochon), puis les genres *Genyoroge*, *Pristipoma*, *Lobotes*, *Ambassis*, *Therapon*, *Gerres*. Les Squamipennes sont abondants ici comme dans tout l'Océan Indien, représentés surtout par les genres *Chaetodon*, *Scatophagus*, *Heniochus*, *Ephippus*, plus ou moins appréciés comme aliment. Les *Upenaeus* sont les formes les plus communes de Mullidés ; leur chair agréable ne vaut cependant pas celle des *Mullus* de nos mers. Les Sparidés (*Chrysophrys*, *Lethrinus*, *Pagrus*) sont généralement recherchés pour leur goût délicat. Les Scorpénidés ne sont guère consommés, sauf les *Apistus*, et leur piqûre, celle des *Apistus* surtout, est redoutée. Parmi les Perciformes citons encore le *Theutys javus* L., assez estimé. Les Beryciformes et les Kurtiformes sont respectivement représentés par l'*Holocentrum rubrum* Forsk. et le *Kurtus indicus* Bl., tous deux comestibles. Les Sciénidés sont nombreux et pour la plupart recherchés comme aliment : ce sont des *Collichthys*, des *Otolithus* (*pêche-pierre* de Pondichéry), de nombreuses *Corvina* et *Sciaena* et quelques *Umbrina*. Les *Trichiurus* sont surtout consommés après salaison ; on les pêche en avril et mai où ils sont abondants. Trois espèces d'*Acanthurus* paraissent fréquemment sur les marchés où les Carangidés sont aussi très nombreux : les *Caranx* et notamment *C. gallus* L., les *Trachinotus*, les *Chorinemus* et les *Pempheris* sont en effet très appréciés, moins cependant que les *Platax*, les *Equula* et surtout que le délicieux *pêche-lait* (*Lactarius*). Sous le nom de *Pamples* on vend toute l'année à Pondichéry divers *Stromateus*, dont le plus estimé est le *S. niger* Bl., le pample noir. Les Scombéridés offrent à la consommation un maquereau, *Scomber Kanagurta* Cuv., abondant pendant l'été, puis d'excellents *Cybium* et *Elacate*, de grande taille, malheureusement plus rares que le maquereau. Nous avons déjà parlé des *Sillago*. Les Cottidés nous offrent quelques espèces intéressantes : des *Platycephalus* abondants et de belles dimensions, des *Dactylopterus*, des *Lepidotrigla*. Les Européens dédaignent en général les Gobiidés, appréciés par les Indiens, et de même les *Sphyraena* ; ils recherchent au contraire les *Atherina* (*A. pinguis* Lacp.) et surtout les *Mugil*, abondants partout, de grande taille, à chair très fine. Les Labridés sont mal représentés ; le plus apprécié est un rason (*Novacula*) ; les Pleuronectidés sont au contraire abondants et appréciés ; on trouve sur les côtes de l'Inde l'équivalent de nos soles, de nos turbots et de nos limandes. Les *Plotosus* sont les seuls siluridés marins ; leur piqûre est très redoutée. Parmi les Scopélidés nous citerons seulement l'*Harpodon nehereus* (Bl.), qui fait, après salaison l'objet d'un commerce important. Un grand *Barbus* (*B. amphibius* C.V.)

vit dans la mer. Les Scombrésocidés sont nombreux partout ; quelques *Hemiramphus* et *Exocœtus* sont comestibles. Les Clupéidés sont très largement représentés ; les *Engraulis*, les *Coilia*, les *Chatoessus* les *Clupea* surtout, les *Pellona*, les *Albula* et les *Pristigaster* sont abondants et généralement estimés.

Il existe enfin dans les eaux indiennes des *Ostracion* et des Gymnodontes.

Les crustacés ne paraissent pas très abondants : les seuls qui soient pêchés sont quelques crabes et des crevettes (*Palaemon*).

Parmi les Mollusques, la seiche est l'objet d'un commerce assez actif.

Bateaux et Engins. — Les embarcations employées à Pondichéry et à Karikal par les indigènes appartenant à la caste des Macouas, qui seuls pratiquent la pêche dans ces deux établissements, sont des sortes de radeaux appelés cattimarames, composés de cinq pièces de bois, réunies par des cordages, dont chacune a une longueur de 5 mètres environ, sur 35 centimètres d'épaisseur (1). Ces radeaux portent à Karikal six hommes d'équipages. A Pondichéry, où l'on compte 550 de ces bateaux, l'équipage de chacun d'eux est formé de trois ou quatre hommes seulement, soit 1.700 pêcheurs environ au total. Mais il convient de remarquer que, de novembre à mars, époque de l'exportation des arachides, beaucoup de ces pêcheurs viennent renforcer le nombre des bateliers de Pondichéry, trouvant ainsi l'occasion d'un gain très appréciable.

A Mahé (2) la pêche est pratiquée non seulement par les Macouas mais aussi par des musulmans indigènes connus sous le nom de Maplets : la plupart des pêcheurs emploient des pirogues opérant par paire avec un seul filet ; ces embarcations jaugent trois tonneaux et ont chacune huit hommes d'équipage ; on en comptait, en 1905, 44 montées par 352 marins. Des pirogues plus petites, de un tonneau de jauge environ, ont chacune trois hommes d'équipage ; il en existe 25. Enfin 22 petites embarcations, montées chacune par deux

---

(1) Le bois léger du Cattimarame qui est employé pour la construction de ces radeaux et qui leur a donné son nom provient de Ceylan.

(2) Les embarcations de Mahé sont fabriquées sur place avec un bois provenant des Ghat occidentales.

bateliers, vont en mer acheter ou chercher le poisson pêché par les pirogues. Au total la pêche occupe donc à Mahé 471 hommes, montant 91 embarcations.

En mer, tant au large qu'à l'embouchure des rivières, où les courants sont très forts, la ligne est parfois employée pour la pêche des gros poissons; mais les indigènes emploient surtout divers filets, senne, trémail, épervier. Tandis qu'à Mahé les poissons migrateurs (sardines, barbeaux, machoirans ou siluridés, maquereaux) font leur apparition de septembre à février surtout, l'époque la plus favorable à la pêche sur la côte Est s'étend de février à fin octobre. On pêche en février et mars les Pleuronectidés et les Sélaciens, en avril et mai les *nettilys* (*Engraulis commersonianus* Lep.), en juin, juillet et août les poissons volants (*Exocœtus*); le produit de ces deux dernières pêches est en grande partie exporté après salaison.

En rivière, dans les établissements de la côte orientale, on pratique la pêche à pied, soit à la ligne, soit surtout au moyen de filets; les plus employés sont l'épervier d'une part et d'autre part de grands filets barrant complètement le cours d'eau et que l'on pose à marée haute. A Pondichéry les Macouas ne sont autorisés à pêcher en rivière que quand le temps trop mauvais ne leur permet pas d'aller en mer.

D'une façon générale les pêcheurs vivent assez misérablement du produit de leur industrie. A Karikal les deux cinquièmes de la pêche appartiennent au patron et les cinq hommes d'équipage se partagent le reste. A Pondichéry il n'y a pas de règle établie pour le partage, qui se fait à l'amiable. A Mahé, enfin, le patron se réserve les trois quarts du produit; mais les hommes, engagés à l'année, reçoivent de lui pendant la saison de l'hivernage des frais alimentaires.

Pour augmenter leurs maigres ressources, les Macouas de Karikal vont parfois fonder sur les côtes de Ceylan des colonies temporaires.

Débouchés. — A Pondichéry et à Karikal, comme aussi à Mahé une partie du poisson pêché sert à l'alimentation des habitants. Bien qu'il soit perçu, à Karikal et à Mahé, des droits, très faibles d'ailleurs, sur le poisson vendu au marché, il est impossible d'indiquer, même de façon approximative, l'importance de la consommation locale dans ces deux établissements. A Pondichéry, où il est sans doute perçu aussi quelque droit de place au profit du budget communal, la consommation annuelle pourrait être évaluée à 130 tonnes environ, pour 174.000 habitants. Le poisson est consommé en majeure partie à l'état frais, quelquefois après salaison et séchage. Mais c'est principalement à l'exportation que sont destinées les quantités relativement importantes de poisson salé et séché que l'on prépare dans les trois établissements; cette exportation se fait surtout sur les colonies anglaises, dans l'Inde, à Ceylan, à Rangoun, à Singapore; depuis 1900 seulement Pondichéry a commencé à exporter, de façon d'ailleurs intermittente, quelques sacs de poisson sec sur la Réunion. A Karikal ce sont presque exclusivement les poissons volants et les *nettilys* qui sont ainsi préparés pour l'exportation. A Mahé le commerce des poissons salés était jadis fort important, mais il est bien tombé depuis 1894, c'est-à-dire depuis l'époque où la douane anglaise perçoit un droit d'entrée très élevé sur cette catégorie de produits. Néanmoins, d'après les renseignements qui nous ont été communiqués par M. Lemaire, Gouverneur des Etablissements français de l'Inde, la production annuelle du poisson salé serait encore de 150 à 200 tonnes; ces quantités ne figurant pas aux exportations de Mahé dans les *Statistiques coloniales*, nous avons tout lieu de croire que la préparation du poisson pêché par les pirogues de Mahé doit être faite en territoire anglais. Outre le poisson salé, Mahé exportait jadis, depuis 1892 et jusqu'en 1894, des conserves en boîtes; l'usine a été depuis lors transférée sur le territoire anglais, en face de Mahé, sur la rive droite de la rivière, afin d'éviter le paiement des droits de douane anglais; elle est dirigée par un Français; on y prépare la sardine et les maquereaux à l'huile; très prospère au début, cette usine fabriquait alors de 1.000.000 à 1.200.000 boîtes par an; la production s'est sensiblement ralentie et n'est plus aujourd'hui que de 200 à 300.000 boîtes; l'huile provient de Marseille; le fer blanc employé à la confection des boîtes, fabriquées sur place, est également français. Notons enfin que dans les années où elle est très abondante la petite sardine est achetée à Mahé par les planteurs de caféiers, qui l'utilisent comme engrais.

Nous donnons ci-dessous la valeur en francs des exportations de poisson salé pour les années 1898 à 1903, telle qu'elle est fournie par les *Statistiques coloniales*; nous croyons devoir rappeler ici ce qui a été dit plus haut au sujet de la production de Mahé et noter aussi que, d'après les renseignements fournis par M. Lemaire, Pondichéry aurait expédié, en 1903, un total de 123.375 kilogrammes de poisson salé, dont 1.950 kilogrammes expédiés à la Réunion. En 1904, l'exportation, tout entière pour l'étranger, a été de 119.500 kilogrammes seulement.

Années	Pondichéry	Karikal	Mahé	Total
1898	F. 29.127	F. 55.484	—	F. 84 611
1899	24.453	64.872	—	89.325
1900	14.535	86.424	11.200	112.159
1901	14.338	48 375	—	62.713
1902	19.098	35.100	—	64.198
1903	—	—	—	74.248

Mais les poissons salés ne constituent pas le seul produit de pêche exporté par nos établissements de l'Inde : Pondichéry a expédié à l'étranger, en 1898, 50 sacs de coquillages valant 600 francs, et, en 1899, 38 sacs valant 456 francs. Ces produits ne figurent plus dans les statistiques ultérieures. Karikal exporte des dépouilles de poisson, des seiches et des mantègues pour les valeurs indiquées dans le tableau suivant :

Années	Dépouilles de poissons	Seiches	Mantègues
1898	F. 3.280	F. 304	F. 22.224
1899	3.484	99	21.988
1900	2.808	54	37.400
1901	4.500	330	40.200
1902	2.300	150	61.900
1903	2.700	150	73.650

En somme, étant donné que l'importation des poissons dans l'ensemble de nos Etablissements de l'Inde est à peu près nulle, on voit que la pêche en eau douce et la pêche en mer, telles qu'elles y sont pratiquées aujourd'hui, suffisent à la consommation d'une population de 273.000 habitants et alimentent, en outre, un commerce d'exportation qui prendrait évidemment un bel essor le jour où, comme le demandent nos pêcheurs, l'Angleterre diminuerait ou supprimerait les droits dont leurs produits sont frappés à l'entrée du territoire anglais, qui est notre débouché naturel.

INDO-CHINE

Les premières tentatives de mise en valeur ont porté en Indo-Chine sur les richesses agricoles et minières, et l'on s'est efforcé de créer ou d'améliorer les industries qui en dépendent ; certes le champ est vaste, et l'on comprend qu'il ait pu jusqu'ici retenir et absorber presque entièrement les énergies de nos colons ; on ne s'étonne même qu'à moitié que ces seules richesses aient mérité la sollicitude et les encouragements de l'Administration. Quant à la pêche et aux industries qui en découlent, malgré quelques fort louables, mais trop

---

Principaux documents consultés : — HYDROGRAPHIE. Castex, R., *Les Rivages indo-chinois*, 1904. Hachette, *Les Colonies françaises*. Publications de la Société des Hautes Études Indo-Chinoises, *Géographie physique, économique et historique de la Cochinchine*. — FAUNE. Sauvage, H.-E., Notes diverses. Tirant, *Note sur les poissons de la basse Cochinchine et du Cambodge*, 1885 ; *Note sur les reptiles de la basse Cochinchine et du Cambodge*, 1884 ; Excursions et Reconnaissances. Aymonnier, *Notes sur les coutumes et croyances des Cambodgiens*, Exc. et Recon., 1883. Breymann, *La pêche en Indo-Chine*, Bull. Économique de l'Indo-Chine, 1902. Benoist, *Note sur l'exploitation d'une pêcherie de crevettes à Camau*, Revue Indo-Chinoise, 1899. Pavie (Mission 1879-1895), t. III, *Recherches sur l'Hist. Nat. de l'Indo-Chine*. — INDO-CHINE EN GÉNÉRAL. Renseignements fournis par MM. les Administrateurs des provinces. — COCHINCHINE. P. d'Enjoy, *La colonisation de la Cochinchine*, 1898. Publications de la Société des Hautes Études Indo-Chinoises. — CAMBODGE. A. Leclère, *La pêche dans le Grand Lac du Cambodge*, Bull. économique de l'Indo-Chine, 1901. Buchard, *Rapport sur la mission du Grand lac*, 1880. Exc. et Reconnaissances. De Laporte, *Voyage au Cambodge*, 1880. Buchard, *Rapport sur la mission du Grand lac*, 1880. Exc. et Reconnaissances. — Aymonnier, *Le Cambodge*. J. Agostini, *Voyage au Cambodge*, Tour du Monde, 1898. E. Marguet, *La pêche au Grand lac*. — TONKIN. Brousmiche, *Aperçu général de l'histoire naturelle du Tonkin*. Exc. et Reconnaissances, 1887. Revue des sciences naturelles et appliquées, *La pêche, le poisson et les huîtres au Tonkin*. Docteur Hocquard, *Trente mois au Tonkin*, Tour du Monde, 1890 ; Gérard, A., *Monographie de la baie de Port-Wallut*. Moniteur Officiel du Commerce, 1893, *La pêche, les poissons et les huîtres au Tonkin*. — ANNAM. Bulletin de l'Asie française, passim. Aymonnier, *Notes sur l'Annam*. Exc. et Reconnaissances. Boulloche, *La pêche maritime en Annam*, 1900. Paul Bert, *Pêches et pêcheries de l'Annam*, La Nature, 1886. Documents fournis par M. de Barthélemy. *Mittheilungen des deutschen Seefischerei-Vereins*, passim.

rares initiatives, elle est demeurée, non pas sans doute méconnue, mais bien loin au second plan de nos préoccupations ; et cependant le poisson vient immédiatement après le riz dans le budget d'exportation de cette colonie.

Voilà assurément un fait qui mérite qu'on s'y arrête, et l'on est en droit de se demander ce que pourrait devenir, ce que deviendra sûrement, entre les mains de gens entreprenants, disposant de capitaux point du tout exagérés, une industrie qui, livrée presque complètement à la routine, à l'incurie des indigènes, à la rapacité aussi des commerçants chinois, a su donner pourtant déjà de fort beaux résultats : c'est qu'en effet l'Indo-Chine se trouve, par sa position et sa constitution géographiques, dans une situation toute privilégiée au point de vue de la pêche et de ses dérivés : au croisement de nombreuses routes de navigation, aux confins de l'Empire du Milieu surpeuplé et toujours affamé, elle développe le long de la mer de Chine, riche admirablement en poissons de toutes sortes, un littoral de 2.500 kilomètres, découpé de baies nombreuses et sûres ; à l'intérieur, elle possède d'abord deux bassins fluviaux considérables, dont chacun s'étale en un delta immense aux mille bras enchevêtrés formant un réseau à mailles serrées d'arroyos souvent navigables, partout poissonneux ; puis une petite mer d'eau douce, le Tonlé-Sap ou Grand Lac du Cambodge, véritable vivier, où, pendant une partie de l'année, il n'y a, pour ainsi parler, qu'à se baisser pour prendre ; enfin des cours d'eau nombreux, des rizières, des étangs et des mares que laissent après elles les inondations, et dans toutes ces eaux une faune abondante et variée à l'infini ; elle a aussi, complément indispensable de tant de richesses, une population de pêcheurs excellents, connaissant les fonds, les habitudes et les migrations des poissons.

Aussi l'importance du poisson en Extrême-Orient est-elle considérable, et celle du riz seulement lui est comparable. Frais, salé ou séché, quelquefois même assez fortement putréfié, le poisson figure en effet sous les formes les plus variées dans les menus des populations d'Extrême-Orient ; les autres aliments eux-mêmes ont le plus souvent besoin de l'accompagnement de ces sauces à base de poisson, parmi lesquelles le *nuoc-mam* est la plus connue.

Malgré l'énorme consommation locale, l'Indo-Chine, quand elle a satisfait aux appétits de ses 18.000.000 d'habitants, trouve encore, pour l'exportation, 20.000 tonnes de poisson conservé, valant environ

7.000.000 de francs ; et cela, répétons-le, malgré les procédés de pêche souvent bien primitifs, malgré le manque d'organisation néfaste aux entreprises sérieuses, malgré enfin le gaspillage résultant de la mauvaise utilisation des produits.

Hydrographie.

Côtes. — La portion française de la presqu'île indo-chinoise est baignée par la mer de Chine méridionale qui y dessine deux golfes importants : au Nord le golfe du Tonkin, au Sud le golfe de Siam ; longue de 2.500 kilomètres, la courbe du rivage rappelle, on l'a bien des fois remarqué, l'aspect d'un S italique ; le Tonkin, l'Annam, la Cochinchine, le Cambodge se partagent ce vaste front de mer que balaient successivement les moussons de Nord-Est et de Sud-Ouest ; deux larges dépressions, l'une au Nord et l'autre au Sud, correspondent aux plaines basses du fleuve Rouge et du Mékong ; entre elles s'allonge la plage étroite de l'Annam. Les documents que l'on possède sur les fonds le long de la côte sont fournis par les cartes marines : ils sont suffisants, peut-être, pour la navigation ; mais pour la question qui nous occupe en ce moment, il y aurait un intérêt très grand à pousser plus au loin les sondages, à les multiplier, et à indiquer aussi très soigneusement, chaque fois qu'il serait possible, la nature du sol sous-marin.

A partir de la frontière chinoise le golfe du Tonkin présente successivement deux faciès bien différents : dans sa portion Nord, les derniers contreforts des montagnes de la Chine viennent baigner dans la mer leur sombre manteau de verdure ; la côte, excessivement découpée, est doublée d'une bordure d'îles aux dessins capricieux : elles sont d'abord rangées en une longue ligne parallèle au continent, et limitent ainsi une sorte de chenal où les petits bâtiments faisant le cabotage depuis Haïphong jusqu'aux frontières de la Chine peuvent naviguer à l'abri des typhons : ce sont les îles de Tsieng-Mui-Tao, du Chateaurenault, le grand triangle de Kébao ; après commence l'archipel des Fai-Tsi-Long auquel succèdent les innombrables îlots de la baie d'Along, limités au Sud par la Cac-Ba. Plus au large, une deuxième rangée de groupes d'îles, Lo-Shu-San, Gow-Tow, Lai-tao, Norways forment comme une avant-garde et marquent la limite des parages où s'aventurent à l'ordinaire les pêcheurs annamites. Tous ceux qui ont eu l'occasion de visiter la région de la baie d'Along en ont vanté avec enthousiasme les sites pittoresques ou grandioses ; ils ont dit aussi combien la mer y est toujours calme, à peine ridée d'une légère houle, alors que les vents du large la rendent partout ailleurs intenable ; aussi ces parages sont-ils particulièrement propices à la pêche pour les petits sampans annamites ; les mouillages sont d'ailleurs nombreux et sûrs, le rivage du continent et des îles étant excessivement découpé ; les dentelures s'enfoncent dans les terres, les unes formant de vastes baies, les autres réduites à la valeur d'anses ou de criques donnant parfois l'impression de fjords étrangement verts ; au milieu du dédale des passes la navigation demeure en général possible aux bâtiments de moyen tonnage, et les petites embarcations de pêche peuvent toujours circuler bien à l'aise, sûres de trouver le long du rivage quelque anfractuosité pour se mettre à l'abri. Faites de roches marmoréennes où sont percées des grottes nombreuses, les parois de ces îles plongent à pic sous l'eau limpide, à travers laquelle on aperçoit la vase fine du fond. Immédiatement contre la côte Sud de la Cac-Ba la sonde indique 5 mètres, après quoi les fonds augmentent assez doucement. Autour des Norways, on a une moyenne de 20 mètres.

Au sud d'Haïphong, vers les bouches enchevêtrées du Song-Koï et du Song-Ca, la côte s'abaisse ; elle fait suite à la plaine d'alluvions du bas Tonkin, et la mer est encombrée d'une série de bancs ayant la même origine alluvionnaire ; ils ne sont sans doute pas une gêne pour les sampans et les petites jonques à fond plat, mais les embarcations ne sont plus aussi bien protégées que dans les passes du Nord, et, par vents frais du Sud-Ouest, la houle est forte sur les hauts fonds. Malgré ces inconvénients, le golfe est sillonné d'embarcations de pêche de toutes sortes et aussi de grandes jonques chinoises autorisées à pêcher dans nos eaux. Dans cette seconde partie du golfe, les fonds augmentent lentement : à un mille de la côte la sonde indique 5 mètres en moyenne. En certains points, la pente est encore moins accusée ; ainsi en face de Do-Son, on ne trouve que 19 mètres à dix milles en mer. Très au large, suivant une ligne qui irait de l'île Bien-Son au cap chinois de Paklung, s'étend un grand banc de pêche d'une profondeur moyenne de 30 mètres ; sa distance à la côte est d'environ cinquante milles ; il est fréquenté par toute une flottille de jonques chinoises, mais très rarement par des bâtiments annamites.

Avec le Than-Hoa commence le littoral de l'Annam ; c'est d'abord une zone de transition ne présentant pas de grandes différences avec la plaine du Tonkin mais peu à peu les montagnes se rapprochent de la mer vers laquelle elles tombent à pic, la plage devient plus étroite, et l'Annam apparaît sous son aspect caractéristique : il ne reste, pour la culture, qu'une bande de terre coupée par des rivières nombreuses mais dont les bassins sont peu importants : on ne trouve plus ici les vastes plaines luxuriantes qui font du Tonkin et de la Cochinchine les greniers de la colonie ; c'est vers la mer que la majeure partie de la population a dû se tourner pour lui disputer sa nourriture et lui demander des gains commerciaux ; il a fallu exporter le poisson pour se procurer le riz insuffisant, et, si l'on réfléchit que la seule voie de communication est la route mandarine, a peine praticable en certains endroits, on ne s'étonnera pas que les Annamites soient devenus, la nécessité aidant, les meilleurs marins de l'Indo-Chine.

Du reste, ce littoral de l'Annam est loin de présenter partout les mêmes caractéristiques ; les régions monotones de longues plages uniformes, de dunes toujours semblables, alternent avec les falaises abruptes et capricieusement découpées. Jusqu'au cap Boun-Quouia, la courbe du rivage continue celle du golfe du Tonkin ; c'est une plage de sable, assez basse, présentant quelques rares découpures, quelques avancements dont le principal est le cap Muy-Dong ; des rivières de peu d'importance viennent se terminer dans des estuaires difficilement praticables. Au large, les fonds demeurent les mêmes, la vase alternant avec le sable fin.

Du cap Boun-Quouia au cap Lay, le long d'un arc de cercle immense, s'étend la province du Quang-Binh, région prospère et pleine de ressources, mais à laquelle un port fait défaut ; Quang-Binh, sa capitale, est sur une rivière, le Day-Hoi, dont une barre dangereuse rend l'entrée difficile, mais qui serait d'une grande commodité pour une navigation parallèle à la côte.

En face du cap Lay, se trouve l'île du Tigre ; puis, jusqu'à Hué, le rivage est uniquement formé de dunes, en arrière desquelles s'étend une plage sablonneuse, piquée de nombreux villages. A un mille de la côte la sonde indique 17 mètres sur fond de sable ; puis au large, à une moyenne de dix milles, quelques sondages donnent une profondeur de 40 mètres.

L'étroite lagune qui s'étend en face de Hué, communique avec la mer par deux passes, l'une à hauteur de Thuan-An, l'autre au Sud ; entre elles s'allonge une île sablonneuse et plate ; ces deux passes sont également difficiles à franchir pour les navires de quelque tirant d'eau ; ceux seulement qui ne calent pas plus de 3 mètres peuvent affronter les dangers de leurs barres ; la lagune, d'ailleurs, est peu profonde ; elle n'atteint guère que 1^{m}50 dans sa partie Sud, et 6 mètres en face de Hué. Mais pour les barques de pêche il y a là, néanmoins, un port très avantageux et qu'il serait intéressant de voir améliorer. Le plateau sous-marin continue celui de la région précédente ; les fonds atteignent 15 mètres environ à un mille de la côte avec alternances de vase et de sable fin.

La baie de Thua-Moy, le cap Choumay, les lagunes de Phuya, sont les seuls accidents que l'on rencontre sur la côte, avant d'arriver en face de Tourane ; nous n'avons pas à parler ici des avantages que sa situation procure à la baie de Tourane, mais nous devons, néanmoins, insister sur ce fait que, seule à peu près parmi toutes les baies qui se succèdent le long du rivage annamitique, elle présente une profondeur qui varie entre 5 et 20 mètres, ce qui la rend facilement abordable aux navires de fort tonnage.

Doublé le cap de Tourane dont la haute falaise domine la mer, et jusqu'au cap Bantam, la côte serait assez peu intéressante, si l'on ne rencontrait l'île de Culao-Cham et la baie de Kikuik ; Culao-Cham est pourvue d'un excellent mouillage et ses nids d'hirondelles lui ont valu une réputation parmi les gourmets d'Extrême-Orient ; la baie de Kikuik abrite une intéressante population de pêcheurs. Entre le cap Bantam et le cap Batangan, s'ouvrent quelques baies assez mal protégées, et au large émerge la grande île de Culao-Ray, battue par les houles et les vents, « sentinelle avancée de l'Annam central ». Au sud du cap Batangan, à l'embouchure de la rivière de Quang-Ngai se trouvent des pêcheries importantes, puis la côte du Binh-Dinh s'allonge partout semblable, avec quelques rares enfoncements, à peine quelques ports, et de médiocre intérêt ; la mer y est généralement dure, et sauf à Kimbon, petit centre de fabrication d'un *nuoc-mam* assez apprécié, sauf à Degi, où se trouvent d'importantes salines, il y a par ailleurs peu de choses à signaler.

Au Sud des îles Coni, et surtout à partir de Quinh-nonh, la ligne ininterrompue, maussade, inhospitalière du Binh-Dinh, fait place à une côte pittoresque, découpée de baies grandes et sûres, protégées par des caps avancés, étrangement contournés, et en maints endroits aussi par une riche bordure d'îles. En toute saison, la pêche est possible dans ces baies qui sont un refuge aux poissons poussés vers le continent par la tempête, et les embarcations y sont bien en sûreté quelle que soit la mousson. D'importantes salines jalonnent la côte à proximité des principaux centres de pêche. Là sont les baies de Quinh-nonh, de Cumong, avec, en face, la belle île de Poulo-Gambir ; puis, la vaste rade de Xuang-Dang et ses nombreux villages de pêcheurs. La baie de Quinh-nonh est magnifiquement protégée : une passe assez étroite mais d'un facile accès la fait communiquer avec la haute mer ; la rade de Xuang-Day présente une longueur de huit milles et une profondeur moyenne de sept à huit mètres. Les fonds le long de cette zone atteignent vingt mètres à un mille en mer, et quarante mètres à cinq milles. Ici encore le sable fin et la vase dominent.

Le cap Varela marque un léger changement dans la direction du rivage ; il constitue, d'ailleurs, l'accident géologique le plus intéressant de la côte ; le petit golfe de Vin-Ro, la longue et très étroite presqu'île de Hone-Gome que termine le cap de la Nacre, lui succèdent ; puis viennent la baie de Bin-Koi aux eaux toujours si calmes, le petit port de Hone-Cohe, centre important de salines, enfin l'immense baie de Camh-Ranh ; une plage longue et couverte de dunes, la plage des Ngai, la sépare de la mer ; une pointe la divise en deux mouillages, et les fonds vont en diminuant tandis que la baie s'amincit pour se terminer à l'embouchure d'une insignifiante rivière. A l'entrée de la baie, la sonde indique 20 mètres en moyenne, mais dans l'arrière-bassin, il n'y a plus que 13 à 14 mètres ; puis $6^m 50$, et, dans la portion où se jette la rivière, $1^m 50$ à peine. Le rivage Ouest de la baie est assez marécageux.

Le faux cap Varela, tout semblable au vrai cap du même nom, limite au Sud la baie de Camh-Ranh ; entre ces deux caps, les fonds, à un mille de la côte, sont déjà de 20 à 30 mètres. La baie de Phan-rang qui vient après est un centre important de pêche ; c'est le lieu de réunion de fort nombreuses barques qui opèrent au large de la rade et le centre de fabrication d'un *nuoc-mam* de réputation point surfaite. En somme, le morceau du littoral annamite qui s'étend des îles Coni au cap Padaran, en est la région privilégiée ; l'orientation des baies les met à l'abri des mauvais temps du large, et les îles parsemées le long de la côte (île Cua, île Dam-mong, île des Pêcheurs) en augmentent encore l'intérêt.

Après le cap Padaran, le rivage s'incline brusquement vers l'Ouest jusqu'au cap Saint-Jacques ; la plage de sable va s'élargissant, et sur tout le front de la province du Binh-Thuan elle offre la monotonie de ses dunes, qui s'étendent en une longue ligne interrompue seulement par quelques baies très largement ouvertes au mauvais temps. Les deux principales sont les baies de Phan-Ri et de Phan-Thiet, cette dernière terminée au Sud par la pointe Kéga. Les îles sont peu nombreuses et de peu d'importance, généralement trop éloignées des côtes pour être de quelque utilité aux barques de pêche.

Cette région sert de transition pour arriver au littoral bas et sablonneux de la Cochinchine ; la Cochinchine est une création du Mékong, ainsi qu'une portion du Cambodge ; ce sont le résultat de l'entassement pendant des millénaires des alluvions du fleuve immense ; le rivage est généralement bas, et des bancs de sable en rendent les abords dangereux, mais permettent en revanche l'installation de nombreuses pêcheries ; ces bancs ne sont d'ailleurs pas un obstacle à la circulation d'une quantité considérable de poissons ; ce n'est cependant pas le long du continent que se pêchent les espèces les plus variées, mais dans les parages des îles rocailleuses de Poulo-Condore, des Frères, de Poulo-Obi. La pêche, partout possible, est particulièrement localisée aux bouches du Mékong ; le littoral du delta a un développement de 150 kilomètres.

La presqu'île de Camau, vaste plaine en partie couverte de marais et comme enserrée dans un filet dont les arroyos dessinent les mailles, termine au Sud la grande masse de l'Indo-Chine. Son rivage bas, assez mal indiqué et changeant à l'Est, forme à l'Ouest la baie du Cua-Con, la seule de quelque importance.

Après la baie de Rach-Gia, le rivage court du Sud-Est au Nord-Ouest : on est alors dans le golfe de Siam, bien à l'abri des typhons qui désolent la mer de Chine. Les grandes plaines basses de la Cochinchine font place à une région plus accidentée, plus découpée : les sondages au large de la côte n'indiquent que 5 à 10 mètres ; en plusieurs endroits on a pu constater un soulèvement du plateau sous-marin et de la côte, soulèvement très lent sans doute, mais qui n'en est pas moins une menace pour les divers ports échelonnés sur le golfe. Des grottes qui manifestement s'emplissaient à marée haute sont maintenant bien au-dessus du niveau des plus hautes mers.

Rach-Gia et Ha-Tien pour la Cochinchine, Campot, Kompong-sam, Sauton pour le Cambodge sont les principaux centres de pêche ; en face de Kampot on voit la grande île de Phu-Quoc, la « Koh-Trat », « l'île de la Navette » des Cambodgiens ; longue de 48 kilomètres environ, elle est peuplée d'un millier de pêcheurs annamites.

La baie de Kompong-Sam, est fermée en partie par les deux îles de Rong et de Rong-Sam-Lem. Enfin après la pointe Samit la côte remonte du Sud au Nord dominée par une série de hauteurs et sans accident remarquable. Les îles de Kong, de Kut, de Mag et de Chang s'échelonnent dans la même direction.

Eaux douces et saumâtres. — L'Indo-Chine est traversée du Nord-Ouest au Sud-Est par la chaîne annamitique : soudée au massif montagneux du Yunnan, cette chaîne se rapproche du littoral de l'Annam pour venir se terminer au cap Padaran ; la ligne de faîte est située du côté de la mer, tandis que dans l'Ouest les plateaux s'étagent jusqu'au Mékong, la grande artère de la presqu'île indo-chinoise.

L'étroite plage de l'Annam ne compte que des fleuves sans grande importance : la plupart descendent des montagnes vers la mer en coupant au plus court à travers la plaine ; quelques-uns ont leur cours parallèle au rivage et présenteraient des voies de communication commodes entre les divers points de la côte si leurs bouches n'étaient en général obstruées de barres fort dangereuses. En revanche l'arête montagneuse détermine deux superbes bassins fluviaux, l'un pour le Tonkin à grand axe dirigé de l'Ouest à l'Est, dans lequel coulent le le Song-Kau, la Rivière Claire, le Song-Chai, le Song-Koi, le Song-Ka dont les branches s'enchevêtrent et forment le delta du Tonkin, immense plaine d'alluvions ; le deuxième bassin est celui du Mékong, le plus grand fleuve de l'Indo-Chine ; il naît dans le Thibet où il porte le nom de Lam-Tsan-Kiang puis pénètre dans l'Indo-Chine en décrivant dans son cours supérieur, encaissé entre des montagnes, de nombreuses sinuosités ; à partir de Bassac il suit à peu près la direction Nord-Sud ; aux Quatre-Bras il commence à se diviser et il se termine par des bouches nombreuses formant un immense delta. Toute la zone comprise entre la chaîne de Pnom-Don-Reck et le plateau des

Banhar au Nord, la chaîne annamitique à l'Est et la côte, est une région de plaines basses (plaine des Joncs, marais de Lang-Bien, plaine des Oiseaux), parsemées de quelques hauteurs seulement, où le Mékong s'étale et où est creusée la dépression du Grand Lac : c'est au point de vue de la pêche en eaux douces, la région la plus intéressante de toute l'Indo-Chine. La navigation du Mékong n'est malheureusement pas possible sur tout son parcours : la partie moyenne est interrompue par des rapides, mais depuis son embouchure jusqu'aux chutes de Khon il est sillonné par de nombreuses chaloupes qui font le transport des marchandises et surtout du poisson conservé.

En dehors de leurs deux fleuves, les plaines du bas Tonkin et de l'Indo-Chine sont très riches en rizières, mares ou étangs, que fait communiquer un réseau de cours d'eau, rivières, arroyos ou canaux. Le régime des cours d'eau en Indo-Chine est très régulièrement établi ; il correspond à l'alternance de la saison sèche et de la saison pluvieuse, celle-ci concordant avec la fonte des neiges sur les hauts plateaux thibétains d'où descend le Mékong. La saison sèche dure de décembre à mai ; elle coïncide avec la mousson de Nord-Est. La mousson de Sud-Ouest amène les pluies ; avec elles commencent les crues, bientôt suivies d'inondations considérables ; elles sont d'ailleurs une source de richesses pour le pays, et nous verrons que c'est en se basant sur la hauteur des eaux lors de la crue, que l'on établit le loyer des pêcheries ; le Mékong roule alors tumultueusement des eaux bourbeuses ; là où naguère il n'était qu'un mince ruisseau il devient un fleuve imposant ; aux portions encaissées de son cours sa profondeur s'accroît jusqu'à atteindre 50 ou 60 mètres ; ailleurs il franchit le faible bourrelet de ses rives pour aller inonder les plaines jusqu'aux lointaines forêts ; en septembre il atteint son maximum qui est de 10 à 12 mètres au-dessus de l'étiage ; 14 mètres de crue aux Quatre-Bras constituent une inondation exceptionnellement forte ; les eaux s'écoulent d'abord normalement vers la mer, puis, lorsqu'elles ne trouvent plus une issue suffisante elles remontent par le lit du Grand Fleuve vers le Tonlé-Sap ou Grand Lac du Cambodge ; au plus fort moment de la crue le Grand Lac atteint une profondeur de huit à dix mètres ; l'eau a franchi les rebords de sa cuvette, a caché les îlots qui émergeaient et elle s'étend à travers les forêts environnantes doublant au moins la superficie du Tonlé-Sap. A cette époque le lac est absolument désert ; en octobre le Mékong commence à baisser, et cette baisse détermine dans le Grand Fleuve le phénomène du renversement du courant, objet de longues observations pour les Cambodgiens, de calculs on ne sait pourquoi très compliqués et finalement de réjouissances et de fêtes que le roi honore de sa présence.

INONDATIONS DU GRAND-LAC

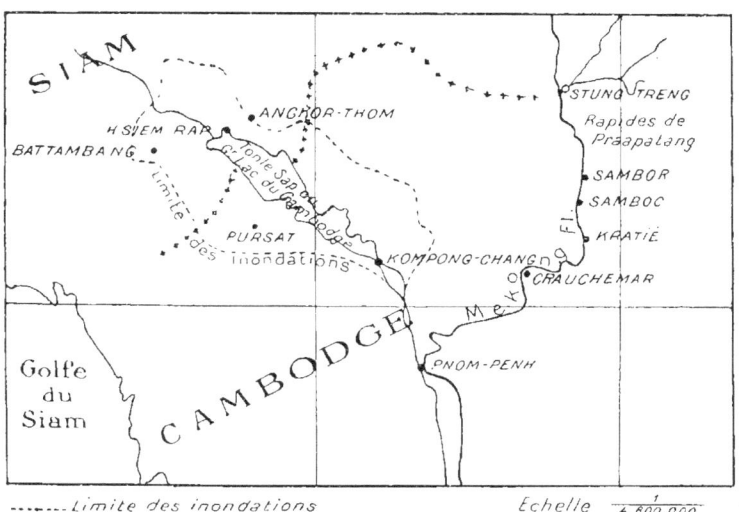

.... Limite des inondations   Échelle 1/4.800.000

L'écoulement des eaux se fait d'abord avec une extrême violence, puis, peu à peu, a mesure que le niveau baisse il se régularise, pour se continuer ainsi pendant plusieurs mois. C'est au commencement de décembre que les pêcheurs arrivent sur le Grand Lac, et l'étendue morne, le triste paysage d'inondation s'égaie de petits villages sur pilotis, sortis de l'eau comme par magie, et d'une extraordinaire animation. Le lac est orienté du Nord-Ouest au Sud-Est, sa longueur atteint 140 kilomètres environ, sa plus grande largeur 30. A partir du Grand Fleuve qui le fait communiquer avec le Mékong, on y distingue trois parties : le Veal Phoc, véritable lac de boue sur lequel est construit le village flottant de Compong-Chhang, le petit Lac et le grand Lac que sépare un étranglement : c'est la région où « les tigres traversent ». Aux basses eaux le Tonlé Sap couvre une superficie de 300.000 hectares, cinq fois environ la superficie du Léman et sa profondeur ne dépasse pas 1^m 50 ; les eaux chargées de terre déposent

VILLAGE CAMBODGIEN INONDÉ
(D'après une gravure de l'ouvrage de M. Paul Doumer, *L'Indo-Chine*.)

PÊCHE DU PA-BEUK
(D'après une photographie de M. Pavie.)

PÊCHE DU PA-BEUK (CAMBODGE)
(D'après des photographies de M. Pavie.)

par couches alternées des graviers et du sable qui petit à petit colmatent le fond.

Le Tonlé-Sap est le grand réservoir de poissons de l'Indo-Chine ; la pêche que l'on y fait pendant les mois de décembre à mai est d'un rendement incomparable, bien que cependant, au dire des vieux pêcheurs, le poisson commence à devenir moins abondant.

A côté du Grand Lac, il faut encore citer le Tonlé-Bati et les lagunes qui l'environnent, également alimentés par les crues du Mékong ; à quelques milles de Pnom-Penh, le Mot-Casa était autrefois un apanage de la reine-mère.

En dehors de ces lacs, les eaux laissent après l'inondation des étangs ou des mares où le poisson se réfugie à mesure que la terre émerge dans les endroits moins bas ; et cela se produit partout où les rives ont permis aux cours d'eau de sortir de leurs lits. D'ailleurs les indigènes savent multiplier à l'infini ces sortes de viviers réellement très commodes.

Faune.

Au large des côtes de l'Indo-Chine, la vaste courbe formée par l'archipel des Philippines, Bornéo, Sumatra, et que la presqu'île de Malacca rattache au continent, enserre la mer de Chine méridionale en un bassin largement ouvert au Nord, entre Formose et les Philippines. La faune de ce bassin se distingue nettement de celle de la mer des Indes et des mers du Japon ; elle est très homogène, et à part quelques différences de détail, il y a une affinité remarquable entre les animaux pêchés sur les côtes de l'Indo-Chine et sur celles de Bornéo, Sumatra et Java ; du reste cette affinité devient une véritable similitude lorsqu'on s'occupe de la faune des eaux douces ; c'est ce qu'a pu constater M. Sauvage en comparant les divers échantillons du Muséum, et l'éminent ichthyologiste conclut de cette similitude, à l'existence, à une époque géologique relativement récente, d'une double communication entre Java, Sumatra et Bornéo et le continent asiatique ; c'est la faune de la région dite Indo-Malaise : la richesse en est considérable, et pour ne parler que des seuls poissons, il en a été décrit sur les côtes de Cochinchine environ 1.200 espèces, et 625 sont connues dans les eaux douces ; parmi elles il en est qui présentent une abondance tout à fait remarquable. « Le pays entier, écrit M. Tirant, en parlant de la Cochinchine, paraît fait pour la gent aquatique ; les immenses plaines inondées, soit pendant l'année entière, soit pendant la saison des pluies et recouvertes d'une végétation intensive, les rizières avec leurs *bungs*, c'est-à-dire les cuvettes boueuses où l'eau est plus profonde, les forêts avec leurs *bau* ou étangs herbeux disséminés en clairières, tout semble préparé pour offrir au frai des conditions particulièrement favorables. Il faut avoir vu pêcher les Annamites et les Cambodgiens dans certains cantons, avec leurs paniers en bambou fins comme des cribles, et séparer en quelque sorte en filtrant l'élément eau de l'élément poisson, pour imaginer la quantité prodigieuse d'individus qui naissent chaque année, permettant à l'espèce de grandir et d'essaimer plus tard au loin, grâce au réseau serré de canaux, arroyos et rivières. »

A part les poissons vénéneux ou réputés tels, les Annamites ne rejettent rien : aussi indiquerons-nous seulement les types qui, au point de vue de l'alimentation, ont le plus d'importance. Remarquons tout d'abord que la terminologie des pêcheurs indigènes est essentiellement indécise, flottante, en ce qui concerne les noms des poissons ; il en résulte une gêne assez grande pour l'identification des espèces ; il ne faut pas perdre de vue, toutefois, le développement considérable des côtes, et la pénurie de communications : il suffit dans la pratique que les pêcheurs se comprennent dans une même localité.

Il existe des ouvrages indigènes traitant de la pêche : le plus sérieux, le *Gia dinh thong*, décrit 32 espèces de poissons marins, parmi lesquels il classe sans hésiter la seiche et la baleine ; or comme on connaît en réalité 1.200 espèces, il est aisé de voir combien de types divers doivent répondre à la même dénomination, agrémentée le plus souvent d'épithètes aussi variées qu'inattendues, et dont il serait malaisé de dire au juste le pourquoi.

Un trait bien caractéristique de la faune aquatique de l'Indo-Chine, et cela surtout pour le bas Tonkin, la Cochinchine et le Cambodge, c'est que bon nombre d'espèces se rencontrent indifféremment dans les eaux marines saumâtres ou douces ; ainsi presque tous les poissons pêchés dans le Grand Lac se retrouvent dans les eaux saumâtres du delta du Mékong, et plusieurs descendent jusqu'à la mer ; il se produit une sorte d'acclimatation à ces divers régimes, grâce au courant très faible dans les nombreuses branches du delta, ce qui permet à la marée de se faire sentir très loin de la côte ; la salure de l'eau diminue ainsi insensiblement.

Parmi les poissons exclusivement d'eau douce, les familles les mieux représentées sont celles des Ophiocéphalidés, des Mastacembélidés, des Labyrinthibranches, des Siluridés dont on connaît 38 espèces et surtout des Cyprinidés qui sont au nombre de 61 espèces.

Sélaciens. — Au dire de M. Tirant, les raies véritables sont très rares en Indo-Chine, mais on en signale au Tonkin et au Cambodge, et dans les eaux saumâtres ou douces on en rencontre plusieurs espèces (*ca-duoi*) ; M. Aymonier, dans ses *Notes sur le Laos*, parle des raies succulentes, dont quelques-unes fort grandes, pêchées dans la rivière Moun. Les *ca-thut* sont les Torpédinidés de quelque genre que ce soit ; les plus abondants appartiennent au genre *Narcinus*, très redouté des pêcheurs ; manié hors de l'eau, il serait absolument inoffensif, mais il n'en est plus de même dans l'eau : les indigènes prétendent qu'il projette un liquide blanchâtre qui engourdit et paralyse. Les Trygonidés (*Urogymus asperrimus* Bloch, *Trygon* variés) sont très nombreux et remontent jusqu'au Grand Lac. Sous le nom générique de *Cop-Bien* (tigres de mer), ou aussi de *Ca-Map*, les Annamites comprennent tous les poissons de grande taille appartenant à la famille des Squalidés ; on les pêche pour leurs nageoires et pour leur peau. Les *Ca-nham* sont les autres Squalidés de petite taille, les *Scyllium* particulièrement, dont on utilise la chair, les nageoires et la peau. Les Pristidés sont connus en annamite sous le nom de *Ca-Dao* (poisson couteau).

Téléostéens. — Les Plectognathes ont de nombreux représentants ; le genre *Triacanthus* (*ca bo*, poisson bœuf) est signalé sur toute la côte, mais particulièrement abondant en Cochinchine : sa chair est médiocre. Les Gymnodontes sont figurés par plusieurs espèces des genres *Diodon*, *Triodon*, *Tetrodon* et *Xenopterus*; les *Tetrodon* sont pour la plupart vénéneux : on en rencontre cependant sur bien des marchés, et les Annamites les mangent sans crainte à condition qu'ils aient été décapités et vidés de leurs viscères ; dans certaines localités on ne prend même pas cette précaution, ce qui semble indiquer que les *Tetrodon* ne sont vénéneux que suivant les fonds sur lesquels ils vivent. Le *Gia dinh thong* le donne comme vénéneux.

La plupart des familles du groupe des Acanthoptérygiens ont des représentants : *Blennius, Callyonimus, Lophius*, sont pêchés en Annam, au Tonkin et en Cochinchine ; dans les vases de l'embouchure du Mékong, les Blennies sont particulièrement nombreuses. Les Sciœnidés, Maigres, Corbs, Ombrines, Tambours abondent en Cochinchine ; les vessies natatoires de *Sciœna lucida* (Richaud) servent à faire une colle utilisée dans le gommage de la soie.

La *Ca doi* et le *Ca doi cu* sont deux Mullidés très appréciés au Tonkin où ils sont abondants ; on les mange frais, salés ou séchés. Les Perches (*ca troi*) les Serrans et les Mérous (*ca mu, ca mu thong*) sont très communs et fournissent un important appoint à l'industrie des salaisons ; il en va de même des Sparidés (*ca hanh*) des Mœnidés (*ca hong*) dont la chair fine est particulièrement recherchée. Le *ca song van* et la Vieille sont les Labridés les plus fréquents ; mais sur cette famille dont les espèces sont infiniment voisines il est difficile d'avoir des renseignements. Les Scombridés sont représentés par le Maquereau (*ca thu*) et le Rémora (*ca gio*) ; les *ca ngù, ca gian*, se rapprochent beaucoup de notre Thon ; ils sont très abondants.

C'est à la famille des Labyrinthibranches qu'appartient le *ca ro* (*Anabas scandens* C. V.); les Malais l'appellent *Ikani-Pouyou*, et la légende veut qu'il soit un rajah transformé en poisson. Le *Gourami* (*Osphronemus olfax* C. V.) a probablement été importé de la Chine ; très bien acclimaté aux eaux douces de l'Indo-Chine, il atteint 30 centimètres de longueur et est particulièrement abondant dans la province de Mytho.

Le *ca coc* est aussi un *Osphronemus* ou mieux, d'après certains auteurs, un *Trichopus* ; il est reconnaissable à son corps haut et comprimé, à son chanfrein concave et au long filament qui part de chaque côté de ses nageoires ; il passe pour le plus succulent des poissons d'eau douce. Enfin on ne saurait passer sous silence le petit *Betta pugnax* Gunth., le *Combattant*, *krem* en Cambodgien, qui doit son nom à son caractère éminemment excitable : à peine deux mâles sont-ils en présence qu'ils se précipitent l'un sur l'autre et se livrent des combats acharnés. Les Siamois et les Cambodgiens étaient à ce point passionnés pour ces combats que le roi affermait le droit de les donner en spectacle et c'était pour lui la source assurée d'un excellent revenu.

Parmi les Gadidés, le *ca duc*, qui représente notre merlan, est excessivement commun. Les poissons plats sont abondants: le *ca bon* est une Sole à grandes rayures que l'on rencontre sur les fonds de sable ; le *ca sap* est une espèce du genre *Rhombus* ; mais le Carrelet est dans la région des estuaires le plus abondant des *Pleuronectidés* ; la Barbue et le Turbot s'y trouvent aussi.

A l'ordre des Physostomes appartiennent un grand nombre de poissons d'eau douce ; l'Anguille, d'après M. Tirant, n'est pas commune en Cochinchine : en Annam et au Tonkin on la rencontre en abondance (*ca chin* en Annam, *rach* au Tonkin) ; au Cambodge on la considère comme le résultat de la métamorphose d'un petit arbuste aquatique nommé *tras* ; elle peut également, d'après les traditions cambodgiennes, se transformer en belette ; il va sans dire que les migrations de ce poisson sont parfaitement inconnues des pêcheurs indigènes. Dans la province de Mytho on pêche sous le nom d'anguille un Sphagébranche quelquefois dénommé *luong*, dont le corps lisse et visqueux porte des taches brunes sur le dos, orangées sur le ventre. Les *Symbranchus* et les *Monopterus (con luon)* peuvent vivre longtemps hors de l'eau, ce qui permet de les transporter frais assez loin dans l'intérieur ; beaucoup d'Annamites abandonnent les *Symbranchus* sous prétexte qu'ils prennent naissance dans les tombeaux. Les Murènes (*ca la*) sont assez rares. Les Clupéidés ont en Indo-Chine comme sur nos côtes d'Europe une importance considérable : les *Engraulis, Clupea, Alosa* sont partout abondants ; ils apparaissent à certaines époques en bancs considérables le long des côtes, et c'est alors que la pêche bat son plein ; mais on en rencontre cependant toute l'année à l'état isolé. D'ailleurs la pêche des Clupéidés, malgré son importance, est bien loin de rendre tout ce qu'on pourrait en attendre avec un outillage meilleur : elle donne lieu dans la presqu'île de Malacca à une industrie considérable, celle du *red-fish* qui est une excellente préparation. Les Annamites sèchent les Clupeidés et les salent ; ils les emploient aussi à la préparation du *nuoc-mam*. Les espèces les mieux connues sont l'*Engraulis commersionanus* Lcpd., réservé à Phu-Quoc à la préparation du *nuoc-mam* de premier choix ; le *ca lé phang, (Engraulis melanochir)* qui remonte jusqu'au Grand Lac ; sous le nom de *ca lep* on désigne en général les autres *Engraulis*; les *ca moi* sont les *Coilia*, les *ca com*, les *Clupea ;* la pêche de tous ces poissons se fait au moyen d'un filet nommé *luoi-ré*. Les aloses ont une réputation très méritée, mais ont ne les pêche que lorsqu'elles remontent les fleuves pour frayer ; elles sont alors très grasses ; au retour leur chair est mauvaise et les Annamites les laissent passer sans les prendre ; leurs œufs forment aussi un mets très délicat.

Les *Siluridés* possèdent les plus grands représentants de la faune ichthyologique d'eau douce de l'Indo-Chine : les *ca tiheu, ca hop, ca xoat*, ont une chair excellente, mais leur piqûre dangereuse les fait redouter des Annamites, ; le *ca tré* est un *Clarias* (*C. macrocephalus* ou *leiacanthus* Gthr.) ; le genre est représenté par quatre espèces. M. Sauvage a reconnu un Siluridé dans le *Pa Beuk* que les Laotiens pêchent en abondance dans le Mékong et que les Cambodgiens connaissent sous le nom de *trey reach* (poisson royal) ; il peut atteindre jusqu'à 2^{m}50 et peser 200 kilogrammes, mais sa taille moyenne est de 1^{m}80. Au Laos on le pêche à partir de janvier ou février ; à l'époque des pluies on le rencontre aux Quatre Bras devant Pnom-Penh ; c'est lorsque les eaux commencent à reprendre leur niveau normal qu'il remonte le Mékong pour venir frayer au lac Tali. On pêche les *Pa Beuk* au Laos entre deux points où le Mékong forme cuvette ; ils nagent fort près de la surface de l'eau ; aussi pour les pêcher emploie-t-on des filets larges mais peu hauts avec lesquels on leur barre la route ; la chair est mise en saumure et les œufs après traitement spécial forment une espèce de caviar très réputé au Laos. Les Laotiens affirment que les femelles seules se trouvent dans le fleuve, tandis que les mâles aux écailles dorées demeurent dans le lac Tali. Le prix d'un *Pa Beuk* peut atteindre 60 francs (25 piastres). Fréquemment ils sont accompagnés d'un autre poisson de très grande taille aussi, le *Pa Leum :* il est à noter que l'un et l'autre ne se rencontrent dans le Mékong que parvenus à leur complet état de développement.

Les poissons Aiguilles (*ca nhai*) sont les plus fréquents parmi les Scombrésocidés ; ils vivent assez loin des côtes, leur chair est médiocre. Les Cyprinodontidés très communs dans les eaux douces ont des dénominations excessivement variables rappelant telle ou telle de leurs particularités. Très souvent on les appelle *ca soc* (soc, écureuil) à cause de leurs rapides évolutions. Parmi les *Cobitidés*, les Loches recherchent les ruisseaux à eaux vives ; aussi, dans les deltas du Tonkin et de la Cochinchine où ces conditions sont exceptionnelles, on ne les rencontre que dans les *Suoi*, ruisseaux coulant sur un fond de sable et de gravier : le grognement qu'elles font entendre leur a valu le nom de *ca héo* (héo, porc).

Les poissons appelés *ca long*, *ca song*, correspondent à nos Goujons. Les Brêmes se rencontrent dans les eaux douces de la basse Cochinchine et du Cambodge. Les *Cyprins* sont représentés par des espèces nombreuses et chacune d'elles est très abondante. Sous le nom de *ca mé* (mé, grain de sésame), on désigne les petits cyprins argentés avec semis de taches dorées. Les *ca thu*, de la même famille, sont de plus grande taille. D'ailleurs la taille des cyprins est excessivement variable depuis le tout petit fretin jusqu'aux géants de l'espèce qu'on rencontre dans le Mékong et dans le Tonlé Sap et qui atteignent jusqu'à 2 mètres. La carpe (*ca gay*) abondante au Tonkin et en Annam est très appréciée des Annamites qui recueillent les alevins et les élèvent dans les viviers : elle serait d'importation chinoise. Le *Carassius* est élevé en aquarium. Un des plus grands et des plus beaux parmi les cyprins est le *ca ho* ; on en cite des échantillons de près de deux mètres que l'on a pris dans le Mékong ou dans le Grand Lac ; mais parvenus à cette taille ils ne servent plus qu'à la salaison ; près de l'embouchure des fleuves ils deviennent beaucoup plus rares.

Les *ca linh* sont plusieurs espèces de *Dangila* employées à la fabrication de l'huile sur le Grand Lac. Le *ca mé* (*Osteolichus Haselti* G.) ne peut être consommé toute l'année ; de septembre à novembre il a un goût désagréable et les Annamites le désignent sous le nom de *ca mé hoi*, poisson puant ; le reste de l'année c'est le *ca mé huong* ou poisson parfumé ; on le pêche dans le Grand Lac et il sert à la fabrication de l'huile ; il existe aussi en Cochinchine. Les *ca hé, ca diet, ca hui* appartiennent à des espèces du même genre *Osteolichus* ; ils sont communs et très estimés. Les *Labeo*, abondants dans le Grand Lac, servent aux salaisons ; ils atteignent une belle taille. Le *ca et*, *Labeo chrysophekadion* est un grand poisson de 1 mètre de long, qui, sur le Grand Lac, suit les barques pour attraper les détritus qu'on en jette. Le *L. pruol* Svg., *ca duong*, se rencontre dans le Grand Lac ; on le pêche aussi au Tonkin où il est assez commun. Enfin les Barbeaux sont également très abondants surtout au Grand Lac. Le *B. altus, ca coi*, atteint 30 à 35 centimètres ; le *B. macrolepidotus*, 30 à 40 ; fréquent dans les arroyos, le *B. chola* est employé à la fabrication de l'huile. Le *ca danh* et le *ca bong* de la même famille sont salés et séchés. En dehors des espèces venimeuses et vénéneuses que nous avons eu l'occasion de citer dans cette étude rapide, il faut encore en mentionner quelques autres que l'on rencontre sur la côte de l'Annam et que les pêcheurs redoutent énormément. Le *ca sa*, le *ca boc*, le *ca tep*, le *ca oc doc*, provoquent par leur ingestion des troubles qui peuvent devenir mortels.

Reptiles. — Les Crocodiliens sont communs dans les rivières et les arroyos; ils appartiennent aux genres crocodile, caïman et gavial. Ces animaux étaient très nombreux autrefois au Tonkin, et d'après une légende, les indigènes se tatouaient le corps afin que ces reptiles, les prenant pour des individus de leur espèce, les épargnassent. Les indigènes de la Cochinchine nomment tous les crocodiles *con sau*, distinguant différentes espèces suivant la coloration,

Les pêcheurs annamites du Grand Lac rapportent souvent de pleines barques de jeunes crocodiles soigneusement ficelés qui sont placés dans des parcs pour alimenter plus tard les marchés. D'après Tirant, Cholon possédait autrefois un marché de crocodiles; actuellement, on n'en débite que très irrégulièrement. Au vieux Mytho, il existait un parc où on les conservait en captivité; en 1881, il fut expédié six crocodiles destinés aux cuisines du roi Thu-Duc.

Les tortues sont également pêchées un peu partout pour leur chair et pour leur écaille; celle-ci est expédiée vers Hong-Kong et Singapore.

L'écaille des Emydidés et des Trionycidés est recueillie pour l'exportation; toute la carapace des *Trionyx* est utilisée, mais le plastron seul des *Emys* est objet de commerce. La chair est médiocre. *Cyclemys Oldhami* est fréquente dans les maisons annamites où elle sert de jouet. Le Caret est la plus belle de toutes les tortues marines; son écaille est la plus appréciée, aussi bien sur les marchés indigènes que sur les marchés européens. Les pêcheurs de la côte lui donnent une chasse continuelle et entreprennent de longues traversées pour aller la chercher. Pour éviter la putréfaction qui abîme l'écaille, ils se hâtent de dépecer l'animal aussitôt qu'ils s'en sont emparés et mettent la carapace au soleil; l'écaille est d'un beau blond transparent. Les principaux centres où l'on traite l'écaille sont Ha-Tien, Rach Gia et Mytho. L'écaille de Caouane a moins de valeur; elle sert surtout à fabriquer des tuyaux de pipes à opium, et de la tabletterie. La tortue franche atteint jusqu'à deux mètres de long; sa chair est excellente mais a occasionné plusieurs fois des empoisonnements dont on n'a pu saisir la cause. Ses œufs sont particulièrement recherchés par les pêcheurs de Phu-Quoc qui vont les ramasser de nuit. *Dermatochelis coriacea,* par suite d'une superstition, n'est pas capturée par les indigènes.

Parmi les tortues terrestres, *Testudo elongata* (*rua vang*) est peu estimée comme écaille et comme chair.

Mammifères. — Les Annamites ont pour les Cétacés une sorte de culte. Lorsque l'un d'entre eux vient s'échouer sur la côte, ils l'enterrent religieusement et en grande pompe, puis portent le deuil pendant un certain temps. Les dauphins sont utilisés dans la baie de Thuan-An pour aider les indigènes à la pêche.

Invertébrés. — Les *Coraux* et les *Eponges* sont peu exploités ; il est vrai que les échantillons que l'on recueille couramment ne sont pas de grande valeur. D'ailleurs, les indigènes sont dépourvus de tout le matériel nécessaire à cette pêche.

Parmi les *Echinodermes*, les Holothuries ont le plus d'importance à cause de la fabrication du Trépang ; on en trouve sur toute la côte, mais les rivages du Tonkin et du golfe du Siam en sont le mieux pourvus. On ne les recueille que là où elles sont très abondantes. La pêche en est aussi simple que possible, puisque souvent on les ramasse à la main.

Le nombre des *Crustacés* est considérable ; toutes les familles sont représentées et plusieurs sont d'une abondance remarquable. Parmi les Décapodes Macroures, les Langoustes pullulent sur certains points du Quang-Binh, du Phu-Yen et du Than Hoa ; les homards sont plus rares, mais en revanche les crevettes fournissent un bon appoint à l'industrie de la pêche et à ses dérivés. Certaines d'entre elles, de l'espèce *Palæmon ornatus,* sont énormes ; la variété dite *ruot* est celle que les indigènes apprécient le plus. C'est principalement à Camau que cette pêche devient une véritable industrie ; on en fait une sorte de pâte analogue au *nuoc mam* et très appréciée dans tout l'Extrême-Orient. Parmi les Brachyoures, les crabes de rizières (*cua dong*) sont également comestibles. D'après les Cambodgiens, leur graisse est un excellent onguent pour les blessures des flèches empoisonnées ; mais au mois d'octobre et de novembre, il faut bien se garder de s'emparer de ces crabes si l'on ne veut pas s'attirer de très grands malheurs.

Les *Mollusques* se rencontrent en très grand nombre sur toute la côte et dans les eaux douces; les seiches et les poulpes sont les plus fréquents parmi les Céphalopodes et en dehors de leur usage alimentaire on les utilise aussi beaucoup comme appâts. Les Gastéropodes marins ou d'eau douce sont légion, et beaucoup entrent dans l'alimentation des indigènes. Les *Turbo. Haliotis* sont très appréciés; les Hélix, Cyclophores et Bulimes sont également comestibles. Les coquilles d'eau douce sont employées au Cambodge à la confection de la chaux; on recueille aussi les opercules de certaines espèces pour en faire des objets d'ornementation. Presque toutes les espèces de nos régions se retrouvent, sans compter celles qui sont spéciales à l'Indo-Chine; Turbos, Troques, Tritons, Strombes, Cones, Mitres, Cassis, sont tout à fait fréquents et bien des espèces ont des colorations d'une richesse remarquable qui les font rechercher comme curiosités.

Parmi les Lamellibranches, les huîtres méritent une mention spéciale : il en est de comestibles, et quelques-unes d'entre elles fournissent des perles, mais d'assez petite taille; au Tonkin, il y a dans la baie de Van-Haï des bancs d'huîtres qui, selon la tradition, auraient été exploités par les Chinois; mais, faute de réglementation et de modération, le banc a été complètement dilapidé. En Annam, l'huître perlière existe sur certains points de la côte, au Quang-Ngai (île de Culao-Ray), au Phu-Yen (cap Varela). Des tentatives de pêche furent faites par des Européens, puis abandonnées à cause de l'insuffisance du rendement. En Cochinchine, on l'exploite sur les rivages de Ba-Dong et de Bao-Than; la pêche se fait de novembre à janvier; au hasard, toutes les huîtres sont ramassées puis amenées sur le rivage; mais, par crainte des requins, les indigènes exploitent toujours les mêmes points. Les procédés employés pour retirer les perles sont tout à fait primitifs. Ce sont des Chinois qui en font le commerce.

La moule à nacre est exploitée sur la côte d'Annam (Than-Hoa, Quang-Nam, Quang-Ngai, Phu-Yen), elle sert à faire des incrustations. Les *Pecten, Pinna, Tapes*, etc., abondent également.

Il y a quelques années, un commerçant européen gagna une fortune à expédier, à Trieste, de grosses *Unio* dont la nacre servait à faire des boutons. M. Pavie rapporte que les Chinois introduisent entre le manteau et la coquille des *Dipsas* des figurines qui se recouvrent ainsi de nacre.

Algues. — Sur la côte d'Annam on fabrique avec certaines espèces d'algues, par simple ébullition et addition de sucre une sorte de gelée dite *xoa xoa* que les indigènes estiment beaucoup et que certains Européens déclarent mangeable. Les algues désignées sous les noms de *rau loc* ou de *rau cau*, ne seraient autre chose que le *Gracillaria confervoïdes* Grev. var *Capillaris* Kütz. Le *rau bong trang* serait un mélange de *Nemalion attenuatum* J. Ag. et d'une espèce de *Gigartina* ; une Sargasse et la *Chnoospora fastigiata* J. Ag. constitueraient le *Rau ngoai*.

La récolte de ces algues se fait de mars à avril; elle ne constitue pas une industrie d'une grande importance. Le prix en est de 1 fr. 70 les 30 kilogrammes.

Pisciculture. — L'art d'élever les poissons et de les nourrir remonte en Chine à la plus haute antiquité ; en revanche, il ne semble pas que, dans l'ancien empire d'Annam, on se soit jamais beaucoup inquiété des questions de pisciculture ; les pêcheurs connaissent bien les migrations des poissons, en rapport souvent avec l'époque de la fraie, mais leurs connaissances sur ce point ne leur ont jamais servi que pour leur faciliter la pêche, et celle-ci s'effectue à toute époque et en tout lieu, sans aucun souci du dépeuplement qui en résulte ; aucun arrêté n'a jamais été pris pour prohiber temporairement certaines pêches, essentiellement destructives, ou pour créer des cantonnements, ou enfin pour essayer l'acclimatation d'espèces particulièrement recherchées. La seule routine préside actuellement à l'exploitation des pêcheries.

Il faut signaler la présence sur certains marchés du Tonkin de colporteurs qui vendent aux indigènes les alevins, grâce auxquels ils repeuplent les viviers qu'ils entretiennent devant leurs maisons.

Réglementation de la Pêche et Droits de Pêche.

La pêche en mer est libre à toute époque de l'année ; l'Administration n'y met qu'une condition, pour les patrons de barques ou jonques, c'est l'obligation de se munir, moyennant finances, d'un livret leur conférant l'autorisation de naviguer ; toute barque qui est surprise sans son livret, est confisquée jusqu'à paiement d'une amende ; il faut voir surtout dans cette décision, une arme qu'a voulu se donner le Gouvernement pour lutter contre les pirates et les contrebandiers ; il suffit, pour s'en convaincre, de parcourir l'Instruction concernant l'application de l'Arrêté du 11 novembre 1884, relatif aux « Pêcheries dans le Tonkin et le Nord Annam » : toute barque ou jonque doit, dès son arrivée (et beaucoup viennent de Chine), se diriger sur la Cac-Ba où elle reçoit son livret, un numéro d'ordre et où elle acquitte les droits pour une année au minimum ; le patron doit également déposer les armes qu'il a à bord, sauf deux fusils, cent cartouches par fusil, et une arme blanche par homme d'équipage ; en outre, ces embarcations sont soumises à quelques obligations relativement aux approvisionnements en tabac, opium et alcool ; c'est tout, et l'on voit qu'il n'est guère question de pêche dans tout cela.

Il y a bien quelques traditions verbales, très vagues et que chacun applique un peu à sa convenance ; elles n'ont d'ailleurs de signification précise que pour les pêcheurs d'une même localité, et ne constituent point une réglementation au sens vrai du mot.

Pour la pêche en eaux douces, il existe un commencement de réglementation, mais encore bien réduit et bien informe : la liberté de la pêche est le principe, le droit du premier occupant ayant toute valeur ; en fait il y a des restrictions.

En premier lieu, il existe le plus souvent autour des villages une zone pour laquelle le droit de pêche, inaliénable, est la propriété des seuls habitants ; les règlements qui président à l'exploitation de ces régions sont purement traditionnels, établis par les seuls indigènes, et ne sont consignés nulle part ; parfois la pêche n'est autorisée que pendant une certaine époque, après laquelle les lagunes et arroyos sont surveillés par des hommes armés que postent les chefs des villages ; ils ont pour mission d'éloigner les braconniers et sauvegardent ainsi le développement des alevins.

Au Cambodge, où la pêche en eaux douces a une importance capitale, le Gouvernement s'est créé une source considérable de revenus, en mettant aux enchères le monopole de la pêche sur certains territoires parfaitement délimités : ces « groupes », suivant l'expression consacrée, sont de superficie fort variable et leur nombre varie aussi suivant les provinces.

Autrefois, ces pêcheries si riches et si abondantes se partageaient traditionnellement entre les populations et les fonctionnaires locaux, d'après de très vieux usages, essentiellement variables suivant les régions. La pêche sur le Grand Lac était absolument libre : un léger impôt était perçu sur les engins ainsi qu'un impôt du dixième *ad valorem* sur toutes les marchandises circulant dans le royaume. A une époque relativement récente la couronne s'empara des plus importantes de ces pêcheries et les mit en adjudication ; lorsque le Protectorat eut pris en mains le contrôle et la perception des impôts, il maintint la ferme des pêcheries qui est d'un excellent rendement ; jusqu'en 1898 le droit d'exploitation de toutes les pêcheries était mis en adjudication d'un seul bloc, et cela chaque année; depuis cette époque il a paru plus avantageux à l'Administration de les affermer par groupes, et peu après on substituait l'adjudication triennale à l'adjudication annuelle, le loyer devant être payé par tiers au commencement de chacune des trois années.

Chaque province est divisée en groupes, dont nous donnons l'énumération en même temps que le montant du loyer : ce tableau correspond à la dernière adjudication qui porte sur les années 1903-1904, 1904-1905, 1905-1906, et qui prendra fin le 15 juin 1906.

Résidences	Nombre des Groupes	Montant des adjudications pour les trois années	
Pnom-Penh	1	P. 69.654	»
Kratié	8	21.200	»
Takéo	6	312.314	»
Kompong-Cham	9	107.340	»
Prey-Veng	4	211.610	»
Kompong-Chnang	5	160.600	»
Kompong-Spu	1	1.800	»
Kompong-Thon	5	128.444	50
Pursat	1	71.000	»
	Total	P. 1.083.962	50

soit 2.601.510 francs environ.

Les adjudicataires sont à peu près tous Chinois : en 1903 un seul Annamite se présenta et il n'afferma qu'un groupe.

Le rendement de ces pêcheries est assurément très rémunérateur ; les adjudicataires ont, il est vrai, grand soin de cacher leurs bénéfices aux yeux de l'Administration par crainte d'une hausse des enchères, mais si cette affaire n'était pas excellente les Chinois, commerçants avisés, n'y placeraient pas leurs capitaux. Le Chinois concessionnaire n'exploite que très rarement son lot ; le plus souvent il le morcelle en un grand nombre de parties dont quelques unes sont très réduites, et qu'il sous-loue à de moindres capitalistes ; ceux-ci, pour les neuf dixièmes, sont des Annamites patrons pêcheurs.

Le cahier des charges, relatif aux adjudications, est le code tout simple et sommaire, où il faut chercher la réglementation de la pêche en eau douce : il fixe au 3 septembre la date de l'ouverture de la pêche et au 15 juin celle de sa fermeture ; les barrages doivent être détruits chaque année ; d'autres articles visent la sauvegarde des droits du fermier et spécifient les engins qui peuvent être employés ; en dehors de ce cahier des charges il n'existe que quelques règlements de navigation fluviale concernant la construction et l'éclairage des barrages sur les rivières navigables ; en certains points les barrages ne doivent pas occuper plus de la moitié de la rivière.

Il faut bien reconnaître que les avis sont très partagés sur la question de la mise en adjudication et de ses avantages. Si le fisc y trouve sa meilleure source de revenus, il ne semble pas que les indigènes, le petit peuple surtout, envisage ce régime d'un œil très satisfait; en bien des provinces même, on réclame à grands cris la suppression de la mise en adjudication et le rétablissement de la liberté de la pêche. Bien des conflits ont ce monopole pour source, les pêcheurs indigènes ne se faisant aucun scrupule de venir braconner sur les terrains affermés, et les sous-fermiers cherchant de leur côté à se soustraire par tous les moyens possibles aux obligations de leurs contrats.

En Cochinchine, la pêche sur les canaux, les rivières, les lagunes et les étangs a aussi une importance considérable, et il existe un commencement de réglementation ; mais le régime adopté diffère de celui du Cambodge : l'Administration n'afferme pas les pêcheries ; elle les loue pour des périodes de trois, six et neuf ans aux villages ; ces derniers les mettent en adjudication pour un seul cours d'eau à la fois, et pour des périodes de trois ans seulement. Le montant des affermages est subordonné à la hauteur présumée de la crue l'année de l'adjudication. Pour donner une idée des bénéfices réalisés de ce chef par les communes, disons que dans la province de Soctrang, par exemple, le loyer rapporte annuellement au budget 2.857 piastres (6.856 fr.) et le montant de l'affermage que touchent les villages est de 3.908 piastres (9.379 fr.). Dans certaines localités, au contraire, la pêche est entièrement libre ; inutile de dire que ce ne sont pas les plus riches en poissons.

Les seuls actes officiels se rapportant à la pêche en Cochinchine sont deux arrêtés du Gouverneur, dont l'un date du 23 janvier 1866, l'autre, du 23 septembre 1876 ; quelques lettres et circulaires complètent ces documents. Le premier est surtout un arrêté relatif à la navigation : il limite l'emplacement des barrages ; le second a trait aux filets employés et fixe à 25 millimètres les dimensions minima des mailles de fond pour les pêcheries fixes. Deux arrêtés de la Cour de Cassation de Saigon ont élaboré un commencement de jurisprudence relative à l'application de ces règlements.

Il n'y a, d'ailleurs, en dehors des zones réservées par les villages, et des groupes affermés, aucun droit à payer pour pêcher. Quant au poisson vendu dans la colonie, il n'est soumis à aucun impôt particulier ; il paie comme toutes les autres marchandises un droit de stationnement sur les marchés, qui est toujours très minime : pour le cercle de Moncay, par exemple, ce droit est de 0 fr. 10 par charge, une charge comprenant deux paniers de 15 kilogrammes chacun. A Pursat, les marchands de poisson sec paient une patente de 5 piastres (12 fr.) par an ; cette taxe ne frappe pas les pêcheurs mais ceux qui écoulent le poisson.

Personnel vivant de la pêche, patrons et salariés, contrats.

Les ethnologues ont eu quelque peine à se reconnaître parmi les populations qui habitent l'Indo-Chine : Chinois, Malais, Thibétains, Hindous, se sont surajoutés aux aborigènes, et de ce mélange sont sorties des races dont les origines demeurent parfois bien obscures. Nous dirons ici un mot seulement du rôle que joue dans l'industrie de la pêche chacune des races les plus importantes et parfaitement caractérisées, c'est-à-dire les races Laotienne, Cambodgienne, Malaise, Chinoise et Annamite.

Le Laotien est un bon chasseur, mais surtout un excellent pêcheur ; des cinq pays qui composent l'Indo-Chine, le sien seul ne confine pas à la mer, mais le fleuve et les rivières qui le traversent lui fournissent néanmoins du poisson en abondance. Ses procédés de pêche sont demeurés très primitifs quoique parfois fort ingénieux, et il n'y a pas, à proprement parler, au Laos, d'industrie de la pêche ;

chacun travaille pour soi, et à peu près exclusivement pour se nourrir. A l'occasion de certaines pêches seulement, pour celles, par exemple, des *Pa Beuk* et des *Pa Leum*, les Laotiens se réunissent en grand nombre et ensuite se partagent le butin selon des règles assez mal connues. Ils savent préparer le poisson pour le conserver, mais ils ne font pas le commerce de ces préparations.

De goûts très sédentaires, parfaitement inaptes au commerce, les Cambodgiens sont bûcherons et chasseurs, cultivateurs, constructeurs de pirogues, pêcheurs aussi, mais médiocrement ; ce sont, avant tout, les hommes de la forêt. La mer ne les tente aucunement et ils ont abandonné aux Annamites l'exploitation des richesses de leur golfe. La pêche en eaux douces est mieux dans leurs aptitudes, et ils figurent parmi les pêcheurs qui, périodiquement, viennent peupler le Grand Lac, ainsi que les autres centres de pêche de moindre importance ; mais ce n'est que bien timidement qu'ils se lancent dans des entreprises d'une certaine envergure. Dans la province de Pursat, par exemple, on peut répartir ainsi le nombre des pêcheurs : Annamites 60 o/o, Chinois 30 o/o, Cambodgiens 10 o/o seulement !

La race Malaise est assez disséminée en Indo-Chine : elle fournit d'excellents pêcheurs très courageux, entreprenants, et que l'on rencontre nombreux sur le Bas-Mékong et le Grand Lac ; ce sont eux surtout qui font prospérer l'industrie des pirogues à Stung-Treng.

Quant au Chinois, il s'est infiltré partout, et à des titres très divers : homme de peine, pêcheur, marin, mais avant tout commerçant et usurier, c'est lui qui achète le poisson aux pêcheurs, lui qui le sèche et fabrique le *nuoc-mam*, lui qui assure la majeure partie du cabotage, lui que l'on rencontre sur le Grand Lac, circulant au milieu des villages sur pilotis, avec de grandes barques, vrais magasins ambulants ; enfin, ce sont les Chinois encore, nous l'avons dit, qui afferment la presque totalité des pêcheries du Cambodge et de la Cochinchine.

Mais le véritable pêcheur de l'Indo-Chine, c'est l'Annamite, et sous cette dénomination il faut entendre l'habitant du Tonkin et de la Cochinchine, aussi bien que celui de l'Annam. Tout le long de la côte, depuis la frontière du Siam jusqu'à celle de la Chine, apparaît sa chétive silhouette, féminine et immuable ; sur les deltas, sur le Grand Lac, sur le Mékong, on le rencontre encore tendant des filets, posant des nasses, établissant des barrages ; c'est un professionnel excellent, connaissant parfaitement son métier

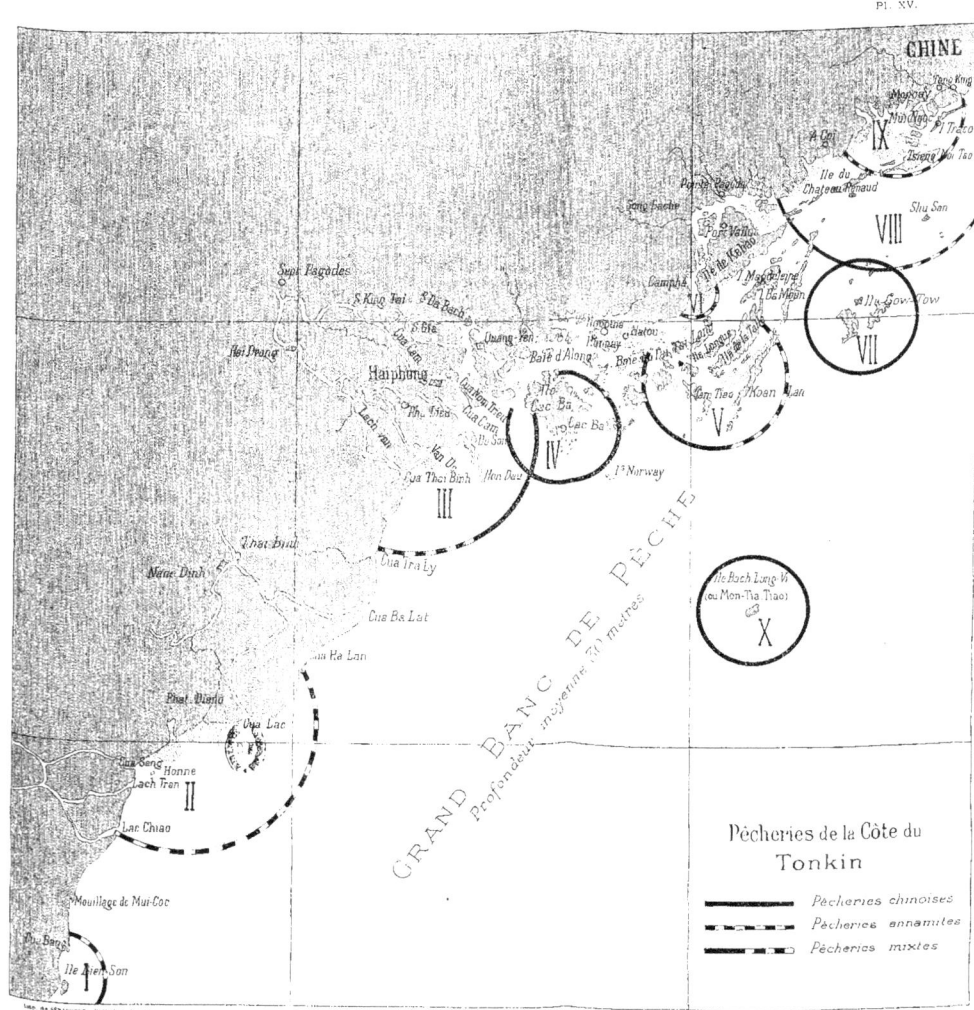

et remarquablement adroit ; mais il est apathique et routinier à l'excès ; non pas qu'il soit hostile au progrès, mais il y demeure indifférent à moins qu'il y distingue une source possible de bénéfices immédiats ; il adoptera alors sans hésiter les procédés qui lui seront proposés et il ne tardera pas à y exceller. Très bon marin, très résistant à la fatigue malgré son aspect chétif, il a horreur des voyages au long cours ; il est casanier profondément, très différent en cela de son voisin le Chinois, auquel il suffit, pour s'expatrier, d'avoir l'assurance que sa dépouille mortelle retournera dormir dans la terre de ses ancêtres ; il s'écarte peu du littoral, et ses sorties ne durent le plus souvent qu'une journée ; il lui faut, pour le décider à de plus longues absences, une mer absolument calme. Cette manière d'être est d'ailleurs une gêne dans le recrutement des marins pour la flotte de l'Etat aussi bien que pour la marine marchande ; car la faveur faite à cette dernière de conserver à ses bateaux la qualité de Français à la seule condition que ses matelots soient sujets français, demeure illusoire, l'Annamite ne tenant pas à s'embarquer. A côté de toutes ces qualités, l'Annamite et tout particulièrement le pêcheur annamite a un grave défaut, c'est d'être vis-à-vis des Européens d'une insigne mauvaise foi.

L'élément européen ne saurait, bien entendu, figurer parmi le personnel pêcheur : les conditions de climat s'opposent tout d'abord à ce qu'il s'adonne à un aussi pénible métier, et du reste, il y a aussi une question de prestige à conserver qui a assurément une grande importance. A l'Européen appartiendra la direction des grandes entreprises, et il aura à lutter contre l'industriel et le commerçant chinois, auxquels une parenté de race facilite les rapports avec la population annamite ; il sera chef d'exploitation, au besoin contremaitre ou surveillant, mais son rôle se bornera là : les pêcheurs sont indigènes et il est probable qu'il n'y aura jamais de pêcheurs européens.

Le nombre des pêcheurs qui n'ont d'autre désir que de fournir aux repas de leur famille sans se livrer à la vente du poisson est considérable en Indo-Chine ; cette sorte de pêche, encore qu'elle ait un bien grand intérêt puisqu'elle fournit en poisson frais une très notable partie de la population, n'est pas à beaucoup près aussi importante que celle faite dans un but commercial. Elle échappe d'ailleurs à tout contrôle, à toute statistique, et l'on peut seulement poser en principe que tout indigène de la classe pauvre est doublé d'un pêcheur : il n'est si faible arroyo, si petite mare où ne plonge quelque ligne, où ne soit posée quelque nasse ; s'il n'a pas auprès de sa masure d'arroyo ou de mare naturelle, l'indigène se confectionnera une sorte de vivier où soigneusement il entretiendra une petite quantité de poisson, et qu'il repeuplera à l'aide d'alevins achetés au marché.

La pêche faite dans un but commercial suppose à peu près toujours des groupements de pêcheurs, groupements qu'expliquent l'abondance plus ou moins grande du poisson en certaines régions, la facilité de son écoulement et de sa préparation, les commodités pour s'approvisionner en engins, etc.

Le pêcheur qui va en mer prendre du poisson pour le vendre à son retour au commerçant qui le fera parvenir au marché ou le traitera pour la conservation, est en général propriétaire de sa barque ; il l'habite avec sa famille, qui compose souvent tout son équipage ; il fabrique ses engins, et parfois il a lui-même construit sa barque ; l'ensemble de tout son matériel ne doit d'ailleurs pas représenter un capital bien élevé. Des villages entiers sont ainsi peuplés de familles de pêcheurs avec cette organisation toute simple et patriarcale.

Lorsque l'exploitation est faite avec des capitaux plus considérables, on voit apparaître parmi les pêcheurs la distinction entre patrons et salariés : il n'existe en général entre eux aucun contrat ; le patron partage avec ses employés le produit de la pêche dans des proportions variables suivant les régions ; au Tonkin, dans la province de Ninh-Binh, le patron garde pour lui deux parts et en abandonne une aux employés ; à ce régime il gagne en moyenne 0 fr. 30 par jour ; à Phu-Lien, le patron ne garde que les quatre dixièmes, et si plusieurs patrons se réunissent pour une même pêche le partage se fait néanmoins sur les mêmes bases. L'engagement est dans ce cas presque toujours pour la durée d'une pêche ; dans le cercle de Moncay il se fait quelquefois des engagements pour un an, plus souvent pour un mois ; le salarié est payé deux piastres (4 fr. 80) en moyenne par mois, et il reçoit en outre la nourriture ; cette rétribution en espèces est en somme une exception.

Quant aux formes et conditions des contrats d'embarquement sur les jonques chinoises qui viennent pêcher dans le golfe du Tonkin, elles demeurent parfaitement mystérieuses ; on sait seulement que les propriétaires de jonques, sortes d'armateurs qui habitent Pakhoi, traitent sur parole avec les patrons, auxquels ils font les avances nécessaires pour leur entrée en campagne ; ceux-ci recrutent leurs équipages moyennant un salaire de cinq à six piastres (12 à 15 francs) par homme, nourriture fournie ; en revanche les patrons s'engagent à exporter en Chine tout le poisson pêché.

L'engagement à la journée et à la part est aussi la règle en Annam à de très rares exceptions près ; c'est là d'ailleurs la forme la plus primitive et aussi la plus naturelle du contrat, puisque l'employé se trouve intéressé à la bonne réussite de l'entreprise. Il ne semble du reste pas que cet état de choses donne lieu à beaucoup de difficultés, car rarement la justice française a besoin d'intervenir : il est vrai que l'Asiatique éprouve une grande répulsion à mêler l'étranger à ses affaires.

Nous avons déjà eu l'occasion de parler de l'exploitation de la pêche au Cambodge : nous rappellerons que les « groupes » sont mis en adjudication et que le fermier sous-loue le plus souvent son lot en le morcelant ; dans les contrats entre les fermiers et les sous-fermiers le prix du bail est indiqué en espèces ; en réalité, en bien des endroits, il est acquitté en poisson frais, salé ou séché, à des prix variables suivant la qualité, et fixés d'avance ; les sous-fermiers cherchent souvent par toutes sortes de ruses à se soustraire aux obligations de leur contrat et à porter directement sur le marché une partie de leur pêche. Quant au personnel qu'emploie le sous-fermier, il est en majeure partie composé d'Annamites, qui s'engagent pour la saison de la pêche, six mois environ, quelquefois pour l'année entière ; pendant la période d'interruption, ils travaillent à la confection des engins. Le salaire de ces coolies est extrêmement variable suivant les provinces, suivant le travail, suivant la saison aussi ; en moyenne il va de 0 fr. 60 à 0 fr. 90 par jour. Le plus souvent la nourriture est donnée en plus, et le vêtement aussi ; ce ne sont pas là d'ailleurs de bien grosses charges et chacun connaît la sobriété proverbiale des Annamites et des Chinois. Il n'est pas rare que les coolies soient des individus endettés, et qui s'engagent à la condition qu'on leur fera l'avance de leur salaire, pour leur permettre de se libérer.

En somme, les contrats entre pêcheurs se font sous des formes très sommaires, sans jamais de conventions par écrit, et néanmoins les conflits sont très rares : la question se complique et les difficultés surgissent dès que l'Européen intervient ; les colons accusent volontiers la mauvaise foi annamite, laquelle est indéniable ; mais les

Annamites ne se font pas faute de nous adresser bien des reproches, dont quelques-uns sont peut-être mérités. Quoi qu'il en soit, deux systèmes d'exploitation ont été jusqu'ici essayés, l'un par M. Rideau, dans la région du Binh-Dinh, l'autre par MM. de Barthélemy et de Pourtalès à Camh-Ranh : le premier consiste à fournir aux pêcheurs barques et engins, contre la cession d'une partie de la pêche, en l'espèce la moitié du poisson capturé; à Camh-Ranh, au contraire, tout le matériel de pêche est la propriété des pêcheurs, auxquels sont consenties des avances afin de leur faciliter l'achat d'engins ou de barques ; ces pêcheurs sont assurés de trouver auprès de l'exploitation l'écoulement intégral de leur pêche, mais ils ne doivent pas le rechercher ailleurs; il n'y a pas ainsi à craindre que le patron quitte son port d'attache afin d'aller vendre à vil prix tout le matériel qu'on lui a confié, ou garde pour lui plus que la part qui lui revient, et par suite il y a des chances de voir diminuer les causes de conflits entre les Européens et les indigènes; cependant ce système n'est pas encore parfait.

Principaux centres de pêche. — Époques. Capitaux engagés, rendement.

Tonkin. — Dans le golfe du Tonkin, la pêche est pratiquée par les Annamites et par les Chinois ; ceux-ci viennent sur leurs grandes jonques, la plupart armées à Pakhoi ; à leur arrivée ils doivent, ainsi que nous l'avons dit, payer les frais d'immatriculation et se munir d'un livret leur donnant le droit de pêcher dans nos eaux. Ces jonques se livrent surtout à la grande pêche et il en est qui s'aventurent jusqu'à 50 milles en mer et séjournent sur le grand Banc qui s'étend de l'île Bien-Son jusqu'au cap de Pack-Lung. Les jonques de moindre tonnage et les bâtiments annamites ne s'écartent jamais autant, et leurs plus lointaines excursions ne les mènent pas à plus de 20 milles de la côte.

Chaque année, à l'île Cac-Ba, se font inscrire environ 600 bateaux de pêche de tous tonnages : en 1904 il y en avait 332 qui jaugeaient plus de 25 tonneaux.

On pêche sur toute la côte, mais les centres les plus importants sont Doson, Hongay, Port-Wallut dans l'île de Kébao, et la baie d'Along : ce sont eux qui fournissent à peu près tout le poisson destiné à Haïphong.

La pêche au large se pratique surtout en hiver ; en général les jonques venues de la Chine y retournent vers la fin de janvier ou le commencement de février pour ne revenir qu'après la saison des pluies : pendant cette période, en effet, le poisson émigre vers la Chine, et l'on en donne pour raison l'énorme quantité d'eau douce déversée par le fleuve Rouge dans le golfe. En revanche, la pêche le long des côtes se pratique toute l'année : la période comprise entre les mois de février et d'avril est favorable à la pêche des gros poissons, *Ca bé* et *Ca thu*; d'avril à mai les indigènes pêchent surtout les *Ca chim* et les *Ca khim*; de septembre à février on pratique la pêche aux *Ca doi, Ca duc, Ca moi*. Le reste de l'année on pêche du menu poisson.

La carte ci-jointe donne une idée des points où la pêche est le plus intense ; on y a indiqué par des traits différents les régions visitées par les Annamites ou les Chinois ; ce document nous a été fourni par le gouvernement du Tonkin d'après les renseignements émanant de MM. les Administrateurs des Provinces.

Voici quelle est la répartition des diverses pêcheries et quelles sont les principales espèces pêchées en chacune d'elles :

I. — Comprend des pêcheries mobiles et des pêcheries fixes : dans ces dernières les Langoustes, Vieilles et Grondins sont particulièrement abondants ;

II. — On y trouve seulement des pêcheries mobiles où l'on recueille en abondance des Daurades, des Thons de petite taille et des Squalidés divers ;

III. — Les pêcheries fixes donnent surtout de très gros poissons ressemblant aux Saumons et aux Carpes.

On prend dans les pêcheries mobiles de gros Harengs, des Raies et des Turbots ;

IV. — Pêcheries mobiles seulement : Vieilles et Grondins gris ;

V. — Pêcheries fixes : Raies, Barbues et poissons voisins du Hareng ;

Pêcheries mobiles : Vieilles, Grondins, Encornets ; on ramasse également quelques huîtres perlières ;

VI. — Pêcheries mobiles : Poissons de roches d'espèces variées ;

VII. — Pêcheries mobiles : Vieilles, Daurades, Encornets ;

VIII. — Pêcheries fixes : Sardines, Sprats.

Pêcheries mobiles : Daurades, Biches de mer noires et blanches ;

IX. — Pêcheries fixes : Poissons divers, Sardines et Maquereaux ;

X. — Pêcheries mobiles ; Daurades (rouges et grises).

Cette région est fréquentée par les pêcheurs venus de Haï-Nan.

Enfin sur le Grand Banc on pêche principalement des Daurades d'espèces diverses, des Thons de petite taille et des Squalidés.

Il est difficile de connaître, même approximativement, la quantité de poisson pêché par les jonques chinoises ; ce poisson est bien frappé d'un droit de sortie, mais on n'en déclare à la Douane qu'une très faible partie, et d'ailleurs la plupart des jonques de haute mer peuvent, sans être inquiétées par les chaloupes de l'Administration des douanes, regagner leur port d'attache dès que leur chargement est complet, ou même transborder leur pêche sur d'autres bateaux spécialement affectés à ce service. Seules quelques jonques, que leur moindre tonnage force à gagner la côte, ou bien celles appartenant à des Chinois fixés en Indo-Chine et soucieux de se ménager les bonnes grâces de l'Administration, déclarent de temps à autre quelques tonnes de poisson pour l'exportation. En se tenant très bas dans ses approximations, on peut paraît-il admettre qu'une jonque de dimensions moyennes, pêche journellement 120 kilogrammes de poisson ; en admettant qu'une campagne de pêche dure 150 jours, cela ferait 18 tonnes par jonque, et en tenant compte seulement des 332 jonques que l'on enregistrait en 1904 à la Cac-Ba et qui jaugeaient plus de 25 tonneaux, on arrive au total de 5.976 tonnes ; or, cette même année, il n'était déclaré, par la totalité des navires de pêche, que 2.258 tonnes ; en 1903 il n'y en avait eu que 1.830. Il faut évidemment faire une large part aux aléas; néanmoins la fraude est patente, et d'ailleurs l'Administration des douanes et régies ne l'ignore pas ; mais il est bien difficile d'y remédier.

Quant au capital engagé par les Chinois dans ces exploitations, il est totalement impossible de le connaître exactement : on en est réduit à des suppositions. On peut admettre qu'une jonque de 35 tonneaux vaut, engins de pêche compris, de 2.500 à 3.000 francs.

Les pêcheurs annamites sont le plus souvent d'assez pauvres diables, vivant au jour le jour, et fortement exploités par les commerçants chinois, auxquels ils s'adressent pour se procurer les sommes qui leur font fréquemment défaut. En échange de l'argent avancé, on exige d'eux, d'abord, un sérieux intérêt, et en outre on les contraint à céder leur poisson à des prix souvent bien inférieurs à ceux des mercuriales. Ces usuriers revendent eux-mêmes le poisson avec de très gros bénéfices.

Annam. — Les trois provinces d'Annam les plus favorisées au point de vue de la pêche, sont celles du Than-Hoa au Nord, et celles du Binh-Thuan et du Khan-Hoa au Sud : la quantité de poisson pêchée y est suffisante pour permettre, en dehors de la nourriture locale, une forte exportation. La province de Than-Hoa compte 6.000 pêcheurs, celle de Khan-Hoa 2.000, et celle de Binh-Thuan 3.000. L'ensemble des autres provinces fournit un personnel de 18.500 pêcheurs environ, soit un total de 30.000, auxquels il faut ajouter une quantité au moins égale de femmes et d'enfants ; la population de l'Annam étant évaluée à 5.000.000 d'habitants, cela fait une moyenne de 1 pêcheur pour 85 habitants.

On peut, du reste, grouper les provinces de l'Annam en trois catégories : 1° celles où la pêche fournit à l'alimentation locale, mais ne saurait être d'aucun appoint au commerce : telles sont les provinces de Ngê-An, Quang-Tri, Thua-Thien, Quang-Nam ; 2° les provinces où la pêche fournit à l'alimentation locale et permet en outre l'exportation : Hatinh, Quang-Bin, Quang-Ngaï, plus les trois que nous avons citées au début ; 3° les provinces qui doivent recourir à l'importation : ce sont celles de Binh-Dinh et du Phu-Yen, qui reçoivent l'une pour 450.000 francs, l'autre pour 18.000 francs de conserves et salaisons. D'ailleurs, si les populations du Binh-Dinh y apportaient moins d'apathique nonchalance, elles pourraient à coup sûr trouver dans la pêche une ressource leur permettant de se suffire ; voici, en effet, ce qu'écrivait M. Boulloche en 1900 : « La province de Binh-Dinh, peuplée de 800.000 habitants, s'étendant sur une longueur de 140 kilomètres de côtes, richement pourvue de poissons, possédant trois rades sûres pouvant servir d'abri à une importante flottille de barques et de jonques de pêche, peuplée d'excellents marins, est dans la nécessité, pour subvenir à ses besoins, de se procurer annuellement par l'importation une moyenne de 4.500 tonnes de saumure et de poisson salé ou séché..... parce que les patrons de barques trouvent un profit plus immédiat et plus certain, quoique moins rémunérateur, dans le petit cabotage effectué sur Saïgon et le Sud de l'Annam, pour le compte du commerce chinois. Si la mousson contraire les empêche de regagner le Binh-Dinh, ils attendent la bonne saison en trafiquant sur les côtes de la Cochinchine et du Thuanh-Khanh. L'industrie de la pêche se trouve ainsi privée de son élément principal, et ne possède plus, pour son exploitation, qu'un matériel inférieur et délabré, de petit tonnage, inutilisable pour le petit cabotage, et condamné à l'immobilité dès que le moindre mauvais temps survient. »

C'est sur cette même côte du Binh-Dinh, que dès 1899, un colon, M. Rideau, eut l'idée de grouper autour de lui un certain nombre de pêcheurs de Bong-Son, auxquels il fournissait filets et engins. MM. de Barthélemy et de Pourtalès ont établi leurs pêcheries à Camh-Ranh, et nous devons à leur obligeance bon nombre d'intéressants renseignements. Ces pêcheries de Camh-Ranh représentent assurément les premiers essais vraiment sérieux, effectués avec des capitaux suffisants et dans des conditions leur permettant d'espérer le succès que nous leur souhaitons. Elles sont dirigées par un Européen ayant vécu à Bizerte, et elles sont en bien des points semblables aux pêcheries qui y sont en usage : elles comprennent en effet des sortes de bordigues avec panneaux en fer et de plus des postes d'achat pour les poissons pêchés par les indigènes. Les pêcheurs sont propriétaires de leurs barques et engins ; tout le personnel subalterne est du reste indigène ; mais en dehors du directeur, il y a trois employés de nationalité grecque, dont un est scaphandrier. Les pêcheurs ont des contrats garantissant l'exclusivité de la vente de leur pêche à l'association, moyennant des prix débattus et fixés par devant l'Administration ; de plus quelques avances leur sont aussi consenties, notamment le paiement au Gouvernement français du droit de pêche. Les barques dont ils se servent valent 30, 35 quelquefois 75 francs ; un patron pêcheur emploie une grande barque et deux autres plus petites ; l'équipage de cet ensemble s'élève à 15 ou 20 hommes, touchant environ 15 francs par mois (6 piastres). L'un de ces hommes le « chercheur » gagne jusqu'à 20 piastres ; posté au haut du mât, il a pour mission de surveiller attentivement la mer et de signaler les bancs de poissons ; de lui dépend souvent le succès d'une pêche. Afin d'augmenter le nombre de ses pêcheurs et l'importance de ses établissements, l'association est amenée à faire aux indigènes des avances de fonds, pour l'achat de barques et de filets. Ce sont précisément ces avances, dont le remboursement demeure toujours aléatoire, qui rendent assez variable le rendement d'une semblable industrie.

En dehors de leurs établissements de Camh-Ranh, MM. de Barthélemy et de Pourtalès ont fondé avec la maison Grosieux et Rousseau, à Phan-Ranh, une saumurerie qui achète le poisson aux pêcheurs de Mam-Rang.

Cochinchine. — Nous adopterons pour l'étude de la pêche en Cochinchine, la division qu'a suivie M. Breymann dans un travail publié en 1902 : il y groupe les provinces en deux catégories, suivant que la pêche fluviale s'y fait ou non en concurrence avec la pêche maritime.

1º La province de Baria possède un personnel de 2.000 pêcheurs environ, tous sédentaires ; on peut estimer que le rendement des diverses pêcheries atteint 32.000 piastres (76.800 francs) ; la moitié environ du poisson est consommée sur place, le reste salé, séché ou transformé en *nuoc-mam* que l'on expédie sur Saigon : le *nuoc-mam* de Phuoc-Tinh est le plus renommé. Baria est aussi un centre très riche d'exploitation de sel ; les pêcheurs du Grand Lac préfèrent ce sel à tous les autres, et affirment que seul il conserve bien le poisson.

Une trentaine de pêcheries sont installées le long des 40 kilomètres de côtes de la province de Gia-Dinh, et elles occupent 350 pêcheurs environ ; leur rendement semble assez médiocre, bien que les fermiers soient des Chinois. La pêche fluviale est plus importante, elle occupe 1.500 pêcheurs disséminés sur tous les cours d'eau de la province : chaque jour le produit de cette pêche est en majeure partie expédié vers Saigon et Cholon sur des barques légères formant de vrais trains de marée.

L'exportation est nulle pour les produits de la pêche dans la province de Gocong, la totalité étant absorbée sur place ; le nombre des pêcheurs n'y dépasse pas 300 ; 250 se livrent à la pêche maritime.

Les deux pêches maritime et fluviale ont une grande importance dans la province de Mytho ; la pêche maritime se pratique principalement dans l'estuaire du Mékong ; 3.000 pêcheurs y sont employés et plus de 11.000 personnes vivent de la pêche ou des industries qui en dérivent. Formée de deux îles allongées que séparent les bras du Mékong, la province de Bentré est surtout approvisionnée par la pêche fluviale : la pêche maritime n'y est en effet, paraît-il, possible, que pendant les quatre derniers jours de chaque mois lunaire, époque des plus fortes marées. Tout le poisson capturé est consommé sur place, et Bentré est en outre tributaire de Chaudoc pour cette denrée.

C'est aussi la pêche fluviale qui est de beaucoup la plus importante dans la province de Soctrang où l'industrie du poisson occupe 15.000 personnes. L'affermage rapporte chaque année 6.800 francs environ et le rendement annuel en poissons secs, salés ou fumés, est de 600 tonnes, au prix moyen de 240 francs la tonne ; les crevettes fraîches fournissent une trentaine de mille francs et les crevettes fumées 2.000 francs environ.

A Rach-Gia la pêche en mer dure toute l'année, et tout un quartier du chef-lieu de la province, connu sous le nom de « Village des Pêcheurs » en fait sa spécialité ; la pêche fluviale, très productive, dure de décembre à mai ; elle est particulièrement abondante de janvier à avril. La province de Ha-Tien fabrique en abondance du *nuoc-mam* et du *mam-ruot* ; le trépang est aussi exploité ; on ne peut pas dire d'une façon absolument précise quelle est la production de la province : sur Mytho et Cholon on exporte pour 300.000 francs de *nuoc-mam*, et l'exportation vers l'étranger atteignait, en 1898, 131.873 kilogrammes. En général le poisson est vendu frais au fur et à mesure de la pêche, mais quand il abonde trop, les pêcheurs le cèdent comme fumier pour les plantations de bétel et de poivriers. Seul, le canton de Thanh-Gi fournit quelques facilités pour la pêche dans les fleuves et dans les marais ; encore n'est-elle possible que les années d'inondations très fortes ; aussi en raison de ces aléas ne fait-elle l'objet d'aucune exploitation officielle et n'est-elle soumise à aucune adjudication. Dans les trois autres cantons la pêche en mer est seule pratiquée. La vraie population de pêcheurs est celle de l'île de Phu-Quoc : de père en fils les habitants se livrent à la pêche, et ce sont les meilleurs marins de toute la côte. Eux seuls connaissent exactement les points où le poisson abonde, et très courageux n'hésitent pas à l'aller chercher au loin. Mais ce qui fait la grande renommée de Phu-Quoc, c'est le *nuoc-mam* qu'on y prépare : les commandes sont en général de beaucoup supérieures à ce que les fabricants peuvent livrer ; dès que les produits sont à point, ils sont placés dans des jarres sur des barques armées spécialement, et que l'on envoie vers le continent pour faire la distribution aux acheteurs.

A Camau, la principale pêche est celle des crevettes ; une pêcherie de crevettes, en y comprenant les frais pour l'achat du matériel (filets, barques, marmites en fer pour la préparation de la pâte) et les frais d'exploitation, revient environ à 420 francs ; il s'agit ici d'une pêcherie à quatre filets occupant trois employés ; le bénéfice moyen est de 126 francs correspondant à quatre mois de travail. Sous l'ancien régime les chevrettes étaient adressées au Tong-Doc à Ha-Tien, et celui-ci les faisait parvenir à Hué, où elles étaient monopolisées par l'Empereur, premier commerçant de l'Empire. Actuellement les chevrettes de première qualité sont achetées par des Chinois de Hai-Nan ; celles de deuxième et troisième qualité servent de nourriture aux pauvres gens du pays. Ces pêcheries font maintenant partie du domaine communal.

2° La deuxième catégorie de provinces comprend celles où la pêche fluviale est seule pratiquée : parmi elles les deux plus importantes sont celles de Chaudoc et de Long-Xuyen. Dans la première, la pêche occupe 8.500 personnes, elle se pratique de juillet à octobre pour les fleuves et rivières, de novembre à mai pour les rachs, étangs et mares. L'époque qui produit le plus comme gros poisson va de mars à juin, alors que les eaux du Tonlé-Sap baissent. Le poisson frais est envoyé en majeure partie dans des viviers flottants vers Cholon ; le poisson sec est exporté de Saigon en Chine par vapeurs anglais et allemands. La pêche dans les arroyos et les fosses à poissons a surtout de l'importance dans la province de Long-Xuyen ; comme dans toute la Cochinchine les pêcheries sont affermées aux villages qui les sous-louent. Pour la province de Chaudoc, la valeur des capitaux engagés, y compris le prix de l'affermage et les avances faites, et sans compter l'amortissement du matériel, est de 400.000 francs environ. Les conditions de la pêche ont été les suivantes :

ANNÉES	Nombre d'ouvriers	Salaire	Durée de la Pêche	ENGINS EMPLOYÉS				NOMBRE d'Établissements
				Gros Filets	Petits Filets	NASSES	CLAIES	
Pêche fluviale :								
1903..............	107	0 fr. 85 avec nourrit.	toute l'année	72	152	127	563	78
1904..............	115	»	»	85	169	105	693	81
Pêche des étangs, marais :								
1903..............	1.010	»	8 mois	»	»	4.922	6.548	852
1904..............	1.205	»	»	»	183	5.614	6.853	764

Cambodge. — Au Cambodge la pêche en mer est en majeure partie pratiquée par des Annamites, les Cambodgiens n'éprouvant qu'une très faible attirance pour l'eau salée ; le golfe du Siam est cependant très riche en poissons excellents ; mais quelle que soit la quantité de poissons prise en mer, elle n'est rien, comparée à ce que fournissent les étangs, les lacs et principalement le Tonlé-Sap.

Pendant la période de crue, le Grand Lac est absolument désert ; la vaste étendue d'eaux bourbeuses, d'où émergent les arbres des forêts inondées, s'étend à perte de vue, morne et désolée ; mais dès qu'arrive l'époque des basses eaux, des villages entiers construits sur pilotis surgissent avec une étonnante rapidité, au milieu d'une indescriptible animation, et pendant quelques semaines une population nombreuse va vivre dans des cases en bambous, d'un confort tout rudimentaire, se démenant sous un ciel de feu ; les pêcheurs sont de nationalités diverses, Annamites, Chinois, Malais, Cambodgiens, venus à la curée du poisson. Ici encore le véritable pêcheur est l'Annamite, le Chinois continuant à jouer son rôle de commerçant. A la fin novembre ou au commencement décembre il y a encore quatre à cinq mètres d'eau en des points qui, après la baisse, seront presque à découvert ; mais déjà les pêcheurs s'occupent à préparer les bambous et les pieux qui serviront de pilotis aux habitations et aux sécheries. Le village de Compong-Chang, formé de maisons flottantes sur le Veal-Phoc, fournit aux pêcheurs tout ce qui pourra leur être nécessaire comme bambous, claies de toutes sortes et engins de pêche ; mais beaucoup s'en vont, par mesure d'économie, couper dans la forêt voisine les arbres dont ils auront besoin. Dès que les eaux ont suffisamment baissé ils enfoncent dans la vase des pieux régulièrement espacés ; sur un premier plan apparaissent d'abord les séchoirs pour les filets ; ils sont toujours en un point assez éloigné du rivage pour qu'on puisse, même aux très basses eaux, y arriver en barque. Ils sont faits de bambous verticaux qui en supportent d'autres mis en travers. Les séchoirs pour poissons sont sur un deuxième plan, et leur plancher en bambous écrasés s'élève bien peu au-dessus de l'eau. Enfin, sur un dernier plan, viennent les habitations : rien de plus rudimentaire que ces cases faites le plus souvent de cadres en bambous dont on réunit les montants au moyen de feuilles de palmier ou de paillottes disposées en ardoises. Le toit est de même composition, et il n'y a qu'une seule ouverture tenant lieu de porte et de fenêtres ; comme mobilier, une natte pour dormir, un fourneau et les quelques ustensiles indispensables à une sommaire cuisine. La meilleure partie de la maison sert d'entrepôt pour le poisson sec. Nulle part les pêcheries ne sont isolées ; il y a là une raison de sécurité et de commodité aussi ; il se forme ainsi de vrais villages, généralement placés aux embouchures des arroyos, où l'eau est moins corrompue ; l'importance de ces villages a forcé les autorités siamoises et cambodgiennes à y placer des chefs, afin d'exercer la police et de régler les différends qui surviennent entre pêcheurs.

Chaque chef de pêcherie a sa maison et ses séchoirs, toujours aussi son petit temple de Bouddha, simple édicule lilliputien où quelques pierres informes sont l'objet d'une bruyante vénération. Des Chinois circulent au milieu de ces habitations avec de grandes barques où sont amassées toutes les denrées dont les pêcheurs peuvent avoir besoin ; en échange les Chinois leur achètent le poisson préparé. On se figure sans peine l'aspect infiniment pittoresque et bien spécial que peut présenter le Grand Lac lorsque la pêche bat son plein ; partout, entre les petites habitations montées sur leurs jambes grêles, entre les séchoirs à poisson et ceux pour les filets teints en brun, c'est une animation intense, un grouillement de barques aux formes variées et aux peintures voyantes : ce sont des cris, des détonations de pétards tirés en l'honneur de Bouddha.... et ce sont, bien entendu, les Chinois qui les ont vendus.

Mais ce que l'on imagine aussi facilement, c'est l'odeur nauséabonde qui ne tarde pas à se dégager de cette vase sans cesse agitée, de cette eau que recouvre sous un soleil implacable, une quantité considérable de déchets et détritus de toute nature ; comment les indigènes peuvent vivre dans de si pitoyables conditions d'hygiène, c'est une chose surprenante ; cependant les maladies ne sont pas bien nombreuses, sauf pourtant les ophthalmies favorisées par la continuelle reverbération sur les eaux du lac. La nourriture est presque exclusivement composée de poisson ; mais ce qui laisse le plus à désirer c'est assurément l'eau potable ; les pêcheurs ne s'en soucient point outre mesure, et après une filtration très sommaire à travers un linge d'une propreté douteuse, ils la boivent et n'en sont pas autrement incommodés ; beaucoup, il est vrai, ne la consomment que sous la forme d'infusions très légères, de thé en général. On rencontre également des pêcheries sur les arroyos, mais elles sont toujours de moindre importance que celles établies sur le lac ; une de celles-ci emploie en moyenne vingt-cinq hommes et douze femmes ; une pêcherie sur arroyo ne comprend guère que douze hommes et cinq femmes ; ces domestiques sont loués pour la saison, et le patron leur fournit, en dehors des barques et des engins, les couteaux destinés à décapiter et à vider le poisson, les brosses servant à le nettoyer et généralement un vêtement pour la saison.

En 1880, M. Buchard estimait à 14.000 ou 15.000 francs le prix de revient d'une pêcherie : les bénéfices semblaient assez beaux, quoiqu'il n'ait pu se procurer aucun renseignement bien précis. M. Laporte croit aussi à un excellent rendement, mais il signale la plaie qu'est pour la plus grande partie des pêcheurs la passion du jeu : un agent de la ferme des jeux était installé à proximité des principaux centres de pêche, et aux divers jeux de hasard les misérables coolies allaient perdre leur argent et quelquefois leur liberté : la plupart s'en retournaient plus pauvres qu'ils n'étaient venus.

D'après des renseignements pris en 1901 par M. A. Leclère auprès d'un Annamite, vieil habitué du Grand Lac, la mise de fonds nécessaire à l'installation d'une pêcherie était il y a 60 ans de 3.000 piastres ; la pêche procurait 60 tonnes de poisson et le bénéfice était de 1.000 à 1500 piastres. Il faut songer qu'à cette époque la piastre valait beaucoup plus qu'elle ne vaut aujourd'hui, et l'on peut tabler sur une mise de fonds de 15.000 francs, et un bénéfice de 5.000 à 7.500 francs. Le même pêcheur affirmait que depuis une quinzaine d'années la quantité de poisson a diminué dans des proportions considérables, à cause de la pêche par trop intensive que l'on fait sans se soucier de la taille du poisson capturé.

D'après des renseignements tout à fait récents on doit estimer le prix d'installation d'une pêcherie, en y comprenant engins et barques à une somme égale à celle payée par le fermier pour prix de son bail. Quant aux bénéfices réalisés par les fermiers, nous l'avons déjà dit, on ne peut les connaître que par des comparaisons et des hypothèses. Le gain que réalisent les sous-fermiers serait sans doute assez considérable si ces malheureux n'étaient à la merci des Chinois fermiers, auxquels ils s'adressent pour se procurer les fonds qui leur manquent ; c'est en somme la source de tous les conflits qui surviennent, les emprunteurs cherchant par tous les moyens à se soustraire aux conditions draconiennes qu'ils ont été dans la triste nécessité d'accepter.

Sur le Grand Lac plus qu'ailleurs les Européens ne pourraient exercer le métier de pêcheurs, mais du moins il pourraient tenter de se substituer aux Chinois, pour affermer les pêcheries, et les indigènes y auraient probablement tout avantage.

Bateaux.

Les bateaux employés pour la pêche en mer ne sont pas en général de bien grandes dimensions ; les Annamites, avons-nous dit, s'écartent peu des côtes ; même lorsqu'ils quittent leur port d'attache pour quelques jours, ils ne manquent pas, chaque soir, d'aller mouiller dans une baie bien abritée, où ils passent la nuit ; il faudrait d'ailleurs beaucoup d'audace pour prétendre tenir la mer avec des barques très rarement pontées, de construction parfois bien défectueuse, dont la voilure, faite le plus souvent de paille de riz, ne résiste pas au vents violents ; construites d'une manière tout à fait primitive, ces embarcations n'ont pas du reste une installation permettant de conserver le poisson pendant plusieurs jours, sous le ciel brûlant et le climat humide des mers de Chine.

Les jonques chinoises qui opèrent au large dans le golfe du Tonkin ou qui font occasionnellement le cabotage, présentent des formes plus imposantes ; elles peuvent affronter la haute mer et il en est de suffisamment bien installées et pourvues pour pouvoir faire toute une campagne de pêche sans toucher un port Indo-Chinois.

Le picul est l'unité de mesure employée pour jauger des embarcations ; il correspond à 60 kilogrammes de notre système métrique. Les chantiers de construction sont disséminés tout le long de la côte : au Tonkin les principaux sont à Doson, Hongay et Port-Wallut ; fréquemment, du reste, les pêcheurs construisent eux-mêmes leurs barques suivant leurs idées et leurs besoins ; toute la famille y travaille, et cette manière d'opérer est utilisée particulièrement à Phu-Quoc, dans la province de Hatien ; Phu-Quoc construit en outre chaque année un certain nombre de bateaux commandés par les pêcheurs des environs. Les bois employés sont tous pris dans le pays, la plupart dans les provinces de Nghé-An et de Than-Hoa, en Annam ; le *sao*, le *sen*, le *xoay* sont les essences le plus communément employées ; enfin le bambou joue un rôle tout à fait important dans les constructions navales indo-chinoises. Les voiles sont fréquemment en nattes, en paille de riz, mais on en fait aussi en tissus divers.

L'équipage varie énormément suivant le genre d'embarcation, l'armement diffère suivant la pêche et suivant les régions. En Annam, une embarcation moyenne d'une longueur de 10 à 12 mètres, porte généralement deux grands filets, un à mailles larges, l'autre à mailles serrées ; un épervier, des nasses et des harpons, et aussi une longue ligne de 400 à 500 mètres, avec de nombreux hameçons. Les deux types d'embarcation le plus fréquemment employés sont le sampan et la jonque : M. A. Gérard, dans sa *Monographie de la baie de Port-Wallut*, en distingue quatre modèles :

1º Le sampan annamite dénommé, suivant sa forme, *tuyen-doi*, *tuyen-lang*, *tuyen-cau* ; « c'est le sampan le plus répandu, sorte de barque à fond plat, mesurant 6 à 8 mètres de long, et construite en bois dur du pays (*tao-lin-gé*) » ; c'est ce petit bateau dont la silhouette nous est connue par toutes les photographies d'Indo-Chine, avec ses toitures arrondies, nommées *cai-phen* par les Annamites, et faites de bambous écrasés et tressés ; très légère, l'embarcation peut être manœuvrée par deux hommes seulement, l'un à l'avant, l'autre à l'arrière, tous deux poussant sur leurs longues rames, dont le second se sert aussi en guise de gouvernail ; rudes rameurs que ces petits hommes, et d'une remarquable endurance.

« Le sampan est pour l'Annamite pêcheur l'unique habitation ; c'est là qu'il loge, lui, sa famille, sa volaille et son cochon. Tout à l'avant, vers le premier rameur, est placée la jarre en poterie destinée à l'eau potable ; puis vient le magasin aux provisions et aux engins de pêche ; sous la seconde *caï-phen* se trouve la place commune où tout le monde se tient, où l'on mange et où l'on dort ; au fond, invariablement, est le petit autel de Bouddha, avec ses minuscules tasses claires de porcelaine remplies d'alcool de riz, et, autour, de longues allumettes à feu lent, qui brûlent. » La pêche terminée et le poisson vendu, le sampan est mis à l'abri dans quelque baie, et la famille demeure entassée le reste de la journée, pêle-mêle dans l'étroite *cai-phen*, avec les animaux ; le tonnage de ces embarcations varie assez ; il en est qui ne jaugent que 5 piculs, d'autres arrivent à 15 et 20. Au Tonkin, leur prix moyen est de 48 à 72 francs. L'Administration prélève un impôt de 1 o/o environ par an, et le patron reçoit le livret sur lequel seront inscrits tous ses voyages et sans lequel il lui est défendu de naviguer.

2° Les sampans chinois sont plus arrondis et plus ramassés ; les *cai-phen* sont plus hautes et plus bombées.

3° La jonque chinoise. — « La jonque chinoise, écrit M. l'enseigne de vaisseau Castex, est faite pour résister à la grosse mer. L'avant est bas, d'une solidité à toute épreuve, dégagé, afin de permettre l'évacuation rapide de l'eau ; le navire se termine à l'arrière par un grand château surélevé. La coque est construite d'après les principes classiques ; la mâture solidement tenue par les emplantures, les étambrais et le gréement, porte ces voiles curieuses au contour polygonal bizarre, faites de bandes séparées par des bambous possédant chacun une écoute aboutissant à une patte d'oie qui la réunit à ses voisines. En cas de mauvais temps on hisse plus ou moins la voile, et les ris se trouvent pris ainsi, au gré voulu. Ces jonques possèdent de remarquables qualités de tenue à la mer. »

Les grandes jonques ont de 12 à 20 mètres de long sur 3 de large ; chacune possède en général deux mâts dont l'un, mobile, se fixe suivant les besoins à l'avant ou à l'arrière ; mais il en est qui ont jusqu'à trois mâts.

Elles jaugent de 25 à 40 tonneaux ; les plus grandes vont à 70 et même 75 tonneaux. Elles sont fabriquées en Chine, où elles sont aussi armées. Une jonque de 35 tonneaux coûterait entre 1.800 et 2.000 fr.; la durée de son service serait de huit ans en moyenne. Du reste les renseignements que l'on peut se procurer sur cette question sont très variables d'un point à l'autre. Les grandes jonques sont montées par dix à douze matelots ; celles d'un tonnage inférieur n'ont que quatre à cinq hommes d'équipage.

4° Les Annamites emploient aussi une embarcation de pêche formée de deux sampans jumeaux réunis par un plancher formant rigole ; chacun porte sur son bord libre des filets montés sur des cadres en bambou, le tout mobile et articulé le long du sampan de façon à pouvoir exécuter un mouvement de rotation autour du bord pris comme axe ; le poisson ainsi ramené par le filet vient tomber sur le plancher qui unit les deux embarcations : c'est donc une construction mixte, à la fois barque et engin de pêche.

Ce que nous avons décrit pour le Tonkin se retrouve, à quelques différences près, en Annam et en Cochinchine ; en Annam il existe de grosses jonques faisant le cabotage entre les divers points de la côte ; les barques de pêche ordinaires ont un équipage composé de quatre hommes et de deux enfants ; les plus grandes, qui se risquent parfois à faire des sorties de plusieurs journées, ont un personnel de sept hommes plus trois ou quatre enfants.

Les grandes barques employées en Cochinchine ont parfois deux et trois mâts très inclinés en arrière et supportant des voiles en paillotte; ces barques sont montées par cinq et dix hommes dont quatre plongeurs.

Le long de la côte on voit aussi de petits radeaux en bambou permettant aux pêcheurs qui les montent d'aller sur les hauts fonds.

Sur les cours d'eau, le sampan se retrouve également, mais il est souvent remplacé par de grands paniers flottants, de construction très légère, quoique solide : ils se composent d'un cadre de gros bambous et de quelques couples sur lesquels s'appuie la coque faite d'un treillis serré de bambou ou d'osier, et enduite d'une couche de brai gras qui se solidifie en séchant. Le fond est souvent rempli d'eau afin de pouvoir conserver le poisson vivant; un treillage de bambou empêche celui-ci de sauter pardessus bord. Cela est très commode en eaux calmes, mais par le moindre coup de vent on est beaucoup moins en sûreté.

Fréquemment aussi sur les rivières on rencontre des radeaux réunis entre eux par du rotin et supportant de légères habitations en bambou où logent les pêcheurs : on les amarre là où l'on espère que la pêche sera bonne : ils sont parfois rassemblés en grand nombre et attachés ensemble ; ils forment alors de vrais villages flottants : on les laisse ainsi jusqu'au jour où, la pêche ne donnant plus, le village entier se déplace à la recherche d'une autre station.

Pour la pêche sur les grands Lacs, les Annamites emploient deux genres de bateaux, le *ghé-cui* et le *ghé-luong* : Le *ghé-cui* à carène arrondie, sans quille, est ponté à l'avant et à l'arrière ; le tonnage en est variable ; quelques-uns atteignent 100 piculs, mais la majeure partie ne dépasse pas 40 piculs, afin de n'être pas arrêtés sur les hauts fonds de sable ou de vase. L'équipage est composé de quatre à cinq hommes qui rament debout, deux à l'avant et les deux autres à l'arrière sur les parties pontées ; la région moyenne sert à loger les filets et le poisson pris en cours de pêche. Le *ghé-cui* est pourvu d'un mât et d'une voile faite en paillotte ; un *ghé-cui* de 30 à 40 piculs a entre 7 et $8^m 50$ de long, $1^m 25$ à $1^m 75$ de large et $0^m 60$ à $0^m 95$ de profondeur.

Le *ghé-luong* est une embarcation de très faible tonnage taillée d'une seule pièce dans un tronc d'arbre ; très long, très étroit, il est essentiellement instable ; un ou deux hommes composent tout son équipage et sont accroupis à l'avant et à l'arrière ; ils manœuvrent à la pagaie, rarement à la rame. Il est assez difficile de donner d'une façon précise le nombre de ces embarcations circulant sur le Grand Lac au moment de la pêche ; il semble cependant que l'on peut évaluer à 1.000 le nombre des *ghé-cui* et à 2.000 celui des *ghé-luong*. Chaque pêcherie possède une barque de plus grandes dimensions, embellie de dessins et de peintures voyantes, c'est la barque des cérémonies religieuses.

En dehors de ces formes presque classiques, il existe d'autres embarcations dont la description ne présenterait en somme qu'un médiocre intérêt : tels les *ghé-cau*, de 5 à 25 piculs, employés dans la province de Baria, les *ghé-bé* de Bac-lieu, les *xuong* ou périssoires usitées dans la province de Soc-trang. A Stung-Streng, sur le Mékong, et dans les villages environnants, se trouve un centre très important de fabrication de pirogues ; elles sont en grande partie destinées aux pêcheurs malais opérant dans le Cambodge et la Cochinchine ; les arbres employés à leur fabrication sont le *cai-sac* (en laotien *mai-kheu*) et le *cai-trat* (en laotien *kha-nioum*), bois très durs et très résistants ; pour le calfatage, les indigènes utilisent une résine dite *chai*, provenant d'un arbre nommé *cai-chai* et une huile provenant du *cai-da*. Les principaux villages où l'on construit sont Lampat, Lamtien, Taoit, Katéo. En 1900, onze cents de ces pirogues, valant ensemble 120.000 francs, ont été expédiées par la voie du Mékong ; cette industrie, d'ailleurs, se développe chaque année : en 1898, l'exportation n'avait été que de 601 pirogues valant 43.000 francs.

Dans la province de Takéo il se fabrique une moyenne de 100 barques par an.

Engins de pêche.

La diversité des engins servant à la pêche est considérable : fabriqués en général sur place, ils varient avec la configuration géographique des côtes, avec les facilités plus ou moins grandes qu'elles offrent à la navigation, avec les espèces de poissons qui peuplent les eaux. D'ailleurs, si l'on fait exception des établissements français fondés en Annam, il semble que les procédés actuellement en usage parmi les indigènes aient été connus par eux de fort longue date. Tous les systèmes de pêche sont en usage : pêche à pied, pêche en bateau, engins fixes.

Pêche à la ligne. — Elle se pratique partout, et comme partout aussi elle compte de nombreux amateurs. Les lignes sont faites en chanvre ou en orties de Chine, les hameçons sont en fil de laiton, quelquefois en cuivre, et l'on amorce avec des morceaux de crevettes ou de seiches ; le tout est de fabrication locale, mais on importe chaque année cependant une quarantaine de kilogrammes d'hameçons. En Cochinchine on distingue le *Cau*, ligne volante ordinaire, et le *Cau-Ong*, ligne de fond ; le *Cau-Giang* est employé par les Annamites sur les rivières ; c'est une corde armée d'hameçons espacés de $0^m 70$ environ et que l'on tend d'une rive à l'autre ; le *Luoi-Cau* que les Cambodgiens emploient sur les arroyos se déversant dans le Grand Lac, le *Santuch-Chang* sont des engins semblables : on amorce avec des petits poissons que l'on blesse aussi peu que possible, afin que par leurs frétillements ils attirent les poissons noirs ; parfois aussi, on se sert d'une pâte nommée *muoi-thoc* et faite de crevettes, de petits poissons pilés et de riz. En Annam on utilise aussi une longue ligne de 400 à 500 mètres, analogue à notre palangre : en général l'armement d'une barque de pêche comporte une de ces lignes.

Nasses. — Innombrables sont les formes de nasses, casiers, verveux, paniers de toutes sortes qu'emploient les Annamites : le principe du reste en demeure toujours le même, à quelques variantes près ; c'est le traditionnel panier avec son orifice en entonnoir qui laisse bien entrer le poisson mais s'oppose à sa sortie ; on n'amorce pas toujours. Parfois ces pièges sont simplement faits d'une tige de gros bambou dont on a enlevé une ou deux cloisons, c'est le *Lop* du Grand Lac : mais sous ce même nom on désigne plusieurs autres engins dont l'un atteint parfois 4 mètres de long sur 3 de circonférence ; il est couché et fixé par trois piquets dont deux du côté de l'ouverture ; des claies placées obliquement y amènent le poisson (fig. 6).

Le *Trur* (fig. 5), le *Trur-Leou* (fig. 7), sont construits en lamelles de bambous et placés horizontalement; le *Sayeun*, de forme cylindrique, est placé verticalement et l'ouverture, disposée dans le sens des génératrices, a la forme d'un dièdre rentrant; on le place près des endroits où le remous est très violent et on l'amarre solidement (fig. 9). Le *Sap* (fig. 10) sert à prendre les petits poissons entraînés par dessus les berges lors des inondations des rizières et des mares ; c'est une sorte de demi-cône creux mesurant un mètre de circonférence à la base, et que l'on appuie sur les points où la berge est de moindre hauteur. Dans les mares peu profondes et dans les rizières, on se sert de paniers évasés et largement ouverts en bas, tandis que l'orifice supérieur permet à peine d'introduire le bras ; les Annamites poussent cet engin devant eux en le maintenant très près du fond, et le posent comme un capuchon aux places où le poisson est en abondance ; les Cambodgiens nomment cet engin *Angrut* (fig. 12) ; il en est qui ont $2^m 50$ de circonférence à la base. Le *Tom* (fig.13) a 2 mètres de circonférence sur $2^m 50$ de hauteur ; on l'utilise surtout au moment de la montée des eaux ; le *Leon* sert principalement à la capture des anguilles. Le *Leai dak trey* (fig. 11) a 1 mètre de long sur $1^m 50$ de circonférence ; on le place dans les herbes à proximité des ouvertures des mares ou étangs ; il sert à prendre le *trey phlok*, le *trey ras* et d'autres petits poissons.

Les *Chnéangs* sont de deux dimensions : le petit ou *Chnéang-Inchot* (fig. 15) est manœuvré avec les mains portées en avant et ramenées ensuite vers le corps ; on ne prend ainsi que les petits poissons. Le grand Chnéang ou *Chnéang-Tram* (fig. 16) est de dimensions beaucoup plus considérables ; on le place dans les anfractuosités de la berge et on l'y laisse pendant un ou plusieurs jours ; il faut souvent tout une équipe d'hommes pour le manier ; il est très utilisé tout le long du Mékong, depuis la Cochinchine jusqu'à Pnom-Penh et même au delà. Les figures 8 et 14 représentent deux formes de nasses particulièrement employées dans la région de Pnom-Penh.

Moura a décrit un engin fait d'un seul morceau de gros bambou immergé seulement par l'extrémité où se trouve l'entonnoir en brindilles ; il n'y a pas d'amorce, mais le poisson, attiré par le rayon de lumière qui pénètre par l'orifice maintenu hors de l'eau, vient se faire prendre.

On n'en finirait pas si l'on voulait décrire tous les dispositifs, parfois très ingénieux, qu'emploient les indigènes ; citons seulement,

NASSES ANNAMITES

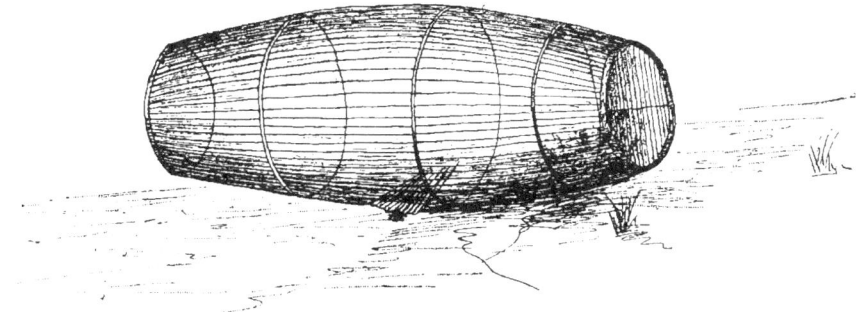

(Fig. 5) TRUR

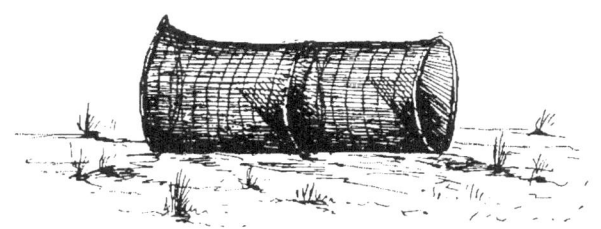

(Fig. 6) LOP

(Fig. 7) TRUR-LEOU

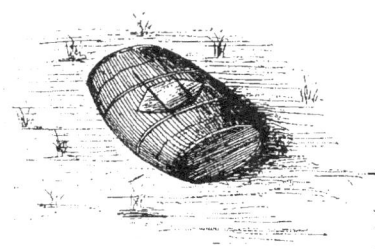

(Fig. 8)

NASSES ANNAMITES

(*Fig. 9*) SAYEUN

(*Fig. 10*) SAP

(*Fig. 11*) LEAI DAK TREY

NASSES ANNAMITES

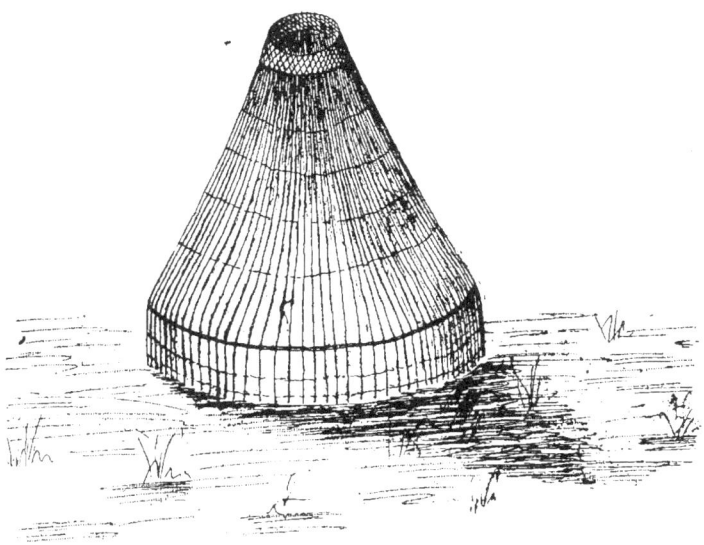

(Fig. 12) ANGRUT

(Fig. 13) TOM

NASSES ANNAMITES

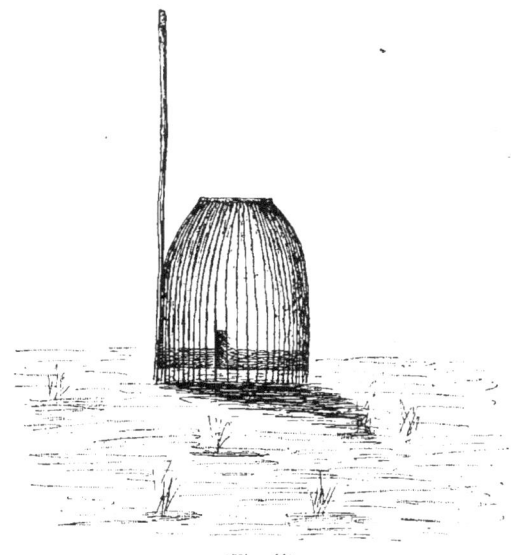

(Fig. 14)

(Fig. 15) PETIT CHNÉANG

(Fig. 16) GRAND CHNÉANG

pour finir, le piège à bascule (fig. 17), fait d'un gros bambou fendu dont les lamelles écartées forment corps, et dont la porte, surchargée d'une lourde pierre, se ferme dès que l'appât est touché.

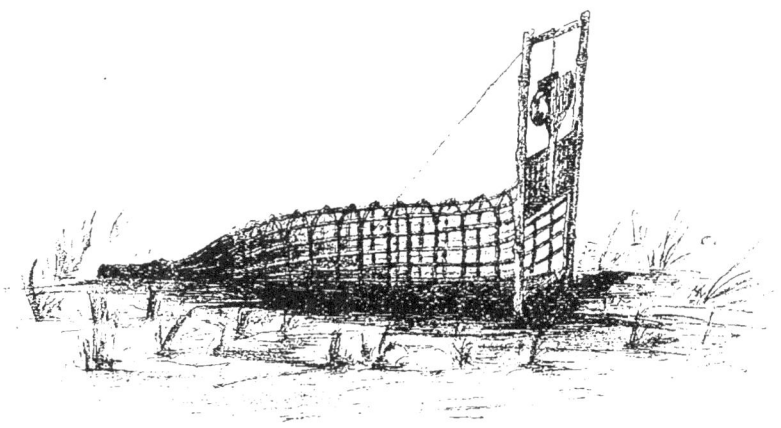

PIÈGE A BASCULE (*Fig. 17*)

Filets. — Les dimensions en sont extrêmement variables; les uns sont de simples poches montées sur un manche en bambou, les autres sont d'immenses appareils longs de 300 et même 500 mètres, et dont le maniement réclame les efforts réunis de nombreux pêcheurs; ces filets sont le plus souvent confectionnés en chanvre de Chine teint en brun foncé; sur le Grand Lac, on les plonge dans une décoction d'écorce de *San*, opération que l'on répète jusqu'à dix fois dans une saison de pêche. La dimension des mailles varie, naturellement, suivant le poisson que l'on désire prendre. Nous nous occuperons d'abord des filets employés pour la pêche en mer, puis de ceux spéciaux à la pêche sur le Grand Lac, et enfin sur des cours d'eau.

Pêche en mer. — L'épervier fait partie de l'armement de quelques barques de pêche, principalement sur la côte de Ha-Tien, en Annam ; ailleurs, il est surtout utilisé en rivière.

Le *Luoi* est un filet d'une dizaine de mètres que l'on emploie aux endroits peu profonds; deux hommes marchant dans l'eau donnent la chasse au poisson, puis se rapprochent de façon à former une circonférence. Le *Rung* n'est qu'un Luoi de grandes dimensions; tous deux sont employés en Cochinchine. Le *Luoi-Rung* est très voisin de notre senne ; souvent plusieurs propriétaires de *Luoi-Rung* se réunissent, ajoutent plusieurs de ces filets, et y intercalent un autre filet formant poche ; puis deux barques prennent les extrémités et se dirigent vers la terre tout en se rapprochant l'une de l'autre ; dès que les fonds le permettent, les pêcheurs sautent à terre et hâlent la poche jusque sur la grève. En Cochinchine et plus spécialement pour la province de Baria, cette pêche se pratique de mars à septembre ; le capital nécessaire, barques comprises, serait de 2000 à 3000 francs, le bénéfice serait à peu près égal à cette même somme, ce qui semble un peu excessif. Le *Luoi-Ré* est un engin de moindres dimensions, mieux à la portée des petites bourses ; il a seulement 30 mètres de long sur 2 de haut ; il n'a ni plombs ni flotteurs et oscille librement dans l'eau. On l'emploie la nuit ; les deux extrémités sont fixées à deux perches en bambou maintenues verticales au moyen de contre-poids et dont l'extrémité supérieure porte une torche. Le poisson attiré par la lumière vient s'emmailler ; le plus fréquemment quatre propriétaires de *Luoi-Ré* se réunissent pour pêcher ; on ne prend ainsi que de gros poissons d'un prix assez élevé (12 à 15 francs le picul), et une saison de pêche peut rapporter au patron 1.200 francs. Le poisson ainsi capturé est salé ou séché.

Le carrelet est aussi fréquemment employé, soit le long du rivage, soit à l'avant d'un sampan.

Les filets traînants sont utilisés au Tonkin ; MM. de Barthélemy et de Pourtalès ont l'intention d'essayer le chalutage dans la baie de Camh-Ranh, mais, jusqu'à maintenant, aucun essai bien sérieux n'a été fait.

Pêche au filet dans le Grand Lac du Cambodge. — Les filets sont faits en ortie de Chine et le fil a deux millimètres de diamètre ; il coûte 22 piastres le picul (52 fr. 80 les 60 kilogrammes).

Le *Luoi Roum* est le plus employé ; sous ce nom générique, on désigne deux engins : le *Con*, de très grandes dimensions, et le *Mon-Kien* plus petit. Chacun comprend trois parties, les mailles allant en diminuant depuis les extrémités jusqu'au centre. La partie extérieure est le *Mon* fait de grandes mailles et dont la hauteur est seulement de 1^{m}80 ; puis, vient le *Pec*, haut de 2^{m}50 et dont les mailles ont 0^{m}035 de côté ; le *Méa* est la portion centrale, sa hauteur atteint 4 mètres et ses mailles sont de 0ᵐ025 ; il est très solidement confectionné, car c'est lui qui finalement supportera tout le poids de la pêche parfois considérable ; à son centre, il est muni d'une poche conique en filet ou en rotin. On utilise également des *Uon* de hauteur beaucoup plus grande ayant un *Méa* de 18 mètres de haut et coûtant près de 5.000 francs. Voici comment se donne le coup de filet : après les prières à Bouddha et les offrandes de riz et de viande de porc, la barque des cérémonies religieuses portant le filet et le patron part en tête, les autres suivent. Arrivé en un endroit suffisamment poissonneux, le patron enfonce dans la vase un pieu auquel est attachée une des extrémités du filet ; celui-ci est garni de flotteurs à sa partie supérieure et de plomb ou de briques dans le bas. Pendant que le patron envoie du filet, les autres barques se disposent pour pousser le poisson contre le *Luoi-Roum* ; si le fond le permet, les hommes descendent dans le lac et se déploient en tirailleurs tout en battant l'eau à grands coups de bambou. A un signal du chef, ils regagnent leurs barques pour venir construire en toute hâte le *Cai-Ro* ou réservoir, tandis que le patron retourne vers son point de départ. Le réservoir est fait de claies et de pieux enfoncés dans la vase : vers lui on dirige le poisson en ramenant la partie la plus élevée du filet, le *Méa*, que l'on dispose enfin comme une poche à l'entrée du *Cai-Ro* ; un homme descend alors dans la sorte de cage ainsi formée, et recueille ce qu'il peut de poisson, à la main d'abord, puis avec un panier. Il faut un certain courage pour s'aventurer ainsi au milieu du grouillement de poissons dont plusieurs ont une piqûre venimeuse qui cause de violentes douleurs, et parfois met la vie en danger. Mais les pêcheurs annamites et malais savent, avec une remarquable habileté, saisir chaque individu par la partie de son corps qui les laisse à l'abri de ses redoutables défenses. Lorsque le réservoir commence à se vider de ses prisonniers, et il faut opérer rapidement car beaucoup tâchent de sauter par dessus bord, on replie l'une vers l'autre les claies, de façon à amener le poisson dans la poche centrale du *méa* ; de là, on le remonte dans les barques. Ces barques sont divisées en deux parties, dans l'une on met le poisson entier, dans l'autre on place les corps après que d'un seul coup de leurs grands couteaux les pêcheurs les ont décapités, rejetant les têtes à l'eau. Un semblable coup de filet demande de deux à trois heures. Lorsque la période des pluies recommence, les eaux remontent et ce genre de pêche ne pourrait plus être pratiqué, mais les pêcheurs augmentent la hauteur de leurs filets en en attachant deux, l'un sur l'autre.

Filets employés pour la pêche dans les fleuves, arroyos et rivières. — Ils sont aussi en ortie de Chine.

Les pêcheurs se servent souvent de haveneaux, et parfois, montés sur des échasses, s'aventurent assez loin du bord. L'épervier (*Chay* en annamite) est très employé pour la pêche en rivière ; il est généralement plus grand que le nôtre, mais la manœuvre en est la même. Souvent des pêcheurs se réunissent et circonscrivent avec leurs barques un grand espace, puis ils se rapprochent en menant grand bruit de manière à grouper le poisson sur un petit espace ; à un signal, ils lancent tous leurs éperviers à la fois.

Le *Vol* (annamite) ou *Thnon* (cambodgien) est employé sur les arroyos se déversant dans le Grand Lac ; c'est une vaste poche que l'on plonge dans l'eau perpendiculairement au courant et que l'on remonte avec un mouvement de cuillère. Le *Mon*, dont on distingue plusieurs variétés, *mon bos, mon doc, mon pac*, suivant la grandeur des mailles, est un filet sans plomb ni flotteur que l'on tend en travers du courant, où le poisson vient s'emmailler. Le *Cau Chong* est une manière de carrelet; le *Ro* en est une autre variété plus petite. Dans les rivières du Tonkin, on emploie de grands filets triangulaires montés sur un cadre dont un des côtés fait charnière le long du bord du radeau qui les porte ; au moyen d'une corde passant sur une poulie, on plonge et on relève successivement le filet.

Barrages. — La pêche la plus fructueuse est celle qui se fait au moyen des barrages : en mer ils sont installés dans des criques qui découvrent à marée basse. Sur les rivières ils sont disposés en travers du courant, enfin dans les étangs et lagunes où le courant est insignifiant il faut tout un système de clayonnages destinés à amener le poisson dans la chambre où il sera recueilli. Ces barrages sont faits en bambous reliés avec du rotin. Le *Day-Hang* est le plus souvent utilisé en mer : il est formé de gros poteaux dépassant le niveau des hautes marées, l'ensemble fait un angle dont le sommet est dirigé vers la haute mer ; un filet auquel est fixé un panier en bambou le termine. Les derniers poteaux portent souvent à leur sommet un petit abri où se tient un gardien ; parfois plusieurs de ces barrages sont placés côte à côte ; en certaines régions de la Cochinchine on en voit jusqu'à trente ainsi disposés, et il suffit alors de quelques pêcheurs postés au sommet de leur édicule pour surveiller la totalité de l'établissement. Le *No* est le même engin, mais avec des dimensions plus considérables et la chambre finale est faite d'une enceinte de bambous très rapprochés. Le *Day*, le *Day Song* se rapprochent de ces modèles. Le *Dang* est un petit barrage mobile.

Dans les arroyos qui se déversent dans le Grand Lac, le barrage est la seule manière vraiment pratique de pêcher. Tous les barrages sont établis sur un même modèle : on y distingue trois parties : le *Kien* est un dièdre dont l'ouverture fait face au courant ; l'un de ses côtés est plus long que l'autre, de sorte que son arête est rejetée vers une des rives ; cette arête est englobée dans une deuxième partie ou *Bhon* (première poche où se ramasse le poisson) et celle-ci communique avec une autre chambre ou *Sung*, qui s'appuie tout à fait contre la rive et dans laquelle le poisson se rassemble. Toujours près de ces barrages sont les minuscules temples dédiés à Bouddha afin qu'il protège la pêche. On pénètre dans le réservoir pour prendre le poisson tous les quatre ou cinq jours. Nous avons déjà dit que dans la baie de Camh-Ranh, MM. de Barthélemy et de Pourtalès ont fait construire des bordigues avec panneaux en fer, ce qui nécessite la présence d'un scaphandrier. Le rendement de ce dispositif est excellent.

Le *Trang* est formé de quatre claies dont l'une est munie d'une ouverture ; un homme s'assied sur un siège monté sur pilotis à l'intérieur de l'enceinte, et il lance un appât fait avec du poisson pourri ; quand il juge qu'il a assez de poisson dans son piège, il ferme l'ouverture au moyen d'une claie en bambou, puis il avance un des côtés du quadrilatère de manière à amener le poisson dans un espace réduit où il le ramasse à la main.

Procédés et engins spéciaux. — Dans la baie de Thuan-An, en face de Hué, on utilise des dauphins comme rabatteurs : Paul Bert, qui a assisté à une de ces pêches, en a donné une description intéressante : ces dauphins sont très abondants dans la baie ; matin et soir, afin de satisfaire leur appétit, ils donnent la chasse à des bandes de mulets ; ceux-ci, pour éviter leurs ennemis, tâchent de fuir vers la plage et c'est alors que des Annamites à moitié nus se précipitent à l'eau marchant à leur rencontre ; ils sont munis d'éperviers qu'ils lancent sur les mulets. En même temps des gamins armés de bâtons repoussent les dauphins mais sans jamais leur faire de mal ; aussi ces animaux ne sont-ils aucunement farouches, et lorsque l'un d'eux vient s'échouer sur la plage ou se fait maladroitement prendre dans un filet, on l'aide à recouvrer sa liberté. M. Tissandier fait d'ailleurs remarquer que Pline a décrit un procédé de pêche très analogue et qui se pratiquait dans la Gaule narbonnaise.

Le *Ghé Té*, petit bateau léger, est muni sur ses bords d'une planche peinte en blanc ; une claie en bambou sert à frapper l'eau : le poisson attiré par le bruit ou par la blancheur de la planche saute et vient tomber dans la barque. La nuit, la claie est remplacée par une torche dont la lumière se réflète sur la planche. Les Khas du Laos, dans les rivières où l'eau n'est pas profonde et court sur un lit de graviers brillants, pratiquent de nuit une chasse au harpon qui demande beaucoup d'adresse.

La pêche aux caïmans se fait parfois avec une ligne que l'on amorce avec un canard vivant au-dessous duquel on place un énorme hameçon fort soigneusement aiguisé. On les chasse aussi avec un javelot dont le fer peut quitter le manche, auquel il demeure relié au moyen d'une corde ; le chasseur jette son harpon, l'animal atteint s'enfuit sous l'eau, mais le manche du harpon flotte indiquant l'endroit où le caïman agonise.

La pêche aux cormorans est pratiquée dans les rivières du cercle de Moncay : les cormorans pêcheurs ont le cou serré au moyen d'une ficelle qui leur permet d'avaler le menu fretin, mais non le poisson de taille moyenne ; le pêcheur surveille et vient successivement recueillir le poisson dans sa prison vivante.

Utilisation des produits de la pêche.

Poisson frais. — Le climat chaud et humide de l'Indo-Chine ne permet pas de conserver longtemps le poisson frais ; parfois même, avant que les pêcheurs soient rentrés de la pêche, la putréfaction a commencé : aussi, n'est-ce que sur la côte ou près des centres de pêche que l'on peut le consommer, sans qu'il ait préalablement subi aucune préparation. Il y a toutefois des sortes de trains de marée dont nous avons eu déjà l'occasion de dire un mot et qui consistent en des convois de barques rapides auxquelles on attache des paniers où le poisson est conservé vivant.

La moyenne du prix du poisson frais est de 4 tien le can, soit à peu près 2 francs le kilogramme en Annam. Au Tonkin, suivant la qualité et la grosseur, le prix varie de 0 piastre 02 à 0,08 le can.

Poisson conservé. — Incomparablement plus importante est la question du poisson conservé. Il n'est pas un village, si éloigné soit-il des centres de pêche, où l'on ne puisse se procurer du poisson conservé; c'est un produit d'un transport facile, point délicat mais très apprécié des indigènes, tant à cause de son bas prix que de ses qualités nutritives; il forme avec le riz la base de la nourriture de la population pauvre et de la classe moyenne. Enfin, c'est un article d'exportation de toute première valeur. Les procédés que l'on emploie pour la préparation du poisson sont très simples, très primitifs même.

Séchage. — On fend le poisson aussitôt pêché en suivant la ligne du dos ; dans certaines provinces de la Cochinchine (Baria, Chaudoc) on le met à mariner d'abord une nuit dans l'eau salée, puis le lendemain on le lave à l'eau douce, après quoi on le laisse sécher au soleil sur des claies en bambou ; au Tonkin on le met à sécher aussitôt fendu. Si le temps est favorable l'opération ne dure pas plus de trois à quatre jours. Lorsque le poisson est destiné à la consommation locale, il n'est pas salé au préalable ; mais pour l'exportation on le sale légèrement avant de commencer le séchage. On met ensuite le poisson en ballots du poids de 1 picul et que l'on enveloppe d'écorces ; parfois on le place dans des jarres en terre vernissée.

Pour le séchage, à peu près tous les poissons sont bons ; leur taille importe peu, mais il en est, néanmoins, qui sont plus recherchés ; le *ca-moi* se rapprochant de la sardine, et le *ca-bon* voisin de notre sole sont de ceux-là. Le prix du poisson sec varie d'un endroit à l'autre, mais ce n'est jamais une denrée bien coûteuse ; au village de Port-Wallut (Tonkin) le picul des grosses espèces se vend de 12 à 14 piastres (28 fr. 80 à 36 fr. 60 les 60 kilos). Dans la province de Baria on en trouve à 4 piastres le picul (9 fr. 60 les 60 kilos).

Salage. — On superpose des couches de sel et de poisson dans des jarres en poterie ; on exerce dessus pendant six à sept jours une forte pression, puis on expose au soleil pendant deux à trois jours. 30 kilogrammes de poissons frais ne donnent en moyenne que 23 kilogrammes de poisson salé. A Saigon, le picul se vend environ 10 francs ; à Port-Wallut, les petites espèces se vendent de 10 à 12 francs le picul, les grosses atteignent deux fois ce prix. Le salage est, d'ailleurs, moins employé que le séchage.

Souvent, avant d'être séché, le poisson est légèrement fumé.

Préparation du poisson sur le Grand Lac. — Le poisson est quelquefois décapité pendant le retour à la pêcherie, auquel cas les têtes sont rejetées dans le lac ; dans les pêcheries de moindre importance, où l'on cherche à tirer parti de tout, les têtes sont conservées pour la fabrication de l'huile. Le poisson une fois décapité, le traitement diffère selon que l'on a affaire au poisson blanc ou au noir. Le poisson blanc, *trey pra* (Cambodge) *ca tra* (Annam), est jeté dans un réservoir en bambou, jusqu'à ce que les corps viennent flotter à la surface ; cette opération a, paraît-il, pour but d'abord de donner au poisson un goût particulier cher aux palais indigènes, et ensuite de lui conserver sa chair blanche, car le salage fait immédiatement la rend noire. Après quarante-huit heures de séjour dans le réservoir, le *ca tra* est pris par les femmes qui le coupent en trois pour lui donner moins d'épaisseur, lui enlèvent les entrailles qui serviront à fabriquer de l'huile, et enfin l'étendent sur des claies en bambou. Après cinq à six jours, le poisson est sec et peut être mis en magasin. Les vessies sont également salées et séchées ; les Chinois les mangent bouillies : il faut en moyenne 200 poissons pour obtenir 1 kilogramme de vessies valant 1 franc.

Les poissons noirs, *ca doc*, *ca bong*, se rencontrent surtout dans les arroyos ; on les décapite et on retire des joues deux morceaux de chair que l'on met à sécher *Ma-Dan* (Annam.) ; le poisson est ensuite fendu, on en retire les entrailles et on le met à sécher.

Le *ca su* est salé tout entier. Les espèces trop petites sont simplement vidées et la cavité générale est remplie de sel ; on les met ensuite comme les autres à sécher sur des claies en bambou. Chaque soir les femmes rentrent les poissons dans le magasin. Le *ca chay* ou *trey chao*, est une sorte de poisson grillé que l'on prépare surtout sur le Veal Phoc, on emploie pour cela le poisson nommé *ca-ket* ; il faut quatre jours pour effectuer ce traitement, qui n'est, en somme, qu'une sorte de grillage. Le *ca-thuy* est fait avec du poisson que l'on a d'abord laissé pourrir à moitié, puis pilé avec du sel, et finalement séché au soleil.

Au Laos, les Khas, peuplade à peu près inculte, conservent leur poisson en le pilant finement avec du sel et du piment ; ils placent ensuite cette préparation dans des tubes en bambou.

Produits dérivant de la pêche.

Nuoc-mam. — Le *nuoc-mam* est une sauce huileuse à base de poisson : c'est le principal produit des industries dérivant de la pêche, et son emploi est général non pas seulement dans l'Indo-Chine, mais aussi dans tous les pays d'Extrême-Orient ; c'est pour la cuisine indigène, souvent insipide, le condiment indispensable. Il n'est pas un repas annamite, somptueux ou très pauvre, où le nuoc-mam ne figure : avec ses baguettes, l'indigène prend le morceau qui lui convient et le trempe dans le nuoc-mam avant de le porter à sa bouche. Les Européens eux-mêmes arrivent à l'employer malgré son odeur très caractéristique et son mauvais renom d'être un résidu de poissons putréfiés. La préparation du nuoc-mam, très variable dans ses détails, consiste quant au fond même du procédé, à abandonner à l'air dans des tonneaux où il est fortement comprimé, un mélange de poisson et de sel ; au bout d'un temps variable il surnage un liquide d'une odeur particulière mais essentiellement désagréable à nos odorats européens, et d'une coloration qui peut aller du noir jusqu'au jaune clair : c'est le nuoc-mam. Les espèces de poissons que l'on emploie à sa fabrication sont très variées suivant les régions, et aussi suivant les qualités de nuoc-mam que l'on désire obtenir. Pour les produits ordinaires on emploie sans distinction toutes les petites espèces et tous les petits des autres espèces : en Cochinchine, dans la fabrication des meilleurs nuoc-mam entrent surtout les *Engraulis*, les *Clupea* et les *Coilia* (*ca lep, ca lem, cacoi, ca moi, ca la tré*) ; le nuoc-mam très réputé de Phu-Quoc est fait seulement avec des *Engraulis Commersonianus* (*ca com*) et des *Coilia* (*ca moi ga*) ; en revanche il est telles préparations douteuses pour lesquelles on emploie les déchets de toutes sortes.

Voici quelques détails sur la fabrication du nuoc-mam : le matériel nécessaire se compose de cuves en bois de 8 à 10 hectolitres, à l'intérieur desquelles on dispose des couches alternées de poisson et de sel; en Annam le sel est mélangé de riz grillé et pilé (*thinh*), dans la proportion de 2 de sel et de 1 de thinh pour 10 de poisson; on recouvre le tout de claies en bambou, sur lesquelles on place de grosses pierres, et on abandonne à la putréfaction en ayant soin de préserver de la pluie. La cuve est ainsi laissée pendant un an, « après quoi le contenu est retiré et chauffé pendant sept à huit heures après addition de sel (20 o/o); le liquide qui en découle est chauffé une seconde fois, décanté et versé dans des récipients étanches percés pour l'écoulement à la partie inférieure; après quelque temps de repos on retire le nuoc-mam. En Cochinchine et au Cambodge on laisse fermenter pendant deux à trois mois seulement : le liquide qui surnage est huileux, sa couleur est plus ou moins ambrée, sa limpidité est aussi très variable : on le décante au moyen de bondes établies à diverses hauteurs dans la cuve ou au moyen de siphons; les premiers produits ainsi obtenus sont de médiocre qualité, on les concentre en les mettant dans des jarres que l'on expose au soleil ou que l'on chauffe. Dans les cuves la fermentation continue et on obtient encore deux à trois couches de liquides formant les meilleures sortes. Le résidu additionné d'eau fournit encore une eau de poisson de qualité inférieure consommée sur la côte. L'opération entière dure près de six mois suivant que le nuoc-mam se forme plus ou moins vite. On ajoute du riz gluant pilé ou même un peu de sucre et on laisse au repos dans les jarres pendant plusieurs mois; la liqueur se concentre et acquiert ainsi toutes ses qualités. »

Le nuoc-mam de bonne qualité est légèrement ambré et d'un aspect rappelant assez l'huile d'olive, son odeur est faible et il se conserve longtemps si on le place dans des vases bouchés avec soin. Au contraire les nuoc-mam de qualités inférieures sont foncés, presque noirs, beaucoup moins fluides et leur odeur est désagréable ; certaines personnes pensent qu'il se bonifie en vieillissant.

La préparation du nuoc-mam est actuellement aux mains des indigènes et des Chinois : à Camh-Ranh, MM. de Barthélemy et de Pourtalès ont commencé à en fabriquer. Bien que le Tonkin, l'Annam et la Cochinchine aient leurs fabriques, la Cochinchine est cependant tributaire des deux autres régions pour cette denrée. Le nuoc-mam est expédié dans des pots en terre vernissée fermés par des bouchons en écorce de *tram* : malgré l'imperfection de cette fermeture, il supporte assez bien le voyage ; ce sont les jonques indigènes qui se chargent de ce transport. Les Japonais fabriquent aussi des sauces ressemblant beaucoup au nuoc-mam, et l'on s'est demandé si ce ne seraient pas des colonies japonaises venues au Tonkin, qui y auraient introduit leurs procédés de fabrication : malgré les analogies grandes, ce n'est pas l'avis de M. Tirant. On ne saurait quitter ce sujet sans rappeler que les anciens Grecs ou Latins fabriquaient, sur les côtes de la Méditerranée, une sauce dénommée *Garum* et dont la préparation était presque identique à celle du nuoc-mam. D'après les auteurs anciens, on salait les intestins de certains poissons, tels que athérines, anchois, mulles, etc., on les mettait dans des vases où, sous l'action du soleil, la décomposition s'effectuait : quand le moment favorable était venu, on plaçait dans le récipient qui contenait ces matières à demi-corrompues, un panier long en tissu très serré ; la portion liquide du mélange traversait les mailles du panier, c'était le *Garum*, ce qui restait en dehors était l'*alec*. Il existait de nombreuses variantes de ce procédé, et d'ailleurs l'emploi du Garum s'est maintenu longtemps, puisque Rondelet parle d'une préparation très analogue et dont il avait mangé avec le plus grand plaisir.

En dehors des variétés si nombreuses de nuoc-mam proprement dit, il est d'autres préparations qui en sont très voisines : ainsi le *mam* des Cambodgiens, semblable d'ailleurs aux salaisons de poissons usitées en Birmanie sous le nom de *Nga-Pee* ; les indigènes en distinguent deux variétés : toutes deux, le *Phaak* et le *Préhok*, sont également répugnantes et nauséabondes ; le mam de Than-Hoa est surtout estimé.

Mam-Tom. — Les crevettes servent à la fabrication d'une saumure qui est le *mam-tom* : on emploie pour cela de petites crevettes qu'on laisse pendant une vingtaine de jours en présence du sel ; le mélange s'agglomère et l'on en fait des boules qu'on livre ensuite à la consommation ; toutes les espèces de crevettes ne sont pas également bonnes à la fabrication ; celles pêchées à Camau sont particulièrement renommées et sont, pour la région, une source de bons revenus. Le *nuoc-mam-ruot*, fabriqué avec la variété de crevettes dite *ruot*, est paraît-il particulièrement délicat ; on le prépare en pilant des chevrettes et l'on a un produit qui se mange avec accompagnement de piments. On en exporte beaucoup au Siam. Avant de jeter les résidus ou de les livrer à l'agriculture, on en retire encore des produits inférieurs obtenus par pilage et macération ; la valeur marchande en est minime et la classe pauvre seule s'en sert pour l'alimentation : de ce nombre sont le *mam-to* et le *mam*.

Huile de poisson. — Le nuoc-mam et ses diverses variétés ne sont pas les seuls produits annexes de la pêche ; il se fabrique encore en grandes quantités des huiles de poisson et cette industrie n'est pas limitée, comme la précédente, à peu près exclusivement à la seule région maritime, mais elle s'exerce aussi sur le Tonlé-Sap ; quoique la production y soit près de dix fois supérieure à ce qu'elle était il y a une cinquantaine d'années, elle ne donne pas encore cependant tout ce que l'on pourrait en attendre : en effet, une quantité considérable des résidus (les têtes principalement) est jetée dans le lac, servant uniquement à rendre ses eaux plus nauséabondes. Cela tient à ce que les pêcheurs désirant mettre à profit le peu de temps relatif dont ils disposent pour la pêche sur le Grand Lac, ne se soucient pas d'en distraire pour les industries annexes moins rémunératrices ; cela tient surtout au défaut d'installation. L'huile de poisson fabriquée sur le Grand Lac sert à l'éclairage ; on en distingue deux qualités, l'une fabriquée avec les têtes, c'est le *dam-ca* (Annam), l'autre fabriquée avec les entrailles et nommée *dan-buong*. Les procédés de fabrication sont tout à fait rudimentaires et le matériel nécessaire peu coûteux : les têtes sont mises à bouillir avec un peu d'eau et l'on recueille le liquide qui vient surnager ; le picul vaut de 30 à 40 francs. Le *dan-buong* est fabriqué par un procédé tout semblable.

En Cochinchine on emploie le *ca-linh* à la fabrication de l'huile d'éclairage. M. Breymann cite aussi l'emploi qui est fait des résidus du *ca-sac* pour la fabrication d'une huile très claire utilisée par les bijoutiers et les soudeurs.

L'huile fabriquée sur le Tonlé-Sap descend vers la Cochinchine en grandes quantités, soit par les Messageries Fluviales, soit par les chaloupes chinoises. De là elle est expédiée partie en France, partie vers la Chine, le Japon, le Siam et aussi Singapore. Le tableau suivant permet de se rendre compte, pour les trois années 1898, 1899, 1900, du rendement pour ces diverses destinations :

Années	France	Siam	Hong-Kong	Singapore	Totaux
1898	»	»	K. 20.986	K. 6.300	K. 27.286
1899	K. 20	7.391	47.651	61.769	116.831
1900	89.950	9.537	71.594	76.259	247.340

Il y a donc une considérable progression dans les envois vers la France.

Vessies natatoires. — La vessie natatoire de certains poissons est très recherchée des indigènes, celle du *sa-sac* et du *ca-tra* entre autres; elle est soigneusement mise de côté, débarrassée de tous les débris de chair ou d'entrailles ainsi que de toute trace de sang, afin de devenir complètement blanche; elle est alors aplatie en feuilles et exposée au soleil, sans sel. Une demi-journée suffit pour l'amener au point de dessiccation nécessaire. Ce produit se vend sur place 1 fr. 20 les 600 grammes.

Ailerons de requins. — On sait combien les Chinois sont friands des ailerons de requins; c'est un mets qui figure sur les tables riches et que les Annamites aussi considèrent comme un aliment de luxe. Ils ne dédaignent d'ailleurs pas la chair même du requin, bien qu'elle nous paraisse assez peu agréable et de digestion difficile. Toutes les nageoires sont vendues sous le nom d'ailerons à l'exception des caudales; après les avoir enlevées à l'animal, on les enfile sur un rotin et on les sèche au soleil avec le plus grand soin; c'est sous cette forme qu'on les expédie en Chine ou qu'on les conserve pour la consommation locale. A Cholon, les marchands distinguent deux sortes d'ailerons : les *back-ty* ou ailerons blancs, de qualité supérieure, sont préparés avec les nageoires dorsales; les pectorales, les ventrales et les anales (ailerons noirs), servent à faire le *O-Suy* ou *Hac-Suy* qui se vend moitié moins cher que le back-ty. Pour utiliser ces ailerons, on commence par les laisser ramollir pendant plusieurs heures dans l'eau, après quoi on racle la peau très rugueuse qui les enveloppe; la matière comestible se présente sous la forme de filaments translucides qu'on incorpore à un potage très en honneur parmi les Célestes. Les nageoires de certaines raies séchées au soleil et préparées d'une manière analogue sont également très recherchées.

En 1902, l'exportation des ailerons de requins s'élevait à 74.000 kilogammes valant 185.783 francs.

Trépang. — La pêche du trépang est surtout prospère dans l'archipel malais, et l'Indo-Chine ne fournit guère que 30 tonnes à l'exportation. Disséminée un peu partout le long de la côte, cette pêche se pratique surtout dans le golfe de Siam.

Sel. — L'industrie du sel est trop intimement liée à celle du poisson conservé, pour que nous puissions nous dispenser d'en dire un mot; aussi bien la question de l'exploitation des salines est-elle une des plus chaudement discutées, et, disons-le, une de celles qui font le plus de mécontents.

Autrefois, était saunier qui voulait; dès 1897, on émit l'idée d'établir un impôt sur le sel et, après des essais divers, on arriva à la réglementation du 19 octobre 1899 donnant à l'Administration des Douanes et Régies le monopole de la vente du sel. Pour être saunier, il faut, moyennant finances, se procurer d'abord une autorisation qui donne droit à un livret sur lequel seront portées toutes les opérations concernant la récolte du sel; l'Administration se réserve tous droits de contrôle et le saunier doit lui livrer la totalité du sel levé. L'Etat, seul vendeur, fixe le prix de vente d'après le prix payé aux sauniers, augmenté d'une taxe de consommation et d'une participation aux frais généraux; les sels exportés par mer ne paient pas la taxe de consommation; celle-ci est fixée par l'arrêté du 2 février 1904, à 2 piastres (4 fr. 80) les 100 kilogrammes.

Telle est, en résumé, la loi qui jouit d'une profonde impopularité et, de fait, il semble que bien des méfaits qu'on lui avait reprochés avant la lettre se soient réalisés. L'Administration plaide sa cause de son mieux, mais ne convainct personne; tous les journaux locaux fulminent contre le régime actuel, et les indigènes réclament le rétablissement de la liberté d'antan. Le sel est pour eux un objet de toute première nécessité, précisément à cause de la conservation du poisson et l'impôt a fait monter cette denrée dans des proportions énormes. L'Annam, dont la population pauvre était habituée à trouver sur place du sel excellent et à très bon marché, a eu le plus à souffrir de ce changement. Les sauniers, effrayés par le régime vexatoire auquel ils sont soumis, ne s'empressent pas à demander des livrets, d'où pénurie dans la production, constituant un réel danger pour la colonie; en certains points de l'Annam, on aurait été obligé de rejeter des tonnes de poisson à l'eau, faute de sel. Les relations commerciales avec la Chine ont même subi un moment de malaise lors de la mise en vigueur du nouveau régime; en 1898, on remarqua un retard considérable dans l'arrivée des jonques chinoises à la Cac-Ba, retard motivé par le peu d'entrain que mettaient les commerçants chinois à se soumettre à notre régime saunier. Les pêcheries cochinchinoises et cambodgiennes subirent également, dans leur production, une forte baisse, dont l'Administration s'empressa de rendre le poisson responsable; mais, quels que soient les aléas d'une saison de pêche, l'écart semblait bien provenir d'une autre cause.

Les principales régions de production du sel sont pour l'Annam toute la côte de Nam-Dinh; mais les sels les plus renommés sont ceux recueillis à Bac-Lieu et à Baria en Cochinchine : les pêcheurs du Grand Lac vont même jusqu'à dire que le poisson ne se conserve que lorsqu'il est préparé avec le sel de Baria.

Commerce.

Il est difficile de se rendre un compte exact de la valeur globale des produits de la pêche : jusqu'ici en effet les échanges avec l'intérieur échappent à peu près à tout contrôle : ce que l'on peut en tous cas affirmer, c'est que le poisson conservé, sous quelque forme que ce soit, est, avec le riz, la base de la nourriture de toute la population indo-chinoise, c'est qu'il n'est pas une localité où cette denrée ne parvienne. L'Indo-Chine française ayant une population de 18 millions d'habitants environ, on voit que la consommation locale doit atteindre un chiffre considérable. La quantité des produits exportés, par terre, par les divers ports de la colonie, ou transportés par cabotage, de port à port, est mieux connue, bien que les statistiques soient loin d'être l'exacte expression de la vérité ; la contrebande dans les régions frontières est, en effet, considérable.

L'exportation se fait principalement par les ports de la Cochinchine et du Tonkin, vers lesquels les produits sont centralisés; le Cambodge dirige les siens vers la Cochinchine soit par mer, soit en beaucoup plus grande abondance par la voie du Grand Fleuve, vers Pnom-Penh :

ce sont les chaloupes des commerçants chinois qui transportent en majeure partie le poisson du Grand Lac; quelques pêcheurs cependant, mais c'est l'exception, conservent leurs produits pendant toute la saison de la pêche, et l'emportent en s'en allant.

La Compagnie des Messageries Fluviales dont les chaloupes remontent le Mékong et circulent à travers les diverses branches du Delta, prend ces denrées à Pnom-Penh, et draîne aussi une bonne partie des produits de la Cochinchine vers les grands ports ; mais elle subit de la part des armateurs chinois une sérieuse concurrence : l'armateur Yeng-Seng possède à lui seul 25 chaloupes qui doublent toutes les lignes des Messageries Fluviales ; et il semble que les indigènes préfèrent s'adresser à l'armement chinois qui sait se montrer très accommodant.

Le transport par mer, des ports du Cambodge vers la Cochinchine, n'était pour les années 1903, 1904 et le premier trimestre de 1905 que de 8 tonnes de poisson sec, tandis que pendant la même période plus de 4.000 tonnes gagnaient la Cochinchine par la voie du Mékong : d'ailleurs les quantités expédiées ainsi de Pnom-Penh augmentent chaque année : 6.180 tonnes en 1903, 9.801 tonnes en 1904 et 2.513 tonnes pour le premier trimestre de 1905, contre 2.000 seulement pour la même période de 1904. L'exportation directe par le golfe du Siam, est faible : elle se fait surtout vers le Siam, 182 tonnes en 1903, 86 en 1904 et 669 kilogs pendant le premier trimestre 1905.

Au Tonkin, c'est également une compagnie de Messageries Fluviales qui, par la voie du fleuve Rouge et ses nombreuses branches, dirige vers Haï-Phong et Hanoï les produits de la pêche en eaux douces. Quant à l'Annam, ce sont à peu près exclusivement des jonques chinoises qui font le cabotage de port à port ou bien vers le Tonkin et la Cochinchine ; quelques essais d'armement sont cependant faits par des Européens : ainsi l'*Hélène*, armée par M. Berthet, de Saigon, fait un certain nombre d'escales le long de la côte ; de même la *Melita*, à MM. de Barthélemy et de Pourtalès fait un service encore assez irrégulier. En dehors de la question du fret, qui est moindre dans le transport par jonques, il y a également de la part des indigènes une accoutumance, une routine, à laquelle il leur est très désagréable de renoncer. Le cabotage transporte ainsi 22.000 tonnes de nuoc-man, dont 2.208 vers les autres ports de l'Annam, 1.319 à destination du Tonkin, et 18.462 pour la Cochinchine. Le poisson salé fournit au cabotage 6.000 tonnes dont 4.500 de port d'Annam à port d'Annam et le reste en Cochinchine. L'exportation au long cours de l'Annam n'est que de 200 tonnes.

L'exportation de l'Indo-Chine vers la France, à part quelques centaines de kilogrammes de poisson conservé et quelques tonnes de vessies natatoires (10 tonnes en 1903, 4 en 1904) comprend à peu près exclusivement des graisses de poissons : 630 tonnes en 1903, 740 en 1904 : Marseille en reçoit une grande quantité. Il est à noter également que les autres colonies françaises ne reçoivent de l'Indo-Chine aucun des produits provenant de la pêche.

Nos grands débouchés sont la Birmanie et le Siam, Hong-Kong et Singapore : le transport est fait en bonne partie par des jonques chinoises, et le reste est à peu près exclusivement aux mains de compagnies anglaises : mais ce n'est pas ici le lieu de parler de la situation de notre marine marchande en Extrême-Orient.

Pour 1904 le total de l'exportation du poisson conservé a été de 14.692 tonnes qui doivent représenter à peine la moitié de la production totale : on est donc en droit d'estimer celle-ci à 30.000 tonnes.

Les *Statistiques Coloniales* indiquent à l'exportation du Tonkin des quantités considérables de poisson frais : 3.500 tonnes en 1898, 2.741 en 1899, 2.328 en 1900, 1.596 en 1903. Ce « poisson frais » est assurément du poisson simplement salé : il est destiné aux ports de Chine, il représente la plus forte partie des produits exportés par le Tonkin. En dehors de cela le Tonkin exporte principalement des poissons secs et des crevettes sèches, des salaisons et des saumures de poisson ; les ailerons de requins fournissent un assez faible appoint.

Voici quel est, en somme, le mouvement commercial de la Cochinchine et du Cambodge, en ce qui concerne l'exportation des poissons secs et salés :

1895.......	21.392 tonnes	1899.......	18.294 tonnes
1896.......	23.127	1900.......	20.073
1897.......	27.153	1901.......	20.945
1898.......	16.729		

Le principal destinataire est Singapore, Hong-Kong vient ensuite. On remarquera le fléchissement dans le chiffre des exportations, correspondant à la mise en régie du sel : il faut reconnaître d'ailleurs qu'il se produit un relèvement.

— 347 —

Tableau des Exportations de l'Indo-Chine pour les années 1901, 1902, 1903

(La valeur est indiquée en milliers de francs, le poids en tonnes)

DENRÉES	1901 Vers la France Poids	1901 Vers la France Valeur	1901 Vers l'Étranger Poids	1901 Vers l'Étranger Valeur	1902 Vers la France Poids	1902 Vers la France Valeur	1902 Vers l'Étranger Poids	1902 Vers l'Étranger Valeur	1903 Vers la France Poids	1903 Vers la France Valeur	1903 Vers l'Étranger Poids	1903 Vers l'Étranger Valeur
Poissons frais............	»	»	1.853	705	»	»	2.366	1.883	»	»	1.596	798
Poisson au naturel........	0,4	0,7	3,5	6,5	»	»	0,5	0,09	»	»	0,7	0,1
Poissons secs............	»	»	20.773	6.846	0,1	00,4	19.893	6.893	0,07	0,008	14.615	5.115
Moules et autres..........	»	»	0,4	0,04	»	»	4	0,4	»	»	28,6	2,8
Graisses de poissons......	285	71	155	38	574	143	87	21	630	75	69	8
Peaux de poissons........	»	»	20	4	»	»	27,9	5,5	»	»	34	6
Vessies natatoires	12,6	7,2	0,6	0,3	»	»	2,7	0,9	10	3	0,8	0,3
Crevettes sèches..........	»	»	»	»	»	»	612	612	»	»	528	528
Biches de mer............	»	»	692	585	»	»	24	36	»	»	31	47
Ailerons de requins.......	»	»	»	»	»	»	74	185	»	»	108	216
Algues marines...........	»	»	»	»	»	»	1	2	»	»	0,9	1,4
Pâtes de poissons.........	»	»	323	98	»	»	243	121	»	»	206	103
Autres produits...........	»	»	22	6	»	»	50	71	»	»	44	3,9
Eponges préparées........	0,02	0,7	»	»	»	»	»	»	»	»	»	»
Ecailles de tortues........	»	»	38,8	62,9	»	»	52	126	»	»	64	32
Coquillages nacrés........	»	»	48	38	»	»	110	110	»	»	184	184
» autres........	»	»	0,5	0,08	7	1	»	»	»	»	»	»
Colle de poisson..........	2,9	10,8	42	110	13	55	34	97	11	37	29	93
Filets de pêche...........	»	»	0,03	0,01	»	»	0,5	0,2	»	»	0,1	0,06

Tableau des Exportations de l'Indo-Chine indiquant les principales destinations pour les années 1903 et 1904

(L'unité employée est la tonne)

DENRÉES	Pour France 1903	Pour France 1904	Pour les Pays d'Europe 1903	Pour les Pays d'Europe 1904	Chine-Japon 1903	Chine-Japon 1904	Birmanie-Siam 1903	Birmanie-Siam 1904	Singapore 1903	Singapore 1904	Hong-Kong 1903	Hong-Kong 1904	Autres pays d'Europe 1903	Autres pays d'Europe 1904
Poissons frais	»	»	»	»	1.596	910	»	0,1	0,1	2,8	»	»	»	»
Poissons { Conservés au naturel	»	»	»	»	»	0,4	0,7	»	»	»	»	0,8	»	»
secs salés { Conservés, aut. préparés	»	»	»	»	248	511	741	13	9.930	9.655	4.294	4.429	»	0,5
Pâtes de poissons, saumures, etc.	»	0,02	»	»	3,4	3,8	199	252	3	»	0,4	3	»	»
Crevettes sèches	»	»	»	»	»	1,5	5,5	3,5	1,4	8,9	521	634	0,1	»
Graisse de poisson	630	740	»	48	»	»	»	»	63	72	6	102	0,6	»
Biches de mer	»	»	»	»	12,1	12,8	4	»	0,2	1	15	14	»	»
Autres produits non dénommés	»	»	»	»	19	104	129	10	»	2	11	2	»	»
Ailerons de requins	»	»	»	»	0,1	1	0,1	»	0,5	1	107	74	»	»
Moules et autres coquillages pleins	»	»	»	»	»	»	»	»	»	»	26	34	»	»
Peaux de poisson	»	»	»	»	»	»	»	»	»	»	34	33	»	»
Vessies natatoires	10	4	»	»	»	0,8	»	»	»	»	0,8	0,3	»	»
Algues marines	»	»	»	»	»	»	0,9	»	»	0,5	»	0,8	»	»

Les principaux produits exportés par la Cochinchine sont, par ordre d'importance, les poissons séchés, salés ou fumés, les crevettes fumées ou séchées, les saumures et pâtes de poissons, la nacre et les écailles de tortues, la graisse et colle de poisson, et quelques kilogs de coquillages divers.

L'importation des produits de la pêche fournit surtout à l'Indo-Chine, des morues, des harengs, des poissons conservés et des éponges : les morues et harengs sont en majeure partie de provenance étrangère ; ils sont pour la presque totalité destinés à la Cochinchine et au Cambodge ; le Tonkin en reçoit très peu, et l'Annam moins encore : quant aux autres poissons conservés figurant à l'importation, ils sont d'orine française pour la plus grande partie, et sont destinés au Tonkin et à la Cochinchine. Les colonies françaises ne fournissent presque rien.

Tableau des principaux produits de la pêche importés en Indo-Chine

		1901		1902		1903	
		PROVENANCE Française	PROVENANCE Étrangère	PROVENANCE Française	PROVENANCE Étrangère	PROVENANCE Française	PROVENANCE Étrangère
		kil.	kil.	kil.	kil.	kil.	kil.
Poissons secs ou salés	Morues	2.005	18.464	3.942	18.468	1.103	22.575
	Stockfish	»	189	»	»	»	»
	Harengs	3.116	1.686	3.845	2.184	14.467	1.435
	Autres	817	433.236	2.845	561.285	2.477	342.108
Poissons conservés	au naturel, marinés	108.994	6.977	49.820	7.282	55.718	2.558
	autrement préparés	»	»	41.435	1.110	28.512	8.033
Graisses de poissons		»	»	»	»	8.233	10.045
Crevettes sèches		»	49.555	»	9.618	»	9.504
Biches de mer		»		»		»	
Ailerons de requins		»					
Éponges brutes		»	»	204	6	219	2
» préparées		237	»	1.023	»	355	»
Écaille de tortues		»	12.128	»	12.419	»	16.031
Coquillages nacrés		»	29.812	4	9.610	»	»
Filets, hameçons		1.425	»	41	»	»	31

Conclusions

L'étude assurément très sommaire et bien incomplète que nous avons esquissée des conditions actuelles de la pêche en Indo-Chine, nous a montré les avantages considérables dont dispose cette industrie ; mais en même temps nous apparaissaient bien des points pour lesquels des réformes ou des innovations s'imposent.

Les avantages que nous avons notés, rappelons-le rapidement, l'Indo-Chine les doit d'abord à l'abondance considérable du poisson, à sa situation même, à sa constitution géographique, à sa population enfin. Il y a là tous les éléments premiers d'une industrie déjà florissante ; tout cela nous l'avons trouvé lorsque nous sommes arrivés en Indo-Chine ; mais depuis il semble que nous nous soyons désintéressés beaucoup trop de la question des pêcheries, et si quelquefois nous sommes intervenus, l'avons-nous toujours fait d'une façon bien opportune ? Toute notre attention, tous nos efforts étaient captivés par l'agriculture et l'industrie, et nous avons eu le tort d'oublier que la pêche fait vivre une bonne partie de la population ; ou, si nous nous en sommes souvenu, c'était à l'occasion de considérations purement budgétaires : il est grand temps que nous cherchions à développer l'industrie de la pêche et à en retirer des bénéfices autrement qu'en mettant des entraves à son développement. Avec ses procédés routiniers, l'Annamite a pu jusqu'ici tenir tête à la concurrence étrangère sur les marchés chinois et anglais ; mais cette concurrence devient tous les jours plus gênante, et si l'on n'y porte point remède, si nous n'essayons pas de fournir mieux et à meilleur compte, il est à craindre que peu à peu nous ne perdions du terrain, et que la Chine, notre grand débouché de poissons conservés, n'en vienne à préférer aux nôtres des produits étrangers ; le Japon à ce point de vue, nous est un concurrent particulièrement dangereux, maintenant surtout qu'il vient de s'enrichir de territoires où la pêche est fort productive. Certes le danger n'est pas immédiat, mais puisque nous savons qu'il peut se présenter, prévenons-le pour n'avoir pas à le combattre.

Tout d'abord, les données que nous possédons sur la faune aquatique sont manifestement incomplètes, et une revision soignée, avec une étude des migrations des espèces, serait du plus grand intérêt ; il serait également désirable de voir compléter par des sondages nombreux les indications des cartes marines, afin d'être fixé sur les zones où le chalutage serait possible.

Nous devrons ensuite étendre notre sollicitude au personnel pêcheur, nous rappelant que la seule formule applicable en Indo-Chine semble fort être celle-ci : l'indigène pêcheur, l'Européen, le Français industriel. La création d'écoles de pêche, dont quelques-unes ont déjà donné ailleurs de très heureux résultats, nous permettrait d'entrer efficacement en rapport avec cette classe si intéressante et si mal connue aussi des pêcheurs indigènes : ces écoles fourniraient des intermédiaires précieux entre les Européens et la grande masse des pêcheurs annamites, toujours mieux disposés à recevoir des leçons d'hommes de leur race. Mettre aux mains des indigènes un outillage plus perfectionné, leur enseigner un traitement plus rationnel et plus économique des produits de la pêche, une utilisation rémunératrice des déchets jusqu'ici en majeure partie gaspillés, tel est en résumé le programme qu'il importe infiniment de mettre en œuvre : car il ne suffit pas que le pêcheur indigène soit ingénieux et adroit, endurant et courageux, mais il faut encore qu'il possède des connaissances et un matériel qu'il ne semble pas disposé à acquérir de son propre mouvement.

D'ailleurs il y a lieu de nous informer aussi des principaux desiderata, des doléances des pêcheurs : MM. les Administrateurs des provinces ont bien voulu se livrer sur ce point à une enquête : en plusieurs endroits les pêcheurs se sont dits très satisfaits de leur sort, et ont affirmé ne souhaiter aucun changement ; c'est sans doute un des traits dominants du caractère annamite que cette satisfaction empreinte d'une sage philosophie, mais il ne faut pas oublier non plus que l'individu de race jaune ne tient aucunement à l'intromission de l'Européen dans ses affaires. En d'autres endroits, et non les moins nombreux, les indigènes ont réclamé avant tout la suppression de l'impôt sur le sel, et le rétablissement de la production libre : nous avons eu déjà l'occasion de dire l'impression désagréable produite par cette mainmise quelque peu brutale sur un objet de toute première nécessité ; et d'ailleurs si les résultats sont au mieux des intérêts du fisc, ils semblent d'autre part avoir justifié les craintes que formulaient les intéressés; ne pourrait-on pas remplacer la régie du sel par un impôt sur telle autre denrée, de façon à ne pas compromettre une des industries les plus intéressantes pour la colonie? Sans doute toute taxe nouvelle amènera des réclamations et fera des mécontents; mais ceci a un intérêt secondaire lorsque l'impôt ne peut porter atteinte à aucune des industries du pays.

En second lieu les pêcheurs demandent à être protégés contre les exactions des fermiers chinois qui se syndiquent pour n'acheter le poisson qu'à des prix dérisoires, ne laissant au travailleur aucun bénéfice : le rôle du commerçant chinois nous est déjà connu, et il demeure assurément le concurrent le plus gênant que trouveront les Français qui voudront exploiter les pêcheries : il a pour lui une parenté de race avec l'Annamite, une communauté d'idées, un ensemble de liens plus ou moins obscurs, qui lui donnent, dans ce pays où la tradition et l'habitude ont une force très grande, une situation toute privilégiée : même lorsqu'ils se plaignent des Chinois, les Annamites s'adressent encore à eux plutôt qu'aux Européens. Mais peu à peu, notre industrie, nos capitaux se substitueront à l'industrie et aux capitaux chinois; il y faudra du temps, sans doute, et une certaine diplomatie, car nous aliéner l'élément chinois ce serait nous fermer peut-être notre grand marché; il y faudra aussi une protection efficace de l'autorité; et l'on pourrait, jusqu'à un certain point, se réjouir que les Chinois, par leur rapacité, se desservent eux-mêmes auprès des indigènes, nous facilitant ainsi la tâche.

Enfin, en dehors de quelques réclamations insignifiantes ou inacceptables, les pêcheurs demandent encore, et ceci particulièrement en Cochinchine et au Cambodge, la suppression de la mise en adjudication et du monopole de la pêche en eaux douces. Il nous semble que cette réclamation est intimement liée à la précédente, et qu'elle disparaîtrait sans doute si l'on arrivait à battre en brèche la monopolisation des pêcheries par les commerçants chinois; l'Européen, exploitant sous le contrôle discret mais ferme de l'Administration, ne saurait agir comme le fermier chinois, doublé toujours d'un usurier.

Quant à supprimer la mise à bail des pêcheries, ce serait rayer du budget de la colonie un de ses revenus les plus sûrs, et il est certain que le malaise dont se plaignent les indigènes provient non pas du régime de l'adjudication, qui d'ailleurs est antérieur à notre administration, mais bien de la situation que font aux pêcheurs les fermiers adjudicataires.

Et puisque nous concluons à la nécessité et à l'avantage de nous substituer au commerçant et à l'industriel chinois, il nous faut dire quelques mots des rapports qui devront exister entre l'indigène et le Français, nous inspirant tout naturellement des essais tentés : l'insuffisance des moyens dont disposent les pêcheurs annamites est un fait unanimement reconnu, pour une exploitation conforme à nos idées européennes ; il faut mettre à leur disposition un matériel adapté aux besoins de la grande pêche : il semble fort que la solution la meilleure est celle adoptée par MM. de Barthélemy et de Pourtalès dans leurs pêcheries de Camh-Ranh : le pêcheur indigène travaille avec un matériel, barques et filets, dont il est propriétaire : il s'engage à fournir à l'entrepreneur la totalité de sa pêche, et celui-ci doit de son côté lui payer tout ce qui n'est pas en mauvais état, d'après des tarifs fixés d'avance, autant que possible sous le contrôle administratif. Mais afin de permettre au pêcheur de perfectionner son outillage, on sera amené à lui consentir des avances, et c'est à partir de ce moment qu'il est à craindre que la mauvaise foi de l'Annamite se donne libre carrière : il n'est pas rare, en effet, de voir les pêcheurs aller revendre sur quelque point éloigné de la côte le matériel qu'ils n'ont pas remboursé ; il faut donc à l'industriel une garantie, et il la trouverait, en partie du moins, dans le fait pour le patron d'embarcation de laisser en gage le livret que lui délivre l'Administration des Douanes et Régies ; or, sur ce point les règlements demeurent inflexibles, aucune barque ne pouvant naviguer sans son livret. Mais il serait, ce semble, possible de convenir qu'en échange du livret-gage le pêcheur recevrait de l'entrepreneur, et sous le contrôle administratif, un certificat de dépôt, ayant, pour la navigation, même valeur que le livret. Évidemment il y aurait encore bien de l'insécurité ; mais une autre source de garantie, et qui serait d'ailleurs avantageuse pour les deux parties, serait l'obligation, pour tous les entrepreneurs ayant passé des contrats avec les pêcheurs d'un même village, d'entretenir un bateau chasseur ; celui-ci suivrait les barques, les surveillant, prêt aussi à leur porter secours, leur fournissant enfin le sel sans lequel il est impossible de conserver le poisson en bon état, même pendant quelques heures. Il n'en reste pas moins que cette question des rapports d'indigène à Européen est assez délicate, et dépend beaucoup de l'habileté et du savoir faire des représentants locaux, de l'administration et des entrepreneurs.

Le poisson est livré à l'industriel ; comment celui-ci va-t-il le traiter ? Là dessus évidemment le champ demeure ouvert à son initiative personnelle et à sa bonne entente des affaires ; cependant il ne semble pas qu'il y ait avantage immédiat, en ce qui concerne le marché chinois, à modifier la nature même des produits qui sont assurés d'un très facile écoulement; c'est du moins l'avis des personnes compétentes sur ce point. Il va de soi, d'ailleurs, qu'une énorme différence de prix de revient peut résulter de l'emploi de tel ou tel procédé, de la diminution des frais généraux, toutes considérations à côté de notre sujet. Mais en ce qui concerne l'exportation vers l'Europe, rien ne prouve qu'elle doive se limiter aux huiles et graisses : les indigènes ne savent pas fabriquer des produits à notre convenance, mais il est probable que l'on aurait de beaux bénéfices en fabriquant des conserves d'après les procédés européens ; la majoration des prix provenant du fret serait contrebalancée par le bas prix de la main-d'œuvre ainsi que de la matière première.

Enfin, une des branches de l'industrie de la pêche, jusqu'à maintenant le plus délaissée, est celle du traitement des sous-produits : les quelques essais faits jusqu'à ce jour sont presque insignifiants, et nous avons dit d'autre part quelle quantité considérable de déchets, têtes ou viscères de poissons, est abandonnée chaque année sur le Grand Lac, et journellement aussi dans les pêcheries maritimes ou fluviales.

A recueillir ces débris perdus, et à les traiter pour en extraire l'huile et la graisse, il y aurait certainement d'importants bénéfices à réaliser. Sur le Grand Lac on a préconisé l'installation d'usines sur pilotis afin qu'elles ne soient pas trop écartées des centres de pêche. L'utilisation comme engrais des résidus riches en phosphore et en azote est encore à étudier bien que quelques essais aient été faits dans ce sens.

Enfin une réglementation point tracassière mais raisonnée de la pêche, devra être élaborée. On devra aussi tâcher par tous les moyens de développer en Indo-Chine la pisciculture que les Chinois pratiquent de longue date. La mise en valeur de toutes ses « possibilités économiques », est, ne l'oublions pas, un des problèmes dont la solution importe infiniment à l'avenir et au développement d'une colonie ; si les capitaux, si les efforts se sont d'abord portés vers les « cultures riches », vers les entreprises minières parce que d'un rendement rapide et engageant, ce serait maintenant une faute de laisser plus longtemps dans son état de léthargie l'industrie de la pêche : les quelques essais que d'audacieux colons ont tentés doivent nous donner courage et confiance, et nous pouvons espérer que d'ici peu les pêcheries d'Indo-Chine deviendront d'un merveilleux rendement.

NOUVELLE-CALÉDONIE

Orientée Nord-Ouest — Sud-Est, longue de près de 400 kilomètres, large de 50 kilomètres en moyenne, la Nouvelle-Calédonie est recoupée, perpendiculairement à sa longueur, par des massifs montagneux qui la divisent en petites vallées débouchant à la mer sur les côtes Est et Ouest ; l'axe de ces vallées est occupé par des cours d'eau qui ne sont le plus souvent que de simples torrents ; les plus importants sont la Dumbea, qui vient déboucher sur la côte Ouest au voisinage de Nouméa et, sur la côte Est, les rivières de Monéo et de Canala ; mais ces rivières ne sont navigables que sur quelques kilomètres et seulement pour des embarcations légères. L'extrémité méridionale de l'île est occupée par un massif montagneux dans lequel on trouve quelques petits lacs dont les berges sont en pente douce et dont la profondeur ne paraît pas dépasser 8 mètres ; ils ont pour émissaire le Yaté, long de 50 kilomètres, tranquille et guéable pendant la saison sèche, mais qui, après les grandes pluies de janvier et février, coule à pleins bords sur une profondeur de 7 à 8 mètres. Dans le Nord de l'île les chaînons montagneux s'orientent parallèlement à la longueur de cette île, ménageant entre eux une vallée arrosée par un petit fleuve, le Diahot ; long de 90 à 100 kilomètres, le Diahot mesure à Bondé 100 mètres de large et présente à partir de là jusqu'à son embouchure une série de bassins plus ou moins profonds, séparés par des seuils alluvionaires sur lesquels il n'y a guère que $2^m 50$ à 3 mètres d'eau à marée haute. Dans toute cette partie basse la

---

Principaux documents consultés : Garnier, *Voyage à la Nouvelle-Calédonie*, Tour du Monde, 1868, 2. — Garnier, *Les produits de la Nouvelle-Calédonie*, Bullet. de la Soc. d'Acclimatation, 1879. — A. Bernard, *L'archipel de la Nouvelle-Calédonie*, Paris, 1895. — *Renseignements adressés par M. le Gouverneur de la Nouvelle-Calédonie*.

vallée, élargie, est parsemée de marécages dont les eaux sont déversées dans le Diahot par quelques petits ruisseaux.

Comme on peut le prévoir d'après ce qui précède, le littoral de cette ile au relief tourmenté est des plus accidentés, découpé de baies nombreuses, qui forment autant d'abris naturels ; mais ce qui contribue à donner à la Nouvelle-Calédonie un caractère très particulier, c'est la ceinture de récifs et d'îles satellites dont elle est entourée ; les côtes occidentale et orientale de l'île sont comme doublées, à une distance moyenne de 10 kilomètres, par une série de récifs et d'îlots madréporiques, interrompue çà et là par des passes ou coupées, de profondeur assez faible en général. Située à 50 kilomètres du cap Ndoua qui marque l'extrémité méridionale de la Nouvelle-Calédonie, l'île des Pins est reliée à la ceinture de récifs par un enchevêtrement d'îlots et de récifs coralliens. Dans le Nord le récif des Français (côte orientale) et le récif de Cook (côte occidentale) se prolongent jusqu'aux îles Huon que 280 kilomètres séparent du point le plus septentrional de l'île principale. Les iles Huon, l'île des Pins et les deux barrières récifales déterminent les contours d'un plateau sur lequel émerge la Nouvelle-Calédonie, et qui est nettement isolé des terres voisines : entre ce plateau et les iles Loyalty on trouve des fonds de 1.200 mètres environ ; dans le Sud de l'île des Pins la sonde accuse rapidement 900 mètres ; sur la bordure occidentale on arrive très vite à 3.800 mètres et dans le Nord-Est à 2.200 mètres. Les profondeurs restent par contre assez faibles sur le plateau lui-même, sauf cependant dans le Nord, entre les îles Huon et la Nouvelle-Calédonie : on n'a trouvé que 90 mètres d'eau au maximum entre l'île des Pins et le cap Ndoua ; sur les côtes occidentale et orientale la profondeur du chenal, large de 10 kilomètres en moyenne, qui s'étend entre le récif et la terre, ne dépasse pas 60 mètres ; l'isobathe de 50 mètres est fréquemment interrompue dans cette région, et il en est de même, quoique plus rarement, pour celle de 40 mètres. Les fonds sont en général de sable, de coraux et de coquilles brisées et la mer est toujours relativement calme entre le récif et la terre. On trouve donc réalisé là un ensemble de conditions extrêmement favorables à la pratique de la pêche.

Rappelons ici que l'on rattache administrativement à la Nouvelle-Calédonie l'archipel des Loyalty, les îles Chesterfield, les îles Wallis, les îles Huon, et que nous exerçons conjointement avec l'Angleterre un protectorat sur les Nouvelles-Hébrides.

Faune. — La Nouvelle-Calédonie appartient à la zone que Gunther appelle Région du Pacifique tropical, et qui est caractérisée dans son ensemble par le petit nombre d'espèces de poissons que l'on trouve dans les eaux douces. La faune des cours d'eau et des lacs néo-calédoniens est fort mal connue ; nous savons seulement que les poissons y sont très abondants ; les Français, les comparant aux espèces de notre pays, les désignent sous les noms de loches, de carpes et de goujons ; or Gunther caractérise justement la région par l'absence des Cyprinidés ; il est possible que les carpes de nos colons soient en réalité des *Dules* et que leurs goujons — peut-être aussi leurs loches — soient des *Gobius*, les genres *Dules* et *Gobius* étant précisément cités par Gunther comme habitant les eaux douces des petites îles du Pacifique tropical. Outre ces formes on trouve dans le cours inférieur des rivières une *Atherina (A. lacunosa* Forst. ?) et de nombreux mulets (*Mugil*). Il existerait enfin, d'après M. Garnier, une énorme anguille dont il a trouvé dans un des torrents du Sud de l'île un exemplaire mesurant 80 centimètres de longueur sur un diamètre de 6 centimètres, mais qui pourrait atteindre dans les parties profondes des marais du centre de l'île, près de Monéo, une longueur de 2 mètres.

La faune marine est d'une richesse prodigieuse et la mer offre aux Néo-Calédoniens d'abondantes ressources. Le dugong se montre assez fréquemment dans les eaux de l'île ; les tortues sont abondantes partout et surtout aux îles Chesterfield et aux îles Huon. Peu poissonneuse à Lifou (îles Loyalty) où la côte est très escarpée, la mer renferme partout ailleurs autour de nos possessions, mais principalement dans le vivier naturel que constitue le chenal ménagé entre les récifs et la Nouvelle-Calédonie, de nombreuses espèces de poissons, abondamment représentées par des individus dont quelques-uns atteignent une taille et un poids considérables. Les requins sont malheureusement très nombreux ; parmi les Batoides, les Rajidés ne sont pas représentés ; les Trygonidés sont par contre abondants et de même les Torpedinidés, Rhinobatidés et Pristidés. Les Gadidés et Salmonidés font complètement défaut. Mais les Percidés sont nombreux (genres *Serranus, Plectropoma, Mesoprion, Priacanthus, Pristipoma, Apogon, Diagramma, Gerres*, etc.). A côté d'eux des Squamipennes (*Chaetodon* et genres voisins) vivent en grand nombre au voisinage des récifs. Les Mullidés sont abondants ici comme dans toutes les mers tropicales et de même les Sparidés avec le genre *Chrysophrys* mais surtout avec des *Lethrinus*, et les Scorpénidés, dont quelques-uns sont venimeux. Citons encore les Sciénidés, très nombreux, les *Caranx*, les Sphyrènes ou bécunes, les *Theutys*, les Scombridés, les Athérines et les Muges, les Pomacentridés, quelques Labridés. Les Pleuronectidés sont richement représentés par des genres pour la plupart spéciaux aux mers des tropiques. Parmi les Physostomes, les Scopélidés, les Murénidés et surtout les Clupéidés sont nombreux. Enfin les Coffres (*Ostracion*) et les Gymnodontes complètent un ensemble ichthyologique remarquable à la fois par le nombre des espèces et des individus, par la taille de certains spécimens, par les formes souvent baroques et par les couleurs généralement éclatantes des poissons. M. Garnier dit avoir été témoin de bien des pêches où il n'y avait qu'à laisser tomber la ligne pour prendre du poisson. Il y a cependant une ombre au tableau : beaucoup de poissons sont venimeux, notamment les piquots (Gymnodontes), les Coffres (*Ostracion*) et les *crapauds*, qui sont des Scorpénidés. En outre, les serpents de mer (Hydrophidés), très venimeux comme l'on sait, ne sont pas rares à la Nouvelle-Calédonie. Enfin beaucoup de poissons sont vénéneux, les uns en tout temps, les autres à certaines époques ou dans certaines localités seulement, sur les fonds de corail surtout; aussi faut-il se défier de ceux que l'on ne connaît pas : Cook a failli mourir pour avoir mangé d'un *Tetrodon* que lui avaient donné les indigènes. En 1855, cinq hommes du *Catinat* moururent après avoir mangé des sardines; il s'agissait probablement de *Clupea venenosa* C.V.; et en 1866, l'équipage du *Marceau* ayant pêché une bécune de $1^m 50$ de long, douze marins sur treize qui avaient mangé de ce poisson furent plus ou moins malades ; au reste, les cas d'empoisonnement ne sont pas rares parmi les colons et les indigènes.

Les Mollusques ne sont pas moins bien représentés que les poissons. Citons parmi les Céphalopodes les poulpes et le Nautile, dont la coquille est souvent rejetée sur les plages. D'innombrables Gastéropodes vivent sur les récifs de corail : les trocas (*Trochus*), les casques (*Cassis*), les cônes (*Conus*), les burgauds ou burgos (*Turbo*), les porcelaines, les mitres, les volutes, les strombes se trouvent à profusion. Les Lamellibranches ne sont pas rares non plus : mentionnons en particulier des huîtres comestibles, des tridacnes qui pèsent parfois jusqu'à 150 kilogrammes, et les huîtres perlières

(*Meleagrina margaritifera* L.). Les îles Wallis et les îles Horn possèderaient deux espèces de nacres dont l'une est la *Meleagrina margaritifera* L. ; les coquilles, sans aucune piqûre, atteignent des dimensions considérables, 30 centimètres sur 25 ; l'autre espèce, vivant sous les anfractuosités des roches sous-marines, est une *Avicula* à laquelle sa forme a fait donner le nom de *papillon*.

Les Crustacés pullulent aussi au voisinage des récifs qui leur offrent à la fois une nourriture abondante et des abris très sûrs. Les Grapses, les Lupées, les Neptunes et les Squilles sont particulièrement nombreux.

Enfin, les Holothuries vivent aussi en très grand nombre sur les fonds du chenal.

Bateaux et engins. — La pêche en eau douce, qui n'est l'objet d'aucune réglementation, est pratiquée par les indigènes de l'intérieur ; armés de leur arc ou de leur sagaie, ils se postent sur les bords des cours d'eau, attendant le passage du poisson qu'ils transpercent à 10 ou 20 mètres de distance ; ils savent aussi empoisonner les eaux avec des sucs toxiques d'un *Desmodium* ou du *Cerbera manghas* ; ils emploient encore la dynamite, dont il leur est facile de se procurer des cartouches. A l'embouchure des cours d'eau on prend dans la vase, où il s'enfonce, le *Scylla serrata* (Forskal), crabe qu'on trouve assez fréquemment au marché de Nouméa.

En mer, la pêche est pratiquée simultanément par les indigènes de la côte qui réservent en général pour leur consommation personnelle le poisson qu'ils peuvent prendre et par des Européens qui alimentent les marchés.

Les indigènes sont des pêcheurs intrépides ; ils ont des pirogues tout à fait primitives, faites d'un tronc d'arbre creusé, dont la stabilité est assurée par un balancier rattaché à la masse principale par deux longues perches ; un mât amovible porte une petite voile triangulaire ; parfois l'embarcation est munie d'un roufle ; les bois les plus employés pour la fabrication de ces barques sont l'*Araucaria* et les Kaori (*Dammara*). Quant aux engins ils sont des plus variés : ce sont des filets en fil de Bourao (*Hibiscus tiliaceus*) ou de Cocotier, lestés à leur bord inférieur par des pierres tenant lieu de plomb, allégés sur la ralingue supérieure par des paquets d'écorce de Niaouli (*Melaleuca leucodendron*) ; ce sont aussi des lignes de fond dont les hameçons sont souvent fabriqués par les indigènes eux-mêmes, en serpentine ou en écaille de tortue. M. Bernard dit encore qu'ils savent construire des digues où le flot amène le poisson et signale un procédé de pêche très particulier : prenant des feuilles de Cocotier, l'indigène les place presque à la limite de la haute mer, à plat sur le sable, la pointe tournée vers la terre ; la mer montante recouvre les feuilles de sable ; le poisson passe ; quand la mer se retire elle soulève les feuilles qui forment ainsi, sur une longueur de 25 mètres et plus, une barrière suffisante, paraît-il, pour arrêter le poisson. Les femmes cherchent sur les récifs quelques crabes, *Neptunus pelagicus* (L.) notamment, qui est commun et très apprécié et surtout des coquillages qui entrent pour une part très importante dans l'alimentation des Néo-Calédoniens, à ce point que les coquilles entassées forment autour des anciens villages de véritables amas que les colons utilisent pour faire de la chaux ou pour amender leurs terres. Les indigènes emploient aussi les coquilles de certains Gastéropodes à former des colliers qui étaient jadis utilisés comme monnaie. La pêche à la tortue se fait au moyen de grands filets. Quant au dugong, dont la chair est très estimée, on le pêche soit au filet, soit à la main ; M. Garnier décrit comme il suit cette dernière pêche qu'il a vu pratiquer à Balade : les naturels gagnent le large à la nage, portant de solides cordes de banian tressé qui serviront seulement à ramener l'animal au rivage ; les premiers arrivés saisissent le dugong par les nageoires et par la queue pour l'empêcher de fuir et, les hommes se relayant, le cétacé est ensuite maintenu sous l'eau jusqu'à complète asphyxie.

Les indigènes consomment, nous l'avons vu, la majeure partie du poisson qu'ils capturent; ils le font cuire dans des trous creusés dans la terre ou dans des vases en poteries d'une trentaine de litres de capacité. Quand la pêche est abondante ils fument sur des claies le poisson préalablement salé pour le conserver quelques jours seulement.

Les Européens emploient pour la pêche des côtres montés par deux ou trois hommes; il existe à Nouméa une vingtaine de ces petites embarcations construites sur place par trois maisons qui, n'employant pas les essences indigènes, font venir de l'étranger et surtout des Etats-Unis le bois nécessaire. Ces côtres jaugent de 1 à 10 tonneaux et possèdent généralement une grande voile, une voile de flèche, une trinquette et un foc ; plus hardis que les indigènes, les marins qui les montent vont parfois jusqu'à 20 ou 30 milles de Nouméa, Les engins employés sont généralement des filets, sennes et surtout éperviers, tressés en lin, en chanvre ou en coton, et parfois aussi des lignes de fond. Hameçons et lignes sont importés de l'étranger (2.000 francs de hameçons et 5.000 francs de lignes par an, en moyenne). La pêche aux engins fixes est rendue impraticable par la présence sur les côtes de nombreux requins. Il n'y a pas de saison particulièrement favorable pour la pêche des poissons sédentaires; les sardines, les anchois et les scombres ne sont guère pêchés qu'en mai et juin, quand il se rapprochent de la côte pour frayer. La pêche en mer est réglementée par des arrêtés du 23 juin 1877 et du 14 février 1895, interdisant l'emploi de la dynamite et le colportage du poisson capturé par ce procédé, trop employé encore, en dépit de ces arrêtés.

Produits de la pêche. — La majeure partie du poisson capturé par les Européens est consommée à l'état frais; un droit de 0 fr. 05 par mètre carré de table est perçu sur les revendeurs du marché de Nouméa. Quelques colons font une faible consommation de poisson sec, salé ou fumé, de provenance locale.

Il est regrettable que l'industrie de la conservation du poisson ne se soit pas développée en Nouvelle-Calédonie. En consultant les statistiques on voit en effet qu'elle trouverait sur place des débouchés importants. Malgré des droits d'octroi de mer assez élevés (5 o/o *ad valorem*), la colonie importe des poissons secs, salés ou fumés et des conserves de poisson pour une somme assez forte, comme le montre le tableau suivant :

Années	1898	1899	1900	1901	1902	1903
Poissons secs	F. 21.888	F. 33.182	F. 34.790	F. 54.292	F. 38.659	F. 51.836
Conserves...	51.002	54.456	65.414	114.751	127.874	121.046

Or, les côtes sont très poissonneuses et l'on pourrait parfaitement installer des usines de conserves à l'huile; on pourrait de même sécher et fumer, ou sécher et saler le poisson; le sel, qui fait défaut à la Nouvelle-Calédonie, n'est soumis qu'à un droit d'entrée insignifiant de 0 fr. 25 par 100 kilogrammes. Ce sont là des industries qui seraient sans aucun doute rémunératrices, qui pourraient, peut-être, après avoir fourni à la consommation locale, alimenter un commerce d'exportation et auxquelles on pourrait annexer la fabrication des huiles de poisson, complètement négligée jusqu'ici (1).

Mais à l'heure actuelle les seuls produits de la pêche qui soient exportés par Nouméa sont le trépang, l'écaille de tortue et les coquillages nacrés.

Nous avons dit que les holothuries comestibles vivaient en grand nombre autour de la Nouvelle-Calédonie. Un commerçant chinois était venu s'installer à Nouméa et s'occupait de faire pêcher et préparer les holothuries qu'il exportait ensuite; le prix du trépang à Nouméa variait de 800 à 2.000 francs la tonne, suivant qualité. Ce négociant a quitté la colonie à la fin de 1903 et l'industrie du trépang a été aussitôt presque complètement abandonnée; de 47.865 kilogrammes en 1903, l'exportation, qui se faisait surtout sur pays étranger, est tombée en 1904 à 3.362 kilogrammes. Le poids et la valeur des produits exportés sont indiqués ci-dessous.

Il semble que l'on ne tire pas tout le parti possible d'une autre richesse; les tortues sont abondantes dans les eaux de la colonie et cependant l'exportation d'écaille ne donne lieu, comme le montre le même tableau, qu'à un mouvement commercial insignifiant qui pourrait, bien certainement, être augmenté dans de fortes proportions.

		1898	1899	1900	1901	1902	1903	1904
Trépang :		—	—	—	—	—	—	—
Poids	K.	51.802	44.829	13.208	16 764	42.905	47.865	3.362
Valeur	F.	32.838	29.601	21.681	12.582	28.365	35.603	»
Écaille :								
Poids	K.	126	200	36	9	100	9	»
Valeur	F.	1.578	2.618	40	200	2.750	100	»
Nacre :								
Poids	K.	11 434	32.235	135.748	194.544	632.564	750.310	265.962
Valeur	F.	21.549	28.060	79.468	60.913	119.916	133.445	»

Restent enfin les divers les coquillages nacrés.

Le droit de pêche des huîtres perlières et de la nacre a été concédé pour dix ans, dans les conditions prévues par un décret du 3 février 1898, à deux sociétés et à cinq particuliers. L'Administration déclare que « les concessionnaires n'ayant jamais fait une exploitation sérieuse de leurs lots, il est impossible de donner des renseignements

(1) Il y a pourtant eu, en 1899, une exportation de 1200 kilogrammes de graisse de poisson, valant 300 francs.

sur la valeur des installations, qui est à peu près nulle, et sur la valeur des capitaux de roulement ». Par ailleurs, M. L. Simon, délégué de la Nouvelle-Calédonie à Paris, a fourni à M. Seurat des renseignements d'où il résulte que des concessions ont été accordées aux îles Loyalty et aux îles Wallis et enfin sur la côte occidentale de la Nouvelle-Calédonie, entre la baie de Gomen et l'entrée de la rivière de Pouembout. La pêche se fait au scaphandre et toute la nacre recueillie est envoyée sur le marché français. On trouve des perles en certains points et notamment aux environs de l'île Konienne, située en face de la rivière de Pouembout.

Le commerce d'exportation des coquillages nacrés est cependant assez important, comme l'indique le tableau ci-dessus. Mais ce sont les troques, les casques et les burgos qui sont exportés surtout. Ces coquillages abondent sur les récifs et sont récoltés par les indigènes qui les apportent à Nouméa; les quatre cinquièmes environ des expéditions par ce port sont à destination de la France.

En résumé, bien qu'aucune exploitation vraiment sérieuse n'ait été, jusqu'ici, entreprise en Nouvelle-Calédonie, l'industrie des pêches fournit dès maintenant à l'exportation un appoint qui n'est pas négligeable et qu'une mise en valeur plus rationnelle des merveilleuses richesses aquicoles de la colonie permettrait, sans doute, d'accroître d'une façon très sensible.

ÉTABLISSEMENTS FRANÇAIS DE L'OCÉANIE

Les Etablissements français de l'Océanie comprennent cinq archipels, les îles de la Société, les Marquises, les Tuamotu, les Gambier et les Tubuai, et en outre l'île Rapa, à 5° dans le Sud des Tubuai.

Dans l'ensemble ainsi formé, on peut tout d'abord assigner une place à part aux Tuamotu, dont la constitution est bien différente de celle que présentent les autres îles. Les Tuamotu, appelées aussi Paumotu, réparties au nombre de 79 sur une longueur de 250 lieues environ, sont en effet des récifs madréporiques de 400 à 500 mètres de largeur, s'élevant très peu au-dessus du niveau de la mer, et entourant des lacs intérieurs ou lagons, dont quelques-uns sont entièrement fermés, mais qui, en général, communiquent avec la mer par une ou plusieurs passes plus ou moins larges.

Rapa est une île à relief accentué, mais de peu d'étendue, dont les côtes, découpées de baies nombreuses, sont hérissées de pâtés de coraux. Ces coraux ne se détachent pas pour former ceinture, ainsi que cela se produit aux Gambier, aux Tubuai et aux îles de la Société.

Principaux documents consultés : Annuaires de Tahiti et dépendances. — Bouchon-Brandely, *Rapport au Ministre de la marine et des colonies sur la pêche et la culture des huîtres perlières à Tahiti*, Journal officiel, juin 1885. — Moriceau, *Moyens d'accroître le commerce français en Océanie*, Bull. Soc. de Géographie commerciale de Paris, 1896. — Arnaud, *Rapport sur la pêche des huîtres perlières à Tahiti*, Bull. des pêches maritimes, mai 1898. — Raoulx, Quinzaine coloniale, 25 février 1899. — *Les Etablissements français de l'Océanie*, notice publiée à l'occasion de l'Exposition de 1900. — Cheyrouze, *La pêche des nacres et des perles dans les Etablissements français de l'Océanie*, Revue coloniale, juillet-août 1901. — Discours de M. le Gouverneur Ed. Petit au Conseil d'administration de la colonie en 1903. — Seurat, *L'archipel des Tuamotu et ses habitants*, Revue coloniale, juillet 1905. — Seurat, *Les procédés de pêche des anciens Paumotu*, L'Anthropologie, 1905. — Seurat, *Ressources alimentaires tirées du règne animal des indigènes de la Polynésie française*, Le Mois colonial, septembre 1905.

L'archipel des Gambier comprend un groupe de dix ilots élevés, dont les principaux sont seuls habités. Le plus important de ces ilots, Mangareva, entouré de récifs de coraux, a pour chef-lieu Rikitea, qui est un centre de commerce pour les nacres.

Les Tubuai sont aussi de petites iles entourées d'une couronne récifale.

L'archipel des Marquises comprend onze iles, hautes terres hérissées de crêtes et de pics dont certains dépassent 1.200 mètres d'altitude. Des sommets descendent, dans d'étroites vallées, séparées les unes des autres par des arêtes montagneuses secondaires, des cours d'eau qui deviennent de véritables torrents à la saison des pluies. Ces iles n'ont pas de récifs coralliens.

Enfin l'archipel de la Société comprend deux groupes : les îles Sous-le-Vent au Nord-Ouest, les îles du Vent au Sud-Est. Le premier groupe est composé de onze iles élevées, dont la plus importante est Huahine, remarquable par ses deux grands lacs, le Fahuna-iti (eau douce) et le Fahuna-rahi (eau saumâtre) ; ce dernier, large d'un kilomètre environ, long de 4 à 5 kilomètres, communique avec la mer par un chenal étroit, long de 5 kilomètres. Citons encore dans cet archipel, les îles Raiaha et Tahaa entourées par une même ceinture de récifs sur lesquels on trouve d'excellentes petites huitres comestibles, de forme malheureusement très irrégulière, et aussi l'île Scilly, inhabitée, mais visitée quand la plonge y est ouverte par les pêcheurs de nacre qui y font de belles récoltes.

Tahiti et Mooréa enfin, les deux iles du Vent, sont des terres au relief très accentué, entourées chacune d'une couronne de récifs. La plus importante de ces deux iles, Tahiti, est arrosée par de nombreux cours d'eau qui descendent par cascades du flanc des montagnes élevées. Un lac, le Vaihiria, large de 500 mètres environ, à l'eau froide et profonde, entouré de hautes montagnes, se trouve à 430 mètres au-dessus du niveau de la mer dans la partie méridionale de la plus grande des deux péninsules qui, reliées par un isthme, constituent l'île de Tahiti. Les côtes, qui se développent sur une longueur de 191 kilomètres, ne sont pas très découpées et les ports y sont peu nombreux. Le récif de corail est à une distance moyenne d'un kilomètre de la côte, délimitant ainsi entre le rivage et lui un chenal comparable, toutes proportions gardées, à celui qui entoure la Nouvelle-Calédonie. Ce récif est interrompu au Nord de l'île et aussi dans la partie Sud-Est ; et en outre de nombreuses solutions de continuité forment autant de passes naturelles pour les bateaux allant au mouillage. La capitale des Etablissements, Papeete, est située sur le rivage septentrional de Tahiti et possède un port assez vaste, profond et sûr, auquel donnent accès trois passes dont l'une est praticable aux plus grands navires.

Faune. — La faune ichthyologique des Etablissements français de l'Océanie présente les mêmes caractères généraux que nous avons indiqués en parlant de celle de la Nouvelle-Calédonie, et est, comme celle-ci, remarquable à la fois par l'abondance et la variété des espèces marines, par le petit nombre des formes dulçaquicoles.

Comme poissons d'eau douce nous n'avons guère à signaler ici que le *nato, Dules marginatus* C. V., abondant dans les rivières de Tahiti, où il voisine avec un petit poisson noir, vulgairement appelé *oopu*, qui est sans doute un *Gobius ;* puis des anguilles que l'on trouve à Tahiti dans les cours d'eau et dans le lac Vaihiria, aux Gambier dans les torrents et les mares et sur quelques-unes des Tuamotu dans des marais saumâtres.

En eau salée le poisson est d'une abondance prodigieuse, à ce point que ce n'est qu'un moment avant le repas que les indigènes se rendent au bord de la mer, armés d'une foënne et font choix, absolument comme dans un vivier, du poisson qu'ils veulent manger et qu'ils consommeront d'ailleurs cru. Les rades sont, dit-on, tellement poissonneuses, qu'en allant seulement pendant une heure à la pêche les naturels reviennent avec leur pirogue chargée de poisson.

Les Sélaciens sont en général dédaignés par les indigènes, dont quelques-uns mangent cependant la chair du requin.

Parmi les Téléostéens, l'une des familles les mieux représentées est celle des Percidés. Le *Ta-ape* ou *Etaape* des naturels est le *Diacope octolineata* C.V. ou quelqu'une des autres espèces du même genre, *D. gibba* Forsk., *D. fulva* C. V. etc. Sous le nom de *terao* les indigènes désignent un serran particulièrement apprécié comme aliment, le *Serranus hexagonatus* C. V. Cuvier et Valenciennes citent aussi comme existant à Tahiti le *S. variolosus* C. V., le *S. urodelus* C. V., le *S. roseus* C. V., auxquels on peut ajouter, d'après Seurat, le *S. myriaster* C. V. Citons enfin dans cette famille l'*Epinephelus louti* Bl.

Les Squamipennes aussi sont abondants : divers *Chaetodon* et notamment *Ch. ornatissimus* Sol., *Ch. reticulatus* C. V., *Ch. unimaculatus* Bl. sont confondus sous la dénomination de *paraha*.

Parmi les Sparidés nous citerons en particulier le *Pagrus unicolor* Q. G. et le *Lethrinus rostratus* C. V. Les Berycidés sont bien représentés, en dehors des *Myripristis*, par des *Holocentrum*, dont le plus commun, *H. tiere*, a emprunté son nom spécifique au langage des indigènes ; sa chair délicate est plus estimée que celle de son congénère, *H. diadema* Lepd. Notons encore la présence de *Beryx* et celle du *toueea*, *Pempheris otaitensis* C. V., apprécié des indigènes. *Polynemus plebeius* L. est connu sous le nom d'*emoi*. Dans les grands fonds vivent des Trichiuridés, *Gempylus coluber* C. V., à la chair peu délicate et criblée d'arêtes, et l'énorme *uravena*, *Thyrsites preciosus* (Cocco), pour la capture duquel les indigènes font usage de très gros hameçons en bois. De nombreux *Caranx*, parmi lesquels *C. torvus* Jennyns et *C. crumenophthalmus* Bl., représentent la famille des Carangidés à laquelle appartient aussi le *Zanclus cornutus* C. V., excellent poisson ayant le goût du turbot et dont le poids peut atteindre 15 livres. L'*auhopu* ou bonnite, *Thynnus pelamys*, est pris à l'hameçon. Les Mullidés sont abondants comme dans toutes les mers tropicales. Les Labridés fournissent à l'alimentation quelques espèces des genres *Scarus* et *Julis*. Les Pleuronectidés sont mal représentés par le *Rhomboidichthys pantherinus* (Rüpp.) dont la chair est des plus médiocres. Les *Belone* et les *Hemirhamphus* apparaissent souvent sur les marchés de Papeete et de Rikitea (Mangareva). *Chanos salmoneus* est commun ici comme dans toutes les eaux de la région indo-pacifique intertropicale. Enfin on trouve dans les pâtés de coraux de nombreuses murènes dont la morsure est redoutée des pêcheurs, et dans certains lagons les *Balistes* (*oiri*), les *Diodon* (*totara*) et les *Tetrodon* (*hue*) sont assez fréquents.

Parmi les poissons que nous venons de mentionner il en est qui, propres à la consommation dans certaines parties de l'archipel, deviennent toxiques dans les eaux de certaines îles, aux Tuamotu en particulier, ou même en quelques points seulement d'une île déterminée. Seurat cite à cet égard des exemples tout à fait remarquables : les *Lethrinus* deviennent toxiques à Marutea du Nord et à Marutea du Sud (Tuamotu), où l'absorption de leur chair peut provoquer des troubles assez graves, crampes, vertiges, faiblesses. Et à Rangiroa (Tuamotu) les *Epinephelus* sont impropres à la consommation quand ils ont été pêchés dans la passe, comestibles lorsqu'ils proviennent de tout autre point.

Parmi les poissons les plus fréquemment vénéneux il faut citer les Mullidés.

A la liste faunistique qui précède il convient d'ajouter quelque Scorpénidés, redoutés pour leur piqûre; le *nohu* qui est une Synancée et le *tataraihu*, *Pterois volitans* C. V. sont les plus fréquents. La blessure de certains *Diacope* peut aussi causer des accidents.

Les récifs de coraux donnent naturellement abri à un très grand nombre de mollusques que les indigènes, peu difficiles à cet égard semble-t-il, recherchent pour s'en nourrir. En dehors des Tridacnes et des petites huîtres comestibles que l'on trouve sur les récifs de Tahaa, de Raiatea et de Tahiti, nous citerons, d'après Seurat, quelques-uns des mollusques le plus fréquemment consommés : l'*Asaphis deflorata* L., l'*ahi* des indigènes, puis une patelle, l'*Helcioniscus tahitensis*, des Acmées, des Modioles, des Chames, le *Pterocera lambis*, le Vermet lui-même, sont recherchés par les naturels qui les consomment à l'état frais. On fait par contre sécher au soleil, après les avoir enfilés sur une ficelle, les corps des *Turbo* et les muscles adducteurs des huîtres perlières. Les poulpes, dont les bras sont employés pour appâter les hameçons, sont étendus à l'aide d'une baguette et séchés au soleil.

Les eaux douces de Tahiti, de Moorea et des Marquises renferment une grande crevette que l'on a comparée aux langostines des côtes d'Espagne et qui est le *Palaemon lar* Fabr. Lady Brassey et Darwin déclarent tous deux avoir mangé à Tahiti un excellent petit crustacé d'eau douce qu'ils désignent sous le nom de *crayfish*, nom dont la traduction littérale serait écrevisse. Nous pensons qu'il s'agit en réalité du *Palaemon lar*, aucun astacien n'ayant été jusqu'ici, à notre connaissance, signalé dans les eaux douces de la Polynésie. Seurat nous apprend que ces crevettes d'eau douce servent aussi comme appât et que, en les pilant dans l'eau mer avec du coco râpé on obtient une sauce dite *taiareo*, qui sert de condiment et excite l'appétit. Aux Tuamotu on emploie, pour fabriquer cette même sauce, à défaut de crevettes, la chair d'un crabe qui est assez commun dans ces îles, l'*Ocypoda Urvillei* Guérin. A Tahiti, à Mangareva et dans quelques-unes des Tuamotu, les indigènes recherchent une Squille dont la chair est très estimée ; peut-être est-ce là le crustacé délicat désigné par lady Brassey sous le nom de *vourrali*. Un peu partout on pêche la nuit, aux flambeaux une grande langouste, *Palinurus perspicillatus* Ol., qui est plus ou moins abondante. Il n'est pas jusqu'aux Anomoures qui ne soient mis à contribution : l'abdomen des Cénobites est utilisé pour appâter les hameçons et le *Birgus latro* (Herbst) fournit un mets recherché.

Engins et procédés de pêche. — Les indigènes des Etablissements français de l'Océanie, pour lesquels le poisson, les mollusques et les crustacés constituent l'aliment préféré et presque indispensable, sont des pêcheurs remarquables à la fois par leur intrépidité et par leur adresse. Nous avons sur ce point le témoignage de Darwin, disant que les Tahitiens se comportent dans l'eau comme de véritables amphibies, celui de lady Brassey admirant la dextérité avec laquelle ils manient la foënne.

Les embarcations anciennes, radeaux en bois d'*Artocarpus* des Mangaréviens, pirogues simples creusées dans un tronc de *Cordia* ou pirogues doubles des naturels des Tuamotu, tendent à disparaître et la plupart des bateaux aujourd'hui en usage sont des pirogues fabriquées à Tahiti ou dans quelqu'un des ateliers de construction que renferment l'archipel des Marquises ou celui des Iles Sous-le-Vent. Le bois le plus employé pour leur fabrication est celui de l'*Hibiscus tiliaceus*.

Les procédés de pêche sont, somme toute, assez peu variés : on trouve dans quelques-unes des Tuamotu et à Huahine, dans le chenal qui relie le lac Fahuna-rahi à la mer, des pêcheries fixes d'un type assez primitif. Les filets sont peu employés. La pêche au harpon, soit de jour, soit de préférence la nuit, dans une barque à l'avant de laquelle se tient un homme porteur d'une torche, est très usitée. On pêche aussi à la ligne, appâtant comme nous l'avons vu avec l'abdomen des Cénobites, avec les bras des poulpes, avec des crevettes, des hameçons qui étaient jadis taillés dans la nacre, dans l'écaille des tortues, dans les os des cétacés ou encore dans le bois d'une sorte de buis, le *mikimiki* (*Pemphis acidula* Forsk.), mais qui sont aujourd'hui le plus souvent des hameçons en métal de fabrication européenne.

Jadis pour capturer les poissons on faisait aussi usage de substances enivrantes, provenant des fruits du *Barringtonia speciosa* Forsk. ou des fleurs de *Tephrosia piscatoria* L.. Mais cet usage s'est à peu près perdu, sauf aux îles Marquises.

Dans l'ensemble, les indigènes pêchent dans les lagons ou sur le pourtour des îles le poisson nécessaire à leur alimentation et quelque peu de poisson destiné aux marchés. Il semble que les Européens installés dans la colonie ne demandent pas à la pêche locale toutes les ressources qu'elle pourrait leur fournir. Si l'on songe, en effet, que la population totale des Etablissements français de l'Océanie est de 30.000 habitants, dont 27.000 indigènes, on pourra s'étonner que la colonie demande encore chaque année à la France ou à l'étranger des produits de pêche divers (poissons secs, salés ou fumés, sardines et autres poissons conservés à l'huile ou au naturel) pour une somme assez importante, soit 130.000 francs en 1903 et 108.000 en moyenne pour la période quinquennale 1899-1903.

Somme toute les produits de la pêche, exclusivement destinés à la consommation locale, ne sont, à Tahiti, l'objet d'aucun commerce important ; on a bien essayé, à diverses reprises, aux Tuamotu, de sécher le poisson pêché, mais ces tentatives sont demeurées sans résultats appréciables.

Les seuls produits de la mer qui donnent lieu à un commerce de quelque importance et qui soient exportés sont le trépang, l'écaille de tortue et surtout la nacre.

Trépang. — L'industrie du trépang a été jadis assez prospère dans les Etablissements français de l'Océanie. Les holothuries étaient pêchées surtout aux Tuamotu et aux Iles Sous-le-Vent. Une fois préparées, elles étaient expédiées sur Papeete et de là à San-Francisco pour être ensuite dirigées sur la Chine. Ce commerce alla en diminuant peu à peu d'importance et vers 1870 l'exportation avait complètement cessé. On a fait, dans ces dernières années, quelques tentatives pour rénover cette industrie ; mais les résultats ne paraissent pas être satisfaisants ; il semble que l'on pourrait améliorer la situation en procédant sur place à un triage soigné des diverses sortes commerciales ; actuellement toute la production est vendue à des prix très bas. Le tableau ci-dessous donne la mesure de l'importance de ce commerce et montre en même temps combien les prix sont variables, mais toujours faibles.

Ecaille. — Les tortues de mer sont assez abondantes dans quelques-unes des Tuamotu. Mais la qualité de leur écaille est très inférieure et on trouve difficilement à écouler ce produit sur les marchés européens. Aussi l'exportation est-elle, somme toute, assez faible et les prix demeurent bas. C'est ce que montre bien l'examen des chiffres du tableau suivant :

	Trépang		Ecaille	
1898.....	K. 15.485	F. 8.211	K. 138	F. 404
1899.....	4.547	1.819	»	»
1900.....	3.760	3.196	170	610
1901.....	1.389	556	131	524
1902.....	12.740	5.096	»	»
1903.....	26.541	10.856	30	120
1904.....	12.040	4.816	»	»

Nacre. — De 1890 à 1904, soit en quinze ans, Tahiti a exporté pour 52.631.000 francs de marchandises diverses et, dans le même temps, la valeur des nacres exportées a atteint 17.941.000 francs, ce qui représente plus du tiers de la valeur totale des exportations. Sur un total de 7.840 tonnes de coquillages nacrés expédiés de Papeete à destination de la France ou de l'étranger, 400 tonnes seulement provenaient de l'importation, le reste ayant été pêché dans la colonie, dont la production annuelle moyenne ressort ainsi pour la période considérée, à 496 tonnes. C'est dire avec quelle activité la pêche des huîtres à nacre est pratiquée dans nos Etablissements de l'Océanie et quelle est l'importance de cette industrie pour la prospérité de notre colonie.

L'huître à nacre de l'Océanie est la *Meleagrina margaritifera* L. On trouve quelques-unes de ces huîtres sur les bas-fonds formés par les récifs de Tahiti, de Mooréa, de Huahine, de Tahaa et de Raiatea, de Borabora ; mais la quantité en est tout à fait négligeable et la pêche est pratiquée seulement à l'île Scilly, aux Gambier et aux Tuamotu.

Ce dernier archipel comprend, nous l'avons vu, 79 îles ; mais toutes ne sont pas productives de nacres : on a pu à cet égard les répartir en cinq groupes : le premier comprend les îles sans nacres, au nombre de 31 ; le second 8 îles très peu productives, le troisième une île épuisée ; dans le quatrième groupe on range 13 îles dont la production est en décroissance ; le cinquième et dernier groupe, enfin, comprend les îles productives, au nombre de 26. Au total, on peut admettre que 34 ou 35 îles seulement sont réellement productives.

Dans la plupart des lagons, où elle existe, la méléagrine atteint une taille considérable et fournit une nacre saine, non piquée. Les îles du Nord et de l'Est de l'archipel produisent une nacre à bordure noire, dont la qualité est très appréciée et qui est recherchée sur les marchés de l'Europe et de San-Francisco; le prix en atteint jusqu'à 3.750 francs la tonne. La nacre des lagons Sud a une bordure moins nuancée et ne vaut guère que 1.750 francs à 2.000 francs la tonne. Avant le cyclone de 1903, qui en a fait périr un grand nombre, on évaluait à 2.000 environ le nombre des indigènes qui pratiquaient la plonge au Tuamotu.

La méléagrine se trouve aussi aux Gambier, sur les bancs de coraux qui forment récifs autour des îlots qui constituent cet archipel. Dans un certain nombre de bancs les mollusques, dont la croissance est rapide, atteignent une taille considérable et fournissent une nacre semblable à celle des lagons Sud des Tuamotu et désignée, comme celle-ci, dans le commerce sous le nom de *Taku*, qui est celui de l'une des Gambier qui produisent cette variété. Ailleurs et notamment sur les bancs de Mangareva et de Tearia, on a des méléagrines de moyenne grandeur, généralement piquées, fournissant comme nacre la variété dite *Tearia*, dont le prix ne dépasse pas 1.250 francs la tonne, en moyenne. Mais tandis que les grandes coquilles des Tuamotu et de Taku ne renferment que rarement des perles, les nacres plus petites de Tearia et de Mangareva sont fréquemment perlières. 250 indigènes environ sont occupés aux Gambier à la pêche des huîtres à nacre ou des huîtres perlières.

L'île Scilly, enfin, fournit tous les quatre ans une moyenne de 30 tonnes d'une nacre d'assez belle qualité, unie et bien nuancée, mais un peu friable. Cette nacre est en général exportée directement sur Auckland, sans passer par Papeete.

En dehors des possessions françaises, il faut signaler l'existence à l'île Penrhyn de bancs nacriers assez importants, exploités depuis une vingtaine d'années et qui fournissent tous les ans de 15 à 20 tonnes d'une nacre comparable à celle de Scilly ; si nous mentionnons ici ces pêcheries de Penrhyn c'est qu'une partie de la nacre qu'elles produisent est expédiée sur Papeete.

Nous avons signalé plus haut la fréquence relative des perles dans les méléagrines recueillies sur certains bancs des Gambier. Ces bancs sont en général situés à une profondeur assez faible, 8 mètres au plus, moins de 5 mètres dans la plupart des cas. Sur ces fonds vivement éclairés, les mollusques, dont la taille demeure petite, et qui ne dépassent que rarement 12 centimètres de diamètre, ont un test particulièrement dense, mais le plus souvent perforé. La nacre qu'ils fournissent n'a qu'une valeur commerciale assez faible ; ils sont cependant recherchés à cause des perles que l'on y trouve fréquemment. Des conditions de milieu analogues à celles que nous venons de décrire sont réalisées dans quelques lagons des Tuamotu et l'on y pêche, sur des hauts-fonds, des méléagrines de petite taille, à coquille piquée, mais souvent perlières. Sur les quelque 35 îles des Tuamotu qui fournissent de la nacre, une dizaine seulement peuvent être considérées comme produisant des perles. La plus riche de toutes à cet égard est Kaukura ; on peut aussi citer Arutua.

Les perles des Tuamotu et des Gambier sont en général d'un orient admirable et peuvent, à cet égard, compter parmi les plus belles du monde ; malheureusement elles sont le plus souvent de faibles dimensions et, en outre, leur forme est fréquemment irrégulière ou baroque. Néanmoins on trouve parfois de fort belles perles dans les méléagrines du lagon de Kaukura ou du banc de Tearia.

Il est presque impossible de déterminer l'importance du mouvement commercial auquel donne lieu la vente des perles des Tuamotu et des Gambiers. Les estimations que l'on a faites à ce sujet varient du simple au décuple. Tandis que M. Raoulx évalue à 100.000 francs le prix des perles pêchées chaque année, d'autres pensent que ce prix ne dépasse que tout à fait exceptionnellement 50.000 francs et disent qu'il peut descendre à 10.000 francs ou même à 5.000 francs.

En tout état de cause, c'est surtout pour la nacre qu'elles fournissent que les méléagrines intéressent le commerce. Il résulte des chiffres donnés plus hauts que la valeur des coquillages nacrés expédiés chaque année de la colonie vers la France ou vers l'étranger s'élève à 1,200.000 francs en moyenne. Au surplus le tableau suivant donne, pour chacune des années 1889 à 1904, le poids et la valeur des nacres exportées sur la France et sur l'étranger et aussi le poids des nacres importées à Papeete.

Diverses questions se posent au sujet de l'industrie des nacres telle qu'elle est pratiquée dans nos Établissements de l'Océanie. La pêche des méléagrines doit évidemment être soumise à une réglementation ouvrant certains bancs nacriers aux pêcheurs et déterminant les conditions d'emploi des différents procédés ou engins ; les rapports

Commerce des Nacres à Tahiti

ANNÉES	IMPORTATION	EXPORTATION				TOTAUX EXPORTÉS	
		EN FRANCE		A L'ÉTRANGER			
	Tonnes	Tonnes	1.000 fr.	Tonnes	1000 fr.	Tonnes	1.000 fr.
1889.......	1	»	»	602	1.077	602	1.077
1890.......	»	12	»	644	»	656	1.477
1891.......	»	10	22	598	1.253	608	1.275
1892:......	»	24	34	569	1.259	593	1.293
1893.......	»	49	86	521	1.382	570	1.468
1894.......	»	52	92	624	1.227	676	1.319
1895.......	»	61	109	234	364	295	473
1896.......	64	»	»	591	1.464	591	1.464
1897.......	47	56	140	395	987	451	1.127
1898.......	47	33	66	404	844	437	910
1899.......	52	119	238	269	540	388	778
1900.......	52	185	462	258	646	443	1.108
1901.......	93	103	310	381	1.143	484	1.453
1902.......	35	107	267	282	706	389	973
1903.......	9	150	375	472	1.182	622	1.556
1904.......	9	403	806	231.	461	634	1.267

qui s'établissent entre le capital et la main-d'œuvre doivent aussi être examinés avec attention et réglementés s'il y a lieu. Par ailleurs, jusqu'en 1904, les nacres des Tuamotu et des Gambier étaient expédiées surtout vers l'étranger, très peu vers la France, et il y avait là une situation qui portait préjudice aux intérêts des industriels métropolitains et qu'il importait de modifier.

La pêche des nacres fut d'abord pratiquée aux Tuamotu et aux Gambier par les baleiniers qui, en l'absence de toute réglementation, dévastèrent les fonds par une exploitation abusive. Après l'établissement de son protectorat sur Tahiti et ses dépendances, la France édicta quelques règlements qui atténuèrent un peu le mal fait jusqu'alors. Néanmoins M. de Bovis constatait, en 1863, que les lagons allaient en s'appauvrissant tous les jours et demandait que l'on établît une réglementation protectrice. En 1874 un arrêté du 24 janvier répartit les Tuamotu en trois groupes, distinguant les îles où la pêche est interdite, celles où elle est permise sur certains gisements seulement, celles enfin où elle est autorisée sans restrictions. La répartition pouvait d'ailleurs varier chaque année. Il était en outre spécifié que les nacres pêchées devaient avoir une coquille pesant au moins 500 grammes ou, par tolérance, 450 grammes ; les lots en provenance des Tuamotu étaient frappés d'un droit de 40 francs par tonne.

Cet arrêté fut annulé par celui du 30 octobre 1877 qui autorisait la pêche des méléagrines de tous poids et de toutes dimensions. La situation fut encore modifiée par l'arrêté du 4 novembre 1882 qui décida que seules les nacres adultes pourraient être pêchées, sans indiquer d'ailleurs à quels caractères on peut reconnaître qu'une méléagrine est adulte.

La production des archipels continuait cependant à décroître et les nacres n'arrivaient plus à Papeete qu'en faible quantité. C'est alors que le gouvernement chargea M. Bouchon-Brandely d'étudier les conditions de l'industrie nacrière dans les Établissements de l'Océanie et nomma une commission qui devait préparer une réglementation nouvelle de la pêche et du commerce des nacres. Le projet élaboré par cette commission fut mis de côté par le Conseil colonial. Entre temps l'Administration locale décidait, par arrêté du 24 janvier 1885, qu'il était interdit de vendre ou d'acheter des huîtres qui n'atteignaient pas la taille minima de 17 centimètres de diamètre, pour la partie intérieure nacrée ou dont le poids demeurait inférieur à 200 grammes par valve.

Enfin le décret du 31 mai 1890 consacra, sous certaines réserves, le principe de la liberté de la pêche des nacres pour tous les citoyens français, sans aucune restriction en ce qui concerne les engins qui pourraient être employés à cette industrie. L'article 13 de ce décret réservait à l'Administration locale le droit de fixer chaque année la liste des îles ouvertes à la plonge.

Le décret du 21 janvier 1904 proclame de même que la pêche des huîtres nacrières et perlières est libre, dans les eaux territoriales pour les citoyens et les sujets français. Toutefois, la pêche aux Gambier est réservée aux habitants de ce groupe jouissant de la qualité de Français. Le Gouverneur peut, dans tous les archipels, ou dans tout lagon ou secteur de lagon, limiter soit le nombre des plongeurs à nu, soit celui des scaphandres, et celà dans l'intérêt de la conservation des fonds. Il peut aussi suspendre la plonge et prohiber l'emploi de tel ou tel engin. C'est le Gouverneur aussi qui détermine la durée de la plonge, le mode d'emploi des engins, les limites de dimension ou de poids que doivent atteindre les nacres et qui prend, d'une manière générale, toutes les dispositions nécessaires pour assurer une exploitation prudente des richesses nacrières de la colonie.

Tiercement des districts nacriers. — L'usage s'est maintenu pendant longtemps, jusqu'en 1904, d'ouvrir à la plonge, pendant une saison qui commençait le 1er novembre de chaque année pour finir le 31 octobre de l'année suivante, un certain nombre de lagons, soit le tiers des îles productives, la pêche étant ensuite rigoureusement interdite dans ces mêmes lagons pendant deux années. Tout en reconnaissant qu'une semblable mesure a d'excellents effets pour la conservation des bancs nacriers, on ne saurait contester qu'elle a pour résultat d'obliger les indigènes à mener une vie nomade et de les habituer à ne demeurer sur une île que pendant une année. Surpeuplées pendant cette année où l'interdiction, le *rahui*, ne pèse pas sur elles, certaines îles sont ensuite inhabitées pendant deux ans. Les indigènes, qui ne font que passer, négligent les cultures, abandonnent les plantations et la prospérité des lagons n'est ainsi obtenue qu'au détriment de celle de la terre. L'Administration a voulu réagir contre cet état de choses qui ne tendrait à rien de moins qu'à faire des Tuamotu un pays de monoculture, où les lagons seuls seraient exploités. Elle a cherché les moyens d'attacher les indigènes à la terre et de favoriser ainsi la mise en valeur de cette terre, le développement des cultures et, en particulier, de la culture du cocotier. A cet effet, elle vient, par un arrêté du 8 janvier 1904, de décider que tous les lagons seraient ouverts chaque année, dans une au moins de leurs parties ; et chaque lagon a été divisé en trois secteurs qui seront ouverts successivement pendant une saison chacun. Cette mesure nous paraît devoir donner d'excellents résultats, à la condition que la surveillance des secteurs interdits soit suffisamment assurée.

Questions des scaphandres. — Nous avons dit plus haut que le décret du 31 mai 1890 n'avait établi aucune restriction en ce qui concerne les engins employés à la pêche des nacres. A la suite de réclamations formulées par les habitants des Tuamotu, qui se plaignaient de la présence dans leurs lagons d'un nombre toujours croissant de scaphandres, au moyen desquels on enlevait, disaient-ils, toutes les huîtres dans tous les fonds, sans même en laisser quelques unes pour assurer la reproduction, le Conseil général de la colonie, entendant diminuer le nombre de ces engins, établit sur chacun d'eux une patente de 1.000 francs et le Gouverneur demanda, en outre, que l'usage des scaphandres pour la pêche des nacres ne fût autorisé que dans les fonds de 18 mètres et plus. Il fut donné satisfaction au désir ainsi exprimé par un décret du 2 avril 1891. Des réclamations continuant néanmoins à se produire, le Gouverneur prit, le 28 décembre 1892, un arrêté qui interdisait absolument l'emploi des scaphandres pour la pêche des nacres aux Tuamotu et aux Gambier. Strictement appliqué pendant dix ans, cet arrêté a eu pour effet de laisser à peu près inexploités un certain nombre de lagons des Tuamotu, où la plonge à nu est rendue impossible soit par la présence de nombreux requins, soit par la profondeur trop considérable à laquelle se trouvent situés les bancs nacriers. Aux Gambier, par suite de la disparition lente mais continue de la population mangarévienne et de la diminution du nombre et de la vigueur physique des plongeurs à nu, qui en est la conséquence, une grande partie des richesses nacrières de l'archipel demeurait aussi inexploitée.

Aussi, le Conseil mangarévien ayant émis le vœu que l'usage du scaphandre fût autorisé aux Gambier, il lui fut donné satisfaction par un arrêté du 15 janvier 1902 ; six scaphandriers, payant chacun une patente annuelle de 1.500 francs, étaient admis à rechercher les méléagrines sur les fonds de 18 mètres et plus, et cela seulement dans les districts ouverts à la plonge et du 1er mai au 31 octobre de chaque année, la période qui s'étend du 1er novembre au 30 avril étant exclusivement réservée à la plonge à nu, qui pouvait être pratiquée en tout temps. En 1903, le nombre des scaphandres autorisés était porté à 7, dont 5 réservés aux indigènes, les deux autres, dits scaphandres de commerce, étant attribués à des propriétaires ou résidents. L'archipel, qui ne fournissait presque plus de nacre (il en avait donné 8 tonnes seulement en 1900), en donna 100 tonnes en 1902. Dans les neuf premiers mois de 1903, il fut expédié, de Mangareva sur Papeete, plus de 150 tonnes de nacre et il existait à Mangareva un stock asssez considérable. De plus on put constater que sur les fonds exploités la croissance des nacres se faisait avec une rare vigueur, à la suite du nettoyage qui avait débarrassé les bancs d'une grande quantité de vieilles nacres piquées. En 1904, les chefs des districts des Gambier exprimèrent le vœu que les scaphandres de commerce fussent supprimés et le Gouverneur, considérant que ces appareils n'avaient pas donné les résultats que l'on était en droit d'en attendre, et ne profitaient qu'à des tiers et non à ceux qui en étaient concessionnaires, prit, le 6 août 1904, un arrêté supprimant ces scaphandres dits de commerce.

Encouragée par les premiers résultats obtenus aux Gambier, l'Administration locale décida, par arrêté du 15 décembre 1902, d'ouvrir aux scaphandriers, à partir du 1er janvier et jusqu'au 30 septembre 1903, onze lagons des Tuamotu délaissés par les plongeurs à nu. Les scaphandres étaient assujettis, comme aux Gambier, au paiement d'une patente de 1.500 francs. Le nombre de ces engins n'était pas limité. On sait qu'un cyclone passa du 11 au 19 janvier 1903 sur les Marquises et Tuamotu, occasionnant dans ce dernier archipel des ravages considérables. Un grand nombre de personnes y trouvèrent la mort et l'archipel perdit de ce fait 500 de ses plongeurs. Pour remédier dans la mesure du possible aux conséquences fâcheuses que cette diminution très sensible du nombre des indigènes occupés à la plonge n'eût pas manqué d'amener, le Gouverneur, dès le mois de février, ouvrit aux scaphandriers deux nouveaux lagons, et sur les fonds provenant d'une souscription ouverte pour permettre de soulager les infortunes causées par le cyclone, il préleva les sommes nécessaires à l'achat de trois scaphandres, qui, par décret du 3 août 1903, furent attribués, à titre remboursable, aux trois districts le plus durement éprouvés. En même temps la saison de pêche était prorogée jusqu'au 1er mars 1904. Quelques jours plus tard, le 19 août, le nombre des scaphandres employés dans les lagons ouverts à la pêche était limité à 50, et sur ce nombre 13 appareils étaient réservés aux indigènes originaires des Tuamotu. Dans ces conditions la production nacrière de l'archipel en 1903 dépassa notablement celle des années précédentes et la colonie put, dans l'ensemble, exporter cette année-là, 622 tonnes de nacre. Elle en a exporté 634 tonnes en 1904.

Malgré cela les adversaires du scaphandre ne désarment pas. Une baisse s'étant produite dans les cours en 1904, il l'attribuent à une surproduction qui est sûrement due, d'après eux, au trop grand nombre des scaphandriers autorisés ; ils oublient sans doute que les Établissements français de l'Océanie ne sont pas l'unique centre de production de la nacre. L'exemple de la Nouvelle-Calédonie, de la Californie, de l'Australie, où la plonge au scaphandre a presque complètement remplacé la plonge à nu, l'exemple de l'île Penrhyn, exploitée chaque année par une dizaine au moins de scaphandriers, sans que sa production diminue n'avaient pas convaincu les partisans acharnés de la plonge à nu exclusive. Il eut été bien étonnant qu'ils consentissent à s'incliner devant les résultats obtenus aux Tuamotu et aux Gambier. Fort heureusement, comme le disait récemment M. le Gouverneur Édouard Petit, la violence des attaques dont le scaphandre est l'objet de leur part, trouvera toujours du côté de l'administration actuelle une résistance d'une égale ténacité. Et l'on est ainsi en droit d'espérer que cet appareil, interdit en 1892 pour des raisons qui n'avaient rien de scientifique, a définitivement triomphé de résistances que rencontrait son emploi dans la colonie.

En 1904, le Gouverneur, considérant que la surveillance des scaphandriers, en ce qui concerne la profondeur à laquelle ils opèrent, est bien difficile à exercer, a annulé, par un arrêté du 31 mai, les dispositions des arrêtés antérieurs en vertu desquelles les scaphandriers n'étaient autorisés à pêcher que sur les fonds de 18 mètres et plus ; il maintenait seulement l'interdiction qui pèse sur ces engins pendant la période qui va du 1er novembre de chaque année au 1er mai de l'année suivante.

Durée de la saison de pêche. — Jusqu'à une époque très récente, la saison de pêche s'étendait, comme nous l'avons dit déjà, du 1er novembre au 31 octobre suivant ; et la pêche pouvait être ainsi pratiquée d'une façon absolument continue, les bancs exploités changeant seulement chaque année, à la date du 1er novembre. En réalité, cela représentait environ 180 journées de pêche par saison, en tenant compte des jours de fête et des jours où le mauvais temps rend la plonge impossible. Cet état de choses a été modifié par un arrêté du 27 avril 1904, qui suspend annuellement la pêche des nacres du 1er octobre au 1er février suivant, et autorise la pêche au scaphandre du 1er mai au 1er octobre de chaque année.

Taille des méléagrines pêchées. — Nous avons vu plus haut que l'on avait, à diverses reprises, interdit de pêcher les méléagrines dont la taille ou le poids demeuraient inférieurs à certaines limites fixées. Le décret du 31 mai 1890 laissait sur ce point toute liberté aux pêcheurs. Mais la réglementation relative à la pêche des nacres vient de s'augmenter de deux arrêtés. Le premier, en date du 1er juillet 1904, interdit de pêcher dans toute l'étendue des Établissements français de l'Océanie des méléagrines dont la dimension serait inférieure à 15 centimètres ; toutefois on admettra dans un chargement une tolérance de 8 o/o du poids total en nacres n'atteignant pas la taille réglementaire, à la condition cependant que leur dimension ne soit pas inférieure à 8 centimètres ; par exception aussi, les nacres provenant de certains bancs ou lagons où les méléagrines n'atteignent jamais les dimensions ordinaires seront admises dès qu'elles mesureront 8 centimètres, mais à la condition expresse qu'elles soient accompagnées d'un certificat d'origine. Le second arrêté est du 5 décembre 1904 ; il abaisse de 15 à 10 centimètres la dimension minima des nacres qui peuvent être pêchées. La dimension dont il est question dans les deux arrêtés est celle qui est mesurée à l'extérieur, suivant le plus grand diamètre et sans tenir compte des barbes du coquillage.

Rapports du capital et de la main-d'œuvre. — Pendant longtemps il y a eu, il faut bien le reconnaître, de la part des trafiquants en nacre, une exploitation véritablement scandaleuse des plongeurs. Le premier soin des négociants était de se constituer une équipe de plongeurs ; ils ouvraient aux indigènes sur lesquels leur choix s'était porté un crédit très large, trop large même, et les poussaient à s'endetter de sommes parfois considérables, en exploitant surtout leur gourmandise ou leur vanité ; on cite des plongeurs auxquels furent faites ainsi des avances s'élevant à 20.000 francs et plus. Mais en général il n'en fallait pas tant et les avances cessaient dès que l'homme était suffisamment endetté pour que tout espoir de se libérer jamais lui fût à peu près interdit. On le contraignait alors à plonger pour le compte de son créancier, qui lui achetait la nacre pêchée ; mais au lieu de payer en argent, le trafiquant payait en marchandises dont les prix étaient scandaleusement majorés ; certaines denrées indispensables étaient comptées à un taux qui était celui de Tahiti, majoré de 25 o/o environ ; la majoration était plus forte encore sur les objets de luxe, et, dans l'ensemble, le commerçant arrivait ainsi à payer de 1 franc à 1 fr. 50 le kilogramme de nacre qu'il revendait presque aussitôt 2 fr. 50 ou 3 francs. Pour faire cesser les abus de toutes sortes auquel donnait lieu le système que nous venons d'exposer, l'Administration locale a d'abord, par un arrêté du 8 janvier 1900, réglementé le trafic des alcools, qui étaient fournis en quantité abusive aux indigènes par des négociants peu scrupuleux. Puis le Gouverneur a proclamé par un arrêté spécial que nul ne saurait être contraint au travail de la plonge, détruisant par là l'espèce de servage où les trafiquants prétendaient réduire les plongeurs qu'ils avaient au préalable poussés à s'endetter, et permettant du même coup au jeu de l'offre et de la demande de produire ses effets ; ceci a naturellement entraîné une élévation des salaires, en sorte que l'amélioration du sort des plongeurs est à la fois d'ordre moral et d'ordre matériel. Tout récemment encore, le Gouverneur par intérim, M. H. Cor, vient de publier et de faire afficher dans tout l'archipel des Tuamotu et aux Gambier, une circulaire rappelant aux intéressés « quelques-unes des conditions qui sont imposées par le Code civil pour la validité des contrats et des actes qui servent à les constater devant les tribunaux », après avoir constaté que « ces conditions sont le plus souvent négligées par suite de l'ignorance de l'une au moins des parties contractantes ». Il y est en particulier rappelé que le consentement des parties est indispensable et qu'il ne doit être ni arraché par violence, ni surpris par ruse, et que, par suite, l'embauchage des indigènes, pratiqué sous la menace de poursuites pour dettes, ainsi qu'il arrive souvent, est illégal. Enfin on se propose de créer des syndicats de plongeurs, vendant eux-mêmes le produit de leur pêche et s'affranchissant ainsi des prélèvements effectués par les intermédiaires.

D'après le décret du 21 janvier 1904, les plongeurs, individus ou syndicats de districts, opérant pour leur propre compte, peuvent demander le concours de l'Administration pour faire vendre aux enchères les produits, nacres ou perles, de leur récolte. Ce même décret dispose que l'achat des coquilles aux plongeurs devra se faire en numéraire et qu'il ne peut être ouvert aux plongeurs, par les acheteurs du produit de la pêche des nacres, de crédit s'élevant à plus de 200 francs.

Canalisation du courant d'exportation. — Pendant longtemps la majeure partie des nacres pêchées au Tuamotu et aux Gambier était achetée dans les conditions que nous avons indiquées plus haut par des maisons allemandes ou anglaises ; les marchandises qui leur servaient à payer leurs achats étaient naturellement de provenance allemande ou anglaise, suivant le cas ; elles consistaient surtout en étoffes, couvertures, quincailleries, articles de Paris, bijouteries et horlogeries, farines, denrées alimentaires, liquides, etc. Nous avons vu quels bénéfices exorbitants étaient réalisés sur ces marchandises. La situation ainsi créée s'aggravait encore de ce fait que les nacres, monopolisées par ces maisons étrangères, étaient envoyées par elles sur le marché de Hambourg et surtout sur celui de Londres, où les industriels français allaient ensuite les acheter avec une majoration de 20 ou 25 o/o.

Cet état de choses, si préjudiciable à nos intérêts, tenait à des causes très diverses ; nos industriels avaient pris l'habitude d'acheter à Londres la nacre qui leur était nécessaire, et, tout en déplorant de laisser aux mains d'intermédiaires étrangers des sommes assez fortes, ils se montraient peu soucieux d'engager leurs capitaux dans une entreprise qui eût concurrencé, aux Gambier et aux Tuamotu, celles des Allemands et des Anglais ; les négociants de la colonie trouvaient à la fois commodité et profit à expédier sur Londres par Auckland, plutôt que sur Marseille par Sydney, les services étant plus fréquents sur la première ligne où le fret est, en outre, moins cher ; on payait, en effet, 90 francs par tonne d'encombrement (1,44 m. c.) de Papeete à Londres par Auckland et 173 francs de Papeete à Marseille par Sydney. Tout semblait donc conspirer à la pérennité d'un état de choses excessivement fâcheux pour notre commerce. L'attention des pouvoirs publics de Tahiti avait été, néanmoins, attirée, à diverses reprises, sur l'avantage qu'il y aurait à détourner sur la France l'exportation des nacres. Et, pour essayer d'enrayer l'exportation vers l'étranger, le Conseil général de Papeete décida, en 1896, d'établir sur les nacres un droit de sortie de 250 francs par tonne métrique, droit remboursable sur la production d'un certificat administratif constatant que la nacre est expédiée et vendue en France. Malheureusement l'Administration locale crut devoir faire opposition à cette mesure et obtint l'abaissement du droit à 150 francs (décret du 12 mars 1898). Dès l'année qui suivit on put néanmoins constater les bons effets du régime nouveau ; la quantité des nacres expédiées en France s'éleva à 119 tonnes ; ce chiffre n'avait jamais été atteint ni même approché jusqu'alors, et le tableau de la page 375 montre que l'on s'y est très sensiblement maintenu ; la moyenne, pour la période quinquennale 1899-1903, est de 133 tonnes ; il semble qu'un nouveau et décisif progrès ait été réalisé en 1904 ; la France a reçu, cette année-là, 403 tonnes de nacres en provenance de Tahiti. Si au lieu de considérer les quantités absolues, nous établissons le rapport de la quantité expédiée en France à la quantité totale des exportations, les résultats ne sont pas moins satisfaisants : 7,5 o/o seulement des nacres expédiées en 1898 de Papeete venaient dans les ports de la métropole ; la proportion s'est élevée à 30,6 o/o en 1890, à 41,7 o/o en 1900 ; elle passe au cours des trois années suivantes par des valeurs un peu plus faibles, 21,2 o/o, 27,4 o/o, 24,1 o/o, pour remonter, en 1904, à 65,5 o/o.

La Feuille de Renseignements de l'Office Colonial pour octobre 1905 dit que « l'augmentation importante constatée en 1904 dans les chiffres des exportations de nacre pour la France provient spécialement des stocks que certaines maisons de Tahiti avaient conservés dans leurs magasins à cause de la vilité des cours. Une hausse s'étant produite et le fret par voilier étant beaucoup moins élevé, les détenteurs de cet article se sont décidés à faire leurs expéditions par le trois-mâts norvégien *Kriemhild* à destination de Marseille ; mais cette expédition n'est en réalité qu'un trompe-l'œil. Elle n'a pas d'autre objet, tout au moins pour une grande partie, que de permettre aux expéditeurs de se faire rembourser ultérieurement le droit d'exportation de 150 francs par tonne, sans que l'industrie française soit appelée à tirer aucun avantage de cette exportation sur le marché national ». Il faut néanmoins espérer que l'industrie métropolitaine aura su profiter d'une circonstance si favorable pour elle. Les négociants de Tahiti ont d'ailleurs tout intérêt à s'entendre avec les commerçants de la métropole, puisque la prime d'exportation ne peut leur être remboursée que si la nacre est vendue en France.

ANTILLES ET GUYANE

Coup d'œil sur la faune marine.

La faune ichthyologique de la mer des Antilles possède assez d'analogies avec celle de la Guyane pour qu'il nous soit possible de les réunir dans un tableau d'ensemble. Nous donnerons, en même temps que les noms scientifiques des espèces, les noms vulgaires sous lesquels elles sont connues. La Martinique sera désignée par la lettre M, la Guadeloupe par G, Gy représentera la Guyane.

Nous citerons parmi les Elopidés : *Elops saurus* L. (Amér. mérid.), *savale* et *banane* (M), *Megalops thrissoïdes* Gthr., *savale* et *grande écaille* (M, G), à goût de merlan. Ces espèces pénètrent dans les eaux saumâtres et dans les rivières.

Aux Clupéidés il faut rapporter *Engraulis Commersonianus* Guich., le *pisquet* (M, G), *Clupea thrissa* Osbeck, ou hareng de la Martinique, ou *caillen-tassard* (M, G, Gy), qui aurait parfois des propriétés malfaisantes, *Cl. humeralis* Guich., le *petit cailleu* ou sardine des Antilles (G, M, Gy), à chair blanche et délicate, qui pénètre dans les cours

---

On pourra consulter, au sujet de ces colonies : Vauchelet, Notice sur les poissons de rivière de la Guadeloupe et sur le pisquet. *Bull. Soc. Acclim.*, t. x, 1863. — G. Verschuur, *Voyage aux trois Guyanes et aux Antilles*. Paris, Hachette, 1894. — Démaret, La colonisation et le commerce de la Guadeloupe. *Revue coloniale*, 1901. — V. Bataille, Note sur certaines espèces de poissons de la Guyane. *Bull. Soc. Acclim.*, t. x, 1863. — L. Vaillant, Contribution à l'étude de la faune ichthyologique de la Guyane française. *Nouv. Arch. Mus. Hist. Nat.* (4), t. ii, 1900. — G. Brousseau, *Les richesses de la Guyane française et de l'ancien Contesté franco-brésilien*. Paris, Soc. Edit. Scient. 1901. — Notices de l'Exposition Universelle de 1900. — Etc.

d'eau de juin à novembre et entre pour une bonne part dans la composition du *tritri*. Citons aussi *Cl. anchovia* Gthr., *Cl. striata* Gthr. (G, Gy), *Pristigaster mucronatus* Gthr., *Engraulis atherinoides* L. (Gy), *Eng. spinifer* C. V. (Gy) et *Cetengraulis edentulus* Gthr. (G, Gy) qui remonte dans les rivières.

Les Scopélidés fournissent le genre *Saurus* dont plusieurs espèces se trouvent aux Antilles et le long de l'Amérique méridionale, notamment *S. myops* C. V., le *lagarto* (M).

Aux Scombrésocidés sont à rapporter les *Hemiramphus* ou *balaou* des Antilles, très estimés : *H. brasiliensis* Gthr., *H. Pleii* C. V., etc., les orphies, surtout *Belone carribæa* Lesueur.

Un Athérinidé est à signaler : *Atherina martinicensis* C. V. Les Mugilidés donnent *Mugil brasiliensis* Agass., *M. liza* C. V., *carmot* ou *camot* (M), *mulet* (Gy), qui remonte dans les rivières ; son goût est très bon, on le fait sécher et on le sale à la Guyane. *Polynemus Plumieri* Lep. (Polynémidés), appelé le *barbu* (M), entre également dans les cours d'eau.

Quelques Sphyrénidés sont pêchés : *Sphyræna vulgaris* C. V. et *Sph. picuda* Bl. Sch., appelées *bécune* (M), à goût excellent, mais qui donnent parfois la *siguaterra*, et qui sont aussi plus redoutables aux baigneurs que le requin. Les Bérycidés fournissent *Holocentrum longipinne* C. V., le *marignan* ou *marian* (M), et *Myripristis jacobus* C. V., le *frère Jacques* (M).

Les Serranidés comprennent : les *Mesoprion* ou *vivaneaux*, ou *vivanets* (G, M), notamment *M. bucanella* C. V., l'*oreille noire* ou *boucanelle* (M) ; un certain nombre de serrans : *Serranus oculatus* C. V., ou *gros yeux* (M), *S. coronatus* C. V., *petit nègre*, *grande gueule*, *vieille* (M), *S. creolus* C. V. ou *créole* (M) ; des *Plectropoma* (*petite vieille*, *petit nègre*) ; *Centropomus undecimalis* C. V., *brochet de mer* (M), *loubine* (G), avec lequel on a fait de la boutargue.

Sciénidés. — *Otolithus regalis* C. V. (M) entre dans les eaux douces et peut servir à la confection d'excellente colle de poisson, *Ot. cayennensis* Gthr. (Gy) ; *Corvina argyroleuca* C. V., le *poisson d'argent* (M), *C. stellifera* Gthr., *acoupa* ou *grosse tête* (Gy); les *Pogonias* ou *tambours*, grands animaux extrêmement migrateurs : *P. chromis* C. V., *courbina* (Gy) ; *Eques lanceolatus* Gthr., le *gentilhomme* (M), *Eq. punctatus* Bl., *maman-baleine* (M).

Les Gerridés fournissent des espèces assez communes : le *pêche-*

penne (M), le *girard* (G). la *petite gueule* (M), etc. Quelques Pristipomatidés remontent les rivières : *Pristipoma crocro* C. V., *P. rodo* C. V., *gros dos* (M), *parapel* (G), qui vit aussi le long de l'Amérique méridionale. Les *Hæmulon*, à chair excellente, appartiennent à la même famille : *H. elegans* C. V., *gueule rouge* ou *gorette* (M), *goret barré* (G) ; on pêche aussi la *canne-canne* ou *chaponne*, etc. Quelques *Hæmulon* se retrouvent sur les côtes de l'Amérique méridionale.

Sparidés. — *Chrysophrys calamus* Gthr., le *poisson commis* (M), le *sarde* (G), grande espèce des bas-fonds, très estimée ; *Sargus unimaculatus* C. V., le *gros dos* (M). Les Chætodontidés sont fréquemment appelés *portugais* à la Martinique ; les *Chætodon*, dont la chair a généralement fort bon goût et qui sont parés de brillantes couleurs, reçoivent le nom générique de *demoiselle* ; les *Ephippus* sont merveilleusement parés : *Ep. faber* C. V. (Gy), *mombin* (M), *Ep. gigas* C. V., *poisson-lune* (Gy) ; les *Holacanthus*, dont la livrée est très belle, comptent parmi les espèces les plus savoureuses : *H. tricolor* C. V., *mombin* (M), *veuve-coquette* (G), *H. ciliaris* Lcp., *patate* (M) ; *Pomacanthus paru* C. V. (M, Gy) est très estimé.

Quelques Pomacentridés sont pêchés; les Labridés le sont en grand nombre, nous citerons parmi eux : *Cossyphus rufus* Gthr., *patate rouge*; les *Lachnolaimus*, appelés *aigrettes* (Saint-Bart), ou *capitaines* (M), sont à classer parmi les poissons les plus délicieux qui existent : *L. falcatus* Gthr., etc.; *Julis detersor* C. V. est appelé *dégraisseur* (M) à cause de l'habileté avec laquelle il enlève l'appât à l'hameçon.

Scaridés. — Les *Scarus* et *Pseudoscarus* sont plus remarquables pour leurs brillantes couleurs que pour leurs qualités alimentaires; on les appelle *perruche, perroquet*, etc.

Carangidés. — *Chorinemus saliens* C.V. et *occidentalis* Gthr., les *sauteurs* (Gy), dont la chair a une odeur d'urine; *Trachinotus glaucus* C. V. et *ovatus* Gthr., le *quatre* (M), *Tr. glaucus* C.V., *carangue ailée* ou *nègre* (M), passe pour suspect, *Tr. cayennensis* C. V. (Gy) ; *Caranx macarellus* C. V., *maq:\ereau* (M), *C. punctatus* C. V., *quiaquia* (M), moins estimé que le précédent, *C. crumenophthalmus* Lcp., le *coulirou* (M, G), très bon, *C. carangus* C. V. (G, M), *daurade* (Gy), poisson exquis qu'il ne faut pas confondre avec la *fausse carangue, C. hippos* Gthr., *C. sutor* Gthr., *cordonnier* ou *carangue à plume* (M) ; *Argyreiosus* *vomer* Lep., *lune* (M), *tête de cheval* (Gy) remonte les rivières, mais est moins estimé que les espèces précédentes.

Les Scombridés sont représentés par *Thynnus coretta* C. V., *bonite* (M), aussi grand et à chair aussi nourrissante que le thon d'Europe, *Auxis Rochei* Gthr., appelé *thon* à la Martinique, *Cybium regale* C. V. ou *tassard royal*, *C. acervum* C. V. et *caballa* C. V., *tassard* ou *tazard* (M).

Scorpénidés. — *Scorpœna Plumieri* Bl. Schn., appelé *crapaud de mer* (M), ainsi que *Sc. grandicornis* C. V., dont la piqûre est redoutée.

Triglidés. — *Prionotus punctatus* C. V. (Amér. mérid.), ou *poule* (M), etc.

GUADELOUPE ET SES DÉPENDANCES

Partagée en deux îles par le petit détroit que l'on appelle la Rivière Salée, la Guadeloupe est constituée au Sud par la Basse-Terre, aux montagnes élevées sur le flanc desquelles coulent de frais ruisseaux, au Nord par la Grande-Terre qu'accidentent des mamelons et des plateaux surbaissés, et dont le sous-sol calcaire absorbe presque toutes les eaux courantes. Un petit lac, le Grand Etang, se trouve dans l'île du Nord.

Les deux golfes (Culs de Sac) que réunit la Rivière Salée sont à fonds fréquemment vaseux, mais ils sont parsemés de nombreux récifs et, dans la région orientale surtout, les eaux, qui se blanchissent d'écume contre ces rochers, renferment une population ichthyologique d'une densité considérable. L'isobathe de 100 mètres affleure la Guadeloupe au Sud et s'éloigne beaucoup de la côte au Nord-Ouest de la Basse-Terre, pénètre au contraire davantage dans le petit Cul de Sac; autour de la Grande-Terre les fonds sont à pente plus douce.

Quelques îles encerclent la Guadeloupe à l'Est : la Désirade, au Nord-Est, a la structure géologique de la Grande-Terre et est reliée à celle-ci, ainsi que les minuscules îlots de la Petite-Terre, par un véritable plateau sous-marin sablonneux et rocheux, à bords en falaises, que recouvre une épaisseur d'eau inférieure à 50 mètres. Puis vient Marie-Galante dont la côte, de forme presque circulaire, s'étend sur

83 kilomètres et autour de laquelle les fonds plongent rapidement; enfin le petit archipel des Saintes, aux mouillages sûrs, au climat enchanteur, et que bordent sur un rayon de 15 milles des fonds de moins de 100 mètres, tapissés de sable par endroits.

Saint-Martin est relié au Nord à l'île anglaise d'Anguilla, au Sud à Saint-Barthélemy, par des fonds qui ne dépassent pas 26 mètres ; son petit territoire est parsemé de vastes étangs ; signalons la grande et profonde lagune de Simpson, que traverse la frontière franco-hollandaise et dont les riches salines alimentent une partie des Antilles. Les eaux douces manquent complètement à Saint-Barthélemy ; une saline y est exploitée.

L'industrie de la pêche n'est pratiquée d'une manière assidue que par la population de couleur ; elle est plus active dans les dépendances qu'à la Guadeloupe même. La Désirade possède un assez grand nombre de pêcheurs, mais l'agglomération principale de ceux-ci se trouve aux Saintes, surtout à la Terre-de-Bas ; les 2.000 habitants des Saintes sont presque tous marins et un certain nombre d'entre eux s'adonnent plus spécialement à la pêche. A Saint-Martin les habitants exploitent avec activité les richesses animales de leurs étangs, et les produits qui ne sont pas consommés sur place sont exportés sous forme de salaisons ; en 1900 il a été expédié un millier de barils de poissons salés vers la Guadeloupe, où cependant ces salaisons ne sont pas très estimées et n'atteignent pas des prix très rémunérateurs. M. Démaret fait remarquer à ce sujet que les industriels pourraient arriver à un gain plus considérable, si leur matériel de pêche était plus perfectionné et plus complet. La même observation est à faire pour Saint-Barthélemy, où le salage du poisson occupe aussi un certain nombre de bras.

A la Guadeloupe même la pêche est faite seulement en vue de la nourriture journalière de l'île par une population qui manque totalement d'initiative et de hardiesse, et la mer est si féconde que les modes de pêche employés, assez simples cependant, suffisent à fournir assez de poisson à la population guadeloupéenne. Il n'existe pas de pêcherie fixe, pas d'engin puissant qui permette d'exploiter d'une manière rationnelle les richesses ichthyologiques. On n'utilise guère que les lignes, la senne et les nasses. Celles-ci ont parfois plusieurs entrées et atteignent fréquemment des dimensions considérables. Souvent calées en eaux profondes, elles sont de construction robuste, variable avec les régions où elles doivent être utilisées. A la Guadeloupe elles sont en bambou et reliées à des flotteurs en bambou par des lianes que fournissent les forêts de l'île; à Saint-Martin elles sont faites en *corassol* et attachées par des lanières d'écorce du même végétal.

On nous a assuré que le prix du poisson serait fixé à la Guadeloupe par les municipalités et resterait immuable quelles que soient les espèces capturées. Nous savons d'autre part que le prix moyen du poisson est de 0 fr. 70 la livre et tombe à 0 fr. 25 et 0 fr. 30 pour le *coulirou*, à cause de l'extrême abondance de celui-ci.

Il se pratique à la Guadeloupe une pêche dévastatrice au premier chef et sévèrement prohibée, celle du *titiri* ou *tritri*. On désigne sous ce nom les alevins d'un certain nombre d'espèces, apparaissant à l'embouchure des rivières en juillet et en août, surtout après les orages, en bancs d'une densité incroyable. Au moment de l'arrivée du titiri les nègres accourent en grand nombre, la pêche se fait au milieu d'une grande agitation et avec l'aide d'engins aussi variés que rudimentaires souvent : mouchoirs, draps de lit, sacs, pantalons à jambes nouées, etc. Le produit de la pêche est parfois versé dans de la saumure additionnée de piment et de bois d'Inde, mais on le mange surtout à l'état frais, en beignets appelés *acras* ou au court-bouillon, toujours fortement épicé ; il est nécessaire de l'utiliser aussitôt après qu'il a été sorti de l'eau.

Un poisson très abondant dans les eaux de l'île, le *pisquet*, sert surtout comme appât après avoir été broyé : on le jette dans l'eau à la manière de la rogue à l'endroit où l'on désire donner un coup de senne.

La langouste se prend le long de la côte.

La tortue caret fait l'objet d'une chasse de quelque importance. Il a été expédié de la Guadeloupe les quantités suivantes d'écaille :

	1899	1900	1901	1902	1903
Kilogr....	1.173	962	491	338	436
Francs...	5.578	2 901	5.886	3 857	5.283

L'exportation de coquillages est très faible et ne mérite pas d'être signalée.

Les baleines et les cachalots sont abondants dans les parages de la Guadeloupe ; Marie-Galante constitue même une station de pêche pour les cétacés, mais les Guadeloupéens négligent entièrement cette source de revenus qu'ils abandonnent à des Américains. Ceux-ci paient une redevance au gouvernement pour exploiter à ce point de vue les eaux territoriales de Marie-Galante.

La pêche en eaux douces possède bien peu d'importance. La faune dulcaquicole comprend des formes, déjà signalées, qui remontent de la mer dans les rivières, et auxquelles il convient d'ajouter quelques *Gobius*, notamment *G. banana* C. V., ou *pancou*, ainsi que *Eleotris dormitatrix* C. V. appelé *dormeur*, *E. guavina* C. V. ou *loche*, *E. gyrinus* C. V., le *têtard*, *E. maculata* Gthr., que l'on appelle *mulet*, *Agonostoma monticola* Gthr., très estimé, *Pœcilia vivipara* Bl. Schn., importé de la Guyane en même temps que le gourami, etc. L'introduction du gourami n'a pas réussi.

Assez souvent les nègres et les créoles enivrent ou empoisonnent le poisson par des substances narcotiques, malgré que ces pratiques soient interdites par les prescriptions officielles. Ils se servent de *galéga*, de *Piscidia erythrina*, etc. Leurs coupables manœuvres ont amené un dépeuplement très marqué des eaux douces de l'île.

Il existe des cistudes dans les lagons et dans les cours d'eau de la baie Mahault. D'énormes écrevisses à chair très délicate et à carapace marbrée, appelées *ouassons*, se rencontrent dans les cours d'eau les plus importants et dans le Grand Etang. Un peu partout se trouve une petite écrevisse à laquelle on donne le nom de *cacador*. Le crabe terrestre ou *tourlourou* est très estimé et fait souvent l'objet d'une sorte d'élevage.

Aucune industrie annexe ne mérite d'être signalée à la Guadeloupe : pas de fabriques de conserves, ni de colle de poisson, ni de salaisons, etc. Un industriel qui avait essayé de faire de l'engrais avec le pisquet a dû abandonner son entreprise.

L'activité de la pêche n'est pas encore suffisante dans notre colonie, ainsi qu'en témoigne l'importance des entrées de poisson séché, salé ou conservé. La morue vient de France, mais surtout de Saint-Pierre et Miquelon; les harengs, sardines et poissons analogues sont fournis par la France, par les colonies ou par l'étranger.

Valeur en francs des poissons séchés, salés ou conservés

ANNÉES	IMPORTÉS			RÉEXPORTÉS	RESTÉS dans la Colonie
	MORUE	AUTRES POISSONS			
		de France ou des Colon. françaises	de l'Étranger		
1898....	1.335.463	43.966	36.527	168.628	1.247.328
1899....	1.768.356	65.584	334.627	83.833	2.088.734
1900....	693.572	37.549	34.373	31.339	733.155
1901....	1.154.336	19.103	32.787	149.354	1.056.872
1902....	1.120.868	38.614	28.946	231.710	956.718
1903....	925.437	35.570	27.248	49.921	941.364

On trouvera ces chiffres élevés en remarquant qu'ils concernent une population de 180.000 âmes.

L'importation annuelle des hameçons s'élève à 1.600 francs environ, dont près des deux cinquièmes sont français.

Une certaine somme a été votée par le Conseil général de la Guadeloupe pour la constitution d'une caisse de prévoyance en faveur des marins (*Comptes Rendus du Congrès international d'aquiculture et de pêche de 1900*, page 404).

MARTINIQUE

La Martinique est baignée par des eaux très fécondes. Ses côtes sont assez profondément découpées dans leur partie méridionale; elles le sont beaucoup moins au Nord, où elles dessinent une sorte de demi-cercle dont le mont Pelée occupe le centre. Vers l'Est s'étend la presqu'île déchiquetée de la Caravelle, que coiffent des récifs madréporiques; ceux-ci sont d'ailleurs nombreux sur la côte orientale et au Sud de l'île. De gais ruisseaux descendent de ses montagnes.

La pêche en eaux douces a très peu d'importance et ne constitue guère qu'un passe-temps accidentel. Elle permet de capturer des anguilles énormes, qui valent de 1 franc à 1 fr. 25 le kilo, des crabes appelés *siriques*, quelques sangsues. Les rivières qui courent sur fond de roches renferment de savoureuses écrevisses dont la taille atteint 0ᵐ 30; on les capture à l'aide de pièges formés d'un morceau de bambou fendu plusieurs fois dans le sens de sa longueur et entre les branches divergentes duquel se trouve un morceau de fruit comme appât : l'écrevisse tombée entre les branches ne peut plus s'en dégager. De petits gastéropodes, appelés *vigneaux*, très estimés, sont pris sur les roches des rivières, où ils voisinent avec des *Gobius* fixés par leur ventouse et avec des *Eleotris*. Ces poissons, auxquels on donne le nom de *dormeur* ou *endormi*, sont *G. lanceolatus* Bl., *E. guavina* C. V., très estimés tous les deux, *E. dormitatrix* C. V. A l'embouchure des cours d'eau, perchés sur une branche de palétuvier, les indigènes attendent qu'à la marée montante le *carmot* entre dans l'eau douce et l'abattent d'un coup de fusil ; on le fait aussi pénétrer au moment du flux dans les salines, où on le prend à la main. Le mancenillier sert assez souvent à empoisonner les rivières; il est plus spécialement employé par les blancs, notamment le Jeudi-Saint.

Signalons aussi le *tourlourou*, très recherché, et le *mantoux*, autre crabe de terre que les nègres sont seuls à consommer. On avait essayé à un moment donné de faire des conserves d'œufs de tourlourou ; l'entreprise a été abandonnée, nous ignorons pour quelles raisons.

Les tortues sont surtout capturées à terre; on admet qu'elles viennent à la côte tous les trois jours, la présence d'une piste fraîche indique aux indigènes les points où ils doivent venir se cacher pour surprendre les chéloniens au moment de leur montée sur le rivage et pour les renverser sur le dos. On cherche aussi leurs œufs, enfouis sous le sable. La tortue franche et la caret fréquentent l'île; la première est utilisée pour la cuisine, la deuxième fournit de l'écaille qui va toute en France. D'après les données officielles, qui ne représentent qu'une partie seulement du commerce sur cet article, il en a été expédié en :

	1899	1900	1901	1902	1903
Kilogr. ...	246	400	270	163	81
Francs. ..	1.047	748	4.286	2.270	3.205

La Martinique importe le *molocoye (Testudo carbonaria)*, que l'on fait venir, surtout d'Antigua, pour les besoins alimentaires de la colonie ; ce commerce a peu d'importance.

La pêche maritime est presque seule pratiquée. Elle occupe environ 1.400 barques ou pirogues, construites en bois de gommier, chacune d'elles est montée par six hommes au maximum, qui appartiennent uniquement à la population noire de l'île. Les principaux centres de pêche sont échelonnés sur les divers points de la côte. Avant l'explosion de 1902 on pêchait au Prêcheur et à la Grand' Rivière ; le célèbre ras de marée du 30 août, qui avait enlevé beaucoup de pirogues et de filets du Carbet au Fond-Capot, avait constitué à plusieurs points de vue un véritable désastre pour la population qui vit de la mer. Les habitants du Carbet, qui alimentaient Saint-Pierre de poisson, ont subi le contre-coup de la grande catastrophe martiniquaise ; ils ont été disséminés par les soins du gouvernement dans divers villages de pêcheurs que l'on a construits récemment, par exemple à Fond-Baigné, dans le nouveau centre de la Démarche, et quelques-uns d'entre eux ont été transportés à la Guyane. On trouve d'autres agglomérations de pêcheurs dans la baie du Lamentin (au lieu dit Californie), à Sainte-Luce, à Sainte-Anne, au Vauclin, au Marigot, etc.

Les engins de pêche sont variables. Nous ne parlerons pas de la pêche à pied sur les bancs de sable, à la recherche des *soudons* (sourdons), ni de la plongée à nu, car les habiles plongeurs de l'île descendent plutôt sous l'eau pour des opérations annexes de la pêche (décrochage des filets, etc.) que pour la pêche proprement dite.

Il est importé annuellement pour plus de 800 francs d'hameçons, dont les deux cinquièmes sont français. Les filets sont presque tous faits sur place ; ils sont en chanvre, généralement de Bordeaux ; on se sert cependant quelque peu des fibres de Broméliacées. Le carrelet, appelé *invention*, est très utilisé, ainsi que la senne. Quand il s'agit d'envelopper d'un coup de senne une bande de poissons migrateurs (coulirous, bonites, etc.), les pêcheurs sont aidés fréquemment par des guetteurs postés sur les collines qui commandent la côte. La *folle* est une sorte de tramail employé à pêcher la tortue. On se sert de paniers, de nasses de formes variées. Les nasses sont en bambou et roseau, ou en bambou seul, les liens sont en lanières de latanier pour les petites nasses, en fibres de bambou pour les grosses. La section des nasses est généralement pentagonale, chacun des pans pouvant atteindre 1 à 1^{m}50 de largeur. Elles sont déposées au fond, soigneusement repérées et reliées par une liane de 5 à 6 mètres de long à un flotteur qui, par mesure de précaution, reste profondément immergé ; le pêcheur se sert de ses points de repère pour pouvoir retrouver sa nasse et la retirer avec un croc. Survienne un ras de marée ou une tempête qui bouleverse les fonds, les nasses sont perdues pour le pêcheur. Les harpons, crocs, pieux pointus sont assez utilisés. La pêche au feu, appelée pêche au *coucla*, est pratiquée à marée basse ; on abat à coups de sabre les poissons attirés par le falot de résine. Les blancs pêchent à la dynamite comme passe temps et détruisent ainsi des quantités considérables de poissons.

Le marsouin cause des dégâts fréquents aux filets des pêcheurs ; on le chasse à coups de fusil. Des dégâts analogues sont causés par les requins, notamment par le *pantou-fouillé* (requin à marteau) ; celui-ci, paraît-il, fait des sillons dans le sable des bancs pour y rechercher les sourdons ; on peut le capturer à ce moment. Les requins sont peu pêchés ; quand ils sont petits on en fait des salaisons qui ont le goût de la morue. Avec celle du pisquet c'est la seule salaison qui se fasse dans l'île. La salaison du pisquet a été introduite par les Hindous qui sont très friands de ce mets, malgré l'odeur nauséabonde qu'il exhale souvent. D'ailleurs l'humidité du climat rend le séchage et le salage du poisson particulièrement difficiles dans l'île ; ces opérations ne sont guère possibles que dans la saison sèche, qui s'étend d'avril à juin.

La pêche du *titiri* se fait comme à la Guadeloupe ; le fretin qui est désigné sous ce nom ne se trouve que sur la côte de la mer des Antilles et fait à peu près défaut à l'Est. Dans la baie du Robert on capture les veaux marins pour en faire une huile à laquelle on attribue des propriétés contre le tétanos, et qui est usitée dans l'art vétérinaire. Les baleines et les cachalots apparaissent aux environs de la Martinique vers le mois de mai et il n'est pas rare de les voir s'échouer sur les côtes ; ils ne sont pas poursuivis par les Martiniquais.

Les poulpes, appelés *chatroux*, sont pêchés au croc et consommés à l'état frais ; ils sont nombreux dans la baie du François et atteignent souvent de grandes dimensions. La langouste, appelée homard, est de très grande taille ; on la prend avec les paniers. Les crabes sont recherchés également. Les oursins ou *chardrons* sont très estimés ; le chardron blanc, de très grande taille, est consommé après cuisson et constitue un mets délicieux : on en fait des omelettes réputées.

Les huîtres sont excellentes, meilleures, au dire des gourmets, que les meilleures d'Europe ; elles ne sont pas cultivées. De dimensions égales à celles des huîtres moyennes d'Arcachon, elles sont surtout abondantes au Massimassi dans la baie du Vauclin, sur les racines de palétuvier qui émergent au moment du reflux : pour les pêcher on coupe les racines qui les portent. Les huîtres de la baie de Fort-de-France sont plus petites et moins bonnes.

Un volumineux gastéropode à intérieur rose ou violet, le *lambis* (sans doute *Pterocera lambis*) vit aux environs des cayes où on le prend par plongée. Il est vendu au prix moyen de 0 fr. 50 et fournit après cuisson un plat exquis. Les coquilles vides servent d'ornement (autour des plates-bandes des jardins, etc.) et sont utilisées pour la confection de la chaux vive. Enfin il arrive que ce mollusque renferme des perles roses ou violettes dont la découverte est une excellente aubaine pour les cuisinières qui les trouvent ; parfois en effet elles atteignent des prix élevés : un de nos amis en a vendu une au prix de 4.000 francs et connaît une perle de lambis pour laquelle le prix de 100.000 francs était demandé.

Le soudon vit enterré dans le sable blanc dans la baie du François ; on trouve également des palourdes qui sont consommées cuites. De la mer on retire aussi les méduses qui, séchées, constituent un poison trop souvent employé, et les divers madrépores qui, dans la baie de Fort-de-France, sont utilisés pour la fabrication de la chaux vive.

Ce sont surtout les femmes créoles qui détaillent dans l'intérieur de l'île les produits de la pêche. Les poissons des cayes sont les plus estimés, surtout le bleu *ouachalo* ; ils sont l'équivalent de nos poissons de roche et ont peut-être plus de saveur qu'eux : leur prix de vente ne dépasse jamais cependant 1 fr. 40 le kilo. Les poissons ordinaires peuvent tomber à 0 fr. 20, et les jours où donne le coulirou le prix de celui-ci est parfois de 0 fr. 10. Le prix moyen du maquereau est de 0 fr. 80, celui du thon de 0 fr. 50 ; comme la chair de ce dernier poisson s'altère avec une grande facilité, le thon qui n'a pas été vendu à 11 heures du matin doit obligatoirement être détruit. Malgré la modicité des prix qui précèdent, on estime que le rendement de la pêche s'élève à 1.500.000 francs en moyenne.

Cependant l'introduction de poissons secs ou en conserves est assez active, pour combler le déficit de la pêche en vue de l'alimentation d'une population excessivement dense. La morue vient presque toute de France ou des colonies françaises.

Valeur en francs des poissons séchés, salés ou conservés

ANNÉES	IMPORTÉS			RÉEXPORTÉS	RESTÉS dans la Colonie
	MORUE	AUTRES POISSONS			
		de France ou des Colon. françaises	de l'Étranger		
1898....	1.362.650	56.737	22.684	90.531	1.351.541
1899....	1.122.255	34.956	20.835	74.896	1.105.210
1900....	1.409.090	37.930	11.964	85.520	1.373.464
1901....	1.520.605	45.497	3.598	36.881	1.532.819
1902....	726.402	24.657	8.949	10.920	749.088
1903....	906.837	43.851	7.949	39.576	919.061

Comme prime d'encouragement à la pêche côtière et pour favoriser l'accroissement du nombre des pêcheurs, le Gouvernement de la colonie a pris à sa charge le montant de la retenue de 3 0/0 que prélève la Caisse des Invalides ; au budget de 1905 figure une prime à la pêche côtière de 20.000 francs.

GUYANE

Pêche en mer. — Les côtes de la Guyane sont généralement basses et sablonneuses, bordées de lais, de dunes et, au niveau de la mer, d'un cordon de palétuviers fréquemment interrompu par des marigots. Entre les dunes croupissent les eaux de marécages appelés *pripris*. Un certain nombre de rivières, alimentées par des pluies fréquentes et dont le cours est trop souvent coupé par des rapides, se jettent dans la mer en se dirigeant vers le Nord et charrient une grande quantité de limon. Celui-ci se mélange aux troubles déversés par l'Amazone et se trouve entraîné et disséminé par le courant qui longe la côte, à quelques kilomètres de distance. Ce courant a une vitesse de 3 à 4 milles et constitue la principale origine du Gulf-Stream ; il recouvre d'un tapis de vase les fonds qui s'étendent au large de la Guyane, si faiblement inclinés que l'isobathe de 50 mètres est à une grande distance du rivage. Les ras de marée sont fréquents le long de la côte.

Quelques îles sont à signaler : l'île de Cayenne surtout, et les célèbres îles du Salut.

La mer est d'une grande fécondité et les eaux douces ne lui cèdent en rien comme richesse. Au large des côtes on capture la bonite (*Thynnus coretta* C. V.), la daurade (*Caranx carangus* C. V.) et le poisson volant (*Trigla volitans* C. V.). D'une manière générale les poissons de mer sont divisés en *poissons écaille*, les plus estimés et dont le prix moyen à Cayenne est de 1 fr. 20 le kilo, et en *poissons limon* (machoirans, requins, torpille, etc.) qui ne valent guère que 0 fr. 60. Ils sont presque uniquement fournis par des déportés annamites, que l'on avait amenés à la Guyane pour les faire servir aux exploitations agricoles ; ces déportés se sont mariés entre eux, ou leurs conjoints sont venus les retrouver, et ils ont fondé à l'extrémité du canal Laussat un village de pêcheurs, supporté par des pilotis. Sans eux Cayenne serait absolument dépourvue de poisson. Quelques familles d'Indiens, descendants des anciens Caraïbes, se livrent à la pêche à Sinnamary ; en plus d'un point pêchent les créoles et les métis.

On se sert du tramail dans les eaux troubles, du palangre sur les bancs de vase ou en travers de l'embouchure des cours d'eau. La senne sert à récolter d'amples et faciles moissons, surtout sur les plages de Kourou, de Sinnamary, d'Organabo et d'Iracoubo, pendant la saison sèche qui est l'époque de la fraie pour les poissons, de la ponte pour les tortues et les iguanes. Les populations voisines se portent à ce moment sur la côte et quelques coups de filet suffisent à ramener une abondante provision dans laquelle on trie les individus de choix pour les saler et les boucaner. C'est en effet l'époque où l'on peut pratiquer le salage du poisson, qu'il est impossible de réussir convenablement pendant la saison des pluies, et où le poisson se rapproche de la côte pour remonter les cours d'eau, à l'embouchure desquels se font souvent des pêches merveilleuses.

Les mâchoirans se capturent aussi près de l'embouchure des fleuves, avec les lignes à main ou les lignes flottantes ; celles-ci sont attachées, au nombre de une ou deux, à une grosse calebasse vide qui joue le rôle de flotteur ; un morceau de viande saignante sert d'appât. Une pirogue surveille cinq ou six de ces engins ; quand l'un d'eux est emporté on va harponner le machoiran qui s'est enferré, on le tue d'un coup de *machette* derrière la tête et on le hisse dans la pirogue. Les vessies natatoires du machoiran, appelées *nuages*, prennent quand elles ont été desséchées le nom de *colle de Cayenne*. Cette colle a une valeur inférieure à celle de l'esturgeon ; la France est l'unique cliente de la Guyane pour cet article, qu'on lui expédie dans des barriques de vin vides ; elle en a reçu par Bordeaux les quantités suivantes :

	1898	1899	1900	1901	1902	1903
Kilogr...	2.184	1.711	2.082	1.121	1.266	1.623
Francs...	6.552	5.143	6.246	3.363	3.798	3.868

Les Annamites et les Chinois installent sur les bancs des sortes de bordigues en filets soutenus par des piquets. Quelques nègres ou créoles vont harponner sur mer les tortues, surtout la caouane, mais c'est là un procédé exceptionnel, et généralement on attend que les tortues viennent pondre sur la côte pour les capturer ou pour prendre leurs œufs. Les chéloniens sont pourchassés principalement aux environs de Kourou, de Sinnamary et d'Organabo. Les tortues caret fréquentent peu la Guyane ; on y trouve aussi la tortue commune (*Testudo tabulata* Dand.) la *matamata* (*Chelys fimbriata* Schweig.) etc. ; d'autres, auxquelles on donne le nom de *tracajas* et qui proviennent des côtes du Contesté, sont vendues à Cayenne au prix moyen de 1 franc. Le lamentin, qui a disparu de la Martinique, se retrouve à Cayenne. Le dauphin y est appelé *boto*.

En 1902 M. H. de Fitz-James a obtenu l'autorisation, pour trois ans, de rechercher et de pêcher les huîtres perlières sur les côtes de la Guyane. L'huître comestible et la moule se trouvent sur les côtes, ainsi que d'autres coquillages appelés *giriques*, des bigorneaux et des vigneaux ou *mantouni*. Il existe également des crevettes, des homards, des langoustes et des crabes, dont un crabe tourteau qui se mange en soupes pimentées.

Pêche en eaux douces. — La faune ichthyologique des eaux douces est composée d'un assez grand nombre d'espèces, dont plusieurs sont très dignes d'intérêt. Parmi les Characinidés il faut citer : *Xiphorhamphus microlepis* Müll. et Trosch., très abondant et qui, une fois frit, constitue un mets excellent dont le goût rappelle celui du hareng frais, et *X. falcatus* Müll. et Trosch. Les divers *Macrodon* : *M. tareira* C. V., *M. patana* C. V., mais surtout *M. aimara* C. V., désigné par les indigènes sous le nom d'*aimara*. Cette dernière espèce atteint 1^{m}20 de long et affectionne le voisinage des rapides et des chutes d'eau ; elle constitue un des plus savoureux poissons de la Guyane, « sa tête est plus particulièrement recommandée aux gourmands ». L'*arawaak*, le *warau*, le *tari-ira* sont sans doute aussi des *Macrodon*. Les *Serrasalmus* sont très voraces et malgré leur petite taille ils sont parfois réellement dangereux pour les personnes qui se baignent ; on les appelle *caribe* ou *caribito* ; *S. niger* Schomburgk, ou *piraï*, pourrait sectionner le doigt d'un homme. Les *Myletes* sont également très voraces et coupent les lignes des pêcheurs ; *M. orbignyanus* C. V., très estimé, porte aussi le nom de *piraï*, *M. palometa* C. V. est une des espèces désignées sous le nom de *pacu*. Ajoutons les *Hemiodus*, etc. ; *Prochilodus nigricans* Agass., le *pacu* à bandes roses, est savoureux et recherché.

Les Siluridés sont nombreux ; citons parmi eux : *Ælurichthys Gronovii* Gthr., *Arius stricticassis* C. V. ou *grondeur*, *A. Herzbergii* Gthr., de goût excellent, mais muni de piquants capables, à ce que l'on assure, de donner la mort et avec lesquels les Indiens font des pointes de flèche qu'ils empoisonnent au curare ; cette espèce est très abondante en certains points et on tue ces animaux en les assommant à coups de *tacari* (perche qui sert à faire mouvoir le canot) ; *A. rugispinnis* C. V., appelé *tumbeloc* à Cayenne, *A. Parkeri* Gthr. ou *bresson*, *A. pemecus* Gthr. ou *pémécou*, *A. passany* Gthr., *A. couma* Gthr., appelé *couma-couma* d'après Cuvier et Valenciennes et qui doit être le délicieux *coumarou* des autres auteurs. Il faut citer surtout les deux *machoirans*, le machoiran blanc ou *Arius Valenciennesii* Gthr. et le machoiran jaune ou *sauteur*, *A. flavescens* Gthr. Ajoutons divers *Pimelodus* (*Pimelodus bufonius* ou *crapaudin*) ; les *Callichthys*, surtout *C. asper* C. V., appelés *atipa*, peuvent sortir de l'eau, ou au contraire s'enfoncent dans la vase pendant la saison sèche ainsi que les *Aspredo* ou *curites*.

Loricariidés : des *Plecostomus*, notamment *P. verres* Gthr., le *goret* ; des *Chætostomus*, etc. — Cyprinodontidés : *Pœcilia vivipara* Bl. Schn., importé en même temps que le gourami, les *Anableps* ou *gros-yeux*. — Osphronémidés : *Osphronemus olfax* Commerson, le célèbre et délicieux gourami, importé par le capitaine Philibert et qui porte le nom de *counani*. Bataille dit que ce poisson sert à faire des salaisons qui ont le goût de la morue ; nous ne savons pas s'il ne confond pas avec le *parassi*, sorte de mulet (Brousseau) qui vit dans la mer et sert à faire des salaisons dont nous allons bientôt parler. Les Cichlidés sont généralement appelés *prapra*.

Comme autres poissons pêchés, dont le nom scientifique nous est inconnu, il faut ajouter le *moroquo*, l'*acoupa*, le *patagaïe*, le *palica*, le *yaya*, le *onaoua*. Le *piracuru* ou *cury* (*Vastres arapaima* C. V.) ne semble pas exister dans la colonie ; il constituerait cependant pour elle une excellente acquisition qu'il serait bien facile de faire, le cury abondant dans le Contesté.

La pêche en eaux douces possède une certaine importance dans un pays assez abondamment pourvu d'eaux courantes, et le poisson constitue un des principaux éléments de l'alimentation journalière pour les diverses peuplades qui habitent l'intérieur de la Guyane.

Au cours de leurs déplacements les Galibis s'établissent fréquemment sur le bord des rivières, et la nourriture qu'ils s'y procurent avec la plus grande facilité les dispense de tout effort suivi pour assurer leur subsistance ; les nègres Bosch et Bonis sont des pêcheurs d'une adresse remarquable et qui s'aventurent dans de frêles pirogues sur les rapides des cours d'eau.

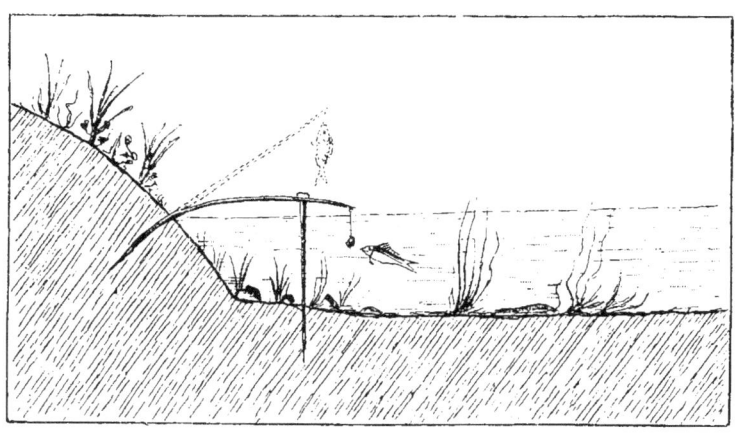

(*Fig. 18*) TRAPPE (d'après Brousseau)

Les *coumarous*, qui pèsent souvent de quatre à cinq kilos, se prennent pendant l'époque des crues à la ligne volante, amorcée avec un fruit de Sapotacée à peine mûr ; à la fin des crues on les perce de flèches au moment où ils passent les rapides, surtout au niveau des deux sauts du moyen Maroni, le grand et le petit *Coumarou-gnagna*. Les *aimaras*, pendant la saison sèche, sont ramenés avec un hameçon appâté à la viande, surtout au voisinage des rapides et des chutes d'eau ; pendant la période des crues on les capture la nuit avec les *trappes* et les *caminas*. Le piège auquel M. Brousseau donne le nom de *trappe* est en réalité identique à celui que les braconniers appellent *sauterelle* dans le Nord-Est de la France ; il est fabriqué avec des baguettes de bois dont une, empruntée au *Cecropia pellata*, flexible et longue de 1ᵐ 50, est munie d'une ligne et d'un hameçon et est retenue au repos dans une encoche de l'autre (figure 18).

Le *camina* est une sorte de panier conique, long de 0,80 à 1 mètre, muni à son sommet d'une gaule faisant ressort, qu'une corde ou une liane relie au couvercle de l'engin. Cette corde est munie d'une cheville, maintenue dans la boucle d'une cordelette, qui s'attache aux flancs du panier, par une deuxième cheville perpendiculaire à la première et à laquelle est fixé l'appât (figure 19). Le déclanchement du système emprisonne le poisson.

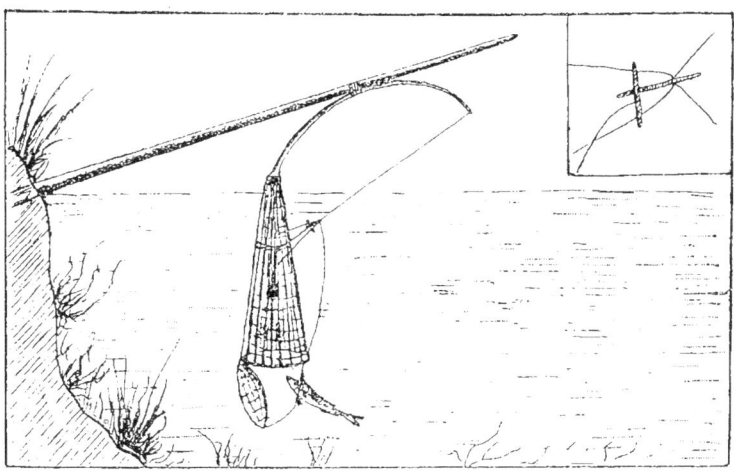

(Fig. 19) CAMINA, disposition des chevilles dans cet engin
(d'après Brousseau)

Chassées des estuaires aux périodes de crues, les espèces marines pénètrent plus avant dans les cours d'eau pendant les mois d'été, mais en même temps se produit l'assèchement des régions inondées. Les poissons se retirent alors dans les petits cours d'eau qui sont sous les forêts vierges, ou dans les parties profondes des rivières; affamés ils se jettent avidement sur les appâts qu'on leur offre et la morsure de beaucoup est à redouter pour l'homme. Au cours de cette saison on enivre et on empoisonne le poisson des rivières; on se sert du *sinapou* (*Tephrosia toxicaria*), du *couami* (*Clibadium surinamense*), du couami indien (*Euphorbia cotinoides* et *Phyllanthus couami*), du *nicou* ou *nivré* (*Leuchocarpus nicou*), du *barbasco* (*Jacquinia annillaris*). En certains points on fait également de petits barrages en clayons pour retirer le poisson.

Aux estuaires des fleuves, dans les points où les marées se font sentir, on élève aussi des pêcheries en clayonnage que l'on appâte avec des déchets de cuisine ou autrement; il suffit de venir prendre le poisson à marée basse. Dans les mêmes régions on prend avec des espèces de paniers une grosse crevette d'eau douce, au goût délicieux. Dans les régions abandonnées par l'eau il n'y a qu'à remuer la vase pour en sortir des *atipas*, des *curites* qui s'y sont enfoncés pour estiver; on trouve parfois les mêmes espèces lors du creusement des puits.

Conclusions. — Une partie des filets est faite avec des fibres de *Bactris setosa*, plus fines et plus tenaces que celles du chanvre, et auxquelles on donne le nom de *tecum*. Le même textile sert à fabriquer des cordes, que des lianes remplacent souvent. Une certaine quantité de filets est aussi importée de France; la valeur s'en est élevée à une moyenne de plus de 9.000 francs au cours des dernières années; pendant la même période la France envoyait aussi pour plus de 6.000 francs par an de lignes de pêche. L'humidité excessive qui charge l'air pendant plusieurs mois de l'année, amène une détérioration rapide des engins de pêche et des barques. Les pirogues sont faites avec le *bagasse* (*Bagassa guianensis*), le *schouvari caryocar*, le *grignon* (*Bucida*), le *courbaril* (*Hymenœa*), quelques Laurinées. Le *bois pagaie* (*Swartzia*), sert à faire des pagaies.

Le peu de poisson (*parassi*, etc.) qui est mis à sécher dans la colonie est consommé par les familles qui l'ont préparé, aussi la Guyane importe-t-elle de la morue et du poisson salé pour une valeur qui oscille en moyenne entre 200.000 et 300.000 francs par an; la morue se vend à Cayenne 2 francs le kilo. Elle vient surtout de France et des colonies françaises ; le bacaliau est fourni par les Etats-Unis. Parmi les poissons salés il faut signaler que la région du Contesté envoie une petite quantité de *piracuru* coupé en lanières, salé et séché, et de *parassi*, également salé et séché ; ce dernier poisson serait très supérieur à la morue et d'un prix de revient moins élevé ; le premier vaut à Cayenne 2 fr. 15 le kilo.

L'impossibilité complète de faire pénétrer dans l'intérieur de la Guyane le poisson de mer frais, le manque absolu de débouchés pour celui-ci, la difficulté que l'on éprouve au cours de la période des pluies pour préparer le poisson salé et pour conserver les salaisons, arrêtent actuellement tout essor de l'industrie de la pêche dans la colonie. C'est là une situation qui ne semble pas devoir se modifier d'ici longtemps. Peut-être une amélioration pourra-t-elle se dessiner du côté de certaines pêches spéciales, comme celle des huîtres perlières, ou celle des éponges s'il en existe au large de la Guyane. Peut-être encore serait-il avantageux d'essayer la mise en boîtes de conserves de quelques-uns des hôtes savoureux qui habitent les eaux guyanaises. Il ne faut pas se dissimuler toutefois qu'il est impossible de compter sur la main-d'œuvre indigène dans un pays où l'agriculture a été abandonnée en beaucoup d'endroits, faute de bras, et où les mines d'or attirent seules l'attention. En somme, si en Guyane « le poisson entre pour moitié dans la nourriture habituelle des habitants pauvres et des indigènes », il n'existe pas dans la colonie et il ne semble pas possible d'y créer actuellement un mouvement commercial marqué, qui tire son origine de la faune aquatique indigène.

SAINT-PIERRE ET MIQUELON

Aperçu historique.

Les îles Saint-Pierre et Miquelon sont le minuscule débris du magnifique empire colonial que la France posséda jadis dans l'Amérique du Nord. Cet empire comprenait, notamment, l'île de Terre-Neuve et les îles adjacentes, sur lesquelles doit se porter plus spécialement notre attention et dont nous allons retracer brièvement l'histoire.

Principaux documents consultés : *Annuaires des îles Saint-Pierre et Miquelon.*— *Bulletin annuel de la Société des Œuvres de Mer.* — Rapports de fin de campagne adressés par les Commandants de la division navale de Terre-Neuve à M. le Ministre de la Marine. — Rapport sur la campagne de 1892, par M. le capitaine de vaisseau Parfait, *Revue maritime et coloniale*, Section Pêches, 1893. — Rapport sur la campagne de 1893, par M. l'amiral Sallandrouze de Lamornaix, *Bull. des pêches maritimes*, 1894. — Rapport sur la campagne de 1894, par M. le capitaine de vaisseau de Maigret, *Ibid.*, 1895. — Rapports sur les campagnes de 1895, 1896, 1897, par M. le capitaine de vaisseau Reculoux, *Ibid.*, 1896 et 1898. — Rapport sur la campagne de 1901, par M. le capitaine de vaisseau de Faubournet de Montferrand, *Bull. de la Marine marchande*, 1901. — Rapport sur la campagne de 1904, par M. le capitaine de vaisseau de Kerillis, Circulaire n° 292 du Comité central des Armateurs de France. — Livres jaunes sur la question de Terre-Neuve, publiés en 1891, 1892 et 1904 par le Ministère des Affaires étrangères. — Débats parlementaires : Compte-rendu analytique des séances de la Chambre des Députés (séances des 5, 7, 8, 10 et 12 novembre 1904). — Compte-rendu analytique des séances du Sénat (séances des 5, 6 et 7 décembre 1904). — Gazeau, La Pêche et les pêcheurs à Terre-Neuve, *Bull. des pêches maritimes*, 1897. — Delorme, Les pêcheries françaises à la côte de Terre-Neuve, Compte-rendu des travaux du Congrès national des Sociétés françaises de Géographie tenu à Marseille en 1898. — Garreau, Les intérêts français à Terre-Neuve, *Questions diplomatiques et coloniales*, 1899. — M. Caperon, Les colonies françaises : Saint-Pierre et Miquelon, Paris 1900. — Layec, La Bretagne et la colonisation française, *Questions diplomatiques et coloniales*, 1901. — H. Lorin, La question de Terre-Neuve, *Ibid.*, 1902. — L. Berthaut, Rapport fait au Conseil supérieur des hospitaliers-sauveteurs bretons, par leur délégué à l'île de Terre-Neuve, *Bull. trimestriel de l'Enseignement professionnel et technique des pêches maritimes*, 1902. — R. de Caix, La question du French-Shore, *Questions diplomatiques et coloniales*, 1904. — R. de Caix, Terre-Neuve, Saint-Pierre et le French-Shore, Paris 1904. — Légasse, Les îles de Saint-Pierre et Miquelon, *Dépêche coloniale illustrée*, 1905, etc.

Il paraît bien certain aujourd'hui que des marins scandinaves abordèrent au début du xie siècle à l'île de Terre-Neuve, qu'ils appelaient Elluland. Il y a tout lieu de croire aussi que les Basques visitèrent les parages de cette île dans le courant des xive et xve siècles. Cependant on attribue généralement la découverte de Terre-Neuve au navigateur vénitien Jean Cabot qui, s'étant mis au service du roi Henry VII d'Angleterre, partit de Bristol au mois de mai 1497, pour y revenir à la fin de juillet de la même année. Jean Cabot a-t-il réellement découvert Terre-Neuve au cours de ce voyage, comme on l'admet en général ? Diverses circonstances rendent plus vraisemblable l'hypothèse d'après laquelle il aurait abordé à l'île du Cap-Breton et aperçu l'île du Prince-Edouard, qu'il appela Saint-Jean. Certains documents semblent indiquer que l'un des fils de Jean Cabot, Sébastien, qui avait accompagné son père en 1497, effectua l'année suivante un nouveau voyage, toujours pour le compte du roi d'Angleterre ; mais il ne fit, lui non plus, aucun acte officiel de prise de possession des pays qu'il visita et parmi lesquels se trouvait peut-être Terre-Neuve. On voit combien d'incertitudes planent encore sur les premiers temps de l'histoire de cette île. Avec le xvie siècle commence une période nouvelle, où des documents précis vont nous permettre d'être plus affirmatifs.

En 1504 nos pêcheurs bretons exerçaient leur industrie dans les eaux de Terre-Neuve, concurremment avec des Basques et des Portugais, et dès 1506 les Normands commencèrent leurs expéditions vers ces parages ; ce sont les capitaines de l'armateur dieppois Jean Ango qui ouvrent la série. A partir de cette époque de nombreux documents montrent que nos pêcheurs fréquentent régulièrement les Bancs et qu'ils y sont même assez nombreux : un acte de 1542 indique que 60 navires normands furent armés cette année-là pour Terre-Neuve ; et ce nombre fut presque doublé les années suivantes.

Du reste, dès 1524, Verrazano avait officiellement pris possession de Terre-Neuve et des îles adjacentes au nom du roi François Ier ; et c'est vers la fin du xvie siècle seulement que l'Angleterre manifesta pour la première fois l'intention d'établir sa suzeraineté dans ces parages : sir Humphrey Gilbert vint en 1583 prendre possession de Terre-Neuve au nom de la reine Elisabeth. Il avait amené avec lui, pour coloniser la nouvelle possession, 250 habitants du comté de Devon qui durent être rapatriés bientôt. Dans ces conditions on comprend que cette tentative anglaise n'ait nullement entravé le développement de la colonisation française à Terre-Neuve. Le premier établissement sédentaire des Français dans cette île fut créé en 1604 ; en 1613 les Malouins obtenaient du roi de France une sorte de monopole pour l'exploitation des pêcheries, et à partir de 1647 un navire fut envoyé par le roi pour les protéger dans l'exercice du droit qui leur avait été ainsi conféré. En 1670, enfin, Colbert envoyait à Terre-Neuve le premier Gouverneur français, qui s'établit à Plaisance, sur la côte Sud ; un peu plus tard nous occupions aussi Saint-Pierre et Miquelon et en 1696 un fortin français était établi dans la première de ces îles.

Traités au XVIIIe siècle. — Survient alors la guerre de la succession d'Espagne : le fort de Saint-Pierre est démantelé en 1702 par le bombardement d'une escadre anglaise, qui fait ensuite une tentative infructueuse pour s'emparer de Plaisance. Pendant ce temps les colons anglais s'implantent définitivement à Terre-Neuve, occupant les parties de la péninsule Avalon délaissées par nous, c'est-à-dire la côte Est au voisinage de Saint-Jean. Le traité d'Utrecht (1713) nous fait perdre toutes nos possessions dans ces parages, sauf l'île du cap Breton, et nous accorde des droits de pêche sur une partie des côtes de Terre-Neuve. Voici, au surplus, le texte exact de l'article de ce traité qui nous intéresse plus spécialement ici.

ARTICLE 13. — L'île de Terre-Neuve avec les îles adjacentes appartiendront désormais absolument à la Grande-Bretagne....... sans que le Roi Très-Chrétien, ses héritiers ou successeurs ou quelques-uns de ses sujets puissent désormais prétendre quoi que ce soit, en quelque temps que ce soit, sur ladite île et les îles adjacentes, en tout ou en partie. Il ne leur sera pas permis non plus d'y fortifier aucun lieu, ni d'y établir aucune habitation en façon quelconque, si ce n'est les échafauds et cabanes nécessaires et usités pour y sécher le poisson, ni aborder dans ladite île dans autre temps que celui qui est propre pour pêcher et nécessaire pour sécher le poisson. Dans ladite île, il ne sera pas permis auxdits sujets de France de pêcher et de sécher le poisson en aucune partie que depuis le lieu appelé cap Bona-Vista jusqu'à l'extrémité septentrionale de l'île et de là, en suivant la côte occidentale, jusqu'au lieu dit Pointe-Riche. Mais l'île de Cap-Breton et toutes les autres quelconques situées dans l'embouchure et le golfe de Saint-Laurent demeureront à l'avenir à la France, avec l'entière faculté au Roi Très-Chrétien d'y fortifier une ou plusieurs places.

Plus désastreux encore, le traité de Paris (1763), qui mit fin à la guerre de Sept ans, nous fit perdre toutes nos colonies de l'Amérique septentrionale; par contre il nous accordait, maigre compensation, la possession des îles Saint-Pierre et Miquelon, destinées à servir de refuge aux pêcheurs français, sans que nous eussions le droit de les fortifier. Les droits de pêche et de sécherie accordés aux Français par l'article 13 du traité d'Utrecht étaient d'ailleurs confirmés.

En 1783, le traité de Versailles fit disparaître les restrictions humiliantes apportées par le traité de Paris à nos droits sur Saint-Pierre et Miquelon. Et d'autre part il modifia les limites du French-Shore, c'est-à-dire de la portion de la côte terre-neuvienne ouverte à nos pêcheurs. Par l'article 5 nous renoncions au droit de pêche qui nous appartenait entre le cap Bona-Vista et le cap Saint-Jean. Par contre l'Angleterre consentait à ce que « la pêche assignée aux sujets français, commençant au cap Saint-Jean, passant par le Nord et descendant par la côte occidentale de l'île, s'étendit jusqu'au cap Raye ». Les pêcheurs français devaient jouir de la pêche qui leur était ainsi assignée comme ils avaient jusque-là le droit de jouir de celle que leur avait assignée le traité d'Utrecht. Une déclaration du roi Georges III était annexée au traité. En voici, *in extenso*, le passage essentiel :

« ... Pour que les pêcheurs des deux nations ne fassent pas naître de querelles journalières, Sa Majesté Britannique prendra les mesures les plus positives pour prévenir que ses sujets ne troublent en aucune façon par leur concurrence la pêche des Français, pendant l'exercice temporaire qui leur est accordé sur les côtes de l'île de Terre-Neuve ; et Elle fera retirer à cet effet les établissements sédentaires qui y sont formés. Sa Majesté Britannique donnera des ordres pour que les pêcheurs français ne soient pas gênés dans la coupe du bois nécessaire pour la réparation de leurs échafaudages, cabanes et bâtiments de pêche.

L'article 13 du traité d'Utrecht et la méthode de faire la pêche qui a été de tout temps reconnue sera le modèle sur lequel la pêche s'y fera ; on n'y contreviendra ni d'une part ni de l'autre, les pêcheurs français ne bâtissant rien que leurs échafaudages, se bornant à réparer leurs bâtiments de pêche et n'y hivernant point, les sujets britanniques, de leur part, ne molestant aucunement les pêcheurs français durant leur pêche, ni ne dérangeant leurs échafaudages pendant leur absence.

Le Roi de la Grande-Bretagne, en cédant les îles de Saint-Pierre et Miquelon à la France, les regarde comme cédées afin de servir réellement d'abri aux pêcheurs français et dans la confiance entière que ces possessions ne deviendront point un objet de jalousie entre les deux nations et que la pêche entre lesdites îles et celle de Terre-Neuve sera bornée à mi-canal. »

Consécutivement au traité de Versailles, le Parlement anglais vota un acte législatif dont nous extrayons les lignes qui suivent :

« Il est et il sera loisible à Sa Majesté et à ses héritiers et successeurs de donner de temps à autre, après avis du Conseil, au Gouverneur de Terre-Neuve et à tous officiers dans cette colonie les ordres et instructions jugés convenables et nécessaires pour atteindre les objets du traité définitif et de la déclaration précités ; s'il est nécessaire, à cet effet, de donner des ordres et instructions au Gouverneur et aux officiers susdits pour enlever ou faire enlever tous chauffayds, claies, matériels et autres installations servant à la pêche construits par les sujets de Sa Majesté sur cette partie de la côte de Terre-Neuve qui s'étend du cap Saint-Jean au cap Raye en passant par le Nord et descendant par le littoral occidental de l'île, ainsi que pour écarter ou faire écarter tous vaisseaux, navires et bateaux appartenant aux sujets de Sa Majesté qui seraient trouvés dans les limites susdites, et, en cas de refus, d'y contraindre par la force les sujets de Sa Majesté, nonobstant tous lois, usages et coutumes contraires. »

Cet acte est le premier où soit établie de façon indiscutable la nature *exclusive* des droits qui nous avaient été concédés sur une partie des côtes de Terre-Neuve par les traités antérieurs et notamment par l'article 13 du traité d'Utrecht.

Traités et négociations au XIXme siècle. — L'article 8 du traité de Paris (1814) dit que la France se verra « restituer les colonies, pêcheries, comptoirs et établissements de tous genres qu'elle possédait au 1er janvier 1792 dans les mers et sur les continents de l'Amérique ». Et l'article 13 du même traité est conçu comme suit : « Quant au droit de pêche des Français sur le Grand Banc de Terre-Neuve, sur les côtes de l'île de ce nom et des îles adjacentes et dans le golfe de Saint-Laurent, tout sera remis sur le même pied qu'en 1792. »

Le traité de Paris (1815), dans son article 11, ne fait que confirmer les dispositions de l'acte précédent.

En 1822 une proclamation du Gouverneur de Terre-Neuve rappelle que les sujets britanniques ne doivent en aucune façon interrompre la pêche des Français sur la côte, dans les limites indiquées par les traités ; elle ajoute que « si aucun des sujets de Sa Majesté refusait de quitter cette partie de la côte..... les officiers devront prendre des mesures pour que les échafauds et autres installations créés par les récalcitrants pour l'exploitation des pêcheries soient enlevés, ainsi que les bateaux et navires en dépendant et qui se trouveraient dans les limites susdites. »

Ces textes sont, on le voit, d'une précision qui ne laisse place à aucune équivoque. Cependant de nombreuses contestations s'élevaient chaque année entre nos pêcheurs et les Terre-Neuviens ; c'est pour mettre un terme à ces conflits sans cesse renaissants que les deux Gouvernements intéressés signèrent, le 14 janvier 1857, une Convention relative aux pêcheries de Terre-Neuve. Bien que ratifiée, elle fut considérée comme nulle et non avenue : l'article 20 réservait formellement la sanction du Parlement de Terre-Neuve, qui fut refusée. Et cependant nous accordions aux pêcheurs anglais la faculté de pêcher concurremment avec les nôtres sur certains points de la côte occidentale de l'île.

Les choses restèrent donc en l'état ; c'est-à-dire que chaque année des incidents nouveaux surgissaient entre Français et Terre-Neuviens. Aussi de nouvelles négociations furent-elles entamées à la fin de 1882 ; elles aboutirent, le 26 avril 1884, à un arrangement dont la teneur fut communiquée aux Commandants des divisions navales anglaise et française de Terre-Neuve. Le Gouvernement de Saint-Jean insista pour que certaines modifications y fussent apportées, et il lui fut donné satisfaction sur les points essentiels par un arrangement nouveau, signé le 14 novembre 1885 et destiné à remplacer le précédent. Cet acte, soumis au Parlement terre-neuvien, fut repoussé par lui, malgré les efforts du Gouverneur et de M. Pennel, l'un des négociateurs anglais, envoyé spécialement à Saint-Jean pour aplanir les difficultés.

Le Bait-Act. — Le jour même où il refusait d'accepter cet arrangement, le Parlement de Terre-Neuve vota, le 18 mai 1886, une « Loi réglementant l'expédition et la vente du hareng, du capelan, de l'encornet et autre poisson d'appât », qui devait, dans l'esprit de ses auteurs, porter le coup le plus grave aux pêcheries françaises à Terre-Neuve. A la suite des observations qui lui furent présentées par notre Ambassadeur à Londres, le Gouvernement anglais refusa d'approuver cette loi ; mais lord Salisbury laissa comprendre à notre représentant que l'approbation ne serait plus refusée l'année suivante. Et, en effet, le Parlement de Saint-Jean ayant voté, le 21 février 1887, une loi à peu près identique à celle de 1886, cet acte fut revêtu de la sanction royale au mois de mai 1887. Il fut toutefois entendu qu'il ne serait proclamé qu'après la campagne de pêche alors en cours et ne recevrait son application qu'à partir du 1ᵉʳ janvier 1888. La loi de 1887 fut d'ailleurs amendée par un acte nouveau du 9 mai 1888. Enfin le 1ᵉʳ juin 1889, le Parlement de Terre-Neuve votait une « Loi modifiant et coordonnant les lois sur l'exportation et la vente des poissons d'appât ». Cette loi, désignée dans le langage courant sous les noms de *Bait-Act* ou de *Bait-Bill*, stipule dans son article 1, que nul ne pourra dans la colonie, sans un permis spécial :

1° Exporter, faire exporter, fournir pour l'exportation, aider à exporter ;

2° Trailler, pêcher, prendre ou détenir pour exporter ;

3° Acheter, négocier ou échanger pour l'exportation ;

4° Prendre, embarquer, mettre ou hisser à bord, ou aider à prendre embarquer, mettre ou hisser à bord d'aucun bateau ou navire, sous quelque prétexte que ce soit ;

5° Porter ou transporter sur aucun bateau ou sur aucun navire, sous quelque prétexte que ce soit :

Aucun hareng, capelan, encornet ou au autre poisson d'appât.

Les articles suivants réglementent la délivrance des permis, accordés par le Gouverneur en Conseil, sur le vu d'une déclaration qui doit mentionner le pays où doit se faire l'exportation et moyennant le paiement d'une licence calculée à raison de 7 fr. 50 par tonneau de jauge. Les pénalités encourues en cas d'infraction aux dispositions de l'article 1, très sévères, peuvent aller jusqu'à 5.000 francs d'amende et douze mois de prison pour la première infraction ; en cas de récidive le coupable sera condamné à la prison avec travaux (*hard labour*), pour une période de douze mois au minimum. En outre, le juge peut ordonner la confiscation du poisson et du bateau qui le porte. Mentionnons encore, pour montrer ce que cette loi a de draconien, les dispositions des articles 18 et 20, autorisant dans les poursuites l'emploi de la procédure sommaire devant tout magistrat salarié et spécifiant qu'aucune condamnation faite en vertu du Bait-Act ne pourra être cassée pour vice de forme.

Accordés sans difficultés lorsqu'il s'agissait de livrer de la boette aux Américains, les permis ont été au contraire très régulièrement refusés lorsqu'ils étaient demandés en vue de l'exportation de boette à Saint-Pierre. En empêchant ainsi qu'on nous vendît de l'appât, le Gouvernement terre-neuvien espérait ruiner les pêcheries françaises : la plus grande partie de la morue pêchée à Terre-Neuve, est en effet prise à la ligne et nous verrons plus loin quelles quantités énormes d'appât exige le boettage des nombreux hameçons des lignes de fond employées par nos pêcheurs. Jusqu'en 1888 la majeure partie de la boette mise sur ces lignes était achetée par nous aux habitants de la côte méridionale de Terre-Neuve, qui venaient à Saint-Pierre nous vendre les harengs ou capelans pêchés par eux dans les baies de Plaisance ou de Fortune. Nous avons pu, fort heureusement, parer le coup que le Parlement de Terre-Neuve avait voulu nous porter et, en dépit du Bait-Act, faire encore des campagnes de pêche aux résultats magnifiques. On peut donc dire que le Bait-Bill a nui surtout aux intérêts de Terre-Neuve : la colonie a dû s'imposer une dépense annuelle de 225.000 francs pour l'entretien des vapeurs chargés d'assurer l'exécution de la loi ; et les habitants de la côte Sud, ont dû, à leur grand mécontentement, cesser le trafic de boette, fort lucratif, qu'ils faisaient autrefois avec nos pêcheurs. Il n'en reste pas moins que le vote du Bait-Act est, au premier chef, un acte antiamical du Parlement terreneuvien à notre égard.

Question des homarderies. — Les difficultés signalées plus haut et qui provenaient de l'intransigeance du Parlement de Saint-Jean ne sont pas les seules contre lesquelles nous ayons eu à lutter.

En 1886 un certain nombre d'armateurs français obtinrent du Ministre de la Marine la concession de baies à Terre-Neuve pour s'y livrer à la pêche et à la préparation du homard. Deux d'entre eux dépassèrent, dans l'organisation de leurs usines, les limites dans lesquelles il avait été convenu qu'ils devaient se maintenir. Ils furent aussitôt invités par le Commandant de notre division navale au respect des stipulations des traités, qui interdisent aux Français la construction sur le French-Shore d'établissements permanents comme ceux qu'ils avaient édifiés. Il y eut bien à ce sujet une réclamation formulée par le Commandant de la division navale anglaise ; mais la France en avait reconnu d'avance le bien-fondé, et ses nationaux étaient avisés qu'ils n'avaient pas à compter sur son appui pour défendre des actes qui violaient les traités. L'incident parut donc réglé.

Par ailleurs, dès l'année 1881, des sujets britanniques avaient, au mépris des traités, installé sur le French-Shore des usines pour la fabrication des conserves de homards. En 1886, un certain nombre de homardiers de la Nouvelle-Ecosse vinrent s'installer sur le Treaty-

Shore. Si bien que, le 11 septembre 1886, notre Consul à Saint-Jean dut adresser au Gouverneur de Terre-Neuve une protestation formelle contre l'érection, l'exploitation et la mise en activité de sept homarderies anglaises, en faisant valoir que ces établissements constituent, à quelque point de vue que l'on se place, une violation des droits que les traités confèrent aux pêcheurs français.

Au cours de l'année 1886 et des deux années qui suivirent, la question des homarderies souleva de nombreux incidents. Du côté français on se plaignait de la gêne très réelle apportée aux opérations de nos pêcheurs de morues par les casiers des homarderies anglaises et on réclamait de ce fait des indemnités parfois considérables. L'Angleterre, de son côté, élevait des réclamations à propos des constructions édifiées par nos homardiers ou encore des conditions dans lesquelles le Gouvernement français accordait à nos nationaux les concessions de places de homarderies. Après un échange de pourparlers qui n'aboutirent jamais à une solution générale des difficultés pendantes, le Gouvernement anglais adressa, le 21 décembre 1888, à notre Ministre des Affaires étrangères, la note suivante qui allait faire entrer la question dans une voie nouvelle : « Aux termes du traité d'Utrecht, les citoyens français n'ont pas le droit d'ériger sur les côtes de Terre-Neuve d'autres constructions que des échafauds et cabanes nécessaires et usités pour sécher le poisson. A supposer, même, qu'en fait les huttes élevées sur la côte soient construites seulement en planches et aient un caractère temporaire, elles n'ont pas la destination prévue par le traité : elles sont construites en vue de la mise en boîtes du homard. Ce sont des usines, des factoreries, et, comme telles, elles ne correspondent ni à la lettre ni à l'esprit du traité. » Somme toute, on nous contestait cette fois le droit même de pêcher le homard sur le French-Shore. Le Gouvernement français montra, en s'appuyant sur le texte des traités, interprétés de bonne foi et suivant leur esprit, que nous avions sur la côte de Terre-Neuve, entre le cap Saint-Jean et le cap Raye, le droit privilégié de pêcher le homard aussi bien que la morue, et de l'y préparer comme marchandise d'exportation ; seules les homarderies anglaises du Treaty-Shore étaient établies en violation des traités. Le Gouvernement anglais persista dans ses vues et nous contesta dès lors, de la façon la plus nette, le droit de pêcher et de préparer les crustacés. Mais dans une note adressée à M. Waddington, notre Ambassadeur à Londres, le

28 mars 1889, lord Salisbury déclarait qu'il y avait lieu de rechercher une solution qui rendît inutiles des débats ultérieurs sur cette question. Deux mois plus tard, le Ministre anglais demandait s'il ne serait pas possible de soumettre à un arbitre l'ensemble de la question de Terre-Neuve. M. Waddington lui fit remarquer qu'un arbitrage sur l'ensemble de la question paraîtrait impliquer que les droits de la France étaient douteux et ne saurait, en conséquence, être accepté par nous.

Pendant que les échanges de notes continuaient entre les deux Gouvernements, le Commandant de notre division navale de Terre-Neuve signalait, dans son rapport au Ministre de la Marine, la gravité de la situation créée au French-Shore par les empiètements croissants des résidents anglais, et par l'attitude nouvelle qui paraissait avoir été prescrite au Commandant de la division navale britannique. De fait, il y eut, en 1889, de nombreux incidents sur la côte Ouest de Terre-Neuve. Il devenait tous les jours plus urgent de faire cesser un état de choses qui pouvait, d'un moment à l'autre, provoquer un conflit des plus graves. Aussi, lord Salisbury ayant déclaré que les instructions données en 1889 aux officiers de la division navale anglaise seraient renouvelées dans les mêmes termes en 1890, M. Spuller, Ministre des Affaires étrangères, prévoyant pour 1890 le retour des mêmes difficultés qui avaient marqué la campagne de 1889, proposa au Gouvernement anglais l'adoption d'un *modus vivendi* provisoire, en attendant que les négociations entamées en vue d'un arbitrage eussent abouti. Cette proposition ayant été acceptée, l'acte fut signé le 11 mars 1890. Nous en reproduisons ici les termes exacts, car ce *modus vivendi* a été renouvelé régulièrement tous les ans depuis 1890 et jusqu'en 1904.

« Les questions de principe et les droits respectifs étant entièrement réservées de part et d'autre, les Gouvernements français et anglais sont convenus pour la saison prochaine du maintien du *statu quo* sur les bases suivantes.

Sans que la France ou la Grande-Bretagne demande dès aujourd'hui un nouvel examen de la légalité de l'installation des homarderies anglaises ou françaises sur les côtes de Terre-Neuve où les Français jouissent des droits de pêche conférés par les traités, il est entendu qu'aucune modification ne sera apportée aux emplacements occupés par les établissements appartenant aux nationaux des deux pays au 1er juillet 1889 ; par exception les nationaux de l'un ou l'autre pays pourront transporter leurs établissements susdits à tout endroit au sujet duquel les Commandants des deux divisions navales seront préalablement tombés d'accord.

Aucune homarderie ne fonctionnant pas antérieurement au 1er juillet 1889 ne sera admise à moins que les Commandants des stations navales anglaise et française n'en tombent simultanément d'accord. En considération de chaque homarderie nouvelle autorisée dans ces conditions, il sera loisible aux pêcheurs appartenant à l'autre nationalité d'établir une nouvelle homarderie sur un point que lesdits Commandants devront déterminer de même d'un commun accord.

Toutes les fois qu'un fait de concurrence concernant la pêche des homards se produira entre les pêcheurs des deux pays, les Commandants des deux stations navales procèderont sur les lieux à une délimitation provisoire des fonds de pêche de homard, en tenant compte des situations acquises par les deux parties.

N.-B. — Il est bien entendu que cet arrangement, tout provisoire, ne sera valable que pour la durée de la campagne de pêche qui va s'ouvrir. »

Quant à l'arrangement aux fins d'arbitrage, il fut conclu le 11 mars 1891. Il était entendu que la commission n'aurait, en principe, à s'occuper que des questions relatives à la pêche du homard et à sa préparation. Avant de réunir cette commission le Gouvernement anglais se préoccupa de préparer l'exécution des arrangements provisoires déjà conclus et des arrangements définitifs à intervenir. Les manœuvres des Terre-Neuviens ne permirent pas à l'Angleterre de nous donner sur ce point les garanties jugées par nous nécessaires et le projet d'arbitrage fut abandonné au mois de mai 1892.

Convention de 1904. — Comme il a été dit plus haut, le *modus vivendi* signé en mars 1890 a été depuis lors renouvelé chaque année, parfois à grand'peine. Il eût suffi d'un refus du Parlement de Terre-Neuve pour susciter d'inextricables complications. Plus que jamais la recherche d'une solution définitive s'imposait. C'est à quoi s'employèrent activement les deux Gouvernements intéressés, et, à la suite de négociations longuement poursuivies, une Convention concernant Terre-Neuve et l'Afrique fut signée à Londres le 8 avril 1904. Approuvée sans grands débats par le Parlement anglais, elle fut vivement discutée devant les Chambres françaises pour être finalement approuvée aussi par elles. Les ratifications purent être échangées à l'extrême limite du délai convenu, le 8 décembre 1904.

Les trois premiers articles, les seuls qui concernent Terre-Neuve et les seuls aussi, par conséquent, qu'il nous importe de connaître ici, sont conçus comme il suit :

Article I. — *La France renonce aux privilèges établis à son profit par l'article XIII du traité d'Utrecht et confirmés ou modifiés par des dispositions postérieures.*

Article II. — *La France conserve pour ses ressortissants, sur le pied d'égalité avec les sujets britanniques, le droit de pêche dans les eaux territoriales sur la partie de la côte de Terre-Neuve comprise entre le cap Saint-Jean et le cap Raye, en passant par le Nord ; ce droit s'exercera pendant la saison habituelle de pêche, finissant pour tout le monde le 20 octobre de chaque année.*

Les Français pourront donc y pêcher toute espèce de poisson, y compris la boette, ainsi que les crustacés. Ils pourront entrer dans tout port ou hâvre de cette côte et s'y procurer des approvisionnements ou de la boette et s'y abriter dans les mêmes conditions que les habitants de Terre-Neuve, en restant soumis aux Règlements locaux en vigueur ; ils pourront aussi pêcher à l'embouchure des rivières, sans toutefois pouvoir dépasser une ligne droite qui serait tirée de l'un à l'autre des points extrêmes du rivage entre lesquels la rivière se jette dans la mer.

Ils devront s'abstenir de faire usage d'engins de pêche fixes, (Stake-nets and fixed engines) *sans la permission des autorités locales.*

Sur la partie de la côte mentionnée ci-dessus, les Anglais et les Français seront soumis sur le pied d'égalité aux Lois et Règlements actuellement en vigueur ou qui seraient édictés, dans la suite, pour la prohibition, pendant un temps déterminé, de la pêche de certains poissons, ou pour l'amélioration des pêcheries. Il sera donné connaissance au Gouvernement de la République française des Lois et Règlements nouveaux, trois mois avant l'époque où ceux-ci devront être appliqués.

La police de la pêche sur la partie de la côte susmentionnée, ainsi que celle du trafic illicite des liqueurs et de la contrebande des alcools, feront l'objet d'un règlement établi d'accord entre les deux Gouvernements.

Article III. — *Une indemnité pécuniaire sera allouée par le Gouvernement de Sa Majesté Britannique aux citoyens français se livrant à la pêche ou à la préparation du poisson sur le « Treaty-Shore », qui seront obligés, soit d'abandonner les établissements qu'ils y possèdent, soit de renoncer à leur industrie, par suite de la modification apportée par la présente Convention à l'état de choses actuel.*

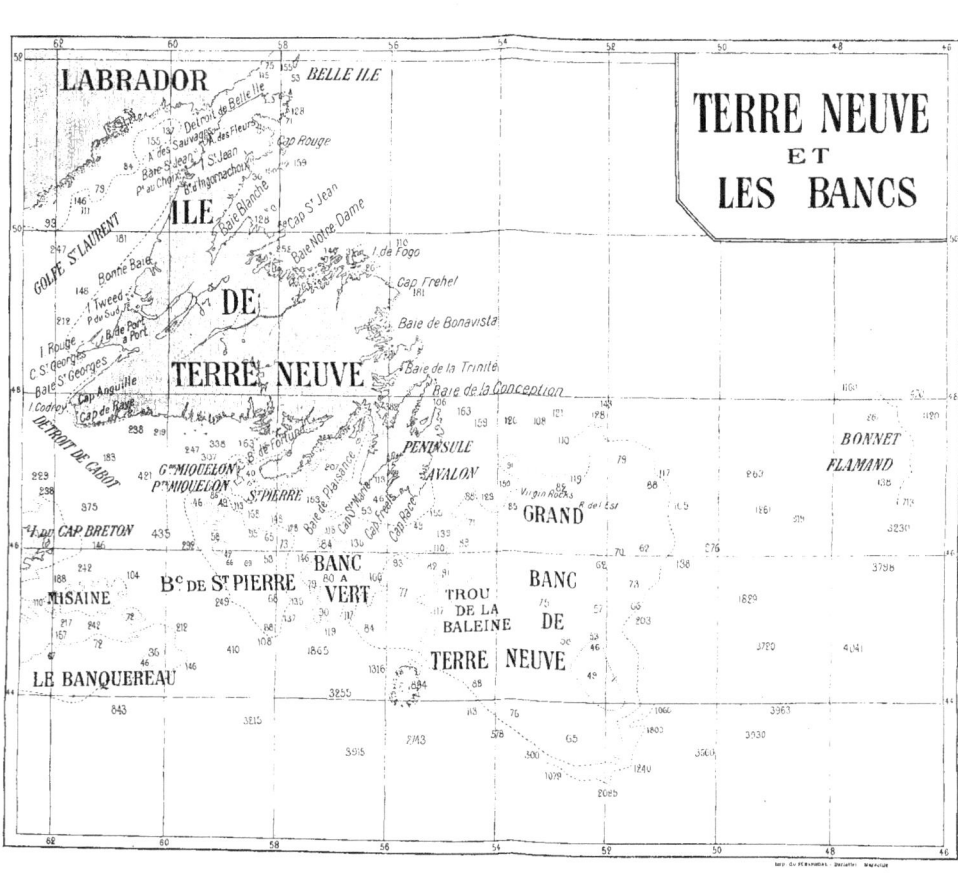

Cette indemnité ne pourra être réclamée par les intéressés que s'ils ont exercé leur profession antérieurement à la clôture de la saison de pêche 1903.

Les demandes d'indemnité seront soumises à un tribunal arbitral composé d'un officier de chaque nation, et, en cas de désaccord, d'un sur-arbitre désigné suivant la procédure instituée par l'article XXXII de la Convention de La Haye. Les détails réglant la constitution du tribunal et les conditions des enquêtes à ouvrir pour mettre les demandes en état feront l'objet d'un arrangement spécial entre les deux Gouvernements.

La Convention de 1904 a été très vivement critiquée. Les diverses Chambres de Commerce françaises, celle de Saint-Pierre et Miquelon, le Comité Central des Armateurs de France ont fait entendre leurs protestations. Au Sénat, comme à la Chambre des Députés, cet acte a trouvé de nombreux détracteurs et c'est surtout sur les trois articles précités qu'ont porté les critiques. On a reproché à la Convention de porter un préjudice énorme aux intérêts de l'armement français à la grande pêche et, par contre-coup, au recrutement des équipages de la flotte de guerre. On a même été jusqu'à faire entendre que la ratification de cet acte entraînerait, dans un délai plus ou moins rapproché, la ruine complète de nos pêcheries de Terre-Neuve. Nous devrons évidemment discuter cette grave question. Mais, pour le faire en toute connaissance de cause, il nous faut maintenant aborder l'étude des pêcheries telles qu'elles ont été pratiquées jusqu'en 1904 par nos marins métropolitains et par les habitants de Saint-Pierre et Miquelon, sur les Bancs de Terre-Neuve et dans les hâvres du French-Shore.

Géographie et Faune.

Géographie. — Les îles Saint-Pierre et Miquelon constituent, avec quelques îlots avoisinant Saint-Pierre, un petit archipel situé dans l'Océan Atlantique à une vingtaine de kilomètres de la côte méridionale de Terre-Neuve, en face de la pointe de May, qui ferme au Sud la baie de Fortune. La distance de Brest à Saint-Pierre est de 3.700 kilomètres environ.

Saint-Pierre, dont la superficie ne dépasse pas 2.511 hectares, ne possède que des cours d'eau insignifiants. Le plus important de ces nombreux ruisseaux va se jeter dans le vaste étang de Savoyard qui est situé dans la partie Sud-Ouest de l'île et communique largement avec la mer. Quelques autres étangs portent à 120 hectares environ la superficie totale des eaux intérieures de l'île.

La ville de Saint-Pierre, capitale de la colonie, est située sur la côte orientale de l'île, au fond d'un golfe dont l'entrée est en partie fermée par l'île aux Chiens. La rade ainsi formée est la seule, dans toute la colonie, qui puisse offrir un abri de quelque sûreté aux grands navires. L'entrée du port, dit le Barachois, s'ouvre au fond de la rade, entre la Pointe aux Canons de Saint-Pierre et la petite île aux Moules. La construction d'une jetée reliant cet îlot à la terre a, depuis longtemps, augmenté la sécurité de l'abri offert aux navires dans le Barachois. Mais la passe d'entrée du port demeurait étroite et insuffisamment profonde, et ce port lui-même, dans certaines de ses parties, présentait des hauts-fonds sur lesquels les goélettes s'échouaient à marée basse ; de grands travaux, en cours d'achèvement, amélioreront sensiblement les conditions du port : la passe, élargie à 60 mètres, offre dès maintenant une hauteur d'eau qui ne descend jamais au-dessous de $3^m 50$, ce qui est largement suffisant pour les goélettes locales, et le bassin lui-même, sur une superficie de huit hectares, sera creusé à une profondeur minima de $3^m 50$ au-dessous du niveau des plus basses mers.

Miquelon est en réalité formée de deux îles jadis distinctes, la Grande-Miquelon au Nord, et Langlade ou Petite-Miquelon au Sud, qui sont aujourd'hui reliées l'une à l'autre par un isthme de sable long de 9 kilomètres. La superficie des eaux intérieures de Miquelon, constituées par un assez grand nombre d'étangs et par quelques cours d'eau, est évaluée à 1,016 hectares.

D'après le recensement de 1902, la population totale de la colonie est de 6,482 habitants, dont 5,385 à Saint-Pierre.

Les chiffres qui précèdent ne sauraient en aucune façon servir de base à une exacte appréciation de la valeur économique de la colonie ; le petit archipel de Saint-Pierre et Miquelon doit une énorme importance à ce fait qu'il est situé dans le voisinage immédiat de l'un des lieux de pêche les plus riches du monde. Aussi devons-nous, après avoir sommairement étudié la colonie en elle-même, examiner avec plus d'attention le relief et la nature du sol sous-marin aux environs de Terre-Neuve.

Hydrographie. — La pêche, dans ces parages, se pratique soit au voisinage des côtes, soit sur les Bancs, vastes plateaux sous-marins assez nettement délimités, sur lesquels la profondeur n'excède pas 100 mètres.

Les côtes de Terre-Neuve sont en général assez abruptes et, dans la partie qui nous intéresse plus particulièrement, c'est-à-dire sur le French-Shore, la zone de pêche, entre le rivage et l'isobathe de 100 mètres est, en maints endroits, d'une largeur assez faible. Sur la côte Est, cette zone ne s'élargit un peu qu'entre le cap Rouge, en face de l'île de Groix, et le cap aux Oies, qui ferme au Nord la vaste baie aux Lièvres. Les fonds seraient accessibles dans le détroit de Belle-Ile ; mais la côte n'y offre aucun abri autre que la petite Anse aux Sauvages, au débouché du détroit dans le golfe de Saint-Laurent. Au Sud de cette anse et jusqu'à la baie d'Ingornachois, la côte est, au contraire, découpée de baies nombreuses, et la zone de pêche est assez large, surtout en face de la baie Saint-Jean. Puis l'isobathe de 100 mètres se rapproche du rivage qu'elle prolonge à une distance moyenne de deux ou trois milles jusqu'aux environs de 50° 10' Nord. A partir de là, elle s'en écarte de nouveau, passant très au large de la Bonne-Baie et de la baie de Port-à-Port pour venir, par un coude brusque, aboutir presque au pied du cap Saint-Georges. Contournant alors l'entrée de la baie Saint-Georges, elle se rapproche à nouveau de la côte, d'ailleurs inhospitalière, jusqu'au cap Anguille, s'éloigne un peu de terre en face de l'île Cod-Roy et aboutit enfin au pied du cap Raye, qui marque la limite méridionale du French-Shore.

Du cap Raye à la baie de Fortune, la côte de Terre-Neuve est partout très abrupte et l'on a, au voisinage immédiat de la terre, des sondages de 150 à 200 mètres ; au large, on arrive à 450 mètres et plus. Puis les fonds se relèvent sensiblement dans les baies de Plaisance et de Fortune et sur le pourtour de la presqu'île qui les sépare l'une de l'autre, et c'est sur un plateau assez étendu qu'émergent Saint-Pierre et Miquelon. Nos pêcheurs trouvent autour de ces îles des fonds dépassant rarement 60 mètres et sur lesquels ils peuvent exercer leur industrie.

Mais la pêche vraiment importante est celle qui se pratique sur les Bancs. Plus ou moins étendus, ces Bancs peuvent être répartis en deux groupes, dont le premier comprend, alignés le long du 46me parallèle, de l'Est à l'Ouest, le Bonnet Flamand, le Grand Banc de Terre-

Neuve, le Banc à Vert et le Banc de Saint-Pierre. Les Bancs du second groupe sont séparés du Banc de Saint-Pierre par un large chenal orienté Nord-Ouest-Sud-Est à partir du détroit de Cabot ; ce sont, du Nord au Sud, les Bancs de Misaine et d'Artimon, le Banquereau et le Banc de l'île de Sable.

Le Bonnet Flamand est un plateau encore assez mal délimité, sur lequel nos trois-mâts de grande pêche s'arrêtent parfois quelques jours à l'aller ou au retour. Dans l'ensemble, et malgré qu'on y pêche du poisson de belle taille, ce Banc est peu fréquenté par les pêcheurs ; les fonds y sont trop considérables, compris entre 150 et 200 mètres ; il est trop loin de Terre-Neuve, à 600 kilomètres environ dans l'Est de la presqu'île Avalon, par 47° Nord et 47° Ouest ; au printemps il y a lieu de craindre les icebergs en dérive et à partir de juillet les fonds sont envahis par des bandes de squales.

Un chenal de 300 kilomètres de largeur environ sépare le Bonnet Flamand de la bordure orientale du Grand Banc. La forme générale de celui-ci est celle d'un triangle isocèle ; deux côtés, orientés Nord-Sud et Sud-Ouest-Nord-Est, mesurent à peu près 500 kilomètres chacun ; le troisième, orienté Nord-Ouest-Sud-Est, a environ 420 kilomètres de longueur. Le Grand Banc s'étend ainsi sur une superficie de 115.000 kilomètres carrés entre 42° 40' et 47° 45' Nord d'une part, entre 52° 40' et 56° 45' Ouest, d'autre part. Exception faite pour le pourtour, où les fonds s'abaissent progressivement jusqu'à 100 mètres, la plupart des nombreux sondages effectués sur ce Banc ont indiqué des profondeurs comprises entre 60 et 80 mètres. Le fond est, en général, de sable mêlé parfois de vase et plus souvent de coquilles brisées ; par endroits on trouve au lieu de sable, des graviers plus ou moins gros qui peuvent de même être mêlés de débris de coquilles. Dans la partie Sud-Est du Banc, par 44° 30' Nord et 52° Ouest environ, il existe un haut-fond sablonneux sur lequel la sonde n'accuse que 40 à 50 mètres d'eau ; par contre, dans l'Ouest, par 47° 20' Nord et 55° Ouest, une dépression assez étendue, à contours irréguliers, offrant surtout des fonds vaseux par 100 à 120 mètres d'eau, constitue ce que l'on appelle le Trou de la Baleine. Mentionnons enfin, dans le Nord du Banc, la présence d'écueils, les Roches de l'Est, dont certains, recouverts de quelques mètres d'eau seulement, découvrent par gros temps, et d'un haut-fond, les Virgin Rocks, sur lequel il y a également danger à passer quand la vague creuse.

Un chenal large de 15 à 20 kilomètres, profond de 120 à 150 mètres seulement sépare le Grand Banc du Banc à Vert, placé à cheval sur le 57me méridien ; c'est le plus petit des bancs de ce premier groupe et il est peu fréquenté par les pêcheurs qui préfèrent aller jusqu'au Grand Banc ou demeurer au contraire sur le Banc de Saint-Pierre. Par contre les pêcheurs américains y prennent, surtout dans la partie méridionale, beaucoup de flétans de belle taille.

Le Banc de Saint-Pierre a une forme nettement triangulaire et son plus petit côté, orienté Nord-Sud par 57° 40' Ouest, mesure environ 140 kilomètres ; sa superficie dépasse 20.000 kilomètres carrés. C'est peut-être, de tous les bancs, le mieux délimité : séparé du précédent par un chenal dont la profondeur oscille autour de 160 mètres et dont la largeur minima est de 20 kilomètres, le Banc de Saint-Pierre est limité sur son côté le plus long, vers le Sud, par une haute falaise abrupte : tandis que sur le bord même du plateau on trouve de 60 à 80 mètres d'eau, le pied de cette falaise est à 250 mètres de profondeur ; sur la limite Nord du Banc, les fonds tombent moins rapidement et la chute n'est que de 70 mètres environ, puisque l'on passe de 60 à 130 mètres. Ce Banc offre, d'ailleurs, de nombreux avantages : la pêche y est souvent fructueuse ; servie par un temps favorable, une goélette partie de Saint-Pierre peut arriver sur le Banc en dix heures alors qu'il lui faudrait quarante-huit heures au moins pour se rendre au Grand Banc ; enfin, le Banc de Saint-Pierre est l'un des moins profonds ; la plupart de ses sondages sont compris entre 60 et 80 mètres et il existe de nombreuses parties surélevées où la hauteur d'eau demeure inférieure à 50 mètres ; ce sont là, pour les bateaux de petit tonnage surtout, des conditions extrêmement favorables.

Des Bancs du second groupe, le seul qui soit fréquenté par nos pêcheurs, est le Banquereau. C'est plus spécialement dans sa partie orientale, qui fait face à la bordure Sud du Banc de Saint-Pierre, que se rendent les goélettes de la colonie. Les fonds y sont très favorables, inférieurs à 50 mètres sur une étendue assez grande, ne dépassant pas 70 mètres ailleurs ; le poisson, assez abondant, est malheureusement de taille très faible ; alors que les morues pêchées sur le Grand Banc atteignent couramment 4 kilogrammes, celles du Banquereau ne dépassent guère 600 grammes. Notons, en outre, que la morue abandonne le Banquereau pendant la saison où le capelan fait son apparition, c'est-à-dire en juin et juillet.

Climat. — Bien que les îles Saint-Pierre et Miquelon soient à peu près sous la latitude de Paris, le climat en est froid et assez rigoureux, par suite de la longueur des hivers et du peu de chaleur des étés ; l'on peut, *a fortiori*, en dire autant de Terre-Neuve. Autour de Saint-Pierre, il n'est pas rare que la mer se couvre, en février ou en mars, sur une étendue plus ou moins considérable, de glaçons qui peuvent se souder entre eux pour former des champs de glace s'étendant à perte de vue ; mais ces glaces ont toujours disparu, et l'entrée du port est toujours libre, au moment où débute la saison de pêche, vers le 15 avril. Il n'en est plus de même autour de Terre-Neuve, où l'on voit se former le long des côtes, dès le début de l'hiver, des banquises colossales qui persistent parfois fort longtemps et peuvent alors contrarier ou même empêcher complètement les opérations des pêcheurs. On peut considérer comme favorable dans l'ensemble, au point de vue climatérique, l'année 1901, où l'arrivée des navires à leurs emplacements a eu lieu du 25 avril au 5 mai sur la côte Ouest, les 6 et 7 juin sur la côte Est. En 1894, les navires armés pour la côte Ouest ne purent commencer leurs opérations que du 10 au 15 mai et ceux de la côte Est entrèrent dans les hâvres à partir du 21 juin seulement. La côte Est est d'ailleurs généralement peu favorisée ; en 1895 et 1896, la banquise en a interdit l'accès jusqu'au 15 juin.

Les glaces n'ont pas encore disparu que déjà les brumes, qui deviendront très fréquentes pendant la saison chaude, font leur apparition et enveloppent Terre-Neuve et tous ses alentours d'un épais manteau, persistant parfois une semaine et plus.

Mai, juin et surtout juillet, sont des mois pluvieux et brumeux. Août et avril ne leur cèdent guère sous ce double rapport ; en sorte que pendant les six mois de la saison de pêche (avril-septembre) on peut admettre qu'il y a en moyenne quatre-vingt-dix jours de brume et quatre-vingts jours de pluie, sans parler des quelque dix journées, réparties sur avril, mai et juin, où il tombe encore de la neige. Sans les interrompre, la brume rend naturellement plus pénibles les opérations des pêcheurs, sur les Bancs en particulier, et, en outre, l'humidité très grande du climat a un retentissement des plus fâcheux sur la santé des hommes.

On voit que les conditions météorologiques, dans les parages de Terre-Neuve, sont de nature à augmenter encore les risques de l'industrie morutière et à rendre plus pénibles les conditions d'existence déjà si dures des Terre-neuvas.

Faune. — Les eaux douces de Saint-Pierre et Miquelon ne renferment que trois espèces de poissons, l'éperlan, l'anguille et la truite, abondamment représentées il est vrai. Les habitants de la colonie, dédaignant les deux premières espèces, trouvent, par contre, une distraction dans la pêche de la troisième. Généralement saumonée, la truite atteint souvent des dimensions considérables et, comme elle n'est pas rare, un pêcheur adroit, armé d'une ligne à tourniquet qui lui permet de noyer les grosses pièces, peut, dans une journée, en prendre jusqu'à vingt livres, en employant comme amorce le ver de terre ou la mouche artificielle.

La faune marine des parages de Terre-Neuve n'est pas, elle non plus, très variée. Comme poissons, on trouve sur les Bancs quelques Sélaciens, raies et chats de mer, dédaignés par les pêcheurs. Les Téléostéens sont un peu plus nombreux en espèces et trois familles de ce groupe sont bien représentées : celles des Pleuronectidés, des Gadidés et des Clupéidés. Dans la première, nous trouvons, outre le Flétan, *Hippoglossus vulgaris* Fl., appelé par les Anglais *Halibut*, le *Greeland Turbot* des auteurs américains, qui est le *Platisomatichthys hippogglossoides* Walb., et *l'Arctic Dab*, *Hippogglossoides platessoides* Fab. La grande famille des Clupéidés nous offre d'abord l'alose, *Alosa sapidissima* Wilson, et le Hareng, *Clupea harengus* L., puis des formes voisines de ce dernier, *Opisthonema thrissa* Gill., et les *Pomolobus*. Les Gadidés sont plus nombreux encore ; citons notamment le Pollack, *Pollachius carbonarius* L., le Tomcod, *Microgadus tomcodus* Walb., le Haddock ou Egrefin, *Gadus aeglefinus* L., les Codling, *Phycis chun* Walb., et *Ph. tenuis* Mitch. et enfin la morue, *Gadus morrhua* L. A côté des formes dominantes que nous venons d'énumérer, il y a lieu de mentionner, parmi les Salmonidés, le capelan, *Mallotus villosus* Müller, et le saumon, *Salmo salar* L. Les Scombéridés sont représentés par le maquereau et le thon. Pour clore cette liste, citons encore un lançon, *Ammodytes americanus* De Kay, et le crapaud de mer, *Hemitripterus americanus* C. V., hideux animal qui se prend souvent aux hameçons et que les pêcheurs rejettent aussitôt décroché.

Parmi les Crustacés, le homard mérite seul une mention.

La moule est abondante dans les étangs marins de Miquelon. On trouve en quantité dans les fonds vaseux ou sableux un autre Lamellibranche, désigné par nos marins sous le nom de coque et qui est le

Mya arenaria L. Sur les Bancs, et plus spécialement sur les fonds durs, vivent des individus innombrables d'un Gastéropode, le *Buccinum undatum* L., que les pêcheurs appellent bulot ou coucou. Enfin, de juillet à octobre on voit apparaître dans toutes les eaux qui entourent Terre-Neuve des bandes immenses d'un Céphalopode, l'encornet, *Ommastrephes illecebrosa* Verrill. Ces différents mollusques sont employés comme appât par les pêcheurs.

Pêche de la Morue.

Engins. — Les procédés de pêche en usage dans les parages de Terre-Neuve ne se sont pour ainsi dire pas modifiés depuis l'origine, et nos marins emploient encore les mêmes engins un peu primitifs qui furent en usage au début. Ces engins sont de diverses sortes ; mais l'un d'eux, la ligne de fond, est presque exclusivement employé dans la majeure partie des lieux de pêche, sur les Bancs, aux abords de Saint-Pierre et sur la côte Ouest de Terre-Neuve. Les petits pêcheurs saint-pierrais font quelquefois usage de la ligne à main ou de la faulx et cette dernière est parfois utilisée sur les Bancs. A la côte Est, les règlements imposaient l'emploi des sennes jusqu'au 15 août au moins, la ligne de fond pouvant être employée seulement après cette date.

Ces *lignes de fond*, d'un emploi si général à Terre-Neuve, sont du type de celles que nos pêcheurs méditerranéens appellent des palangres et que l'on dénomme ailleurs harouelles. Sur une corde, longue de 120 mètres, constituant ce que l'on appelle un tanti, s'espacent à intervalles réguliers une centaine d'avançons ou empies, bouts de corde longs de 1^m 20 environ, terminés chacun par un hameçon ; de semblables tantis sont ajoutés bout à bout et à chaque extrémité de la longue ligne ainsi formée se trouvent un grappin et une bouée. Une autre bouée marque le milieu de la ligne. On pêchait autrefois dans des chaloupes montées par 7 hommes et chaque chaloupe posait 98 tantis, soit plus de 11 kilomètres de ligne portant environ 9.500 hameçons. Depuis quarante ans environ, nos marins ont remplacé les chaloupes, lourdes, encombrantes, difficiles à manier, par les petites barques à fond plat, très légères, connues sous le nom de doris. Comme ces petits bateaux s'emboîtent les uns dans les autres, on peut loger sur le pont d'une goélette six doris, qui ne tiennent guère plus de place qu'un seul. Ces doris sont montés par deux hommes, qui reçoivent chacun une manne de 10 tantis, soit 2.000 hameçons environ par doris. Quand les hameçons ont été appâtés et que les tantis ont été préalablement raccordés bout à bout, l'un des hommes, le patron du doris, mouille la première extrémité de la ligne, qui pourra être retrouvée plus tard grâce à la bouée qu'elle porte, et commence ensuite à dérouler les tantis successifs, pendant que l'autre marin, l'*avant*, dirige l'embarcation. Il faut en général de trois quarts d'heure à une heure pour élonger ainsi sur le fond les 2.400 mètres de ligne du doris, maintenus aux deux bouts par les grappins que surmontent les bouées. Mais il a fallu au préalable que les hommes appâtent chacun 1.000 hameçons et cette opération du boettage les occupe de quatre à cinq heures, suivant la qualité de la boette employée. Généralement les lignes sont mouillées entre 5 et 6 heures du soir et relevées seulement dix heures plus tard. L'opération du relevage, fort pénible, dure de quatre à cinq heures. On commence par ramener l'un des grappins et on hale ensuite sur la ligne qui présente successivement ses empies. Les deux hommes font tomber les poissons pris aux hameçons en s'aidant, s'il est trop engotté, d'une petite spatule en bois.

Beaucoup moins productive, on le conçoit, que la ligne de fond est la *ligne à main*. Cette dernière est cependant le seul engin qui puisse être employé dans certains cas et notamment si l'on est contraint d'utiliser comme boette les coques ou les moules, dont la chair, trop molle, peut être happée par la morue sans que celle-ci se prenne à l'hameçon. Il y a alors nécessité de ferrer le poisson et par suite d'employer la ligne à main, simple fil de coton terminé par un hameçon. Ce sont surtout les petits pêcheurs saint-pierrais qui font usage de cet engin lorsque, le hareng ou le capelan faisant défaut, ils se rabattent pour appâter leurs lignes sur les moules de Miquelon ou sur les coques du Barachois.

La *faulx* est un engin qui a bien son utilité dans certains cas mais dont l'usage présente de graves inconvénients ; une masse d'étain affectant la forme d'un petit poisson est rattachée par sa partie supérieure à la ligne ; de son extrémité inférieure jaillissent deux forts hameçons qui ne portent aucun appât ; l'instrument immergé à la profondeur voulue est remonté par une secousse brusque et dans leur course les hameçons peuvent accrocher par une partie quelconque de son corps le poisson qu'ils rencontrent. Pénible à manier, cet appareil a l'inconvénient de blesser beaucoup de poissons qu'il n'accroche pas suffisamment et qui s'échappent au cours de la remontée pour aller mourir plus loin, sans profit pour personne ; aussi son emploi devrait-il être limité aux rares périodes où la morue gavée ne touche pas à l'appât.

Après les lignes, les *filets*. La *senne*, en usage à Terre-Neuve est un filet de 350 mètres de long sur 30 mètres de haut environ, plombé en bas, liégé en haut et formant par suite nappe verticale ; l'emploi de ces engins nécessite l'usage de deux bateaux : un canot porte le filet ; le maître de senne qui dirige la pêche se tient à l'avant du canot et fait mouiller, quand le moment est venu, un grappin auquel est fixée l'une des extrémités du filet ; à ce moment l'autre bateau, une chaloupe, vient se placer auprès du grappin et le canot s'éloigne aussi vite que possible, décrivant un cercle de petit rayon pour revenir à son point de départ, en filant la senne au fur et à mesure ; quand le cercle est fermé, on relève le grappin, on soulage les plombs et on réduit la poche en paumoyant le filet ; peu à peu les poissons remontent vers la surface où on les harponne pour les lancer dans la chaloupe.

Il fut un temps où les coups de senne de 15.000 à 20.000 morues n'étaient pas rares et où une quinzaine de semblables opérations suffisait à constituer le chargement d'un brick de deuxième série. On a vu des cas où le capitaine se trouvait contraint de rejeter à la mer une partie importante du produit d'un seul coup de senne, extraordinaire il est vrai, tous les hommes se déclarant hors d'état de continuer un travail de préparation du poisson pêché qui durait depuis plus de vingt-quatre heures, presque sans interruption. Mais c'est là une exception et dans ces dernières années la morue, de petite taille d'ailleurs, n'était pas abondante sur le French-Shore.

La *senne* est aussi employée pour capturer le hareng d'appât.

Il faut sans doute attribuer, en partie du moins, le dépeuplement du French-Shore à l'usage immodéré qui a été fait d'un autre filet, nuisible à tous égards. Nous voulons parler des *trapps* des pêcheurs terre-neuviens. Bien que, depuis 1896, un acte du Gouverneur de Terre-Neuve interdise de la façon la plus formelle l'emploi de ces engins sur tout le rivage de l'île, nos pêcheurs, et particulièrement ceux de la côte Est, se sont vus à maintes reprises dans la nécessité de protester contre l'emploi qui en était fait par les indigènes et, dans la seule campagne de 1901, un navire anglais a pu saisir jusqu'à dix-sept trapps. C'est assez dire combien l'usage de ce filet a malheureusement conservé d'extension. Le trapp se tend le long de la côte, principalement à l'entrée des baies ; la nappe, disposée en éventail, conduit le poisson dans un passage étroit aboutissant à un vaste chambre où la morue est désormais prisonnière. Outre qu'il capture des quantités énormes de morues, un semblable engin est nuisible en ce qu'il interdit au poisson l'entrée des baies et ruine, par conséquent, la pêche des hommes installés dans ces baies. C'est ce que l'expérience ne tarda pas à nous montrer lorsque le Gouvernement français crut devoir, en 1882, autoriser nos pêcheurs à employer les trapps. Et les armateurs eux-mêmes émirent, dès 1887, le vœu que ces filets fussent interdits. Il leur fut immédiatement donné satisfaction et, dès cette époque, en nous appuyant sur ce fait que les goélettes nomades qui faisaient usage des trapps troublaient les opérations de nos pêcheurs qui ne pouvaient déborder leurs sennes, nous demandâmes au Gouvernement anglais d'interdire ces engins. Cette interdiction, édictée en 1896 seulement, est, en pratique, demeurée sans effet, la simple confiscation du filet ne constituant évidemment pas une pénalité suffisante.

Disons, pour terminer, que, pour la première fois, Paimpol envoya sur les Bancs, en 1900, un chalutier à vapeur et qu'un armateur de Granville a renouvelé une expérience analogue en 1904.

Nous allons pouvoir nous rendre compte, en étudiant la question de la boette, de l'intérêt que présentent ces tentatives. Car la substitution du chalut à la ligne de fond ferait disparaître l'une des plus grosses difficultés pour ne pas dire la seule difficulté à laquelle se heurtent nos pêcheurs de Terre-Neuve.

Boette. — Sous le nom générique de boette, ces pêcheurs désignent tout appât pouvant servir à garnir les hameçons des lignes du fond. Pas de boette, pas de morue, dit-on couramment à Saint-Pierre ; et rien n'est plus vrai, dans les conditions où s'exerce actuellement dans ces parages l'industrie morutière. On conçoit dès lors toute l'importance de cette question de la boette, toutes les discussions auxquelles elle a donné lieu.

Harengs de printemps. — Chaque année l'on voit apparaître au printemps dans les eaux de Terre-Neuve des bandes innombrables de harengs dont la venue est impatiemment attendue puisqu'elle marque le début de la campagne, l'apparition des harengs ne précédant que de peu celle de la morue : c'est généralement vers le 20 avril que les premiers harengs sont signalés sur les côtes de Terre-Neuve; les baies de Plaisance et de Fortune, la baie de Saint-Georges sont les principaux centres de pêche; on en prend aussi à la Bonne Baie; et sur le French-Shore le premier soin des capitaines qui avaient gagné leur place de pêche était de faire tendre des rets à harengs, placés sous la surveillance d'un maître haranier, qui allait les visiter chaque jour; parfois aussi on employait une chaloupe de senne qui pouvait capturer des bancs entiers; le produit de la pêche, conservé dans la senne même, constituait une réserve où l'on puisait suivant les besoins. Mais, en général, le hareng capturé est mis en barils; rien n'est plus variable que le prix de cette première boette; les capitaines de goélettes vont l'acheter à la baie Saint-Georges ou bien viennent s'approvisionner à Saint-Pierre, où le hareng est apporté par les pêcheurs; en 1894, par exemple, les prix varièrent de 8 francs à 2 francs le baril de 137 litres ; en 1896, les prix successivement pratiqués furent de 15 francs, 3 francs, 2 fr. 50, 4 fr. 50. Normalement on paye 5 francs au début de la saison et les prix peuvent descendre à 2 francs ou même à 1 franc à partir du 15 mai. Le hareng acheté est aussitôt emmagasiné dans les puits à boette du navire, soit avec du sel, soit avec de la glace pilée. Le hareng à la glace est supérieur au hareng salé, mais ne peut guère être conservé que douze jours en moyenne, quinze au maximum.

Capelan. — Au hareng de printemps, qui ne fait sur la côte qu'un séjour limité et ne peut par suite servir de boette que durant la période dite de première pêche, succède le capelan, utilisé comme appât pendant six semaines environ, du 15 juin à la fin de juillet dans les années normales. Abondant durant certaines campagnes, il est alors payé 4 francs le baril au début de la deuxième pêche et le prix s'abaisse ensuite jusqu'à 1 franc ; mais on a vu, dans certaines années où le capelan était fort rare, le prix monter jusqu'à 30 francs (1897) et même jusqu'à 52 francs (1904) la barrique de 225 litres.

Encornet. — La saison de pêche, du 1er août environ au 15 ou 20 septembre en général, parfois jusqu'en octobre, s'achève en employant comme appât l'encornet, très abondant durant toute cette période sur les Bancs comme à Saint-Pierre, plus rare au French-Shore ; ce mollusque est pêché à la *turlutte* ; on désigne sous ce nom un petit engin que l'on attache au bout d'une ligne et qui est formé d'un morceau de bois long de 7 à 8 centimètres, peint en rouge et terminé inférieurement par une couronne d'hameçons où se prend le céphalopode. En général, chaque bâtiment pêche l'encornet nécessaire au boëttage de ses lignes sur les lieux même de pêche et l'appât frais ainsi obtenu est celui qui donne de beaucoup les meilleurs résultats et pour lequel, par suite, on délaisse toutes les autres boëttes ; parfois aussi il faut acheter l'encornet conservé dans le sel ; ici encore les cours ont des fluctuations étendues : en 1891 on paya le cent d'encornets salés à raison de 5 francs au début, de 2 francs plus tard ; l'année suivante on trouvait à l'acheter pour 0 fr. 50. Si la chair très ferme de l'encornet constitue, de l'avis unanime des pêcheurs, un des meilleurs appâts que l'on puisse trouver, l'usage de cette boëtte n'est pas sans présenter quelques inconvénients ; le liquide secrété par l'animal dans sa poche du noir, rejeté par lui au moment de la capture, imprègne la peau du mollusque et sera, dans les manipulations ultérieures, en contact direct avec les mains des hommes ; or ce liquide a des propriétés corrosives telles que, quand bien même les mains des pêcheurs seraient au début nettes de toute blessure, ce qui est rarement le cas, la peau se trouve rapidement attaquée ; au bout de quelques jours elle est comme usée et, dans les plis, apparaissent des coupures douloureuses, rendant très pénible tout travail un peu dur. Certains capitaines ont paré à cet inconvénient en obligeant leurs hommes à se servir, lorsqu'ils boëttent leurs lignes, d'une fourchette, faite de deux hameçons redressés fixés sur un bout de bois, qui maintient l'animal tandis que le couteau le débite en morceaux de la grosseur voulue.

Harengs d'été et d'automne. — Il arrive parfois que le hareng ne quitte pour ainsi dire pas la côte, y séjournant alors du 15-20 avril jusqu'à la fin de la saison de pêche. Plus souvent, après une première période qui s'étend du milieu d'avril aux premiers jours de juin, on ne trouve plus de harengs. Puis vers la fin de juillet ou le commencement d'août on voit apparaître, sur la côte Ouest principalement, des harengs de petite taille, dits harengs d'été, qui ne séjournent d'ailleurs pas ; et bientôt après arrivent les harengs d'automne qui demeurent jusqu'à la fin de la saison de pêche et au-delà. Nos pêcheurs s'occupent assez peu, en général, de cette boëtte, moins appréciée de la morue que ne l'est le hareng de printemps, et la raison de cette indifférence est facile à saisir : la plupart des banquiers terminent leur pêche le 20 septembre, à une époque où, dans les années normales, l'encornet pullule ; les petits pêcheurs saint-pierrais ont, eux aussi, de l'encornet jusqu'à la fin de leur campagne, le pêchant en abondance dans la rade même de Saint-Pierre. Le hareng d'automne ne pourrait donc intéresser que les pêcheurs du French-Shore, l'encornet ne faisant parfois qu'une apparition assez brève sur les deux côtes.

Bulot. — Comme les Américains et comme les Terre-Neuviens eux-mêmes, nous avons routinièrement employé les boettes qui précèdent jusqu'au jour où le Parlement de Saint-Jean, édictant le Bait-Act, a voulu entraver la pêche française en empêchant les habitants de la côte Sud de Terre-Neuve de nous vendre le hareng et le capelan pêchés par eux dans les baies de Plaisance et de Fortune. Cette mesure a provoqué parmi les capitaines une émotion facile à comprendre et le Parlement de Terre-Neuve a pu croire quelque temps qu'il avait porté aux pêcheries françaises un coup dont elles ne se relèveraient pas. Heureusement les événements sont venus tromper ces prévisions. Tout d'abord, il nous restait toujours la ressource de nous boetter à la baie Saint-Georges, le Bait-Act n'étant pas applicable sur le French-Shore. En second lieu, malgré les pénalités très sévères prévues pour les contrevenants aux dispositions du Bait-Bill, certains des habitants de la côte Sud de Terre-Neuve ont continué à apporter à Saint-Pierre quelques chargements de boette, trouvant là l'occasion d'un commerce dont ils se refusaient à perdre le bénéfice pour le seul profit des gros armateurs terre-neuviens enragés contre nous. Enfin et surtout nous avons pu parer le coup en faisant usage d'une boette nouvelle qui s'est révélée à l'emploi comme préférable peut-être au hareng et au capelan. Nous voulons parler du bulot.

Le bulot ou coucou est commun sur le Grand Banc. En se basant sur des observations personnelles, l'Amiral de Maigret évaluait, en 1894, à 300 millions le nombre de bulots pêchés chaque année sur les bancs et estimait que ce nombre ne représente que le trentième environ de la population totale des Bancs, approximativement fixée par lui à 8 milliards de bulots. La fécondité de l'animal étant assez grande, il n'y aurait pas lieu de craindre sa disparition. En fait, en 1897, un seul navire a pu, pendant 99 jours consécutifs, pêcher journellement 50.000 coucous dans un cercle restreint.

La chair ferme du bulot tient bien à l'hameçon et le fait qu'elle peut, l'animal étant capturé sur les lieux de pêche même, être employée à l'état frais augmente encore la valeur de cette boette, très en faveur parmi nos banquiers. A côté de ces avantages, le bulot, en tant que boette, présente deux inconvénients : il faut le capturer, ce qui prend du temps, et sa manipulation est assez pénible. Pour prendre le bulot on emploie des casiers dits chaudrettes, appâtés avec de la viande de cheval salée ou avec des têtes de morue ; et pour une petite goélette à six doris il faut compter que 160 chaudrettes sont nécessaires ; en général l'un des doris est exclusivement affecté à la pêche du coucou, posant et relevant chaque jour 80 chaudrettes réparties sur 5 palangres ; les 5 autres doris ont chacun une ligne de 16 chaudrettes. Au total c'est un tiers des pêcheurs qui est immobilisé dans cette besogne accessoire. Pour la manipulation, elle est rendue difficile et même dangereuse par ce fait que le bulot possède une coquille fort épaisse qu'il faut briser pour en extraire l'animal ; on emploie à cet effet des maillets en bois ou bien un appareil spécial formé de deux cylindres de bois hérissés de dents en métal. Avec le maillet l'opération est plus longue ; mais la coquille, en se brisant, donne moins de ces petits éclats qui, pendant le boettage, blessent la main du pêcheur ou qui, abandonnés sur le pont, peuvent occasionner des blessures au pied.

Dans ces dernières années l'emploi du bulot s'était généralisé et la plupart des grands banquiers partaient de France avec quelques barils de hareng salé ou quelques milliers d'encornets conservés dans le sel depuis l'année précédente, cette boette devant servir pendant les premiers jours. Après cela ils utilisaient exclusivement le bulot jusqu'à l'apparition de l'encornet ; c'est avec ce dernier appât qu'ils terminaient la saison.

Coque. — Les pêcheurs portugais qui pratiquent la pêche sur les Bancs emploient comme boette des coques salées que des goélettes américaines viennent leur livrer aux Açores. Les Américains eux-mêmes font grand cas de cette boette qu'ils considèrent comme préférable à toute autre pour les lignes à main qu'ils emploient, et qu'ils disent être très économique. Et au dire de beaucoup de pêcheurs la coque salée constitue en effet un excellent appât. Bien qu'abondant à Saint-Pierre ce bivalve n'y existe pas en quantité suffisante pour que l'on puisse espérer voir se généraliser son emploi ; seuls les petits pêcheurs l'utilisent parfois, à l'état frais, mais seulement pour amorcer les hameçons des lignes à main.

Moules. — Quelques pêcheurs de Miquelon emploient aussi, à l'occasion, la moule comme boette. Assez peu en honneur chez nous, cet appât est utilisé depuis longtemps par les pêcheurs scandinaves pour leurs lignes de fond ; les Anglais et les Ecossais se servent aussi beaucoup de la moule pour garnir leurs hameçons, et en une seule année la consommation s'est élevée, pour l'Ecosse seulement, à 14.000 tonnes.

Autres boettes. — Bien que leur emploi ne se soit pas généralisé parmi nos pêcheurs nous mentionnerons ici quelques boettes dont les Américains font parfois usage, à défaut d'autres. Ils emploient, faute de mieux, la chair des Cétacés ou des oiseaux ; ces derniers vivent en grand nombre sur les Bancs, à ce point que certains patrons, incapables de procéder d'une façon scientifique, se fient à la seule présence de bandes d'oiseaux pour savoir s'ils sont arrivés sur les lieux de pêche et s'il convient de mouiller. Ces oiseaux des Bancs sont surtout des pétrels et des mouettes que l'on prend à la ligne en mettant un morceau de lard sur l'hameçon. Nos marins se livrent parfois à cette pêche d'un genre spécial, mais seulement pour apporter quelque variété dans leur ordinaire, bien que la chair huileuse de ces palmipèdes soit loin de constituer un mets délicat. Parmi les poissons, outre le hareng et le capelan, les Américains utilisent aussi comme boettes les menhades, le maquereau et quelques petites espèces, le lançon notamment.

Par leur éclectisme en ces matières, les pêcheurs américains se rapprochent de nos Islandais que la question de la boette paraît n'avoir pas préoccupés jusqu'ici, et qui amorcent leurs lignes avec ce qu'ils peuvent trouver.

Armements. Pratique de la pêche. — La pêche française est exercée, dans les parages de Terre-Neuve, à la fois par les habitants de Saint-Pierre et Miquelon et par des armateurs et marins métropolitains.

Petite pêche. — Un certain nombre de marins de la colonie pratiquent la petite pêche. Quelques uns d'entre eux utilisent des goélettes ou des sloops ; mais ils sont peu nombreux et les petits pêcheurs ont en général des bateaux pontés, à fond plat, très légers et peu encombrants, qui ont reçu, suivant que leur taille est plus ou moins réduite, les noms de doris ou de warys ; ces bateaux, qui tiennent admirablement la mer, sont maniés à la voile ou à l'aviron, suivant le temps, par deux ou trois hommes d'équipage. Les petits pêcheurs exploitent pour la plupart les fonds qui avoisinent Saint-Pierre; mais, depuis 1904, quelques uns d'entre eux, profitant des dispositions d'une dépêche ministérielle en date du 23 janvier 1893, qui autorise les armements en doris et warys pour la côte Ouest de Terre-Neuve, se rendaient dans l'une des places mises à leur disposition sur la partie méridionale de cette côte ; tous les ans, vers la fin d'avril ou au début de mai, un vapeur les transportait, eux, leurs embarcations, leur sel et leurs vivres, de Saint-Pierre jusqu'au hâvre dont ils avaient fait choix et venait, la pêche finie, en août ou en octobre, les reprendre pour les rapatrier. Le prix du passage était de 120 francs par homme. Quatre emplacements étaient occupés chaque année : l'Ile Rouge, la Pointe des Galets de Port-à-Port, l'Anse à Bois et enfin l'île Tweed.

Qu'il garde comme point d'attache la maison qu'il habite, qu'il aille s'installer pour la durée de la saison de pêche dans quelque cabane construite au fond d'une anse sur la côte de Saint-Pierre ou de Langlade, qu'il se fasse enfin transporter sur les rivages de Terre-Neuve, le petit pêcheur mène une existence fort rude encore, mais combien moins pénible et moins dangereuse que celle du marin banquier ! Si le temps le permet et s'ils ont pu se procurer la boette nécessaire, les hommes associés pour cette pêche vont le soir poser à quelques milles de la côte les lignes de fond qu'ils relèveront le lendemain de grand matin ; la pêche finie ils regagnent le rivage et procèdent aussitôt, devant un étal dressé sur la plage, à la préparation du produit de la pêche ; le plus souvent deux hommes seulement se sont associés pour pêcher dans le doris appartenant à l'un d'eux, et il faut alors qu'ils se partagent la longue série des opérations que nous décrirons plus loin ; l'un pique et décolle le poisson ; l'autre le tranche ; la morue est ensuite salée et disposée par arrimes dans la cabane qui sert de magasin ; ce travail achevé, les hommes boettent de nouveau leurs hameçons et repartent pour poser de nouveau leurs lignes.

Si les boettes normales font défaut on utilisera les coques ou les moules, en pêchant alors avec les lignes à main.

Le petit pêcheur procède en général lui-même au séchage du produit de sa pêche ; parfois, cependant, il trouve plus avantageux de vendre à quelque armateur de Saint-Pierre, qui la sèchera sur sa grave, la morue au vert qu'il a pu emmagasiner.

Miquelon d'une part, mais surtout l'île aux Chiens, peuplée en majeure partie de Normands de l'Avranchin, gens économes et âpres au gain, sont les principaux centres où se pratique la petite pêche. Les « *pieds rouges* » de l'île aux Chiens conservent en général comme point d'attache leur maison et peuvent ainsi confier à leur femme et à leurs enfants le soin de sécher la morue. L'aîné des fils accompagne son père à la pêche, lui sert d'*avant*. Dans ces conditions la vie n'est pas trop dure et le gain de la saison peut suffire à l'entretien de toute la famille durant l'année. Quant au capital constituant la mise de fond nécessaire, il n'est pas très élevé : un doris neuf coûte 120 francs ; les engins de pêche, lignes et hameçons, valent à peu près autant ; avec les installations à terre on n'arrive guère qu'à un total de 300 francs.

Grande pêche. — Tout autres sont les conditions d'exercice de la grande pêche. Les risques courus par l'armateur sont considérables. En ce qui concerne les hommes, la vie est, pour la plupart d'entre eux au moins, beaucoup plus pénible que celle du petit pêcheur et les dangers courus sont beaucoup plus grands ; si nous faisons ici une restriction, c'est qu'il faut, ou que du moins il fallait jusqu'à la fin de 1904, établir à cet égard une distinction entre les pêcheurs des Bancs et ceux du French-Shore. Nous allons voir, en effet, que l'armement à la grande pêche présente des modalités très diverses.

A un premier point de vue on peut distinguer l'armement colonial et l'armement métropolitain, et ce dernier revêt lui-même différentes formes.

Armement colonial. — Les goélettes saint-pierraises armées pour la grande pêche sont pour la plupart des bâtiments de faibles dimensions, jaugeant de 40 à 50 tonneaux en général. Le type le plus courant à Saint-Pierre est celui de la goélette dite à six doris, comptant 16 à 18 hommes d'équipage, dont douze embarqueront dans les doris, comme il sera expliqué, les autres assurant le service à bord ; au surplus, pour avoir droit aux primes d'armement dont il sera question plus loin, ces navires, comme tous les bâtiments pontés armés dans la colonie pour la pêche de la morue, sont assujettis à un minimum d'équipage de 25 hommes si le navire jauge 142 tonneaux ou plus, de 20 hommes si sa jauge est comprise entre 90 et 142 tonneaux et enfin d'un homme par 4 tonneaux 1/2 pour les bâtiments au-dessous de 90 tonneaux. Comme le nombre des goélettes coloniales est voisin de 200, on voit qu'elles exigent un personnel infiniment plus considérable que celui qu'elles peuvent trouver dans la colonie : il leur faut de 3.200 à 3.600 hommes, dont la plus grande partie, et de beaucoup, devra par suite être fournie par la métropole. Chaque année 3.000 hommes environ partent des ports bretons pour Saint-Pierre, quelques-uns sur des voiliers armés pour la pêche, la plupart sur des vapeurs qui accomplissent le trajet plus rapidement, en une quinzaine de jours ; sur les vapeurs, le prix du passage est de 150 francs par homme, ce qui est encore assez cher pour que l'on puisse exiger des armateurs que les hommes ne soient pas entassés sur ces transports en nombre excessif et que la quantité de vivres embarquée pour subvenir à l'entretien des passagers ne soit pas notoirement insuffisante. Or, en général, ces desiderata sont malheureusement bien loin d'être réalisés.

La plupart des marins ainsi transportés à Terre-Neuve ont en poche, au moment du départ, un projet de rôle établi par le Commissaire de l'Inscription maritime du port d'embarquement, projet dans lequel se trouve reproduite en substance une charte-partie intervenue entre le marin et le représentant de l'armateur qui l'a engagé ; arrivés à Saint-Pierre ils se présenteront au Commissaire de l'Inscription maritime, qui leur remettra leur rôle définitif. Quelques-uns, qui n'ont pas trouvé d'engagement avant le départ, s'embarquent néanmoins, espérant être plus heureux à Saint-Pierre ; ce sont les marins dits « à la pouche », qui se livreront à la petite pêche si aucun armateur ne veut les embarquer.

En fin de campagne ces hommes seront ramenés en France sur les goélettes de l'armement métropolitain, où on les entasse souvent à tel point que le Gouvernement a dû se préoccuper de réglementer les conditions de ce transport. Les dépêches ministérielles du 17 janvier 1891 et du 11 décembre 1895 à ce sujet semblent, d'ailleurs, n'avoir pas produit grand effet.

Quelques marins sollicitent chaque année l'autorisation de passer l'hiver dans la colonie ; elle ne leur est accordée que s'ils peuvent fournir une caution.

Constatons en terminant que la plupart des goélettes saint-pierraises sont des navires médiocres, pour ne pas dire mauvais ; les bois faisant défaut dans la colonie, les goélettes sont achetées en Amérique ; neuves, elles ne vaudraient déjà pas les bâtiments de construction française, leur demeurant inférieures comme résistance à cause de la qualité du bois employé ; et beaucoup d'armateurs coloniaux, par mesure d'économie, ou faute de ressources suffisantes, font franciser de vieilles goélettes américaines, déjà fatiguées par un long service.

C'est encore par raison d'économie que l'on prend comme patrons sur ces goélettes des hommes qui n'offrent pas toujours les garanties professionnelles nécessaires. Faculté est en effet laissée aux armateurs locaux d'employer au commandement des patrons non brevetés et l'on a vu de ces patrons qui, ne sachant pas faire le point, mettaient dix jours pour revenir du Grand Banc à Saint-Pierre, en passant il est vrai par l'île du Cap-Breton ou par la Nouvelle-Ecosse. Une réforme sur ce point semble s'imposer.

Armement métropolitain. — Nous venons de voir que la France fournit chaque année 3.000 marins environ aux équipages de l'armement colonial. Mais la métropole ne borne pas là sa participation aux opérations de pêche dans les parages de Terre-Neuve. Elle arme chaque année un grand nombre de navires pour les Bancs et pour le French-Shore. Fécamp, Saint-Malo, Saint-Servan, Granville et Cancale sont les principaux ports d'armement. Les équipages sont surtout recrutés en Bretagne, même pour les bateaux des ports normands, car les marins normands, mieux instruits et plus entreprenants, délaissent volontiers l'armement pour Terre-Neuve. Les navires métropolitains sont, en général, de taille plus considérable que les goélettes coloniales ; leur tonnage moyen était il y a quelques années de 140 tonneaux ; il s'est élevé progressivement et, en 1902, la moyenne était de 156 tonneaux ; on tend de plus en plus à accroître le tonnage des navires expédiés sur les Bancs, trois-mâts, bricks, trois-mâts-goélettes et bricks-goélettes. C'est surtout à Fécamp, grand centre d'armement pour la pêche dite sans sécherie, que l'on construit de grands et beaux navires, trois-mâts et bricks, auxquels on pourrait seulement reprocher, au dire des marins eux-mêmes, d'être parfois difficiles en manœuvre, et qu'il y aurait avantage, à ce point de vue, à gréer en goélette. Saint-Servan et Granville ont aussi quelques beaux bâtiments. Dans l'ensemble les navires de 300 tonneaux, à 14 ou 15 doris, ne sont pas rares sur les Bancs et l'on y voit quelques trois-mâts jaugeant 400 tonneaux et plus. Mais à côté des bâtiments modernes dont nous venons de parler il y a encore trop de navires vieux et fatigués, employés surtout par les armateurs avec sécherie.

L'effectif est en moyenne de 30 hommes par bâtiment. Comme les goélettes coloniales, les navires métropolitains doivent, s'ils veulent toucher les primes d'armement, avoir 25 hommes au moins d'équipage quand leur tonnage atteint ou dépasse 142 tonneaux, 20 hommes s'il est compris entre 90 et 142 tonneaux ; au-dessous de 90 tonneaux, le nombre des hommes ne doit pas être inférieur à 15. Ce règlement n'est applicable qu'aux navires armés avec sécherie. Le nombre d'hommes embarqués sur les bâtiments armés sans sécherie ne dépend que de la volonté de l'armateur.

Tandis que la valeur moyenne d'un bâtiment métropolitain et de ses engins oscille autour de 50.000 francs, et alors qu'un des grands trois-mâts de Fécamp représente un capital de 70.000 à 80.000 francs, les petites goélettes saint-pierraises de 40 à 50 tonneaux coûtent 25.000 francs seulement.

Nous réunissons dans le tableau suivant l'ensemble des documents statistiques concernant les armements français pour la pêche de la morue à Terre-Neuve depuis 1894. La plupart des chiffres de ce tableau ont été empruntés au rapport sur la campagne de 1904 adressé au Ministre de la Marine par le Capitaine de vaisseau de Kerillis, Commandant la division navale de Terre-Neuve.

ANNÉES	ARMEMENTS COLONIAUX						ARMEMENTS MÉTROPOLITAINS			
	PETITE PÊCHE				GRANDE PÊCHE		POUR LES BANCS		POUR FR.-SH.	
	à Saint-Pierre		au Fr.-Sh.							
	Bateaux	Hommes	Bateaux	Hommes	Bateaux	Hommes	Bateaux	Hommes	Bateaux	Hommes
1895	424	918	72	165	204	3.324	121	3.412	15	662
1896	380	816	68	156	219	3.330	139	3.487	14	586
1897	432	989	?	117	204	3.371	151	4.361	10	451
1898	390	840	67	148	197	3.600	172	5.398	10	416
1899	324	710	47	113	186	3.512	194	5.755	7	341
1900	292	652	59	129	196	3.259	195	5.918	8	363
1901	444	848	46	102	202	3.606	206	6.214	8	353
1902	440	976	63	149	208	3.925	219	6.774	6	207
1903	398	924	54	122	183	3.178	238	7.474	6	248
1904	431	932	77	169	151	2.702	225	6.949	6	326
1905	?	?	»	»	100	1.706	214	6.669	»	»

Il faut enfin pour avoir une idée à peu près complète du mouvement maritime que suscite la pêche de la morue à Terre-Neuve tenir compte de ce fait que, pour rapporter en France ou pour exporter le poisson péché, un certain nombre de maisons métropolitaines et coloniales arment des navires rapides, dits long-courriers, jaugeant de 130 à 140 tonneaux en moyenne. Venus de la métropole avec un chargement de sel, ces bâtiments embarquent à Saint-Pierre la morue salée qui y est apportée par les navires banquiers, la transportent en France dans les ports de Bretagne, mais surtout à Port-de-Bouc, aux Martigues, à Bayonne et à Bordeaux, puis repartent pour Saint-Pierre, emportant à nouveau du sel qu'ils prennent à Cadix, à Lisbonne ou dans nos ports. Le nombre de ces bâtiments demeure à peu stationnaire depuis quelques années ; la moyenne quinquennale 1899-1903 est de 106 bâtiments, jaugeant 14.322 tonneaux et montés par 872 hommes.

Armements avec ou sans sécherie. — Nous ne nous sommes jusqu'ici préoccupés que de donner une idée d'ensemble de l'armement métropolitain. Mais nous avons dit déjà qu'il se présentait sous différentes formes, qu'il faut maintenant examiner. Les documents officiels y prévoyaient, jusqu'à la fin de 1904, les six catégories suivantes :

(I). — Armements pour le Grand Banc de Terre-Neuve, avec sécherie aux îles Saint-Pierre et Miquelon.

(II). — Armements avec sécherie à la côte Ouest de Terre-Neuve.

(III). — Armements à la côte Est de Terre-Neuve.

(IV). — Armements pour la côte Ouest de Terre-Neuve (pêche et et sécherie).

(V). — Armements pour les îles Saint-Pierre et Miquelon.

(VI). — Armements pour le Grand Banc de Terre-Neuve, sans sécherie.

Comme l'on voit, il a été tenu compte à la fois, pour l'établissement de ces catégories, du lieu de pêche et de la préparation donnée au poisson. Sans entrer ici dans le détail des manipulations que doit subir la morue, indiquons qu'elle est d'abord conservée dans le sel, constituant ce que l'on appelle la morue au vert ; elle peut sans inconvénient demeurer longtemps en cet état avant d'être transformée par une série de traitements appropriés en morue sèche. L'armateur qui inscrit un bâtiment dans la catégorie (VI) s'engage à livrer au commerce métropolitain, qui se chargera de la sécher, toute la morue qu'il aura pêchée et salée ; les navires armés sans sécherie ne peuvent même pas, en principe, débarquer dans la colonie le produit de leur pêche ; tout ce qu'ils peuvent faire, si leur cale est pleine et s'ils désirent continuer la campagne, c'est de venir à Saint-Pierre pour y transborder sur un long-courrier la morue au vert qu'ils possèdent ; toutefois un décret du 23 mars 1888 a apporté quelque atténuation à la rigueur des dispositions qui précèdent en autorisant, sous certaines garanties et seulement dans le cas où il n'y a pas à Saint-Pierre de long-courrier disponible, le débarquement temporaire du produit de la pêche qui devra toujours être réexpédié dans la métropole. Si au contraire un navire est inscrit dans l'une quelconque des cinq premières catégories d'armements métropolitains ou encore s'il appartient à l'armement colonial, l'armateur de ce bâtiment possède, à Saint-Pierre ou sur le French-Shore, suivant le cas, les installations nécessaires pour sécher la morue.

Cette distinction en armements avec salaison à bord sans sécherie et armements avec sécherie est, au fond, la seule essentielle, puisque c'est la seule qui compte au point de vue des primes d'armement et en fasse varier la quotité.

Habitations. — Les armateurs de la colonie et les armateurs métropolitains qui ont inscrit un bâtiment dans l'une des catégories (I) ou (V) possèdent à Saint-Pierre ce que l'on appelle une *habitation* ; c'est sur le pourtour du Barachois que se développe la série des bâtiments divers (magasins pour la morue, pour le sel, logements du personnel, etc.) dont l'ensemble constitue, avec les graves, une habitation ; sous ce nom de graves on désigne de vastes espaces sur lesquels ont été apportés et disposés de façon à former une sorte de dallage des blocs plus ou moins réguliers du porphyre pétrosiliceux à teintes roses qui forme la majeure partie du sol de l'île Saint-Pierre. Chaque habitation est dirigée par un gérant, qui a sous ses ordres un nombre plus ou moins considérable de graviers, jeunes garçons venus pour la plupart de l'Ille-et-Vilaine ou des Côtes-du-Nord et qui seront chargés de faire sécher la morue sous la direction d'un maître de grave. Parmi les armateurs métropolitains ce sont surtout ceux de Bretagne qui arment avec sécherie à Saint-Pierre.

Pratique de la pêche sur les banquiers. — C'est au mois de mars que les navires armés pour la pêche sur les Bancs quittent les ports de France ayant à accomplir à la voile une traversée de 4.000 kilomètres environ, qui dure de vingt-cinq à trente jours. Les bâtiments armés sans sécherie emportent dans leurs puits à boette les quelques barils de hareng ou d'encornet salé nécessaires aux premières pêches ; après s'être parfois arrêtés quelques jours sur le Bonnet flamand pour y pêcher un peu, ils arrivent sur le Grand Banc qu'ils ne quitteront plus, en général, que pour rentrer en France, les dimensions de leur cale leur permettant d'y emmagasiner tout le produit de leur pêche. D'autres bâtiments, de moindre tonnage, armés le plus souvent avec sécherie dans la colonie, vont jusqu'à Saint-Pierre pour y déposer à l'habitation les graviers et les hommes qu'ils ont embarqués, pour y prendre de la boette et pour y renouveler leurs vivres ; ils reviendront ensuite pêcher sur les Bancs. Quant aux goélettes saint-pierraises elles partent naturellement de la colonie pour les Bancs, dès que les marins métropolitains destinés à constituer ou à compléter leurs équipages ont pu embarquer à leur bord.

Arrivé sur les Bancs, le capitaine ou le patron choisit un emplacement de pêche : certaines places sont plus poissonneuses, et c'est au capitaine à faire preuve de discernement dans ce choix. Il est des patrons renommés pour leur talent en pareille circonstance et recherchés par les armateurs qui n'hésitent pas à leur faire des avantages spéciaux. Quoi qu'il en soit, l'emplacement choisi, le navire établit son mouillage ; pour éviter qu'il chasse sur ses ancres, on l'assujettit encore au moyen d'une longue touée d'un fort câble de chanvre garni à son extrémité d'une chaîne en fer. Et la pêche commence aussitôt. Les doris, jusqu'alors amarrés en piles sur le pont du bâtiment, sont mis à l'eau. Une petite goélette a toujours au moins six doris, les grands banquiers métropolitains de 300 tonneaux en ont de quatorze à seize, parfois plus. Dans chacune de ces embarcations descendent deux hommes, un patron et un avant, emportant leurs tantis préalablement boettés par eux et soigneusement lovés dans des mannes *ad hoc* ; c'est en général vers 4 ou 5 heures du soir que les doris débordent, s'éloignant dans des directions différentes pour élonger leurs lignes (2.000 hameçons sur 2.400 mètres de ligne par doris). Rappelons que lorsque le bulot est employé comme boette un doris sur six est exclusivement employé à la pêche de ce mollusque, les autres ayant aussi une palangre à seize chaudrettes. Ces opérations terminées, les doris rejoignent leur bâtiment, deux à trois heures environ après leur départ. Le lendemain, vers 4 heures du matin, ils s'éloignent à nouveau pour relever harouelles et chaudrettes et ne rentrent guère, chargés alors du produit de leur pêche, qu'entre huit et neuf heures du matin. Armés chacun d'une pique qu'ils enfoncent dans la tête des poissons, le patron et l'avant jettent sur le pont du navire la morue pêchée par eux et dont ils n'ont plus désormais à s'occuper ; ils auront assez à faire, après un repas rapidement pris, de débrouiller leurs tantis et de les boetter ; au cours du relevage, ligne principale, empies et hameçons, rejetés sans ordre au fond du doris, ont, en effet, fini par former un amas inextricable ; les tantis débrouillés, il faut remplacer les empies brisées, les hameçons disparus et boetter enfin tous les hameçons. C'est un travail de quatre à cinq heures, coupé de temps à autre par les « appels au boujaron », qui rassemblent tous les hommes sur l'arrière du navire, autour d'un grand vase plein d'eau-de-vie ou de rhum, dans lequel le second remplit autant de fois qu'il est nécessaire une sorte de petite timbale contenant 6 centilitres environ, le *boujaron*, qui sert à tout l'équipage.

Pendant que s'accomplit d'un côté le travail que nous avons décrit le reste de l'équipage s'occupe à préparer les poissons rapportés par les doris. Après avoir pris en commun avec les patrons et avants le repas du matin, les hommes chargés de piquer, de décoller, de trancher, de saler la morue s'installent à leur poste, qui devant l'étal dressé à cet effet, sur le pont, qui dans la cale où la morue sera arrimée, et commencent leur travail, plus ou moins long, naturellement, suivant le nombre des poissons pêchés par les doris.

Sur les grands banquiers métropolitains armés sans sécherie, le travail se poursuit, monotone, jusqu'à la fin de la saison de pêche ; tous les jours se ressemblent, ne différant que par la quantité du poisson pêché : si le mouillage a été bien choisi et si la pêche est moyenne ou bonne, rien, que le trop mauvais temps, ne viendra interrompre la série régulière des opérations. Dans le cas contraire on quittera le fond reconnu mauvais pour chercher ailleurs un emplacement plus favorable. Ces navires relèvent directement pour la France, dans la seconde moitié de septembre en général, à une époque où le poisson est encore abondant, mais où les hommes commencent à se ressentir du surmenage qu'entraînent pour eux les opérations de pêche.

Sur les bâtiments de moindre tonnage, il vient un temps où la cale est pleine de morue au vert, où le sel et les provisions commencent à s'épuiser. Quittant alors les lieux de pêche, le navire rallie Saint-Pierre pour déposer sa morue à l'habitation s'il est armé avec sécherie, pour la transborder sur un long-courrier, s'il est au contraire armé sans sécherie. Puis ayant vidé sa cale, fait des provisions et embarqué, le cas échéant, de la boette et du sel, le bateau repart sur les Bancs pour une nouvelle période. Les petites goélettes coloniales reviennent ainsi trois fois chaque année à leur port d'attache. C'est au début surtout que leur venue est impatiemment attendue à Saint-Pierre ; la quantité de morue pêchée, les renseignements fournis par les patrons sur l'abondance ou la rareté de la boette serviront de base à des estimations du produit probable de la campagne et par là influeront sur le cours de la morue; ajoutons que les premiers chargements de morue au vert font prime sur les marchés de France, où on paye alors 3 à 4 francs de plus que le prix moyen et nous aurons suffisamment expliqué l'impatience des armateurs qui viennent sur le quai de La Roncière attendre les retours.

Pratique de la pêche au French-Shore. — Il fut un temps où les armateurs métropolitains se portaient avec empressement sur le French-Shore, inscrivant leurs navires dans les catégories (II), (III) ou (IV). En 1830 on comptait à Terre-Neuve 49 places de pêche sur la côte Ouest et 182 sur la côte Est, cette dernière étant beaucoup plus propre à la pêche sédentaire, à cause de ses nombreux fjords. Pour assurer aux nombreux postulants une répartition aussi équitable que possible des emplacements qu'il pouvait concéder, le Gouvernement avait réparti ces places en trois séries; on pêchait alors avec des chaloupes comportant chacune de six à huit hommes d'équipage et les séries avaient été ainsi établies :

1re Série : Places où peuvent opérer 15 chaloupes et plus.

2me Série : Places où peuvent opérer de 10 à 14 chaloupes.

3me Série : Places où peuvent opérer 9 chaloupes ou moins.

Les places de la 1re série étaient réservées aux bâtiments jaugeant au moins 142 tonneaux ; celles de 2me série aux bâtiments dont la jauge était supérieure à 90 tonneaux sans atteindre 142 tonneaux ; les navires d'un tonnage inférieur à 90 tonneaux pouvaient seuls s'inscrire dans la 3me série. Ces bâtiments étaient tous astreints à avoir un minimum d'équipage ainsi que cela a été déjà indiqué. Tous les cinq ans un tirage au sort avait lieu à Saint-Servan, le 5 janvier, pour l'attribution aux navires inscrits des places de leur série. On avait réservé le hàvre de l'île Rouge (côte Ouest) pour en faire l'objet d'un tirage au sort spécial entre les armateurs qui s'engageaient à y affecter 90 hommes au moins pendant les cinq ans de leur concession. L'armateur désigné par le sort pour une place de pêche devait y envoyer la 1re année les navires annoncés par lui, sous peine d'une amende de 4.000 francs pour les hàvres de la 1se série et pour celui de l'île Rouge, de 3.000 francs pour les emplacements de 2me série et de 2.000 francs pour ceux de 3me série. Les navires devaient partir au plus tard le 1er juillet de chaque année et séjourner de vingt à quarante jours dans l'emplacement qui leur était dévolu ; les concessionnaires de places de pêche s'engageaient en outre à entretenir en bon état les établissements divers affectés à l'exploitation de leurs emplacements.

Les concessions accordées par le Gouvernement français sur le French-Shore comportaient, pour le bénéficiaire, le droit exclusif de pêche dans un hàvre déterminé et la jouissance des établissements nécessaires à l'exercice de ce droit, établissements qui devaient, en vertu des traités, conserver strictement le caractère de constructions temporaires, et ne pouvaient être utilisés que pendant la saison de pêche, d'avril en octobre, sans qu'aucun Français y pût hiverner. Ces établissements comprenaient d'abord quelques cabanes, une dizaine en général, dont les unes servaient de magasin pour le sel, pour la morue, d'abri pour les bateaux, gréements et engins, dont les autres étaient affectées au logement du personnel ; puis un chauffaud, c'est-à-dire un ensemble de bâtiments où l'on procédait à la préparation de la morue et de ses issues diverses (huile, rogue, etc.) et au séchage du poisson. Généralement construit sur pilotis, le chauffaud s'avançait au-dessus de le mer, formant ainsi appontement.

Les armateurs de la colonie ne pouvaient pas prendre part au tirage au sort quinquennal de Saint-Servan. Mais, depuis longtemps un tirage local avait lieu, immédiatement après celui de France, pour les places laissées libres par les armateurs métropolitains. Ce tirage local n'a jamais donné de résultats, les armateurs n'inscrivant aucun navire. Est-ce à dire cependant que les armateurs de Saint-Pierre n'envoient jamais leurs navires au French-Shore ? En aucune façon, mais ils préfèrent conserver leur liberté d'action. Chaque année un certain nombre de ces bateaux vont pêcher dans le golfe de Saint-Laurent et reviennent ensuite mouiller dans un emplacement demeuré libre sur la côte Ouest pour y sécher leur morue. C'est ce qu'on appelle aller *en dégrat*. D'autres, la pêche faite dans le golfe, reviennent à Saint-Pierre, où leur morue verte sera débarquée à l'habitation, et repartent aussitôt après pour les Bancs.

Nous avons vu plus haut que l'État répartissait les navires métropolitains armés pour le French-Shore en trois catégories. Dans l'armement avec sécherie à la côte Ouest de Terre-Neuve, les navires, partis de France vers la même époque que les banquiers, touchent à Saint-Pierre pour y prendre de la boette ou encore vont se boetter à la baie Saint-Georges, soit qu'ils capturent eux-mêmes le hareng à la senne, soit qu'ils l'achètent aux Terre-Neuviens. Puis ils remontent le golfe de Saint-Laurent jusqu'à l'entrée Sud du détroit de Belle-Ile ; la pêche se pratique ici comme sur les banquiers, mais le navire suit dans ses déplacements la morue, elle-même en quête de capelan. Après avoir atteint l'Anse aux Fleurs ou l'Anse aux Sauvages, le bateau descend le long de la côte Ouest de Terre-Neuve pour gagner l'emplacement qui lui a été assigné ; quelques hommes sont débarqués pour sécher la morue déjà pêchée et le bâtiment lui-même, avec le reste de l'équipage peut continuer quelque temps encore la pêche dans les environs. En fin de campagne la morue séchée sera expédiée de Saint-Pierre sur les lieux de vente ou rapportée en France.

Les choses se passent différemment si le navire est armé pour la côte Est ou encore pour la côte Ouest (pêche et sécherie). Dans le premier cas, le bâtiment n'est expédié de France qu'à une époque assez avancée, les hâvres de la côte orientale qu'il gagnera directement étant, en général, obstrués par les glaces jusqu'aux premiers jours de juin. Arrivé à l'emplacement qui lui est assigné, le navire, solidement affourché sur ses ancres, est désarmé ; ses voiles sont déverguées, ses agrès remisés dans la cale et tout l'équipage est mis à terre : on s'occupe aussitôt de sortir des cabanes qui leur servaient d'abri les chaloupes de senne, de faire au chauffaud et à ses annexes les réparations nécessaires. Puis la pêche commence ; la senne seule doit être employée jusqu'au 15 août pour être ensuite remplacée par la ligne de fond si le capitaine le juge convenable. Nous avons décrit ailleurs le mode de pêche. Chargée de morues la chaloupe vient accoster au chauffaud, sur le plancher duquel le produit de la pêche est jeté pour être aussitôt préparé et salé. Plus tard il sera séché sur les claies ou les rances placées à proximité du chauffaud. En fin de campagne le navire, remis en état de prendre la mer, relève directement pour la France, emportant la morue sèche du produit de sa pêche. La garde et l'entretien du chauffaud sont confiés à quelque Terre-Neuvien rétribué de ses soins en argent ou en nature.

A la côte Ouest l'installation est la même et les choses se passent à peu près de la même façon, à ceci près, toutefois, que le départ a lieu plus tôt et que la senne n'est jamais employée pour la capture de la morue, et sert seulement à pêcher la boette ; les lignes de fond utilisées ici sont posées et relevées par des doris. Quelques armateurs avaient, dans les dernières années, annexé à leur chauffaud une installation leur permettant de préparer en conserves le homard et le saumon, produits de pêche accessoires.

Nous avons dit plus haut quelle fut jadis l'importance de la pêche française au French-Shore. Après une longue période de prospérité, l'armement pour Terre-Neuve a commencé à décliner rapidement. En 1883 les hâvres des deux côtes étaient encore occupés par 40 navires et 2.000 pêcheurs de France. En 1886, 24 navires seulement étaient inscrits, dont neuf pour la côte Ouest. Puis la décroissance s'accuse encore : en 1890 nous avions sur la côte Ouest 12 bâtiments et 528 hommes et sur la côte Est 5 bateaux avec 191 hommes. En 1891 il y avait au total 16 navires et 688 pêcheurs. Un léger relèvement se manifeste en 1892 (18 bâtiments, 711 hommes). Néanmoins, désireux de favoriser la réoccupation du French-Shore, le ministre de la Marine décide, le 23 janvier 1893, d'autoriser les armements en doris et warys pour la partie méridionale de la côte Ouest, qui est ainsi ouverte aux petits pêcheurs. Nous avons donné plus haut les chiffres relatifs à cet armement spécial, chiffres assez encourageants dans l'ensemble. Cependant l'armement métropolitain continuait à décliner. En 1901 nous n'avions plus, sur le French-Shore, que 5 grands chauffauds, deux sur la côte Est, au cap Rouge et aux Grands-Saints-Juliens, et trois sur la côte Ouest, un à Port-au-Choix et deux à l'île Saint-Jean ; 8 navires et 353 hommes s'y trouvaient encore occupés. En 1904, bien que le nombre de bateaux n'ait pas diminué (voir le tableau page 437), nous n'avions plus que 4 chauffauds, celui des Grands-Saints-Juliens n'étant plus utilisé.

D'une façon générale l'exploitation des places de pêche au French-Shore était, dans ces derniers temps, assurée dans des conditions telles qu'elle ne procurait certainement pas tous les bénéfices qu'on eût pu en tirer. Les hommes étaient trop nombreux, âgés pour la plupart; et de plus il y avait exagération du nombre des mousses. Pour donner une idée de l'importance du déchet provenant de ces causes nous noterons qu'en 1901, sur la côte Ouest, la moyenne par homme était de 42 quintaux de morue chez les petits pêcheurs saint-pierrais et de 32 quintaux seulement dans les chauffauds.

Les armements pour le French-Shore ont aujourd'hui disparu, l'accord du 8 avril 1904 entraînant en pratique l'impossibilité pour nous de conserver les chauffauds et généralement toutes installations à terre sur les rivages de Terre-Neuve.

Préparation de la Morue. — Nous avons vu comment le poisson pêché était jeté sur le pont du bateau ou sur le plancher du chauffaud par les hommes des doris ou de la chaloupe de senne. Il est immédiatement procédé à sa préparation, tout retard apporté aux opérations nécessaires amenant une dépréciation du produit. C'est donc en général vers 8 ou 9 heures du matin que commence le travail dont nous allons décrire les phases successives.

Un étal est préparé, devant lequel se tiennent les hommes. Le mousse, saisissant un poisson par les ouïes le passe au *piqueur* qui maintient la tête de la main gauche, tandis que sa main droite, armée d'un couteau court à double tranchant, pratique une incision qui remonte sur la face ventrale de l'animal depuis l'anus jusqu'au nœud de la gorge et coupe celui-ci. La morue passe alors dans les mains du *décolleur*; de la cavité abdominale, ouverte par le couteau du piqueur, le décolleur extrait d'abord le foie et la rogue, qui sont mis de côté, et les autres viscères qui sont rejetés ; puis, d'un coup sec, il sépare la tête du tronc par luxation ; la tête servira plus tard, avec les *raquettes*, à faire la soupe de l'équipage ou à amorcer les casiers à bulot ou à homard ; le tronc est remis au *trancheur*; de sa main gauche, protégée par la moufle, sorte de mitaine garnie de cuir, celui-ci saisit la morue par les angles supérieurs (oreilles); d'un premier coup de couteau il prolonge depuis l'anus jusqu'à la queue la section faite par le piqueur; il faut que le couteau glisse en frottant un peu sur l'une des faces de la colonne vertébrale du poisson ; arrivé au bas de sa course, le couteau est, sans interruption sensible, reporté d'un côté sur l'autre en sectionnant l'arête près de la queue ; puis d'un seul coup, la lame remonte jusqu'à l'extrémité supérieure, en produisant par son frottement sur la colonne vertébrale un bruit de crissement particulier qui révèle que l'opération est bien faite ; la majeure partie de l'épine dorsale se trouve ainsi mise en liberté et est enlevée ; elle constitue la *raquette*. Quant au poisson lui-même, il a maintenant pris, les deux moitiés du corps étant rabattues à droite et à gauche, la forme aplatie sous laquelle nous sommes habitués à le voir ; un novice s'en saisit pour l'*enocter*, c'est-à-dire pour enlever avec une cuillère à bords tranchants les caillots de sang qui se sont formés ; puis il jette la morue dans une baille placée à côté de lui et où l'eau de mer est constamment renouvelée ; après avoir été lavé le poisson est envoyé dans l'ouverture d'un conduit qui va déboucher dans la cale, où se tient le saleur. Celui-ci, prenant deux poissons, l'un par les oreilles, l'autre par la queue, les fait tomber à plat, côte à côte, la chair en l'air ; puis, avec une pelle, il prend le sel nécessaire, plus ou moins suivant la qualité de ce sel, et le répartit comme il convient, en mettant davantage sur les parties charnues et moins sur les bords. Après avoir disposé ainsi un premier rang de poissons, il passe à un second, puis à un troisième, etc., constituant des arrimes successives. La morue ainsi préparée est dite morue au vert et peut être conservée pendant plusieurs mois sans perdre rien de sa valeur marchande ; à tout le moins il faut qu'on la laisse en cet état huit jours durant, pendant lesquels elle se tasse et « sue ».

Les deux opérations délicates dans ce premier cycle sont le tranchage d'une part, le salage de l'autre ; c'est au second qu'est en général confié le couteau de trancheur ; mais s'il n'a pas la sûreté de main et la dextérité nécessaires, le capitaine engage un trancheur dont le salaire est un peu plus élevé que celui des autres matelots ; c'est pour l'armateur un petit surcroît de dépense dont il sera amplement payé par la vente plus facile d'un produit mieux préparé. Un bon trancheur opère jusqu'à 180 morues à l'heure, soit environ 2.000 par jour si cela est nécessaire, le travail ne s'interrompant alors que pour une brève collation et lorsque retentit l'appel au boujaron. Mais si la pêche a été particulièrement fructueuse, si les doris ont ramené 3.000 ou 4.000 morues, comme cela arrive quelquefois, tout le monde se met au travail et il faut au moins deux trancheurs.

Le saleur est, lui aussi, un rouage important de ce mécanisme humain assez complexe qu'exige l'industrie morutière ; si le sel a été judicieusement dosé et bien réparti, il n'y a guère à craindre de voir se produire de ces accidents qui rendent la morue non marchande,

On n'aura pas de morues *douces*, c'est-à-dire ayant subi un commencement de décomposition dans des parties qui n'ont pas été touchées par le sel. Et il est moins à craindre que le poisson subisse, sous l'influence de la chaleur ou de l'humidité, quelque altération qui le rendrait invendable. La qualité du sel employé n'est pas non plus sans influence sur la valeur du produit et les pêcheurs ont à cet égard leurs préférences, qui vont en général aux sels espagnols ou portugais. Les sels de Cadix et de Lisbonne, les premiers surtout, sont très estimés à cause de leur bas prix, de leur blancheur et de leur pureté et sont les plus fréquemment employés ; on en consomme trois fois plus environ que de sels français (1) ; la morue au vert préparée avec ces sels étrangers donne, après séchage, un produit d'une blancheur éclatante, à la chair particulièrement ferme. A côté de ces sels, on emploie aussi ceux de Port-de-Bouc, légers et magnésiens, très blancs, ceux d'Arzew et enfin le sel de Ré ; ce dernier, utilisé surtout dans la pêche avec sécherie, communique à la morue sèche une coloration jaunâtre qui en diminue la valeur sur certains marchés.

Séchage en France et dans la colonie. — La morue au vert doit encore subir, avant d'être vendue, les opérations du séchage. Les navires armés sans sécherie livrent au commerce métropolitain la morue verte de leur pêche, qui sera séchée à Granville, à Fécamp, à la Rochelle, à Bordeaux surtout, ou encore à Cette, à Marseille, à Port-de-Bouc ou aux Martigues. Le poisson pêché est apporté en France soit par des long-courriers sur lesquels il a été transbordé à Saint-Pierre, soit par les bateaux de pêche eux-mêmes en fin de campagne. Le séchage s'opère ou à l'air libre, ou dans des établis-

(1) Voici quelles ont été les importations de sels de pêche dans la colonie, au cours des huit dernières années :

ANNÉES	SELS FRANÇAIS		SELS ÉTRANGERS		TOTAUX	
	Tonnes	1.000 fr.	Tonnes	1.000 fr.	Tonnes	1.000 fr.
1897.....	14.524	465	21.542	689	36.066	1.154
1898.....	4.552	146	24.375	780	28.927	926
1899.....	6.068	194	16.075	514	22.143	708
1900.....	6.607	211	19.006	609	25.613	820
1901.....	6.436	206	19.696	630	26.132	836
1902.....	4.722	151	19.750	632	24.472	783
1903.....	7.002	224	16.554	530	23.556	754
1904.....	»	»	»	»	»	361

PL. XVII.

DANS UNE CABANE DU FRENCH-SHORE

UNE HOMARDERIE

PRÉPARATION DE LA MORUE
PAR LES PETITS PÊCHEURS

MORUE AU VERT,
ARRIMÉE DANS UN CHAUFFAUD

Pl. XVIII.

LA MORUE EST DÉBARQUÉE AU CHAUFFAUD

PRÉPARATION DE LA MORUE DANS UN CHAUFFAUD

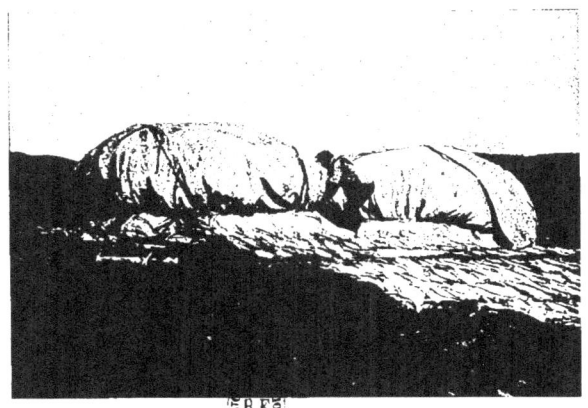

LES MEULES DE MORUE SÈCHE SUR LA GRAVE

sements spéciaux où le poisson est disposé sur des étagères entre lesquelles circule un courant d'air chaud. La dessiccation est en général arrêtée quand la morue a perdu 10 o/o de son poids. On obtient ainsi un produit qui diffère assez sensiblement de celui qui est préparé dans la colonie, sur les graves de Saint-Pierre ou dans les chauffauds du French-Shore.

Saint-Pierre est approvisionné de morue verte par les goélettes locales et par les navires métropolitains armés avec sécherie dans la colonie. Le séchage s'en opère comme il suit : la morue est d'abord lavée à grande eau, vigoureusement brossée sous l'eau avec de grosses brosses en chiendent, ce qui la débarrasse d'une bonne partie du sel qu'elle avait absorbé. Puis on empile les poissons pour les faire égoutter. Dès que le temps le permettra, les morues seront étalées sur la grave; il faut, pour que l'opération se poursuive dans de bonnes conditions, que le soleil brille sans être cependant trop ardent et qu'il y ait un peu de brise. Si le temps se maintient favorable, les morues, étalées dès le lever du soleil, sont retournées vers le milieu de la journée, pour que la dessication se fasse bien également. Le soir venu, les graviers, dont le maître de grave dirige les opérations, entasseront les poissons de manière à former d'énormes meules que l'on recouvre d'une bâche ou de branchages de sapin pour les protéger de l'humidité. Pour que la morue soit sèche à point, il faut qu'elle ait subi un certain nombre de ces expositions à l'air libre, de *soleils*, comme on dit à Saint-Pierre, sept à huit en général. Et comme le temps n'est pas tous les jours favorable, l'opération dure au total de trois à quatre semaines en moyenne. Quand elle est terminée, la morue a perdu 30 o/o de son poids primitif et est devenue assez dure pour qu'on puisse maintenir un poisson dans la position horizontale en le tenant par la queue. Les morues sont alors classées par dimensions et réparties dans les magasins.

Sur le French-Shore, où les graves font en général défaut, les morues sont étalées sur des claies en branchages de sapin ou encore sur des rances, c'est-à-dire sur de vieux filets tendus sur des cadres en bois; parfois, les rances peuvent être inclinées jusqu'à 45° sur l'horizon à l'aide d'arcs-boutants (rances à bascule). Pour le reste, les opérations se font comme à Saint-Pierre et le résultat final est le même.

Autres procédés de séchage. — Certains peuples apprécient d'autant plus la morue qu'elle est plus sèche et par conséquent plus dure. Les

Canadiens et les Terre-Neuviens ont tenté de les satisfaire et y sont parvenus par l'emploi de procédés spéciaux qui permettent de préparer le produit suivant les exigences du consommateur.

On a d'abord employé sur les côtes de la Gaspésie une méthode qui rend la morue sensiblement plus dure que celle de Terre-Neuve. Le poisson n'est pas laissé aussi longtemps dans le sel ; il est disposé en tas dans une sécherie pour suer et resuer et lorsque l'humidité paraît à la surface, la morue est étendue sur des claies au soleil pour sécher. Ce procédé de resuage et de séchage est répété jusqu'à ce que la morue devienne aussi dure qu'une planche. Le poisson ainsi préparé est très estimé, en particulier, au Brésil et en Italie.

Puis est venu le procédé Cathcart Thompson. Le principe en est le suivant : des lits successifs de morue au vert sont séparés par des couches intercalées de mousse sèche et de sciure de bois. L'ensemble est soumis à une forte pression ; la mousse et la sciure absorbent l'humidité. Au bout de deux ou trois jours on change les corps absorbants, mousse et sciure, et on recommence sur nouveaux frais. On a pu ainsi, en cinq opérations, durant au total 13 jours, faire perdre à la morue verte 36 o/o de son poids. On l'expose alors au soleil pendant un temps plus ou moins long, suivant qu'elle est destinée à tel ou tel marché, d'autant plus long que le poisson doit être plus dur et plus sec. Six heures d'exposition suffisent à l'amener à l'état voulu s'il est destiné aux Etats-Unis ; il faut de 24 à 48 heures pour le poisson envoyé sur les marchés du Brésil. En pratique les négociants canadiens extrayaient seulement par pression une quantité d'eau représentant 30 o/o du poids primitif de la morue. Le poisson ainsi traité peut attendre sans se gâter qu'il se présente un temps favorable pour le séchage final au soleil et à l'air.

Il nous reste à parler du procédé Whitman, fondé sur l'emploi successif de la compression et de la chaleur ; on peut traiter par cette méthode soit la morue au vert, soit la morue déjà séchée au soleil dans les conditions ordinaires. Le poisson est d'abord soigneusement lavé, puis soumis pendant quelques heures à une pression plus ou moins forte, suivant le cas, pour être débarrassé d'une partie de son humidité ; il est ensuite étalé sur des plateaux en fil métallique, disposés les uns au-dessus des autres, à 20 ou 25 centimètres d'intervalle ; au-dessous de chacun de ces plateaux circule une série de tuyaux dans lesquels on lance d'abord pendant deux ou trois heures un courant d'eau chaude ou de vapeur, de façon à maintenir la température de la chambre aux environs de 35°. Puis, à l'aide de ventilateurs et de conduits qui viennent déboucher entre les plateaux, on provoque à la surface de ceux-ci un courant d'air froid et sec, destiné à balayer les produits de l'évaporation, qui sont évacués par des ouvertures ménagées à cet effet. En 48 heures la morue au vert a perdu 36 o/o de son poids; mais rien n'empêche d'aller plus loin encore et d'atteindre, si le consommateur le désire, une réduction de moitié sur le poids primitif. L'opération est naturellement moins longue si l'on a traité par le procédé Whitman de la morue sèche; huit heures suffisent alors à lui enlever 8 o/o de son poids, qui ne représente déjà plus que 70 o/o du celui de la morue au vert.

Employé d'abord à Halifax, le procédé Whitman s'est rapidement généralisé et plusieurs maisons de Saint-Jean de Terre-Neuve l'emploient aujourd'hui avec avantage; il permet de préparer des lots suivant les convenances du marché auquel ils sont destinés et donne un produit de bonne apparence, ferme et souple, d'une très belle couleur, très estimé. Un armateur de Saint-Pierre avait, dès 1897, fait venir tout le matériel nécessaire à une exploitation de ce genre et fut obligé de renoncer à son projet, les capitaux dont il disposait n'étant pas suffisants. L'expérience devait être reprise par une maison de Granville. Nous ignorons ce qu'il en est advenu. M. Caperon, dans sa *Notice sur Saint-Pierre et Miquelon* (1900) dit qu'un armateur de la colonie, M. G. Beust, a introduit le système Whitman à Saint-Pierre et s'en est bien trouvé, mais que son exemple n'a pas été suivi.

Enfin, MM. Le Borgne, à Fécamp, et M. Cabissol, à Port-de-Bouc, emploient un procédé de séchage particulier. La dessiccation se fait par application sur la morue d'un tissu sec imprégné de sels très hygrométriques; au contact du poisson, les sels se chargent, par absorption progressive, de l'eau de celui-ci; l'opération est renouvelée jusqu'à ce que le degré de siccité nécessaire soit obtenu.

On a encore essayé à Halifax un procédé intéressant : la morue est écorchée et bien lavée; puis on la cuit à la vapeur, on la débarrasse de toutes ses arêtes et on fait passer la chair sous des rouleaux enveloppés d'une couverture, qui lui enlèvent une bonne partie de son humidité. Cette chair est ensuite hachée, séchée, au ventilateur d'abord, puis, pendant une heure, dans une étuve à 120°. La pâte ainsi obtenue est alors comprimée et mise dans des boîtes de carton contenant chacune une livre ; les paquets sont enveloppés d'un papier ciré qui les rend imperméables à l'humidité. Un de ces paquets équivaut à plus de 3 livres de morue au vert et peut être vendu, en Amérique, de 0 fr. 63 à 0 fr. 68.

On peut rapprocher de ce procédé celui qui est employé depuis 1897 par une maison de Gothembourg (Suède) qui fabrique sur les lieux même de pêche une pâte de chair de morue, aussitôt mise en boîtes que l'on stérilise. Toutes les opérations sont faites à la machine et le produit obtenu, fort riche en albuminoïdes, constituant par conséquent un excellent aliment, peut être livré à bas prix. En 1900, la fabrication journalière atteignait 10.000 kilos.

Produits de pêche accessoires. — *Rogue.* — Nous avons vu plus haut que les foies et la rogue étaient mis de côté par le décolleur; celle-ci, salée et mise en barils, sera rapportée en France pour servir d'appât dans la pêche de la sardine. La rogue n'est conservée que par les banquiers et par les pêcheurs de la côte Ouest ; les pêcheurs de la côte Est la rejettent à la mer, soutenant qu'elle est souvent en état d'être fécondée. Et il résulterait d'observations faites à diverses reprises par les Commandants de la station navale que la petite morue, très abondante dans les baies où les œufs sont rejetés à la mer, fait au contraire défaut dans les hâvres où l'on embarille la rogue.

Huile de foie de morue. — Quant aux foies, ils servent à fabriquer l'huile. Jusqu'en 1895, les petits pêcheurs avaient négligé cette source de revenus accessoires ; à partir de 1896 ils se sont mis à faire de l'huile par les procédés en usage sur les banquiers, en employant par conséquent des foissières. Sur le French-Shore, chaque chauffaud avait son cajot. Nous avons dit ailleurs ce qu'étaient ces appareils très primitifs et montré quels en étaient les inconvénients et les avantages.

Langues et noves. — Outre la rogue et le foie, les pêcheurs conservent assez souvent les langues et les noves ; sous ce dernier nom ils désignent le mésentère ; langues et noves, salées, constituent des aliments dont le premier surtout est assez estimé dans certaines régions.

Têtes. — Les têtes de morue, en tant qu'elles ne sont pas utilisées pour la soupe de poisson ou employées comme boette pour le bulot ou le homard, sont rejetées par nos pêcheurs. Avec ces têtes, séchées et broyées, les Norvégiens fabriquent un guano de poisson. Il est regrettable que cet exemple ne soit pas suivi par nos marins.

Salaires. — L'industrie morutière, dans les parages de Terre-Neuve, est en somme exercée en association par l'armateur qui fournit le capital (navire et ses engins et apparaux, sel) et par l'équipage qui fournit, lui, son travail. En fin de campagne, les deux associés se partageront le produit de la pêche, conformément aux stipulations de la charte-partie qui les lie. Dans la plupart des cas, il a été convenu que les deux tiers du produit appartiendront à l'armateur, l'autre tiers à l'équipage, armateur et équipage supportant les frais d'achat de boette dans la même proportion de deux à un. Assez souvent, cependant, l'armateur se réserve les trois quarts. En réalité, l'armateur vend à ses risques et périls la morue pêchée, profitant de la hausse des prix s'il le peut, courant aussi les chances de la baisse ; au désarmement, la valeur de la part attribuée à l'équipage sera calculée en prenant pour base le prix moyen du quintal dans la colonie pendant la campagne ; et comme le capitaine a noté les dépenses faites par lui pour achat de boette, il est facile de calculer la somme que, tous comptes faits, l'équipage aura à se partager. Comment se la partagera-t-il ? Ceci encore dépend des conventions faites et elles sont très variables. Sur certains bâtiments, le capitaine prend un cinquième de la somme attribuée à l'ensemble de l'équipage et le reste est partagé également entre les hommes restants. C'est ce qui se produit, en particulier, sur bien des bâtiments fécampois. Mais, en général, les choses se passent de façon moins simple : la somme à répartir est divisée en parts ; le capitaine ou patron recevra entre deux et trois parts ; le second et les maîtres de une part et quart à deux parts ; chaque homme une part, les novices deux tiers ou trois quarts de part, les mousses demi-part. On a ainsi des répartitions du genre de celle-ci : le gain de l'équipage étant divisé en vingt-six parts égales, celles-ci sont attribuées comme il suit :

Au capitaine..	3 parts	A 7 patrons de doris..	7 parts
Au second....	1 part 1/2	A 9 avants	9 parts
A 2 maîtres...	2 parts 1/2	A 2 novices..........	1 part 1/2
Au saleur.....	1 part	Au mousse ....,	1/2 part

Il est d'usage que l'armateur accorde en outre, sur son gain, des gratifications ; mais il ne faudrait pas se tromper sur le sens de ce mot de gratification, employé ici pour désigner un véritable supplément de solde ; les pêcheurs font porter la gratification au rôle, en sorte qu'il ne dépend plus de l'armateur de la leur accorder ou de la leur refuser ; aussi les Commissaires de l'inscription maritime prélèvent-ils toujours la retenue de 3 o/o en faveur de la Caisse des Invalides de la Marine sur la gratification qui, du reste, est personnelle et insaisissable au même titre que les salaires. Pour les équipages pris à Saint-Pierre, les seconds reçoivent ainsi de 16 à 20 quintaux, les patrons de doris de 15 à 18, les avants de 10 à 14, les novices de 6 à 8 et les mousses de 3 à 5, le quintal étant alors uniformément évalué à 20 francs. Quant au patron, les avantages qu'on lui fait consistent généralement dans une participation aux bénéfices dès que le poids de la morue pêchée dépasse un certain minimum.

Enfin il est d'usage que l'armateur fasse, en dehors de l'Inscription maritime, cette fois, et le jour même de l'embauchage, un véritable cadeau, dit « pur don ». Ce pur don est de 60 à 100 francs pour les capitaines, de 50 à 80 francs pour les patrons de doris, de 30 à 60 francs pour les avants et de 20 à 25 francs pour les novices et mousses.

Quelques armateurs, au lieu d'abandonner à leur équipage une partie du produit de la pêche, préfèrent le payer « au grand mille ». Chaque marin touche alors de 35 à 45 francs par millier de morues qu'il a prises. Le capitaine, bien que ne pêchant pas effectivement, touche son « grand mille » et, en plus, de 1 franc à 1 fr. 25 par quintal pêché.

On voit combien sont nombreuses les causes qui peuvent faire varier le gain des pêcheurs. Et de fait ce gain varie beaucoup, non seulement d'une année à l'autre mais aussi d'un bateau à l'autre. Les Statistiques des Pêches indiquent depuis 1896 le gain moyen des pêcheurs embarqués sur les navires des divers ports métropolitains et fournissent à cet égard les chiffres contenus dans le tableau de la page 455. Pour tous les ports cités dans ce tableau, la campagne dure d'avril à octobre, sauf cependant pour Binic, dont les navires sont armés seulement de juin à octobre.

| PORT D'ARMEMENT | GAIN MOYEN ÉVALUÉ EN FRANCS |||||||
	1896	1897	1898	1899	1900	1901	1902
Fécamp	676	699	674	736	700	800	1.000
Saint-Valéry	390	224	332	337	315	»	»
Granville	710	630	645	700	660	650	900
Cancale	620	580	650	720	760	850	900
Saint-Malo-Saint-Servan	»	»	»	»	800	»	1.000
Binic	400	425	400	300	350	300	300
Paimpol	»	»	465	550	»	»	»
Saint-Brieuc	»	»	»	742	750	720	720

Les chiffres suivants, empruntés les uns au rapport du Commandant de la station navale de Terre-Neuve en 1894 et les autres à un opuscule de M. L. Légasse, armateur à Saint-Pierre, seront peut-être plus instructifs.

En 1874, la moyenne des salaires dans l'armement colonial a été de 1.692 francs pour les patrons de goélette, de 687 francs pour les patrons de doris, de 457 francs pour les avants, de 315 francs pour les novices et de 225 francs pour les mousses. La même année, les petits pêcheurs ayant fait en moyenne 70 quintaux de morue sèche par doris, à 22 francs le quintal, le patron, propriétaire du doris, touchait 1.026 francs et l'avant 513, étant donné que, dans la petite pêche, le produit est divisé en trois parts, une pour l'embarcation et une pour chacun des deux hommes.

Les chiffres fournis par M. Légasse sont ceux des salaires payés à l'équipage d'une goélette saint-pierraise de 90 tonneaux, dont la campagne, en 1899, dura 190 jours. Les 3.400 quintaux pêchés, constituant une bonne pêche moyenne, produisirent à la vente 61.000 francs. A la répartition, le capitaine de la goélette toucha 5.451 francs, le second 1.492 francs, les deux maîtres 1.359 francs et 1.273 francs respectivement ; le saleur reçut 1.265 francs ; les patrons de doris eurent de 1.042 à 1.228 francs, les avants de 976 à 1.158 francs ; un novice toucha 789 francs ; le mousse 532 francs ; enfin, un cuisinier fut payé 700 francs. Au total, l'équipage se partagea 27.224 francs.

Le gain des hommes ne dépend pas de l'importance du bâtiment, et seul le traitement du capitaine s'accroit quand le tonnage augmente ; rien n'est plus juste, d'ailleurs, la responsabilité étant beaucoup plus lourde et le travail bien plus considérable pour celui qui commande un grand trois-mâts de 300 ou 400 tonneaux avec trente ou quarante hommes d'équipage, que pour tel autre dont la goélette jauge de 60 à 100 tonneaux et qui commande à quinze ou vingt hommes. Sur les grands banquiers de Fécamp, il faut de très mauvaises années pour que le capitaine touche moins de 6.000 francs et, si la chance le favorise, ce capitaine peut voir son décompte arrêté, en fin de campagne, à 8.000, 10.000 et même 12.000 francs.

Le plus souvent les hommes, avant de quitter la France, demandent à l'armateur de leur consentir une avance qui servira à faire vivre leur famille pendant la campagne. Ces avances, qui sont de 400 à 700 francs pour les pêcheurs, de 600 à 900 francs pour les maîtres, seconds et capitaines, sont inscrites au rôle et seront remboursées en fin de campagne par un prélèvement sur les sommes gagnées par le marin.

En prenant pour base les chiffres de M. Légasse et en tenant compte de ce fait que la campagne, y compris le temps de l'armement et du désarmement, dure environ huit mois, on voit que les Terreneuvas, d'ailleurs nourris par l'armateur, toucheraient un salaire quotidien de 5 francs dans les années de pêche moyenne. Malgré tout ce que leur métier a de pénible et de dangereux, on pourrait considérer une semblable rémunération comme suffisante. Mais les chiffres officiels donnés plus haut pour l'armement métropolitain demeurent bien inférieurs à ceux que M. Légasse a indiqués pour l'armement colonial ; en 1899, c'est-à-dire pour l'année même dont s'est occupé cet auteur, le gain moyen le plus élevé, dans l'armement métropolitain, a été de 736 francs, soit un peu plus de 3 francs par jour seulement. Et depuis 1896 ce gain journalier ne s'est jamais élevé au-dessus de 4 fr. 16 (1.000 francs pour 8 mois).

Les auteurs s'accordent pour déclarer que le petit pêcheur a un sort plus enviable que celui du marin banquier ; le tout est de s'entendre ; à bien des égards le petit pêcheur est en effet plus favorisé que le banquier ; il court moins de risques, pouvant rester à terre quand le temps est trop mauvais ; il ne mène pas la vie souvent atroce qui est faite aux pêcheurs des Bancs ; mais au point de vue pécuniaire il ne nous paraît pas qu'il soit réellement mieux traité. En 1894 la part du patron, propriétaire du bateau, a été, nous l'avons vu, de 1.025 francs, celle de l'avant de 513 francs. En 1901, c'est 1.400 francs et 700 francs que leur pêche a rapporté aux deux hommes ; mais il faut que ces hommes pourvoient eux-mêmes à leur nourriture et il faut aussi que le patron ait fait l'avance du capital nécessaire à l'achat du doris, des engins, du sel et de la boette. Tous comptes faits, le gain réel doit être à peu près le même pour le saint-pierrais et pour le banquier, réalisé il est vrai dans des conditions moins pénibles par le premier que par le second.

Disons aussi quelques mots des graviers. Occupés dans les habitations aux opérations du séchage, ces enfants de 15 à 16 ans, durement traités en général par le maître de grave, ont un salaire insignifiant, qui ne dépasse pas le plus souvent 150 francs pour toute la durée de la saison. Quelques armateurs préfèrent aujourd'hui employer au travail de la grave des femmes payées de 2 fr. 50 à 3 francs par jour.

Signalons en terminant une institution néfaste, spéciale à Saint-Pierre : le « livret enregistré ». La plupart des marins de la colonie vivent, eux et leur famille, non pas sur le gain de la campagne écoulée mais sur celui de la campagne à venir, à crédit par conséquent. Un fournisseur principal leur procure tous les objets de première nécessité, inscrivant sur un livret visé par le Juge de paix les fournitures qu'il fait. Quand le marin règle ses comptes avec l'armateur, le fournisseur, créancier privilégié en vertu d'arrêtés locaux de 1825 et 1829, prélève sur les sommes dues au marin le prix des objets portés au livret ; la plus grande partie sinon la totalité du gain de la campagne est ainsi absorbée, et le pêcheur n'a plus à toucher qu'une somme insignifiante ; quelques jours plus tard il lui faudra ouvrir un nouveau livret. Le principe même de l'institution est mauvais ; son mode d'application la rend exécrable. Les fournisseurs majorent systématiquement dans la proportion de 20 à 100 o/o le prix des objets demandés par les pêcheurs, arrivant à vendre plus cher qu'en France des objets qui ne sont grevés d'aucun droit ; certains majoreraient leur compte de sommes importantes. Si la campagne est bonne, le fournisseur pousse la famille du marin à la consommation pour enfler ses bénéfices ; si la pêche est mauvaise, il ne lui donne au contraire que le strict nécessaire. Quant au pêcheur, sachant ce qui l'attend au règlement de comptes, il travaille mollement. Et comme en général il est embarqué sur l'un des navires appartenant à son fournisseur, c'est en fin de compte l'armement colonial qui paie les frais d'un régime déplorable : les bonnes campagnes sont moins bonnes pour lui que pour l'armement métropolitain et les mauvaises lui deviennent désastreuses (1).

Dangers sur les Bancs. — Il est facile de se convaincre, à la lecture des pages qui précèdent, que le marin banquier doit accomplir journellement un labeur écrasant, que sa vie est l'une des plus pénibles que l'on puisse concevoir et que le salaire qui lui est alloué est des plus modestes. Nous allons malheureusement avoir à constater maintenant que ce marin vit sous la menace de dangers perpétuels et dans des conditions hygiéniques déplorables.

En 1895 le Capitaine de vaisseau Reculoux signalait l'état navrant d'un certain nombre de nos navires banquiers : « Mal gréés, mal calfatés, souvent très vieux, bon nombre de ces bateaux sont envoyés chaque année en pêche dans de mauvaises conditions ; quand le mauvais temps arrive, le navire fatigue et fait de l'eau ; l'équipage se met aux pompes. Si cependant l'eau gagne et qu'enfin le navire coule, il ne reste plus qu'à embarquer dans les doris et tâcher d'être recueilli par un autre navire. » Le fait s'était produit en 1895 pour cinq bâtiments, dont les équipages avaient pu être sauvés, sans compter ceux dont on n'avait plus entendu parler.

Il ne semble pas que la situation se soit beaucoup améliorée depuis lors. Nous renvoyons le lecteur à ce que nous avons dit sur ce point en parlant des armements. Et pourtant les navires armés pour la grande pêche doivent subir chaque année une visite et les experts chargés de cette visite ont le droit d'exiger les réparations nécessaires et le devoir de s'assurer que ces réparations sont exécutées. De 1878 à 1897 cette visite se faisait en une seule fois quand le bâtiment était allège. Un arrêté du 8 février 1898 a prescrit que l'on reviendrait aux errements pratiqués jusqu'en 1877 et que la visite serait faite en deux

---

(1) Une décision du mois d'avril 1905 vient d'apporter un palliatif aux maux créés par le livret ; désormais la créance du fournisseur n'est privilégiée que jusqu'à concurrence d'une somme de 500 francs ou de 400 francs, suivant que le marin est marié ou célibataire. Il faut espérer qu'on finira par supprimer complètement le livret.

fois, une première quand le bâtiment est allège et une deuxième après l'armement, quand le navire est prêt à prendre la mer ; cette deuxième opération a pour but, en dehors d'un second examen de la coque du bateau, la vérification des agrès, apparaux, avitaillements, etc., de manière à s'assurer que toutes les prescriptions réglementaires ont été observées. On ne saurait se montrer trop sévère au cours de ces visites, car la campagne que le navire accomplira est très dure : dès que la mer est un peu forte, un bâtiment mouillé sur les Bancs fatigue beaucoup.

Mais les dangers que peut courir le navire au mouillage ne viennent pas seulement du temps. Les Bancs de Terre-Neuve se trouvent sur le trajet des grands paquebots qui font le service entre les ports de la Manche et New-York. Or, quand le temps est chaud, il y a souvent sur les Bancs une brume épaisse et les collisions sont à craindre. Pour les éviter il est prescrit aux capitaines dont le navire est à l'ancre de signaler leur présence, en temps de brume, de brouillard ou de neige, à l'aide d'une cloche ou d'un cornet ; il va sans dire qu'en tout état de cause chaque navire est tenu d'arborer la nuit les feux réglementaires. Or il est bien établi qu'il y a des navires banquiers sur lesquels quelques unes au moins de ces prescriptions essentielles sont trop souvent négligées et on aurait, en particulier, trouvé des goélettes au mouillage qui ne portaient aucun feu et sur lesquelles il n'y avait aucun homme de quart. Au reste le nombre des banquiers coulés par les grands paquebots était devenu si considérable que les compagnies transatlantiques décidèrent, en 1898, de modifier leurs itinéraires. Mais elles adoptèrent alors des routiers nouveaux qui ne résolvaient pas la question, attendu qu'ils passent sur les Bancs à une époque où la pêche est en pleine activité ; aussi le Gouvernement français a-t-il décidé, au mois d'août 1905, de faire appel aux Gouvernements des grandes nations maritimes pour aboutir à une entente internationale sur la question de la traversée de cette zone des Bancs pendant la pêche.

Il nous reste à signaler un autre danger qui menace les hommes, non plus cette fois sur le bateau lui-même, mais dans les doris. Les travaux de pose et de relevage des lignes entraînent parfois ces petites embarcations à une distance considérable du bâtiment auquel elles appartiennent et les cas étaient jadis fort nombreux de doris s'égarant dans la brume et dont les hommes, épuisés d'avoir longtemps ramé, tenaillés par la faim, torturés par la soif, finissaient par abandonner les avirons, s'en remettant au hasard qui les placerait peut-être sur la route de quelque navire où ils seraient recueillis. Le Ministre de la Marine prescrivit par une dépêche du 1er février 1892 que chaque doris devrait être muni d'un compas en bon état et, aussi, de vivres et d'eau en quantité suffisante pour subvenir pendant trois jours aux besoins des deux hommes embarqués dans ces esquifs. Cette mesure eut un excellent résultat et le nombre des disparitions diminua notablement ; mais, petit à petit, on cessa d'appliquer les prescriptions ministérielles. Un décret du 14 mai 1901 rappela aux armateurs que tout doris doit embarquer trois jours de vivres, un aviron de rechange et un compas et porter le nom et le port d'attache du bateau auquel il appartient.

La même année le Commandant de la division navale signalait que ces prescriptions n'étaient pas appliquées et faisait remarquer que le décret de 1901 aurait dû déterminer la nature et la quantité des approvisionnements à embarquer. Il proposait d'astreindre les armateurs à donner à chaque doris 4.500 grammes de biscuits et 6 litres d'eau. Il indiquait enfin que les récipients contenant ces provisions devaient être à la fois parfaitement étanches et faciles à visiter et que les vivres devaient être fréquemment renouvelés.

On ne tint pas compte, immédiatement du moins, de ces observations. Le même officier ayant à nouveau, en 1903, attiré l'attention du Ministre sur l'incurie de certains armateurs ou capitaines dans l'armement des doris, une dépêche du 7 octobre 1903 rendit réglementaires les dispositions proposées en 1901. Mais les armateurs à la grande pêche réunis à Saint-Servan en décembre 1903 ayant fait observer que la partie du doris où sont déposées les provisions ne peut contenir plus de deux bidons de 3 litres pour l'eau et de deux boîtes à biscuit de 1.600 grammes chacune, le Ministre a décidé, le 14 mars 1904, de ramener à 6 litres d'eau et 3.200 grammes de biscuit l'approvisionnement réglementaire des doris, en spécifiant que l'on se montrerait désormais très sévère pour les contraventions, qui demeurent maintenant sans excuse.

Propreté et hygiène sur les goélettes. — Dans leurs rapports de fin de campagne l'Amiral de Maigret et le Capitaine de vaisseau Reculoux, qui commandèrent successivement la division navale de

Terre-Neuve en 1894 et 1895, ont tous deux constaté de façon officielle des faits malheureusement trop certains. « Je dois signaler une fois de plus, dit l'Amiral de Maigret, la malpropreté qui règne sur beaucoup de navires. L'éclairage et l'aération des logements sont insuffisants ; les couchettes sont encombrées de vêtements malpropres, de bottes humides et il n'existe pas même sur tous les bâtiments une couchette pour deux hommes. Le pont, le poste de l'équipage, souvent même le logement du capitaine sont souillés de détritus de poisson en décomposition ; aucun soin de propreté, voire même de balayage des locaux affectés au couchage des hommes n'est régulièrement établi. » Et le Commandant Reculoux dit, de son côté : « Non seulement le logement des hommes est d'une saleté repoussante, mais la tenue générale du bâtiment est au-dessous de tout. Un banquier français, cela est triste à dire, se reconnaît entre mille à sa mine lamentable. »

Le Gouvernement s'émut de ces constatations et, puisqu'il semblait bien démontré que tous les autres moyens d'action que l'on pouvait avoir sur les capitaines demeuraient sans efficacité, le Ministre de la Marine décida, en 1895, de prélever sur les crédits affectés aux encouragements à la pêche les sommes nécessaires pour créer des primes de propreté qui devaient être distribuées à ceux des capitaines de l'armement métropolitain pour Terre-Neuve et l'Islande dont les bâtiments auraient été signalés comme les mieux tenus. Il fut ainsi créé dix primes de 100 francs, neuf de 200 francs et une de 500 francs. Le Conseil général de Saint-Pierre et Miquelon, suivant l'exemple ainsi donné, institua à son tour cinq primes de 100 francs, quatre de 150 francs et une de 250 francs, réservées aux navires de l'armement colonial.

Le rapport du Commandant Reculoux sur la campagne de 1896 constate que l'institution de ces primes a été accueillie avec plaisir par un certain nombre de capitaines et d'armateurs saint-pierrais, et qu'il y a eu de la part de quelques patrons de goélettes de véritables efforts accomplis en vue de mériter une récompense. On ne saurait en dire autant des banquiers métropolitains et on trouverait difficilement parmi eux un ou deux candidats méritant un encouragement. La situation demeurait à peu près la même en 1897. Malgré les résultats de ces deux campagnes, peu encourageants en ce qui concerne l'armement métropolitain, le Ministère de la Marine a continué à s'imposer une dépense annuelle de 3.200 francs pour les primes de propreté. De son côté la colonie a maintenu les primes créées par elle.

En 1901 et 1902, le Capitaine de vaisseau de Faubournet de Montferrand constate à nouveau que, d'une façon générale, les navires banquiers sont malpropres et se font remarquer par leur manque de tenue; cependant quelques armateurs font de leur mieux. Un certain nombre de grands banquiers métropolitains ont maintenant des postes d'équipage éclairés et aérés, que l'on chaule et repeint à chaque voyage ; les matelas et les traversins des couchettes sont renouvelés chaque année ; ces navires sont tenus proprement; il y a à bord un cuisinier; sur certains d'entre eux, même, on a prévu une infirmerie-pharmacie qui peut recevoir les malades et permet d'isoler les contagieux; les équipages de ces navires, trop rares encore, aiment leur bâtiment, sont plus travailleurs et plus disciplinés. Le progrès est beaucoup plus marqué sur les goélettes coloniales et intéresse l'ensemble de l'armement; la nourriture donnée aux hommes, préparée par un cuisinier, est plus variée et plus saine. En passant il faut remarquer que, lorsqu'il y a un cuisinier, on pourrait supprimer le mousse, enfant de 14 à 15 ans, ce qui serait bon à tous les points de vue. En règle générale on ne devrait d'ailleurs pas embarquer d'hommes au-dessous de 18 ans.

Il faut bien constater que M. Berthaut s'exprime différemment ; après avoir rendu hommage aux armateurs des grands trois-mâts dont il a été question plus haut, il dit, en parlant des goélettes coloniales, qu'il n'y en a pas une sur cinq qui soit dans l'état de propreté relative qu'il serait nécessaire d'exiger. Cette saleté est d'autant plus pénible à constater que les goélettes américaines pratiquant la grande pêche sont tenues avec une propreté parfaite.

Quoi qu'il en soit et en s'en tenant même aux appréciations les plus indulgentes, il reste, comme on voit, beaucoup à faire encore au point de vue qui nous occupe ici.

Il ne faudrait pas croire, du reste, que les marins débarqués dans les places de pêche du French-Shore fussent beaucoup mieux traités à cet égard. Malgré les conseils et les observations des médecins et officiers de la division navale, on reproduisait dans les cabanes annexées aux chauffauds les installations précaires et malsaines que le manque d'espace et l'oubli complet des règles de l'hygiène ont fait jadis adopter sur les navires des Bancs. Cependant, à certains points de vue, les gens de la côte avaient une existence plus douce que ceux des Bancs ; ils étaient mieux nourris, toujours pourvus de pain frais, ajoutant à l'ordinaire les légumes que leur fournissait un jardin qu'ils cultivaient. Outre le vin ou le cidre de la ration, ils avaient à discrétion une bière fabriquée sur place à peu de frais ; ils recevaient malheureusement la même quantité exagérée d'alcool que leurs camarades banquiers.

Il semble qu'il eût été facile, à terre, d'installer ces pêcheurs dans des conditions plus confortables et surtout plus saines... Mais la question ne se pose plus aujourd'hui.

Soins médicaux. — Sur la côte comme sur les Bancs, les conditions hygiéniques dans lesquelles sont placés les pêcheurs apparaissent de façon générale comme déplorables. On conçoit sans peine avec quelle facilité les maladies épidémiques peuvent se propager dans des milieux tels que ceux que nous venons de décrire, d'autant plus que la résistance des hommes est encore diminuée par la rudesse du climat, par l'état de fatigue où les met le travail écrasant qu'ils accomplissent, enfin par l'usage immodéré qu'ils font des spiritueux.

Les maladies les plus fréquemment observées sont la bronchite chronique, les affections rhumatismales, la grippe, l'embarras gastrique fébrile, la gastrite alcoolique, la fièvre typhoïde, l'anémie profonde et enfin le scorbut, se manifestant surtout par de l'œdème. Par ailleurs, les hommes sont exposés à de nombreux accidents professionnels : les blessures sont fréquentes ; la pénétration dans les chairs d'un débris de coquille de bulot, la piqûre d'un hameçon, un coup de couteau maladroitement donné au cours du piquage ou du tranchage en sont les causes les plus ordinaires ; l'action corrosive du noir de l'encornet entame aussi les mains ; si de semblables blessures sont mal soignées, on voit naturellement se produire des abcès, des panaris, des phlegmons ; il faut aussi citer des ulcérations assez étendues des poignets (fleurs d'Islande) et des ulcères, tendant souvent vers le phagédénisme, des membres inférieurs, ulcères consécutifs à des écorchures que les marins se font en mettant ou retirant leurs bottes. Il ne faudrait pas croire que la victime d'un de ces accidents soit dispensée de sa tâche ; à ce compte, il n'y aurait plus à bord un seul travailleur au bout d'une semaine passée sur les Bancs. Les manœuvres constantes nécessitées par le mauvais temps ou le changement de mouillage, par l'embarquement et le débarquement bi-quotidiens des doris sont encore autant de sources d'accidents. Si la plupart des hommes s'en tirent avec quelques plaies ou quelques contusions, d'autres, moins adroits ou moins heureux, se fracturent un membre.

La nécessité des soins médicaux apparaît donc urgente ; il semblerait naturel d'admettre que ces soins sont assurés à bord des navires banquiers ou dans les chauffauds. Or il n'en est rien, malheureusement, ou du moins il resterait sur ce point énormément à faire.

Une ordonnance du 4 avril 1819 avait prescrit que tout navire naviguant au commerce doit être muni d'un coffre de médicaments, et qu'il doit y avoir un chirurgien à bord dès que le nombre des hommes embarqués atteint quarante. En ce qui concerne spécialement la flottille de Terre-Neuve, un décret du 2 mars 1852 fixa la composition des coffres pour chacune des trois catégories entre lesquelles les navires armés à la grande pêche étaient répartis suivant leur tonnage, et spécifia à nouveau qu'il doit y avoir un chirurgien à bord de tout navire ayant 40 hommes d'équipage ou plus ; en outre, un chirurgien doit être envoyé dans tout hâvre du French-Shore où il y aurait 50 hommes ou plus, mousses compris.

A la suite des protestations formulées à diverses reprises par les armateurs, un décret du 6 février 1889 a autorisé la suppression complète des chirurgiens. Ce décret modifiait en même temps la composition des coffres; quelques mois plus tard, le Gouverneur de Saint-Pierre et Miquelon réglait, par arrêté du 15 janvier 1890, la composition des coffres qui doivent être embarqués sur les goélettes coloniales et qui sont d'ailleurs simplifiés jusqu'à l'extrême limite et notoirement insuffisants.

La composition des coffres pour les bâtiments métropolitains avait été, en 1889, arrêtée en vue de mettre entre les mains des médecins de la division navale, appelés à donner leurs soins aux pêcheurs, les moyens de traitements nécessaires sans qu'ils eussent à recourir à la pharmacie de leur navire. Certes, les médecins de la marine de guerre, avec un zèle et un dévouement au-dessus de tout éloge, donnent leurs soins à tous ceux qui sont en position d'avoir recours à leurs services; mais les déplacements de la division navale ne sauraient être subordonnés aux nécessités d'un service médical et l'expérience montra bien vite que les marins n'avaient, le plus souvent, de secours à attendre que de leur capitaine et révéla, par suite, la nécessité de modifier encore la composition des coffres et de compléter, tout en la précisant sur certains points, l'instruction qui y est jointe. Une circulaire ministérielle du 1er décembre 1893 a rendu réglementaire un nouveau type, plus pratique que l'ancien, allégé des médicaments inutiles ou dangereux, pourvu d'objets de pansements prêts pour l'emploi ; on peut seulement regretter que le coffre de première série, réglementaire pour les navires qui ont moins de vingt hommes d'équipage, ne contienne pas certains produits, comme le salicylate de soude et les sinapismes, qui sont d'un emploi fréquent sur les Bancs. L'instruction de 1893 marque aussi un grand progrès sur celle de 1889.

Il eût été désirable, au moment où il reconnaissait que les hommes n'avaient, dans la pratique, de secours à attendre que de leur capitaine, que le Ministère de la Marine donnât satisfaction à un vœu formulé depuis longtemps en faisant faire dans les ports d'embarquement deux ou trois conférences médicales, élémentaires et pratiques, à l'usage des capitaines et patrons. Mais sur ce point, rien n'a été fait par le Ministère.

En ce qui concerne les établissements du French-Shore, les armateurs ont été affranchis par le décret de 1889 de l'obligation où ils se trouvaient antérieurement d'entretenir un chirurgien dans tout hâvre où se trouvaient rassemblés cinquante hommes ou plus ; quelques-uns d'entre eux s'entendirent alors pour envoyer un médecin à Port-au-Choix et un autre aux Grands-Saints-Juliens. Puis, le chirurgien de la côte Est fut supprimé et son poste n'a plus jamais été rétabli, malgré que le décret de 1894 prescrive que les armateurs concessionnaires de places devront entretenir à frais communs deux médecins, l'un à la côte Ouest et l'autre à la côte Est.

Depuis 1896, chacun des quatre groupes de petits pêcheurs qui s'installaient sur la côte Ouest se voyait délivrer un coffre, conformément aux prescriptions d'une dépêche ministérielle du 7 février 1896.

Nous venons d'examiner l'ensemble des mesures prises par l'Etat en vue d'assurer à nos Terre-Neuvas les soins médicaux. L'initiative privée est fort heureusement venue combler les lacunes très nombreuses et très grandes dont cet examen nous a révélé l'existence.

La Société des Œuvres de Mer, fondée en décembre 1894, a pour objet de porter des secours matériels, médicaux, moraux et religieux aux marins français et des autres nationalités, et plus spécialement à ceux qui se livrent à la grande pêche. Pour atteindre ce but, elle arme des navires-hôpitaux qui croisent sur les lieux de pêche aux époques convenables ; chacun d'eux a son médecin et son aumônier. Ces navires se rendent aux appels des pêcheurs, leur portent les secours nécessaires et sont entièrement à leur service. La Société fonde aussi des maisons de refuge pour les marins. Tels sont, d'après les statuts même des Œuvres de Mer, le but et les moyens d'action de cette Société ; nous ne pouvons entrer ici dans le détail des opérations qu'elle poursuit et nous devons négliger tout ce qui a été fait par elle en Islande pour nous attacher seulement à ce qui concerne Terre-Neuve. Le tableau suivant nous paraît indiquer suffisamment la nature et l'importance des services que les navires-hôpitaux ont rendus à nos Terre-Neuvas.

Tableau des opérations des Navires-hôpitaux de 1897 à 1904

	1897	1898	1899	1900	1901	1902	1903	1904
Communications avec les navires de pêche........	196	303	297	311	509	587	474	573
Malades hospitalisés à bord	19	35	34	61	74	177	32	72
Journées d'hôpital........	128	385	325	608	530	2.529	1.711	1.853
Naufragés recueillis.......	5	10	20	10	21	11	26	83
Consultations en mer. ...	57	92	102	117	207	315	184	425
Rapatriés en France	21	22	20	27	47	50	26	34
Dons de médicaments	27	30	55	67	64	62	24	185
Lettres reçues ou remises.	1.302	5.929	9.831	11.281	16.195	20.365	20.245	22.835

L'action des Œuvres de Mer à Terre-Neuve ne s'est pas bornée à l'envoi de navires-hôpitaux dont l'extrême utilité est démontrée par les chiffres même : la Société a fondé à Saint-Pierre une Maison de famille où, durant toute la saison de pêche, elle reçoit les marins en relâche, les convalescents et les graviers. Depuis 1901 une pension est annexée à cette Maison de famille. Moyennant une légère redevance les capitaines peuvent y faire admettre, lorsque les circonstances l'exigent, quelques-uns de leurs hommes ou même la totalité de leur équipage.

Enfin les Œuvres de Mer ont organisé dans les différents ports d'embarquement les conférences médicales dont nous signalions plus haut la nécessité. Les effets bienfaisants de ces conférences ont été prompts à se faire sentir et l'on a pu constater que les capitaines et patrons avaient tiré profit des enseignements qui leur étaient donnés et que certains d'entre eux se servaient plus volontiers des coffres de médicaments, utilisant avec plus d'à propos les produits et appareils contenus dans ces coffres.

Pour accomplir l'œuvre vraiment importante qu'elle s'est assignée, la Société des Œuvres de Mer a eu recours surtout à l'initiative privée. Mais il n'est que juste de reconnaître que l'État l'a largement subventionnée à ses débuts. En dehors des sommes qui lui ont été attribuées sur les fonds provenant du pari mutuel, la Société a reçu, de 1895 à 1901, soit pendant sept ans, une subvention annuelle de 20.000 francs. De plus, pendant le même laps de temps, le Ministère de la Marine a mis à sa disposition les médecins dont elle avait besoin. En 1902 la subvention a été réduite à 15.000 francs et un médecin seulement a pu être détaché pour embarquer sur l'un des navires-hôpitaux. En 1903 et 1904 le Ministère a supprimé à la fois la subvention et les médecins. Cette mesure nous paraît fâcheuse. En autorisant, en 1889, la suppression des chirurgiens sur les navires de pêche, l'État a assumé une responsabilité : on pensait que les médecins de la division navale pourraient assurer un service médical suffisant ; l'expérience a prouvé le contraire. Reprenant à son compte la tâche que l'État avait implicitement assumée, la Société des Œuvres de Mer a, par là même, un droit moral aux encouragements, à l'aide matérielle qui lui ont été si longtemps donnés et si malheureusement supprimés. Elle doit, en outre, être encouragée pour les heureux résultats obtenus par elle dans sa lutte énergique contre un des fléaux les plus terribles des Bancs, contre l'alcoolisme.

Alcoolisme. — Jusqu'en 1895 il n'y a pas eu de réglementation sur la ration en alcool des marins de l'armement métropolitain pour Terre-Neuve et les Bancs. Soucieux de combattre par les moyens dont il dispose l'alcoolisme dont les funestes effets lui étaient chaque année signalés par le Commandant de la division navale, le Département de la Marine décida, le 6 février 1896, que la ration journalière de chaque homme, en ce qui regarde l'alcool, serait désormais limitée à 25 centilitres. La dépêche ministérielle interdit aux navires armés en France pour la pêche à Terre-Neuve d'embarquer, fût-ce à titre de fret, une quantité d'alcool supérieure à celle qui est nécessaire pour pourvoir à la ration de l'équipage, et les capitaines sont rendus responsables des infractions qui pourraient être commises : ils seraient temporairement ou définitivement privés de leur commandement, s'ils n'obligeaient leur hommes à se conformer aux instructions ministérielles. En même temps des mesures furent prises pour que les prescriptions nouvelles fussent aussi appliquées aux navires de l'armement colonial.

Dans son rapport sur la campagne de 1896, le Commandant Reculoux constate que ces prescriptions n'ont pas été observées sur tous les navires armés cette année là ; tout en reconnaissant qu'un progrès déjà très sensible serait réalisé le jour où les hommes n'auraient plus que 25 centilitres d'alcool, il estime qu'il faudra, par la suite, abaisser encore le taux de la ration et, de plus, bien insister sur ce point que cette quantité journalière représente un maximum, dont la délivrance ne peut être exigée par les hommes que pendant le travail de la pêche, à raison des fatigues qu'entraine ce rude labeur.

Le Ministère de la Marine n'a tenu aucun compte des observations si judicieuses qui précèdent. Et, depuis 1896, alors que les pêcheurs d'Islande ne peuvent exiger qu'un maximum de 20 centilitres d'alcool, les marins des navires armés pour Terre-Neuve continuent à avoir droit à 25 centilitres quotidiennement. Si l'on songe à la nocivité de l'alcool dans les circonstances ordinaires, on peut comprendre combien le danger devient plus considérable encore dans les conditions de travail écrasant où vivent les pêcheurs, conditions qui ne peuvent évidemment, en débilitant l'organisme, qu'affaiblir sa faculté de réaction.

Il est absolument certain que les armateurs consentiraient à modifier sur ce point le régime actuel s'ils étaient assurés que les modifications introduites seront appréciées par les pêcheurs. Certains d'entre eux sont, d'ailleurs, entrés dans cette voie et déjà beaucoup d'armateurs fécampois n'embarquent plus que 16 centilitres par jour et par homme. Quelques-uns d'entre eux, procédant avec méthode, s'appliquent à réduire, chaque année, leur alcool à un degré moins élevé, tout en gardant à peu près la même quantité.

Quelques armateurs saint-pierrais ont aussi introduit le vin dans la ration quotidienne de leurs équipages, en réduisant d'autant les distributions d'alcool. En 1902, le Commandant de la division navale signalait même une maison de Saint-Pierre qui aurait totalement supprimé l'alcool à ses graviers et aux équipages de ses huit goélettes, leur donnant en place trois quarts de vin. Ailleurs, les hommes reçoivent des boissons chaudes (thé, café), parfois légèrement alcoolisées. Sur les bâtiments métropolitains, exception faite pour ceux de quelques armateurs éclairés et intelligents, le progrès est plus lent ou même, ce qui est plus grave encore, les prescriptions de 1896 continuent à être lettre-morte. M. Berthaut citait, en 1901, le cas d'un armateur qui, après avoir embarqué en France une quantité d'eau-de-vie déjà considérable, mais inférieure, néanmoins, à celle qui est permise par les règlements de 1896, fit venir à Saint-Pierre pour ses équipages 140 hectolitres supplémentaires ! A Saint-Pierre même, certains graviers, enfants de 14 à 16 ans, reçoivent jusqu'à six boujarons (36 centilitres) d'alcool par jour.

Il demeure malheureusement certain que, d'une façon générale, l'alcool est réclamé par les pêcheurs et principalement par ceux dont l'existence à bord a été le moins améliorée ; les marins des grands trois-mâts modernes, confortablement installés dans un poste bien aéré, bien nourris, se contentent, nous l'avons vu, de 16 centilitres journaliers. C'est donc sur les marins surtout qu'il importerait d'agir. Il faut leur montrer d'abord que l'alcool est inutile ; et, par le fait, on n'en consomme pas sur les goélettes américaines et portugaises qui voisinent avec les nôtres sur les Bancs. Il faut ensuite leur faire comprendre les terribles dangers de l'alcoolisme et, par là, les amener, si possible, à renoncer au boujaron d'eau-de-vie. Il n'est pas impossible d'arriver à ce résultat ; les faits sont là pour le montrer. Les Œuvres de Mer, par les conférences de leurs médecins et surtout par l'action, plus continue, du directeur et du personnel de leur Maison de famille, luttent de toutes leurs forces contre l'alcoolisme. Par suite des circonstances même, cette propagande s'exerce principalement sur les équipages des goélettes coloniales, qui reviennent régulièrement à Saint-Pierre. Or, nous l'avons plus haut, c'est surtout sur les goélettes de l'armement colonial que se marque le progrès de l'antialcoolisme.

N'est-il pas légitime, dans ces conditions, de penser que ce progrès est dû à l'action des Œuvres de Mer ? Et peut-on douter qu'une propagande analogue à la leur, agissant sur les marins de l'armement métropolitain, finirait par avoir les mêmes heureux effets ? L'exemple des armateurs fécampois nous montre qu'il suffit de le vouloir avec droiture et bonté pour réussir, et les efforts qu'exigerait un semblable essai loyalement entrepris sont minimes, eu égard à l'importance considérable du résultat cherché. Comme le disait M. Berthaut, il ne s'agit de rien de moins que de sauver la race bretonne, menacée dans sa vigueur physique et morale.

Pêche du homard, du saumon, du hareng, etc.

Homarderies. -- Nous avons dit plus haut comment des Terre-Neuviens étaient venus, en 1881, installer sur le French-Shore des usines pour la mise en conserve du homard, très abondant sur la côte Ouest, comment leur exemple avait été suivi par quelques-uns de leurs compatriotes, comment enfin nous avions voulu, à partir de 1886, exploiter, nous aussi, cette source de revenus que représente la préparation du homard. Nous avons aussi indiqué les difficultés auxquelles donna naissance cette question des homarderies, les négociations qu'elle entraîna, et dit encore comment elle fut provisoirement réglée par le *modus vivendi* de 1890. Cet arrangement, valable pour une année seulement, a été, depuis lors, renouvelé pour chacune des campagnes annuelles, jusques et y compris celle de 1904.

Aucune homarderie n'a jamais été installée sur la côte Est, où le homard existe, mais en trop petite quantité pour que la pêche et la préparation en soient rémunératrices.

En 1890, nous avions sur la côte Ouest six homarderies ; dans deux de ces établissements, installés à la baie de Port-au-Choix, le concessionnaire pêchait surtout la morue et accessoirement le saumon et le homard. Un autre concessionnaire pêchait accessoirement la morue. Les trois derniers concentraient tous leurs efforts sur la pêche et la préparation du homard et du saumon. Considérés en tant que homarderies seulement, ces six établissements occupaient 92 pêcheurs, surveillant 8 200 casiers à homards. Cette même année les Terre-

Neuviens avaient en fonctionnement ou en construction sur le French-Shore 60 homarderies, dont douze furent fermées ou arrêtées dans leur construction sur les ordres du Commandant de la division navale anglaise, agissant en vertu des stipulations du *modus vivendi*. Sur les 48 usines anglaises restantes, dix ne furent pas ouvertes au cours de la campagne. Au total, 372 pêcheurs étaient employés dans 38 homarderies en fonctionnement.

Le nombre de nos pêcheurs à homards tomba à 69 en 1891 pour s'élever à 87 en 1892. En 1895 il y avait au début de la saison 64 usines anglaises et 10 françaises. A la fin de la campagne l'entente entre les Chefs des divisions navales avait permis d'augmenter chacun de ces nombres d'une unité : les concessions anglaises s'étendaient sur 275 milles de côte, les françaises sur 85 milles seulement. Depuis 1900 nous avions 15 concessions ; en 1904 trois maisons françaises exploitaient quatre homarderies avec un personnel de 102 hommes et cinq maisons saint-pierraises, concessionnaires de 11 places de pêche, en exploitant réellement neuf, y employaient 45 Français et 15 étrangers.

Au surplus tous ces chiffres n'ont guère qu'un intérêt documentaire. Le nombre des homarderies est moins intéressant à connaître que la valeur de leurs produits. Nous indiquerons plus loin quelle est l'importance, assez faible, du commerce auquel donnaient lieu les conserves de homards faites sur le French-Shore dans les concessions françaises, dont nous allons maintenant étudier le fonctionnement.

La mise en valeur d'une concession exige, en dehors de capitaux assez considérables, un personnel nombreux dont une partie est occupée à la pêche des crustacés et l'autre à leur préparation.

La pêche du homard sur le French-Shore se pratique au moyen de casiers demi-cylindriques mesurant de 100 à 110 centimètres de long et de 40 à 50 centimètres de diamètre, formés de lattes en bois léger, larges chacune de 4 à 5 centimètres, espacées de leur largeur, et clouées sur un cadre qui forme le fond et sur trois demi-cercles faits de branches souples qui s'arrondissent au-dessus de ce cadre. Les deux extrémités du demi-cylindre sont fermées par des empêches en filet. Cadres et lattes sont achetés sur place et les casiers sont fabriqués dans un atelier de menuiserie dépendant de la concession et dont on jugera l'importance, si l'on sait que certaines usines mettent à l'eau chaque jour 2.000 casiers et plus. On introduit dans chaque casier des têtes de morues ou des harengs destinés à servir d'appât et une ou plusieurs pierres formant lest. Une cinquantaine de casiers sont unis entre eux par une longue corde sur laquelle ils sont espacés de 6 à 8 mètres. Chacune des extrémités de la ligne ainsi formée porte une bouée et une amarre constituée par une grosse pierre entourée de branchages. La ligne est calée parallèlement au rivage sur des fonds de 20 ou 30 mètres. Lorsque l'emplacement a été bien choisi, une semblable ligne de 50 casiers peut fournir de 100 à 150 homards. Aussitôt qu'elle a été relevée on la boette à nouveau et on la remet à l'eau. Deux hommes, montés dans un doris peuvent, dans ces conditions, assurer le service de 200 casiers et rapporter à l'usine les homards pêchés.

Le travail de la mise en conserve, que nous avons décrit ailleurs, comporte, nous l'avons vu, une cuisson suivie d'égouttage, la décortication, deux lavages à l'eau salée, un nouvel égouttage et enfin la mise en boîte ; la conservation définitive est à partir de là assurée par deux procédés différents, dits procédé au vide et procédé à la saumure, à peu près également employés dans les usines anglaises. Chez nous les maisons métropolitaines donnaient leurs préférences au procédé à la saumure et les saint-pierrais pratiquaient la conservation par le vide. Les boîtes, qui pèsent 600 grammes environ, sont enfin rassemblées au nombre de 48 dans une caisse métallique qui constitue l'unité de vente des conserves de homard.

On voit par combien de mains ont dû passer, avant d'arriver au consommateur, les boîtes et leur contenu et l'on conçoit qu'il faille de vastes constructions pour installer l'atelier de menuiserie, les chaudières, les tables d'égouttage, l'atelier du soudeur, les magasins et enfin les logements d'un personnel assez nombreux, composé pour une partie d'hommes venus de France ou de Saint-Pierre, et, pour le reste, d'indigènes recrutés sur place. En général la décortication et les opérations ultérieures, jusques et y compris la mise en boîtes, sont confiées à des femmes, plus propres que les hommes à ces manipulations délicates et qui acquièrent rapidement le tour de main nécessaire à l'accomplissement rapide du travail.

Nous n'avons pu, malheureusement, nous procurer aucun renseignement sur les salaires des différentes personnes qui pêchent et préparent le homard. Il nous a été également impossible d'avoir aucune indication, même approximative, sur l'importance des capitaux engagés dans les homarderies françaises du French-Shore, en dehors de celle que l'on peut tirer du document, assez succinct, qui a fait connaître le chiffre des indemnités prévues par l'article 3 de la Convention de 1904. Les propriétaires saint-pierrais ont reçu au total 210.000 francs pour les onze homarderies qu'ils exploitaient sur le French-Shore.

Saumon. — Le saumon est assez abondant à Terre-Neuve, mais de petite taille en général. Les indigènes le pêchent dans les rivières, où il remonte pour frayer. Après avoir coupé la tête ils ouvrent le ventre pour extraire les viscères, puis fument la chair qu'ils consommeront plus tard.

De façon générale, nos pêcheurs négligent cette pêche qui, en mer, se pratique soit en tendant des rets qui barrent complètement l'entrée des rivières, soit en calant perpendiculairement au rivage des filets dans lesquels se prend le poisson, qui suit la côte pour remonter vers le Nord. Dans certaines des places de pêche qu'il offrait aux armateurs, le gouvernement français concédait le droit de pêcher à la fois la morue et le saumon. Aucune des saumoneries concédées n'a jamais été sérieusement exploitée ; les Commandants de la division navale ont, à diverses reprises, attiré l'attention sur cet état de choses préjudiciable à nos intérêts généraux, signalant dans leurs rapports les bénéfices importants que l'on pourrait tirer de la fabrication de conserves en boîte. La côte Est leur paraissait spécialement désignée, par sa richesse plus grande en saumon, pour des essais qu'ils estimaient devoir être rémunérateurs; sur la côte Ouest, ils préconisaient l'adjonction aux homarderies d'une annexe de saumonerie. En 1892, en 1893, en 1895 leurs exhortations n'avaient pas été entendues : le nombre des saumoneries concédées ne dépassait pas trois, et même, en 1895, aucune des concessions n'était exploitée. La situation parut se modifier en 1897, à la suite d'un essai fait l'année précédente dans une homarderie : le concessionnaire ayant pris quelques saumons de petite taille eut l'idée de les conserver entiers dans des boîtes fabriquées à la demande et dont le contour extérieur rappelait la forme de l'animal. Ces conserves de luxe ayant trouvé un écoulement facile, les homarderies s'appliquèrent presque toutes, en 1897, à conserver des saumons entiers. Mais cette industrie n'a jamais pris une extension bien considérable et il semble même que la fabrication de conserves en boîtes ait complètement cessé dans ces dernières années, les quelques saumons capturés à temps perdu, pour ainsi dire, étant alors salés et mis en barils.

Anguille et truite. — Une homarderie a de même tenté, en 1897, de faire des conserves de truite et d'anguille. Cet essai n'a pas été renouvelé.

Hareng. — Les Terre-Neuviens qui exportent par an 70.000 barils de hareng salé, ont, depuis quelques années, commencé à exporter le hareng à l'état frais, ce qui constitue un commerce rémunérateur. En 1901, ils ont ainsi vendu à l'étranger 110.000 barils, valant 1.000.000 de francs. Nous ne pouvons guère nous préoccuper, dans les parages de Terre-Neuve, que de nous procurer le hareng nécessaire au boettage de nos lignes et c'est seulement dans les années où ce clupé est particulièrement abondant que quelques négociants en embarillent une certaine quantité qu'ils expédient aux Antilles ou en France. Le chiffre d'affaires ainsi réalisé est en général insignifiant. Après avoir atteint en 1898 une valeur de 48.000 francs environ, l'exportation saint-pierraise de hareng salé est toujours depuis lors demeurée inférieure à 600 francs.

Capelan. — Plus faible encore est l'exportation du capelan : une ou deux maisons de Saint-Pierre expédient en Bretagne ou en Normandie du capelan salé et séché. Cependant il convient de noter ici que les marins sont autorisés à faire pour leur propre compte une provision de capelan séché qu'ils rapporteront au pays, en vertu d'une tolérance traditionnelle des armateurs.

Flétan. — Pris à la senne en même temps que la morue, à laquelle il se mêle, ou capturé comme celle-ci à l'hameçon des lignes de fond, le flétan n'est pas recherché par nos armateurs qui l'abandonnent à l'équipage ; les hommes le conservent au vert. Il est permis de s'étonner qu'un poisson qui est d'ailleurs très apprécié en Amérique soit ainsi négligé par nos armateurs, ancrés dans la routine.

Les Américains ont des bateaux spécialement armés pour la pêche du flétan, pêche fructueuse car l'animal est abondant sur les Bancs mêmes et aussi sur les fonds de 120 à 150 mètres qui avoisinent ces Bancs, et atteint souvent une taille considérable : on a vu des flétans qui mesuraient jusqu'à 1m 20 de long et pesaient 100 kilogrammes. Les pêcheurs découpent dans la chair de l'animal, préalablement lavé et égoutté, des lanières longitudinales qui sont mises en boîte et dont la conservation définitive est assurée par le procédé à la saumure. Dans les mois d'hiver, et d'octobre à décembre en particulier, ils conservent le poisson à la glace et peuvent ainsi l'amener encore frais sur le marché de Boston où il est très recherché. La pêche d'une seule année (1876) s'est élevée à 10 millions de kilogrammes.

Produit des campagnes de pêche.

Saumon, homard, etc. — Nous venons de voir combien la fabrication des conserves de saumon avait été négligée par nos usiniers du French-Shore. De fait, la colonie n'a jamais exporté une quantité notable de poissons conservés en boîtes. En consultant les *Statistiques coloniales* nous trouvons pour la valeur des exportations de cette nature des chiffres toujours très bas, au moins dans les dernières années : 705 francs en 1898, 787 francs en 1900, 504 francs en 1901. L'exportation a été nulle en 1899 et depuis 1902. Bien au contraire Saint-Pierre importe des conserves de poisson pour une somme relativement importante, variant de 7.000 à 23.000 francs suivant les années.

Les homarderies ont fourni, à une époque déjà ancienne, des résultats plus brillants ; puis leur production a décliné. Après avoir livré au commerce près de 4.000 caisses, de 48 boîtes chacune, en 1891 et 1892, nos usines du French-Shore ont produit 2.200 caisses en 1895, 3.235 en 1896, 3.320 en 1897 et 2.581 en 1898. Cette dernière année marque le début d'une période de décadence ; 1.602 caisses en 1899, 49 en 1900, 772 en 1901 et enfin 65 en 1903, tels sont les chiffres que nous fournissent les *Annuaires de la colonie*. Dans les *Statistiques coloniales* nous apprenons que la valeur des conserves de homards exportées de Saint-Pierre a été de 171.534 francs en 1898, de 148.540

francs en 1899, de 495 francs seulement en 1900, qu'elle s'est relevée en 1901 à 46.890 francs, pour retomber à 14.028 francs en 1902 et à 3.510 francs en 1903.

Quant aux poissons divers, harengs, capelans, etc., exportés parfois en barils après salaison, nous avons dit déjà combien était faible l'importance du mouvement commercial auquel ils donnaient lieu.

Morue. — S'il peut paraitre facile au premier abord, de connaître avec exactitude le produit des campagnes de pêche à la morue effectuées par nos navires dans les eaux de Terre-Neuve, on s'aperçoit bien vite qu'il est, au contraire, à peu près impossible de tirer des documents que l'on peut avoir à sa disposition des indications nécessaires. Les documents coloniaux, *Annuaires de la colonie*, *Statistiques coloniales*, font connaître les quantités de morue, d'huile, de rogue, d'issues apportées à Saint-Pierre ou exportées de ce port, mais sans s'occuper de savoir si ces produits proviennent de l'armement colonial ou des bâtiments métropolitains. D'autre part, parmi les documents de la métropole, les uns, comme les *Statistiques des pêches maritimes*, indiquent les quantités pêchées par les navires de l'armement métropolitain pour Terre-Neuve, que ces quantités aient ou non passé par Saint-Pierre ; et les autres, comme le *Tableau général du commerce de la France*, fournissent seulement des renseignements sur l'ensemble de la pêche morutière française à Terre-Neuve, en Islande et au Doggers-Bank, en tant que les produits ont été rapportés dans la métropole. Si l'on veut bien noter, en outre, que les *Annuaires de la colonie* et les *Statistiques des pêches maritimes* indiquent le produit des campagnes de pêche, tandis que le *Tableau général* et les *Statistiques coloniales* sont dressés par année, on se rendra compte des chevauchements qui existent entre les chiffres venus à notre connaissance et qui nous ont rendu impossible toute évaluation exacte du produit des campagnes annuelles de pêche à la morue dans les parages de Terre-Neuve.

Nous donnerons, en premier lieu, un tableau indiquant pour chacune des années 1897 à 1903 la quantité des différents produits de la pêche morutière rapportés à Saint-Pierre, exprimée en tonnes métriques ; pour la morue le chiffre indiqué a été calculé en supposant que tout le poisson soit « au vert ».

	1897	1898	1899	1900	1901	1902	1903
Morue...	36.320	33.745	38.600	34.156	32.491	32.979	19.446
Huile....	333	450	596	357	498	»	186
Rogue...	592	349	395	177	272	»	186
Issues...	582	466	382	537	441	»	354

Pour trois seulement des années comprises dans le tableau qui précède nous avons pu nous procurer les chiffres indiquant la répartition de la morue pêchée entre les divers armements ; nous croyons devoir les reproduire ici parce qu'ils permettent d'évaluer la part qui revient à l'armement métropolitain dans les totaux ci-dessus, part qui oscille entre le tiers et les deux cinquièmes, et qu'ils donnent en même temps le moyen d'évaluer l'importance relative de la grande et de la petite pêche dans l'armement colonial.

	1898	1901	1903
Goélettes coloniales............ Tonnes	19.370	20.126	9.792
Petite pêche à Saint-Pierre......	3.249	2.094	1.466
Petite pêche au French-Shore...	311	310	301
Armement métropolitain avec sécherie { à Saint-Pierre..	10.591	9.705	7.672
au French-Shore	224	256	127

Nous empruntons maintenant aux Statistiques des Pêches maritimes les chiffres suivants qui indiquent la quantité et la valeur des produits pêchés par les navires métropolitains armés pour Terre-Neuve.

Années	Tonnes	1.000 fr.	Années	Tonnes	1.000 fr.
1891....	11.958	5.571	1897....	31.263	8.763
1892....	13.183	5.283	1898....	29.933	9.344
1893....	14.317	5.531	1899....	36.130	13.177
1894....	14.239	5.489	1900....	32.707	12.383
1895....	18.575	6.978	1901....	37.863	13.891
1896....	24.384	6.872	1902....	42.742	14.853

Enfin pour compléter l'ensemble de ces données, nous indiquons ici, d'après les *Annuaires* de la colonie les quantités et la valeur des produits de pêche exportés de Saint-Pierre au cours des vingt dernières années.

ANNÉES	MORUE SÈCHE		MORUE VERTE		HUILE		ISSUES, ETC.		ROGUES	
	Tonnes	1.000 fr.	Tonnes	1.000 fr.	Tonnes	1.000 fr.	Tonnes	1.000 fr.	Tonnes	1.000 fr.
1885	7.945	3.178	33.838	11.843	534	801	476	476	206	124
1886	11.198	2.688	35.042	4.205	707	353	766	153	185	92
1887	6.881	3.446	31.511	10.094	513	205	521	261	217	87
1888	5.837	3.269	22.139	7.970	405	243	752	376	85	43
1889	6.130	3.433	20.877	7.516	649	390	562	281	142	85
1890	5.969	3.343	19.724	7.100	338	203	548	274	273	164
1891	3.210	1.926	17.721	7.088	258	155	621	311	161	96
1892	4.855	2.039	17.243	5.863	413	177	581	29	129	26
1893	8.242	3.462	17.833	5.509	561	281	724	173	196	49
1894	7.800	3.276	16.427	4.854	204	61	164	39	379	190
1895	7.147	3.246	22.683	6.496	572	200	452	136	242	106
1896	9.269	2.966	28.087	6.200	705	226	499	156	374	90
1897	9.683	3.357	24.786	5.791	333	100	582	174	592	148
1898	5.763	2.860	23.961	7.929	450	158	464	139	349	87
1899	5.032	2.265	26.881	8.095	596	209	492	148	395	123
1900	5.192	2.492	29.505	9.061	357	125	537	161	177	53
1901	4.335	1.994	24.235	7.682	498	174	463	199	272	109
1902	3.761	2.111	26.461	8.296	374	131	529	159	302	166
1903	2.563	1.589	18.694	6.459	186	65	354	106	203	89
1904	1.428	828	11.771	5.537	146	51	301	90	223	100

Ajoutons que dans l'ensemble il ne paraît pas que l'application du Bait-Act ait été très préjudiciable à nos pêcheries : de 1888, première année où cette loi ait été mise en vigueur, jusqu'en 1904, soit en dix-sept ans, Saint-Pierre a exporté au total pour 161.902.090 francs de morue, ce qui représente une moyenne annuelle de 9.523.652 francs, supérieure de 547.097 francs à la moyenne des dix-sept années 1871-1887, au cours desquelles la valeur des morues exportées s'est élevée seulement à un total de 152.601.449 francs, soit 8.976.555 francs par an, en moyenne.

Commerce de la morue.

Les principaux centres pour la pêche de la morue sont, avec les parages de Terre-Neuve, l'Islande, le Doggers Bank et les iles Lofoten. A Terre-Neuve nos pêcheurs se rencontrent, comme nous l'avons vu, avec les habitants de l'île qui pratiquent surtout la pêche côtière, puis avec les Américains et les Portugais, qui pêchent sur les Bancs. Un certain nombre d'armateurs français des ports du Nord et de la Normandie expédient des navires en Islande et sur le Doggers Bank, dans des parages exploités aussi par les peuples scandinaves, par les Hollandais et par les Anglais. Nous sommes donc concurrencés, partout où nous pêchons, par des peuples qui, comme nous, cherchent à écouler sur les marchés du monde la portion du produit de eur pêche qui demeure disponible après qu'ils ont prélevé les quantités nécessaires à leur consommation nationale.

Deux facteurs principaux déterminent le résultat de la lutte ainsi établie entre nos produits et ceux de l'industrie étrangère : le prix de ces produits d'une part, leur qualité d'autre part.

En ce qui concerne la qualité des produits nous avons déjà dit que la morue devait être plus ou moins séchée suivant qu'elle était destinée à tel ou tel marché et nous avons indiqué quels efforts avaient été faits à l'étranger et en France pour donner satisfaction aux goûts des consommateurs.

Pour les prix ils sont naturellement soumis à des fluctuations étendues, régies par la loi de l'offre et de la demande. Un hiver rigoureux est considéré par les pêcheurs comme étant d'un bon augure pour eux : les légumes étant tardifs et rares la consommation de morue est plus considérable ; pour peu que la campagne qui a précédé cet hiver ait été déficitaire, les prix monteront au début de la campagne suivante, quitte à baisser plus tard si la pêche est bonne cette année-là. Et l'on voit ainsi, sous l'influence de causes variées, se produire dans le cours de la marchandise des mouvements en sens divers, ouvrant malheureusement le champ à la spéculation. Pour ne citer que quelques exemples, le prix du quintal de morue au vert — en termes de pêche morutière ce quintal est de 55 kilos — livré à

Saint-Pierre, a passé, en 1896, par les valeurs suivantes : 16, 12 et 11 francs ; en 1897 le cours moyen fut de 12 fr. 75 et il s'éleva, l'année suivante à 16 fr. 75. En octobre 1900 les prix se tenaient aux environs de 18 fr. 65 ; en 1901 on a successivement traité à 18 fr. 75, à 19 fr. 25, à 18 francs et à 17 fr. 05 ; en 1902 le prix, en octobre, était de 18 francs environ. En 1903 le prix moyen fut de 17 fr. 27. Enfin au début de la campagne de 1904, succédant à la pêche désastreuse de 1903, on cotait 24 fr. 50. A titre de comparaison nous donnons ici quelques prix pratiqués en France. A Bordeaux, où l'on reçoit environ 65 o/o du total de la production morutière française, on avait, en 1902, acheté les premiers chargements reçus de Terre-Neuve à 29 ou 30 francs les 55 kilos ; puis les prix s'abaissèrent à 28 francs et même à 25 francs ; en 1903 on acheta les primeurs sur la base de 30 à 32 francs ; plus tard, la morue étant rare, le prix s'éleva jusqu'à 35 francs et même 39 francs. En 1904 les prix ont été, toujours pour le quintal de morue au vert, de 35 francs à Bordeaux, de 38 francs à Cette, de 32 à 35 francs à Fécamp, de 33 francs à 36 fr. 50 à Granville, de 34 francs à 42 fr. 50 à la Rochelle, de 33 à 35 francs à Saint-Malo et à Saint Servan.

En tenant compte seulement des données relatives à Saint-Pierre on voit qu'il y a entre les prix des écarts considérables, du simple au double si l'on prend l'ensemble des indications ci-dessus, dépassant 30 o/o pour une même campagne. Et la spéculation y a souvent trouvé son compte. On cite le cas d'une maison qui aurait ainsi gagné plus de 2 millions de francs dans une seule année, achetant à bas prix pour revendre en hausse et réalisant de la sorte par l'agio un bénéfice de beaucoup supérieur à celui qu'elle eût pu s'assurer par la pêche elle-même.

Débouchés français. — Nos pêcheries de morue doivent d'abord fournir à une énorme consommation nationale, qui atteint normalement 35.000 tonnes ; le surplus de leur produit est exporté dans nos colonies ou à l'étranger. Le tableau ci-contre indique, pour les vingt dernières années, la production totale de ces pêcheries, la quantité consommée en France et la quantité exportée, le tout en tonnes métriques.

Années	Production française	Consommation française	Exportation
1885	48.077	34.101	13.976
1886	63.969	45.900	18.069
1887	53.090	34.673	18.417
1888	45.885	29.900	15.985
1889	43.133	28.188	14.995
1890	43.888	30.098	13.290
1891	37.066	25.438	11.628
1892	37.577	27.560	10.017
1893	42.084	32.611	9.473
1894	42.619	31.351	11.288
1895	49.090	38.948	10.142
1896	55.571	36.788	18.783
1897	54.925	32.617	22.308
1898	52.817	34.775	18.042
1899	54.542	34.377	20.165
1900	66.481	40.456	26.025
1901	64.609	38.376	26.233
1902	68.885	40.533	28.352
1903	44.183	22.541	21.642
1904 (1)	40.000	28.000	12.000

Les chiffres fournis pour l'exportation dans le tableau qui précède ne coïncident pas, pour des raisons faciles à saisir, avec ceux que fournissent les statistiques des exportations sous bénéfice de primes et que nous donnons ci-dessous pour les années 1891 à 1904.

On remarquera dans ce tableau le fléchissement très sensible de nos importations en Espagne à partir de 1892 et jusqu'en 1895. Nous avions, durant cette période, perdu les marchés du Nord et du Nord-Ouest de la Péninsule ibérique ; nous avons regagné et au delà nos anciennes positions. Nous nous maintenons sur les marchés de l'Italie, malgré la concurrence de la Norwège, de Terre-Neuve et du Canada ; par Livourne, qui reçoit de 60 à 65 o/o du total de nos importations, nous alimentons surtout le Piémont qui, à lui seul, consomme

---

(1) Chiffres approximatifs. Il avait été importé en France, par mer, 37.953 tonnes de morue, dont 28.284 venaient de Terre-Neuve. A cela il faut ajouter les quantités expédiées directement de Saint-Pierre sur les colonies et l'étranger, soit 2.000 tonnes environ, si l'on se base sur les chiffres de 1903. On arrive ainsi au total de 40.000 tonnes indiqué ici. En réalité Saint-Pierre n'a exporté sur l'étranger et les colonies que 853 tonnes ; le chiffre indiqué est donc un peu trop fort. Le chiffre réel de la production française serait de 38.806 tonnes.

Exportation de morue sous bénéfice de prime (Poids en tonnes)

	1891	1892	1893	1894	1895	1896	1897	1898	1899	1900	1901	1902	1903	1904
Guyane.............	»	32	77	43	109	75	156	148	147	173	162	258	267	195
Guadeloupe.........	361	646	797	802	446	758	672	509	481	481	809	692	1.057	912
Martinique.........	333	558	996	1.383	884	1.417	1.586	1.186	1.144	1.025	1.467	975	864	944
Réunion............	258	591	294	462	539	783	804	793	679	1.052	655	675	793	406
Algérie et Tunisie...	1.223	1.211	1.152	1.170	1.294	1.429	1.318	1.372	1.119	1.353	1.377	1.282	1.442	1.334
Espagne............	4.716	2.661	1.791	1.974	2.073	6.853	9.140	6.328	9.195	13.431	12.001	14.813	10.208	3.743
Portugal............	107	10	11	2	64	199	143	198	223	183	64	205	647	209
Italie...............	2.391	3.703	3.007	3.687	3.560	4.996	5.892	5.061	5.305	5.845	7.162	6.817	4.315	2.545
Grèce, Levant, Barbarie	306	560	505	640	483	1.247	2.256	1.591	1.450	1.866	1.933	2.192	1.524	811
Autres pays.........	21	7	37	231	10	57	143	393	61	167	218	187	109	101

de 2.000 à 2.500 tonnes de morue. Le Portugal qui, malgré sa faible population, consomme annuellement plus de 20 000 tonnes de morue et qui n'en pêche, sur les Bancs de Terre-Neuve, que 3.000 tonnes en moyenne, ne nous demande qu'une fraction insignifiante des produits qu'il doit importer, prenant le reste à Terre-Neuve et en Norwège. Notre commerce prend chaque année un peu plus d'extension sur les rivages de la Méditerranée orientale.

Il nous a paru intéressant de placer en regard des nombres du tableau qui précède les quelques indications suivantes qui permettent, jusqu'à un certain point, de comparer notre exportation de morue et celle de quelques pays étrangers. Nous ne pouvons malheureusement donner ici des chiffres absolument comparables entre eux, les statistiques que nous avons eues sous les yeux donnant parfois la valeur seule des produits ou leur poids seulement.

Exportation de morue de quelques pays

(Poids en tonnes. Valeurs en milliers de francs)

	HOLLANDE		CANADA		NORWÈGE		TERRE-NEUVE		FRANCE
	Poids	Valeur	Poids	Valeur	Poids	Valeur	Poids	Valeur	Poids
1898..	3.274	13.656			56.271	27.272	62.298	22.225	18.042
1899..	1.974	15.057			46.675	29.941	66.072	27.266	20.165
1900..	1.950	14.036			47.274	30.125	62.642	25.860	26.025
1901..	2.319	16.008			52.099	30.712	65.467	27.549	26.233
1902..	2.085	16.949			53.122	34.380	72.607	28.165	28.352
1903..	—	13.969			47.633	34.133	69.107	29.715	21.642

Somme toute c'est la Norwège qui tient le premier rang, et de beaucoup. Il faut en effet tenir compte de ce fait que Terre-Neuve exporte à peu près tout ce qu'elle pêche. Les exportations canadiennes sont encore supérieures aux nôtres. En France notre consommation nationale très considérable, les besoins de quelques unes de nos colonies, les demandes importantes de l'Espagne, de l'Italie et du Levant nous assurent des débouchés largement suffisants dans l'état actuel de nos pêcheries. La situation géographique de la France la désigne d'ailleurs, entre toutes les nations qui se livrent à la pêche de la morue, comme le fournisseur naturel des marchés de la Péninsule ibérique et des États riverains de la Méditerranée. Si nous pouvons difficilement entrer en concurrence avec le Canada et Terre-Neuve sur les marchés des deux Amériques, il nous serait par contre possible de leur disputer ceux du Portugal, s'il en était besoin, en modifiant de façon à les rendre conformes aux goûts de ce pays la préparation de nos produits, qui devraient être alors moins salés et plus secs.

On a dit que la France, en octroyant des primes à l'armement et à l'exportation, contribuait à déprécier les prix de la morue. Au point de vue théorique cette opinion n'est pas défendable, et nous pouvons dès maintenant faire remarquer que si, comme le prétendent les Terre-Neuviens, nous faisions vendre le poisson au-dessous du prix de revient, il est bien probable que ces Terre-Neuviens eux-mêmes ne viendraient pas nous concurrencer en Italie et en Portugal. Il y a dans les accusations ainsi portées contre nous une exagération évidente d'une part et, d'autre part, une méconnaissance, volontaire peut-être, absolue certainement, des principes qui justifient l'institution des primes. Et c'est ce que va nous montrer l'étude de cette question.

Les Primes.

Comme nous l'avons vu plus haut, nos marins exploitent depuis longtemps les riches pêcheries des eaux de Terre-Neuve et nous avons eu déjà l'occasion de signaler quelques mesures prises au xviie siècle pour favoriser leur industrie et leur en assurer le libre exercice. Ce n'est toutefois que dans la seconde moitié du xviiie siècle que les encouragements accordés en France à la grande pêche se traduisent sous la forme de primes : instituées en 1767, sous Louis XV par conséquent, ces primes furent alors fixées à 500 francs par navire ; supprimées en 1793 pour raisons budgétaires, elles furent rétablies en l'an X, mais sous une forme nouvelle : la prime à l'armement, telle que Louis XV l'avait établie, fut remplacée par une prime sur les produits de pêche, calculée à raison de 20 francs par quintal métrique.

Nous ne pouvons entrer ici dans le détail des modifications

successives apportées depuis lors dans le régime des primes. Bornons-nous à constater qu'une loi de 1816, amendée par la loi du 22 juillet 1851, avait établi déjà un régime qui se rapproche beaucoup de celui qui est actuellement en vigueur. La loi du 28 juillet 1860, en assujettissant à un minimum d'équipage les goélettes armées à Saint-Pierre et Miquelon, a pour la première fois accordé aux armateurs de la colonie le droit à la prime d'armement ; les dispositions bienveillantes de cette loi ont été complétées par le décret du 17 septembre 1881, qui admit les petits pêcheurs à bénéficier de cette même prime.

Telles qu'elles existent aujourd'hui, les primes ont été en dernier lieu établies par la loi du 31 juillet 1890 et une autre loi, du 27 décembre 1900, a décidé qu'elles seraient maintenues sans modifications jusqu'au 30 juin 1911.

Les primes actuellement accordées doivent être divisées en deux catégories : les primes d'armement d'une part, et, d'autre part, les primes sur les produits de la pêche.

Les primes d'armement sont de 50 francs par homme d'équipage pour la pêche avec sécherie au French-Shore, sur les Bancs ou à Saint-Pierre, de 30 francs par homme pour la pêche sans sécherie sur les Bancs.

Outre la prime de 50 francs à laquelle ils ont droit depuis 1881, en vertu du décret précité, les petits pêcheurs saint-pierrais qui, depuis 1894, se rendaient sur le French-Shore, se voyaient allouer sur les fonds du budget local une prime supplémentaire de 50 francs par homme.

Les primes sur les produits sont accordées sur la rogue d'une part et, d'autre part, sur la morue, en tant que celle-ci est reconnue propre à la consommation dans le pays de destination.

Les pêcheurs qui rapportent en France la rogue du produit de leur pêche reçoivent 20 francs de prime par quintal métrique de rogue débarquée par eux dans la métropole.

Pour la morue, la quotité de la prime varie : tout quintal métrique de morue sèche de pêche française exporté est primé de :

20 francs, s'il est expédié directement des lieux de pêche ou des entrepôts de France à destination des colonies françaises de l'Amérique, de l'Inde, de la côte occidentale d'Afrique ou de tout autre pays transatlantique, à condition toutefois que l'importation dans ces pays ait lieu par un port où il existe un Consul français ;

16 francs, s'il est expédié soit directement des lieux de pêche, soit des ports de France à destination des pays européens et des États étrangers sur les côtes de la Méditerranée, moins la Sardaigne et l'Algérie ;

16 francs encore, s'il est exporté des ports de France sans y avoir été entreposé, dans les colonies françaises de l'Amérique, de l'Inde et dans les autres pays transatlantiques ;

12 francs, enfin, s'il est expédié soit directement des lieux de pêche, soit des ports de France à destination de la Sardaigne ou de l'Algérie.

Pour compléter ces mesures qui ouvrent à nos pêcheurs des débouchés si importants, on a tenu à leur réserver de façon absolue le marché français, qui consomme environ 35.000 tonnes de morue par an et aussi le marché de la plupart de nos colonies. C'est à quoi a pourvu la disposition du Tarif général des Douanes de 1892 qui frappe d'un droit de 48 francs par 100 kilogrammes, au minimum, les produits de la pêche morutière étrangère. Ce droit représente très sensiblement la valeur même du produit en année normale et est par conséquent prohibitif.

Il a naturellement fallu se défendre contre l'invasion possible de la colonie par les produits de pêche étrangers : la morue, l'huile, les rogues et tous autres produits de pêche préparés ailleurs que dans les possessions françaises sont donc réputés produits étrangers et leur introduction à Saint-Pierre et Miquelon est prohibée. Un décret du 30 avril 1877 spécifie que les contrevenants seront frappés d'une amende de 1.000 francs et de la confiscation des produits de pêche étrangers et, par surcroît, des produits de pêche français qui pourraient s'y trouver mêlés ; enfin, qu'ils soient nationaux ou étrangers, les bâtiments sur lesquels ces produits prohibés auraient été introduits et ceux sur lesquels on aurait saisi des produits de pêche étrangers seront immédiatement confisqués.

Tel est le régime actuellement en vigueur. Nous commencerons par faire remarquer que les primes d'armement existaient avant le traité de Versailles et qu'il ne fut soulevé, en 1783, aucune difficulté à leur sujet ; que les primes sur les produits, établies en l'an X, n'ont fait l'objet d'aucune protestation au cours des négociations qui aboutirent au traité de Paris (1814) ; enfin que la Convention de 1857 ne fait aucune allusion aux primes qui existaient alors sous leur forme et avec leurs taux actuels. L'Angleterre a donc implicitement admis et le principe et la quotité des primes et il eût d'ailleurs été difficile qu'il en fût autrement, car l'octroi des primes et la fixation de leur quotité sont des affaires intérieures qui, en tout état de cause, ne regardent que nous.

A la vérité l'agitation entretenue depuis lors par les Terre-Neuviens sur cette question des primes a été créée par eux après la promulgation du décret du 17 septembre 1881, qui étend à la petite pêche le bénéfice des primes d'armement, à raison de 50 francs par homme. On pouvait jusqu'alors soutenir que les primes d'armement étaient destinées à compenser dans une certaine mesure les frais occasionnés par le transport à 4.000 kilomètres de la métropole des hommes embarqués sur les navires de grande pêche. Sans doute, quelques marins saint-pierrais entraient dans la composition des équipages de l'armement colonial, mais ils ne représentaient guère que le dixième de ces équipages et, dans l'ensemble, les primes payaient le voyage des hommes, rétablissant l'équilibre entre les charges supportées par notre armement et celles qui incombent à l'armement terre-neuvien, permettant à nos armateurs de lutter à armes égales avec leurs concurrents de Terre-Neuve et d'Amérique. Examinons maintenant le cas des petits pêcheurs dans la colonie anglaise ou à Saint-Pierre. Toutes choses égales d'ailleurs, les frais d'entrée en campagne et les conditions de cette campagne étant sensiblement les mêmes dans les deux cas, le doris saint-pierrais, monté par deux hommes, reçoit 100 francs de prime. Admettons qu'en fin de campagne chacun des deux bateaux, l'anglais et le français, ait pris 100 quintaux de morue, ce qui est un chiffre très élevé. Le français pourra consentir sur les prix de l'anglais une réduction de 1 franc par quintal ; et c'est un minimum. Les Terre-Neuviens auraient donc raison de dire que nous déprécions les prix si la petite pêche existait seule. Mais il faut se hâter de constater que le produit de cette petite pêche représente un vingtième environ de la production totale des pêches françaises, et que, dans ces conditions, les cours sont évidemment réglés par les armateurs à la grande pêche qui, eux, luttent à armes égales avec les armateurs terre-neuviens, gros ou petits.

Quant aux primes sur les produits, il est facile de montrer aussi qu'elles vont, en réalité, non pas à l'industrie morutière, mais à la marine marchande. Et c'est ce qu'a très loyalement reconnu le Consul d'Angleterre à Bordeaux, M. Hearn, dans un rapport publié en 1899, où il prend bien soin de spécifier que les primes n'ont pas un caractère commercial, mais ont pour but d'encourager la population maritime à la grande pêche, qui forme une race vigoureuse et expérimentée de marins. C'est ce que montrent aussi les dispositions mêmes de la loi réglant les primes : ces primes ne sont pas accordées à toutes les quantités exportées indifféremment, mais seulement aux produits empruntant la voie maritime. Tout récemment une réunion d'armateurs à la grande pêche (1) a protesté, le 12 février 1905, contre un projet de loi, déposé par M. Siegfried, qui tendait à accorder le bénéfice de la prime aux morues apportées par voie ferrée. Les armateurs ont fait remarquer que l'adoption de ce projet porterait un grave préjudice à notre marine marchande ; que le but des primes à l'exportation était de favoriser l'éducation maritime des inscrits et que, par suite, les conditions d'acquisition de ces primes devaient être subordonnées, depuis le commencement de l'opération jusqu'à son terme, aux intérêts du pavillon national. En fait, nous exportons de 20.000 à 30.000 tonnes de morue et c'est là un fret qui n'est pas sans importance pour le cabotage français international.

Les quelques chiffres ci-dessous donnent une idée de l'importance des sacrifices que l'Etat s'impose par l'octroi des primes. Ils indiquent pour quelques unes des dernières années le montant des primes payées.

| Année | Primes d'armement | Primes sur les produits | | Total |
		Rogue	Morue	
1897.....	F. 620.935	F. 166.404	F. 4.759.019	5.546.358
1898.....	608.705	137.380	3.993.043	4.639.128
1899.....	596.515	170.979	3.973.420	4.740.934
1900.....	635.365	90.315	4.814.488	5.540.168
1901.....	631.985	133.557	4.810.839	5.576.381

Toutefois il convient de noter que dans les totaux ci-dessus sont comprises, outre les primes payées à l'armement pour Terre-Neuve et

(1) Cette réunion comprenait les présidents des Syndicats des armateurs de grande pêche de Dunkerque, Gravelines, Fécamp, Granville, Saint-Malo, Saint-Servan, Cancale, Paimpol, Port-de-Bouc, Saint-Pierre et Miquelon, le président du Syndicat de la morue et un délégué de la Chambre de Commerce de Bordeaux.

à ses produits, celles qui sont de même octroyées aux deux autres armements français, pour l'Islande et le Doggers Bank, et aux produits de leur pêche.

Discussion de l'accord franco-anglais et de ses conséquences.

Nous avons donné plus haut le texte de la Convention concernant Terre-Neuve et l'Afrique, signée à Londres le 8 avril 1904 et ratifiée le 8 décembre suivant, pour être mise aussitôt en vigueur. Nous nous proposons de voir ici ce qu'il faut penser de cet acte.

Tout en se félicitant, avec la plupart des orateurs qui ont pris la parole au Sénat et à la Chambre des Députés, de la signature d'un ensemble d'arrangements qui constituent une garantie de plus pour la paix européenne, il est permis de se demander quels sont les sacrifices consentis par nous à Terre-Neuve, d'en mesurer l'importance dans le présent et pour l'avenir. Nous n'avons pas ici à nous occuper de savoir si les compensations qui nous ont été accordées en Afrique sont la juste contre-partie de ces sacrifices; ces compensations n'intéressent, en effet, ni Saint-Pierre et Miquelon, ni l'armement français à la grande pêche; les seuls articles de la Convention que nous ayons à examiner sont ceux-là même dont le texte a été reproduit par nous.

Nous examinerons, en premier lieu, la question des homarderies. On était d'accord, en 1904, pour admettre que la Convention entraînait leur disparition complète. L'article 2 nous reconnait bien le droit de pêcher les crustacés dans les eaux territoriales de ce qui fut le French-Shore, mais l'article 1 nous enlève l'usage de la côte. Or, pour loger de nombreux casiers, pour installer les ateliers nécessaires à la fabrication des conserves, il faut infiniment plus de place que l'on n'en pourrait trouver sur une goélette ou même sur un grand trois-mâts. Nous avons donc le droit de pêcher, mais on nous en enlève les moyens, car il ne faut pas compter que les Terre-Neuviens consentiront à nous louer les emplacements nécessaires; et les propriétaires des quinze homarderies françaises ont été, en fait, obligés de renoncer à leur industrie. L'article 3 prévoyait qu'une indemnité pourrait leur être allouée et le Tribunal arbitral, constitué à cet effet, leur a accordé les compensations légitimes (1).

Nous estimons que la solution intervenue ne peut qu'être approuvée. Après avoir, au début, traversé une ère de prospérité, nos usines du French-Shore étaient en plein déclin : les chiffres officiels le prouvent surabondamment, et la chose s'explique par l'épuisement des fonds de pêche, exploités sans aucun ménagement; les homarderies françaises auraient fini par disparaître, faute de homards. Et nous croyons que nos usiniers du French-Shore seraient mal venus à se prétendre lésés par la Convention, qu'ils doivent plutôt considérer comme favorable à leurs intérêts bien entendus.

Comme nos homarderies, les grands chauffauds métropolitains et les quatre établissements des petits pêcheurs saint-pierrais sur le French-Shore ont disparu à la fin de 1904. Les armateurs, pêcheurs et marins français, qui se livraient à la pêche et à la préparation du poisson dans ces divers établissements ont, eux aussi, reçu des indemnités pécuniaires, conformément aux principes établis par l'article 3 de la Convention (2).

La situation n'est cependant pas la même ici que dans le cas des homarderies et il y a lieu de regretter que nous ayons cru devoir aliéner définitivement, contre une compensation en argent, la totalité de nos droits territoriaux sur le French-Shore. Sans doute, les armements pour les deux côtes allaient en diminuant sans cesse et,

---

(1) Pour trois industriels français qui possédaient quatre homarderies annexées à des chauffauds, les seuls chiffres actuellement connus sont ceux des indemnités globales qui leur ont été attribuées pour l'ensemble de leurs établissements. Cinq propriétaires saint-pierrais, exploitant en tout onze homarderies, ont reçu au total 210.000 francs, répartis comme il suit :

MM. Chrétien 2 homarderies 90.000 francs
    Tajan... 2   »   35.000   »
    Chacala. 3   »   21.000   »
    Bourget. 3   »   50.000   »
    Poirier.. 2   »   14.000   »

(2) Dans l'ensemble, ces indemnités s'élèvent à 1.165.000 francs, répartis comme suit :

MM. Lemoine (pêche et homarderie à la côte Ouest)............ F. 218.000
    Guibert   id. 112.000
    Saint-Mleux   id. 193.000
    Verry (pêche de la morue à la côte Est)................... 212.000
    Les employés de ces quatre maisons 186.125
    Les petits pêcheurs saint-pierrais.... ....   49.675
    Les patrons propriétaires................................ 194.200

depuis 1890, la métropole n'a jamais envoyé vingt navires sur le Treaty-Shore; depuis 1900, nous n'avions plus que cinq chauffauds métropolitains. Si ce rivage était délaissé par nous, c'est que la morue, autrefois abondante sur les côtes de Terre-Neuve, avait émigré sur les Bancs où nous portions dès lors notre effort principal. Mais, qui oserait affirmer que ce poisson s'est retiré définitivement des rivages de Terre-Neuve? Tant de causes peuvent influer sur ses déplacements! En sorte que si l'on peut dire, à l'heure actuelle, que le sacrifice consenti par nous est léger, il peut fort bien se faire que nous ayons à le regretter amèrement dans quelques années. On nous objectera peut-être que nous nous sommes réservé, par l'article 2, le droit de pêcher dans les eaux territoriales du French-Shore. Mais en admettant même que les 15.000 Terre-Neuviens qui peuplent aujourd'hui ce rivage, et qui se multiplieront, nous laissent loyalement exercer ce droit, nous n'en serions pas moins contraints de rapporter à Saint-Pierre, pour l'y sécher, le poisson que nous pourrions prendre, au lieu de débarquer sur quelque point de la côte Ouest, dans une sécherie installée à proximité des lieux de pêche. Ceci entrainerait pour nous des pertes de temps considérables : pour aller de la baie de Saint-Georges à Saint-Pierre et en revenir, un voilier met au moins six jours, dans les circonstances les plus favorables. On doit regretter que la Convention de 1904 n'ait pas réservé nos droits territoriaux sur quelques points au moins du French-Shore, points qu'il eût été facile de déterminer en tenant compte à la fois des besoins éventuels de la pêche française et du désir légitime qu'ont les Terre-Neuviens de tirer parti des richesses naturelles du French-Shore; nous aurions pu, par exemple, garder les droits que nous tenions du traité d'Utrecht dans un certain nombre d'îles, à la baie Saint-Jean (île Saint-Jean ou Ile plate), à la baie des îles (île Tweed), à l'île Rouge, à l'île Cod-Roy. L'expansion terre-neuvienne n'en eût été gênée en rien et les sécheries que nous aurions pu installer dans ces îles auraient, le cas échéant, rendu les plus grands services à nos pêcheurs.

Malgré les inconvénients très graves qu'il peut présenter dans un avenir plus ou moins rapproché, l'abandon de nos droits territoriaux sur le Treaty-Shore eût été accepté sans récriminations par la très grande majorité de nos armateurs à la grande pêche s'ils avaient pu obtenir en échange l'abrogation du Bait-Act. La question de la boette est, en effet, l'une de celles qui préoccupent le plus vivement ces armateurs. Et, dès le 27 avril 1904, le Comité central des armateurs de France adressait aux Chambres de Commerce une note au sujet des conséquences qu'entraînait pour les marins français pêcheurs de morue l'accord franco-anglais du 8 avril. Ce document proclamait la nécessité de réserver pour les Français le droit formel de se procurer sur les côtes de Terre-Neuve l'appât indispensable à nos pêcheurs et d'obtenir le retrait du Bait-Act. Les Chambres de Commerce de Bordeaux, de Bayonne, de Fécamp, de Granville, du Havre, de Rouen, de Marseille, de Nantes, de Saint-Malo, de Saint-Brieuc, de Saint-Pierre et Miquelon adoptèrent les conclusions de cette note et demandèrent que la Convention fût complétée par un article dans lequel l'Angleterre, abrogeant le Bait-Bill, s'engagerait, en outre, à ne jamais le rétablir sous une forme quelconque.

Ajoutons que les syndicats des armateurs à la grande pêche de Saint-Pierre et Miquelon, de Fécamp, de Granville, du Nord et de l'Ouest se sont déclarés hostiles à la Convention; de même l'Union régionale des armateurs de France et les Conseils généraux de la Seine-Inférieure, de la Manche et de l'Ille-et-Vilaine. Enfin, le 27 septembre 1904, les armateurs de la grande pêche à Terre-Neuve appartenant à la région malouine se réunissaient à Saint-Malo. A l'unanimité, il fut reconnu que les intérêts de l'armement à la grande pêche, lésés par la Convention, ne sauraient être sauvegardés que par l'abrogation pure et simple du Bait-Act et que toute autre solution aboutirait fatalement à la ruine très rapide de l'industrie des pêches maritimes, en portant les plus graves atteintes aux intérêts de nos marins et de la défense nationale.

La première question qui se pose est donc de savoir s'il était possible d'obtenir l'abrogation du Bait-Bill dans les conditions désirées par les armateurs français, c'est-à-dire en échange de nos droits territoriaux sur le French-Shore. Nous n'hésitons pas à répondre non ! On s'est en effet exagéré la valeur *actuelle* des droits que le traité d'Utrecht nous avait concédés sur les rivages de Terre-Neuve. Comme le dit M. R. de Caix dans son enquête impartiale sur la question des pêcheries de Terre-Neuve, la population terre-neuvienne qui se multiplie sur le French-Shore a peu à peu, par le glissement naturel des choses, absorbé et usurpé dans la pratique tous nos droits qu'elle reléguait, petit à petit mais de façon irrésistible, dans le domaine absurde de la théorie pure. Peut-être aurions-nous pu, en 1815, écarter du rivage les quelques Terre-Neuviens qui s'y étaient installés, au mépris des traités et de la déclaration du roi Georges, alors que nous avions interrompu l'exercice de nos droits durant la longue série des guerres de la Révolution et de l'Empire. Mais, en 1904, alors que sur plus de 1.000 kilomètres de côte nous n'avions plus en tout et pour tout que 23 établissements (4 chauffauds métropolitains, 4 groupes de petits pêcheurs saint-pierrais et 15 homarderies) occupant au maximum 600 Français, alors surtout que, depuis près d'un siècle, les officiers de notre division navale, désireux de ne pas faire de zèle inutile et de ne pas soulever de difficultés internationales, fermaient les yeux sur les empiètements grandissants des indigènes, pouvions-nous encore raisonnablement aller jusqu'au bout de nos droits? Pouvions nous dire aux 15.000 Terre-Neuviens alors installés sur le French-Shore : Le traité de Versailles et la déclaration du roi Georges vous interdisent de vivre ici ; vos cabanes, vos villages, vos routes, vos chemins de fer, que vous avez construits sous nos yeux, sans protestation de notre part, il faut maintenant abandonner tout cela ? Il n'est pas besoin d'insister pour montrer que si, en théorie, nos droits à tenir ce langage étaient demeurés absolus, nous avions, en fait, par notre attitude conciliante, laissé se créer une situation nouvelle qui ne nous permettait plus de parler ainsi. Et, pour emprunter encore les termes de M. R. de Caix, le monopole général des pêcheurs français sur le French-Shore, tel qu'il résultait des traités, n'existe plus depuis longtemps ; en réalité ce monopole n'était plus que d'un usage pour ainsi dire borné et fragmentaire ; l'exercice que nous en faisions ne gênait pas beaucoup les Terre-Neuviens et ceux-ci avaient en outre la conviction intime que cette gêne, si légère qu'elle fût, était appelée à disparaître, par la force même des choses, dans un avenir plus ou moins rapproché. Aussi aux armateurs français qui leur disaient : « Renoncez au Bait-Bill et vous aurez le French-Shore », les Terre-Neuviens répondait : « Pourquoi voulez-vous que nous payions quoi que ce soit en échange de ce que vous persistez naïvement à appeler votre French-Shore ? Ne sommes nous pas installés déjà sur la majeure partie de cette côte que vous prétendez nous céder? Sans doute nous sommes là au mépris des traités. Mais vous ne pourriez cependant émettre la prétention de nous en chasser après y avoir si longtemps toléré notre présence ; ce que nous possédons aujourd'hui suffit à nos ambitions actuelles ; et pour le reste, nous laissons au temps, aidé par les circonstances, le soin de régler la question à notre profit, sans aucun sacrifice de notre part. » Toute transaction sur les bases proposées par l'armement français était donc impossible, puisque les Terre-Neuviens déclaraient n'attacher aucune valeur à ce que nous voulions leur céder et que nous étions les premiers à proclamer l'importance qu'aurait pour nous le retrait du Bait-Act.

Comme l'a dit M. Delcassé à la tribune de la Chambre, « nous avons fait monnaie, avant qu'il se fût tout à fait évanoui, d'un privilège (nos droits territoriaux sur le French-Shore) dont nous avions fini par ne plus user. » Mais la somme ainsi réalisée était insuffisante à payer aux Terre-Neuviens le prix qu'ils exigeaient pour l'abolition du Bait-Bill. Nous l'avons donc employée à « obtenir pour la France, dans d'autres régions, des avantages précieux » tout en « sauvegardant à Terre-Neuve, les intérêts industriels de la pêche. »

Nous avons dit plus haut combien nous paraissait fâcheuse la cession *totale* de nos droits territoriaux au French-Shore dont nous avons payé les « avantages précieux » obtenus en Afrique. En tout état de cause, l'armement français fait les frais de la Convention de 1904. Mais que faut-il penser de cette affirmation que les intérêts industriels de la grande pêche ont été sauvegardés à Terre-Neuve ? M. Delcassé faisait évidemment allusion aux stipulations de l'article 2, qui n'est pas, tant s'en faut, à l'abri des critiques.

A peine le texte de la Convention était-il publié que M. Suchetet, député de Fécamp, s'élevait vivement contre le traité, déclarant obscures et controversables les dispositions de l'article 2. Il faut bien croire que les craintes manifestées par l'honorable député n'étaient pas tout à fait vaines puisqu'au mois de juillet, M. Delcassé, par l'intermédiaire de notre Ambassadeur à Londres, M. Paul Cambon, exprimait à lord Lansdowne le désir « d'être assuré que les droits des pêcheurs français étaient suffisamment protégés par la Convention » ! C'était, au reste, la quatrième fois que nous faisions ainsi préciser par le Foreign Office le sens de quelqu'une des parties de l'article 2. Mais tandis que les trois premières déclarations de lord Lansdowne, en date du 8 avril (deux lettres) et du 6 juin (un aide-mémoire), sont antérieures à l'approbation de la Convention par le Parlement anglais et peuvent, par suite, être considérées dans une certaine mesure comme des annexes de cette Convention, comme des interprétations approuvées par ce Parlement, il n'en est plus de même de la lettre adressée le 3 août à M. Paul Cambon pour répondre au désir exprimé par M. Delcassé, lettre écrite après que la Chambre des Lords et la Chambre des Communes s'étaient prononcées en faveur du traité.

Quoi qu'il en soit, examinons successivement les paragraphes de l'article 2 et les critiques auxquelles ils ont pu donner lieu.

La France conserve pour ses ressortissants, sur le pied d'égalité avec les sujets britanniques, le droit de pêche dans les eaux territoriales sur la partie de la côte de Terre-Neuve comprise entre le cap Saint-Jean et le cap Raye, en passant par le Nord ; ce droit s'exercera pendant la saison habituelle de pêche, finissant pour tout le monde le 20 octobre.

La seule critique formulée sur ce premier paragraphe est relative à la date choisie pour la fermeture de la saison de pêche. On a dit à la Chambre des députés que le hareng d'automne ne se montre sur le French-Shore qu'après cette date. C'est là une erreur. En tous cas, lord Lansdowne n'a fait aucune difficulté pour écrire à M. Delcassé que « si, pour des raisons spéciales la saison de pêche était prolongée, les pêcheurs français participeraient à cette prolongation ».

Passons maintenant au second paragraphe, ainsi conçu :

Les Français pourront y pêcher (sur le French-Shore) toute espèce de poisson, y compris la boette, ainsi que les Crustacés. Ils pourront entrer dans tout hâvre ou port de cette côte et s'y procurer des approvisionnements et de la boette dans les mêmes conditions que les habitants de Terre-Neuve, en restant soumis aux règlements en vigueur ; ils pourront aussi pêcher à l'embouchure des rivières, sans toutefois pouvoir dépasser une ligne droite tirée de l'un à l'autre des points extrêmes du rivage entre lesquels la rivière se jette dans la mer.

Il y a là, en réalité, deux stipulations distinctes, dont il convient d'examiner séparément les effets.

En ce qui concerne d'abord la délimitation de la zone de pêche à l'embouchure des rivières, le Comité central des armateurs de France et plusieurs Chambres de commerce ont manifesté la crainte que les stipulations faites entraînent une gêne pour la pêche de la boette de printemps, c'est-à-dire du hareng, pêche qui se fait dans les baies.

Il eût été en effet désirable que la position de la ligne droite visée dans la clause dont il s'agit fût mieux précisée ; car, suivant le sens que l'on assignera à ces mots « les points extrêmes du rivage », nos pêcheurs peuvent se voir interdire l'accès d'une partie plus ou moins considérable des baies où viennent se jeter les rivières et les innombrables ruisseaux de Terre-Neuve. Considérée en elle-même, la Convention est en effet très critiquable sur ce point ; mais nous avons ici une interprétation favorable à nos intérêts, contenue dans l'aide-mémoire adressé le 6 juin 1904 par lord Lansdowne à M. P. Cambon : « En ce qui concerne la clause de l'article 2, paragraphe 2, *in fine*, le Gouvernement de Sa Majesté déclare qu'il n'a pas l'intention de donner à cette stipulation une interprétation qui exclurait les pêcheurs français des eaux qui ont été jusqu'ici reconnues, d'un commun accord, comme faisant partie des baies dans lesquelles ils avaient le droit de pêcher. » On ne peut que se réjouir de ces assurances qui dissipent les craintes qu'avait fait naître la forme imprécise donnée à cette clause dans la Convention.

Une lettre adressée par M. P. Cambon au marquis de Lansdowne, le 8 avril 1904, nous apprend que le texte de la première partie du paragraphe 2 a été définitivement arrêté « de façon à écarter toute ambiguïté ». Sous sa forme primitive, cette partie de la Convention « n'empêchait pas le Gouvernement de Terre-Neuve de refuser des licences pour la vente de la boette sur le Treaty-Shore et les pêcheurs français pouvaient ainsi se trouver privés du droit que le Gouvernement britannique leur reconnaît d'acheter de la boette » sur cette côte. Et M. P. Cambon constate que la rédaction nouvelle paraît, aux yeux de lord Lansdowne, « impliquer que le Gouvernement de Terre-Neuve ne pourra supprimer le commerce de la boette sur le Treaty-Shore » ; ce à quoi le Ministre anglais répond : « J'ai l'honneur d'informer votre Votre Excellence que l'article, tel qu'il est conçu, empêche la suppression de la liberté, dont jouissent jusqu'ici les pêcheurs français, d'acheter la boette sur la partie de la côte mentionnée. » De la comparaison de ces textes, il semble à notre avis résulter : 1° que le Bait-Act devient applicable au Treaty-Shore et que les pêcheurs français seront soumis à ce règlement ; 2° que le Gouvernement de Terre-Neuve ne pourra pas refuser à ces pêcheurs français la licence pour la vente de la boette telle qu'elle est prévue par le Bait-Act.

Mais ce n'est là qu'une interprétation et, quoi qu'on en ait dit, la rédaction définitivement adoptée n'est pas de nature à écarter toute ambiguïté. La preuve en est que M. Delcassé estime que « la Convention nous donne le droit d'acheter de la boette sur toute l'étendue du French-Shore, sans avoir à demander au préalable une licence au Gouverneur et sans payer la taxe prévue par le Bait-Act. » MM. Deschanel, Vigouroux, Brager de la Ville-Moysan acceptent cette nouvelle interprétation. Mais MM. Suchetet et Waddington la repoussent, estimant que le Bait-Bill devient applicable au Treaty-Shore. Le *Globe*, de Londres, a publié, le 25 mai, une lettre reçue de Saint-Jean de Terre-Neuve, dans laquelle on lit : « Par le nouvel accord, Terre-Neuve s'assure la possession du contrôle complet du commerce de la boette sur toute l'étendue de ses côtes. Précédemment elle possédait ce contrôle sur toute sa côte, à l'exception du French-Shore, où le Bait-Act n'avait pas d'effet...... Par le nouveau traité, le droit est concédé aux Français de prendre ou d'acheter la boette sur cette côte soumise à nos règlements locaux de pêche, et cela nous mettra en état de faire exécuter contre eux les restrictions que nous imposons aujourd'hui à nos propres gens et aux Américains, limitant chaque navire à une quantité déterminée, suffisante pour son propre usage, et par conséquent le mettant dans l'impossibilité d'approvisionner la flotte française principale à Saint-Pierre ». Ainsi donc, les Terre-Neuviens estiment, eux, que le Bait-Act est désormais applicable sur le French-Shore et si le Gouverneur en Conseil, seul qualifié pour l'octroi des licences, vient à nous les refuser, l'Angleterre n'aura aucun moyen d'agir sur lui pour le contraindre à nous les accorder. On se demande, en présence des dispositions manifestées par les Terre-Neuviens et en tenant compte des relations qui existent entre l'Angleterre et ses colonies de self-government, quelle valeur efficace il convient d'attribuer aux déclarations faites par lord Lansdowne, dans sa lettre du 3 août 1904 : « Dans l'opinion du Gouvernement de Sa Majesté, il n'y a rien qui empêche les pêcheurs français qui prennent de la boette sur le Treaty-Shore de l'emporter et d'en disposer. D'autre part, le commerce de la boette sur le Treaty-Shore doit être, comme il a été jusqu'à présent, soumis aux règlements locaux applicables indistinctement aux pêcheurs français et britanniques. Le Gouvernement de Sa Majesté ne doute pas que le Gouvernement de Terre-Neuve respectera loyalement l'arrangement qui a été conclu relativement à la vente et à l'achat de la boette... » Au reste, ainsi que l'a fait remarquer M. Waddington, la rédaction même de cette note semble indiquer que l'application du Bait-Act est complètement réservée dans l'esprit de lord Lansdowne. Il y a dans ce langage des réticences qui peuvent nous inspirer des inquiétudes pour l'avenir.

Remarquons, en terminant, que si le Gouvernement de Terre-Neuve entend interpréter la Convention dans le sens indiqué par l'article du *Globe*, c'est-à-dire appliquer le Bait-Bill au French-Shore, nos pêcheurs, en admettant même que les licences leur soient accordées sans difficulté, seront astreints au paiement du droit de licence de 7 fr. 50 par tonneau de jauge, ce qui constituera pour eux une charge nouvelle.

On voit trop quelle arme redoutable nous avons mise entre les mains des Terre-Neuviens, en adoptant définitivement pour le paragraphe 2 une rédaction qui ne nous garantit en aucune manière contre l'extension au Treaty-Shore des effets du Bait-Act.

Il semble aussi que l'on aurait pu amender, dans le sens d'une précision plus grande, la forme donnée au paragraphe 3 :

Ils (les pêcheurs français) devront aussi s'abstenir de faire usage d'engins fixes (stake nets and fixed engines) *sans la permission des autorités locales.*

Où commence l'engin de pêche fixe ? Nous nous posions la question le jour même où nous avons signé la Convention, et M. P. Cambon écrit le 8 avril à lord Lansdowne : « Mon Gouvernement pense qu'il ne s'agit que d'engins fixés d'une façon à peu près permanente et non de filets attachés à la côte pour la durée d'une pêche et qui ne constituent qu'un mode passager. » Et il est aussitôt informé que « ces mots (stake nets and fixed engines) comprennent tous les filets et autres instruments pour prendre le poisson, qui sont fixés au sol ou rendus fixes par quelque autre moyen que ce soit et de façon à pouvoir être laissés sans surveillance par leur propriétaire. » Pourquoi, puisque l'on était d'accord sur ce point, n'avoir pas inséré dans le texte même de la Convention cette définition des engins fixes, d'où résulte bien évidemment pour nos pêcheurs le droit d'employer par exemple, la senne, droit que l'on peut à la rigueur leur contester si l'on ne veut voir que la lettre du paragraphe 3 et ne pas tenir compte de l'esprit qui a présidé à l'élaboration de ce texte ?

Restent enfin les deux derniers paragraphes :

Sur la partie de la côte mentionnée ci-dessus, les Anglais et les Français seront soumis, sur le pied d'égalité, aux lois et règlements actuellement en vigueur ou qui seraient édictés dans la suite pour la prohibition, pendant un temps déterminé, de la pêche de certains poissons ou pour l'amélioration des pêcheries. Il sera donné connaissance au Gouvernement de la République Française des lois et règlements nouveaux, trois mois avant l'époque où ceux-ci devront être appliqués. »

La police de la pêche sur la partie de la côte sus-mentionnée, ainsi que celle du trafic illicite des liqueurs et de la contrebande des alcools, feront l'objet d'un règlement établi d'accord entre les deux Gouvernements. »

Le paragraphe 4 nous soumet par avance aux règlements futurs, comme le paragraphe 2 nous avait soumis aux règlements actuels. Il nous reste, il est vrai, l'assurance donnée le 3 août par lord Lansdowne que, « si l'effet des règlements locaux quelconques qui seraient édictés dans l'avenir par le Gouvernement de Terre-Neuve devait, dans l'opinion du Gouvernement français, être de nature à porter atteinte aux droits conventionnels des pêcheurs français, le Gouvernement français n'aurait qu'à appeler sur ce point l'attention du Gouvernement de Sa Majesté, en vue d'assurer l'exécution des termes de la Convention. » Mais, outre que cette assurance est un peu tardive et que la lettre de lord Lansdowne nous indique seulement la voie que nous aurions à suivre sans préciser le point où nous aboutirions, on peut craindre que le Gouvernement de Terre-Neuve, qui n'est pas animé à notre égard de ces dispositions conciliantes que montre aujourd'hui l'Angleterre, édicte, en se conformant aux conditions prévues au paragraphe 4, quelque règlement nouveau applicable à tous les pêcheurs indistinctement, mais dont les termes auraient été soigneusement pesés et la date savamment choisie pour que nos intérêts se trouvent gravement compromis, sans que ceux des Terre-Neuviens soient sérieusement lésés. Autre chose est, en effet, d'armer en France ou à Terre Neuve, lorsqu'il s'agit d'opérer sur les côtes de Terre-Neuve. Et, même, en cours de campagne, telle petite formalité nouvelle, imposée à tous indistinctement, peut occasionner une gêne sérieuse aux uns, sans déranger beaucoup les autres. Nous savons, d'ailleurs, que le Gouvernement de Saint-Jean n'hésite pas à imposer aux Terre-Neuviens et à s'imposer à lui-même de lourds sacrifices quand il s'agit de porter préjudice aux intérêts de la pêche française ; le Bait-Act n'a-t-il pas supprimé un mouvement commercial de 1.000.000 de francs sur la côte Sud et grevé le budget de la colonie d'une charge annuelle de 225.000 francs ?

Enfin, il faut espérer que le règlement prévu par le paragraphe 5 spécifiera que la police de la pêche continuera à être faite par des bâtiments de la marine anglaise et ne sera pas confiée aux gardes-côtes de la colonie. La marine britannique s'est toujours acquittée de la tâche, souvent désagréable et parfois pénible, que lui imposait le respect des traités antérieurs, avec une correction et une loyauté à laquelle on s'est plu, chez nous, à rendre un hommage mérité de tous points ; les officiers anglais nous apportaient pour la sauvegarde de nos droits, quelque exorbitants que ceux-ci pussent parfois leur paraître, un concours efficace. Il serait à craindre que les commandants des gardes-côtes terre-neuviens, si la police de la pêche venait à leur être confiée, fussent animés d'un autre esprit ; peut-être n'apporteraient-ils pas dans leurs rapports avec nos pêcheurs toute l'impartialité que nous devons, aujourd'hui plus que jamais, exiger de ceux qui seront appelés à régler les différends que pourrait faire naître l'interprétation des diverses clauses de l'article 2 de la Convention de 1904.

Somme toute nous pouvons dire, pour résumer cette longue discussion, qu'il faut, à notre avis, se garder des exagérations, dans un sens comme dans l'autre. M. L. Vigouroux nous paraît faire preuve d'un optimisme un peu déconcertant, lorsqu'il déclare qu'il n'a pas « entendu un seul argument sérieux à l'encontre de cette affirmation que nos pêcheurs n'auront pas plus de peine à se procurer de la boette après qu'avant ». Tout dépend, à notre sens, de la façon dont le Gouvernement de Terre-Neuve, qui n'est point l'ami de nos pêcheurs, voudra interpréter la Convention. Et si, à défaut de stipulation contraire, exprimée de façon formelle, soit dans l'acte lui-même, soit dans ses annexes, ce Gouvernement, profitant de l'imprécision qui caractérise l'ensemble de l'article 2, prétend appliquer le Bait-Act sur le French-Shore, la situation de l'armement français nous apparaît comme lourdement aggravée : ou bien on ne lui accordera pas les licences et alors il n'aura pas de boette ; ou bien, si on les lui accorde, il se verra contraint de payer la taxe de 7 fr. 50 par tonneau, bien heureux encore si on ne l'astreint pas à n'embarquer sur chaque navire que la quantité de boette strictement nécessaire à l'approvisionnement de ce navire même.

En tout état de cause, nous avons, comme l'a dit M. Waddington, échangé un système d'indépendance dans lequel nous étions nos maîtres sur le French-Shore, contre un système de dépendance et de soumission aux règlements de Terre-Neuve. Et les armateurs nous paraissent dans le vrai lorsqu'ils manifestent la crainte d'éprouver désormais plus de difficultés qu'autrefois à s'approvisionner de boette.

Mais faut-il après cela ajouter avec eux que l'armement français à la grande pêche pour Terre-Neuve est condamné à une disparition prochaine? Certains orateurs, hostiles à la Convention de 1904, l'ont dit à la Chambre et au Sénat. Et ils ont eu beau jeu à montrer les effets déplorables qu'aurait cette disparition. On nous a dit que le commerce de la morue rapportait annuellement 75 millions de francs, que 12.000 Terre-Neuvas faisaient vivre leurs familles, soit 50.000 ou 60.000 personnes au total, avec les 15 millions de francs qui constitueraient leurs salaires. On a dit enfin que la pêche à Terre-Neuve était la pépinière de notre marine nationale et que nous allions sacrifier tout cela. Remarquons en passant qu'en 1901, par exemple, l'Islande et le Doggers-Bank ont fourni 10.822 tonnes de morue sur un total de 71.215 tonnes pêchées par des bateaux français et ont dû, par conséquent, apporter dans les 75 millions de francs que représenterait le commerce une contribution de plus de 11.500.000 francs. Notons aussi que depuis 1880 le nombre des Terre-Neuvas ne s'est jamais élevé à 12.000, et que le chiffre de 15 millions indiqué pour leurs salaires représenterait une moyenne de 1.250 francs par homme, moyenne qui n'a jamais été atteinte depuis 1896, si l'on en croit les Statistiques des pêches. Quant à cet argument que la pêche sur les Bancs serait une école nécessaire pour les marins de notre flotte de guerre, nous croyons qu'il n'a pas la valeur qu'on a voulu lui attribuer, attendu, comme le dit M. Lionel Radiguet, que le Breton du littoral naît marin, sans que la pêche à Terre-Neuve ait l'influence que l'on a dit sur sa vocation. Cette pêche est sans doute une école d'endurance, mais par ailleurs l'alcoolisme abâtardit les marins qui la pratiquent. Après avoir ainsi fait, dans les arguments invoqués à son appui, la part de l'exagération nécessaire aux besoins de la thèse défendue par les armateurs et par leurs mandataires, empressons nous d'ajouter que cette thèse elle-même nous paraît difficilement défendable. Nous croyons fermement que l'armement pour Terre-Neuve, en proclamant lui-même sa fin prochaine, n'a fait que reprendre au compte de la communauté des armateurs un bluff — qu'on veuille bien excuser l'expression — déjà pratiqué par certains de ses membres, lorsque ceux-ci annonçaient à tout venant, au lendemain de la Convention du 8 avril, que leurs bateaux n'iraient pas à Terre-Neuve en 1905 et qu'il valait mieux désarmer que de courir les risques d'une campagne qui ne pouvait être que désastreuse. Or si, en 1905, Saint-Pierre n'a armé que 100 goélettes, 214 bâtiments sont partis des ports de France à destination des Bancs ; l'armement métropolitain a donc conservé toute son importance ; quant à la diminution très sensible que l'on peut constater dans les armements coloniaux, elle est due non pas aux effets de la Convention de 1904, mais bien aux conditions économiques très spéciales qui sont réalisées à Saint-Pierre. Les fortunes bien assises sont rares dans la colonie et bien des armateurs locaux doivent chaque année, pour armer leurs goélettes, avoir recours au crédit ; l'argent et les marchandises nécessaires leur sont avancés à des conditions d'ailleurs assez onéreuses, par des maisons de banque ou de commerce qui comptent, pour gager leurs créances, sur le produit de la pêche. Après une mauvaise campagne le crédit se resserre naturellement et le nombre de goélettes armées est diminué d'autant, automatiquement en quelque sorte, sans que la volonté des armateurs intervienne pour quoi que ce soit dans cette réduction. La pêche fut mauvaise en 1903 : il y eut, en 1904, trente-deux goélettes de moins qu'en 1903; la campagne de 1904 a été désastreuse : comme conséquence 100 navires seulement ont pu être armés en 1905 dans la colonie, qui en avait équipé 151 en 1904. Mais, nous le répétons, on ne saurait en aucune façon tirer de là un argument contre la Convention de 1904 et rien, dans l'état actuel des choses, n'autorise à penser que l'armement français pour les Bancs soit sérieusement menacé dans son existence par le fait de cette Convention. En 1904, quand on sonnait par avance le glas de cet armement, il s'agissait seulement d'exercer une pression sur le Parlement. La manœuvre n'a pas réussi. Isolée, la Convention concernant Terre-Neuve et l'Afrique n'eût très probablement pas été approuvée par les Chambres françaises; mais, comme l'a dit M. Deschanel, elle faisait partie d'un ensemble d'accords « qui était l'expression d'une situation internationale nouvelle…. La situation générale de l'Europe et du monde dominait cet ensemble » et faisait aux Chambres un devoir d'en approuver les différentes parties, indissolublement liées. Le Parlement n'a pas failli à ce devoir. Il faut aujourd'hui accepter comme des faits acquis et le Bait-Act et la Convention de 1904. Sans se répandre plus longtemps en récriminations désormais inutiles, les armateurs doivent chercher dans le perfectionnement ou même dans la rénovation des méthodes et de l'outillage actuels les remèdes applicables à la crise de leur industrie.

Avec les engins employés jusqu'ici la rareté de la boette entraîne fatalement l'insuccès de la campagne de pêche et nous répéterons ici ce que nous disions plus haut : dans l'état actuel de nos pêcheries de Terre-Neuve on peut admettre comme la traduction d'un fait le dicton saint-pierrais : pas de boette, pas de morue. Le résultat désastreux des campagnes de 1903 et 1904 est dû à la rareté dans ces années-là du capelan et de l'encornet. Tant que nos Terre-neuvas n'auront pas modifié leurs procédés de pêche, la question de la boette est pour eux une question essentielle et il convient, par suite, d'étudier les moyens de leur procurer l'appât qui leur est nécessaire. Les Américains et les Terre-Neuviens, qui emploient les mêmes procédés que nous, ont les mêmes besoins et l'on s'est préoccupé aux États-Unis, au Canada et à Terre-Neuve même d'assurer aux pêcheurs la boette indispensable, en conservant d'une campagne à l'autre, par les procédés frigorifiques, le hareng pêché en automne. En avril 1898, le Gouvernement canadien vota une subvention de 125.000 francs pour aider les pêcheurs qui désireraient établir des entrepôts frigorifiques. Un de ces entrepôts fonctionna dès avril 1899 à l'île du Prince-Edouard. En 1900 on vit se former des associations de marins qui reçurent pour chaque établissement dont la construction était approuvée par le Gouvernement, une subvention de 50 o/o de la valeur des bâtiments et appareils et, de plus, une subvention dite d'entretien, calculée à raison de 25 francs par tonne de boette conservée mais qui ne pouvait dépasser 500 francs. Les pêcheurs associés devaient être au nombre de vingt au moins et chacun d'eux pouvait faire conserver jusqu'à 200 kilogrammes de boette fournie par lui, moyennant une redevance maxima de 10 francs par 100 kilogrammes. Le coût de ces frigorifiques varie, naturellement, suivant leur importance, c'est-à-dire suivant la quantité maxima de boette qu'ils peuvent contenir. Un entrepôt de 10 tonnes coûte 2.500 francs ; un entrepôt de 50 tonnes 10.000 francs. En 1901, il y avait vingt-cinq entrepôts en fonctionnement, et les pêcheurs se déclaraient satisfaits des résultats obtenus.

En transmettant au Gouverneur de Saint-Pierre et Miquelon la copie d'un rapport de M. Fraser, agent du Gouvernement canadien, rapport relatif à ces établissements frigorifiques, le Ministre des Colonies ajoutait, en 1901 : « L'organisation d'entrepôts frigorifiques pour la conservation de la boette paraît appelée à rendre de précieux services à l'industrie des grandes pêches, et il serait à désirer que l'exemple donné par les Canadiens fût suivi par nos armateurs ; s'ils consentaient à entrer dans la voie qui leur est tracée, par exemple en formant entre eux des associations pour la création d'entrepôts frigorifiques, il serait peut-être possible au Département d'encourager leurs tentatives en leur accordant des subventions proportionnées à l'importance des établissement à créer. »

La Chambre de Commerce de Saint-Pierre étudia la question et adopta en 1902 un rapport concluant, vu les besoins considérables de l'armement français, besoins évalués à 20.000 ou 25.000 barils au commencement de chaque saison de pêche, à la création d'un très grand établissement dont le coût était estimé par elle à 250.000 francs. Cet établissement devrait être construit par une société à laquelle on ne saurait évidemment laisser la faculté de dicter ses prix, car l'affaire touche à un intérêt économique trop capital et trop général ; placée sous le contrôle de l'État, la société ne pourrait être autorisée à demander aux pêcheurs que le prix de la boette majoré de 10 o/o. Mais il faut alors, que l'État accorde une subvention de 100.000 francs.

Nous ferons remarquer que, dans les conditions ainsi prévues, l'affaire n'apparaît pas comme bonne. En admettant même pour le baril de 140 kilos environ, le prix de 5 francs, prix évidemment exagéré pour du hareng d'automne que les marins iraient pêcher après la campagne, la société ne toucherait que 180 francs pour conserver 50 tonnes de boette ; et nous avons vu plus haut que le Gouvernement canadien, qui paie la moitié des frais d'installation, accorde pour cette même quantité de 50 tonnes une subvention d'entretien de 500 francs, évidemment inférieure aux dépenses reconnues nécessaires. Cette remarque pourrait justifier l'accueil défavorable fait à Saint-Pierre au rapport analysé ci-dessus. Les membres de la

Chambre de Commerce qui l'avaient voté ne furent pas réélus et leurs successeurs, reprenant l'étude de la question, formulèrent ainsi leur avis, au mois d'août 1904 :

« La Chambre de Commerce de Saint-Pierre.

« Considérant qu'un établissement frigorifique à Saint-Pierre serait inutile, attendu qu'il serait matériellement impossible, avec les moyens dont la colonie dispose, de l'alimenter de la forte quantité de boette nécessaire chaque année pour l'armement.

« Est d'avis qu'il n'y a pas lieu de donner suite à ce projet ».

Ce qui était faisable en 1902 était devenu matériellement impossible en 1904 ! Heureusement l'un des adversaires les plus déterminés de la Convention du 8 avril, l'honorable M. Riotteau s'est chargé de nous expliquer cette volte-face ; il disait à la Chambre, dans la séance du 7 novembre 1904 : « Il y a un malentendu. Quand on a parlé à la Chambre de Commerce de Miquelon d'un appareil frigorifique, il s'agissait d'un établissement pour lequel aurait été accordée une petite subvention ; mais il n'était pas question de la contre-partie, c'est-à-dire de l'abandon du French-Shore. On était en 1902. En 1904, quand a été décidé l'abandon du French-Shore, la Chambre de Commerce a modifié du tout au tout ses conclusions ; elle avait accepté le frigorifique comme adjuvant ; mais elle l'a refusé comme remède. » On ne saurait laisser plus clairement entendre que la délibération de 1904 a été prise sous l'empire des circonstances, en vue de fournir un argument de plus aux adversaires de la Convention du 8 avril ou plutôt de briser entre les mains de ses défenseurs une arme précieuse. Il nous semble cependant que cette question des frigorifiques vaudrait la peine qu'on l'examine attentivement et qu'on la discute sans parti-pris.

MM. Suchetet et Ch. Baudet ont dit, à la Chambre des Députés, que la boette congelée était pratiquement inutilisable et M. Suchetet a même fourni à l'appui de son dire une démonstration fondée sur des considérations théoriques. Au Sénat, M. Brager de la Ville-Moysan s'est montré moins absolu et a seulement affirmé que la boette congelée avait de multiples inconvénients : elle est très fragile et arrive souvent en fragments inutilisables ; puis il faut que la décongélation n'en soit pas trop rapide et soit néanmoins totale ; pour peu qu'il fasse un peu chaud, la surface se corrompt avant que le centre soit décongelé. Nous ferons remarquer ici tout d'abord que M. Riotteau, armateur lui aussi, a déclaré qu'il n'entendait pas nier la valeur des frigorifiques et que ces appareils constituaient un adjuvant ; que M. Légasse, armateur à Saint-Pierre et délégué de la colonie au Conseil supérieur, a demandé, en 1901, qu'on créât des entrepôts frigorifiques. Faut-il rappeler encore que les pêcheurs canadiens se déclarent satisfaits des résultats obtenus par eux avec la boette congelée et que Terre-Neuve, qui possède en la personne de Nielsen, directeur du laboratoire de Dildö, un conseiller avisé et des plus compétents en tout ce qui touche aux questions de pêche, a décidé récemment d'installer des frigorifiques ? Enfin la Chambre de Commerce de Saint-Pierre elle-même n'eût sans doute pas ouvert à deux reprises un débat sur l'opportunité de la création d'un frigorifique si ses membres, armateurs pour la plupart, n'avaient été convaincus que la boette congelée peut être utilement employée.

Mais, dit-on encore, en admettant même que le poisson frigorifié puisse servir d'appât, il y a d'autres raisons qui doivent nous détourner de créer à Saint-Pierre un entrepôt frigorifique : cet établissement « serait inutile, attendu qu'il serait matériellement impossible, avec les ressources dont la colonie dispose, de l'alimenter de la forte quantité de boette nécessaire à l'armement ». Ce sont là les termes même de la délibération prise, en 1904, par la Chambre de Commerce de Saint-Pierre. L'argument qui paraît péremptoire a été repris, au cours des débats parlementaires sur l'accord franco-anglais, par M. Deschanel : « Au printemps, le hareng ne reste plus à la côte qu'environ vingt jours. Or, pour transporter du French-Shore à Saint-Pierre 110.000 barils, c'est-à-dire la quantité nécessaire pour six semaines de pêche, il faudrait 25 vapeurs de 300 tonneaux, faisant chacun trois voyages de huit jours (sans parler des brumes et des tempêtes) ; ce qui, avec tous les frais, coûterait au bas mot 13 millions. Or, dans les meilleures années, l'ensemble de nos pêches ne donne pas 4 millions de bénéfice ». Diverses remarques s'imposent ici. Tout d'abord nous pensons bien que la somme de 13 millions indiquée comme nécessaire par M. Deschanel comprend à la fois les frais de construction des vapeurs dont il parle et les frais de leur première campagne ; et peut-être n'est-il pas absolument logique d'opposer l'un à l'autre deux chiffres qui ne sont pas comparables, l'un représentant des frais de premier établissement une fois faits, l'autre donnant la mesure d'un bénéfice annuel. En second lieu, le chiffre de

110.000 barils de harengs (barils de 140 kilogs) pour six semaines de pêche est manifestement exagéré ; nous allons le montrer immédiatement, en nous servant des chiffres même fournis à la Chambre des Députés, dans la séance du 12 novembre 1904, par M. Ch. Baudet, qui parlait, lui aussi, contre la Convention. Il y avait, en 1903, sur les Bancs 180 goélettes coloniales à six doris et 239 navires métropolitains. En admettant même, ce qui est évidemment exagéré, que tous les banquiers métropolitains soient armés à douze doris, nous n'arriverions jamais, pour l'ensemble des armements, qu'à un total de 3.948 doris mettant chacun à l'eau 20 tantis, soit 2.000 hameçons au plus. En forçant encore, c'est donc chaque jour 8 millions de hameçons qu'il faut garnir ; si l'on estime, avec l'*Économiste Français*, qu'il faut 15 grammes de boette par hameçon, on voit qu'il faudra journellement 120 tonnes de boette, soit, pour les quarante-cinq jours environ que dure la première pêche, 5.400 tonnes ou 38.579 barils de 140 kilogrammes. En sorte que ce n'est plus 25 vapeurs et 13 millions de francs qu'il faudrait, mais seulement 9 vapeurs et 4.700.000 francs environ, dans les conditions prévues par M. Deschanel. On peut, en outre, remarquer que, en avril et mai, on prend du hareng le long des côtes de la colonie, en petite quantité il est vrai (Légasse, 1905) et que, par ailleurs, nombre de banquiers utilisent le bulot ou bigorneau comme appât ; en 1903, sur un total de 245 navires métropolitains (239 banquiers et 6 navires armés pour le French-Shore) 166 seulement ont touché à Saint-Pierre et, par suite, 79 bâtiments au moins, et non des moindres, n'ont pris aucune boette dans la colonie ; d'autre part, l'*Annuaire des îles Saint-Pierre et Miquelon pour 1904* dit que les « goélettes n'emportent aujourd'hui qu'une quantité relativement restreinte de hareng, le bigorneau étant toujours à leur disposition ». Enfin, nous ferons remarquer que le hareng destiné à être frigorifié ne devrait pas être pêché au printemps, la boette que l'on prend à cette époque devant être employée à l'état frais, comme on l'a fait jusqu'ici ; c'est à l'automne qu'il faudrait constituer dans les frigorifiques des réserves qui y seraient conservées jusqu'à la campagne suivante pour être utilisées alors si le hareng de printemps était rare ou si le capelan faisait défaut. Un entrepôt tel que celui qui avait été prévu par la Chambre de Commerce de Saint-Pierre en 1902 et dans lequel pourraient être conservés 25.000 barils (3.500 tonnes) de boette, rendrait déjà des services très appréciables et pourrait, à lui seul, assurer la pêche pendant quatre semaines environ, ce qui est déjà beaucoup.

Il semblerait, d'ailleurs, à lire les discussions entamées sur cette question des frigorifiques, que la Convention de 1904 a créé une situation nouvelle en ce qui concerne les besoins en boette de l'armement français, métropolitain ou colonial. Or, notre flotte de pêche existait avant 1904 et avait alors les mêmes besoins qu'aujourd'hui. Le Bait-Act existait aussi, depuis 1888. Et nous avons pu cependant, dans les années normales, nous approvisionner de toute la boette qui nous était nécessaire. Mieux même, à certaines années, Saint-Pierre a embarillé du hareng à destination des Antilles. Pour ceux qui admettent que le Bait-Bill ne sera pas appliqué sur ce qui fut le French-Shore — et M. Deschanel est du nombre — qu'y a-t-il donc de changé ? En quoi sera-t-il plus difficile que jadis d'alimenter Saint-Pierre de boette ? Pourquoi le transport de cette boette deviendrait-il tout à coup impossible le jour où elle serait destinée à être frigorifiée ? Avec nos voiliers, sans plus, nous amenions jadis du French-Shore à Saint-Pierre de la boette fraîche, immédiatement utilisée par les banquiers ; quelle raison peut nous empêcher de continuer ce trafic et de l'augmenter même, de façon à nous constituer des réserves dans des entrepôts frigorifiques ? L'État a déjà promis, à deux reprises, son concours aux armateurs qui voudraient entrer dans cette voie, par l'intermédiaire de M. Doumergue, Ministre des Colonies, dans la lettre citée plus haut, par l'organe de M. Delcassé, Ministre des Affaires étrangères, parlant à la Chambre des Députés lors de la discussion sur les accords franco-anglais.

Ne vaudrait-il pas mieux, à tout prendre, construire des frigorifiques et, malgré qu'elle soit peut-être d'un rendement un peu plus faible que la boette fraîche, utiliser de la boette congelée que d'aller, comme nous l'avons fait en 1904, payer aux Terre-Neuviens, pour du capelan, le prix exorbitant de 52 francs par barrique de 225 litres de capacité ? Le temps nous paraît venu où, l'émotion légitime qu'avait soulevée dans le monde des armateurs la Convention de 1904 s'étant un peu calmée, le Ministère des Colonies et le Ministère de la Marine pourraient avec profit ouvrir une enquête nouvelle, et définitive cette fois sur cette question des frigorifiques, et aviser aux moyens de créer à Saint-Pierre un de ces entrepôts. Nous l'avons dit déjà : la colonie et, avec elle, l'armement métropolitain pour Terre-Neuve ont fait tous les frais de l'accord de 1904 ; on voit bien ce que nos armateurs ont perdu dans cette tractation ; on chercherait en vain l'avantage, si mince fût-il, qu'ils en ont retiré. Ils peuvent aujourd'hui rappeler au Gouvernement les promesses faites jadis par MM. Doumergue et Delcassé ; ils ont un droit moral aux encouragements efficaces, à l'aide matérielle de l'Etat dans tout ce qu'ils décideront d'entreprendre pour conjurer la crise dont ils souffrent, encore que cette crise soit non pas la conséquence des accords franco-anglais mais seulement le résultat d'un lamentable concours de circonstances indépendantes de toute volonté humaine. Au surplus certains armateurs ont déjà fait des essais intéressants : M. D. Bellet, dans le Bulletin de la Société d'études coloniales et maritimes (août 1904), annonçait qu'il s'était fondé à Fécamp, sous le nom de la Terre-Neuvienne, une société qui commence à pratiquer les méthodes de congélation par l'air froid ; du bulot demeuré deux mois en chambre froide a été présenté à des techniciens qui ont cru qu'il était pêché depuis 48 heures au plus et affirmé qu'il était admirablement approprié au boëttage des hameçons. Cette société a construit spécialement des navires dont les chambres frigorifiques, pleines d'abord d'appât pour toute la durée de la campagne, se vident peu à peu et peuvent servir ensuite à rapporter du poisson frais. La machine frigorifique permet en même temps d'actionner mécaniquement les pompes et les treuils.

Parallèlement à l'enquête nouvelle que nous désirerions voir ouvrir sur l'utilité des frigorifiques et sur la possibilité de leur édification à Saint-Pierre, il nous semblerait bon que fût menée aussi une enquête sur l'utilisation possible à Terre-Neuve des procédés modernes de la grande pêche. Dans son rapport sur la campagne de 1903, le Commandant de la station navale française des mers d'Islande rappelait que, depuis plusieurs années, les eaux de l'Islande sont fréquentées par de nombreux chalutiers à vapeur, presque tous étrangers (anglais, allemands, hollandais, belges, danois et norwégiens) ; ils étaient 180 environ en 1903 et, pour la première fois, Boulogne-sur-Mer avait armé cette année-là quatre chalutiers à vapeur qui préparèrent de la morue en barils et de la morue à la glace ; ces quatre chalutiers firent sept voyages et rapportèrent au total pour 128.000 francs de poissons divers et d'issues de morue. Devant ces résultats on annonçait, dès 1903, la venue sur les côtes méridionales de l'Islande de douze chalutiers à vapeur français.

En rappelant que la plupart de nos concurrents étrangers ont abandonné depuis longtemps la pêche à la ligne et emploient aujourd'hui l'*otter-trawl* pour capturer la morue, M. Bellet, dans l'article cité plus haut, s'élève contre cette assertion souvent émise que le chalut « mâche » et détériore le poisson ; on peut à coup sûr, quand il s'agit de poissons aussi gros que la morue, les avoir en bon état à la seule condition de ne pas traîner le chalut trop longtemps. Et l'auteur annonce, en terminant, qu'une société s'est fondée à Bordeaux pour la pêche de la morue au chalut sur les Bancs de Terre-Neuve. Nous avons dit déjà que des essais de chalutage à vapeur avaient été faits à deux reprises aux environs de Saint-Pierre, en 1900, par un armateur de Paimpol, en 1904 par un armateur de Granville. Nous ignorons ce qu'il est advenu de la première tentative. M. R. de Caix, qui a fait sur place en 1904 une enquête des plus intéressantes et des plus impartiales à la fois sur la question des pêcheries françaises à Terre Neuve, a recueilli de la bouche même de l'armateur qui fit l'essai de 1904 cette déclaration intéressante « que si l'expérience n'était pas encore concluante en bien, elle est loin de l'être en mal, et que le filet traîné pourrait bien un jour remplacer la ligne dans les moruteries de Terre-Neuve ». Nous ne pouvons que souhaiter que cette prédiction se réalise de point en point ; ce serait évidemment la solution de la question de la boette ; ou, pour mieux dire, c'en serait la suppression radicale.

Nous savons que bien des armateurs ne partagent pas, en ces matières, l'optimisme de l'homme entreprenant interviewé par M. R. de Caix. Et dans son rapport sur la campagne de 1904, M. le Capitaine de vaisseau de Kerillis se montre plus que sceptique et semble n'attendre rien de bon de l'introduction des chalutiers à vapeur dans les parages de Terre-Neuve. Il faut bien reconnaître que les quelques essais faits jusqu'à l'heure actuelle ne sont pas, dans l'ensemble, des plus encourageants. En 1901, un chalutier à vapeur anglais, le *Magnific*, fut expédié sur les Bancs ; en huit semaines de pêche il prit au total 365 quintaux métriques de morue et d'autres gades et 5 tonnes de flétans et autres poissons plats. En 1902 et 1903 une maison de Saint-Jean de Terre-Neuve envoya en pêche un chalutier à vapeur qui devait préparer « au vert » les produits de sa pêche ; le bateau ne « paya » pas. En 1903 la Compagnie « Lunenbourg beaking interests » arma un steam-trawler qui fit quelques bonnes pêches, en sorte que les armateurs devaient renouveler l'expérience en 1904 ; nous ignorons ce qu'il en est advenu. Mentionnons encore l'*Euphrate*, armé pour Terre-Neuve en 1903 par une maison écossaise et, en tenant compte aussi des deux bateaux français dont il a été question plus haut, nous aurons épuisé la liste, assez courte comme l'on voit, des chalutiers à vapeur qui ont opéré, sans grand succès en général, dans les parages de Terre-Neuve. Peut-on considérer que la question est définivement tranchée? Nous ne le pensons pas et des expériences nouvelles s'imposent. D'une façon générale, à l'inspection des cartes marines, les fonds, sur les Bancs, aux environs de Saint-Pierre, dans le golfe du Saint-Laurent paraissent être de ceux sur lesquels on peut promener le chalut (sables, sables coquilliers, graviers, vases). Pourquoi, dès lors, n'arriverait-on pas à réaliser à Terre-Neuve ce qui réussit en Islande ?

Mais il est évident que les expériences nouvelles devraient être conduites méthodiquement et poursuivies plus longtemps que celles qui les ont précédées. Comme le faisait remarquer M. Nicault, Consul de France à Newcastle, dans un rapport publié en 1904 par le *Bulletin de la Marine marchande*, en matière de chalutage à vapeur, « tout le succès dépend entièrement et absolument de l'expérience des capitaines patrons et équipages employés dans chaque exploitation. Il faut que les capitaines connaissent d'une façon approfondie les fonds sur lesquels ils sont appelés à pêcher et qu'ils sachent en même temps manier leur bateau avec dextérité, qu'ils aient une grande pratique des différents systèmes de pêche auxquels ils doivent avoir recours et qu'ils montrent enfin tout le sang-froid et toute la présence d'esprit désirables pour pêcher dans un minimum de temps et sans avarier leurs engins de pêche la plus grande quantité possible de poisson. » Il serait en effet étonnant qu'un équipage familiarisé avec le maniement de l'*otter-trawl* mais ne connaissant pas les fonds sur lesquels il opère obtint du premier coup des résultats pleinement satisfaisants ; on en peut dire autant d'un équipage qui connaîtrait les fonds mais manierait pour la première fois le chalut à plateaux. Il y a donc à compter, comme qu'on fasse, sur une période d'apprentissage des hommes, d'adaptation de l'outil qu'est le chalutier à vapeur aux conditions nouvelles dans lesquelles il travaille. A ce point de vue le moindre défaut des tentatives faites jusqu'à ce jour est d'avoir été trop courtes. Ce n'est pas sur le résultat d'une première campagne que l'on peut définitivement étayer une opinion défavorable.

L'expérience décisive, telle que nous la comprenons, serait évidemment coûteuse. L'armateur ou le groupement d'armateurs qui l'entreprendrait devrait immobiliser, pendant deux ans et peut-être plus, un capital important, permettant d'armer des chalutiers à vapeur. Très vraisemblablement, ces bateaux ne « paieraient » pas, la première année tout au moins. Et il serait cependant désirable que le nombre en fût assez grand pour permettre, au cours de chaque campagne, une exploration complète des différents fonds de pêche sur les Bancs et dans le golfe du Saint-Laurent ; on éliminerait ainsi, en multipliant les expériences, les causes d'erreur dans l'appréciation d'ensemble des résultats.

Peut-être pourrait-on faire ici appel au concours de l'Etat. Il s'agit, en effet, d'une entreprise d'intérêt général, dont les résultats peuvent influer sur l'avenir de la grande pêche française. Et ce concours pourrait, par exemple, se traduire sous la forme d'une garantie donnée par le Ministère de la Marine aux armateurs pour une rémunération minima, deux ou trois ans durant, du capital qu'ils justifieraient avoir engagé. Le contrôle des résultats devrait alors être fait, à bord de chacun des chalutiers, par un agent de l'Etat, qui suivrait l'opération depuis le commencement jusqu'à son terme (armement, pêche et préparation du poisson, vente des produits) et en établirait le bilan.

Conclusions

Nous avons indiqué, à propos de chacune des questions abordées par nous au cours de l'étude que nous venons de faire des pêcheries françaises à Terre-Neuve, quel était l'état de choses actuel et quelles améliorations il y aurait lieu d'y apporter. Nous nous bornerons donc, en guise de conclusions générales, à donner la liste des observations que nous avons été conduits à formuler.

Amélioration du sort des hommes. — Sur trop de bâtiments encore les marins sont mal installés, dans des postes trop étroits, insuffisamment aérés et à peine éclairés. Souvent aussi ces hommes reçoivent une nourriture trop peu variée, mal préparée par un mousse déjà accablé d'autres besognes; ils reçoivent, par contre, une quantité d'alcool manifestement exagérée, 25 centilitres par jour en théorie, beaucoup plus malheureusement, dans la pratique, sur certains bâtiments.

Beaucoup de navires sont mal tenus, sans aucun souci de la propreté qui serait nécessaire.

Bien que les maladies et les accidents soient fréquents à bord des bâtiments banquiers, les soins médicaux n'y sont pas normalement assurés. Dans la plupart des cas le capitaine ou le patron doit assumer, à tout le moins, la responsabilité des premiers soins à donner aux hommes. Il serait d'ailleurs difficile qu'il en fût autrement, car on ne peut songer à imposer aux armateurs l'obligation d'embarquer un médecin sur chaque bateau. Il faudrait donc que les capitaines et patrons fussent préparés au rôle qui leur incombe nécessairement par quelques conférences médicales qu'ils seraient tenus de suivre. Ces conférences devraient être organisées dans tous les ports d'embarquement soit par l'Etat lui-même soit sous son contrôle et avec son concours. Il serait désirable aussi que l'Etat subventionnât largement la Société des Œuvres de Mer ou toute autre société qui se proposerait d'envoyer sur les Bancs des navires-hôpitaux.

En ce qui concerne les salaires des hommes on pourrait évidemment désirer qu'ils fussent plus élevés. Malheureusement des personnes compétentes et d'ailleurs animées des meilleures intentions à l'égard de nos Terre-Neuvas, M. Berthaut notamment, croient « en conscience, qu'il n'est guère possible de faire beaucoup mieux, à l'avenir, que les prix actuellement consentis à Fécamp et chez les bons armateurs de Granville, Cancale ou Saint-Servan ». A tout le moins faudrait-il que tous les armateurs suivissent l'exemple de ceux-là.

En tout cas, en ce qui concerne plus spécialement Saint-Pierre, une mesure s'impose : la suppression du livret enregistré. On a déjà limité les ravages causés par cette institution néfaste. Espérons que l'on ne s'arrêtera pas en si bonne voie et qu'on arrivera à supprimer complètement le livret, instrument de servage.

Sécurité des navires de pêche. — Bien des goélettes coloniales et quelques navires métropolitains aussi sont envoyés sur les Bancs dans de mauvaises conditions. Mal gréés, mal calfatés, ces navires ne peuvent résister aux mauvais temps si fréquents sur les lieux de pêche. Un peu plus de sévérité de la part des experts visiteurs aurait sans doute tôt fait de mettre fin à un état de choses déplorable.

Il serait aussi à souhaiter que l'on imposât aux armateurs de Saint-Pierre l'obligation de n'employer au commandement que des patrons brevetés, possédant les connaissances et l'autorité indispensables au bon et complet accomplissement de leur tâche.

On ne peut que se réjouir de l'initiative prise, au mois de juillet 1905 par le Gouvernement français, pour provoquer une entente des puissances maritimes sur la question des routiers des navires transatlantiques. Ces routiers devraient passer en dehors des Bancs pendant toute la durée de la pêche, du début d'avril à la fin d'octobre.

Enfin il faut espérer que l'on tiendra désormais la main à la stricte exécution des prescriptions ministérielles relatives aux doris.

Pratique de la pêche. — On peut regretter que nos armateurs, s'adonnant exclusivement à la pêche de la morue, n'aient pas jadis tiré un plus large parti des ressources des côtes de Terre-Neuve en annexant des saumoneries à leurs chauffauds et que, aujourd'hui encore, ils continuent à dédaigner le flétan et les autres poissons plats, qui sont pour les Américains une source de revenus importants.

Nous armions jadis pour les Bancs et pour le French-Shore et, à côté des chauffauds, nous avions installé sur les côtes de Terre-Neuve des homarderies ; homarderies et chauffauds ont aujourd'hui disparu, en vertu de l'article 1er de la Convention du 8 avril 1904, et l'Angleterre a payé aux propriétaires de ces établissements des indemnités s'élevant au total à 1.375.000 francs. Les intérêts des particuliers obligés de renoncer à leurs installations ont été ainsi sauvegardés ; l'intérêt général eût voulu, pensons-nous, que, prévoyant le cas où la morue reviendrait sur le French-Shore, nous nous réservions d'exercer, le cas échéant, sur quelques points du Treaty-Shore désignés d'un commun accord, les privilèges que nous avions jusque-là possédés sur toute cette côte en vertu du traité d'Utrecht et des dispositions postérieures.

Dès avant la Convention de 1904, en présence des heureux résultats obtenus en Islande, la question se posait de savoir s'il n'y aurait pas lieu de modifier les procédés de pêche en usage à Terre-Neuve et de substituer le chalut à la ligne de fond. Les quelques expériences faites à cet égard sont peu démonstratives, ayant été accomplies sur une trop petite échelle, et l'étude de cette question est à reprendre avec des moyens d'action plus puissants que ceux qui ont été jusqu'ici employés.

Au cas où il viendrait à être démontré qu'il est impossible d'utiliser le chalut dans les parages de Terre-Neuve, on se trouverait dans la nécessité de chercher une solution satisfaisante à la question de la boette. Nous avons dit quelles craintes la Convention de 1904 avait fait naître en ce qui concerne la facilité de notre approvisionnement en boette sur les côtes de Terre-Neuve. Il semble que, pour le moment, satisfaits à bon droit des avantages que leur a apportés cette Convention, les Terres-Neuviens soient animés à notre égard de dispositions conciliantes et, d'après une déclaration du Premier Ministre de Terre-Neuve, la campagne de 1905 s'est déroulée sans aucun incident; ceci paraîtrait indiquer que l'on s'est inspiré, pour l'appliquer, non pas seulement de la lettre de l'article 2 de la Convention, mais aussi et surtout de l'esprit qui a présidé à sa rédaction. On ne peut que souhaiter que cet état d'âme persiste chez nos voisins de Terre-Neuve, inspirés sans doute, dans la circonstance, par l'Angleterre, fidèle au sentiment qui a présidé à la conclusion des accords de 1904. Peut-être est-il permis de voir dans la démarche accomplie récemment par M. R. Préfontaine, Ministre des Pêcheries du Canada, lorsqu'il exprimait le désir de donner à nos pêcheurs toutes facilités pour l'achat de boette sur la côte canadienne, une preuve nouvelle du sincère désir que l'on éprouve à Londres de voir la Convention exécutée plus encore dans son esprit que dans ses termes, avec le souci constant d'éviter tout ce qui pourrait provoquer des difficultés.

Nous croyons donc que nos pêcheurs pourront, sans plus de peine qu'autrefois, se procurer, en années normales, le poisson d'appât nécessaire. Mais il faut prévoir aussi le retour de conditions défavorables comme celles qui ont si malheureusement marqué les années 1903 et 1904, où la rareté de la boette a entraîné l'insuccès de la campagne de pêche. C'est dire qu'il faut étudier les moyens de conserver la boette d'une campagne à l'autre, de façon à pouvoir constituer, dans les bonnes années, des réserves qui seraient utilisées pendant les campagnes où la boette fraîche ne se trouverait pas en quantité suffisante. Peut-être pourrait-on faire des essais avec de la boette salée; on sait que certains banquiers emploient quelque peu d'encornet salé. Si la chair des céphalopodes constitue, après salaison, un appât utilisable, il serait facile, d'après ce que voulait bien nous dire M. Cabissol, de recueillir sur nos côtes de l'océan de fortes quantités de poulpes que l'on pourrait conserver dans le sel. Il faut, en tout cas, mettre à l'étude l'aménagement, à Saint-Pierre en particulier, d'entrepôts frigorifiques permettant d'emmagasiner de grandes quantités d'appât.

Pour ces recherches sur la conservation de la boette, pour celles aussi sur la possibilité d'employer les chalutiers à vapeur sur les Bancs, et, d'une façon plus générale, pour toute entreprise qui tendrait à améliorer le rendement de la pêche à Terre-Neuve, l'armement, métropolitain ou colonial, doit pouvoir compter sur l'aide du Gouvernement. Celui-ci ne saurait en effet demeurer étranger aux tentatives faites pour porter remède à la crise actuelle d'une industrie qu'il a toujours largement encouragée par l'octroi des primes, au prix de sacrifices considérables imposés aux contribuables, sacrifices qui sont d'ailleurs justifiés par ce fait que la pêche de Terre-Neuve présente pour nous, comme le disait M. Delcassé, un intérêt essentiel, un intérêt national.

TABLE DES MATIÈRES

	Pages
Tunisie	7
Algérie	88
Afrique Occidentale	152
Sénégal	152
Guinée	180
Côte d'Ivoire	182
Dahomey	185
Niger	189
Congo	194
Gabon et Congo maritime	194
Congo et ses affluents	199
Chari et Tchad	210
Côte des Somalis	215
Madagascar	221
Mayotte et dépendances	251
La Réunion	255
La Réunion	255
Iles Saint-Paul et Amsterdam	263
Kerguelen	267
Établissements français de l'Inde	269
Indo-Chine	278
Nouvelle-Calédonie	356
Établissements français de l'Océanie	365
Antilles et Guyane	385
Coup d'œil sur la faune marine	385
Guadeloupe et ses dépendances	388
Martinique	392
Guyane	397
Saint-Pierre et Miquelon	405

INDEX DES CARTES ET ILLUSTRATIONS

	Pages
Planche I. — Mosaïque trouvée à Sousse. — Barques de pêche à Sfax	16-17
Planche II. — Sacolève grecque. — Loude sous voiles	16-17
Figure 1. — Pêcheries fixes indigènes en Tunisie	22
Planche III. — Pêcheries de la Tunisie en 1904 (*carte*)	32-33
Planche IV. — La pêche dans les chambres du barrage de Raz-el-Ouzir	40-41
Planche V. — Une *matanza* de thons à Sidi-Daoud	56-57
Planche VI. — Débarquement des thons après la *matanza*	56-57
Planche VII. — Bancs spongifères du Sud de la Tunisie (*carte*)	64-65
Industrie des pêches en Tunisie (*graphique*)	79
Planche VIII. — Pêcheries de l'Algérie en 1903 (*carte*)	112-113
Industrie des pêches en Algérie (*graphique*)	145
Côtes du Sénégal (*carte*)	155
Planches IX et X. — Manœuvre de la senne à Dakar	160-161
Planche XI. — Indigène lançant l'épervier à Dakar	160-161
Figure 2. — Ligne à renversement du Congo	203
Figure 3. — Nasses du Congo	204
Figure 4. — Manœuvre des claies mobiles sur pirogue	206
Planche XII. — Maniement du filet monté sur pirogue dans le bas Chari	208-209
Fonds de pêche de Madagascar (*carte*)	223
Carte des inondations du Grand Lac du Cambodge	288
Planche XIII. — Village cambodgien inondé. — Pêche du pa-beuk	288-289
Planche XIV. — Pêche du pa-beuk	288-289
Planche XV. — Pêcheries du Tonkin (*carte*)	304-305
Figures 5, 6, 7, 8. — Nasses annamites	326
Figures 9, 10, 11. — Nasses annamites	327
Figures 12 et 13. — Nasses annamites	328
Figures 14, 15, 16. — Nasses annamites	329
Figure 17. — Piège à bascule	330
Figure 18. — Trappe de la Guyane	401
Figure 19. — Camina de la Guyane	402
Planche XVI. — Les Bancs de Terre-Neuve (*carte*)	416-417
Planches XVII et XVIII. — Pêche et préparation de la morue à Terre-Neuve	448-449

Marseille. — Typ. et Lith. BARLATIER, rue Venture, 19.

www.ingramcontent.com/pod-product-compliance
Lightning Source LLC
Chambersburg PA
CBHW071155240526
45470CB00016BA/12